Die

unorganische Chemie,

ein Grundriss

für seine Vorlesungen

von

G. Werther,

Phil. et Med. Doct.,

Professor an der Universität zu Königsberg.

Zweite umgearbeitete Auflage.

Berlin.

Druck und Verlag von Georg Reimer.

1863.

Herrn

Eilhard Mitscherlich

seinem hochverehrten Lehrer

der Verfasser.

Vorrede zur ersten Auflage.

Der besondere Zweck, welcher auf dem Titel dieses Werks angegeben ist, entschuldigt das Unternehmen des Verfassers, zu den zahlreichen Grundrissen der Chemie noch einen hinzuzufügen.

Die erste Abtheilung enthält das Gebiet der Chemie, so weit es die Vorlesungen überhaupt umfassen. Die technischen Theile der Chemie sind etwas ausführlicher, als es sonst in einem Grundriss zu geschehen pflegt, behandelt worden, denn das liegt im Interesse des Publicums, für den dieser Grundriss bestimmt ist. Um jedoch nicht zu grosse, fast monographische Einschaltungen zwischen einzelne Capitel zu machen, sind die technischen Gegenstände der Artillerie- und Ingenieur-Wissenschaften, welche eine ausführlichere Behandlung vom chemischen Standpunkte aus in diesem Werke beanspruchen, in eine 2. Abtheilung verwiesen, die im Laufe dieses Jahres wohl erscheinen wird.

Die Holzschnitte im Werk verdanke ich theils der Güte des Herrn Geh. Rath Mitscherlich, theils sind sie Graham's Chemie (herausgegeben von Otto) und Knapp's chemischer Technologie entlehnt, einige sind besonders angefertigt.

In Bezug auf das Materielle des Werks habe ich mich besonders auf Mitscherlich's Lehrbuch gestützt. Und obwohl ich seine bewährte heuristische Methode während meiner mehrjährigen Lehrpraxis befolge, so konnte doch nach ihren Principien dieses Werk wegen seines geringen Umfangs nicht durchgängig ausgearbeitet werden. Uebrigens sind, wie sich wohl von selbst versteht, die neuesten grösseren Werke sowohl als kleinere Abhandlungen und Monographien namhafter Chemiker und Techniker nicht unbenutzt gelassen.

Berlin, den 10. Juni 1850.

Der Verfasser.

Vorrede zur zweiten Auflage.

Die zweite Auflage dieses Grundrisses musste eine Umarbeitung erfahren, da in Folge meiner veränderten Amtsstellung der Kreis meiner Zuhörer in den Vorlesungen über Experimentalchemie ein anderer geworden. In welcher Weise die Umarbeitung geschehen, um sowohl die Auswahl des Materials, wie dessen Anordnung und die Form der Darstellung dem Zweck entsprechend zu machen, wird der Einblick in das Werk lehren.

Königsberg i. Pr. den 1. März 1863.

Der Verfasser.

Inhaltsverzeichniss.

Anhang.

DIE METALLE.

Metalle der Alkalien.

Metalle der alkalischen Erden.

Seite

Die schweren Metalle.

Nachträge zur Theorie der Chemie.

Die Zahlen bei Temperaturangaben sind die der Celsius'schen Thermometerscala, falls es nicht ausdrücklich anders angegeben ist.

Folgende Druckfehler sind zu berichtigen:

Seite 3	Zeile 16	v. o.	l.	64 statt 63.
- 3	- 3	v. u.		schalte zwischen Blei und Silber das Wort Thallium ein.
- 23	- 15	v. u.	l.	Oxyd $\dot{Pb}$ statt $\ddot{Pb}$.
- 23	- 16	v. u.	l.	Suboxyd $\dot{Ᵽb}$ statt $\dot{Pb}$.
- 32	- 1	v. u.	l.	die Körper statt drei Körper.
- 76	- 11	v. o.	l.	die Darstellung des Fluors gelingt durch Zerlegung des Fluorsilbers mittelst Jod.
- 81	- 13	v. o.		ist das Wort Brom zu streichen.
- 114	- 3	v. u.	l.	dass nicht viele statt dass viele.
- 266	- 20	v. o.	l.	$\dddot{Al}\dddot{S} + 9\dot{H}$ statt $\dddot{Al}\dot{S} + 9\dddot{H}$.
- 340	- 10	v. o.	l.	Chalkolith statt Chlakkolith.
- 410	- 12	v. u.	l.	rete statt reto.
- 436	- 1	v. u.	l.	Chlorid statt Superchlorid.
- 438	- 15	v. o.	l.	rubeum statt rubrum.
- 439	- 12	v. u.	l.	$\acute{Na}{}^3$ statt $\overset{'''}{Na}{}^3$.

Einleitung.

§ 1. Alle wägbaren Körper, von denen man sich eine hinlängliche Kenntniss hat verschaffen können, sind den bisherigen Erfahrungen zufolge auf eine gewisse Anzahl einfacher Stoffe (Grundstoffe, Elemente) zurückzuführen, d. h. solcher, die mit Hülfe der zur Zeit zu Gebote stehenden chemischen Mittel und Kunstgriffe nicht weiter zerlegt werden konnten. Diese einfachen Körper lehrt die Chemie*) in Bezug auf ihre Eigenschaften, und ihre Verbindung unter einander zu neuen Körpern kennen; sie studirt die Eigenschaften dieser neuen Körper und sucht die Gesetze auf, nach welchen die Verbindungen statt finden. Der Begriff „einfache Körper" ist kein unveränderlicher, sondern gilt nur für den zeitigen Standpunkt der Wissenschaft. Manche Stoffe, die man früher als einfache bezeichnen musste, hat die fortgeschrittene Wissenschaft zerlegen gelehrt und manche, die wir heut als einfache bezeichnen, sind es vielleicht morgen nicht mehr. Man sollte daher richtiger den Ausdruck „unzerlegte Körper" gebrauchen. Aufgabe der Chemie.

§ 2. Die Chemie hat, in gleicher Weise wie die Physik, zum Gegenstand ihrer Forschung eine Reihe von Naturerscheinungen, bei denen mit den Körpern Veränderungen vorgehen, deren Ursache und Gesetzmässigkeit ihnen zu erklären obliegt. Während aber die Physik es hauptsächlich mit den Veränderun- Verhältniss der Chemie zu andern Naturwissenschaften.

*) Der Name Chemie (Griech. χημεια, Lat. Chymia oder Chemia) ist aus dem Griechischen von χέω (ich giesse, schmelze) oder von χυμός (Saft) hergeleitet worden; wahrscheinlicher ist die Ableitung von „Chmi" d. h. schwarzes Land (so wurde Aegypten genannt), also ägyptische Kunst, Schwarzkunst.

gen der Körper in Bezug auf Bewegung, d. h. auf die wechselnde Lage eines Körpers gegen einen andern oder seiner eignen Theile unter sich, also mit der Formveränderung, zu thun hat, beschäftigt sich die Chemie vorzüglich mit der Stoffveränderung, d. h. mit der Veränderung der auf einander wirkenden Körper in Bezug auf ihre Substanz, in so fern aus mehren in Wechselwirkung befindlichen ungleichartigen Körpern ein neuer gleichartiger hervorgeht, oder ein gleichartiger in mehre ungleichartige zerfällt. Bei weiterer Zergliederung sind freilich auch jene scheinbaren Stoffveränderungen auf Bewegung zurückzuführen. Während die Physik hauptsächlich die Erscheinungen der Elektricität, des Magnetismus, des Lichts und der Wärme behandelt, entlehnt aus diesem Gebiet die Chemie nur manche Sätze zur Erklärung rein chemischer Erscheinungen und hat zum Hauptgegenstand ihrer Forschung die Wirkungen und Gesetze der einen ihr Gebiet besonders bezeichnenden Kraft, der chemischen Verwandtschaftskraft (Affinität, Vereinigungskraft § 6). Während die Producte, welche aus einer Trennung (Zerlegung) eines Körpers im physikalischen Sinne hervorgehen, stets gleichartig mit dem zertheilten Körper sind, ist es dagegen das Wesen einer chemischen Zerlegung (Zersetzung), dass die Producte derselben mit dem der Zerlegung unterworfenen Stoffe ungleichartig sind.

Obwohl im Grossen und Ganzen die Disciplinen der Chemie und Physik wohlgeschiedene Gebiete zu bearbeiten haben, so reichen sie sich doch in sehr vielen Punkten die Hand und es kann z. B. die Chemie so wenig der wichtigen physikalischen Lehren von der Wirkung der Wärme und des elektrischen Stromes entrathen, als die Physik der Kenntnisse von den chemischen Eigenschaften der Körper.

Eintheilung der Chemie.

§ 3. Die Experimentalchemie ist der Inbegriff der fundamentalen chemischen Lehrsätze und derjenigen Erscheinungen, aus welchen jene Lehrsätze gezogen sind. Daher ist sie nicht blos eine Wissenschaft, sondern auch eine Kunst; denn sie hat die praktischen Mittel und Wege zu zeigen, wie die chemischen Erscheinungen hervorzurufen und wie die Experimente zu leiten sind. In dieser Beziehung umfasst sie Synthese (Vereinigung) und Analyse (Zerlegung der Körper). So fern sie von jeder

Anwendung ihrer Lehrsätze absieht, ist sie reine, theoretische Chemie; wendet sie dieselben auf Künste und Gewerbe an, nennt man sie technische, und diese erhält wieder je nach den verschiedenen Gebieten, in denen ihre Anwendung statt findet, besondere entsprechende Bezeichungen. So hat man landwirthschaftliche, pharmaceutische, metallurgische Chemie u. s. w.

Die Chemie ist eine theils willkommene, theils unentbehrliche Hülfswissenschaft für alle Zweige der Naturwissenschaft, die nicht rein beschreibender Art sind. Für eine grosse Menge alltäglich vor unsern Sinnen auftretender Naturerscheinungen finden wir nur Aufschluss in der Chemie, und daher kommt es, dass das Studium dieser Wissenschaft in neuerer Zeit so schnellen und tiefen Eingang sich verschafft hat.

Einfache Körper.

§ 4. **Die einfachen**, richtiger **unzerlegten Körper**, unter denen sich von allen drei Aggregatzuständen: feste, flüssige und gasförmige befinden, belaufen sich gegenwärtig auf 63, wovon die mit * bezeichneten noch nicht im isolirten Zustand dargestellt sind. Wenige derselben finden sich in der Natur frei, d. h. im unverbundenen Zustande vor, die meisten in mehr oder weniger zusammengesetzten Verbindungen.

Die Namen der unzerlegten Körper sind:

Sauerstoff.	Lithium.	Lanthan.	Rhodium.
Wasserstoff.	* Caesium.	Didym.	Palladium.
Stickstoff.	* Rubidium.	Mangan.	Ruthenium.
Schwefel.	Barium.	Eisen.	Iridium.
Selen.	Strontium.	Chrom.	Osmium.
Tellur.	Calcium.	Uran.	Arsen.
Chlor.	Magnesium.	Nickel.	Antimon.
Brom.	Aluminium.	Kobalt.	Wismuth.
Jod.	Beryllium.	Zink.	Zinn.
* Fluor.	Yttrium.	Cadmium.	Titan.
Phosphor.	* Erbium.	Kupfer.	Tantal.
Kiesel (Silicium).	* Terbium.	Queksilber.	Niobium.
Bor.	Zirconium.	Blei.	Vanadium.
Kohlenstoff.	* Norium.	Silber.	Molybdän.
Kalium.	Thorium.	Gold.	Wolfram.
Natrium.	Cer.	Platin.	

Verbindungen der Körper.

§ 5. Nicht nur jeder der einfachen Körper ist im Stande, sich mit allen, mit vielen oder nur mit einigen der übrigen zu verbinden; auch die daraus entstandenen zusamnengesetzten Körper können zu neuen Verbindungen zusammentreten. Die Bedingungen, unter denen Verbindungen statt finden, willkührlich hervorzurufen, steht sehr häufig in unserer Gewalt; nur für viele Verbindungen, welche im thierischen oder Pflanzen-Körper sich bilden, ist es bis jetzt mit wenigen Ausnahmen noch nicht gelungen, die zu ihrer Bildung nothwendigen Umstände herbeizuführen.

Chemische Verwandtschaftskraft, Affinität.

§ 6. Die Ursache, dass die einfachen Körper sich unter einander verbinden können, sucht man in einer den Körpern inwohnenden Eigenschaft, der chemischen Verwandtschaftskraft oder Affinität. Wenn diese nichts anderes ist als die allgemeine Anziehungskraft, so offenbart sie sich wenigstens als eine besondere Modification; denn sie äussert sich einerseits nur zwischen ungleichartigen Körpern (im Gegensatz zur Cohäsion), andererseits wirkt sie nur auf unmerkbar kleine Entfernungen (Gegensatz zur Adhäsion). Daher ist für alle Stoffe, zwischen denen eine chemische Verbindung statt finden soll, die nothwendige Bedingung, dass sie in die innigste Berührung mit einander kommen. Der flüssige oder gasige ist der günstigste Aggregatzustand für diese Bedingung, daher das alte Princip: corpora non agunt nisi fluida. Inzwischen wirken auch feste Körper auf einander. [Beisp.: Kalk und Salmiak.]

Bedingungen für das Thätigwerden der chem. Verwandtschaft.

Das Bestreben, mit einem andern sich zu verbinden, ist nicht bei jedem einfachen Körper gleich gross, und während bei gewissen Gruppen (z. B. den Metallen der Alkalien) das kräftigste Vereinigungsbestreben zu andern Gruppen (z. B. der Salzbildner) hervortritt, zeigen die Körper beider Gruppen unter einander keine oder nur geringe Verwandtschaft. Aber selbst bei denjenigen Substanzen, die ein grosses Vereinigungsbestreben besitzen, macht sich dieses unter den verschiedensten Umständen nicht auf gleiche Weise geltend. Oft findet auch bei innigster Berührung derselben die Vereinigung doch nicht sogleich statt, es bedarf noch anderer Umstände, um die gleichsam schlummernde Verwandtschaftskraft zu erwecken, und dazu gehören bald Wärme, bald Licht, bald Kälte, bald Elektricität, bald die Anwesenheit gewisser Körper, deren blosse Berührung die Verbindung bewerkstelligt und die man deshalb **Contactsubstanzen** (s. § 31) nennt. [Beisp. für Wärme: Verbindung des Quecksilbers mit Sauerstoff bei etwa 400°; für Licht: Chlor mit Wasserstoff; für Kälte: Verbindung von Chlornatrium mit Wasser; für Contactsubstanzen: Wasserstoff mit Sauerstoff durch Platin.] Ein besonders günstiger Umstand für die Erregung der Verwandtschaftskraft ist der status nascendi, d. h. der Moment, in welchem ein Körper aus einer Verbindung frei wird. Substanzen, die sonst nur schwache Verwandtschaftskraft besitzen, äussern eine starke, wenn sie im statu nascendi sich befinden. [Beisp.: Arsen und Wasserstoff verbinden sich nur dann sogleich mit einander, wenn sie, im Ausscheidungsmomente aus andern Verbindungen begriffen, zusammentreffen.]

Dieselben Agentien, welche zur Bewerkstelligung einer Verbindung sich förderlich zeigen, sind andererseits oft im Stande, chemische Verbindungen aufzuheben, zu zersetzen. [Beisp.: Quecksilberoxyd wird durch Hitze, Silberoxyd durch Licht, Weingeist durch Platin, und die meisten Substanzen durch den galvanischen Strom zerlegt.]

§ 7. Ein absolutes Maass für die Affinitätsgrösse der Körper giebt es nicht und selbst ein und derselbe Stoff zeigt unter ungleichen Verhältnissen gegen einen und denselben andern Stoff wechselnde Stärke der Verwandtschaft, ja mit wechselnden Temperaturen können sich sogar die Verwandtschaftsverhältnisse umkehren (§ 260). Die einzigen Anhaltspunkte für die Beurtheilung der Affinitätsgrösse sind die Wärmeentwickelung beim Entstehen von Verbindungen und der Widerstand, welchen Verbindungen zersetzenden Einflüssen entgegenstellen. Einen Schluss auf die relative Verwandtschaftsstärke zweier Körper kann man aber nur machen auf Grund von Versuchen unter völlig gleichen Bedingungen.

Arten der Verwandtschaftsäusserung.

Für die Erscheinungen, welche die Aeusserungen der Affinität charakterisiren, hat man besondere Bezeichnungen gewählt. Im Allgemeinen gilt das Gesetz, dass ein mit stärkerer Verwandtschaftskraft begabter Körper einen mit schwächerer aus dessen chemischer Verbindung ausscheidet und an dessen Stelle tritt (**Substitution**). [Beisp.: schwefelsaures Kupferoxyd und Kali.] Abweichungen hiervon finden aber häufig statt je nach der Quantität des einen odes des andern in chemische Wechselwirkung tretenden Stoffes (Modific. durch Masse) [Beisp.: Chlormagnesium und Oxalsäure], je nach dem Aggregatzustande, in so fern sich zwei oder mehre der mit einander in Berührung gebrachten Substanzen vereinigt als fester unlöslicher Körper ausscheiden (Modific. durch Cohäsion) [Beisp: schwefelsaures Kupferoxyd und Oxalsäure]; je nach der Temperatur. [Beisp.: phosphorsaures Natron und Kieselsäure]

Die Erscheinung, dass durch einen Körper von stärkerer Verwandtschaft einer von schwächerer aus seiner chemischen Verbindung ausgeschieden wird, hat man mit dem Namen Wahlverwandtschaft bezeichnet, gleich als ob die Substitution des stärkern und die Ausscheidung des schwächern, also die Entstehung einer neuen Verbindung, durch freie Wahl der in Wirksamkeit tretenden Bestandtheile veranlasst wäre. Der Fall, dass von einer Verbindung, die aus zwei Körpern (a+b) besteht, der eine Bestandtheil a sich mit einem neu hinzugefügten Stoff c verbindet, während der andere Bestandtheil b frei wird, heisst einfache Wahlverwandtschaft. [Beisp.: Chlorbarium und Schwefelsäure.] Wird dagegen mit a+b eine andere chemische Verbindung, die aus c+d besteht, in Berührung gebracht und es tauschen diese beiden Verbindungen ihre Bestandtheile aus, so dass zwei neue Verbindungen a+d und b+c oder *a+c* und *b+d* entstehen, so ist dieser Umtausch eine Aeusserung der doppelten Wahlverwandtschaft. [Beisp.: chromsaures Kali und essigsaures Bleioxyd.] Hat eine Substanz a Verwandtschaft zu c, welches mit d zu c+d vereinigt ist, und bedarf es, damit a sich mit c verbinden könne, noch der Anwesenheit eines dritten Körpers, b, durch welchen die Scheidung des c von d erst vor sich geht, weil er Verwandtschaft zu der neu zu bildenden Verbindung a+c besitzt, so ist dies eine Erscheinung der prädisponirenden Verwandtschaft. [Beisp.: Zink, Schwefelsäure und Wasser.]

Wahlverwandtschaft, einfache, doppelte, prädisponirende.

§ 8. Für die Verbindung der Körper unter einander lassen sich folgende allgemeine Regeln angeben:

Verbindungen erster,

1) es verbindet sich gewöhnlich nur ein Grundstoff mit einem andern, und die daraus hervorgegangene Substanz ist eine Verbindung erster Ordnung, eine binäre. [Beisp.: Chlor mit Natrium, Schwefel mit Sauerstoff] Der Fall, dass ein einfacher Körper

sich mit einem zusammengesetzten verbindet, kommt bei unorganischen Stoffen selten vor.

zweiter,

2) Die Verbindungen erster Ordnung verbinden sich unter einander zu Verbindungen zweiter Ordnung. [Beisp.: Kali mit Schwefelsäure.]

dritter,

3) Die Verbindungen zweiter Ordnung verbinden sich unter einander oder mit Verbindungen erster Ordnung und die Producte sind Verbindungen dritter Ordnung. [Beisp.: schwefelsaures Kali mit schwefelsaurer Thonerde; schwefelsaure Kalkerde mit Wasser.]

vierter Ordnung.

4) Die Verbindungen dritter Ordnung endlich können sich noch mit Wasser oder selbst mit Verbindungen zweiter Ordnung zu Verbindungen vierter Ordnung vereinigen. [Beisp.: Alaun.]

Bei Verbindungen, die aus mehr als 2 Elementen bestehen, lassen sich nähere und entferntere Bestandtheile unterscheiden; z. B. der Zinkvitriol besteht aus Schwefelsäure und Zinkoxyd (nähere) und aus Schwefel, Sauerstoff und Zink (entferntere Bestandtheile).

Licht- und Wärme-entwickelung bei chem. Verbindung.

§ 9. Der Act jeder chemischen Verbindung ist von Wärme-, nicht selten auch von Lichtentwickelung begleitet und unter den irdischen Wärmequellen giebt es keine kräftigere als die durch chemische Verbindungen erzeugte. Je nach der Stärke der Verwandtschaft, welche zwischen den zu verbindenden Körpern obwaltet, ist die Wärme grösser oder geringer und die Grösse derselben dient uns zum Maassstab für die Verwandtschaft (§ 7). [Beisp.: Kalium und Sauerstoff; Schwefelsäure und Wasser; Kupfer und Schwefel.]

Gesetz der chem. Verbindungen.

§ 10. Sobald zwei Elemente sich mit einander zu einem neuen Körper vereinigen, sind dieselben in der neuen Verbindung in einem bestimmten und unveränderlichen numerischen Verhältnisse enthalten und es ist eben der Charakter einer chemischen Verbindung, dass sie stets in demselben Zahlenverhältnisse ihre einzelnen Bestandtheile enthält. Wo reines Kochsalz sich findet, da besteht es stets aus Chlor und Natrium in dem Verhältniss von 35,5 Chlor zu 23 Natrium, reines Wasser besteht stets aus Sauerstoff und Wasserstoff in dem Verhältniss von 8 Th. Sauerstoff zu 1 Th. Wasserstoff. Dieses Gesetz gilt nicht nur für die Verbindungen erster Ordnung, sondern auch für alle zusammengesetzten. Durch häufige und genaue Zerlegungen (Analysen) chemischer Verbindungen hat sich gezeigt, dass, wo ein Körper einen andern aus einer chemischen Verbindung ausscheidet und sich an dessen Stelle setzt (substituirt), dieses ebenfalls stets in einem bestimmten Verhältniss statt findet. Es verbinden sich stets 8 Gewichtstheile Sauerstoff mit 1 Th. Wasserstoff zu Wasser oder mit 31,68 Th. Kupfer zu Kupferoxyd; wird nun eine dieser Verbindungen, z. B. das Wasser, durch einen andern Körper, z. B. durch Kupfer, zerlegt, so substituiren sich an die Stelle des 1 Th. Wasserstoffs 31,68 Th. Kupfer, die sich mit den 8 Th. Sauerstoff verbinden; wenn die Zerlegung durch Schwefel geschähe, so würden 16 Th. Schwefel an die Stelle von 8 Th. Sauerstoff treten. Dieselbe Menge (16 Th.) Schwefel oder (31,68) Th. Kupfer verbinden sich aber auch unter einander und zwar in eben demselben Gewichtsverhältniss (16 : 31,68), in welchem sie sich mit dem Sauerstoff verbinden. Ein Gleiches gilt für die Verbindung aller Körper, die sich unter einander vereinigen können. Es ergiebt sich also für die chemischen Verbindungen der Körper unter einander folgendes Gesetz: das Verhältniss, in welchem sich bestimmte Gewichtsmengen zweier Körper mit einer constanten Gewichtsmenge eines dritten verbinden, ist dasselbe, in welchem sie sich mit der bestimmten Gewichtsmenge eines vierten, fünften u. s. w. und in welchem sie sich unter einander verbinden. Beispiele: Es verbinden sich je

Gesetz der chemischen Proportionen.

sowohl mit 8 Th. Sauerstoff	1 Th.	Wasserstoff	als auch mit 16 Th. Schwefel.
	35,5 -	Chlor	
	100 -	Quecksilber	
	28 -	Eisen	

und eben so vereinigen sich

1 Th.	Wasserstoff	mit	35,5 Th.	Chlor,
35,5 -	Chlor	-	100 -	Quecksilber,
- -	-	-	28 -	Eisen,

u. s. w.

Aequivalentzahlen.

Wenn man die Untersuchung in ähnlicher Weise auf alle übrigen Körper ausser den eben genannten ausdehnt, so findet man für jeden derselben eine gewisse Zahl, und diese gibt das Gewichtsverhältniss an, in welchem er sich mit dem angegebenen Gewichte der oben angeführten Körper verbindet oder einen derselben in einer Verbindung zu vertreten in Stande ist, also chemisch gleichwerthig (aequivalens) mit ihm genannt werden kann. Man hat deshalb diese Zahlen, welche die Gewichtsverhältnisse ausdrücken, in denen die Körper sich mit einander verbinden oder in einer Verbindung einander ersetzen können, die Aequivalente (auch Mischungsgewichte, besser Verbindungsgewichte) genannt. Sind demnach die Verhältnisse ermittelt, in welchen ein einziges Element mit jedem der übrigen eine Verbindung eingeht, so kennt man von selbst die Verhältnisse, in welchen die übrigen sich unter einander verbinden oder sich unter einander ersetzen. Wir sehen aus der obigen Zusammenstellung, dass dieselbe chemische Wirkung, die 28 Th. Eisen ausüben, wenn sie durch Quecksilber hervorgebracht werden soll, 100 Th. Quecksilber verlangt.

Einheit und Ausgangspunkt der Aequivalentzahlen.

§ 11. Da die Aequivalente nur relative Zahlen sind, so hat man einen der einfachen Körper als Ausgangspunkt genommen und ihm die Zahl 1 oder 100 gegeben. Auf diese beziehen sich dann die Zahlen der übrigen einfachen Körper. Es ist dazu ziemlich allgemein der Sauerstoff gewählt, weil dieser die meisten Verbindungen eingeht. Wenn es nun heisst, das Aequivalent des Wasserstoffs sei 12,5, das des Kupfers 396, so ist dabei zu ergänzen: das des Sauerstoffs = 100 gesetzt. Viele Chemiker bedienen sich jetzt des Wasserstoffs als Einheit, theils weil seine Aequivalentzahl von allen die kleinste ist, also auch die der übrigen entsprechend kleine Zahlen darstellen, theils weil man annahm, dass die Aequivalente aller übrigen Stoffe Multipeln in geraden Zahlen von dem des Wasserstoffs seien. Die letztere Annahme ist zwar durch die Erfahrung nicht bestätigt, immerhin aber sind die Zahlen, die sich auf die Einheit des Wasserstoffs beziehen, leichter dem Gedächtniss einzuverleiben und bequemer bei den Rechnungen zu handhaben. Deshalb sind sie auch in dem Nachfolgenden angewendet.

Es ist selbstverständlich gleichgültig, welche Einheit man zum Grunde legt, denn in der Relation jener Zahlen zu einander ändert sich nichts. Man muss aber beim Gebrauch derselben wissen, welche Einheit ihnen zum Grunde liegt. Die durch zahlreiche genaue Untersuchungen ermittelten Aequivalentzahlen pflegen tabellarisch zusammengestellt zu werden und zwar bezogen sowohl auf 100 Sauerstoff, wie auch auf 1 Wasserstoff als Einheit. Eine solche Tabelle findet sich auch am Ende dieses Buchs. Da die Verhältnisse der Aequivalentzahlen zu einander constant bleiben, so lässt sich durch eine einfache Division oder Multiplication die Aequivalentzahl eines Stoffes für die andere Einheit finden, wenn sie für die eine bekannt ist [z. B. das Aequivalent des Kohlenstoffs ist = 75 und das des Wasserstoffs = 12,5, wenn das des Sauerstoffs = 100 ist; folglich ist es $= \frac{75}{12,5}$, wenn das des Wasserstoffs = 1 genommen wird].

Verbindungen der Körper in mehren Verhältnissen.

§ 12. Alle Körper, selbst wenn sie die stärkste Verwandtschaft zu einander haben, verbinden sich doch nur in ihren Aequivalentzahlen. Die bisher angeführten Beispiele könnten die Vorstellung erwecken, als ob zwischen denselben zwei verschiedenen Körpern nur eine einzige Verbindung möglich sei. Dem ist nicht so. Allerdings verbindet sich manche Substanz mit einer andern nur in einem bestimmten Verhältniss, z. B. 23 Natrium mit 35,5 Chlor, andere dagegen gehen mit demselben Stoffe mehre Verbindungen ein [z B. der Stickstoff mit dem Sauerstoff], aber alle diese Verbindungen sind nicht nach irgend beliebigen Zahlenverhältnissen, sondern stets nach Multipeln der Aequivalente zusammengesetzt. Es verbinden sich z. B. Gewichtstheile:

Gesetz der multipeln Proportionen.

14 (1 Aeq.) Stickst. mit	8 Sauerst.	(1 Aeq.)	zu	Stickoxydul,
- - - -	16 -	(2 Aeq.)	zu	Stickoxyd,
- - - -	24 -	(3 Aeq.)	zu	salpetriger Säure,
- - - -	40 -	(5 Aeq.)	zu	Salpetersäure.

Und dies gilt nicht nur für die Verbindungen einfacher, sondern auch für die zusammengesetzter Körper; es liefert z. B. das Kaliumoxyd (§ 261) mit der Chromsäure (§ 498) dreierlei verschiedene Verbindungen, in deren zwei die Chromsäure in Multipeln ihres Aequivalentgewichts eintritt.

Die Thatsache, dass die Körper in Multiplis ihrer Aequivalente sich mit einander vereinigen, ist von hoher Bedeutung für die wissenschaftliche Entwickelung der Chemie geworden. Denn indem man dem Gesetzmässigen dieser Thatsache nachforschte und eine grosse Anzahl Zersetzungserscheinungen genauer studirte, haben sich neue Ansichten über die Zahlen, die man als geringste für das Verbindungsgewicht mancher Körper betrachten kann, herausgebildet, und diese Ansichten sind von grossem Einfluss auf die rasche Entwickelung besonders der organischen Chemie geworden. Wir werden am Ende dieses Buchs einen Blick darauf werfen, wenn wir gleichzeitig noch einige wichtige Lehren, die sich auf die Verbindungsart der Körper beziehen, erörtern werden.

Der Inbegriff aller Gesetze für die Verbindungsverhältnisse der Körper unter einander und die Anwendung, welche davon in der Berechnung chemischer Verbindungen und Zersetzungen gemacht wird, heisst Stöchiometrie (*στοιχεῖον* das Element, *μετρεῖν* messen).

§ 13. Resultate aus angestellten Untersuchungen, also Thatsachen waren es, welche zu der Annahme der Aequivalente und dem Gesetz der Verbindungen der Körper innerhalb der Aequivalente führten. Um aber von dieser Erscheinung, namentlich von der Verbindung eines Körpers mit Multipeln der Aequivalente eines andern, eine Erklärung zu geben, sucht man dieselbe als nothwendig begründet in den Eigenschaften der Materie selbst. Geht man nämlich von der Voraussetzung aus, dass die Materie nicht ins Unendliche theilbar zu denken sei, so gelangt man endlich zu kleinsten Theilchen, die man nicht weiter theilbar sich vorstellt und darum „Atome" nennt *). Angenommen nun, dass jeder einfache Körper aus einem Aggregat solcher Atome besteht, und das Gewicht jedes Atoms des einen Körpers nicht gleich mit dem Gewicht jedes Atoms des andern ist, dass vielmehr gerade die Zahlen, welche wir das Aequivalentgewicht der einzelnen Körper nennen, der Ausdruck für das Verhältniss sind, in welchem das Gewicht der Atome des einen Körpers zu dem Gewicht der Atome des andern steht, so ergiebt sich hieraus, dass man Atomgewicht und Aequivalentgewicht gleichbedeutend gebrauchen kann. Es folgt auch daraus, dass, die Verbindung der Körper unter einander — so fern sie in der Nebeneinanderlagerung und nicht in der Durchdringung der Materie besteht — nur innerhalb der Grenze der Atome vor sich gehen Atomtheorie.

---

*) Von *ἀ* privativ. und *τέμνω* schneide, zertheile.

könne und dass, wenn mehre Theile (Multipeln) des einen Körpers sich mit einem andern vereinigen, diese immer nur Multipeln der Atome jenes Körpers sein können. Es vereinigt sich dann 1 Atom des einen mit 1 Atom eines andern oder 2 Atome des einen mit 1 Atom eines andern, aber nie kann sich nach dieser Vorstellung $\frac{1}{2}$ oder $\frac{1}{4}$ Atom mit 1 Atom eines andern Körpers verbinden. Wenn daher der Fall eintritt, dass sich zwei Körper mit einander in dem Atomenverhältniss von $1 : 1\frac{1}{2}$ oder von $1 : \frac{1}{3}$ verbinden, so sagt man, es haben sich 2 Atome des einen mit 3 Atomen des andern, oder 3 Atome des einen mit 1 Atom des andern vereinigt. Aus dem Bisherigen folgt endlich noch, dass das Gewicht der Verbindung zweier Körper = der Summe ihrer (Aequivalente) Atomgewichte, oder wenn mehr als zwei Körper sich mit einander verbinden, das Gewicht der neuen Verbindung = der Summe der Atomgewichte der einzelnen Bestandtheile sein müsse.

Die bisher entwickelten Gesetze gelten für alle Stoffe und die angeführte Betrachtungsweise ging insonderheit vom Gewichtsverhältniss der Körper aus; die Verhältnisse, welche bei Verbindung von gasförmigen Körpern mit einander eintreten, lassen sich aber auch vom Volum aus ansehen und in dieser Beziehung sollen sie später (§§ 34. 47) erörtert werden.

Krystallisation. § 14. Aus dem flüssigen oder gasförmigen Aggregatzustande sind die meisten Körper, einfache wie zusammengesetzte, in den festen überführbar und wenn sie dabei ungestört der ihnen inwohnenden Kraft folgen können, so legen sich die Atome derselben zu regelmässigen, von symmetrischen Flächen begrenzten Gestalten — Krystalle genannt — an einander. Die Form derselben hängt wohl wesentlich von der Anordnung der Atome ihrer Bestandtheile ab. Es giebt viele chemische Verbindungen, die mit andern gleiche Krystallform (Isomorphie, ἴσος gleich, μορφή die Gestalt) besitzen, was von einer gleichen Anzahl auf gleiche Weise verbundener Atome hergeleitet wird.
Isomorphie. Solche Verbindungen sind meist zusammengesetzter, es wird aber alsdann die Eigenschaft, gleiche Krystallform zu besitzen, auch für die einfachen Stoffe, welche in der zusammengesetzten Verbindung den Isomorphismus bedingen, angenommen. Man hat mehre Gruppen isomorpher einfacher Stoffe kennen gelernt, von

denen jeder den andern innerhalb der Gruppe befindlichen in gewissen Verbindungen ersetzen kann, ohne dass die Krystallform der letztern sich ändert, und dieses ist das wichtigste Kriterium isomorpher Körper. Denn Verbindungen von gleicher Krystallform, aber ungleichartiger Zusammensetzung sind nicht isomorph [wie Alaun und Thonerde], und selbst ähnliche Zusammensetzung bei gleicher Krystallgestalt involvirt noch keine Isomorphie. [Beisp.: Bleiglanz und Kochsalz]

Die meisten Körper, welche krystallisiren, thun es in der Regel in derselben Gestalt, wenigstens in demselben Krystallsystem. Doch giebt es einige Körper, welche in zweierlei Formen krystallisiren, die sich nicht von demselben Krystallsystem ableiten lassen, und diese heissen dimorph (zweigestaltig δὶς-μορφή). Sind zwei Stoffe isomorph und zugleich dimorph, so nennt man sie isodimorph. [Beisp.: Antimonoxyd und arsenige Säure] Manche feste Körper scheinen die krystallinische Structur überhaupt nicht annehmen zu können, andere sind nur zeitweilig ohne krystallinische Form (amorph), und gehen entweder von selbst oder durch geeignete Behandlung in Krystalle über. Alle Körper ohne krystallinische Form nennt man amorphe. Dimorphie. Amorphie.

§ 15. Einige unzerlegte Körper besitzen in gewissen Zuständen so auffallende Verschiedenheiten ihrer Eigenschaften von den sonst gekannten, dass man sie für heterogene Substanzen halten würde, wenn die Identität ihrer chemischen Natur nicht anderweitig festgestellt wäre. Solche Modificationen nennt man Allotropien oder allotropische Zustände. [Beisp.: Kiesel, Phosphor, Kohlenstoff u. a.] Allotropie.

Findet sich eine solche Abweichung der Eigenschaften bei zusammengesetzten Körpern, so nennt man sie Isomerie. Isomere Verbindungen sind daher solche von gleicher chemischer Zusammensetzung und gleichem Atomgewicht, aber ungleichen Eigenschaften [Beisp.: Kieselsäure, Zinnoxyd]. Häufig findet sich dieser Fall bei organischen Verbindungen, jedoch der Art, dass bei gleicher Zusammensetzung ein verschiedenes Atomgewicht vorhanden ist und dann bezeichnet man diese Art Isomerie mit dem Namen Polymerie, oder wenn zwar bei gleicher Zusammensetzung auch gleiches Atomgewicht, aber notorisch andere Isomerie. Polymerie.

Metamerie. Zusammenfügung der Atome zu nähern Bestandtheilen nachweisbar ist, nennt man den Fall Metamerie.

Chemische Zeichen.

§ 16. Um die mannigfaltigen Verbindungen und Zersetzungen übersichtlicher und anschaulicher in der Schreibweise zu machen, hat man sich über eine Art stenographischer Zeichensprache geeinigt, die in allen neuern chemischen Schriften angenommen ist. Man hat für jeden der einfachen Körper ein Zeichen gewählt, und zwar gewöhnlich den Anfangsbuchstaben seiner lateinischen Benennung, welchem in einigen Fällen, wo mehre Körper mit demselben Buchstaben anfangen, noch der nächst folgende oder einer aus der Mitte des Namens hinzugefügt wird.

Ein jedes solches Zeichen bedeutet aber nicht blos den fraglichen Stoff, den es kennzeichnet, im Allgemeinen, sondern es bezeichnet 1 Aequivalent desselben, z. B. O bedeutet Sauerstoff (Oxygenium), C = Kohlenstoff (Carbonium), Cl = Chlor (Clhor), Cr = Chrom (Chromium, Cu = Kupfer (Cuprum), H = Wasserstoff (Hydrogenium), Hg = Quecksilber (Hydrargyrum), u. s. w. Will man Verbindungen der Körper unter einander bezeichnen, so setzt man die Zeichen derselben neben einander und bemerkt, wenn von dem einen Körper mehre Aequivalente in die Verbindung eingegangen sind, mit einer Zahl (als Exponent) die Quantität derselben, z. B. CuO = Kupferoxyd, SO^3 = Schwefelsäure (die aus 1 Atom Schwefel und 3 Atomen Sauerstoff besteht). Sind die Verbindungen zusammengesetzter, so pflegt man die einzelnen Glieder derselben, falls man dieselben als besondere kennt, durch + anzuschliessen, z. B. $KO\,SO^3 + ZnO\,SO^3$ = schwefelsaures Kali + schwefelsaures Zinkoxyd. Um aber die Bezeichnungen für die Verbindungen des Sauerstoffs und Schwefels, welche so häufig wiederkehren, zu vereinfachen, pflegt man die Anzahl der Aequivalente des Sauerstoffs mit Punkten (.) und die des Schwefels mit Strichen (') über dem Zeichen des Stoffes, mit welchem sich der eine oder andere verbunden hat, zu bezeichnen, z. B. $\dot{K}$ statt KO, $\dddot{S}$ statt SO^3, Cu statt CuO; $\overset{\prime}{Hg}$ statt HgS, $\overset{\prime\prime\prime\prime\prime}{K}$ statt KS^5. Um anzuzeigen, dass ein doppeltes Aequivalent eines Körpers in die Verbindung eingegangen sei, wird das Zeichen desselben durchstrichen, z. B. $\overset{\cdots}{\not{F}e}$ statt Fe^2O^3 = 2 At. Eisen + 3 At. Sauerstoff.

§ 17. Es ist seit lange üblich geworden, die sämmtlichen unzerlegten Körper in zwei Abtheilungen zu bringen, von denen die eine die Metalloide, die andere die Metalle umfasst. Diese Art der Eintheilung ist keine völlig wissenschaftlich berechtigte, weil kein allseitig scharfer Unterschied zwischen den Grenzgliedern der beiden Abtheilungen möglich ist. Daher findet man von dem Einen zu den Metalloiden Stoffe gezählt, welche ein Anderer zu den Metallen rechnet. Aber aus gewissen Rücksichten für den Unterricht kann jene Eintheilungsweise zweckmässig sein und aus diesem Grunde soll sie auch im Nachfolgenden beibehalten werden. Ein Gleiches gilt von der Anordnung der einzelnen Glieder beider Abtheilungen. Streng genommen sollte man die chemisch sich am nächsten stehenden Stoffe unmittelbar hinter einander abhandeln, z. B. nach dem Sauerstoff den Schwefel, das Selen und Tellur, nach dem Stickstoff den Phosphor. Aber auch hier walten nicht selten wichtige Zweckmässigkeitsgründe ob, von der wissenschaftlichen Consequenz etwas nachzulassen. Eintheilung der unzerlegten Körper.

Zur Abtheilung der Metalloide rechnen wir **vierzehn** Körper, welche nach der Aehnlichkeit ihrer chemischen Eigenschaften in mehre Gruppen gebracht werden können: Die Metalloide.

die Amphide: Sauerstoff, Schwefel, Selen, Tellur,	Stickstoff, Phosphor,	Kiesel, Bor, Kohlenstoff.
Wasserstoff,	die Halogene: Chlor, Brom, Jod, Fluor;	

Die Metalloide.

Die oben (§ 17) unter dem Namen Metalloide angeführten Stoffe unterscheiden sich im Allgemeinen von den Metallen dadurch, dass sie 1) nicht den eigenthümlichen Glanz wie diese besitzen, den man deshalb den Metallglanz nennt, 2) dass sie sehr schlechte Leiter der Wärme und Elektricität sind, 3) dass ihre Sauerstoffverbindungen überwiegend aus Säuren bestehen.

1. Sauerstoff (O = 8), Oxygenium.

Vorkommen. § 18. Er ist der verbreitetste Körper auf der Erde, fast ein Drittel der letztern besteht aus ihm. Er findet sich unverbunden in der Luft, gebunden im Wasser und fast in allen mineralischen, pflanzlichen und thierischen Körpern. Sein Name ist entlehnt von ὀξὺς und *γεννάω*, d. h. Säurenerzeuger (§ 24).

Darstellung § 19. Man kann ihn aus seiner Verbindung mit Quecksilber (Quecksilberoxyd) oder mit Mangan (Mangansuperoxyd, Braunstein), oder mit Chlor (Chlorsäure) darstellen. Erstere Methode ist für grössern Verbrauch zu theuer, die zweite (aus dem Braunstein) ist die wohlfeilste, liefert aber gewöhnlich stark mit Kohlensäure verunreinigten Sauerstoff. Am schnellsten und reichlichsten gewinnt man ihn aus dem chlorsauren Kali (einer Verbindung von Kaliumoxyd, KO, mit Chlorsäure, ClO^5) durch Erhitzen mit der Hälfte seines Gewichts gepulverten Braunsteins. Man erhält aus 100 Theilen chlorsauren Kalis 39 Gewichtstheile, aus 100 Theilen Quecksilberoxyd 8 Th., aus 100 Th. Braunstein 9,37 Th. Sauerstoff.

Fig. 1.

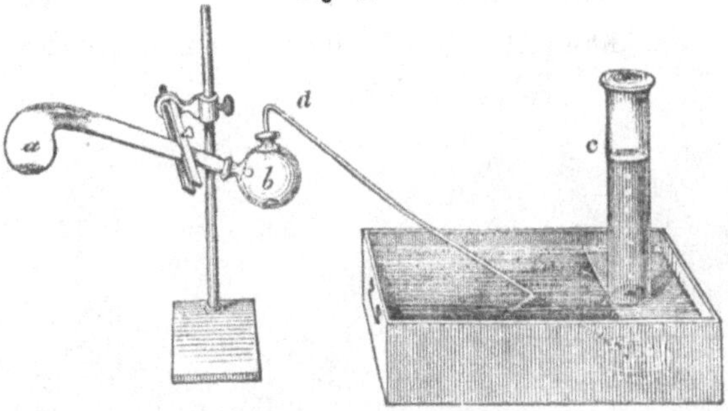

aus Quecksilberoxyd,

In der Retorte *a* (Fig. 1) befindet sich Quecksilberoxyd. Durch Erhitzen mit einer Weingeist- oder Gasflamme (§ 138) wird dasselbe zerlegt in Quecksilber, welches sich in der Vorlage *b* ansammelt, und in Sauerstoff, der durch das Rohr *d* entweicht und in dem Cylinder *c* über Wasser aufgefangen wird ($HgO = Hg$ und O).

Die kleine stabeiserne Flasche (Fig. 2), mit Braunstein (Mangansuperoxyd $\ddot{Mn}$) gefüllt, wird einer starken Glühhitze ausgesetzt. Der dadurch frei gemachte Antheil Sauerstoff entweicht durch die mit der Flasche verbundenen eisernen *b* und gläsernen *c* Röhren und wird durch die Oeffnung *i* in den Gasbehälter *G* geleitet ($3\ddot{Mn} = \dot{Mn}$, $\dddot{Mn}$ und $2O$).

Fig. 2.

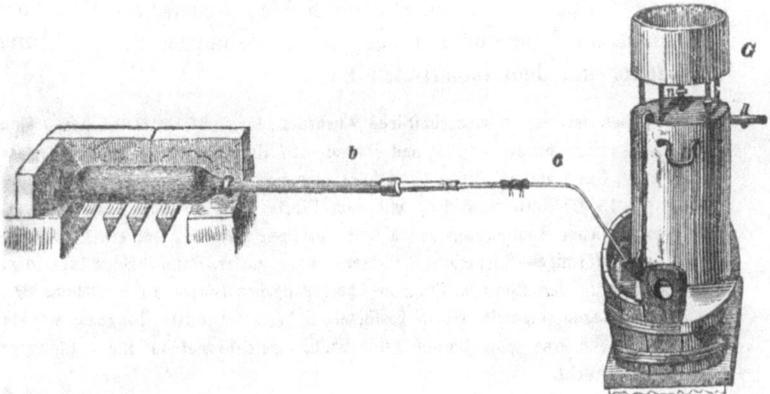

aus Braunstein,

Der gläserne Kolben *a* (Fig. 3) enthält ein Gemenge von chlorsaurem Kali ($\dot{K}\ddot{Cl}$) und Braunstein, durch Erhitzen wird das

Fig. 3.

aus chlorsaurem Kali.

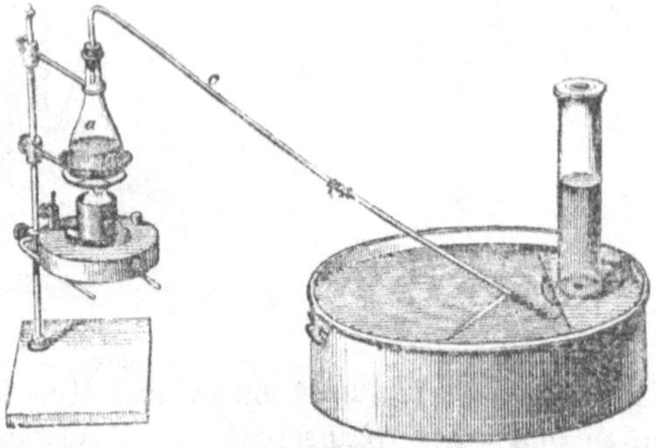

chlorsaure Kali in festes Chlorkalium, das im Kolben zurückbleibt, und in Sauerstoff, der durch das Rohr *c* entweicht, zerlegt ($\dot{K}\ddot{Cl}$ = KCl und 6 O), während der Braunstein (als Contactsubstanz) unverändert bleibt.

Eigenschaften. § 20. Der Sauerstoff ist ein farbloses, geruch- und geschmackloses Gas*) von 1,1057 spec. Gewicht, welches **permanent** (incoërcibel), d. h. bisher weder durch hohen Druck, noch durch die niedrigste Temperatur flüssig oder fest gemacht worden ist. Es wird nur in sehr geringer Menge vom Wasser aufgelöst (100 Vol. von + 18°C lösen 6,5 Vol. auf). Die bemerkenswertheste Eigenschaft des Sauerstoffgases ist die, dass es die Verbrennung auf das lebhafteste befördert. Glimmende Körper, z. B. glimmende Kohle, Feuerschwamm, verbrennen im Sauerstoff mit Flamme, angezündeter Schwefel und Phosphor mit dem intensivsten Licht.

---

*) Gas ist der wissenschaftliche Ausdruck für luftförmige Körper. Man pflegt bisweilen zwischen Gas und Dampf den Unterschied zu machen, dass man mit „Gas" einen Körper bezeichnet, der bei der gewöhnlichen Lufttemperatur (+ 15°C) luftförmig ist, mit dem Worte „Dampf" aber das Gas eines bei gewöhnlicher Temperatur festen oder flüssigen und erst bei erhöhter Temperatur luftförmigen Körpers. Richtiger ist es unter Dampf einen aus dem gasförmigen in den flüssigen Zustand übergegangenen Körper zu verstehen, der, in feine Bläschen zertheilt, einem gasförmigen beigemengt ist. Indessen werden die Ausdrücke Gas und Dampf sehr häufig gleichbedeutend für luftförmige Körper gebraucht.

Alle Stoffe, welche verbrennen, bedürfen dazu des Sauerstoffs; da das Athmen ebenfalls ein Verbrennungsprocess ist, so hat mit Rücksicht darauf der Sauerstoff den Namen „Lebenskraft" erhalten. Lebensluft.

So wie bei jedem chemischen Process Wärme entwickelt wird (so oben § 9), so besonders bei der Verbrennung im reinen Sauerstoff. Ein Körper, welcher in vermischtem Sauerstoff, z. B. in gewöhnlicher Luft verbrennt, entwickelt daher weniger Wärme, als im Sauerstoff verbrannt. [Beisp.: In einer angezündeten Aetherflamme schmilzt erst dann Platin oder Glimmer, wenn Sauerstoff hineingeblasen wird. Ein feiner Eisendraht, der in einer Weingeistflamme nur glüht, schmilzt, sobald er aus der Flamme in die Luft gebracht wird.] Viele Körper, die in der Luft erst bei einer sehr hohen Temperatur verbrennen, brauchen nur bis zu eben entstehender Glühhitze erwärmt zu werden, um im Sauerstoffgas mit Lebhaftigkeit zu verbrennen. [Eisen und mehre andere Metalle.] In dem Zustande, in welchem nach den oben erwähnten Darstellungsweisen der Sauerstoff gewonnen wird, verbinden sich nur wenige Körper bei gewöhnlicher Temperatur mit ihm, die meisten bedürfen dazu eines bestimmten höheren Wärmegrades; hat man sie bis zu diesem gebracht, so fahren sie dann durch die bei der Verbrennung entstehende Temperatur fort zu brennen. Hohe Wärme beim Verbrennen im Sauerstoff.

§ 21. Wenn Sauerstoff, so wie er nach einer der oben angeführten Methoden dargestellt ist, mit häufigen Entladungsfunken hochgespannter Elektricität oder zweckmässiger mit dem Durchgang stiller Entladungen behandelt wird, dann erhält er andere Eigenschaften, als er zuvor besass. Zwar ist er noch ein farbloses Gas, aber von durchdringend stechendem Geruch (daher Ozon genannt), übt einen heftigen Reiz auf die Schleimhäute der Nase und des Schlundes und tödtet kleine Thiere ziemlich schnell. Sein Vereinigungsbestreben ist nun in dem Maasse gesteigert, dass er sich bei niederer Temperatur mit Stoffen verbindet, gegen welche er vorher unempfindlich war und viele Körper aus Verbindungen abscheidet, die seiner Einwirkung vorher widerstanden. In dieser Beziehung wird er deshalb „activer" Sauerstoff genannt. Diese Activität behält das Gas ziemlich lange Zeit bei gewöhnlicher Temperatur, verliert aber dieselbe schneller bei höherer und augenblicklich bei 270°. So weit die Unter- Allotropie des Sauerstoffs. Ozon. Activer Sauerstoff.

suchungen jetzt reichen, hat man bei diesem Uebergang des Sauerstoffs in Ozon eine Volumverminderung beobachtet, ohne jedoch zu bestimmen, wie viel von dem angewendeten Sauerstoff ozonisirt worden war.

Ein Gas von gleichen Eigenschaften erhält man auch, theils wenn atmosphärische Luft eine Zeit lang über halb mit Wasser bedecktem Phosphor verweilt, theils durch Zersetzung gewisser Sauerstoffverbindungen (z. B. des Bariumsuperoxyds oder der Chromsäure) mit starker Schwefelsäure in gelinder Wärme, theils durch Elektrolyse des Wassers unter gewissen Bedingungen (s. unten § 41).

Die einfachste und bequemste Gewinnungsweise des Ozons ist das Verweilenlassen eines grossen Luftvolums über Phosphor und zu diesem Zweck richtet man mehre umfangsreiche Glasballons her, wenn es gilt, eine grössere Anzahl Versuche von längerer Dauer anzustellen.

Auf welche Weise man aber auch das Ozon darstellen möge, immer beträgt die Menge des in activen übergegangenen Sauerstoffs nur einen ganz geringen Bruchtheil des anwesenden. Verweilt Luft über Phosphor, so wird höchstens $^1/_{1300}$ derselben in Ozon verwandelt.

Ozonträger. Mehre organische Körper, in längerer Berührung mit Luft, besonders unter gleichzeitiger Einwirkung des Sonnenlichts, erlangen die Eigenschaft, gleich dem Ozon kräftige Oxydationswirkungen zu vollbringen, so z. B. das Terpenthinöl, Bittermandelöl u. a. und man sucht die Ursache davon in der Anwesenheit lose gebundenen Ozons, nennt daher solche Verbindungen ozonisirte. Dem Aether kann man diese Eigenschaft am schnellsten willkührlich ertheilen, wenn man ein wenig davon in eine geräumige lufthaltige Flasche giesst, ein erhitztes Bimssteinstück oder eine erhitzte Platinspirale zu wiederholten Malen einführt und zwischen jedem Einführen die zugepfropfte Flasche umschüttelt und frische Luft einbläst.

Reagentien für Ozon. Die Anwesenheit des Ozons lässt sich in äusserst geringen Mengen erkennen und man bedient sich dazu verschiedener Mittel. Für den Nachweis desselben unter Gasen wählt man gewöhnlich einen mit Jodkaliumlösung (§ 273) und Kleister getränkten Papierstreifen, für die mit Ozon beladenen organischen Körper entweder die weingeistige Auflösung des Guajakharzes (z. B für ozonisirte Oele), oder die angesäuerte wässerige Lösung eines chromsauren oder vanadinsauren Alkalis (für ozonisirtem Aether). Der Papierstreifen färbt sich in Ozon blau (s. § 97), weil Jod frei wird. Die Guajaklösung und die des chromsauren Alkalis werden ebenfalls blau, letztere von einer höhern Oxydationsstufe des Chroms (s. § 499) und die vanadinsaure Lösung färbt sich rosenroth.

Die Entstehung des Ozons durch Phosphor und in ozonisirten Oelen macht es wahrscheinlich, dass bei vielen in der Natur langsam und bei niedriger Temperatur vor sich gehenden Oxydationsprocessen ein Theil des in Wirksamkeit befindlichen Sauerstoffs nicht gebunden, sondern in Ozon umgeändert wird. Daher finden sich auch zeitweilig kleine Mengen Ozon in der atmosphärischen Luft. Es ist aber auch erklärlich, dass diese bald wieder verschwinden, da der active Sauerstoff leicht Stoffe in der Natur antrifft, an welche er wieder gebunden wird.

Geschichtliches der Verbrennungstheorie.

§ 22. Schon in den frühesten Zeiten nahm die Erscheinung der Verbrennung die Aufmerksamkeit der Forscher in Anspruch, der erste Erklärungsversuch aber, namentlich vom chemischen Standpunkte aus, war der des Georg Ernst Stahl (Anfang des 18. Jahrh.). Stahl nahm an, dass bei der Verbrennung eine (mit negativer Schwere begabte) Materie, das Phlogiston, entweiche und dadurch das Feuer verursache. Alle brennbaren Körper bestanden nach ihm aus einem unverbrennbaren Radical und dem Phlogiston, und wenn der Körper durch Wärme dieses Phlogistons beraubt wurde, so hiess er dephlogisticirt, wenn aber das Phlogiston an einen andern Körper übertragen wurde, dieser phlogisticirt. Gegen Ende des 18. Jahrhunderts wies Lavoisier, nachdem kurz vorher von Priestley und Scheele das Sauerstoffgas entdeckt war, nach, dass die Verbrennung in einer Verbindung des in der Luft enthaltenen Sauerstoffs mit dem brennbaren Körper bestehe und dass dieser genau um dieselbe Gewichtsmenge sich vergrössere, um welche ein gemessenes Volum Luft, in welchem die Verbrennung geschieht, sich vermindert. Dies war ein unwidersprechlicher Beweis gegen die Stahlsche Lehre vom Phlogiston und Lavoisier ist der Begründer der noch jetzt bestehenden Theorie von der Verbrennung, welcher man vorzugsweise die schnelle Entwickelung der Chemie verdankt.

Oxyde. § 23. Wenn sich der Sauerstoff mit einem brennbaren Körper verbunden hat, so wird das Product dieser Verbindung Oxyd (im weitesten Sinne), der mit dem Sauerstoff vereinigte Körper Radical genannt. Die Oxydation geschieht nicht bloss auf trocknem Wege, d. h. durch Erhitzen an der Luft oder in Sauerstoff oder durch Schmelzen mit Sauerstoff abgebenden Körpern, sondern auch auf nassem Wege durch Verbindungen, welche, mit andern in Berührung, Sauerstoff an diese abgeben, ja, manche Körper können sogar durch Erhitzen in Sauerstoff nicht, auf nassem Wege aber leicht, schon bei gewöhnlicher Temperatur oxydirt werden, z. B. das Silber durch Salpetersäure.

Verschiedene Methoden der Oxydation.

Die meisten oxydirbaren Körper verbinden sich nicht nur in einem, sondern in mehren Verhältnissen mit dem Sauerstoff, sie haben mehre Oxydationsstufen.

Eintheilung der Oxyde. § 24. Die Oxyde werden nach ihren chemischen Eigenschaften in zwei grössere Abtheilungen gebracht, von denen die eine die Basen, die andere die Säuren umfasst.

Basische Oxyde. Die basischen Oxyde sind solche, welche zu der andern Klasse von Oxyden — den Säuren — vorzugsweise Affinität zeigen und mit ihnen eine charakteristische und wichtige Kathegorie chemischer Verbindungen, die Salze, bilden (s. § 25). Man nennt sie auch elektropositive Oxyde, weil sie bei Zerlegung durch den elektrischen Strom an den negativen Pol sich begeben, und Basen, weil sie in ihrer Verbindung mit Säuren nicht selten vorzugsweise den Character (z. B. die Farbe, Wirkung u. s. w.) der Verbindung bestimmen, also gewissermaassen die Grundlage der Verbindung bilden. Obwohl man nicht minder häufig die Säuren als wichtig und maassgebend für den Charakter eines Salzes, demnach als Grundlage ansehen kann, so ist es doch nicht üblich geworden, den Namen Basen anders als für den elektropositiven Theil eines Salzes zu gebrauchen.

Oxydule. Wenn ein Körper mehre Verbindungen mit Sauerstoff eingeht, die basische Oxyde sind, so nennt man diejenige, welche die geringere Menge Sauerstoff enthält, Oxydul, die, welche die grössere Menge enthält, Oxyd (im engern Sinne s. § 23), und die zwischen diesen beiden liegende Oxydationsstufe Sesquioxyd

Oxyde. Sesquioxyde.

(richtiger Sesquioxydul). Die sauren Oxyde oder Säuren sind solche Körper, welche mit den eben genannten basischen Oxyden sich verbinden und wenn sie aus einer solchen Verbindung durch den elektrischen Strom ausgeschieden werden, am positiven Pole sich ausscheiden, daher auch elektronegative Oxyde genannt werden. Giebt es mehre Oxydationsstufen desselben Radicals, welche Säuren sind, so wählt man Bezeichnungsweisen wie sie später (§ 148 und 157) angeführt sind. Säuren.

Ausser den genannten giebt es noch eine Reihe von Oxyden, die indifferent genannt werden dürfen, insofern sie weder scharf charakterisirt sind als Basen noch als Säuren. Bei ihrer Bezeichnung ist man von dem Begriff des basischen Oxyds ausgegangen und hat sie Suboxyde und Superoxyde genannt. Danach sind Suboxyde solche Sauerstoffverbindungen, die, um Basen bilden zu können, noch Sauerstoff aufnehmen oder vom Radical etwas abgeben müssen; sie stehen also als Oxydationsstufen desselben Radicals rücksichtlich ihres Sauerstoffgehalts unter (sub) der Basis. Die Superoxyde sind der Gegensatz von den vorigen, sie müssen, um Basen zu werden, Sauerstoff abgeben oder vom Radical aufnehmen, sie stehen also rücksichtlich ihres Sauerstoffgehalts über (super) der Basis. Manche Superoxyde verhalten sich wie schwache Säuren und werden dann von Einigen auch so bezeichnet. [Beisp.: das Blei hat drei Oxydationsstufen, ein Suboxyd $\dot{P}b$, ein basisches Oxyd $\ddot{P}b$ und ein Superoxyd $\ddot{P}b$. Letzteres verbindet sich mit Basen und wird daher auch Bleisäure genannt.]

Suboxyde.

Superoxyde.

§ 25. Die Verbindung eines basischen Oxydes mit einem sauren (Säure) heisst ein Salz, und zwar Sauerstoffsalz zum Unterschied von später anzuführenden andern Arten von Salzen. Auch diese Verbindungen gehen selbstverständlich innerhalb der Gesetze der Aequivalente vor sich und werden unten (§ 242) genauer abgehandelt werden. Definition von Salzen.

§ 26. Die Bezeichnung der basischen Oxyde im Lateinischen ist folgende: entweder es wird aus dem Namen des Radicals ein Adjectiv gemacht und dieses zu oxydum, bioxydum, sub- oder superoxydum zugesetzt [Beisp.: oxydum cupricum, bioxydum, suboxydum plumbic., superoxyd. manganic.], oder man setzt zu der Bezeichnung des Radicals als Substantiv die Adjectiva „oxydulatum, oxydatum, superoxydatum." [Beisp.: cuprum oxydatum, hydrargyrum Nomenclatur der Sauerstoffverbindungen im Lateinischen.

oxydulatum.] Die Säurenbezeichnung geschieht nach der ersteren Weise, nur dass an die Stelle von oxydum das Wort acidum gesetzt wird. Giebt es mehre Oxydationsstufen eines Radicals, welche Säuren sind, so bekommen die Adjective die Endung osum, icum, sub—osum, sub—icum. [Beisp.: acidum sulphurosum, —icum, subsulphurosum, subsulphuricum, auf Deutsch: schweflige Säure, Schwefelsäure, unterschweflige Säure, Unterschwefelsäure.] Das Weitere s. unten § 148.

§ 27. Von allen einfachen Körpern, das Fluor ausgenommen, kennen wir Sauerstoffverbindungen, unter diesen sind die der Metalloide bei weitem zum grössten Theil Säuren, die der Metalle grösstentheils Basen. Wenn ein Radical in mehren Verhältnissen sich mit dem Sauerstoff verbindet, so pflegt mit der zunehmenden Quantität der Aequivalente des Sauerstoffs die Eigenschaft der Verbindung, mit Säuren sich zu vereinigen (die B a s i c i t ä t), abzunehmen, und die mit der höchsten Menge Sauerstoff verbundene Substanz ist oft selbst eine Säure. [Beisp.: 1 Aeq. Mangan bildet mit 1 Aeq. und mit $1\frac{1}{2}$ Aeq. Sauerstoff basische Oxyde, mit 2 Aeq. ein Superoxyd, mit 3 Aeq. und $3\frac{1}{2}$ Aeq. Säuren.] Bei den verschiedenen Verbindungen des Sauerstoffs mit einem und demselben Radical zeigt sich recht deutlich, wie die Verbindungen nach Multipeln der Aequivalente vor sich gehen; wir stellen die eben genannten Oxydationsstufen des Mangans in abgekürzter Schreibweise neben einander:

$\dot{Mn}$ Manganoxydul,	$\dddot{Mn}$ Mangansäure,
$\dddot{\overline{Mn}}$ Manganoxyd,	$\overset{\cdots\cdots}{\overline{Mn}}$ Uebermangansäure.
$\ddot{Mn}$ Mangansuperoxyd,	

Da durchschnittlich die Oxydule auf 1 At. Metall 1 At. Sauerstoff enthalten, bezeichnet man sie collectiv als M o n o x y d e = $\dot{R}$, gegenüber den S e s q u i o x y d e n = $\dddot{\overline{R}}$. In den Formeln bedeutet R irgend ein Radical.

2. W a s s e r s t o f f (H = 1), Hydrogenium.

Vorkommen. § 28. Im freien Zustand findet er sich in der Natur in der Regel nicht; sehr verbreitet in den organischen Verbindungen, und im Wasser, welches davon 11 pCt. seines Gewichts enthält. Daher sein Name (von ὕδωρ und γεννάω) „Wasser erzeugender" Stoff.

§ 29. Ganz rein gewinnt man den Wasserstoff durch Zerlegung des Wassers vermittelst des Metalls Natrium oder vermittelst des galvanischen Stroms (s. § 33). In einen mit Wasser gefüllten und über Wasser umgestürzten Cylinder (Fig. 4) bringt man ein Stück Natrium, welches mit dem Sauerstoff des Wassers sich verbindet und Wasserstoff frei macht (Na und HO = NaO und H). Darstellung.

Fig. 4.

In grössern Quantitäten stellt man ihn dar durch Uebergiessen von Zink oder Eisen mit Wasser und Schwefelsäure (Zn, $\dot{H}$ und $\dddot{S}$ = $\dot{Z}n\dddot{S}$ und H). Der auf die letztere Weise dargestellte Wasserstoff ist aber mehr oder weniger unrein und enthält, namentlich wenn die Darstellung aus Gusseisen oder Stabeisen geschah, eine übelriechende andere Gasart beigemengt, von welcher man ihn befreien kann, wenn man das sich entwickelnde Gas durch Gefässe mit Alkohol oder Schwefelsäure und dann durch ein anderes mit Kalilösung leitet. Auch das aus Zink bereitete Gas muss gewaschen werden. In der Flasche *a* (Fig. 5) befindet sich gekörntes Zink mit Wasser übergossen, durch den Trichter *b* wird mässig verdünnte Schwefelsäure zugesetzt. Das entwickelte Wasserstoffgas entweicht durch das Rohr *e* in die Vorlageflasche und aus dieser durch das Rohr *c*.

Fig. 5.

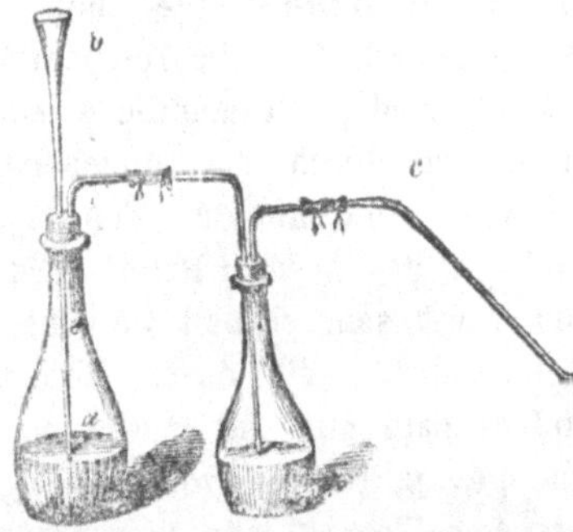

Vermöge Hindurchleitens von Wasserdampf durch ein rothglühendes mit Eisendraht gefülltes Porzellanrohr kann ebenfalls Wasserstoff dargestellt werden; auch bei dieser Operation nimmt das Metall Eisen, wie im vorigen Versuch das Zink, den Sauerstoff des Wassers auf und dadurch wird Wasserstoff frei.

§ 30. Wasserstoff ist ein farbloses, geruch- und geschmackloses, permanentes Gas von 0,0691 spec. Gewicht. Es ist der leichteste aller Körper und darauf beruht die Anwendung desselben zur Luftschiffahrt (Aëronautik). Im Wasser löst sich das Gas nur Eigenschaften.

höchst unbedeutend, darum kann man es über Wasser auffangen. Es ist leicht entzündlich, brennt, wenn es rein ist, mit kaum sichtbarer, aber sehr heisser Flamme, durch welche ein hineingehaltener feiner Platindraht hellleuchtend gemacht wird. Es kann das Verbrennen und Athmen nicht unterhalten, obgleich es nicht giftig ist. Thiere sterben darin nach einiger Zeit; mit Sauerstoff gemischt, bringt es beim Einathmen Schläfrigkeit hervor. Mit einem passenden Volum atmosphärischer Luft oder Sauerstoffgas gemengt giebt das Wasserstoffgas ein beim Anzünden detonirendes Gemenge, Knallluft. Dieses Gemenge ist stets vorhanden, wenn die Entwickelung des Wasserstoffs im obigen Apparat (Fig. 5) eben begonnen hat und die Luft in der Flasche *a* noch nicht völlig durch Wasserstoff verdrängt ist. Man darf daher das ausströmende Gas nicht früher anzünden, als bis die Entwicklung einige Zeit gedauert hat, sonst kann leicht durch die Detonation eine Zertrümmerung des Apparats eintreten. Werden die beiden Gase in dem Verhältniss von 2 Vol. Wasserstoff auf 1 Vol. Sauerstoff gemengt und angezündet, so findet die Vereinigung derselben zu Wasser unter heftiger Explosion statt, indem das Wassergas durch die hohe Temperatur einen weit grössern Raum als seine beiden Bestandtheile einnimmt, sogleich wieder durch die umgebende kalte Luft sich verdichtet und nun die atmosphärische Luft schnell in den leeren Raum nachdringt.

Fig. 6.

Chemische Harmonika.

Man kann durch sehr schnell auf einander folgende Detonationen, die durch Mengen kleiner Wasserstoffpartikeln mit Luft und Entzündung dieses Gemenges in Röhren von verschiedener Länge entstehen, eine Reihe von Tönen hervorrufen, welche man chemische Harmonika genannt hat.

Wärmeentwicklung beim Verbrennen des Wasserstoffs.

Die Temperatur, welche beim Verbrennen der Knallluft erzeugt wird, ist eine der höchsten, welche man erreichen kann; es schmelzen durch sie Substanzen, die sonst bei keiner Temperatur schmelzbar sind, als Kieselerde, Thonerde, Platin, andere leuchten dabei mit höchst intensivem Lichte, namentlich die Kalkerde. Man benutzt daher diese Eigenschaft, theils um schwer schmelzbare Metalle, wie Platin, zu giessen, theils um hell und weithin leuchtende Signale zu geben (Drummond's Siderallicht) oder überhaupt bedeutende Lichteffecte zu erhalten. Um die Verbrennung der beiden Gasarten im Verhältniss von 2 : 1 Volumen zu bewirken, lässt man aus zwei Gasbehältern, aus dem einen Sauerstoff, aus dem andern Wasserstoff, in einen Hahn strömen, der aus zwei concentrischen Metallröhren besteht (Daniellscher Hahn). Mit der Knallgasgebläse.

Fig. 7.

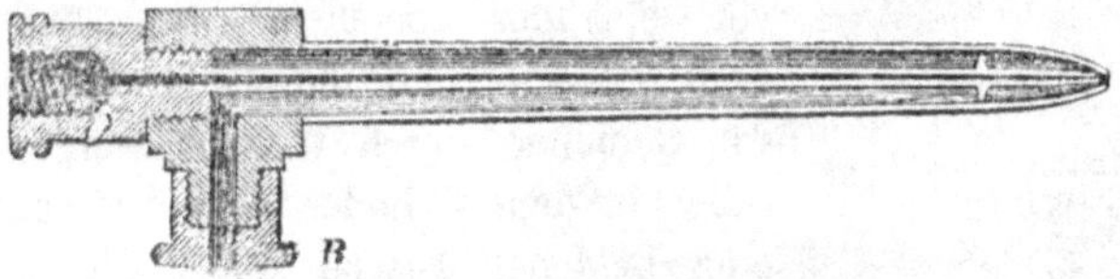

Schraube *A* (Fig. 7) wird der Hahn auf dem Sauerstoffbehälter aufgeschraben und durch *B* strömt das Wasserstoffgas ein. Soll

Fig. 8.

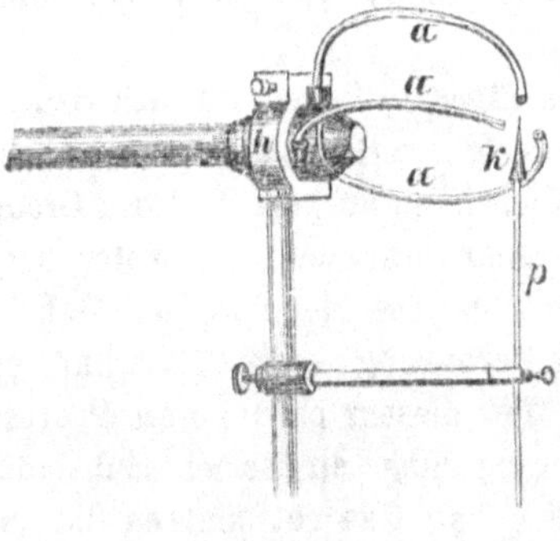

Kalkerde durch Knallgas erhitzt werden, so schiebt man auf die Spitze des Hahns eine kleine Hülse *h* (Fig. 8), in welcher drei Arme *a* das Knallgas so vertheilen, dass es von drei Seiten auf den Kalkcylinder *k* strömt, der sich auf dem Platindraht *p* höher und niedriger stellen lässt.

Unter allen Gasen besitzt der Wasserstoff das beste Wärmeleitungsvermögen, und zwar um so besser, je verdichteter er ist, und da er auch die Elektricität besser als alle andern Gase leitet, und in seinen Verbindungen mit andern einfachen Körpern vorzugsweise die Rolle eines positiven Radicals spielt, so steht er den Metallen näher als den Metalloiden.

§ 31. Dieselbe Oxydation, die der Wasserstoff beim Anzünden erleidet, kann auch durch andere Mittel bewirkt werden, nämlich durch den elektrischen Funken und durch fein vertheiltes Platinmetall (Platinschwamm). Von beiden macht man Gebrauch sowohl bei wissenschaftlichen Untersuchungen als im praktischen Leben; für letzteres sind zwei Arten Zündmaschinen construirt. Entzündung des Wasserstoffs durch Elektricität, in deren einer Wasserstoff durch den elektrischen Funken, in der andern durch Platin entzündet wird. Die Verbindung des Wasserstoffs mit Sauerstoff bei wissenschaftlichen Untersuchungen bewerkstelligt man gewöhnlich in einem starken Glasröhre *a* (Fig. 9),

Fig. 9.

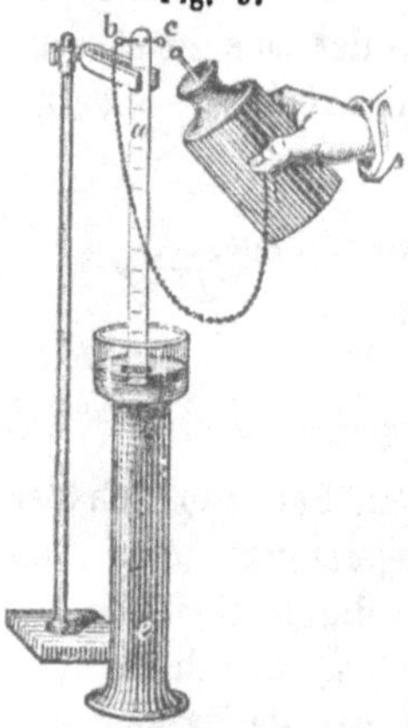

an dessen oberem geschlossenem Ende zwei Platindrähte *b* und *c* luftdicht eingeschmolzen sind, deren Spitzen im Innern des Rohres einander gegenüber und nur wenig von einander abstehen. Man füllt das Rohr mit Sauerstoff und Wasserstoff, sperrt das Gemenge durch Wasser oder Quecksilber in dem Cylinder *e* ab und entladet eine Leidener Flasche durch die Drähte. Man hat diese Röhren Eudiometerröhren genannt, weil in ihnen zuerst die gute Beschaffenheit (d. h. wesentlich der Sauerstoffgehalt) von Luft bestimmt wurde.

Die Eigenschaft, das Wasserstoffgas in Berührung mit Sauerstoff zu entzünden, besitzen mehre fein vertheilte metallische und nicht metallische Körper, keiner aber in so ausgezeichnetem Grade wie das metallische Platin, und zwar besonders das unter dem Namen Platinschwamm bekannte poröse Metallpulver. Sobald es mit Wasserstoff und Luft in Berührung kommt, erglüht es und entzündet den Wasserstoff. Bei diesem chemischen Process erleidet das Platin keinerlei Veränderung an seiner Substanz, weder verliert es noch gewinnt es an Gewicht und es ist im Stande, dieselbe Wirkung unzählige Male auszuüben, wenn seine reine metallische Natur ihm erhalten bleibt. Es ist also in Bezug auf Wasser- und Sauerstoff (aber auch im Allgemeinen) das Platin eine Substanz, welche durch ihren blossen Contact energische chemische Processe zu bewerkstelligen vermag. Insofern die letztern auch in Zersetzungen (κατὰ-λύειν) bestehen, können die Contactsubstanzen auch katalytische Stoffe genannt werden.

durch Platinschwamm. **Contactwirkung.**

Die anscheinend räthselhafte Wirkung der Contactkörper lässt sich wohl am einfachsten auf das Fundamentalgesetz der Anziehung zurückführen. Wenn zwei Atome verschiedener Körper (mit Verwandtschaft zu einander) sich innerhalb ihrer chemischen Wirkungssphäre befinden, so muss ihre gegenseitige Anziehung anders sein, als wenn noch ein drittes Atom daneben liegt, welches seinerseits auf beide Anziehung ausübt. Ist durch die Resultante der drei Anziehungskräfte die Verbindung der beiden Atome erfolgt, so verschwinden sie in Folge des Aggregatzustandes der entstandenen Verbindung aus jener Sphäre des unverändert gebliebenen dritten. Es können neue Atome an ihre Stelle treten und derselbe Process könnte unendlich oft sich wiederholen, wenn keine andern Ursachen der Störung einträten.

Verbindungen des Wasserstoffs mit Sauerstoff.

§ 32. Wir kennen bestimmt zwei Oxydationsstufen des Wasserstoffs, die niedrigere besteht aus 1 Aeq. Wasserstoff mit 1 Aeq. Sauerstoff und heisst Wasser, die andere besteht aus 1 Aeq. Wasserstoff mit 2 Aeq. Sauerstoff und heisst Wasserstoffsuperoxyd. Das Wasser ist von beiden das wichtigste Oxydationsproduct und entsteht stets, wenn Wasserstoffgas direct in hoher Temperatur sich oxydirt. Daher trifft man es auch unter den Verbrennungsproducten der meisten organischen Stoffe, weil diese mehr oder weniger Wasserstoff in ihrer Zusammensetzung enthalten. [Versuch: ein Licht unter eine Glasglocke stellen.]

Wasser.

§ 33. Dass das Wasser kein Element (einfacher Stoff) sei, wie man früher annahm, kann sowohl durch Zerlegung desselben in seine Bestandtheile (durch Analyse), wie durch Zusammensetzung aus seinen Bestandtheilen (durch Synthese) bewiesen werden.

Analyse desselben.

Fig. 10.

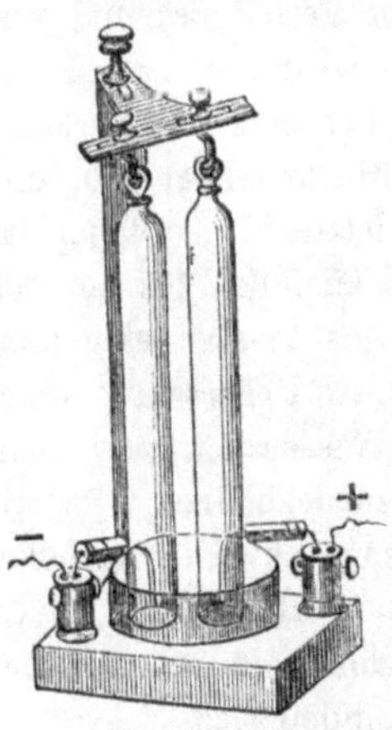

Fig. 11.

Um das Wasser in seine Bestandtheile zu zerlegen, bedient man sich am besten der Elektricität (Contactelektricität), und zwar indem man die Elektrolyse in einem Apparat, wie dem nebenstehenden (Fig. 10), vornimmt, welcher das Gas am negativen Pol gesondert von dem am positiven aufzusammeln gestattet oder in einem Apparat, wie Fig. 11, in welchem durch die Platinpole *c c* das Wasser in seine Bestandtheile zerlegt wird, und diese unmittelbar darnach vermittelst des elektrisch glühend gemachten Drahtes *p* wieder vereinigt werden.

Synthese des Wassers.

Um Wasser synthetisch zu bilden, verbrennt man Wasserstoffgas in Sauerstoffgas unter einer ganz trocknen Glocke (Fig. 12),

Fig. 12.

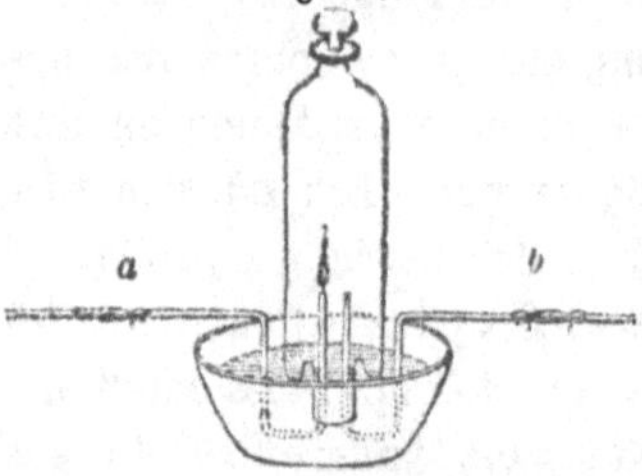

indem man durch das Rohr *a* Wasserstoff und durch *b* Sauerstoff einströmen lässt, den Wasserstoff vorher anzündet und in der dann übergestülpten Glocke das gebildete Wasser sammelt. Will man aber zugleich erfahren, in welchem Maassverhältnisse die beiden Gasarten sich verbinden, so wendet man ein Eudiometerrohr (s. oben Fig. 9) an, in welchem man eine bestimmte Masse Sauerstoffgas und Wasserstoffgas hineintreten lässt, über Quecksilber abgesperrt. Man vereinigt dann beide Gase entweder durch den elektrischen Funken oder durch sogenannte Platinpillen, welche aus 1 Th. Platinschwamm und 4 Th. Pfeifenthon geknetet, langsam getrocknet und vor der Anwendung ausgeglüht werden. Bei Benutzung der Platinpillen kann statt des Eudiometerrohres ein in bestimmte Maasstheile getheiltes (calibrirtes) Glasrohr ohne Platinspitzen dienen. Die analytische sowohl als die synthetische Untersuchung zeigen, dass auf zwei Raumtheile Wasserstoff 1 Raumtheil Sauerstoff nöthig ist, wenn sich Wasser bilden soll. Mengt man daher die beiden Gase über Quecksilber in diesem Verhältniss und vereinigt sie, so bildet sich Wasser, dieses wird tropfbar flüssig (condensirt sich sogleich) und nimmt in diesem Zustande kaum $1/_{2000}$ des Raumes ein, den seine Bestandtheile einnahmen, und nach der geschehenen Vereinigung dieser letztern wird daher das Quecksilber den ganzen Raum des Rohres ausfüllen bis auf den Raum, welchen die geringe Menge gebildetes Wasser einnimmt. Hat man aber von dem einen oder andern Gase Ueberschuss angewandt, z. B. 20 Vol. Sauerstoff auf 20 Vol. Wasserstoff, so werden 10 Vol. Sauerstoff im Rohre unverbunden zurückbleiben. Da wir das Raumverhältniss, in welchem die beiden Gase sich verbinden, und ihr spec. Gewicht kennen, so lässt sich aus diesen beiden Factoren auch das Gewichtsverhältniss berechnen, in welchem das Wasser zusammengesetzt ist: denn es verbinden sich

2 Vol H (mit dem spec. Gew. von	2.0,0691)	=	0,1382
mit 1 Vol O - - - - -	(1,1057)		1,1057
die Summe der Verbindungstheile ist			1,2439 Wasser.

Zusammensetzung des Wassers dem Gewichte nach.

Da nun in 1,2439 Wasser 0,1382 Wasserstoff enthalten sind, so sind in 100 Th. 11,11 Th. Wasserstoff, also 88,89 Th. Sauerstoff enthalten. Aus diesem Verhältniss aber folgt zugleich, dass das Aequivalentgewicht des Wasserstoffs 12,5 sei, wenn man das des Sauerstoffs = 100 setzt, oder dass das Aequivalent des Sauerstoffs = 8 sei, wenn man das des Wasserstoffs = 1 setzt denn wenn 88,89 O sich mit 11,11 H verbinden, so vereinigen sich 100 Th. Sauerstoff mit 12,5 Wasserstoff, oder wenn 11,11 Th. Wasserstoff sich mit 88,89 Th. Sauerstoff vereinigen, so verbindet sich 1 Th. Wasserstoff mit 8 Th. Sauerstoff.

Wasserbildung vermittelst der reducirenden Eigenschaft des Wasserstoffs.

Am bequemsten und sehr genau für die Gewichtsermittlung geschieht die Verbindung des Wasserstoffs mit solchem Sauerstoff, der in gewissen Oxyden, z. B. Kupferoxyd, Eisenoxyd u. a. gebunden ist. Leitet man über solche schwach glühend gemachte Oxyde trockenes Wasserstoffgas, so verbindet sich dieses mit dem Sauerstoff der Oxyde und das auf diese Art entstandene Wasser lässt sich in geeigneten Apparaten auffangen und wägen. Das seines Sauerstoffs beraubte Oxyd ist zu Metall geworden, oder, wie man sich ausdrückt, „reducirt", und der Wasserstoff hat die Reduction bewerkstelligt. Diese Operation führt man am zweckmässigsten in einem Apparat wie Fig. 13 aus, in welchem *F* der

Fig. 13.

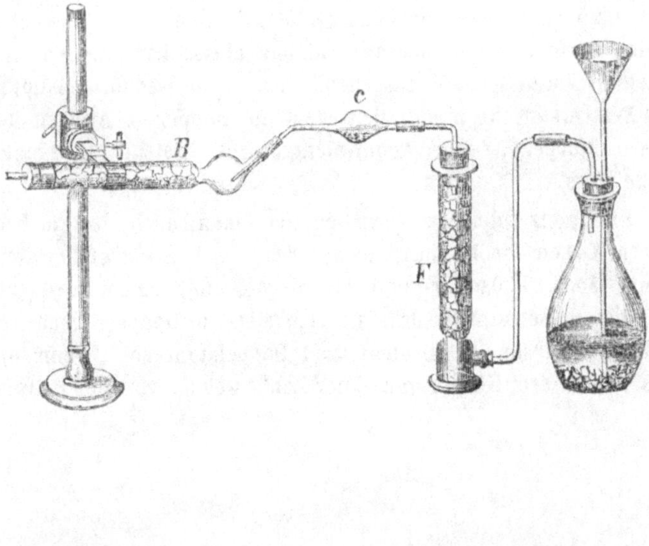

Trocknenapparat (ein Chlorcalciumrohr oder mit Schwefelsäure befeuchteter Bimsstein), *c* die Reductionsröhre und *B* der zum Aufsammeln des Wassers bestimmte Theil ist. Es ist einleuchtend, dass aus dem Gewichtsverlust des Oxydes und dem Gewicht des Wassers die relativen Mengen der beiden Zusammensetzungsbestandtheile des Wassers sich ergeben und dass aus ihnen auf analoge Art wie vorher das Aequivalent des Wasserstoffs berechnet werden kann. [Gesetzt es haben 10 Th Kupferoxyds bei der Reduction 2 Th. Verlust erlitten und das aufgefangene Wasser betrage 2,25 Th.: dann sind in 2,25 Th. 0,25 Th. Wasserstoff, also in 100 Th. 11,11 Th. enthalten.]

Verhältniss von Atom und Volum.

§ 34. Nimmt man an, dass bei den Gasarten gleiche Raumtheile gleich viele Atome enthalten, so wird das specifische Gewicht derselben zugleich das Verhältniss ihrer Atomgewichte anzeigen, denn wenn ein bestimmtes Volum eines Gases doppelt so viel wiegt, als ein gleich grosses eines andern, so müssen in ersterem doppelt so schwere Atome enthalten sein, es werden also die specifischen Gewichte derselben ihr relatives Atomgewicht angeben [Beisp.: O = 1,1057, H = 0,0691 = 16 : 1]; und reducirt man ihre specifischen Gewichte von der Einheit der atmosphärischen Luft auf die des Sauerstoffs = 100, so geben die gefundenen Zahlen unmittelbar das Atomgewicht an. Beisp.: das specifische Gewicht des Sauerstoffs ist = 1,1057, das des Wasserstoffs = 0,0691, es verhält sich also

$$1{,}1057 : 0{,}0691 = 100 : 6{,}25.$$

Das Atomgewicht des Wasserstoffs würde hiernach = 6,25, nicht 12,5 sein, was wir oben (§ 33) als Aequivalent desselben kennen lernten. Von der am Anfange dieses Paragraphen aufgestellten Voraussetzung ausgehend, kann man deshalb behaupten, der Wasserstoff verbinde sich stets in doppelten Atomen mit andern Körpern, sein Aequivalentgewicht bestehe aus einem Doppelatom.

Ein ganz gleiches Verhalten hat man auch bei mehren andern Gasen beobachtet, namentlich beim Stickstoff, Chlor-, Brom-, Jod-, Phosphor- und Arsenikgas, und darum wird auch von diesen behauptet, dass sie sich stets in Doppelatomen verbinden, dass ihr Aequivalent = 1 Doppelatom sei. Denn niemals gehen drei Körper mit jener Zahl, welche von der Betrachtung des Volums aus, als ihr Atomgewicht sich ergiebt, als Minimum Verbindungen mit einem Aequivalent eines andern Stoffes ein, sondern stets in dem Doppelten, so weit unsere Erfahrungen bis jetzt reichen. Es vereinigen sich z. B. nie 6,25 Gewichtstheile Wasserstoff mit 100 Th. Sauerstoff, sondern wenigstens 12,5 Gewichtstheile; ferner verbindet sich immer 1 Th. Wasserstoff mit 35,5 Th. Chlor zu 1 Atom Chlorwasserstoff, nie 0,50 Th. Wasserstoff mit 17,75 Th. Chlor.

Macht man also die Voraussetzung, dass gleiche Volumina gasförmiger Körper gleich viel Atome enthalten, so ist zwar ein Unterschied zwischen dem Atomgewicht mancher Körper und dem Aequivalentgewicht derselben zu machen, und wenn dieses in der Formel ausgedrückt werden soll, so sind die Zeichen der fraglichen Körper zu durchstreichen, z. B. Wasser = $\dot{\not{\mathrm{H}}}$, Chlorsäure = $\overset{\cdot\cdot\cdot\cdot\cdot}{\not{\mathrm{Cl}}}$. Aber die geringste Menge, innerhalb welcher ein solcher Körper Verbindungen eingeht, ist gleich dem Doppelten seines Atomgewichts.

Einfache Beziehung vom Volum zum Aequivalent.

§ 35. Dass die gasförmigen Körper, welche sich mit einander zu verbinden im Stande sind, stets in sehr einfachen Volumverhältnissen sich mit einander vereinigen, ist ein Erfahrungsgesetz, und weil alle Körper innerhalb der Aequivalente sich verbinden, müssen natürlich die Volumverhältnisse in einfacher Beziehung zu den Aequivalenten und Atomgewichten stehen. Da indess die Anschauungsweise, welche eine Spaltung des Aequivalentgewichts mehrer Körper (Wasserstoff, Stickstoff, Chlor, Brom, Jod, Fluor, Phosphor, Arsenik) in zwei Atomgewichte hervorgerufen hat, so bedeutungsvoll sie auch für die wissenschaftliche Behandlung der Chemie ist, dennoch für die gewöhnlichen stöchiometrischen Rechnungen kaum Anwendung findet, so scheint es zweckmässig, für die eben genannten Körper Aequivalent und Atomgewicht gleichbedeutend zu nehmen und das chemische Zeichen jener Körper nicht zu durchstreichen, um das Aequivalentgewicht derselben anzudeuten. Danach ist H = 1 das Symbol für 1 Atom = 1 Aequivalent Wasserstoff und $\dot{\mathrm{H}}$ = 9 = 1 Aequivalent Wasser, wenn das Aequivalent des Wasserstoffs = 1 gesetzt wird.

Volumentheorie.

§ 36. Diese Theorie, welche man im Gegensatz zu der früher (§ 10. 11) entwickelten Aequivalenttheorie die Volumentheorie nennt, ist fast zu derselben Zeit aufgestellt, als das Gesetz der multipeln Proportionen entwickelt wurde. Man beobachtete, dass, während die gasförmigen Körper in sehr einfachen Volumverhältnissen sich verbinden, das Volum der entstandenen Verbindung selten die Summe der Volumina der Bestandtheile einnimmt, gewöhnlich ist Verdichtung (Zusammenziehung) eingetreten, äusserst selten (bis jetzt nur beim Zinnober angenommen) Ausdehnung. Aber auch bei dieser Veränderung waltet stets ein einfaches Verhältniss ob. [Beisp.: 2 Vol. H + 1 Vol. O = 2 Vol. Wassergas, Verdichtung von 3 : 2 ($\frac{2}{3}$ des Ganzen).]

Aequivalentvolum.

Der numerische Ausdruck für den Raum, welchen 1 Aequivalent einer einfachen Substanz oder einer Verbindung im gasförmigen Zustande einnimmt, heisst das Aequivalentvolum desselben. Da sich, um 1 Aequiv. Wasser zu bilden, 2 Vol. Wasserstoff und 1. Vol. Sauerstoff mit einander verbinden müssen, und da nach unserer früheren Annahme 1 Aeq. Wasser aus gleichen Aequivalenten Sauerstoff und Wasserstoff besteht, so folgt daraus, dass das Aequivalentvolum des Wasserstoffs = 2 und das des Sauerstoffs = 1 ist. Da ferner diese drei Volume beider Gase, verbunden, 2 Vol. Wasser = 1 Aequivalent geben, so ergiebt sich das Aequivalentvolum des Wassers = 2. Auf ähnliche Weise hat man gefunden, dass die Aequivalentvolumina des Stickstoffs, Chlors u. s. w. = 2, das des Schwefels = 1 sind.

Bestimmung des spec. Gewichts von Gasen,

§ 37. Aus letztern Erörterungen leuchtet ein, dass die genaue Kenntniss des specifischen Gewichts der Gase einfacher Körper für gewisse theoretische Fragen von grosser Wichtigkeit sei, und es möge daher hier eine gedrängte Darlegung der Methode jener Bestimmung eingeschaltet werden. Das specifische Gewicht zweier oder mehrer Gase ermitteln heisst bekanntlich, ihr absolutes Gewicht bestimmen, wenn beide einen gleich grossen Raum einnehmen. Dieses ist bei den in gewöhnlicher Temperatur gasförmigen Körpern sehr einfach. Man lässt ein solches Gas, dessen specifisches Gewicht man untersuchen will, durch ein mit Chlorcalcium (§ 367) gefülltes

die relativ permanent sind,

Rohr *a* (Fig. 14), welches das Gas trocknet, in eine Glasglocke *c*

Fig. 14.

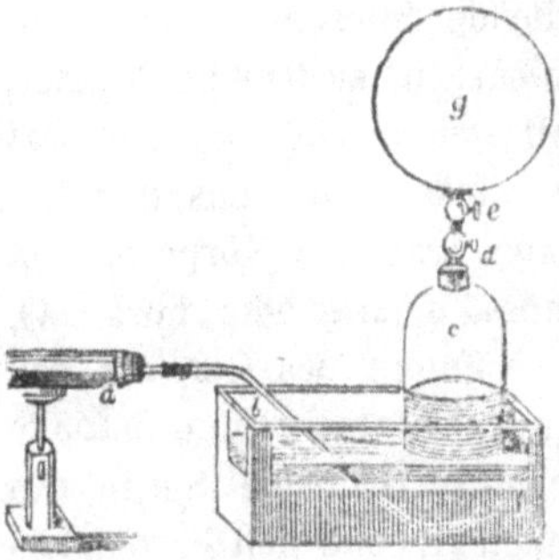

treten, die mit Quecksilber angefüllt und über demselben abgesperrt ist. Die Glocke ist oben mit einer Fassung in Schraubenform und mit einem Hahn versehen. In die Schraube dieser Fassung passt die Schraube einer an einem Glasballon *g* befestigten und gleichfalls mit einem Hahn versehenen Fassung *). Der Ballon wird hierauf luftleer gepumpt, auf die mit dem zu untersuchenden Gase gefüllte Glocke geschraubt und die Hähne beider geöffnet. Das Quecksilber in der Glocke steigt und man senkt die Glocke so tief in das Quecksilber, bis dieses innerhalb und ausserhalb derselben gleich hoch steht. Nach einiger Zeit werden die Hähne geschlossen und der abgeschrobene Ballon gewogen, indem Temperatur und Luftdruck notirt werden. Bei der Angabe des specifischen Gewichts der Gase hat man die atmosphärische Luft als Einheit angenommen und wenn man daher sagt, das specifische Gewicht des Wasserstoffs sei = 0,0691, so ist zu ergänzen: das eines gleich grossen Volums atmosphärischer Luft von 0° C. und 28″ (760^{mm}) Barom. als Einheit gesetzt.

Fig. 15.

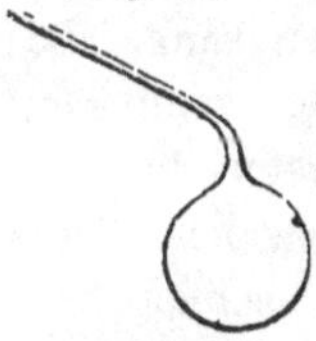

Die Bestimmung des spec. Gewichts der Gase von Körpern, welche bei der gewöhnlichen Temperatur flüssig oder fest sind, ist schwieriger und mehrfacher Correctionen bedürftig. Man nimmt dieselbe gewöhnlich in kleinen Glasballons vor (Fig. 15), an deren einer Seite eine recht- oder

die durch Erhitzung erzeugt werden.

*) Der Inhalt des Ballons wird ausgemessen, indem man sein Gewicht bestimmt (Tara), darauf ihn mit destillirtem Wasser füllt und wägt. Das Gewicht des darin befindlichen Wassers, in Grammen genommen, giebt die Capacität des Ballons in Cubikcentimetern an. Da aber 1 Cubikcentimeter Wasser nur bei + 4°,1 C. 1 Gramm wiegt, so muss, wenn die Bestimmung der Capacität bei einer höhern oder niedrigern Temperatur geschieht, das bei der zeitigen Temperatur erhaltene Volumen des Ballons auf das bei + 4,1° C. reducirt werden, was nach den in der Physik bei Ausdehnung des Wassers in den verschiedenen Temperaturen angeführten Tabellen geschieht. Genauer ist es, die Ausmessung eines Ballons mit Quecksilber vorzunehmen.

stumpfwinklig gebogene Röhre angeblasen ist, oder in cylindrischen Glasröhren, deren eines Ende zugeschmolzen ist, während durch das andere die zu untersuchende Substanz eingebracht wird. Das Gefäss wird alsdann entweder in siedendem Wasser, Oel oder einem leichtflüssigen Metallgemisch oder in dem Gas mancher Körper, z. B. des Schwefels, Zinks, Cadmiums u. a. (je nachdem der Siedepunkt des zu untersuchenden Körpers, von dem man vorher Kenntniss nehmen muss, niedrig oder hoch ist), so lange erhitzt, als noch zu der Oeffnung des Gefässes von dem Gase heraustritt. Geschieht dies nicht mehr und ist alle Substanz in Gas verwandelt, so schmilzt man die Spitze des Glasgefässes zu, indem man die Temperatur und den Barometerstand, bei welchen dieses geschah, aufmerkt. Das Gefäss mit dem Gas wird hierauf gewogen, wenn es bis zur gewöhnlichen Temperatur erkaltet ist, die zugeschmolzene Spitze desselben unter Quecksilber abgebrochen und das in dasselbe hineingetretene Quecksilber dem Volum oder dem Gewichte nach bestimmt, wodurch die Capacität des Gefässes, in welchem das Gas eingeschlossen war, ermittelt wird. Da die Temperatur, bei welcher manche Körper Dampfform annehmen, ziemlich hoch ist, so muss bei derartigen Versuchen auch auf die Ausdehnung des Glases Rücksicht genommen werden.

Vorsicht bei Bestimmung der Dampfdichte.

§ 38. Bei dieser Art Bestimmungen verdient ein Umstand besondere Berücksichtigung, dessen Vernachlässigung zu irrigen Schlüssen auf das Atomgewicht Veranlassung geben kann. Das spec. Gewicht des Gases flüssiger oder fester Körper kann nämlich sehr verschieden sein, je nachdem die Temperatur, bei welcher es bestimmt wurde, nur wenig oder weit über dem Siedepunkt derselben lag. In der Regel scheint es erst ziemlich hoch über deren Siedepunkt constant zu werden und bis zu diesem Punkt nimmt es stetig ab. Alle Dampfdichtebestimmungen sind daher nicht zu nahe über dem Siedepunkt vorzunehmen. Die Dampfdichte des Schwefels ist z. B. bei 450—460° (d. h. 30—40° über seinem Siedepunkt) = 6,9, bei 600° = 5, bei 700° = 2,8, bei 800—1000° = 2,2. Sucht man, von der Gasdichte ausgehend, das Atomgewicht des Schwefels, so ergiebt sich auf Grund der Zahl 6,9 das Atomgewicht 624. Bestimmt man durch anderweitige Gewichtsanalysen mehrer Verbindungen des Schwefels sein Atomgewicht, so findet man die Zahl 200. Diese berechnet sich aus dem spec. Gewicht des Schwefelgases erst dann, wenn man für dieses die Zahl 2,2 zu Grunde legt.

§ 39. Da die physikalischen Eigenschaften des Wassers als hinlänglich bekannt vorausgesetzt werden dürfen, so mögen hier nur einige vom chemischen Standpunkt aus beachtenswerthe hervorgehoben werden. **Eigenschaften des Wassers.**

Sowohl mit den basischen Oxyden als auch mit den Säuren, wie auch mit den Salzen, geht das Wasser Verbindungen nach bestimmten stöchiometrischen Proportionen ein. Solche Verbindungen nennt man Hydrate. Das Wasser dient als Auflösungsmittel vieler Substanzen, namentlich der Verbindungen zweiter, dritter und vierter Ordnung. Es vermag bei verschiedenen Temperaturgraden verschiedene Mengen der löslichen Substanzen aufzunehmen, im Allgemeinen nach dem Gesetze, dass, je höher die Temperatur ist, desto mehr von dem löslichen Körper im Wasser sich löst. Doch machen manche Substanzen hiervon eine Ausnahme, z. B. die Kalkerde, das Glaubersalz (§ 253). Wenn das Wasser so viel von einem Körper aufgenommen hat, dass neue Quantitäten des letztern nicht mehr von der zur Lösung angewendeten Menge Wasser aufgenommen werden, so ist die Lösung für die Temperatur, bei welcher der Versuch geschah, gesättigt. Vermindert sich die Temperatur einer gesättigten Lösung, so pflegt ein entsprechender Theil des Gelösten sich auszuscheiden; indessen giebt es bei mehren Salzen Ausnahmen von dieser Regel und solche Lösungen nennt man übersättigte. Will man eine in Wasser gelöste Substanz als feste haben, so entfernt man das Wasser durch Erhitzen (das Abdampfen) oder durch Verdunsten desselben unter der Luftpumpe über einem Gefäss mit concentrirter Schwefelsäure, welche das verdunstende Wasser aufnimmt. Das meiste Wasser (Brunnen- und Flusswasser) enthält feste Bestandtheile gelöst und wird deshalb destillirt, d. h. es wird in einem Gefäss durch Wärme in Dampf verwandelt und dieser in passenden Gefässen abgekühlt, wodurch er wieder in flüssige Form übergeht. Jeder Körper, der durch erhöhte Temperatur luftförmig und durch Abkühlung des Gases bis zu einer gewissen Temperatur wieder flüssig wird, heisst destillirbar.

Wasserstoffsuperoxyd. Darstellung.

§ 40. **Wasserstoffsuperoxyd** ist die andere Oxydationsstufe des Wasserstoffs. Sie wird dargestellt durch Uebergiessen von Bariumsuperoxyd mit Chlorwasserstoff und Wasser. Das Bariumsuperoxyd, welches aus 1 Aeq. Barium (§ 330. 334) und 2 Aeq. Sauerstoff besteht, giebt 1 Aeq. Sauerstoff an das Wasser ab und der Rest der Verbindung vereinigt sich mit dem Chlorwasserstoff. ($\ddot{Ba}$, HCl und $\dot{H}$ = BaCl, $\dot{H}$ und $\ddot{H}$.) — Das Wasserstoffsuperoxyd ist eine farblose, schwere Flüssigkeit von 1,453 spec. Gewicht, welche sehr leicht durch manche pulverförmige Körper zerlegt wird, indem das 1 Aeq. Sauerstoff, welches das Wasser noch aufgenommen hat, gasförmig entweicht.

Eigenschaften.

Ob höheres Oxyd des Wasserstoffs?

§ 41. Bei der Zerlegung des mit Schwefelsäure oder Chromsäure stark angesäuerten Wassers durch einen kräftigen galvanischen Strom entweicht am positiven Pol neben dem Sauerstoff ein Gas mit den Eigenschaften des activen Sauerstoffs (Ozons). Es scheint noch nicht ausgemacht, ob dieses Gas activer Sauerstoff oder eine höhere Oxydationsstufe des Wasserstoffs sei. Ist letzteres der Fall, so ist ihre Zusammensetzung wahrscheinlich $\dddot{H}$.

3. Stickstoff (N = 14) **Nitrogenium.**

Vorkommen.

§ 42. Stickstoff findet sich in fast allen thierischen und sehr vielen vegetabilischen Körpern, hauptsächlich in der atmosphärischen Luft, welche an 79 pCt. desselben enthält.

Darstellung.

§ 43. Man kann sich sehr leicht aus der Luft Stickstoff darstellen, indem man Alkohol, der in einem Schälchen mit einem Korke auf Wasser schwimmt, anzündet und eine Glocke darüber stürzt. Sobald der Alkohol verlöscht, ist der Sauerstoff fast ganz verzehrt und Stickstoff bleibt zurück, aber vermengt mit den Verbrennungsproducten des Alkohols und etwas unverzehrtem Sauerstoff. Reiner erhält man Stickstoffgas durch Einleiten von Chlor, einem einfachen Körper, in wässeriges Ammoniak, eine Verbindung von Stickstoff und Wasserstoff. Das Chlor vereinigt sich mit dem Wasserstoff des Ammoniaks und bildet Chlorwasserstoff (Salzsäure), welches sich mit einem Antheile unzerlegten Ammoniaks zu Chlorwasserstoff-Ammoniak (Salmiak) verbindet, und der Stickstoff des Ammoniaks wird frei und entweicht als Gas (NH^3

und 3Cl = N und 3HCl). Bei dieser Darstellungsweise ist stets darauf zu sehen, dass Ammoniak im Ueberschuss vorhanden sei, sonst bildet sich Chlorstickstoff (§ 86). Am zweckmässigsten erhält man grössere Mengen Stickstoffs, wenn über glühendes Manganoxydul trockene Luft geleitet wird. Der Sauerstoff der Luft bindet sich an das Oxydul und verwandelt es in Oxyd, welches nachher durch Erhitzen in Wasserstoff wieder zu Oxydul reducirt werden und sehr oft zu demselben Zweck dienen kann.

§ 44. Der Stickstoff ist ein farb-, geruch- und geschmackloses permanentes Gas von 0,972 spec. Gewicht, kann das Brennen und Athmen nicht unterhalten, verbindet sich direct mit andern Körpern sehr schwierig, leichter beim Vorhandensein gewisser Stoffe, die in chemischer Beziehung zu der zu bildenden Verbindung stehen. Er besitzt überhaupt nur geringe Affinität und seine Verbindungen sind durch lose Verwandtschaftskraft zusammen gehalten. Mit Sauerstoff vereinigt er sich in vier Verhältnissen, von denen zwei indifferente, zwei saure Oxydationsstufen sind. Mit Wasserstoff geht er ebenfalls mehre Verbindungen ein, von denen das Ammoniak (§ 53) die wichtigste ist. **Eigenschaften.**

---

§ 45. Die **atmosphärische Luft,** welche die Erde umgiebt und in die Spalten derselben eindringt, besteht aus vier Bestandtheilen, von denen zwei, in überwiegender Menge vorhanden, permanente Gase, nämlich Sauerstoff und Stickstoff, die andern beiden, in geringer Menge den erstern beigemischt, coërcible Gase sind, nämlich Kohlensäure und Wassergas. Ausser diesen vier Gasen findet man noch unwesentliche Beimengungen, die aber nicht zu jeder Zeit und nicht überall vorhanden sind und meistens in so unbedeutender Quantität, dass sie dem Gewicht nach nicht bestimmbar sind. Dahin gehören viele nur durch den Geruch wahrnehmbare Substanzen, wie flüchtige Oele (von Pflanzen ausgehaucht), Phosphorwasserstoff und Schwefelwasserstoff (bei Fäulniss thierischer Körper entstanden), ferner Grubengas (bei Verwesung von Vegetabilien sich bildend), Ammoniak (ein Zersetzungsproduct verwesender stickstoffhaltiger Körper), ansteckende Krankheitsstoffe (namentlich in sumpfigen Gegenden), endlich feste Substanzen, wie feiner Staub, Asche in der Nähe feuerspeiender Berge, Kochsalz in der Nähe des Meeres u. dgl. **Bestandtheile der Luft.**

Zusammensetzung der Luft.

§ 46. Sauerstoff und Stickstoff sind in der Luft aller Weltgegenden und zu den verschiedensten Zeiten stets in nahezu demselben relativen Verhältniss beobachtet worden. Von Wasser und Kohlensäure befreite Luft besteht in 100 Raumtheilen aus 20,81 Th. Sauerstoff und 79,19 Th. Stickstoff, in 100 Gewichtstheilen aus 23,01 Th. Sauerstoff und 76,99 Th. Stickstoff. Der Kohlensäuregehalt der Luft wechselt zwischen 0,03 und 0,057. Der Wassergehalt ist grossen Schwankungen unterworfen, je nach der Temperatur der Luft, von welcher die Verdunstung des Wassers abhängt, und nach den Richtungen, welche der Luftstrom nimmt, ob übers Meer oder über trocknes Land.

Wasserfreie Luft enthält durchschnittlich:

	in 100 Gewichtsth.	in 100 Volumth.
Sauerstoff	22,994	20,802,
Stickstoff	76,934	79,157,
Kohlensäure	0,062	0,041.

Die Luft ist ein Gasgemenge.

§ 47. Aus dem sich stets gleich bleibenden Verhältniss zwischen Stickstoff und Sauerstoff könnte man schliessen, dass die atmosphärische Luft eine chemische Verbindung dieser Gase sei; indessen ist diese Annahme nicht gerechtfertigt. Denn 1) kann man ein künstliches Gemenge von Sauerstoff und Stickstoff in denselben Verhältnissen wie in der atmosphärischen Luft bereiten, welches dieselben physikalischen und chemischen Eigenschaften wie die Luft besitzt, ohne dass bei seiner Darstellung eine Wärmeentwickelung eintritt; 2) sind die Bestandtheile der Luft in ungleichem Verhältniss in Wasser löslich, denn eine aus Wasser durch Kochen ausgetriebene Luft enthält gegen 32 pCt. Sauerstoff, weil Sauerstoffgas in Wasser reichlicher gelöst wird als Stickstoffgas. Wasser mit Luft gesättigt löst bei 0° 0,0247, bei +18° 0,0173 Vol. Luft.

Dass eine so innige Mengung zweier Gase von verschiedenem spec. Gewicht, wie sie in der Luft sind, statt finden könne, ohne dass dieselben später das Bestreben zeigen, sich von einander zu trennen, ist eine Erscheinung, welche bei allen Gasen, selbst bei denen mit den grössten Abständen ihrer spec. Gewichte, z. B. der Kohlensäure (mit dem spec. Gewicht = 1,524) und dem Wasserstoff (mit dem spec. Gewicht = 0,0691) beobachtet und Diffusion genannt wird. [Versuch: man stelle einen mit Wasserstoff gefüllten Cylinder auf einen mit Kohlensäure gefüllten und weise kurz darauf im obern die Kohlensäure nach.]

Die Diffusion der Gase geht auch durch feste poröse Körper, wie durch trocknes Holz, gebrannten Thon u. dgl., vor sich und in dieser Beziehung erlangt sie für die Bewohnbarkeit unserer Häuser eine erhebliche Wichtigkeit.

§ 48. Die Bestandtheile der atmosphärischen Luft lassen sich sowohl dem Gewichte als dem Maasse nach leicht bestimmen. Nachdem durch Chlorcalcium oder besser durch mit concentrirter Schwefelsäure getränkten Asbest das Wasser und durch eine Auflösung von Baryterde oder Kalihydrat die Kohlensäure entfernt sind, wird der Sauerstoff entweder durch Phosphor oder durch Wasserstoff, oder durch glühendes Kupfer entfernt. Analyse der Luft,

Die Vereinigung des Sauerstoffs mit dem Phosphor geschieht direct, bedarf einer nur geringen Unterstützung durch Wärme und kann in graduirten Röhren vorgenommen werden, um dann den Stickstoff zu messen, oder in gewogenen Röhren, in denen der Phosphor zwischen Baumwolle vertheilt ist. durch Phosphor,

Die Vereinigung des Sauerstoffs mit dem hinzugefügten gemessenen Volum Wasserstoff wird in kalibrirten starken Glasröhren mit eingeschmolzenen Drähten (Eudiometerröhren) durch den elektrischen Funken (s. oben Fig. 9) oder in gewöhnlichen graduirten Röhren durch Platinschwammpillen (pag. 30) bewerkstelligt. Letzteres erfordert längere Zeit und mehre Pillen. durch Wasserstoff,

Am sichersten bestimmt man die beiden Hauptbestandtheile der Luft, wenn man durch ein mit fein vertheiltem Kupfer gefülltes gewogenes Rohr, welches mit Hähnen versehen und luftleer gepumpt ist und mit einer ebenfalls gewogenen und luftleeren Glaskugel in Verbindung steht, die trockne und kohlensäurefreie Luft eintreten lässt, ihren Sauerstoff durch Glühen des Kupfers mit diesem verbindet und den Stickstoff in der luftleeren Kugel auffängt, wenn man also beide Bestandtheile dem Gewichte nach bestimmt — den Sauerstoff durch Gewichtszunahme des Kupfers, den Stickstoff durch directe Wägung. — Statt des Kupfers kann man sich in demselben Apparat auch des Manganoxyduls bedienen (s. § 43). durch Kupfer.

§ 49. Trotz der sehr starken Verzehrung des Sauerstoffs, welche täglich durch das Verbrennen von Holz, Kohlen und an- Ersatz des verzehrten Sauerstoffs.

dern Heizmaterialien, durch das Athmen der Menschen und Thiere, durch den Verwesungsprocess thierischer und pflanzlicher Körper statt findet, ist dennoch keine Abnahme desselben in der Atmosphäre bemerkbar, und dies beruht auf der chemischen Thätigkeit der lebenden Pflanzen. Diese zerlegen nämlich die durch Bindung des Sauerstoffs entstandene Kohlensäure vermittelst ihrer grünen Bestandtheile in Kohlenstoff, den sie sich aneignen und in Sauerstoff, den sie an die Atmosphäre zurückgeben. [Experiment: in eine mit kohlensäurehaltigem Wasser gefüllte Flasche grüne Blätter geben und das im Sonnenlicht entwickelte Gas auffangen.] Wahrscheinlich wird auch der Stickstoff der Atmosphäre direct von einigen Pflanzen als Nahrung aufgenommen und kehrt bei der Verbrennung oder Verwesung derselben in die Luft wieder zurück; aber dieser Kreislauf des Stickstoffs erscheint verglichen mit dem des Sauerstoffs nur als eine höchst unbedeutende Grösse.

Verbindungen des Stickstoffs.

Die Verbindungen des Stickstoffs mit Sauerstoff, welche nicht zu den Säuren gehören, sind das Stickoxydul und Stickoxyd, deren Sauerstoffgehalt bei gleicher Menge Stickstoff sich im Oxydul: Oxyd = 1:2 verhält. Die Säuren des Stickstoffs werden nebst den Säuren der übrigen Metalloide später abgehandelt.

Stickoxydul, $\dot{N}$.

Darstellung.

§ 50. **Stickoxydul.** Aus salpetersaurem Ammoniak entsteht beim Erhitzen Wasser und Stickoxydul, indem $^3/_5$ des Sauerstoffs der Salpetersäure mit dem Wasserstoff des Ammoniaks und der Stickstoff des Ammoniaks und der Salpetersäure mit den übrigen $^2/_5$ Sauerstoff der Salpetersäure sich verbinden ($NH^3\,\dot{H}\,\dddot{\ddot{N}} = 2\dot{N}$ und $4\dot{H}$). Diese Zerlegung findet bei ungefähr 300° statt und zwar vollkommen nach obiger Formel, wenn das Salz rein war und die Erhitzung nicht zu plötzlich geschieht; sonst enthält das Gas Stickoxyd oder Ammoniak. Es bildet sich auch durch Einwirkung von sehr verdünnter Salpetersäure auf Zink oder Eisen.

Eigenschaften.

§ 51. Stickoxydul ist ein farbloses Gas von 1,525 spec. Gewicht, welches bei + 7° durch 50 Atmosphären Druck flüssig, und ähnlich wie bei der Kohlensäure auch fest dargestellt werden kann (§ 204). Es besitzt einen schwach süsslichen Geruch und Geschmack. Wasser von 0° löst das 1,3fache, bei + 18° das 0,7fache seines Volums auf und schmeckt süsslich. Das

Gas ist respirabel, wirkt aber, eingeathmet, berauschend und ist daher **Lustgas** genannt worden. Thiere sterben darin an fortgesetztem Rausche. Brennende Körper sind im Stande es zu zerlegen und mit ähnlicher Lichtintensität wie im Sauerstoff zu verbrennen, wenn sie mit genügend hoher Temperatur in das Gas hineingebracht werden, z. B. glühende Kohle. Schwefel brennt darin mit gelblich rother Flamme, Phosphor wie im Sauerstoffgas. An der Luft und in Sauerstoff verändert es sich nicht (Unterschied vom Stickoxyd), eben so wenig, wenn es mit Stickoxyd gemischt wird (Unterschied vom Sauerstoff).

Das durch Compression dargestellte flüssige Stickoxydul hat bei 0° ein spec. Gewicht von 0,937, siedet bei —87,9° und ist bemerkenswerth durch die bedeutend niedrige Temperatur, welche es während seiner Verdunstung erzeugt (105°). Beim Verdunsten des flüssigen Stickoxyduls im Vacuo entsteht eine so niedrige Temperatur, dass der nicht verdunstete Antheil zu einer krystallinischen schneeähnlichen Masse von sehr geringer Tension des Dampfes erstarrt.

Dem Volum nach besteht es aus 2 Vol. Stickgas und 1 Vol. Sauerstoffgas, condensirt zu 2 Vol. Stickoxydul; oder aus 1 Vol. N $+ \frac{1}{2}$ Vol. O, condensirt zu 1 Vol $\dot{N}$. Denn wird 1 Vol. desselben durch Kalium (welches sich mit dem Sauerstoff des Gases verbindet) zerlegt, so bleibt 1 Vol. Gas übrig; da nun das spec. Gewicht des Stickoxyduls = 1,527 gefunden ist und 1 Vol. N = 0,972, so ist der Rest = 0,555, d. i. sehr nahe $\frac{1,1057}{2} = \frac{1}{2}$ Vol. O. Daraus ergiebt sich, dass nicht 1 Vol. Stickstoff gleich 1 Aeq. sei, sondern erst 2 Vol., wie beim Wasserstoff, vorausgesetzt, das Stickoxydul bestehe aus gleichen Aequivalenten Stick- und Sauerstoff.

§ 52. **Stickoxyd** erhält man durch Uebergiessen von Kupfer (Cu) mit Salpetersäure ($\overset{\cdot\cdot\cdot\cdot\cdot}{N}$) (3 Cu und $\overset{\cdot\cdot\cdot\cdot\cdot}{N} = 3\dot{Cu}$ und $\ddot{N}$); es bildet sich überhaupt häufig bei Zersetzungen der Salpetersäure durch Metalle. Stickoxyd, $\ddot{N}$.

Es ist ein farbloses Gas, mit Sauerstoff oder Luft in Berührung rothe Dämpfe bildend, indem es sich höher oxydirt; wirkt eingeathmet tödtend, bei einem Druck von 50 Atmosph. und gleichzeitiger Abkühlung bis —105° noch nicht flüssig, färbt thierische Substanzen gelb, wird vom Wasser nur zu $\frac{1}{20}$ Vol., aber von Alkohol zu $\frac{1}{4}$ Vol. absorbirt. Es giebt an brennende

Körper, wenn deren Temperatur hoch genug ist. Sauerstoff ab [Verbrennen von Phosphor im Gas]; mit brennbaren Gasarten entzündet befördert es deren Verbrennung fast mit denselben Erscheinungen, wie der Sauerstoff [Schwefelkohlenstoff im Gas anzünden]. Die Eisenoxydulsalze absorbiren, eben so wie die schwefligsauren Salze, Stickoxyd, die erstern indem sie sich rothbraun, fast schwarz färben. Wird das Stickoxyd, wie das Stickoxydul, durch Kalium zerlegt, so hinterlässt 1 Vol. Stickoxyd die Hälfte seines Vol. Stickstoff. Da nun das spec. Gewicht des Stickoxyds durch den Versuch = 1,039 gefunden ist, so ist 1,039 — 0,486 $\left(\frac{0,972}{2}\right)$ = 0,553, sehr nahe der Hälfte von 1,1057 (0,5528), also ist das berechnete spec. Gewicht = 0,486 + 0,5528 = 1,0388, also nahe so viel wie der Versuch ergab.

Stickstoff und Wasserstoff, Ammoniak.

§ 53. Verbindungen des Stickstoffs mit Wasserstoff giebt es drei, von denen die eine Imid NH, die andere Amid NH^2 und die dritte Ammoniak genannt wird. Die beiden ersteren sind nicht isolirt bekannt und von ihnen ist nur das Amid ein seltenes Verbindungsglied unorganischer Körper (§ 278). Hier beschäftigt uns nur das Ammoniak NH^3.

Vorkommen und Darstellung.

Das Ammoniak findet sich als ein unbedeutender aber wichtiger Gemengtheil der atmosphärischen Luft und ist ein stetes Product der Fäulniss thierischer Materien. Man stellt es dar durch die gegenseitige Einwirkung von Salmiak (§ 326) und gebranntem Kalk (§ 353) und fängt das dabei auftretende Gas entweder über Quecksilber auf, oder lässt es von Wasser absorbiren; zu letzterm Zweck bedient man sich des Apparats Fig. 16.

Fig. 16.

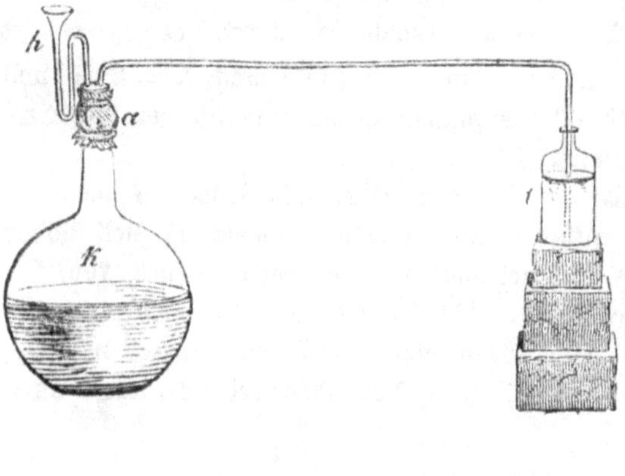

Auf das Gemenge von Salmiak und Kalkerde, welches im Ballon *k* liegt, wird durch den Trichter *h* nach und nach Wasser gegossen und das entweichende Gas in dem Wasser der Flasche *t* aufgefangen ($\dot{C}a$ und $NH^3HCl = CaCl$, $\dot{H}$ und NH^3). — Direct vereinigen sich Stickstoff und Wasserstoff nur im statu nascendi, z. B. wenn Sauerstoffverbindungen des Stickstoffs mit Wasserstoff im Ausscheidungsmoment zusammentreffen.

§ 54. Ammoniak ist ein farbloses, durchdringend und erstickend riechendes Gas von 0,5897 spec. Gewicht; 1 Vol. desselben besteht aus $1\frac{1}{2}$ Vol. Wasserstoff und $\frac{1}{2}$ Vol. Stickstoff $\left(1\frac{1}{2}.0{,}0691 + \frac{0{,}972}{2}\right)$, gefunden wurde 0,5967. Durch heftiges Glühen oder die Entladungsfunken einer elektrischen Maschine zerfällt es in Wasserstoff und Stickstoff, indem aus 1 Vol. desselben 2 werden und diese bestehen zu $\frac{3}{4}$ aus Wasserstoff und zu $\frac{1}{4}$ aus Stickstoff. Bei $+10^0$ und einem Druck von $6\frac{1}{2}$ Atmosph., auch bei -40^0 wird es flüssig. Bei -80^0 erstarrt es zu einer weissen krystallinischen Masse, die kaum riecht und bei -75^0 schmilzt. Das Ammoniakgas brennt mit grünlich gelber Flamme, schmeckt ätzend und zerstört die Schleimhäute. Trifft es mit Gasen zusammen, mit denen es sich verbindet, so entstehen weisse Nebel. Auf manche Pflanzenfarben wirkt es auf dieselbe Weise wie die Alkalien (§ 257), und man sagt daher, es reagire alkalisch. Es bläut nämlich rothes Lackmus (§ 143), bräunt gelbes Curcumapapier und grünt den blauen Farbstoff der Dahlien und einiger anderer Pflanzen. Als Mittel, diese Reaction zu erkennen, bedient man sich gewöhnlich kleiner Papierstreifen, die mit den Lösungen jener Farbstoffe imprägnirt sind und Reagenspapiere heissen. Eigenschaften.

Wasser absorbirt eine grosse Menge Ammoniak, bei 0^0 sein 1050faches, bei $+18^0$ sein 682faches Volum, und eine solche Lösung heisst Ammoniakflüssigkeit oder Salmiakgeist. Sie hat den eigenthümlichen Geruch des Ammoniaks, reagirt stark alkalisch, schmeckt scharf und wirkt auf thierische Substanzen wie schwache Kalilauge. Sie lässt schon bei gewöhnlicher Temperatur und noch mehr beim Erhitzen Ammoniakgas entweichen, indem ihr Kochpunkt und ihr spec. Gewicht steigen. Je geringeres spec. Gewicht, desto mehr enthält sie Ammoniak und desto niedrigér ist ihr Kochpunkt. Wasser bei 0° gesättigt, kocht bei +10°, hat 0,872 spec. Gewicht und enthält 32,5 pCt. NH^3.

4. Schwefel (S = 16) Sulphur.

Vorkommen. § 55. Er findet sich 1) gediegen d. h. nicht in chemischer Verbindung mit andern Stoffen, besonders in der Nähe vulcanischer Gegenden, meistens in Gyps und Mergel; seine Hauptfundstätten sind Sicilien, Croatien und Polen, 2) in Vereinigung mit Metallen, welche häufig „Kiese" heissen, z. B. Schwefelkies (FeS^2), Kupferkies, 3) in Verbindung mit Sauerstoff als Schwefelsäure und dann in der Regel an Basen gebunden, z. B. an Kalkerde, Bleioxyd, an Kupferoxyd, Eisenoxydul, welche letztere Verbindungen vom Mineralogen „Vitriole" genannt werden, 4) auch im Thier- und Pflanzenreiche, aber hier nur in geringer Menge als wichtiger Bestandtheil gewisser organischer Verbindungen.

Gewinnung. § 56. Der meiste Schwefel wird aus dem gediegenen gewonnen, welcher entweder so rein ist, dass er sogleich nach dem Ausgraben in den Handel kommt, oder aus dem Gestein, in welchem er sich findet, ausgeschmolzen oder von demselben durch Destillation getrennt wird. Dies geschieht in grossen irdenen Krügen *A* (Fig. 17), um welche Brennmaterial gelegt wird. In *B* sammelt sich der flüssige Schwefel an und tropft durch *o* in den mit Wasser gefüllten Untersatz *C*.

Fig. 17.

Von den Schwefelmetallen werden hauptsächlich der Schwefelkies und Kupferkies zur Darstellung von Schwefel benutzt, indem man diese Mineralien entweder in irdenen Röhren, von denen 12—24 über einer Feuerung liegen, erhitzt und die entweichenden Schwefeldämpfe in eisernen mit Wasser gefüllten Behältern condensirt, oder indem man auf eine Schicht Reissholz die Kiese pyramidenförmig aufschichtet und das Holz anzündet, nachdem der Haufen mit einer Schicht trockner Erde bedeckt ist.

Die Vertrennung pflanzt sich, auch wenn das Brennmaterial verzehrt ist, durch die Masse des Erzes fort. Auf der obern horizontalen Fläche des Haufens befinden sich mehre Vertiefungen, in denen sich der flüssige Schwefel ansammelt und von hier dann in Eimer geschöpft wird. Nachdem sich eine gehörige Quantität angesammelt hat, wird er umgeschmolzen und entweder in Formen gegossen, wie der neapolitanische Rohschwefel (§ 57), oder als ein sehr unreiner Schwefel sogleich weiter verbraucht. Destillation der Kiese.

§ 57. Der Rohschwefel ist meist verunreinigt mit erdigen Theilen, die beim Ausschmelzen oder Destilliren (Fig. 17) mit fortgerissen sein können, und mit Schwefelarsen und Selen, wenn er aus Kiesen dargestellt ist. [Auch mancher vulcanische Schwefel, z. B. der aus dem Krater des Vulcans auf Lipari, enthält Schwefelarsen.] Man reinigt ihn häufig durch nochmaliges Schmelzen, wobei die erdigen schweren Beimengungen sich zu Boden setzen, die leichteren durch Schaumkellen abgeschöpft werden, oder durch Erkalten der geschmolzenen Masse in conischen Formen und Abschlagen der Spitze, in welcher sich die erdigen Theile angesammelt haben. Diese Methoden sind aber unvollkommen und man erreicht eine Befreiung des Schwefels von den beigemischten erdigen Bestandtheilen sicherer durch Destillation oder Sublimation (§ 59). Beides kann man in einem und demselben (Michelschen) Ofen (Fig. 18) vornehmen. Dieser besteht aus zwei Räumen: einem Heerd, in welchem zwei eiserne Kessel *a* eingemauert sind, über denen sich gemauerte Canäle *x* befinden, und einer Kammer *dd*, zu der die Canäle führen. Durch die Thür *p*, welche Reinigung des Schwefels.

Fig 18.

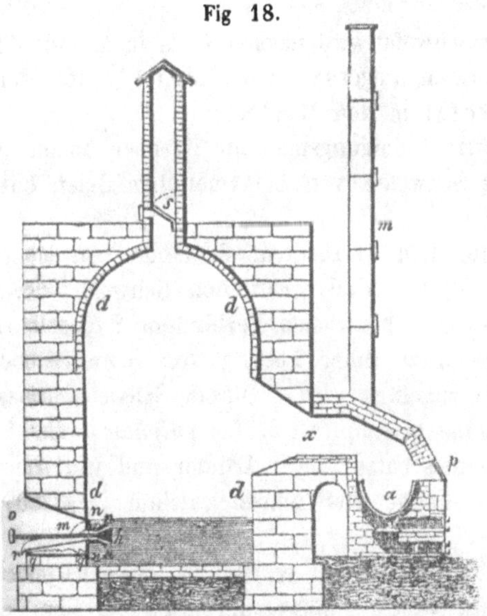

während des Brennens luftdicht verschlossen ist, werden die Kessel gefüllt. Das aus dem erhitzten Kessel entweichende Schwefelgas tritt in die Kammern und schlägt sich hier als feines Pulver (Schwefelblumen) nieder. Wird die Heizung nur einige Tage fortgesetzt und das Pulver der Schwefelblumen herausgenommen, so erkaltet die Kammer derartig, dass bei neuem Brennen sich wieder Schwefelblumen bilden. Setzt man aber das Heizen 6—7 Tage hinter einander fort, so steigert sich die Temperatur in der Kammer so sehr, dass die schon darin befindlichen Schwefelblumen schmelzen und der geschmolzene Schwefel dann durch unten in den Mauern befindliche mit Pfropfen *h* verschliessbare Oeffnungen *nn* aus der Rinne *r* abgelassen werden kann. Die Feder *m* gestattet eine beliebige Stellung des Pfropfes *h* und die Kohlen *qq* erwärmen die Rinne *r* zur Flüssigerhaltung des Schwefels. Die Kammer hat einen Schornstein, der mit einer Klappe *s* versehen ist; diese dient als Sicherheitsventil und öffnet sich von selbst, wenn ein Theil Schwefelgas sich oxydirt und dadurch die in der Kammer befindliche Luft stark ausgedehnt wird, was stets im Anfang der Destillation eintritt.

Schwefelblumen Schwefelblüthe. Flores sulphuris.

Stangenschwefel.

Der ausgeflossene Schwefel wird meistentheils in kleine hölzerne kegelförmige Formen gegossen und kommt unter dem Namen Stangenschwefel in den Handel.

Die eben angeführte Reinigungsmethode ist aber unzulänglich zur Befreiung des Schwefels von beigemengtem Selen oder Schwefelarsen.

Schwefelmilch. Sulphur praecipitatum.

§ 58. In äusserst fein vertheiltem Zustande und daher von mehr weisslicher Farbe erhält man den Schwefel durch Ausscheidung aus gewissen chemischen Verbindungen desselben mit Metallen, z. B. wenn zu einer Lösung von Schwefelleber (§ 277) eine Säure hinzugefügt wird. Dieser Schwefel heisst Schwefelmilch, *sulphur praecipitatum, lac sulphuris.* Er ist ein Bestandtheil des Arzneischatzes vieler Länder und wird nach der preussischen Pharmakopöe aus Schwefelcalcium (s. § 369) dargestellt.

Eigenschaften des Schwefels.

§ 59. Der Schwefel hat, wenn er rein ist, eine hellgelbe Farbe; ist er mit viel Schwefelarsenik verunreinigt, so sieht er mehr rothgelb aus, mit Selen mehr braungelb; der aus gediegenem Schwefel bereitete Stangenschwefel besitzt bisweilen, der aus Kiesen bereitete sehr häufig diese Verunreinigungen. Der Schwefel nimmt Krystallform an, sowohl wenn er geschmolzen, die auf dem erkaltenden Schwefel gebildete Kruste durchstossen, und der noch darunter befindliche flüssige Schwefel ausgegossen wird, als auch wenn er in einem seiner Lösungsmittel, z. B. Schwefelkohlenstoff, aufgelöst und dieses verdunstet wird. In diesen beiden Fällen nimmt jedoch der Schwefel nicht dieselbe Krystallform an, sondern im erstern scheidet er sich stets in schiefen, rhombischen Prismen, im zweiten vorwaltend in Rhombenoctaëdern aus; der Schwefel ist also dimorph (s. § 14). In Rhombenoctaëdern kommt auch der natürliche krystallisirte Schwefel vor. Die prismatische Form, welche sich auch nicht selten neben den aus verschiedenen Lösungsmitteln krystallisirten Octaëdern vorfindet, erhält sich nie auf lange Zeit; vielmehr werden die Anfangs durchsichtigen glänzenden Krystalle nach längerer oder kürzerer Zeit matt und bestehen dann aus einem Haufwerk kleiner Rhombenoctaëder, zusammengehalten in der Gestalt des Prismas. Erschütterungen, Ritzen mit spitzigen Instrumenten bewirken ein sofortiges Mattwerden der glänzenden Prismen, ebenso wenn der Krystall mit seiner Spitze in Schwefelkohlenstoff getaucht wird. Dieser Uebergang der einen Krystallform in die andere ist von einer bemerkenswerthen Wärmeentwickelung begleitet und dieser Umstand beweist, dass die specifische Wärme des prismatischen Schwefels grösser sei als die des octaëdrischen ist.

Krystallformen.

Dimorphie.

Uebergang aus einer Form in die andere.

Erhitzt schmilzt der Schwefel zu einer durchsichtigen dünnen gelben Flüssigkeit, welche beim Erkalten zu einer festen gelben Masse erstarrt. Bis 240° erhitzt und längere Zeit bei dieser Temperatur erhalten, wird der Schwefel so dunkelbraun und dickflüssig zähe, dass er kaum noch fliesst; giesst man ihn dann aus dem Gefäss in kaltes Wasser, so erstarrt er nicht sogleich, sondern behält seinen weichen elastischen Zustand mehre Stunden bis Tage lang; giesst man ihn jedoch in ein Gemisch von fester Kohlensäure (s. § 204) und Aether, so erstarrt er zu einer durchsichtigen Masse, die erst bei der mittleren Lufttemperatur weich und elastisch wird. Auch auf andere Weise kann solch weicher Schwefel sich bilden, z. B. durch Zersetzung des Schwefel-

Zäher Schwefel.

wasserstoffs (§ 60) vermittelst Chlor, rauchender Salpetersäure u. a. Man bezeichnet diesen eigenthümlichen Zustand des Schwefels als den „zähen oder weichen." Aber auch dieser Zustand ist nicht von langer Dauer und entweder von selbst nach einiger Zeit, oder durch kurzes Verweilen in Schwefelkohlenstoff oder durch Erwärmen bis 93° kehrt der zähe Schwefel schnell in den gewöhnlichen Zustand des rhombenoctaëdrischen wieder zurück. Dabei findet ebenfalls Wärmeentwickelung statt.

Siedepunkt.

Erhitzt man den Schwefel über 250°, so wird er wieder dünnflüssig. Bei 420° kocht er und bildet ein rothbraunes Gas, welches, mit kalter Luft in Berührung gebracht, sich zu einem gelben Pulver (Schwefelblumen),aber in Luft von einer Temperatur über 115° zu braungelben Tropfen condensirt, die beim Erstarren die hellgelbe Farbe des gewöhnlichen Schwefels annehmen und undurchsichtig werden. Der Schwefel ist also sublimirbar (d. h. das Schwefelgas geht aus dem luftförmigen Zustand sogleich in den festen über) und destillirbar.

Die allotropen Zustände des Schwefels ^{r}S, ^{p}S, ^{z}S, ^{a}S.

Nach dem Bisherigen besitzt der Schwefel drei bemerkenswerthe allotrope Zustände, welche wir mit besondern Chiffern als rhombischen = ^{r}S, prismatischen = ^{p}S und zähen = ^{z}S bezeichnen wollen. Man kann aber auch noch eine vierte Modification unter dem Namen des amorphen = ^{a}S hinzufügen, dessen Hauptmerkmal seine Unlöslichkeit in Schwefelkohlenstoff ist. Er entsteht stets, wenn bis mindestens 160° erhitzter Schwefel rasch erkaltet wird; daher befindet er sich in der Regel zu einem kleinen Antheil dem ^{p}S beigemengt, von den Schwefelblumen (§ 57) macht er oft $^{1}/_{3}$ ihres Gewichts und von dem erhärteten ^{z}S oft mehr als 60 pCt. aus. Er bildet sich auch bei gewissen chemischen Zersetzungen ohne Anwendung höherer Temperatur, z. B. wenn Salzsäure auf Lösungen unterschwefligsaurer Salze oder wässerige schweflige Säure auf Schwefelwasserstoff wirken, am reichlichsten durch Zerlegung von Chlor- oder Bromschwefel mit Wasser. Durch längeres Erhitzen bis zu 100°, oder sogleich durch Schmelzen, oder durch längere Berührung mit Alkalien oder Schwefelalkalien, oder durch Kochen mit Alkohol geht ^{a}S wieder in ^{p}S über.

Bildung des amorphen ^{a}S.

Die vier allotropen Zustände des Schwefels unterscheiden sich von einander theils durch die äussere Gestalt, theils durch Verschiedenheiten in den spec. Wärmen und spec. Gewicht, theils durch das ungleiche Verhalten gegen Schwefelkohlenstoff.

Specifische Gewichte.

Die spec. Gewichte sind, so weit sie namentlich von reinem ^{z}S genau ermittelt werden konnten, folgende: für $^{r}S = 2{,}04 - 2{,}07$; für $^{p}S = 1{,}957 - 1{,}982$; für $^{z}S = 1{,}919 - 1{,}928$. Wie gross das spec. Gewicht für ^{a}S sei, ist noch zu ermitteln. Im gasförmigen Zustand hat der Schwefel das spec. Gewicht 2,2—6,9 (§ 38).

Schmelzpunkt

Der Schmelzpunkt des Schwefels ist = 115°, und zwar giebt es nur diesen einen für ^{r}S, da die übrigen Modificationen schon unter 115° in ^{r}S übergehen. Sobald aber der Schwefel weit über seinen Schmelzpunkt erhitzt wird, erstarrt er bei niedrigeren Temperaturen als 115° und schmilzt dann auch wieder bei diesen; so besitzt z. B. der auf 400° erhitzte und in kaltes Wasser gegossene starre Schwefel einen Schmelzpunkt von 112°. Dieser enthält aber nach dem Erhärten, wie es scheint, stets geringe Mengen zähen Schwefels beigemengt, da er vor dem Schmelzen zähe wird.

Die Farbe der Modificationen des Schwefels.

Die dunklere Farbe (roth oder braun), welche ^{z}S und auch ^{a}S, frisch bereiteter ^{p}S bisweilen besitzen, ist ihnen nicht habituell, sondern entsteht, wenn ein mit kaum $^{1}/_{1000}$ Fett, Wachs, Harz u. dgl. verunreinigter Schwefel geschmolzen wird. Je nach der Menge der fremden Beimengung und der Temperatur beim Schmelzen fällt die Farbe heller oder dunkler aus. Bei Anwesenheit von $^{1}/_{500}$ Talg, Baumöl oder dergleichen zeigt der bis zum Sieden erhitzte und in kaltes Wasser gegossene Schwefel in dünneren Schichten rothe, in dickeren Schichten schwarze Farbe. Ganz reiner Schwefel, in ^{r}S verwandelt, giebt eine chromgelbe Masse, die in dünne Schichten gepresst das Licht mit grünlich gelber Farbe durchlässt.

Lösungsmittel des Schwefels.

Die besten Lösungsmittel für den Schwefel sind Schwefelkohlenstoff, Steinkohlenöl, Terpentinöl und Benzin; aber ein und dasselbe besitzt ungleichen Werth für die verschiedenen allotropen Zustände des Schwefels. Es löst z. B. siedender Schwefelkohlenstoff etwa 0,74 seines Gewichts von ^{r}S und ^{p}S, aber nur unbedeutende Mengen von ^{z}S und nichts von ^{a}S. Dagegen lösen den letzteren Chloroform, wasserfreier Weingeist und Aether ziemlich reichlich. Die Lösung von ^{z}S in Schwefelkohlenstoff ist rubinroth, wenn zur Bereitung der zähen Modification nicht reines

Material diente. Aus heissen Lösungen in Terpentinöl, Steinkohlenöl und Benzin scheidet sich der Schwefel vorwaltend als ^{r}S aus, wenn aber diese Lösungen bei gewöhnlicher Temperatur verdunsten, scheidet sich wesentlich ^{r}S aus.

Der feste Schwefel lässt sich nur unter Wasser zweckmässig zerreiben, weil er durch Reibung so elektrisch wird, dass sich Theilchen an Mörser und Reibkeule anhängen und durch gegenseitiges Abstossen aus dem Gefäss herausgeschleudert werden.

Verbindungen des Schwefels

§ 60. Mit **Sauerstoff** liefert der Schwefel nur Säuren, welche später (§ 157 ff.) abgehandelt werden.

mit Wasserstoff, HS.

Mit **Wasserstoff** verbindet sich der Schwefel in mehren Verhältnissen, aber nur eine dieser Verbindungen verdient nähere Beachtung, nämlich der gasförmige Schwefelwasserstoff.

Vorkommen

Diese Verbindung findet sich frei unter den Gasen mancher vulcanischen Solfataren, namentlich reichlich in der von Krisuvik auf Island, ferner in mehren Quellwassern (sogenannte hepatische), welche als Heilmittel benutzt werden (z. B. die von Aachen, Weilbach, Bagnères und andere). Er entsteht durch Zersetzung organischer Substanzen, die Schwefel oder schwefelsaure Salze enthalten und kommt daher reichlich in Cloaken vor.

Darstellung.

Direct vereinigen sich Schwefel und Wasserstoff nicht, aber im statu nascendi. Man erhält die Verbindung, wenn gewisse Schwefelmetalle mit verdünnten Säuren übergossen werden. Die gewöhnliche Darstellungsweise ist folgende: man übergiesst Schwefeleisen in einer Gasentwickelungsflasche (Fig. 5) mit verdünnter Schwefelsäure, das Wasser wird zersetzt, sein Sauerstoff verbindet sich mit Eisen zu Eisenoxydul und dieses mit Schwefelsäure, sein Wasserstoff vereinigt sich mit dem Schwefel und entweicht als Schwefelwasserstoff durch das Rohr *e* (FeS und $\dot{H}\dddot{S} = \dot{F}e\dddot{S}$ und HS). Um das Gas rein zu erhalten, leitet man es erst durch eine Zwischenflasche, in der sich ein wenig Wasser befindet, welches das mit übergerissene schwefelsaure Eisenoxydul aufnimmt. Ein bequemer Apparat, um stets Schwefelwasserstoffgas vorräthig zu haben, ist in unten stehender Fig. 19 abgebildet. In dem Glasgefäss *A* liegen etwas über der eingezogenen Stelle auf einem Messingdrahtnetz *nn* grobe Stücke Schwefeleisens (§ 487). Durch den Glastrichter *B*, der in *h* gut eingesmirgelt ist, wird verdünnte Schwefelsäure eingegossen,

Fig. 19.

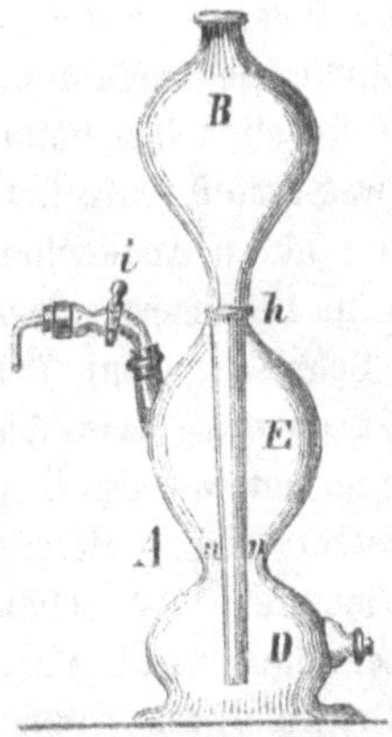

so dass sie bis über *nn* steht. Das entwickelte Gas sammelt sich in *E* an und drückt, wenn der Hahn *i* geschlossen ist, die verdünnte Säure in *B* in die Höhe. Die Folgerungen daraus ergeben sich von selbst. Durch den Tubulus bei *D* wird von Zeit zu Zeit die Lösung des schwefelsauren Eisenoxyduls abgelassen.

Eigenschaften.

Schwefelwasserstoff ist ein farbloses giftiges Gas, welches sich durch einen widrigen Geruch nach faulen Eiern auszeichnet. Rein in grösserer Menge eingeathmet, wirkt es tödtlich; in einer Atmosphäre, die davon $^1/_{1500}$ des Voluns enthält, sterben Vögel. Es lässt sich entzünden und brennt mit blauer Flamme; mit Sauerstoff gemengt und angezündet, explodirt es; dasselbe geschieht, wenn in ein mit dem Gase angefülltes Gefäss rauchende Salpetersäure gegossen wird. Bei gewöhnlicher Temperatur wird es durch den Sauerstoff der Luft zu Wasser und Schwefel oder, wenn es mit porösen Körpern in Berührung ist, zu Schwefelsäure umgewandelt. Chlor, Brom und Jod zerlegen es unter Abscheidung von Schwefel. Das spec. Gewicht des Gases ist 1,1912, es besteht in 1 Vol. aus 1 Vol. Wasserstoff (0,0692) und $\frac{1}{2}$ Vol. Schwefelgas $\left(\frac{2.2}{2}\right)$. Durch einen Druck von 17 Atmosphären bei $+10^0$ wird es zu einer dünnen Flüssigkeit condensirt, welche bei -85^0 krystallinisch erstarrt.

Viele Metalle zerlegen das Schwefelwasserstoffgas unter Abscheidung von Wasserstoff und Bildung von Schwefelmetallen, z. B. Silber, Kupfer, Zinn u. a. Die Metalloxyde zerlegen sich damit in Wasser und Schwefelmetall (z. B. $\dot{P}b$ und $HS = PbS$ und $\dot{H}$). Mit manchen Schwefelmetallen, namentlich denen der Alkalien und alkalischen Erden, vereinigt sich der Schwefelwasserstoff und bildet mit ihnen Schwefelsalze, er gehört also zur Classe der **Sulphide** oder Sulphosäuren (§ 62). Die Schwefelverbindungen der schweren Metalle sind fast alle in Wasser unlöslich und meist verschieden gefärbt, weshalb man das Gas oder eine Lösung desselben in der analytischen Chemie als wichtiges Erkennungs- und Trennungs-

Schwefelwasserstoffwasser. mittel verschiedener Metalle benutzt. Als Lösungsmittel des Schwefelwasserstoffs bedient man sich meist des Wassers, welches, bei +18° damit gesättigt, ungefähr drei Volume Gas aufnimmt, und den eigenthümlichen Geruch und saure Reaction bekommt. Das destillirte Wasser, in welchem Schwefelwasserstoff aufgefangen werden soll, wird am besten kurz vorher durch Aufkochen von Luft befreit, sonst entsteht sogleich beim Hineinleiten des Gases starke Trübung durch abgeschiedenen Schwefel; denn der Sauerstoff der in Wasser gelösten Luft wirkt eben so wie der freie (s. oben). Das Schwefelwasserstoffwasser zerlegt, wie das Gas, die Auflösungen derjenigen Metallsalze in Wasser, deren Metalle das Wasser nicht zerlegen. Hierdurch erhält man ein Unterscheidungsmittel zwischen gewissen Metallen. Unter allen Metallsalzen sind die Bleisalze am empfindlichsten gegen Schwefelwasserstoff.

Auch Alkohol löst Schwefelwasserstoffgas auf und zwar bei 18° bis zum Achtfachen seines Volums, nach einiger Zeit aber wirkt das Gas zersetzend auf den Alkohol.

Wasserstoffpolysulphuret. Schwefel bildet mit Wasserstoff noch eine andere Verbindung, die eine gelbliche, ölartige Flüssigkeit ist und mehr Schwefel als die vorige enthält, deren Zusammensetzung aber noch nicht genau bekannt ist.

Schwefelstickstoff, NS^2. § 61. Schwefelstickstoff ist ein gelber, krystallinischer Körper von schwachem Geruch, der langsam bis 157° erhitzt, sich ruhig zersetzt, bei schnellem Erhitzen aber oder durch einen Schlag explodirt. Er löst sich am leichtesten in kochendem Schwefelkohlenstoff, nur wenig in Alkohol, Aether und Terpentinöl. Seine Zusammensetzung ist NS^2 und seine Gewinnungsweise folgende: man leitet Ammoniak in eine Lösung von Chlorschwefel (s. § 87) in Schwefelkohlenstoff, filtrirt vom ausgeschiedenen Niederschlag ab und sammelt die aus dem Filtrat zuerst sich bildenden Krystalle. Der Niederschlag wird mit Schwefelkohlenstoff ausgekocht und die daraus anschiessenden Krystalle sind ebenfalls die gewünschte Verbindung.

Schwefelmetalle. § 62. In chemischer Beziehung steht der Schwefel dem Sauerstoff sehr nahe, er geht eben so zahlreiche Verbindungen wie dieser ein und seine Verwandtschaft zu manchen einfachen Körpern ist so gross, dass der Verbindungsact des Schwefels mit ihnen sehr häufig von Lichtentwickelung begleitet ist. [Beisp.: in

Schwefeldampf feines Kupferblech bringen.] Eben so wie der Sauerstoff, verbindet sich auch der Schwefel mit vielen Körpern in multipeln Proportionen, und zwar kennt man fast für jede Oxydationsstufe eine proportionale („correspondirende") Schwefelungsstufe, in der für jedes Aequivalent O der Oxydationsstufe ein Aequivalent S enthalten ist, z. B.

den $\dot{\bar{\mathrm{Cu}}}$ entspricht $\acute{\bar{\mathrm{Cu}}}$, dem $\dddot{\mathrm{As}}$ entspricht $\overset{'''}{\mathrm{As}}$,

- $\dot{\mathrm{Cu}}$ - $\acute{\mathrm{Cu}}$, - $\overset{.....}{\mathrm{As}}$ - $\overset{'''''}{\mathrm{As}}$.

Die Schwefelungsstufen eines Radicals, die mehr als 1 Atom Schwefel auf 1 Atom Radical enthalten, heissen im Allgemeinen Polysulphurete. So wie gewisse Sauerstoffverbindungen unter einander sich verbinden (die basischen Oxyde mit den Säuren), so vereinigen sich auch gewisse Schwefelverbindungen unter einander zu salzartigen Körpern, in denen die eine Schwefelverbindung dem basischen Oxyd, die andere dem sauren Oxyd (der Säure) entspricht und diese Verbindungen werden Schwefelsalze genannt. Es verbindet sich z. B. die Arsensäure mit Natriumoxyd (Natron) zu einem Sauerstoffsalze $\dot{\mathrm{Na}}^2\overset{.....}{\mathrm{As}}$, das diesem Salze entsprechende Schwefelsalz, in welchem jedes Aeq. O durch ein Aeq. S ersetzt ist, ist $\acute{\mathrm{Na}}^2\overset{'''''}{\mathrm{As}}$ (Natriumarsensulphid). Diejenigen Schwefelverbindungen, welche die Stelle der Säure im Sauerstoffsalze vertreten (die elektro-negativen) heissen Sulphüre oder Sulphide, Sulphosäuren im Allgemeinen, die basischen Sulphurete oder Sulphobasen*). Das Ausführlichere über die Schwefelsalze findet später (§ 246) Erwähnung. Schwefelsalze.

5. Selen (Se = 39,5) **Selenium.**

§ 63. Es kommt überhaupt nur selten vor; gediegen ist es im Mineralreich erst an einer Stelle (Culebras in Mexiko) gefunden, sonst ist es meist in Verbindung mit Metallen, gewöhnlich mit Blei oder Quecksilber. Am reichlichsten finden Vorkommen.

---

*) Gleiche Eigenschaft, Salze zu bilden, haben auch das Selen und Tellur und es werden daher O, S, Se und Te, die corpora amphigenia (ἄμφω beides, γεννάω erzeugen) genannt, weil sie beides (Basen und Säuren nämlich) bilden können, und ihre Salze hat man Amphidsalze genannt.

sich beide Verbindungen neben silberhaltigen Bleierzen auf dem Harze, sehr spärlich auch in manchen Schwefel- und Kupferkiesen. Der schlammige Absatz in den Bleikammern mancher Schwefelsäurefabriken (§ 159) und der Flugstaub mancher Hüttenöfen enthalten bisweilen neben andern Stoffen Selen im freien Zustande (gediegen).

Darstellung aus Selenblei, § 64. Selenblei wird mit salpetersaurem Natron ($\dot{\mathrm{Na}}\dddot{\mathrm{N}}$) geschmolzen, wodurch Bleioxyd und selensaures Natron entstehen, und die geschmolzene Masse mit Wasser ausgekocht, welches das selensaure Natron auflöst. Durch Abdampfen erhält man das letztere in Krystallen, welche mit Salmiak (NH^3HCl) gemengt und erhitzt werden. Dabei zerlegen sich beide Salze unter Entwickelung von Stickstoff und wenn man die trockne Masse mit Wasser auszieht, so löst sich Chlornatrium und Selen bleibt zurück (NH^3HCl und $\dot{\mathrm{Na}}\dddot{\mathrm{Se}} = \mathrm{N},\ 4\dot{\mathrm{H}},\ \mathrm{NaCl}$ und Se).

aus dem Schlamm der Schwefelsäurekammern, Aus dem Schlamm der Schwefelsäurekammern gewinnt man das Selen, wenn der Schlamm mit einer Auflösung von Kalihydrat (§ 261) in Wasser gekocht und die Lösung der Einwirkung der Luft ausgesetzt wird. Das Selen verbindet sich mit dem Kalium des Kalihydrats zu Selenkalium, KSe, und dieses wird durch den Sauerstoff und die Kohlensäure der Luft wieder zersetzt, wobei Selen als feines rothes Pulver sich ausscheidet. KSe, O und $\ddot{\mathrm{C}} = \dot{\mathrm{K}}\ddot{\mathrm{C}}$ und Se.

aus Flugstaub. Auf ähnliche aber einfachere Weise verwerthet man neuerdings den Flugstaub, der sich in den Schornsteinen der Röstöfen der Silberhütten in der Grafschaft Mannsfeld anlegt. Hier wird ein silberhaltiges Schwefelkupfer verarbeitet (s. § 606) und dieses enthält ein Weniges an Selenverbindungen beigemischt, welche beim Erhitzen in Röstöfen Selen frei geben.

Eigenschaften § 65. Im Handel bekommt man das Selen seltener in grössern Stücken, meistens in dünnen einige Zoll langen Stäbchen. Als Handelswaare hat es eine schwarzbraune Farbe, einen

Farbe. lebhaften Glasglanz und einen muschligen Bruch. In dünnen Scheiben, z. B. zwischen zwei Glasplatten im flüssigen Zustande breit gedrückt, ist es mit granatrother Farbe durchsichtig, und im fein vertheilten Zustande, wie es z. B. als Pulver aus seiner Lösung in Salpetersäure durch schweflige Säure ausgeschieden wird, sieht es zinnoberroth aus. Diese rothe Farbe verliert es schon bei 50° und wird grauschwarz, indem es zugleich an Volum abnimmt.

Erwärmt man sowohl das schwarzbraune glasglänzende, wie das zinnoberrothe Selen, welche beide durchaus amorph sind, allmählig bis 96°, so geht eine sehr bemerkenswerthe Veränderung mit ihnen vor: das rothe Pulver wird schwarzbraun, wie das andere, und beide nehmen eine körnige undeutlich krystallinische Structur an. Dieser Uebergang ist dadurch kenntlich, dass das Selen zuerst weich zu werden anfängt, aber kaum ist dies eingetreten, so beginnt sogleich das Erstarren im körnig krystallinischen Zustand und dieser Augenblick charakterisirt sich durch ein plötzliches Freiwerden von Wärme. Man kann dieses Phänomen recht gut beobachten, wenn man den Versuch so anstellt: auf einen Kolben *A* (Fig. 20) passt man einen doppelt durchbohrten Kork, in dessen einer Oeffnung ein Reagensglas *a*, in der andern eine rechtwinklig gebogene Glasröhre *b* zum Abführen der Wasserdämpfe steckt. Im Reagensglas befinden sich etwa 2 Grammen rothes Selen, in welchem die Thermometerkugel steht. Sobald die Wasserdämpfe das Reagensglas bis 96° erwärmt haben, steigt plötzlich das Thermometer bis auf 109° oder 108° und kehrt erst nach einiger Zeit auf 100° zurück.

Umänderung des amorphen Selens in körniges.

Fig. 20.

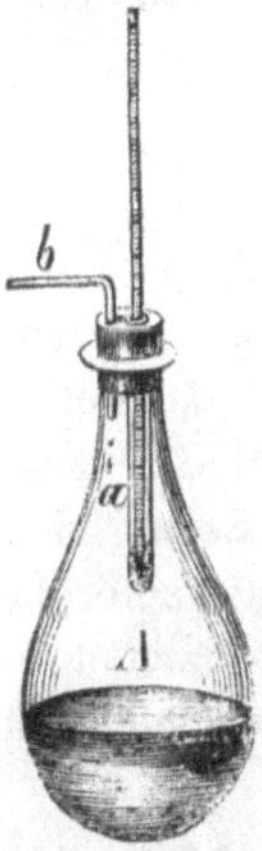

Dieses Selen mit körnig krystallinischer Structur erhält man auch durch Erhitzen von glasigem oder rothem Selen bis zum Schmelzen und sehr langsames Erkalten der geschmolzenen Masse, oder durch Auflösen von Selen in Kalilauge und Aussetzen der Lösung an die Luft. Im letztern Fall scheidet es sich in undeutlichen Kryställchen aus.

Wird das rothe Selen bei etwa 98° in zugeschmolzenen Gefässen in Schwefelkohlenstoff aufgelöst, so setzt die nachher erkaltende Lösung bestimmbare schiefe rhombische Prismen von granatrother Farbe ab.

Diese auf verschiedene Arten dargestellten Selenmodificationen, welche sämmtlich durch Schmelzen und schnelles Abkühlen in das braune glasglänzende übergehen, umfassen **drei** allo-

Die allotropen Modificationen des Selens.

trope Zustände, welche wir ähnlich wie beim Schwefel mit ^{a}Se, ^{k}Se und ^{p}Se bezeichnen wollen. Sie unterscheiden sich von einander durch folgende Eigenschaften:

Amorphes, ^{a}Se.

^{a}Se ist das amorphe Selen, welches entweder braun und glasig oder zinnoberroth aussieht. Es besitzt in diesem Zustande (auchwenn das rothe schon bei 40° geschwärzt ist) das spec. Gew. = 4,28 — 4,25 und eine spec. Wärme = 0,1031. Das Glasige ist nur langsam, das rothe erst nach längerer Berührung in Schwefelkohlenstoff löslich, indem beide in krystallisirtes übergehen.

Krystallisirtes, ^{p}Se.

Das krystallisirte ^{p}Se scheidet sich aus Schwefelkohlenstoff in Prismen aus, welche unverändert wieder dariu löslich sind. Es hat ein spec. Gewicht = 4,46 — 4,5 und geht, wie das amorphe, durch Erhitzen in körniges über.

Korniges, ^{k}Se

Das körnige Selen hat 4,7 — 4,8 spec. Gewicht, eine spec. Wärme = 0,0762, ist völlig unlöslich in Schwefelkohlenstoff, und kann nur durch Schmelzen und schnelles Abkühlen in das amorphe und daraus in das krystallisirte umgewandelt werden.

Schmelzpunkt.

Der Schmelzpunkt dieses Selens liegt bei + 217°; das glasige und krystallisirte besitzen keinen Schmelzpunkt, weil sie im Beginne des Weichwerdens sich sogleich in ^{k}S umsetzen.

Wenn sich vielleicht später die Differenzen im spec. Gewicht zwischen ^{a}Se und ^{p}Se ausgleichen und die noch zu ermittelnde spec. Wärme von ^{p}Se gleich der von ^{a}Se herausstellen sollte, dann existiren nur zwei allotrope Zustände des Selens.

Die verschiedenen allotropen Modificationen des Selens sind weit beständiger als die des Schwefels, denn das amorphe geht von selbst nicht in das körnige über. Nur das zinnoberrothe Pulver wird durch lange Berührung mit Schwefelkohlenstoff krystallinisch und als ^{p}Se gelöst.

Kochpunkt

Spec. Gewicht des Gases.

Bei hoher Temperatur (etwa 700°) kocht das Selen und verwandelt sich in ein gelbes Gas, dessen spec. Gewicht bei 860° = 8,2, bei 1040° = 6,37 gefunden wurde. Von kalter Luft getroffen, verdichtet sich das Gas zu rothem Pulver (Selenblumen), angezündet verbrennt es mit blauer Flamme und verbreitet einen widerlichen Geruch nach faulem Rettig. Dieser Geruch ist so charakteristisch, dass er als schnellstes Erkennungszeichen für das Selen dient. Er gehört einer Oxydationsstufe, dem Selenoxyd, an.

In concentrirter Schwefelsäure löst sich das Selen mit grüner Farbe und scheidet sich bei Zusatz von Wasser als rothes Pulver wieder aus. In Chlorwasserstoffsäure ist es unlöslich, in Salpetersäure löst es sich, aber nicht unverändert, sondern indem es sich oxydirt (s. § 176). Löslichkeit in Säuren.

In seinen chemischen Eigenschaften ist das Selen dem Schwefel am ähnlichsten. Es geht, wie dieser, sehr viele Verbindungen ein, sowohl mit Metalloiden als mit Metallen. Gewisse Selenverbindungen können sich mit einander zu Selensalzen verbinden (§ 62 Anm.).

§ 66. Mit **Sauerstoff** bildet das Selen drei Oxydationsstufen, ein Oxyd, dessen Zusammensetzung nicht bekannt ist, und zwei Säuren (§ 176. 178 Absatz). Mit **Wasserstoff** bildet es ein sehr giftiges und übelriechendes Gas, HSe, welches in seinen chemischen Eigenschaften dem Schwefelwasserstoff (§ 60) sehr ähnelt und an der Luft unter Abscheidung von rothem Selen sich leicht zersetzt. Man erhält es durch Behandlung gewisser Selenmetalle mit verdünnten Säuren. Verbindungen des Selens.

§ 67. Der Name dieses Metalloids ist dem Griechischen σελήνη (Mond) entlehnt, weil dasselbe in seinem Verhalten viel Aehnlichkeit mit dem Tellur (von tellus, die Erde, benannt) zeigt.

6. Tellur (Te = 64,5) **Tellurium.**

§ 68. Es findet sich selten gediegen, gewöhnlich in Verbindung mit Silber und Gold (AgTe und $(AgTe)^4 + AuTe$), Wismuth und Blei (PbTe). Ueberhaupt ist es ein überaus spärlich vorkommender Körper. Vorkommen.

§ 69. Am einfachsten gewinnt man das Tellur durch Kochen der Erze (wenn sie die Goldverbindung enthalten) mit Schwefelsäure, Fällen der Lösung mit Zink und Destilliren des ausgeschiedenen Tellurs im Wasserstoffstrom. Darstellung.

§ 70. Im pulverförmigen Zustand ist das Tellur grau, geschmolzen silberweiss und von starkem Glanz. Spec. Gewicht = 6,14 — 6,25. Es ist spröde, von grobblättrigem Gefüge und kann in Rhomboëdern krystallisirt erhalten werden. Sein Schmelzpunkt liegt ziemlich hoch, bei der Rothgluth wird es flüchtig. Eigenschaften.

An der Luft verbrennt es mit blauer Flamme und weissem Rauch (tellurige Säure), ohne üblen Geruch. In concentrirter kalter Schwefelsäure löst es sich mit Purpurfarbe, in heisser ohne Farbe; aus ersterer Lösung fällt Wasser das Tellur als graues Pulver, aus letzterer nichts, da es hier als Oxydationsproduct gelöst ist. In Salpetersäure löst es sich als tellurige Säure und wird durch schweflige Säure pulverförmig wieder niedergeschlagen, dabei färbt sich die Lösung blau.

In seinen physikalischen Eigenschaften hat das Tellur die meiste Aehnlichkeit mit Antimon, in seinen chemischen mit Schwefel und Selen (§ 62).

Verbindungen. § 71. Die Verbindungen des Tellurs mit **Sauerstoff** sind Säuren (s. u. § 180. 181); die mit **Wasserstoff** ist eine dem Schwefelwasserstoff (§ 60) ähnliche Gasart HTe.

Schwefel bildet mit Tellur zwei Verbindungen TeS^2 und TeS^3, welche beide durch Zersetzung der beiden Säuren mittelst Schwefelwasserstoff erhalten werden. Sie sind pulverförmig und schwarz.

7. Phosphor (P = 31,0) Phosphorus.

Vorkommen. § 72. Der Phosphor kommt häufig in der Natur vor, aber nie gediegen, sondern meistens mit Sauerstoff in Verbindung als Phosphorsäure und diese wiederum an Basen, namentlich an Kalkerde (§ 364), gebunden. Er findet sich im Mineralreich und in thierischen Körpern, von letztern bildet er einen Bestandtheil des Fleisches, namentlich aber das feste Gerüst; denn die Knochen bestehen grösstentheils aus phosphorsaurer Kalkerde. Aus dem Urin, welcher ein phosphorsaures Salz (§ 379) enthält, wurde der Phosphor zuerst dargestellt.

Darstellung. § 73. Fein gepulverte weissgebrannte Knochen werden mit verdünnter Schwefelsäure übergossen, welche mit dem grössten Theile der Kalkerde als schwerlösliche Verbindung sich niederschlägt. Die Lösung, aus Phosphorsäure, Schwefelsäure und sehr wenig Kalkerde bestehend, wird abfiltrirt, in einem eisernen Gefässe eingedampft und bis zur Rothgluth erhitzt, wobei sich die Schwefelsäure verflüchtigt. Der trockne, mit $\frac{1}{4}$ Gewichtstheil (der angewandten Knochen) pulverisirter Holzkohle vermischte Rückstand wird hierauf in irdenen Retorten *cc* (Fig. 21) so lange der stärksten Weissglühhitze ausgesetzt, als noch Phosphor überdestillirt. Die Holzkohle entzieht der Phosphorsäure Sauerstoff u. Kohlenoxydgas nebst etwas Phosphorwasserstoff entweichen sammt dem Phosphor durch die Röhren *a* ($\ddot{P}$ und 5C = P und 5$\dot{C}$) in die Vorlagen *bb*, wo der Phosphor unter dem durch die Schlitze *e* fortdauernd einströmenden kalten Wasser sich verdichtet, während die Gase durch die kleinen Oeffnungen *i* in die Luft treten.

Fig. 21.

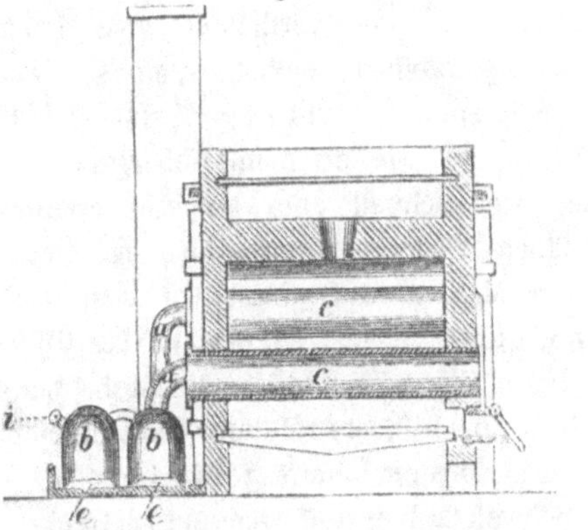

Man gewinnt jetzt auch Phosphor, indem man ungebrannte Knochen mit verdünnter Salzsäure behandelt, wobei Knorpelsubstanz zurückbleibt und zur Leimbereitung benutzt wird. Die salzsaure Lösung wird stark eingedampft und der ausgeschiedene Krystallbrei des sauren phosphorsauren Kalks mit Kohle in irdenen Cylindern destillirt.

Der gewonnene Phosphor wird entweder durch Schmelzen mit Schwefelsäure und chromsaurem Kali oder durch Destillation im Gemisch mit Sand gereinigt und schliesslich in einem besondern Apparat unter Wasser noch einmal umgeschmolzen und in die Form kleiner Stangen von ungefähr ½ Zoll Dicke gebracht. So kommt er in den Handel.

§ 74. Der Phosphor besitzt zwei allotrope Zustände, die weit auffallendere äussere Unterschiede als die Allotropien des Schwefels und Selens darbieten. Man bezeichnet den einen davon in der Regel als gewöhnlichen oder krystallisirbaren Phosphor, den andern als rothen oder amorphen. Wir wählen für ersteren das Zeichen ^{k}P, für letzteren ^{a}P. Allotropie

Frisch dargestellter reiner Phosphor, ^{k}P, ist bei niedriger Temperatur spröde, farblos und durchsichtig, bei +15 - 20° weich und biegsam. Sein Geruch ist unangenehm knoblauchähnlich. Gewöhnlicher Phosphor, ^{k}P. Eigenschaften.

Schmelzpunkt. Siedepunkt. Er schmilzt bei +44°,2, kocht bei +290° und bildet ein farbloses Gas von 4,5 spec. Gewicht (bei 1040°), welches sich in den kältern Theilen des Apparats zu Tropfen verdichtet, von denen manche oft lange noch flüssig bleiben, selbst wenn sie weit unter 44° abgekühlt sind. Sein spec. Gewicht ist = 1,84—1,826, geschmolzen bei 45° = 1,88. So wie er beim Uebergang aus der flüssigen Form in die feste, schnell oder langsam erkaltet, gewöhnlich in dünnen Stäben gewonnen wird, ist er glasig. Schmilzt man aber grössere Massen und giesst vor dem vollständigen Erstarren das noch Flüssige aus, so besteht der Rückstand aus Dodekaëdern. Diese Krystalle bilden sich auch, wenn Phosphor in gelinder Wärme im luftleeren Raum oder in einer mit Wasserstoff gefüllten Glasröhre sublimirt wird, oder wenn er aus seiner Lösung in Schwefelkohlenstoff sich ausscheidet.

Spec. Gewicht.

Krystallform.

Entzündlichkeit. Mit der Luft in Berührung raucht er stark, indem er sich verflüchtigt und begierig Sauerstoff aufnimmt; durch die hierbei entstehende Wärmeentwickelung kann sich die Temperatur bis zu seiner Entzündung (75°) steigern und dann verbrennt der Phosphor mit starker Lichtentwickelung zu weissen Dämpfen von Phosphorsäure. Verhindert man die Steigerung der Temperatur bis 75° dadurch, dass man die entwickelte Wärme durch andere Körper absorbiren lässt oder nur verhältnissmässig kleine Theile Phosphors der Oxydation darbietet, so oxydirt er sich allmählig, indem er in eine saure Flüssigkeit (§ 184) sich umwandelt. Halb unter Wasser der Luft Preis gegeben, bildet er Ozon (§ 21). Um ihn gegen Verbrennung zu schützen, wird er deshalb stets unter Wasser aufbewahrt. Hierbei erleidet er jedoch eine eigenthümliche Veränderung: er wird nach und nach, bei etwas höherer Temperatur (z. B. 40°) ziemlich schnell, mit einer milchweissen undurchsichtigen Haut bedeckt, die übrigens sonst dieselben Eigenschaften wie der durchsichtige Phosphor hat.

Veränderung am Licht. Kurze Zeit dem Lichte ausgesetzt, färbt sich die Oberfläche des Phosphors schön zinnoberroth (s. unten ^{a}P) und dies geschieht sowohl unter Wasser, als auch in Gasen und im luftleeren Raume, sowohl im directen Sonnenlicht, als auch im blossen Tageslicht. Geschmolzen und in eiskaltes Wasser gegossen, erstarrt er zu einer schwarzen Masse, wird aber beim Umschmelzen wieder weiss.

Im Finstern leuchtet der Phosphordampf, wenn etwas Luft oder Sauerstoff anwesend ist und davon hat er seinen Namen (φωσφόρος Lichtträger) erhalten; manche Gase, z. B. Schwefelwasserstoff, Leuchtgas, Aether- und Alkoholdampf unterbrechen dieses Leuchten. In Wasser ist der Phosphor unlöslich, dagegen löst er sich in mehren Flüssigkeiten, und zwar am besten in Schwefelkohlenstoff, Chlorschwefel, Chlorphosphor und Schwefelphosphor, ausserdem in fetten Oelen, Steinöl, Alkohol und Aether u. a. und krystallisirt daraus (s. oben). Leuchten. Lösungsmittel.

Der Phosphor ist in hohem Grade giftig und bewirkt schon in kleinen Dosen den Tod; sein Gas zieht denen, welche es einathmen, gefährliche Krankheiten zu und insbesondere leiden die Arbeiter in den Zündholzfabriken an Krankheiten der Zähne und Unterkiefer. Giftigkeit des P.

In den Fällen, wo Phosphor in Substanz die Ursache tödtlicher Vergiftung war, erkennt man denselben, falls er noch nicht völlig oxydirt ist, durch das Leuchten des Gases im Dunkeln, wenn die mit verdünnter Schwefelsäure übersättigte Masse in dem Kolben *k* (Fig. 22) der Destillation unterworfen wird. Un- Erkennungsweise in Vergiftungsfällen

Fig. 22.

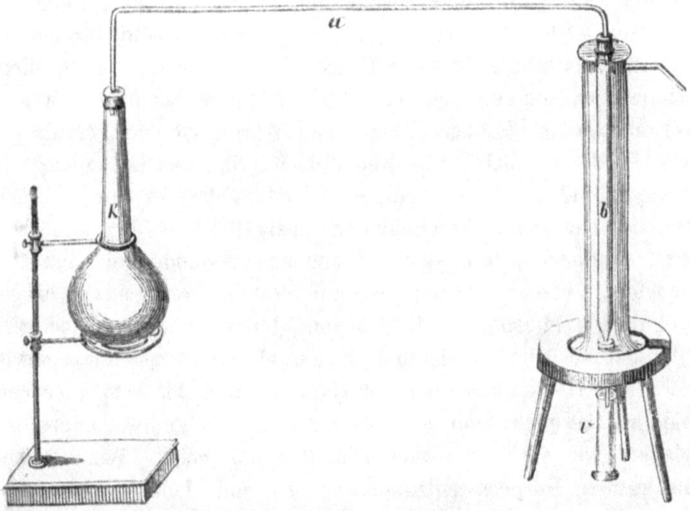

terbricht man zeitweilig das Erhitzen, damit Luft in das Rohr *a* wieder eintreten kann, so zeigt sich in diesem wie in dem mit kaltem Wasser umgebenen Verdichtungsrohr *b* stets neues Leuchten — falls es vorher aufhörte — so lange noch Phosphordampf mit dem Wasserdampf übergeht. Auch findet man in der Vorlage *v* feine Kügelchen verdichteten Phosphors.

Die Verwandtschaft des Phosphors zum Schwefel kann ebenfalls zur Auffindung des Phosphors in Vergiftungsfällen benutzt werden (s. § 78).

Amorpher Phosphor, ^{a}P. Der amorphe oder rothe Phosphor, ^{a}P, entsteht aus dem gewöhnlichen auf mehrfache Art: durch Einwirkung des Lichts, der Lösungen von Schwefel oder Jod in Schwefelkohlenstoff, am

Darstellung. einfachsten jedoch durch Wärme. Fabrikmässig bereitet man ihn, indem in luftfreien Gefässen grosse Mengen von ^{k}P lange Zeit hindurch bei einer Temperatur von 240—250° erhalten werden. Hierbei wird die anfangs geschmolzene farblose Masse immer dunkler und erstarrt schliesslich zu einer dunkelrothen Masse, aus welcher man den etwa noch eingemengten ^{k}P mittelst Schwefelkohlenstoffs auszieht.

Eigenschaften. Der amorphe Phosphor ist gepulvert scharlachroth bis carmoisinroth, in dichten Stücken (gewöhnlich nicht ganz frei von

Spec. Gewicht. ^{k}P) fast schwarzroth, von 1,9—2,1 spec. Gewicht. Er ist geruchlos und kann ohne Gefahr der Entzündung in lufthaltigen Gefässen aufbewahrt werden, scheint jedoch allmählig Sauerstoff aufzunehmen und zieht daher Feuchtigkeit an (§ 183). Er ist nicht schmelzbar, sondern geht bei 290°, indem er schmilzt und sich verflüchtigt, in ^{k}P über. Seine spec. Wärme ist geringer als die des ^{k}P. Er ist nicht giftig und unlöslich in allen Lösungsmitteln des gewöhnlichen Phosphors, es sei denn, dass er durch dieselben in chemische Verbindungen übergeführt wird. Geschieht dies, so findet sich in den entstandenen Verbindungen kein Unterschied zwischen denen, die auf dieselbe Weise aus dem gewöhnlichen Phosphor sich bildeten. Im Allgemeinen aber geht ^{a}P nicht so leicht Verbindungen ein als ^{k}P [Beispiel: man schütte einerseits auf ^{k}P, andererseits auf ^{a}P etwas Jod] und der Act seiner Verbindung ist nicht von der Wärme- oder Lichtentwickelung begleitet, wie sie der gewöhnliche Phosphor zeigt. Beim Reiben auf rauhen Körpern entzündet er sich nur dann, wenn er in Berührung mit gewissen Metalloxyden oder Salzen (chlorsaurem Kali u. dgl.) ist.

Anwendung.

§ 75. Der Phosphor findet eine sehr verbreitete Anwendung, namentlich zur Darstellung der Reibzündhölzer, und diese Anwendung beruht auf der leichten Entzündlichkeit des gewöhnlichen Phosphors durch eine so geringe Temperaturerhöhung, wie sie durch das Reiben des mit arabischem Gummi vermengten Phosphors an einer rauhen Fläche hervorgebracht wird.

Wegen der Giftigkeit des gewöhnlichen Phosphors hat man denselben durch den rothen zu ersetzen versucht, aber nicht mit besonderem Erfolg. Denn die Schwerentzündlichkeit des letzteren, gestattet nur die Anwendung desselben im Gemenge mit leicht Sauerstoff abgebenden Substanzen und diese Gemenge entzünden sich meist unter stärkerer oder geringerer Detonation.

Die Verwendung des Phosphors als Gift gegen schädliche Thiere geschieht in der Gestalt eines aus Mehl bereiteten Breies, welchem der geschmolzene Phosphor unter Schütteln einverleibt wird — Phosphorbrei.

Ausserdem gebraucht man den Phosphor als Arzneimittel und zur Darstellung der officinellen Phosphorsäure und deren Verbindungen. In Bezug hierauf ist zu bemerken, dass der Phosphor nicht selten Arsenik enthält, da zu seiner Darstellung (s. § 73) häufig arsenhaltige Schwefelsäure dient.

Verbindungen des Phosphors.

§ 76. Mit **Sauerstoff** bildet der Phosphor mehre Oxydationsstufen, welche sämmtlich Säuren sind (s. § 182 fg.).

Wasserstoff geht mit Phosphor drei Verbindungen ein, von denen die eine gasförmig, die andere flüssig, die dritte fest ist.

Phosphorwasserstoff: gasförmiger, PH^3,

Der gasförmige Phosphorwasserstoff, PH^3, ist ein farbloses, schwer zu einer Flüssigkeit verdichtbares Gas von 1,2286 spec. Gewicht (gefunden 1,185), welches in 1 Vol. $1\frac{1}{2}$ Vol. Wasserstoff und $\frac{1}{4}$ Vol. Phosphorgas enthält. Man erhält es auf mehrfache Art und je nach seiner Bereitung selbstentzündlich oder nicht. Das **selbstentzündliche** entsteht durch Kochen von Phosphor mit einer wässrigen Lösung von Kalihydrat ($4P$ und $3\dot{K}\dot{H} = 3\dot{K}\dot{P}$ und PH^3), oder Zersetzung von Phosphorcalcium mit Wasser oder von Phosphorkupfer mit Cyankalium und Wasser. Das **nicht selbstentzündliche** bildet sich beim Erhitzen von Phosphor mit weingeistiger Lösung von Kalihydrat oder der phosphorigen und unterphosphorigen Säure oder Zersetzung von Phosphorcalcium mit Salzsäure. Durch Berührung mit ein wenig salpetriger Säure kann das nicht selbstentzündliche selbstentzündlich und das letztere durch Schütteln mit Aether oder Terpentinöl oder anderweitig nicht selbstentzündlich gemacht werden, ja es wird so von selbst durch längeres Aufbewahren. Beide haben einen widerlichen Geruch nach faulen Fischen und verbrennen entzündet mit weissem Rauch. Durch das selbstentzündliche Gas hat man die Mährchen über die Irrlichter wahrscheinlich zu machen gesucht. Die Selbstentzündlichkeit verdankt das Gas einer geringen Beimengung der folgenden Verbindung.

flüssiger, PH^2, Der flüssige Phosphorwasserstoff, PH^2, entsteht bei Zersetzung von Phosphorcalcium (§ 370) durch Wasser (Ca^2P und $2\dot{H} = 2\dot{C}a$ und PH^2). Er ist farblos, stark lichtbrechend und entzündet sich an der Luft sogleich; seiner Anwesenheit schreibt man die Selbstentzündlichkeit des gasförmigen Phosphorwasserstoffs zu. Er zersetzt sich leicht von selbst und in Berührung mit andern Körpern, welche auch die Selbstentzündlichkeit des gasförmigen vernichten.

fester, P^2H Der feste Phosphorwasserstoff, P^2H, bildet sich auf mehrfache Art, am einfachsten bereitet man ihn durch Behandeln des Phosphorcalciums mit warmer Salzsäure. Hierbei scheidet er sich als gelbes, geschmack- und geruchloses Pulver aus, welches bei 200° oder durch einen Schlag sich entzündet, in Wasser und Alkohol sich nicht löst und an feuchter Luft sich zersetzt.

Phosphorstickstoff? § 77. Ob das weisse, feuerbeständige, geschmack- und geruchlose Pulver, welches durch Einwirkung des Ammoniaks auf Chlorphosphor oder des Schwefelphosphors auf Salmiak erhalten wird, Phosphorstickstoff sei oder auch noch Wasserstoff enthalte, ist zweifelhaft.

Schwefelphosphor. § 78. Mit **Schwefel** geht der Phosphor **vier** Verbindungen ein und lässt sich überhaupt in allen Verhältnissen mit ihm zusammenschmelzen. Aber dies muss vorsichtig unter Wasser geschehen, wenn man nicht gefährliche Explosionen befürchten will. Bei Anwendung von amorphem Phosphor dagegen ist ihre Darstellung gefahrlos. Alle diese Schwefelverbindungen gehören zur Klasse der Sulphide, und drei davon sind den Oxydationsstufen des Phosphors proportional zusammengesetzt. Zwei dieser Verbindungen P^2S und PS sind entzündliche Flüssigkeiten, die andern beiden PS^3 und PS^5 feste gelbe krystallinische Körper.

Die Verbindungen des Schwefels mit Phosphor leuchten im Dunkeln und da sie sehr leicht sich bilden, so kann man diesen Umstand benutzen, die Anwesenheit des Phosphors in vergifteten Substanzen aufzufinden. Zu diesem Zweck bringt man in die mit verdünnter Schwefelsäure sauer gemachte Substanz gröbere Stücken von Schwefel, erwärmt eine Zeit lang im Wasserbade, nimmt dann die Schwefelstücken heraus und erwärmt sie für sich in einer Schaale im Dunkeln. Erkennung des Phosphors als Gift.

§ 79. Auch mit **Selen** bildet Phosphor mehre Verbindungen, welche sich mit basischen Selenmetallen zu Selensalzen vereinigen. Aber ihre Zusammensetzungsverhältnisse sind noch nicht näher untersucht. Selen und Phosphor.

Die Halogene oder Salzbildner.

§ 80. Es giebt fünf Metalloide, welche in ihrem chemischen Verhalten gegen andere Stoffe so grosse Aehnlichkeit unter einander haben, dass man sie zweckmässiger Weise zu einer Gruppe zusammenstellt. Ihren Namen führt diese Gruppe in Folge der gemeinsamen charakteristischen Eigenschaft jener Körper, mit den Metallen salzähnliche (ἁλοειδής) Verbindungen einzugehen, welche in ihren physikalischen Eigenschaften die grösste Aehnlichkeit mit den Sauerstoffsalzen besitzen, aber weil sie nicht nach Analogie dieser letztern zusammengesetzt sind, Haloidsalze (d. h. salzähnliche Salze) genannt werden; die elektronegativen Bestandtheile jener Salze heissen Halogene. Vier von diesen sind einfache Körper, nämlich **Chlor**, **Brom**, **Jod** und **Fluor**, der fünfte aber ein zusammengesetzter: das **Cyan**. Ausser der eben genannten Eigenschaft besitzen die Halogene vornehmlich noch eine andere, nämlich die starke Verwandtschaftskraft zum Wasserstoff. Mit diesem bilden sie sehr starke Säuren, welche später (§ 210 fg.) ihre specielle Beschreibung finden.

8. Chlor ($Cl = 35{,}46$) Chlorum.

Vorkommen. § 81. Nie im isolirten Zustande, meistentheils mit Metallen verbunden, besonders häufig mit Natrium. Das Chlornatrium oder Kochsalz, in welchem das Chlor $60\frac{1}{3}$ pCt. beträgt, ist sehr verbreitet (§ 295).

Darstellung § 82. Im Grossen wird das Chlor aus dem Kochsalz in folgender Weise dargestellt. Man giesst auf ein Gemenge von drei Gewichtstheilen Kochsalz ($Na\,Cl$) und 2 Theilen Braunstein (Mangansuperoxyd $\ddot{Mn}$), welches sich in einem Bleigefäss *A* (Fig. 23) befindet, durch den Sicherheitstrichter *c* allmählig 5 Th. verdünnte Schwefelsäure (aus 1 Th. $\dot{H}\dddot{S}$ und 4 Th. Wasser) und erhitzt vermittelst der durch *d* eintretenden Wasserdämpfe die Masse, indem man den Rührer *f* zeitweilig in Thätigkeit setzt, so lange sich noch Gas entwickelt. Durch das Abzugsrohr *a* entweicht das Gas, durch die Abflussröhre *e* wird der unbrauchbare Rückstand entleert. Der chemische Process hierbei ist folgender: die Schwefelsäure zerlegt unter Mitwirkung des Wassers das Kochsalz, der Sauerstoff des Wassers vereinigt sich mit dem Natrium zu Oxyd und dieses mit der Schwefelsäure zu schwefelsaurem Natriumoxyd ($Na\,Cl$ und $\dot{H}\dddot{S} = \dot{Na}\dddot{S}$ und $H\,Cl$), das Chlor aber bildet mit dem Wasserstoff des Wassers Chlorwasserstoffsäure, welche weiterhin durch einen Theil des Sauerstoffs vom Braunstein in Wasser und Chlor zerlegt wird ($H\,Cl$, $\ddot{Mn}$ und $\dddot{S} = Cl$, $\dot{H}$ und $\dot{Mn}\dddot{S}$), während der andere Theil Sauerstoff mit dem Mangan zu Manganoxydul verbunden bleibt. Letzteres vereinigt sich mit der übrigen Schwefelsäure zu einem Salze: $Na\,Cl$, $2\dot{H}\dddot{S}$ und $\ddot{Mn} = \dot{Na}\dddot{S}$, $\dot{Mn}\dddot{S}$, $2\dot{H}$ und Cl.

Fig. 23.

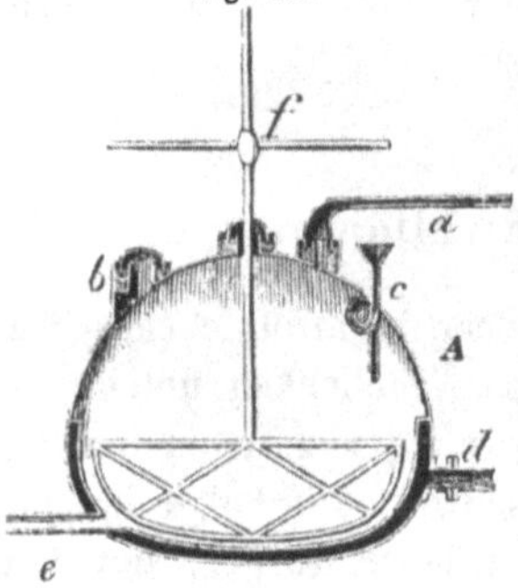

Da die Chlorwasserstoffsäure ein billiger Handelsartikel ist, so pflegt man jetzt hie und da auch in Fabriken, namentlich aber zum Bedarf in kleinern Quantitäten das Chlor aus der Chlorwasserstoffsäure und dem Braunstein in Glasgefässen darzustellen, es wird jedoch bei dieser Darstellungsweise nicht alles Chlor frei, was in der Säure enthalten ist, denn 2HCl und $\ddot{M}n = 2\dot{H}$, MnCl und Cl, das MnCl bleibt im Rückstand gelöst.

§ 83. Das Chlor ist ein gelbgrünes (χλωρὸς) Gas, von 2,44 spec. Gewicht, hat einen eigenthümlichen stechenden Geruch und wirkt beim Einathmen zerstörend auf die Athmungswerkzeuge; rein eingeathmet wirkt es tödtlich, mit Luft vermischt reizt es zu heftigem Husten und verursacht Schnupfen. Brennende Körper verlöschen im Chlorgas, entwickeln sie aber beim Brennen Kohlenwasserstoffe, so entzünden sich diese im Chlorgas und brennen mit russender Flamme fort. Zu vielen Metallen äussert es eine so energische Verwandtschaft, dass die Verbindungen derselben unter Feuererscheinung vor sich gehen [Versuch: gepulvertes Antimon oder Wismuth in eine mit Chlor gefüllte Flasche schütten], oder dass Metalloxyde in erhöhter Temperatur durch Chlor zersetzt werden, indem der Sauerstoff frei wird. Die organischen Körper werden meistens durch Chlor zerstört, und man wendet diese Eigenschaft, welche sich namentlich in Bezug auf Pflanzenfarben und übelriechende Dünste faulender Thiere oder Pflanzen wirksam zeigt, jetzt häufig zum **Bleichen** und **Desinficiren** (Räuchern) an. Wird Chlorgas auf $\frac{1}{5}$ seines ursprünglichen Volums comprimirt, so verdichtet es sich zu einer tief gelblich grünen Flüssigkeit, die bei sehr niedriger Temperatur und 40 Atmosphären Druck nicht fest wird. Von Wasser wird Chlor langsam gelöst, 1 Maass Wasser nimmt bei $+10^0$ ungefähr $2\frac{1}{2}$ Maass Chlor auf, wird blassgelb und bekommt den Geruch und die Eigenschaft des Chlors, Pflanzenfarben zu bleichen, daher wird eine solche Lösung gewöhnlich **Bleichwasser** genannt. Bald aber nach der Darstellung, namentlich bei Einwirkung des Sonnenlichts, entwickelt sich aus dem Chlorwasser Sauerstoffgas, indem das Chlor das Wasser zerlegt und mit dessen Wasserstoff sich verbindet.

Eigenschaften. Desinfection. Bleichen. Flüssiges Chlor.

Das Chlor ist einer der wichtigsten Stoffe, theils wegen seines häufigen Vorkommens in der Natur, theils wegen der verbreiteten Anwendung sowohl des isolirten Gases als auch der Verbindungen desselben bei wissenschaftlichen Untersuchungen und bei technischen Operationen, z. B. beim Bleichen der Leinwand, der baumwollenen Zeuge, des Papiers u. a. m.

Bezeichnung der Chlorverbindungen.

§ 84. **Verbindungen des Chlors** mit andern Körpern giebt es eben so viele und mannigfaltige als des Sauerstoffs und meistentheils entspricht den Verbindungen des letztern (mit den Metallen) auch eine proportional zusammengesetzte Verbindung des Chlors, d. h. es ist an die Stelle von jedem Aequivalent Sauerstoff ein Aequivalent Chlor eingetreten. Für diese Chlorverbindungen giebt es eine analoge Bezeichnungsweise durch die Endungen ür und id u. s. w., so dass dem Suboxyd das Subchlorür, dem Oxydul das Chlorür, dem Oxyd das Chlorid entspricht, für diejenigen Chlorverbindungen aber, welche elektronegativen Sauerstoffverbindungen, also Säuren, proportional zusammengesetzt sind, hat man die Bezeichnung Superchlorür und Superchlorid gewählt. [Beispiele: dem Manganoxydul $\dot{Mn}$ entspricht das Manganchlorür $MnCl$, dem Manganoxyd $\dddot{\overline{Mn}}$ das Manganchlorid $\overline{Mn}Cl^3$, der phosphorigen Säure $\dddot{\overline{P}}$ das Phosphorsuperchlorür PCl^3, der Antimonsäure $\overset{\cdot\cdot\cdot\cdot\cdot}{\overline{Sb}}$ das Antimonsuperchlorid $SbCl^5$, den Superoxyden und einigen Säuren entsprechen keine Chlorverbindungen]

Wegen der correspondirenden (proportionalen) Zusammensetzung sind die Chlorverbindungen von grosser Wichtigkeit für die Ermittelung der stöchiometrischen Verhältnisse in Sauerstoff- und andern Verbindungen, wenn diese aus irgend welchen Ursachen zur Analyse nicht geeignet sind. Denn man kann aus der Zusammensetzung einer Chlorverbindung die der correspondirenden Sauerstoffverbindung sofort berechnen. [Weiss man z. B., dass einer Chlorverbindung, die aus 16 Th. Schwefel und 71 Th. Chlor besteht, eine Sauerstoffstufe des Schwefels proportional ist, so ist damit festgestellt, dass diese letztere aus 16 Th. Schwefel und 16 Th. Sauerstoff besteht. Und wenn die fragliche Chlorverbindung sich etwa mit Wasser zersetzt, so werden dazu 18 Th. Wasser erforderlich sein und die 71 Th. Chlor werden sich mit 2 Th. Wasserstoff und die 16 Th. Schwefel mit den 16 Th. Sauerstoff des Wassers vereinigen.]

Verbindungen des Chlors mit Sauerstoff und Wasserstoff.

§ 85. Mit **Sauerstoff** geht das Chlor mehre Verbindungen ein, mit **Wasserstoff** verbindet es sich nur in einem Verhältniss. Alle diese Verbindungen sind Säuren und werden später ausführlich abgehandelt (§§ 188—195. 210).

Chlorstickstoff.

§ 86. Mit **Stickstoff** vereinigt sich das Chlor nicht direct, sondern wenn beide Körper zusammentreffen, während der eine im statu nascendi ist. Leitet man in Ammoniak (NH^3), welches in Wasser gelöst ist, Chlor im Ueberschuss, so bildet sich Chlorwasserstoff und Chlorstickstoff (NH^3 und $6Cl = 3HCl$ und NCl^3). Der Chlorstickstoff ist eine ölartige, gelbe, in Wasser unlösliche Flüssigkeit, an der Luft sich verflüchtigend, von sehr stechendem Geruch und die Augen reizend, merkwürdig durch die heftige Explosion, mit welcher er sich sowohl bei erhöhter Temperatur ($+96-100^0$) als auch in Berührung mit verschiedenen unorganischen und organischen Körpern (Phosphor, Selen, Arsenik, Baumöl, Terpentinöl u. a.) in seine gasförmigen Bestandtheile zerlegt.

§ 87. **Schwefel** und Chlor bilden mehre Verbindungen. Von diesen kann aber nur eine rein im isolirten Zustande dargestellt werden und diese nennt man Halbchlorschwefel oder Chlorür, S^2Cl. Man bereitet sie durch Zuleiten von Chlor zu Schwefel und Destillation des erhaltenen Products. Es ist eine röthlichgelbe Flüssigkeit von 1,687 spec. Gewicht, siedet bei 138^0 und ist ein ausgezeichnetes Lösungsmittel für Schwefel und Selen. Es findet jetzt häufig Anwendung in Fabriken zum sogenannten Vulcanisiren des Kautschuks. **Chlorschwefel.**

In Berührung mit wasserhaltiger Luft oder Wasser zerlegt sie sich in Chlorwasserstoff und Schwefel und unterschweflige Säure, welche sich aber sogleich weiter zersetzt (§ 167).

Die dunkelrothe Flüssigkeit, welche bisher mit dem Namen Chlorid und der Formel SCl bezeichnet wurde, ist höchst wahrscheinlich eine Verbindung des Chlorürs, S^2Cl, mit einer höhern Chlorstufe, SCl^2, welche letztere sehr leicht zersetzbar und nicht isolirt darstellbar ist.

§ 88. Mit **Selen** bildet Chlor zwei Verbindungen, eine braune flüssige und eine feste weisse krystallisirbare. Beide zersetzen sich mit Wasser, letztere in Chlorwasserstoff und selenige Säure, sie besteht also aus $SeCl^2$. **Chlorselen.**

§ 89. Die Verbindungen des Chlors mit **Phosphor,** welche ebenfalls direct dargestellt werden, sind zwei, das Chlorür (oder Superchlorür) und das Chlorid (oder Superchlorid). **Chlorphosphor.**

Das Chlorür, PCl^3, ist farblos, dünnflüssig, raucht an der Luft, hat 1,45 spec. Gewicht, einen durchdringenden unangenehmen Geruch und siedet bei 78^0 C. Es löst sehr leicht und reichlich Phosphor auf.

Das Chlorid, PCl^5, ist weiss, krystallinisch, raucht stark an der Luft, siedet bei 148°, sublimirt aber schon unter 100°.

Beide zerlegen sich mit Wasser, das erstere in phosphorige Säure, das letztere in Phosphorsäure und Chlorwasserstoff.

Phosphoroxychlorid. Wird das Chlorid durch Wasser nur unvollständig zersetzt, indem man es z. B. allmählig aus der Luft Wasser anziehen und zerfliessen lässt, so enthält die Flüssigkeit Phosphoroxychlorid, PCl^3O^2, eine bei 110° siedende, stark lichtbrechende Substanz von 1,7 spec. Gewicht, welche stechend riecht und in Dampfgestalt die Schleimhaut heftig angreift.

$Cl + 10\dot{H}$. § 90. Chlorhydrat. Eine bemerkenswerthe Verbindung, als die eines einfachen mit einem zusammengesetzten Körper, liefert das Chlor mit Wasser, $Cl + 10\dot{H}$, die in kleinen blassgelben Krystallen erhalten wird, wenn in wenig Wasser von 0° Chlorgas geleitet wird.

9. Brom ($Br = 80$) **Bromum.**

Vorkommen. § 91. Meistens mit den Chlorverbindungen finden sich in der Natur auch Verbindungen des Broms, aber in unbedeutender Menge. In den Salzsoolen, im Meerwasser, namentlich des rothen Meeres, in manchen Mineralquellen, findet es sich an die Metalle Natrium oder Magnesium gebunden. Im freien Zustande kommt es nicht vor. Es wurde 1826 im Wasser des Mittelmeeres entdeckt.

Darstellung. § 92. Aus den Mutterlaugen der Salinen (s. § 295) wird entweder unmittelbar durch Erhitzen mit Schwefelsäure und Braunstein, oder mittelbar das Brom abgeschieden, indem die Brommetalle durch Chlor zerlegt, das ausgeschiedene Brom in Aether gelöst, wieder mit Kalium verbunden und dieses Salz nach dem Glühen auf dieselbe Weise wie das Kochsalz mit Braunstein und Schwefelsäure erhitzt wird: KBr, $\ddot{Mn}$ und $2\dot{H}\dddot{S} = Br$, $\dot{K}\dddot{S}$, $\dot{Mn}\dddot{S}$ und $2\dot{H}$. Man bereitet das Brom hauptsächlich aus den Soolmutterlaugen der Saline Kreuznach und aus denen des Seesalzes in Frankreich.

Eigenschaften. § 93. Bei gewöhnlicher Temperatur ist Brom eine Flüssigkeit, die in dicken Schichten schwarzroth, in dünnen hyacinth-

roth gefärbt ist, sehr flüchtig, hat einen eigenthümlich durchdringenden unangenehmen Geruch (daher sein Name von βρῶμος Gestank), der an Chlor erinnert. Sein spec. Gewicht ist 2,96. Bei 7°,3 bildet es eine feste, krystallinische, glänzende, graue Masse; bei +58° kocht es und verwandelt sich in ein gelbrothes Gas von 5,39 spec. Gewicht. In Wasser ist es nur wenig mit röthlich gelber Farbe löslich, in Alkohol mehr, in Aether und Chloroform am meisten. Gegen organische Körper verhält es sich meistens wie Chlor, es greift sie an, bleicht die gefärbten. Mit Stärkemehl liefert es eine orangerothe Verbindung, die man als Erkennungsmerkmal für das Brom benutzt. Es ist, innerlich genommen, sehr giftig, wird aber in gewissen Verbindungen als Heilmittel benutzt.

§ 94. Die Verbindungen, welche Brom mit unorganischen und organischen Körpern eingeht, sind denen des Chlors sehr ähnlich, nur steht das Brom an Verwandtschaftskraft dem Chlor nach, so dass es von letzterem aus seinen Verbindungen ausgeschieden werden kann. Verbindungen.

Mit **Sauerstoff** und **Wasserstoff** bildet es Säuren (§§ 196. 215), mit **Stickstoff** einen schwarzbraunen öläbnlichen Körper, mit **Schwefel** eine ähnliche Verbindung, mit **Phosphor** eine feste, PBr^5, und eine flüssige, PBr^3, mit **Chlor** eine röthliche flüssige und mit **Wasser** bei 0° — 15° eine krystallisirte Verbindung, die 28 pCt. Brom enthält. Auch mit **Stickoxyd** liefert es drei flüssige schwarzbraune Verbindungen, NO^2Br, NO^2Br^2 und NO^2Br^3, die mehr oder weniger leicht zich zersetzen.

10. Jod (J = 127) **Jodum.**

§ 95. Nie frei, meistens an Natrium gebunden im Meerwasser und daher in der Asche sehr vieler Seepflanzen, namentlich der Tangarten, ferner in mehren Mineralwässern, z. B. denen von Heilbronn, Krankenheil (Baiern) und Hall (Oesterreich), im Chilisalpeter (§ 284) und in Salzsoolen. Im Mineralreich findet es sich in Verbindung mit Silber, im Thierreich im Badeschwamm (Spongia officin.), Seekrebsen, im Leberthran mehrer Gadusarten. Es ist überhaupt ein sehr verbreiteter Stoff, wenn er auch Vorkommen.

Darstellung. § 96. Aehnlich der des Chlors. Es wird Kelpmutterlauge (s. § 296) mit Braunstein und Schwefelsäure der Destillation unterworfen: NaJ, $\ddot{Mn}$ und $2\dot{H}\ddot{S} = J$, $\dot{Na}\ddot{S}$, $\dot{Mn}\ddot{S}$ und $2\dot{H}$. Die mit Schwefelsäure und Braunstein versetzte Flüssigkeit wird in dem Gusseisenkessel *a* (Fig. 24), welcher einen bleiernen Deckel *b* und zwei irdene Helme *c* trägt, über freiem Feuer erwärmt. Die irdenen Vorlagen *e* nehmen das sublimirte Jod auf und lassen die mit übergegangene wässerige Flüssigkeit durch die Oeffnungen *o* abtröpfeln. In die Oeffnung der hintersten Vorlagen wird lose ein nasses Tuch gestopft, an welchem sich schöne Jodkrystalle ablagern. Jede Nacht wird die Arbeit unterbrochen, jeden Morgen der Kessel neu gefüllt und nach 14 Tagen die 1 — 1½ Zoll dicke Kruste von Jod aus den Vorlagen gesammelt, in kleine eichene Fässer zu etwa 100 Pfund verpackt und so in den Handel gebracht.

Fig. 24.

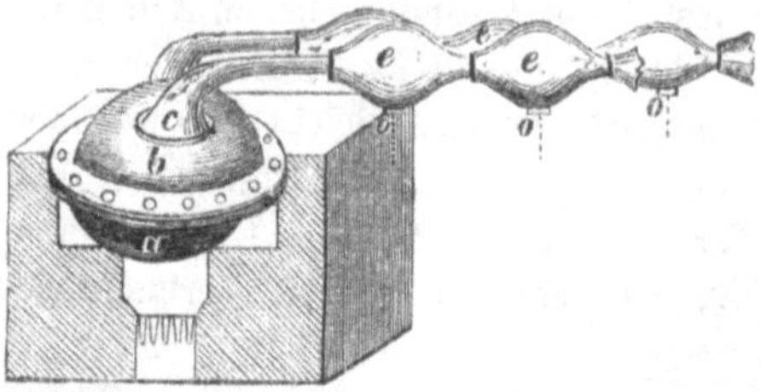

Man gewinnt aus der Mutterlauge von etwa 150000 Centner Kelp 6 — 700 Centner Jod.

Eigenschaften. § 97. Bei gewöhnlicher Temperatur ist das Jod ein weicher, blättrig krystallinischer, schwarzgrauer Körper von 4,94 spec. Gewicht, und fast metallischem Glanz, eigenthümlichem, die Augenschleimhäute stark reizendem Geruch und nicht unbedeutend flüchtig. Bei $+107^0$ schmilzt es, bei $+180^0$ kocht es und verwandelt sich in einen violetten Dampf (daher der Name, ἰώδης veilchenfarbig), der ein spec. Gewicht von 8,7 hat und sich beim Erkalten zu glänzenden Krystallschuppen verdichtet. Wird das Jod einer langsamen Sublimation unterworfen, so erhält man deutliche Krystalle, Combinationen von Rhombenoktaëdern mit geraden rhombischen Prismen. In Wasser löst sich Jod sehr wenig (kaum $^1/_{7000}$), aber in Wasser, welches Jodkalium oder Jodwasserstoff enthält, so wie in Alkohol und

Jodtinctur. Aether leicht auf, diese Lösungen sind braunroth gefärbt. In Schwefelkohlenstoff und Chloroform löst es sich mit mehr oder weniger intensiv violetter und in Benzin mit schön rother Farbe, und man benutzt gern eines dieser Lösungsmittel, um geringe Mengen Jod wässeriger Lösung zu entziehen und somit leicht zu erkennen. Papier, Leinwand und Holz werden durch Jod dauernd, die Haut vorübergehend bräunlich gefärbt. Mit Stärkemehl bildet es eine indigoblaue Verbindung, die eine so stark färbende Kraft hat, dass man noch $1/_{400000}$ Stärke erkennen kann. Es wird sowohl für sich, in Alkohol gelöst, als auch in seinen Verbindungen, namentlich mit Kalium, als sehr kräftiges Arzneimittel angewendet. Innerlich genommen wirkt es giftig. Jodstärke.

§ 98. Die **Verbindungen** des Jods und sein chemisches Verhalten sind denen des Broms und Chlors sehr ähnlich, es wird aber durch diese beiden Halogene aus seinen Verbindungen ausgeschieden. Verbindungen.

Mit **Sauerstoff** und **Wasserstoff** bildet es Säuren (§§ 197. 198. 217), mit **Stickstoff** eine nicht isolirbare Verbindung, welche sich mit Ammoniak in zwei Verhältnissen vereinigt. Die eine davon entsteht durch Behandlung von concentrirter Jodtinctur mit starker weingeistiger Ammoniaklösung, die andere durch Vermischen einer Chlorjodlösung mit Ammoniak. Erstere hat die Zusammensetzung $NI^3 + NH^3$, letztere besteht aus $4(NI^3) + NH^3$. Beide sind in Wasser unlösliche schwarze Pulver, welche hinreichend trocken von selbst, jedenfalls bei leiser Berührung, mit starkem Knall explodiren und deshalb mit einiger Vorsicht zu behandeln sind. Jodstickstoff. $NI^3 + NH^3$. $4(NI^3) + NH^3$.

Von den Verbindungen des Jods mit **Schwefel** ist nur eine leicht und sicher in bestimmbaren Krystallen, SI^3, zu erhalten. Jodschwefel.

Von denen mit **Phosphor** kennt man drei, PI^2, P^2I^3 und PI^3, welche in rothen Krystallen sich ausscheiden. Sie werden am besten wie die des Schwefels durch Lösen äquivalenter Mengen der Bestandtheile in Schwefelkohlenstoff bereitet. Jodphosphor.

Mit **Chlor** bildet das Jod eine flüssige rothbraune, ICl, und eine krystallisirbare hellgelbe, ICl^3, Verbindung, von denen erstere unzersetzt in Wasser und Aether sich löst und mit Ammoniak Jodstickstoff giebt. Jodchlor.

Mit **Brom** geht das Jod ebenfalls zwei Verbindungen ein, die noch näher zu untersuchen sind. Bromjod.

Anwendung. § 99. Sowohl für sich als in mehren Verbindungen findet das Jod vielfältige Anwendung in der Heilkunde wie in Künsten und Gewerben. Am häufigsten wird es zur Erzeugung von Lichtbildern von den Photographen und Daguerreotypisten angewendet (§ 667).

11. Fluor (F = 19) **Fluor.**

Vorkommen. § 100. Nie im freien Zustande, am häufigsten an Calcium gebunden als Fluorcalcium (Flussspath s. § 368) im Mineralreich, in geringer Menge auch in den Knochen und dem Schmelz der Zähne.

Darstellung. § 101. Die Darstellung des isolirten Metalloides ist bis jetzt noch nicht gelungen, weil seine Verwandtschaft zu allen Körpern, in denen man es auffangen könnte, zu gross ist. Es verbindet sich bei der Ausscheidung aus seinen Verbindungen mit allen Metallen der Gefässe, die man zum Auffangen anzuwenden versucht hat und das Glas zerlegt es ebenfalls. Aus den Versuchen, die man in Gefässen, aus Flussspath angefertigt, machte, scheint hervorzugehen, dass das Fluor bei gewöhnlicher Temperatur ein farbloses Gas ist.

Verbindungen. § 102. Verbindungen mit **Sauerstoff** sind unbekannt. Mit **Wasserstoff** bildet es eine Säure (s. u.), welche in der analytischen und technischen Chemie mannigfach angewendet wird. Von den Verbindungen mit den übrigen Metalloiden sind nur die mit **Schwefel** und **Phosphor** einigermassen bekannt, von denen mit den Metallen aber eine grosse Anzahl.

Anmerkung. Der fünfte Körper, welcher mit zu der Gruppe der Halogene gehört, das Cyan, ist ein zusammengesetzter und wird später nach dem Kohlenstoff abgehandelt werden.

12. Kiesel (Si = 14,8) **Silicium.**

Vorkommen. § 103. Nie frei, stets im oxydirten Zustande als Kieselsäure (Kieselerde), welche sich auf der Erde sowohl für sich (s. § 199) (Quarz, Bergkrystall) als auch in Verbindung mit Basen sehr reich verbreitet findet.

§ 104. Das Silicium kann man auf mehrfache Weise darstellen und erhält je nach der Verschiedenheit der Methode das Metalloid von verschiedenen Eigenschaften. Man bereitet es 1) aus der Kieselerde, indem dieser der Sauerstoff entzogen wird, oder besser aus einem Salze, dem Kieselfluornatrium ($NaF + SiF^2$), welchem durch Zusatz von Natrium das Fluor entzogen wird: $NaF + SiF^2$ und $2Na = 3NaF$ und Si; auch durch Erhitzen von Natrium im Gas des Siliciumchlorids; 2) aus dem Kieselfluorkalium, indem man entweder 3 Th. desselben mit 1 Th. Natrium und 1 Th. Zinkgranalien zur Rothgluth erhitzt und die Schmelze mit Salzsäure behandelt, oder indem man dasselbe mit $^1/_{40}$ seines Gewichts Aluminium schmilzt; auch aus dem Siliciumchlorid, indem man dessen Gas über erhitztes Aluminium oder Zink leitet. Endlich findet man es als eine sehr häufige Beimengung in dem käuflichen Aluminium. Darstellung.

§ 105. Je nach den erwähnten Darstellungsmethoden hat das Kiesel folgende Eigenschaften. Nach der ersten bereitet ist es ein amorphes, braunes, luftbeständiges Pulver, färbt stark ab, bei erhöhter Temperatur entzündet es sich an der Luft und verbrennt grösstentheils, wird von keiner andern Säure als von Fluorwasserstoff aufgelöst und von kochenden Alkalien. Man bezeichnet es als amorphes Silicium ^{a}Si. Ist das Silicium nach seiner Darstellung bei Luftabschluss geglüht, so zeigt es nun eine dunklere Farbe und die Eigenschaft, dass es nicht mehr weder im Sauerstoff noch an der Luft in der Glühhitze verbrennt, auch von Fluorwasserstoffsäure nicht mehr angegriffen wird, nur von einem Gemisch aus Fluorwasserstoff und Salpetersäure und einer kochenden starken Kalilauge wird es gelöst. Eigenschaften. Zwei allotrope Zustände. Amorphes, ^{a}Si,

Nach der zweiten Methode dargestellt bildet es schöne glänzende schwarze Krystalle des regulären Systems, deren Individuen oft zahlreich aneinandergereiht die Gestalt langer Prismen darbieten. In dieser Form — die wir als krystallisirtes ^{k}Si bezeichnen — wird es beim stärksten Glühen im Sauerstoff nicht verändert und durch alle chemischen Agentien, die auf ^{a}Si wirken, nicht verändert. Nur beim Schmelzen mit kohlensaurem Kali zersetzt es dieses unter Feuererscheinung, in Chlorgas erhitzt verbindet es sich mit diesem und in starker kochender Kalilauge löst es sich langsam auf. Es besitzt also die Eigen- krystallisirtes, ^{k}Si.

schaften des unter Luftabschluss geglühten amorphen Siliciums, welches durch dieses Glühen in ^{k}Si überging. Das spec. Gewicht des ^{k}Si ist $= 2{,}49$ bei $+10^0$, seine Härte so gross, dass es Glas schneidet. In sehr hoher Temperatur schmilzt es und erstarrt krystallinisch. Man kann es geschmolzen wie ein Metall in Barren giessen und so ist es ein vollständiger Leiter der Elektricität. Diese Aehnlichkeit mit den Metallen tritt besonders deutlich hervor in gewissen bemerkenswerthen Verbindungen oder Gemischen mit andern Metallen (s. § 609), die den Legirungen der Metalle an die Seite zu setzen sind.

Verbindungen des Kiesels.

§ 106. Mit **Sauerstoff** scheint das Kiesel mehre Verbindungen einzugehen, aber nur zwei davon sind genauer untersucht. Wird Silicium direct verbrannt, so entsteht nur die Kieselsäure, von welcher später (§ 199 ff.) ausführlich die Rede sein wird.

Siliciumoxydulhydrat, $\dot{Si}^3\dot{H}^2$.

Das Siliciumoxydul ist als Hydrat ein weisses, lockeres, leichtes Pulver, $\dot{Si}^3\dot{H}^2$, welches sein chemisch gebundenes Wasser bis 300^0 fest hält, stärker erhitzt unter Wasserstoff- und Lichtentwickelung sich in Kieselsäure umwandelt. Es ist ein wenig in Wasser und sehr leicht in allen Alkalien unter Uebergang in Kieselsäure löslich. Man erhält das Siliciumoxydul durch Zersetzung des Chlorürs (s. unten) mit Wasser, indem man höhere Temperatur vermeidet.

Kieselwasserstoff.

Mit **Wasserstoff** liefert Kiesel eine Verbindung, deren Zusammensetzung noch nicht bekannt ist. — Sie ist gasförmig, von üblem Geruch, entzündet sich an der Luft mit Detonation und weisser Flamme unter denselben Erscheinungen wie Phosphorwasserstoff. In schwach glühenden Glasröhren zerlegt sich das Gas unter Abscheidung von ^{a}Si, welches als brauner Spiegel die Glasröhre überzieht. Man erhält Kieselwasserstoff bei Wasserelektrolyse am negativen Pol, wenn dieser aus kieselhaltigem Aluminium besteht; reichlicher bereitet man es durch Zersetzung von Kieselmagnesium (§ 383).

Kieselstickstoff.

Stickstoffkiesel bildet sich bei Zersetzung des Siliciumchlorürs mit Ammoniak. Es ist ein farbloses unschmelzbares Pulver, welches in Hitze nicht oxydirt und nur von Flusssäure und schmelzenden Alkalien angegriffen und gelöst wird. Mit

Bleisuperoxyd erhitzt zersetzt es sich unter Feuererscheinung und rothen Dämpfen.

Mit **Schwefel** bildet Kiesel einen farblosen, festen Körper, SiS^2, welcher mit Wasser in Kieselsäure und Schwefelwasserstoff zerfällt. Verbindungen.

Chlor und Kiesel bilden zwei Verbindungen. Chlorkiesel.

Das Chlorür scheint nicht isolirt darstellbar, sondern man kennt es nur verbunden mit Chlorwasserstoff, 3SiCl + 2HCl. Es ist eine rauchende Flüssigkeit von stechendem Geruch, 1,65 spec. Gewicht und 42° Siedepunkt; entzündet sich leicht und brennt mit grüner Flamme. In einem Glasrohr wird sein Gas durch Glühen zerlegt, indem sich ^{n}Si als brauner Spiegel abscheidet. Mit Wasser zersetzt es sich sogleich in Chlorwasserstoff und Siliciumoxydulhydrat (s. oben). Man bereitet das Chlorür durch Erhitzen von Kiesel in einem Strom Chlorwasserstoffs, und erhält correspondirende Jod- und Bromverbindungen, wenn man in derselben Operation dem Chlorwasserstoff Jod- oder Bromwasserstoff substituirt. 3SiCl + 2HCl.

Das Chlorid, $SiCl^2$, ist eine farblose Flüssigkeit von 1,524 spec. Gewicht und 59° Siedepunkt, welche an der Luft raucht und saure Dämpfe ausstösst, indem sie sich mit dem Wasser in Chlorwasserstoff und Kieselsäure zerlegt. Das spec. Gewicht seines Gases ist 5,86 (gefunden 5,9) und 1 Vol. Gas besteht aus 2 Vol. Chlor + 1 Vol. Siliciumgas. Man gewinnt das Kieselchlorid durch Glühen von Silicium oder von mit Kohle gemischter Kieselerde in Chlorgas. $SiCl^2$.

Die **Brom-** und **Jod-**Verbindungen des Kiesels correspondiren in ihrer Zusammensetzung mit denen des Chlors. Die des Broms sind beide flüssig, das Jodür, 3SiI + 2HI, ist eine feste, dunkelrothe, leicht schmelzbare und destillirbare Substanz, die sich blutroth in Schwefelkohlenstoff löst und daraus krystallisirt. Brom- und Jodkiesel.

Mit **Fluor** kennt man nur eine Verbindung des Siliciums.

Das Fluorkieselgas entsteht durch Erhitzen eines Gemenges von Kieselerde, Flussspath und concentrirter Schwefelsäure ($\ddot{Si}$, 2CaF und $2\dot{H}\ddot{S} = 2\dot{Ca}\ddot{S}$, $2\dot{H}$ und SiF^2). Es hat einen erstickend sauren Geruch, ist farblos und raucht an der Luft, indem es das Wassergas der letztern anzieht und sich damit in Kieselsäure und Kieselfluorwasserstoffsäure (s. unten) zerlegt. Bei 9 Atmosphären und etwa —107° verdichtet es sich zu einer Fluorkiesel, SiF^2.

dünnen Flüssigkeit, die bei verstärktem Druck und noch tieferer Kälte nicht fest wird.

13. Bor (B = 11) **Boron.**

Vorkommen. § 107. Nur mit Sauerstoff verbunden als Borsäure, und zwar kommt diese sowohl frei vor, als auch in Verbindung mit Basen, hauptsächlich als borsaures Natron (Borax) (s. § 292).

Darstellung. § 108. Das Bor lässt sich auf ganz ähnliche Weise wie das Silicium vermittelst verschiedener Methoden darstellen, und zeigt demgemäss auch verschiedene Eigenschaften. Man erhält es 1) indem Borsäure oder Borfluorkalium ($KF+BF^3$) mit Kalium erhitzt und das Gemenge alsdann mit Wasser ausgezogen wird, 2) wenn man Borsäure mit nicht zu wenig Aluminium schmilzt und das Product mit Säuren und Alkalien behandelt, 3) wenn Borfluorkalium mit Aluminium geschmolzen wird.

Eigenschaften. Drei allotrope Zustände. § 109. Je nach der Darstellungsmethode erhält man das Bor in drei allotropen Zuständen, die wir wie beim Phosphor und Silicium durch gewisse Zeichen unterscheiden wollen.

Amorphes Bor, ^aB. Das amorphe Bor, ^aB, entsteht nach Methode 1. und bildet ein dunkelbraunes Pulver, an der Luft und im Wasser unveränderlich, in letzterm ein wenig löslich mit gelber Farbe. Von Säuren und Alkalien wird es nicht angegriffen, ausser von Salpetersäure und Königswasser (s. unten). An der Luft erhitzt verbrennt es schon auf Papier leicht zu Borsäure; es ist unschmelzbar und feuerbeständig.

Diamantbor, ^kB. Nach Methode 2. erhält man, wenn auf je 10 Th. Borsäure 8 Th. Aluminium angewandt waren, das Bor in diamantglänzenden durchsichtigen Krystallen von 2,68 spec. Gewicht. Es sind quadratische Prismen von der Härte des Diamants, selten farblos oder honiggelb, gewöhnlich granatroth, welche stets einige Procent Kohlenstoff und Aluminium enthalten, gegen alle Säuren und Lösungen der Alkalien unempfindlich sind, in glühendem Sauerstoff nur oberflächlich oxydiren, im Knallgasgebläse (§ 27) unschmelzbar und nur durch saures schwefelsaures Kali in der Rothgluth oder durch schmelzendes kohlensaures und Aetznatron oxydirbar. Man nennt diese allotrope Modification des Bors Diamantbor, wir wollen sie mit ^kB (krystallisirtes Bor) bezeichnen.

Sie kann auch gewonnen werden, wenn das amorphe Bor mit Aluminium unter einem geeigneten Flussmittel eine Zeit lang geschmolzen wird.

Wenn Bor nach Methode 3. dargestellt, oder wenn bei Methode 2. zu wenig Aluminium vorhanden war, scheidet sich das Bor in undurchsichtigen, schwärzlich-röthlichen sechsseitigen Blättern aus, welche dem Graphit (§ 118) gleichen und deshalb Graphitbor, ^{g}B, genannt sind. In diesem Zustande ist es leicht im Wasser suspendirbar und vom krystallisirten Bor zu trennen, es widersteht der Oxydation mehr als ^{a}B. Graphitbor, ^{g}B.

§ 110. Von Verbindungen desselben mit **Sauerstoff** ist nur eine Oxydationsstufe, die Borsäure, bekannt. Mit **Wasserstoff**, **Phosphor**, **Selen**, **Brom** und **Jod** kennt man noch keine Verbindung, mit **Schwefel** liefert es einen festen weissen Körper. Verbindungen des Bors.

Borstickstoff bildet sich sowohl durch Glühen von Bor an der Luft in hoher Temperatur, oder von ^{a}B in Stickoxydgas, als auch durch Erhitzen von borsaurem Natron mit Salmiak. Es ist ein farbloses unschmelzbares Pulver, welches beim Erhitzen an der Luft mit grünlichem Licht phosphorescirt und sehr indifferent gegen chemische Agentien ist.

Chlorbor und Fluorbor sind farblose Gase, BCl^3 und BF^3, welche an der Luft rauchen, weil sie sich mit dem Wasserdampf derselben zersetzen, und dabei erstickend sauer riechen. Das Fluorbor verhält sich ganz so wie das Kieselfluor gegen Wasser (§ 221).

Mit den **Metallen** lässt sich das Bor gleich dem Kiesel zusammenschmelzen und liefert Legirungen von zum Theil ganz bemerkenswerthen Eigenschaften.

14. Kohlenstoff (C = 6) **Carbonium.**

§ 111. Sehr verbreitet, sowohl im Mineralreich als in der organischen Natur und zwar in sehr merkwürdiger Allotropie. Wir wollen die drei Modificationen als ^{d}C = Diamant, ^{g}C = Graphit und ^{a}C = amorpher Kohlenstoff, bezeichnen. Vorkommen.

Diamant, ${}^{d}C$.

Im reinsten Zustande ist er krystallisirt und heisst Diamant. Die hauptsächlichsten Fundstätten dieses Edelsteins sind Indien, Borneo, Sumatra, der Ural, Mexico und Brasilien, wo er in zertrümmerten jüngern Gebirgen nicht selten zugleich mit andern Edelsteinen, z. B. Rubin, Smaragd und Topas, gefunden wird.

Graphit, ${}^{g}C$.

Weniger rein ist der Kohlenstoff, welcher sich in ältern Gebirgen, dem Granit, Gneus, Glimmer- und Thonschiefer findet, er wird Graphit oder Reissblei genannt, die hauptsächlichsten Fundstätten desselben sind Borrowdale in England, Wunsiedel und Passau in Baiern.

Amorpher Kohlenstoff, ${}^{a}C$. Fossile Kohlen.

Dem ältern Gebirge aufgelagert findet sich der Anthrazit (Kohlenblende), dem Uebergangsgebirge aufgelagert die Steinkohle und in jüngern Bildungen der Erdoberfläche die Braunkohle. Alle diese fossilen Kohlen bestehen zum grössten Theil aus Kohlenstoff, enthalten aber ausserdem von den Bestandtheilen der Pflanzen, aus denen sie entstanden sind, mehr oder weniger an Sauerstoff, Wasserstoff und Stickstoff, und überdies noch mehr oder weniger unverbrennliche Salze und erdige Substanzen. Die Entstehung der Kohlenarten von dem Anthrazit bis zur Braunkohle aus einer vorweltlichen Pflanzenwelt ist unbezweifelt und bekundet sich durch die zahlreichen wohlerhaltenen Ueberbleibsel von Stämmen und andern Pflanzentheilen, welche sich sowohl in den Stein- und Braunkohlenlagern selbst, als auch in den zwischen den Steinkohlenflötzen lagernden thonigen Erdmassen in der Gestalt von Abdrücken vorfinden. In den neuesten Schichten der Erdoberfläche findet sich eine Ablagerung vegetabilischer Substanzen, der Torf, welcher, je nachdem er älter oder jünger ist, mehr oder weniger zersetzte Pflanzenbestandtheile und meistens viel erdige Beimengungen besitzt. Die Pflanzen darin sind auf dem Wege dieselbe Umwandlung zu erfahren, welche das Holz in den Stein- und Braunkohlen erlitten hat.

Der Kohlenstoff kommt ferner, in Verbindung mit Sauerstoff, in allen Gebirgsarten vor, die kohlensaure Erden enthalten, hauptsächlich in Kalkgebirgen, z. B. im Marmor, der Kreide, Muschelkalk u. a. Endlich ist er ein Hauptbestandtheil aller organischen Wesen.

§ 112. In absolut reinem Zustande den Kohlenstoff in grössern Massen künstlich darzustellen, ist bisher eben so wenig gelungen als die Darstellung von der krystallisirten Modification ${}^{d}C$ selbst in geringster Quantität. In kleinern Mengen kann man ihn rein erhalten, wenn eine seiner weniger complicirten Verbindungen, z. B. die mit Sauerstoff (die Kohlensäure s. u.), oder mit Wasserstoff (das Leucht- oder Grubengas) zersetzt werden [die Kohlensäure z. B. durch Kalium, das Leuchtgas durch Chlor (s. § 128)], oder wenn gereinigter Zucker oder Lampenruss (§ 116) unter Abschluss der Luft erhitzt wird. In jedem dieser Fälle scheidet er sich als amorpher Kohlenstoff, ${}^{a}C$, aus, als welcher er auch in den fossilen Kohlen und den verkohlten Thier- und Pflanzenstoffen enthalten ist. Jedoch kann man ihn auch künstlich krystallisirt als ${}^{g}C$ gewinnen, wenn man mit Kohle übersättigtes Roheisen (s. § 450) langsam erstarren lässt. Darstellung.

Da die technische Anwendung einen grossen Verbrauch des Kohlenstoffs mit sich bringt, so stellt man durch Zersetzung der complicirteren organischen Verbindungen denselben in grossen Massen dar und nennt dann diesen Kohlenstoff, je nachdem er aus Vegetabilien oder aus animalischen Substanzen dargestellt ist, „Holzkohle, Pflanzenkohle, vegetabilische Kohle," oder „Thierkohle, Blutkohle, Knochenkohle, Beinschwarz."

§ 113. Zur Darstellung der einen oder der andern Art der Kohle ist es nöthig, dass die zu zersetzenden Substanzen unter Abschluss der Luft einer hohen Temperatur ausgesetzt werden. Es bestehen die Pflanzenkörper in ihren entfernteren Bestandtheilen vornehmlich aus Kohlenstoff, Wasserstoff, Sauerstoff, ein wenig Stickstoff und unverbrennlichen, nicht leicht flüchtigen Salzen; die thierischen Körper enthalten wesentlich dieselben Bestandtheile, ihr Stickstoffgehalt ist aber weit grösser, und die chemische Natur ihrer feuerbeständigen Beimengungen ist eine andere. Werden beide unter Abschluss der Luft erhitzt, so erleiden sie eine chemische Veränderung der Art, dass fast sämmtlicher Wasserstoff, Sauerstoff und Stickstoff, theils unter einander [zu Wasser und zu Ammoniak], theils mit geringen Antheilen Kohlenstoff verbunden [als Kohlenoxyd, Grubengas, Essigsäure und andere ternäre Die Verkohlung organischer Körper.

Kohlen-, Wasser- und Sauerstoffverbindungen] entweichen und der grösste Theil des Kohlenstoffgehalts der erhitzten Substanzen, verbunden mit sehr geringen Mengen Sauerstoff, Wasserstoff und Stickstoff, zurückbleibt.

Gewinnung der Holzkohle in Meilern.

§ 114. Die Darstellung der Holzkohle wird gemeiniglich in sogenannten Meilern vorgenommen. Es werden grob gespaltene Stücken Holz von meistens 3 — 4 Fuss Länge entweder horizontal oder senkrecht neben und über einander geschichtet (Fig. 25) und in einem Canal, welcher in der Mitte des Meilers

Fig. 25.

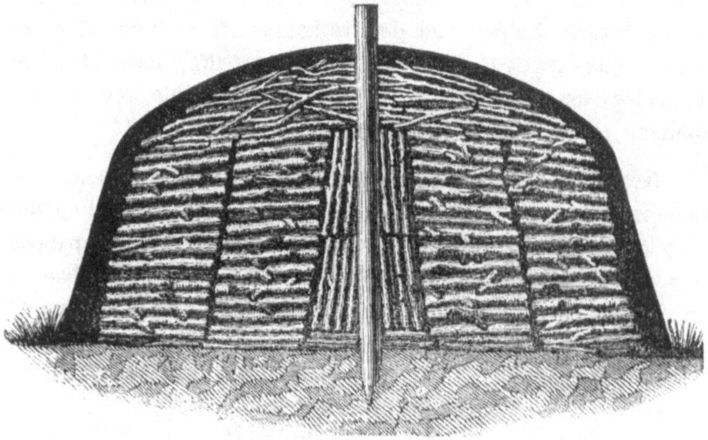

durch drei gleich weit von einander entfernte und durch Zweige mit einander verbundene Pfähle gebildet wird, vermittelst hineingeworfener glühender Kohlen entzündet. Die Unterlage des Meilers bildet eine mehre Zoll starke Schicht Kohlenlösche (gröbliches Kohlenpulver), die Decke desselben gewöhnlich Rasen, mit der bewachsenen Seite nach innen, Laub oder Moos und darüber Kohlenlösche. In diese Decke werden nach dem Anzünden des Meilers nach und nach, von oben nach unten fortschreitend, Löcher eingestossen, um einen beschränkten Luftzug zu gestatten und die Verkohlung nach allen Theilen des Meilers zu leiten. Die gemachten Oeffnungen werden, sobald durch Entweichen einer bläulichen Flamme die vollständige Verkohlung des entsprechenden Theiles des Meilers kenntlich wird, wieder verstopft.

Zuletzt, wenn die untersten Scheite verkohlt sind, bedeckt man den Meiler dicht und lässt ihn mehre Tage erkalten; alsdann werden die noch nicht völlig erkalteten Kohlen nach und nach unter der Decke hervorgezogen und mit Sand oder Wasser ausgelöscht. Würde der Meiler plötzlich von seiner Decke auf einmal befreit, so würde er in Brand gerathen.

Die Ausbeute, welche man bei der Verkohlung des Holzes erhält, ist sowohl dem Raume als Gewicht nach verschieden, je nachdem das Verkohlen in Meilern oder geschlossenen Oefen (Cylindern, Retorten u. dgl.) geschieht. Von 100 Raumtheilen Holz erhält man gewöhnlich in Meilern 61—65 Raumtheile, in geschlossenen Oefen 82 Raumth. Kohle; dagegen sind erstere von grösserem spec. Gewicht, denn die 61—65 Raumtheile Kohle wiegen 24 Theile, die 82 Raumtheile nur 23 Theile. Die Ausbeute richtet sich aber auch nach der grössern oder geringern Schnelligkeit, mit welcher man den Verkohlungsprocess vornimmt; je schneller verkohlt wird, desto weniger, je langsamer, desto mehr Ausbeute. Beisp.: Tannenholz gab bei schneller Verkohlung 16,22 pCt., bei langsamer 27,72 pCt. Kohle. Dieses letztere ist besonders der Fall bei der Verkohlung in geschlossenen Oefen. Auf diese Weise pflegt aber Holz nur dann verkohlt zu werden, wenn die ausser der Kohle entstehenden Nebenproducte für den Besitzer die Hauptsache ausmachen, oder wenn gewisse Eigenschaften, z. B. Reinheit von Sand, Leichtentzündlichkeit u. dgl. unerlässliche Anforderungen an jene Kohle sind.

§ 115. Weil der Kohlenstoff oder die Kohle in dem Verhältniss zu den andern vegetabilischen Substanzen, die zu Brennmaterial verbraucht werden, im geringsten Volum die möglich grösste Menge Wärme liefernder Substanz, also die stärkste Heizkraft, besitzt, so hat man die Verkohlung auch auf diejenigen vegetabilischen Körper angewendet, welche zwar in 100 Th. mehr Kohlenstoff enthalten als das Holz, aber doch noch überflüssige Beimengungen, welche beim Verbrennen nicht nur keine Wärme geben, sondern dieselbe sogar noch absorbiren, nämlich auf Steinkohlen, Braunkohlen und den Torf. Man bedient sich bei der Verkohlung dieser Brennmaterialien theils der Meilerverkohlung, theils und zwar häufiger der Verkohlung in geschlossenen

Verkohlung der Steinkohlen.

Räumen, namentlich bei den Steinkohlen, weil aus diesen noch eine beträchtliche Quantität Gas gewonnen werden kann (s. u. p. 96) und weil man zu diesem Zwecke besonders das Steinkohlenklein, welches zur Verkohlung in Meilern nicht verwerthet werden kann, anwendet. Der Rückstand von der Verkohlung der Steinkohlen wird Coaks genannt, wenn nicht ein Zusatz andeutet, dass die fragliche Kohle aus anderm Matrial gewonnen ist. Denn man verarbeitet jetzt ebenfalls den Torf zu einem

Coaksofen

Fig. 26.

Fig. 26 a

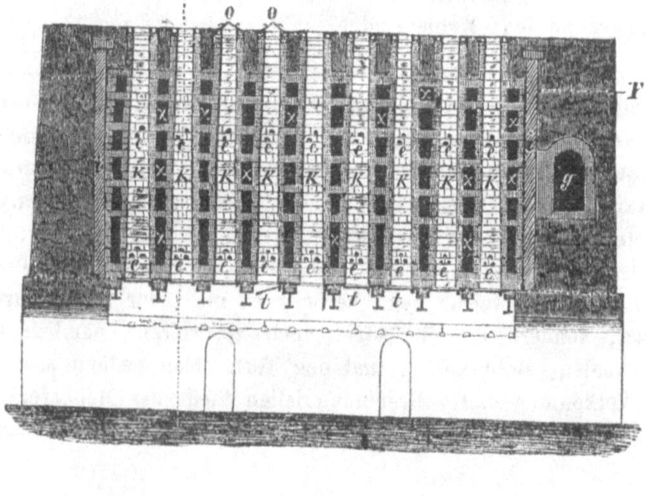

werthvolleren Brennstoff — den Torfcoaks — welcher unter Umständen Anwendung in den metallurgischen Operationen statt der Holzkohle oder Coaks findet.

Die Oefen, in denen gegenwärtig am vortheilhaftesten die Umwandlung der Steinkohle in Coaks betrieben wird (Fig. 26 und 26 *a*), bestehen aus achtzehn in einem länglich viereckigen Raum neben einander befindlichen Kammern *K*, von denen je neun in einer Reihe liegen. Sie sind unten mit eisernen um eine Angel drehbaren Thüren *t* und oben mit feuerfesten in eiserne Ringe befestigten Steinen *o* verschliessbar. Die Kammern sind von der äussern Ummauerung durch einen hohlen mit schlechten Wärmeleitern ausgefüllten Raum *i* und von einander durch Scheidewände feuerfester Steine getrennt, welche zwischen sich einen hohlen Raum *xx* lassen, der die sämmtlichen Kammern continuirlich umgiebt und zur Aufnahme der beim Erhitzen der Steinkohlen entwickelten brennbaren Gase dient. Diese letztern sind es, welche, wenn einmal der Ofen im Beginne der Verkoakung angeheizt war, durch ihre mittelst von aussen zugelassener Luft bewerkstelligte Oxydation die zur ferneren Operation erforderliche Hitze unterhalten. Zu diesem Zweck findet auch durch kleine, in den Kammern selbst angebrachte Oeffnungen *eee* ein mässiger Luftzug statt. Die Verbrennungsproducte treten in die durch die längern Seiten des Ofens laufenden Canäle *g* und schliesslich in einen Schornstein. Alle Canäle, welche Luft von aussen zulassen, wie die, welche die Verbrennungsproducte abführen, sind mit Schiebern zur Regulirung des Zuges versehen. Nach vollendeter Operation rutscht bei Oeffnung von *t* der zusammengebackene Inhalt einer Kammer heraus, wird durch die geneigten eisernen Platten *v* aufgefangen und mit Stangen zertrümmert in die auf Schienen laufenden eisernen Wagen *u* gestürzt und aus diesen nach Abkühlung unter einer Blechdecke oder nach Ablöschung mit Wasser entleert.

Verkohlung von Harzen. Kienruss.

§ 116. Diejenige Art amorphen Kohlenstoffs, welche unter dem Namen Kienruss bekannt ist, wird durch unvollständige Verbrennung von kohlen- und wasserstoffreichen Körpern, z. B. Harzen, oder von Kohlenwasserstoffen, z. B. in der Lampenflamme bereitet. In China bedient man sich zur Anfertigung der Tusche des Russes, welchen das in Lampen brennende Sesamöl an Metallschalen absetzt. Man kann aber aus jedem beliebigen Brennöl und sonstigem Kerzenmaterial Russ gewinnen, denn in jeder brennenden Flamme eines kohlenhaltigen Brennstoffs findet sich derselbe zeitweilig suspendirt. Die unter dem Namen Kienruss bekannte Kohle wird nur aus harzreichen Nadelhölzern gewonnen.

Darstellung thierischer Kohle.

§ 117. Die Verkohlung thierischer Bestandtheile wird stets in geschlossenen Oefen, meistens in eisernen Cylindern, oder in Oefen bewerkstelligt, in denen man die mit den zu verkohlenden Substanzen gefüllten eisernen Töpfe hineinstellt. Die Gase, welche sich dabei entwickeln und einen sehr übeln Geruch besitzen, weil sie unter andern Schwefelwasserstoff und Ammoniak enthalten, leitet man entweder in den Schornstein und verbrennt sie sogleich mit, oder man fängt sie durch Röhrenleitung in grossen Fässern auf und verwendet sie zur Darstellung von Ammoniaksalzen (s. u.).

Eigenschaften des Kohlenstoffs,

§ 118. Die Eigenschaften der verschiedenen oben aufgezählten Arten des Kohlenstoffs sind in manchen Beziehungen sehr verschieden, in andern übereinstimmend.

des Diamants,

Der Diamant ist stets krystallisirt, meistens farblos und von sehr starkem Lichtbrechungsvermögen, seltener gefärbt, aber in allen Farben vorkommend, auch schwarz. Er ist nebst Bor der härteste Körper, ritzt und spaltet das Glas, wird, in Stahlmörsern zermalmt, zum Schleifen anderer Diamanten benutzt. Sein spec. Gewicht ist 3,5. Im reinen Sauerstoffgas brennt er, angezündet, fort, er bedarf aber zum Entzünden einer sehr hohen Temperatur und verlischt in der atmosphärischen Luft sogleich wieder; als feines Pulver aber kann man ihn vor dem Löthrohr verbrennen. Er leitet sehr schlecht die Wärme und gar nicht die Elektricität, ist sogar idio-elektrisch.

des Graphits,

Der Graphit, welcher auch künstlich dargestellt werden kann (s. § 112), ist schwarzgrau, undurchsichtig und metallisch glänzend. Er krystallisirt auch, aber in anderer Form als der Diamant, nämlich in sechsseitigen Tafeln des hexagonalen Systems. Er ist sehr weich und färbt mit grauer Farbe ab (daher zu Bleistiften angewendet). Sein spec. Gewicht ist 1,8 bis 1,9. Er enthält stets sehr fein vertheilte fremdartige Beimengungen in veränderlichen aber sehr geringen Mengen (der von Wunsiedel

0,33 pCt.), und verbrennt fast eben so schwer als der Diamant. Die Wärme leitet er eben so gut wie die Elektricität.

Der Anthrazit ist dicht, schwarz, sehr glänzend. Er verbrennt fast ohne Flamme und Geruch, enthält also sehr wenig Wasserstoff und auch nur wenig andere flüchtige Bestandtheile, bedarf daher meistens eines Gebläses zu seiner Verbrennung. Die Beimengungen desselben an feuerbeständigen Salzen sind bald grösser, bald geringer, und danach ist sein spec. Gewicht bald höher (1,75), bald kleiner (1,27). Sein Kohlenstoffgehalt schwankt zwischen 87 und 98 pCt. Eigenschaften des Anthrazits,

Die Steinkohlen, dem Anthrazit sehr ähnlich im äussern Ansehn, sind weniger dicht, zeigen oft nach gehöriger Zubereitung unter dem Mikroskop die Pflanzenstructur ihres Ursprungs, haben ein spec. Gewicht von 1,2 bis 1,5, verbrennen leichter und geben dabei eine grosse hell brennende Flamme. Man unterscheidet je nach dem äussern Ansehn Glanz-, Pech-, Blätter-, Faser- und Schieferkohle, und je nach dem Verhalten beim Erhitzen Back-, Sinter- und Sandkohle. Sie hinterlassen einen unverbrennlichen Rückstand von Salzen (die Asche) und enthalten ausserdem noch Wasserstoff, Sauerstoff und etwas Stickstoff. Ihr Gehalt an Kohlenstoff schwankt zwischen 68 und 90 pCt., ihr Aschengehalt zwischen 1 und 30 pCt. der Steinkohlen,

Die Braunkohlen, welche entweder in grossen compacten Stücken noch in der Form der Baumstämme, oder in kleinen weichen zerbröckelten Stücken gefördert werden, sind vom dunkeln Schwarzbraun bis zum hellen Braun. Ihr spec. Gewicht ist bedeutenden Schwankungen unterworfen (1,1 bis 1,85), je nach ihren Beimengungen. Sie brennen leicht mit Flamme, verbreiten dabei einen starken bituminösen Geruch, hinterlassen als Rückstand durchschnittlich mehr Asche als die vorher genannten Kohlenarten und sind auch reicher an Wasserstoff und Sauerstoff als die Steinkohlen. Ihr Gehalt an Kohlenstoff beträgt zwischen 52 und 70 pCt. und der Aschengehalt 1,5 bis 58,0 pCt. der Braunkohlen,

Die vegetabilische Kohle ist schwarz oder schwarzbraun von 1,45 bis 1,53 spec. Gewicht und besitzt, wenn sie nicht aus schmelzbaren Pflanzenstoffen, z. B. Harzen, dargestellt ist, noch die Structur des zur Verkohlung angewandten Stoffes, des Holzes. Bei starkem Erhitzen ohne Luftzutritt sintert sie zusammen, wird der Holzkohle, schwer und dicht und entzündet sich schwieriger als im ungeglühten Zustande. Sie enthält, wie die vorigen, Wasserstoff, Sauerstoff, wenig Stickstoff und unverbrennliche Salze. Sie leitet unter den Kohlenarten Wärme und Elektricität am schlechtesten.

Der Russ (Kienruss) ist ein sehr fein vertheiltes lockeres Pulver, welches gar keine Aschenbestandtheile, sondern nur noch Wasserstoff in chemischer Verbindung enthält. Diesen verliert er beim Glühen in verschlossenen Gefässen und das Product davon ist ªC in fast chemisch reinem Zustande.

Eigenschaften der thierischen Kohle.

Die thierische Kohle ist schwarzglänzend und meistens blasig, weil die meisten thierischen Bestandtheile vor dem Verkohlen schmelzen, z. B. das Muskelfleisch und Blut, nur die Knochen hinterlassen Kohle in ihrer ursprünglichen Gestalt. Sie enthält ausser den geringen Mengen Wasserstoff und Sauerstoff weit mehr Stickstoff als die vegetabilische Kohle, der an 5½ pCt. beträgt und selbst in der stärksten Hitze nur bis auf etwa 3 pCt. vermindert wird, aber nie ganz zu entfernen ist. Schmilzt man aber thierische Kohle mit kohlensaurem Alkali, so geht aller Stickstoff als Cyan an das Alkalimetall und lässt sich durch Wasser auswaschen (s. § 483). Beim Verbrennen hinterlässt sie eine Asche, die bei der Knochenkohle aus phosphorsaurer und kohlensaurer Kalkerde besteht, bei verkohltem Horn, Leder und Haaren aus phosphorsauren, schwefelsauren und kieselsauren Alkalien und Erden.

Alle angeführten Modificationen des Kohlenstoffs haben das mit einander gemein, dass sie geruch- und geschmacklos, durch Atmosphärilien und viele stark chemische Agentien nicht zerstörbar, ausser in schmelzendem Roheisen (und vielleicht in Bor) in keinem Lösungsmittel löslich, bei Abschluss der Luft feuerbeständig und völlig unschmelzbar sind. Durch heftiges Glühen an Luft oder in Sauerstoff verwandeln sie sich schwerer oder leichter in Kohlensäure und auch durch Behandeln mit Schwefelsäure und chromsaurem oder mit Salzsäure und chlorsaurem Kali lassen sie sich allmählich oxydiren. — Die Pflanzen- und Thierkohle besitzen aber ausserdem noch besondere für die Wissenschaft und Technik wichtige Eigenschaften, nämlich: 1) viele aufgelöste, z. B. färbende und riechende Stoffe, ja sogar von manchen aufgelösten Salzen die Oxyde niederzuschlagen

Entfärbung und Desinfection.

[Beisp.: Indigolösung wird entfärbt, aus salpetersaurem Quecksilberoxyd wird Quecksilberoxyd ausgefällt] und 2) **luftförmige Körper zu absorbiren** [Bsp.: Ammoniak absorbiren lassen]. Die erstgenannte Eigenschaft, welche die thierische Kohle noch besser zeigt als die vegetabilische, wurde schon vor langer Zeit (zuerst von Lowitz) zur Entfärbung der braunen Lösungen des Rohsalpeters benutzt und wird jetzt in vielen Fabrikationszweigen [z. B. bei der Zuckerraffinerie, bei der Entfuselung des Alkohols und Branntweins, bei der Wiederherstellung verdorbenen, übelriechenden Trinkwassers, bei der Ausfällung von giftigen Pflanzenbasen und sonst noch] mit grossem Nutzen angewendet. Diese reinigende und absorbirende Eigenschaft beruht theils auf der Porosität der Kohle, theils aber auch auf den in der Kohle anwesenden Salzen, theils auf beiden. — Die andere Eigenschaft, Gase zu absorbiren, besitzt die Holzkohle in grösserm Grade als die Thierkohle, und zwar je poröser und zugleich dichter (bis auf einen gewissen Grad) sie ist, desto mehr nimmt sie von Gasen auf, namentlich wenn sie frisch ausgeglüht und unter Luftabschluss erkaltet ist. [Buxbaumkohle, welche dichter ist als Fichtenkohle, absorbirt stärker als diese; Graphit, welcher viel dichter ist als Buxbaumkohle, absorbirt gar kein Gas.] Man macht einen vortheilhaften Gebrauch von dieser Eigenschaft in der Anfertigung von Respiratoren gegen schädliche Gase. Das Drahtnetzgehäuse *N* (Fig. 27) durch den Schieber *i* verschliessbar und zu öffnen, wird mit frisch ausgeglühten Kohlenstücken gefüllt und mit den an dem Tuchlappen *L* befestigten Schlingen *S* über die Ohren gehangen, so dass die Nase in der Pappkappe *P* steckt und die in sie eingesaugte Luft ebenfalls die Kohlenschicht zuvor durchlaufen muss. Obwohl die Verschluckung der Gase fast immer nur eine rein mechanische Aeusserung der Kohle ist und auf der Anziehung der grossen Oberfläche beruht, welche die Poren der Kohle den Gasen darbieten, so ist doch die absorbirte Quantität verschiedener Luftarten ungleich. Es hat den Anschein, als stünde die Absorbirbarkeit verschiedener Gase in directer Beziehung zu ihrer

Absorption von Gasen.

Verschiedenheit der Absorptionskraft.

Fig. 27.

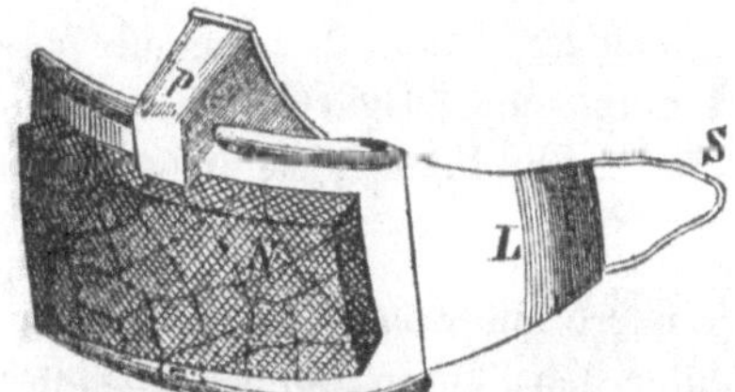

Hohe Wärmeentbindung bei der Absorption.

Coërcibilität; 1 Vol. Buxbaumkohle absorbirt z. B. 90 Vol. Ammoniakgas und nur 1,75 Vol. Wasserstoff. Bei den Gasen, welche in so grosser Menge von der Kohle aufgenommen werden, wie z. B. das Ammoniakgas, muss eine Condensation des Gases zu einem flüssigen oder festen Körper angenommen werden. Es findet natürlich dabei stets Wärmeentwickelung statt und nicht selten steigt diese so hoch, namentlich bei Anwendung frisch dargestellter Kohle, dass bei der Berührung grösserer Mengen derselben mit Luft eine Entzündung der ganzen Masse eintritt. Wenn frisch ausgeglühte und schon mit 7 pCt. Wasser benetzte Thierkohle mit einer heissen Rohzuckerlösung, welche entfärbt werden soll, in Berührung kommt, so kann sich die Temperatur bis 210° steigern und eine Explosion eintreten.

Kohle als Reductionsmittel.

§ 119. Ausser den bisher aufgeführten Anwendungen des Kohlenstoffs ist noch die in der Metallurgie zu erwähnen. Man bedient sich bei der Darstellung fast aller Metalle aus ihren Erzen des Kohlenstoffs nicht allein, um die nöthige Wärme zu erzeugen, sondern auch um eine chemische Function auszuüben. In so fern nämlich fast alle Erze Sauerstoffverbindungen sind oder wenigstens in solche übergeführt zu werden pflegen, hat der Kohlenstoff die Aufgabe, jenen Sauerstoff zu entziehen und dies geschieht, weil er bei erhöhter Temperatur eine viel grössere Verwandtschaft zu dem Sauerstoff hat als die meisten Metalle. Aber hierbei wirkt die Kohle weniger durch ihre unmittelbare Berührung mit den Erzen, als durch die geeigneten Gase (Kohlenoxyd und Kohlenwasserstoff), deren Bildung sie unter jenen Umständen veranlasst.

Verbindungen des Kohlenstoffs.

§ 120. Der Kohlenstoff liefert mit **Sauerstoff** mehre Verbindungen, von denen zwei unter den Säuren werden angeführt werden (§ 203. 205). Die niedrigste Oxydationsstufe ist ein indifferenter Körper, das Kohlenoxyd, welches wir zuerst kennen lernen.

Kohlenoxyd, $\dot{\mathrm{C}}$.

Bildung und Darstellung.

Kohlenoxyd kann auf verschiedene Weise gewonnen werden, entweder durch Zersetzung mancher organischer Körper in der Hitze oder vermittelst anderer chemischer Stoffe [z. B. Oxalsäure ($\dddot{\mathrm{C}}$) beim Glühen oder beim Zusatz von Schwefelsäure giebt Kohlensäure $\ddot{\mathrm{C}}$ und $\dot{\mathrm{C}}$], oder wenn Kohlensäuregas durch das Rohr *n*

(Fig. 28) übr glühende Kohlen geleitet wird, die sich in den eisernen Rören *b, c, a* befinden ($\ddot{C}+C=2\dot{C}$). Kohlenoxyd

Fig. 8.

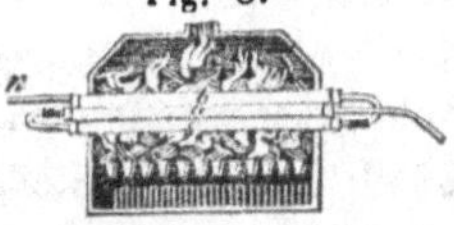

bildet sich stets bei unvollkommener Verbrennung von Kohlen, d. h. wenn nur wenig sauerstoffhaltige Luft zu einem Uebermaass von glühenden Kohlen tritt, und bei andrn chemischen Processen (§ 483).

§ 121. Diese Oxydationsstufe des Kohlenstoffs ist ein per- Eigenschaften.
manentes fab-, geruch- und geschmackloses Gas von 0,9674 spec. Gewich, welches, angezündet, mit blauer Flamme zu Kohlensäure verbrennt. In geeigneter Temperatur hat es so grosse Verwandtschaft zum Sauerstoff, dass es denselben aus vielen seiner Verbindungen an sich zieht, es ist daher ein kräftig reducirend wirkendes Gas (s. § 33. 119). Es ist giftig, wirkt beim Einathmen anfangs betäubend und zuletzt tödtlich. Es besteht aus 1 Atom C und 1 Atom O, 1 Vol. desselben enthält $\frac{1}{2}$ Vol. Kohlenstoff und $\frac{1}{2}$ Vol. Sauerstoff, 2 Vol. desselben machen also 1 Aequivalent aus. Da man direct den Kohlenstoff nicht in gasigen Zustand versetzen und dessen Gasdichte ermitteln kann, so lässt sich aus den angegebenen Daten das spec. Gewicht des Kohlenstoffgases berechnen, denn $0{,}9674-\frac{1{,}1057}{2}=0{,}4146$. Angenommen, 1 Vol. Sauerstoff sei gleich 1 Aequivalent, so ist 0,4146 das Gewicht von $\frac{1}{2}$ Aeq. Kohlenstoffgas, also ist die Dampfdichte von 1 Aeq. Kohlenstoff = 0,8292. Mit $\frac{1}{2}$ Vol. Sauerstoff verbindet sich das Kohlenoxyd zu Kohlensäure ohne sein Volum zu ändern.

§ 122. Mit **Chlor** vereinigt sich das Kohlenoxyd, unter Einfluss des Sonnenlichts zu einem farblosen, erstickend riechenden Gas, welches aus gleichen Aequivalenten beider Bestandtheile ausgemacht COCl und Phosgengas genannt wird. Dasselbe reizt heftig zu Thränen, zersetzt sich mit Wasser in Chlorwasserstoff und Kohlensäure, mit erhitzten Metallen in Kohlenoxyd und Chlormetall und bewirkt in organischen Körpern viele bemerkenswerthe Zersetzungen. Man erhält es auch bei der Zerlegung mehrer gechlorter organischer Verbindungen. Phosgengas, Chlorkohlenoxyd, COCl

§ 123. Verbindungen mit **Wasserstoff** geht der Kohlenstoff sehr viele ein. Es giebt luftförmige, flüssige und feste Kohlenwasserstoffe.

Kohlenwasserstoffe. Die meisten werden in lebenden Thieren oder Pflanzen gebildet und gehören dem Gebiet der organischen Chemie an. [Beisp.: eine grosse Menge ätherischer Oele, welche aus C^5H^4 bestehen; das Terpentinöl und Steinöl sind flüssige, das Naphtalin und Paraffin feste Kohlenwasserstoffe.] Zwei gasförmige Kohlenwasserstoffe sind von besonderer Wichtigkeit und sollen deshalb an dieser Stelle ausführlicher erwähnt werden: das Grubengas und ölbildende Gas.

Grubengas, C^2H^4. § 124. Grubengas [auch Sumpfgas, Kohlenwasserstoff in minimo (nämlich des Kohlengehalts), leichter Kohlenwasserstoff] bildet sich bei
Vorkommen. der freiwilligen Zersetzung vegetabilischer Substanzen, namentlich bei der sogenannten Fäulniss der Pflanzen unter Wasser. Es entwickelt sich daher in Sümpfen und wird Sumpfgas genannt, oder in Steinkohlengruben und heisst Grubengas. Bei trockner Destillation pflanzlicher Bestandtheile tritt es zu einer gewissen Zeit der Operation ebenfalls auf und es ist daher fast ein steter Begleiter des andern Kohlenwasserstoffgases, dessen man sich als Erleuchtungsmittel bedient (s. u. § 127). In einigen Gegenden strömt es aus der Erde als Gasquelle, z. B. in Rheine an der Ems, bei Charlemont (Staffordshire), bei Bedlay in Schottland, am berühmtesten sind seit alten Zeiten die heiligen Feuer von Baku auf der Apscheronhalbinsel, wo Feueranbeter sich um die entzündeten Grubengasquellen angesiedelt haben.

§ 125. Künstlich pflegt man dieses Gas entweder aus
Darstellung. Alkohol ($C^4H^6O^2$) darzustellen, indem man denselben dampfförmig durch ein glühendes eisernes Rohr leitet, besser durch Erhitzen von essigsaurem Natron mit Natronkalk oder einem Alkali, oder wenn das ölbildende Gas (s. u. § 128) durch glühende eiserne Röhren geleitet wird. Aus dem Alkohol entsteht das Gas, indem er sich in Kohlenoxyd, Wasserstoff und Grubengas ($C^4H^6O^2 = 2\dot{C}$, C^2H^4 und $2H$), aus dem essigsauren Salze, indem sich die Essigsäure ($C^4H^4O^4$) in 2 Atome Kohlensäure, die sich mit dem im Salze enthaltenen und dem zugesetzten Alkali verbinden, und in Grubengas zerlegt ($\dot{N}a + C^4H^3O^3$ und $\dot{N}a\dot{H} = 2\dot{N}a\ddot{C}$ und C^2H^4), und aus dem ölbildenden Gas, indem Kohle sich abscheidet ($C^4H^4 = C^2H^4$ und C^2).

Eigenschaften. § 126. Das Grubengas ist permanent, farblos und geruchlos, von 0,5529 spec. Gewicht, brennt mit schwach leuchtender gelblicher Flamme. Es löst sich in Wasser, Alkohol und Aether kaum merklich, in Terpentinöl höchstens zu $^1/_{15}$ seines Volums. Durch glühende Röhren geleitet und vermittelst des elektrischen Funkens zerlegt es sich in seine Bestandtheile. Es ist für sich unschädlich, aber mit Sauerstoff im Gemenge verursacht es beim Entzünden die heftigsten Explosionen, wenn sich 1 Vol. Grubengas mit 2 Vol. Sauerstoff gemischt vorfinden. Dasselbe findet statt, wenn sich 1 Vol. Grubengas mit 10 Vol. Luft gemengt haben, beträgt jedoch das Volum Luft weniger als 6 oder mehr als 14 auf 1 Vol. Grubengas, dann findet keine Explosion statt. Da es sich häufig in Steinkohlengruben [schlagende Wetter] findet und den Arbeitern gefährlich ist, so hat man eine Sicherheitslampe (s. u.) construirt, welche die Entzündung der schlagenden Wetter verhindert. — Zwei Volumina des Gases bestehen aus 4 Vol. Wasserstoff und 1 Vol. Kohlenstoff, 1 Vol. also aus $2H + {}^1/_2 C$: bei der Formel C^2H^4 ist demnach das Aequivalentvolum $= 4$; denn $2 . 0{,}8292 + 8 . 0{,}0691 = \frac{2{,}2112}{4} = 0{,}5528$. Zu seiner vollständigen Verbrennung bedarf es sein doppeltes Volum Sauerstoff, es entstehen alsdann Kohlensäure ($\ddot{C}$) und Wasser ($2\dot{H}$). In 100 Gewichtsth. besteht es aus 75,0 Kohlenstoff und 25,0 Wasserstoff.

§ 127. Oelbildendes Gas [Kohlenwasserstoff in maximo, Aetheringas, Elaylgas, Leuchtgas, schwerer Kohlenwasserstoff] kommt nicht fertig gebildet in der Natur vor, ausser bisweilen in dem Gasgemenge der Steinkohlengruben. Es wird künstlich dargestellt: entweder durch Erhitzen von 1 Th. Alkohol mit 4 Th. Schwefelsäure, oder durch trockne Destillation von Steinkohlen, fetten Oelen und Harzen. Das auf die letztere Art dargestellte Gas ist aber stets vermischt mit vielen andern Gasen, namentlich mit Grubengas. Oelbildendes Gas, Leuchtgas, C^4H^4.

§ 128. Ein farbloses Gas von 0,968 spec. Gewicht, welches bei -75^0 eine durchsichtige farblose Flüssigkeit bildet. Es brennt mit hellleuchtender Flamme; ist es mit atmosphärischer Luft oder Sauerstoff gemengt, so verursacht es beim Anzünden eine heftige Explosion, falls auf 1 Vol. des Gases 3 Vol. Sauerstoff oder 15 Vol. Luft vorhanden sind. Durch rothglühende Röhren geleitet wird es in Kohle und Grubengas, durch weissglühende in Kohle und Wasserstoff zerlegt. Bei 0^0 löst es sich in dem vierfachen, bei 15^0 in dem siebenfachen Volum Wasser, Eigenschaften.

ferner in $\frac{1}{2}$ Vol. Alkohol oder Aether und in noch weniger Terpentinöl. Mit Chlor verbindet es sich schon bei gewöhnlicher Temperatur zu einem ölartigen Körper, $C^4H^4Cl^2$, weshalb es „ölbildendes Gas" genannt ist. Es besteht aus 85,75 Gew. pCt. Kohlenstoff und 14,25 Wasserstoff, und in 1 Vol. aus 2 Vol. Wasserstoff und 1 Vol. Kohlenstoffgas; also machen 4 Vol. desselben 1 Aequivalent aus: $4 \,.\, 0{,}8292 + 8 \,.\, 0{,}0691 = \frac{3{,}8696}{4} = 0{,}9674$.

Dasjenige Gas, welches durch Zersetzung des Alkohols mit Schwefelsäure gewonnen wird, scheint indess aus mehren gasigen Kohlenwasserstoffen, unter denen wahrscheinlich Grubengas, zu bestehen, denn dafür sprechen die unregelmässigen Spannungen, welche das Gas der bei sehr niedrigen Temperaturen verdichteten Flüssigkeit zeigt und die ungleiche Löslichkeit in Terpentinöl. Will man ein sehr reines Elaylgas haben, so muss man das erstgewonnene Gas mit Alkohol oder Aether schütteln und nachher aus dieser Lösung durch Wärme das Gelöste wieder austreiben.

Bereitung des Leuchtgases in Fabriken.

§ 129. Die hellleuchtende Flamme, welche dieses Gas beim Verbrennen erzeugt, ist die Ursache, dass man es jetzt ziemlich allgemein zur Beleuchtung der Strassen, Fabriken und Wohnhäuser anwendet. Die Darstellung geschieht deshalb im Grossen in besonders dazu eingerichteten Anstalten und zwar gewöhnlich auf folgende Weise:

In langen Oefen sind gusseiserne oder irdene Cylinder eingemauert, von denen gewöhnlich mehre eine Feuerung haben und über einander liegen. Durch die vordere Oeffnung wird jeder Cylinder mit Steinkohlen von reichem Wasserstoffgehalt (meistens dem pulverigen Abgang bei der Gewinnung derselben) gefüllt, durch einen Deckel verschlossen und dieser mit Lehm luftdicht verschmiert. Die hohe Temperatur zerlegt die Steinkohle so, dass aus ihrem Kohlen-, Wasser-, Sauer- und Stickstoffgehalt und dem Schwefel des ihr beigemengten Schwefeleisens sowohl gasförmige Producte, nämlich: Grubengas, ölbildendes Gas, Kohlenoxydgas, Kohlensäure, Wasserstoff, Stickstoff, Schwefelwasserstoff und Ammoniak, als auch flüssige, nämlich wässerige und harz- und theerartige Massen sich bilden. Die wässerige

Flüssigkeit enthält hauptsächlich Ammoniaksalze, welche man daraus gewinnt, die theerartigen verschiedene flüssige und feste Kohlenwasserstoffe, von denen einige in geringer Menge in dem Leuchtgase als werthvolle Leuchtstoffe gelöst bleiben, die andern aber aus dem Theer als Leuchtmaterialien (Photogen, Paraffin u. dgl.) besonders abgeschieden werden. Alle diese Körper treten luftförmig aus der glühenden Retorte durch Röhren zunächst in einen Kasten, in welchem sich zum grossen Theil die flüssigen Stoffe verdichten und, wenn der Kasten halb voll ist, durch niedersteigende Röhren nach der in die Erde gemauerten Theercisterne abfliessen. Die gasförmigen Producte der Destillation entweichen durch ein Abzugsrohr und die theils unnützen, theils schädlichen Beimengungen des Leuchtgases werden bei der Weiterleitung des Gases durch einen Kasten, in welchem sich Siebe mit gelöschtem Kalk (zur Aufnahme der Kohlensäure) und Eisenvitriol (zur Aufnahme des Schwefelwasserstoffs) befinden, weggeschafft. Von den Reinigungsapparaten geht das Gas in einen grossen Behälter, wo es, über Wasser abgesperrt, in der für den Verbrauch erforderlichen Menge vorräthig und unter dem Drucke gehalten wird, welcher für die beim Verbrennen zweckmässige Schnelligkeit des Ausströmens nothwendig ist. Ehe es vom Gasometer aus in die Ableitungsröhren geht, lässt man es, um es vom Wasserdampf möglichst zu befreien, durch ein System von eisernen Röhren, welche im Freien stehen und im Winter das Wasser gefrieren machen, und hernach durch einen Apparat strömen, in welchem sich Alkohol befindet.

§ 130. **Kohlenstoff** und **Stickstoff** verbinden sich mit einander zu einem Gase, welches Cyan genannt wird. Dieser Name ist von dem Worte *κύανος* (blau) entlehnt, weil jener Körper mit Eisen eine blaue Verbindung liefert, aus welcher das Cyan an Quecksilber übertragen und aus der Quecksilberverbindung frei dargestellt werden kann. Cyan, C^2N.

Die Darstellung des Cyans geschieht aus dem Cyanquecksilber, welches, vollkommen getrocknet, in einer Retorte mit Gasleitungsröhren erhitzt wird. Das Cyanquecksilber zerlegt sich dabei theilweis in Quecksilber und Cyangas, welches über Quecksilber aufzufangen ist, weil es vom Wasser verschluckt wird. Darstellung.

Eigenschaften.

§ 131. Das Cyan ist ein farbloses Gas von eigenthümlich stechendem Geruch und 1,8064 spec. Gewicht. Auf $^1/_4$ seines Volums zusammengedrückt oder einer Temperatur von —18° ausgesetzt, verdichtet es sich zu einer farblosen Flüssigkeit von 0,87 spec. Gewicht, bei —34° wird es zuletzt fest. Wasser löst $4^1/_2$ Th. und Alkohol 23 Th. seines Volums Cyangas. Entzündet brennt es mit blaurother Flamme, über glühendes Kupferoxyd geleitet zerlegt es sich in Stickstoff und Kohlensäure, und zwar auf 1 Vol. Stickstoff 2 Vol. Kohlensäure. — Durch den Flammenbogen einer kräftigen Inductionsmaschine zersetzt sich 1 Vol. trocknes Cyan in abscheidenden Kohlenstoff und 1 Vol. Stickstoff. Das Gas besteht also aus 1 Vol. Stickstoff und 1 Vol. Kohlenstoffgas, condensirt von 2 Vol. auf 1 Vol. Es wird bezeichnet mit Cy und da es sich, wie die Halogene, mit Metallen zu salzähnlichen Körpern verbindet, so pflegt man es in der Gruppirung der Körper nach ihren chemischen Eigenschaften den Halogenen beizuzählen (s. § 102. Anmerk.). Die Verwandtschaft des Cyans zu den Metallen, ausgenommen zum Quecksilber, ist jedoch geringer als die der andern Halogene; zwar verbindet es sich mit den meisten Metallen, aber nicht direct. Viele dieser Verbindungen sind sowohl in wissenschaftlicher als in technischer Hinsicht wichtig und es werden an den geeigneten Orten mehre derselben Erwähnung finden. Besonders bemerkenswerth sind viele Wechselzersetzungen des Cyans mit organischen Verbindungen, bei denen neue Producte entstehen, in denen die Elemente des Cyans aufgenommen sind, ohne als solches wieder abgeschieden oder erkannt werden zu können.

Verbindungen mit den Metalloiden.

§ 132. Mit den meisten **Metalloiden** liefert das Cyan Verbindungen; sie können aber auch wie die der Metalle grösstentheils nicht auf directem Wege hervorgebracht werden. Mit **Sauerstoff** geht das Cyan eine Verbindung ein, welche bei den Säuren erwähnt wird, mit **Wasserstoff** eine, welche ebenfalls zu den Säuren gehört und eine der giftigsten Substanzen ist; mit **Chlor** drei Verbindungen: eine gasförmige, flüssige und feste, mit **Brom** und **Jod** feste, sublimirbare. Unter diesen dienen die des Chlors hauptsächlich zur Ausführung der oben (§ 131) angedeuteten Wechselzersetzung mit organischen Körpern.

Schwefelkohlenstoff, CS^2.

§. 13. **Kohlenstoff** und **Schwefel** verbinden sich mit einander zu Schwefelkohlenstoff, wenn mit stark glühenden Kohlen Schwefeldämpfe in Berührung kommen. Diese Bedingung ist erfüllt bei der trocknen Destillation der schwefelhaltigen Steinkohlen und daher findet sich fast immer eine geringe Menge des Schwefelkohlenstoffs im Leuchtgas. Man bedient sich zur Darstellung dieser Verbindung eines gusseisernen Cylinders (Fig. 29), in dessen abhebbarem Deckel zwei gusseiserne Röhren, ein ge-

Kohlensulphid, Sulphokohlensäure.

Fig. 29.

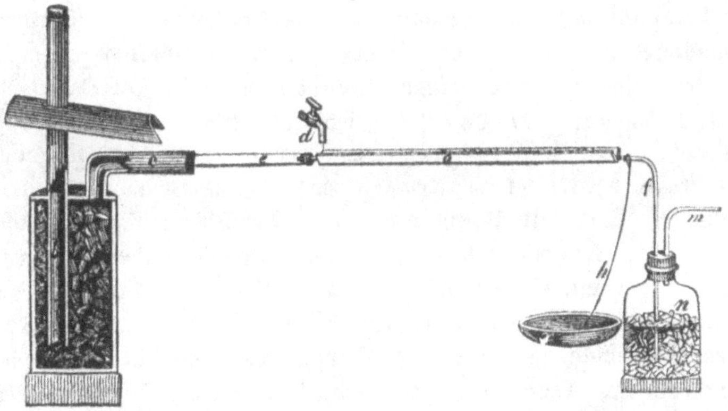

Darstellung des Schwefelkohlenstoffs.

rades fast bis auf den Boden reichendes *b* und ein rechtwinklig gebogenes *c* eingefügt sind. In das letztere ist ein weiteres Glasrohr *e* und in dieses ein längeres und engeres *f* eingesetzt, dessen Ende durch einen Kork gehend in einer Flasche *n* unter Eis oder Wasser mündet. Das Rohr *f* wird durch kaltes Wasser, welches man aus dem Hahn *d* in die Rinne *o* tröpfeln lässt, fortdauernd abgekühlt. In den mit Holzkohlen gefüllten, stark glühenden Cylinder werden durch das Rohr *b* nach und nach Schwefelstücken eingeworfen und nach jedesmaligem Eintragen wird *b* mit einem Kork verschlossen. Bei der Einwirkung des Schwefels auf die glühenden Kohlen bildet sich ausser dem Schwefelkohlenstoff noch Schwefelwasserstoff, dessen Ueberschuss durch das Rohr *m* entweicht. Unter dem Wasser der Flasche sammelt sich der flüssige Schwefelkohlenstoff an. Er wird, um ihn von aufgelöstem Schwefel zu befreien, nochmals für sich destillirt, und, wenn er Schwefelwasserstoff enthält, mit kohlensaurem Bleioxyd geschüttelt. Bei der Bereitung des Schwefelkohlenstoffs im Grossen, welche auf demselben Princip beruht, werden etwas anders construirte Apparate angewendet, die eine tägliche Production von etwa 4 Centnern des Präparats gestatten.

Eigenschaften. § 134. Schwefelkohlenstoff ist eine farblose, stark lichtbrechende Flüssigkeit von 1,272 spec. Gewicht und höchst widrigem lauchähnlichem Geruch. Er ist unlöslich in Wasser, löslich in Oelen, Alkohol und Aether, kocht bei $+46^{0}$, ist daher schon bei gewöhnlicher Temperatur sehr flüchtig, leicht entzündlich, und brennt mit blauer Flamme von erstickend saurem Geruch. Entzündet man mit Sauerstoff gemischten Schwefelkohlendampf, so tritt eine äusserst heftige Explosion ein. Er löst Schwefel, Jod, Phosphor, Harze und Oele leicht auf. Die Zusammensetzung desselben ist $= CS^{2}$, seine Dampfdichte $= 2{,}614$ [$= 2$ Vol. Schwefelgas $2 \times 2{,}2 + 1$ Vol. Kohlengas 0,829, verdichtet zu 2 Vol. Gas] gefunden 2,67. In Bezug auf seine chemischen Eigenschaften gehört der Schwefelkohlenstoff zu den Sulphiden; denn er verbindet sich mit einer Gruppe anderer Schwefelverbindungen zu Schwefelsalzen, in denen er die Rolle der Säure spielt. Aus diesem Grunde und weil die Formel desselben die der Kohlensäure ist, wenn man sich nämlich 2 Atome Sauerstoff der letztern durch 2 Atome Schwefel ersetzt denkt — hat der Schwefelkohlenstoff auch den Namen „Sulphokohlensäure" erhalten.

Anwendung in der Technik. Das starke Lösungsvermögen, welches der Schwefelkohlenstoff gegen fette Oele, Kautschuck und einige derartige Stoffe äussert, benutzt man jetzt vortheilhaft zur Ausziehung der Oele, zur Verarbeitung des Kautschuks u. s. w. in grossem Maassstabe. Dabei zeigen sich auch die allmählig giftigen Wirkungen des Präparats auf die Gesundheit der Arbeiter. Als Gegengift hat man Lösungen von kohlensaurem Eisenoxydul (§ 470) bewährt gefunden.

Der niedrige Siedepunkt, die geringe Wärmecapacität und die leichte Verdichtbarkeit des Dampfs haben gegenwärtig zu den ersten Versuchen der Verwendung des Schwefelkohlenstoffs in Dampfmaschinen anstatt des Wassers Veranlassung gegeben.

§ 135. Von den **Halogenen** kennt man zur Zeit nur Verbindungen des **Broms** und **Chlors** mit **Kohlenstoff**, von denen nur die letztern hier Erwähnung finden. Es giebt vier Chlorstufen, zwei feste und zwei flüssige, von denen keine durch directe Vereinigung der beiden Bestandtheile dargestellt werden kann. Chlorkohlenstoffe.

Am leichtesten erhält man den Zweifach-Chlorkohlenstoff, CCl^2, durch Behandlung des Fünffach-Chlorantimons mit Schwefelkohlenstoff. Er ist eine farblose Flüssigkeit von ätherischem Geruch; 1,59 spec. Gewicht und 77° Siedepunkt. — Der Anderthalb-Chlorkohlenstoff entsteht aus Chlorelayl und Chlor, ist fest, schmilzt bei 160° und siedet bei 180°. Leitet man ihn durch glühende Röhren, so entsteht je nach der Länge der Berührung mit der glühenden Röhre entweder der Einfach-Chlorkohlenstoff, CCl, eine Flüssigkeit von 1,619 spec. Gewicht und 122° Siedepunkt oder der Halb-Chlorkohlenstoff, C^2Cl, welcher seideglänzende Nadeln bildet. CCl^2. C^2Cl^3. CCl. C^2Cl.

Anhang.

Die Verbrennung kohlenstoffhaltiger Materien. Erzeugung von Licht und Wärme.

§ 136. Die Substanzen, durch deren Verbrennung man sich Wärme und Licht zu verschaffen pflegt, bestehen entweder aus fast reinem Kohlenstoff, oder aus Kohlenstoff und Wasserstoff (Terpentinöl, Leuchtgas, Photogen, Paraffin) oder aus Kohlenstoff, Wasserstoff und Sauerstoff (Holz, Torf, Talg, Oel, Wachs, Stearinsäure u. s. w.). Die Kohlen, welche überwiegend Kohlenstoff enthalten (Holzkohle, Anthracit, Coaks u. dgl.), gebraucht man ausschliesslich zur Wärmeerzeugung, die wasserstoffreicheren dagegen auch zur Lichterzeugung, und zwar meist indirect, indem man aus ihnen Leuchtgas entwickelt (§ 129.) Jede Verbrennung ist Oxydation, ein chemischer Process, und bei diesem wird also Wärme frei (§ 9), oft auch findet Lichtentwickelung statt, diese jedoch nur dann, wenn durch die entstandene Wärme ein fester Körper mindestens bis zur Rothgluth (ungefähr 600°) erhitzt Oxydation liefert Licht und Wärme.

wird *). Daher verbrennen die bei dieser Temperatur noch nicht flüchtigen einfachen Körper, und die flüchtigen, deren Oxydationsproduct aber weniger flüchtig ist, mit grosser Lichtintensität.

Lichterscheinung und Wärmeentwickelung stehen nicht in proportionalem Zusammenhange. Nicht jeder verbrennende Körper, der eine grosse Menge Wärme erzeugt, verbreitet auch ein starkes Licht. [Das brennende Wasserstoff, Kohlenoxyd und Grubengas, z. B. leuchten nicht und besitzen doch eine viel höhere Temperatur als sie brennendes Wachs oder Oel hervorbringen, und die hellleuchtende Flamme des Kohlenwasserstoffs in maximo hat eine minder hohe Temperatur als die Flamme desselben Gases, wenn man es lichtlos brennen macht (p 104).] Allerdings muss von intensiver Lichtentwickelung stets auf hohe Wärmeentwickelung geschlossen werden aber nicht umgekehrt.

Die Wärme bekommen die Verbrennungsproducte.

§ 137. Die durch Verbrennung entwickelte Wärme bekommen zunächst die Producte der Verbrennung. Wenn daher eine Verbrennung in reinem Sauerstoffgas geschieht und dazu nicht mehr Sauerstoff angewendet wird, als gerade zur Oxydation der brennbaren Substanzen ausreicht, so bekommen die Verbrennungsproducte sämmtliche Wärme und die Temperatur ist die grösste, welche aus dem zur Verbrennung verwandten Stoff zu erzeugen war. Geschieht aber die Verbrennung in atmosphärischer Luft, so theilt sich die entstandene Wärme in die Verbrennungsproducte und in den Stickstoff, vorausgesetzt, es ströme nicht mehr Luft zu, als dass ihr Sauerstoffgehalt gerade zur Oxydation des brennenden Körpers ausreicht. Die Wärme der Verbrennungsproducte benutzen wir zum Heizen, d. h. zur Mittheilung an andere Körper, denen wir eine erhöhte Temperatur mitzutheilen wünschen. Zwar sind die Wärmeeinheiten der brennbaren einfachen Körper und vieler der gangbaren zusammengesetzteren Brennstoffe bekannt, und es lässt sich aus ihnen ihr theoretischer Wärmeeffect (ihre Heizkraft) berechnen; dieser

*) Die verschiedenen Wärmestufen mit Lichtentwickelung unterscheidet man nach dem Farbeneindruck, den ein glühender Körper auf die Netzhaut unseres Auges hervorbringt und bedient sich zur Bezeichnung von den schwächern zu den stärkern Hitzegraden fortschreitend der Ausdrücke: „dunkelrothe, braune, kirschrothe, hellrothe, weisse und gelbe Glühhitze."

wird jedoch aus mehren Ursachen in der Wirklichkeit nie erreicht.

Verbrennen mit Flamme.

§ 138. Die brennbaren Körper verbrennen entweder mit oder ohne Flamme, ersteres, wenn aus dem brennenden Körper verbrennliche Gase sich entwickeln oder er selbst ein brennbares Gas ist, letzteres, wenn er weder selbst ein brennbares Gas ist, noch aus ihm durch Wärme brennbare Gase entwickelt werden können. [Eisen, Kupfer brennen ohne, Phosphor, Zink mit Flamme.] Das Leuchten einer Flamme hängt von der Ausscheidung fester Körper ab, welche in ihr bis zum Glühen erhitzt werden. Brennendes Wasserstoffgas, die Flammen des Weingeists und Schwefels leuchten fast gar nicht, weil die Verbrennungsproducte derselben, Wasser, Kohlenoxyd oder Kohlensäure und schweflige Säure luftförmig sind; hält man aber Kreide oder Platin- oder Eisendraht in dieselben, so wird ein mehr oder weniger starkes Licht erzeugt. Beim brennenden Phosphor ist die Flamme gasförmiger Phosphor, der leuchtende Theil derselben feste Phosphorsäure, welche erst bei der Weissgluth gasförmig ist. Analog ist es beim Zink.

Die Bestandtheile verschiedener Flammen.

Die Flamme eines einfachen Körpers [z. B. des Wasserstoffs] besteht nur aus zwei Theilen: aus dem gasförmigen einfachen Stoffe und aus seinem Verbrennungsproducte [dem Wassergas], gemischt mit dem Stickstoff der ihres Sauerstoffs beraubten Luft; bei der Spiritusflamme ist der dunkle innerste Theil der gasförmige Weingeist, die Hülle davon Kohlensäure, Wassergas und Stickstoff. Die Flamme des Leuchtgases und die unserer gewöhnlichen Leuchtmaterialien, z. B. des Oels, Wachses u. a. ist zusammengesetzter: sie besteht aus dem innersten Kegel *b* (Fig. 29 *a*), welcher das gasförmige Brennmaterial enthält, d. h. bei der Anwendung von Leuchtgas dieses, so wie es aus der Oeffnung ausströmt, bei der Anwendung fester oder flüssiger Brennstoffe Producte von der Einwirkung der Wärme auf das feste (Talg, Holz, Wachs) oder flüssige (Oel) Brennmaterial, welche sich während der Verbrennung erzeugen. Es sind diese Producte Kohlenwasserstoffe mit hohem Kohlegehalt, ähnlich denen im Leuchtgas, welche nach dem Ausblasen des Lichtes sich wieder anzünden lassen und mit

Fig. 29 *a*.

hellem Licht verbrennen. Der leuchtende Theil *c* enthält die Kohle, welche sich durch Zersetzung der kohlereicheren in kohleärmere

Worauf ihr Leuchten beruht.

Kohlenwasserstoffe in dem innern [vom Sauerstoff abgeschlossenen] Flammenkegel ausscheidet und zum Glühen kommt. Die äusserste Hülle *ee* ist die eigentliche Verbrennungszone, sie enthält die vollständigen Verbrennungsproducte, Kohlensäure und Wasser, und den Stickstoff der Luft. Diese Hülle ist gar nicht leuchtend, aber von allen Flammentheilen am heissesten, namentlich in ihren oberen Theilen, weniger heiss in den unteren bei *i*, wo durch die stets neu zuströmende Luft die Temperatur am niedrigsten ist. Hier bildet daher der leuchtende Mantel *c* nur eine ganz dünne Hülle um den dunkeln Kegel *b*, weil die niedrige Temperatur noch nicht viel der höheren Kohlenwasserstoffe zersetzen kann. [Experimente: Porcellanschale in die Flamme halten; Drahtnetz in die Mitte derselben; brennende Kerze ausblasen und den aufsteigenden Rauch wieder anzünden.]

Entleuchtung einer Flamme.

In der Verbrennungszone *ee* wird ein Theil der Kohlenwasserstoffe oxydirt und während die dadurch erzeugte Wärme die Zersetzung der höhern Kohlenwasserstoffe des Mantels *c* bewerkstelligt, bilden die Oxydationsproducte die schützende Hülle gegen das Eindringen von zu viel Luftsauerstoff in den Mantel *c*. Geschähe dies, so wäre die Leuchtkraft der Flamme vernichtet, wie ein einfacher Versuch lehrt, auf dem die Anwendung der einfachsten Gasbrenner zum Heizen beruht.

Fig. 3.

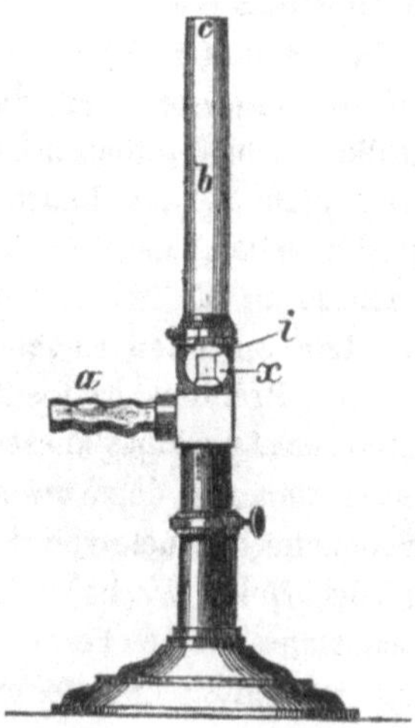

Bunsen's Gasbrenner.

Lässt man nämlich Leuchtgas, welches aus der Oeffnung *i* (Fig. 30) des Zuleitungsrohrs *a* ausströmt, mit so viel durch die Oeffnung *x* einströmender Luft, dass etwa $^1/_3$ derjenigen Menge Sauerstoffs anwesend ist, welche zur vollständigen Oxydation des im Gas enthaltenen Kohlenstoffs und Wasserstoffs erforderlich sein würde, in der Röhre *b* sich mischen, und zündet das Gemenge oberhalb *c* an, so brennt es mit der blauen schwach leuchtenden Flamme des Kohlenoxyds. Es wird nämlich zuerst der Sauerstoff zur Oxydation alles Kohlenstoffs verbraucht und darnach erst zur Oxydation des Wasserstoffs [wie sich auch durch directe Versuche im Eudiometer ergeben hat]. Je mehr also ein Gas Kohlenstoff enthält, desto mehr Sauerstoff ist zu seiner Entleuchtung nöthig und man kann mittelst einer Vorrichtung, welche den Zutritt der Luft zu der leuchtenden Flamme zu regeln und abzulesen gestattet, aus dem Consum der Luft die Leuchtkraft eines Gases abschätzen. Darauf beruht Erdmann's Gasprüfer. — Dass das entleuchtete blau brennende Gasgemenge noch viel Sauerstoff zum Fortbrennen bedarf, sieht man daraus, dass es beim Ueberstürzen eines weiten, an beiden Enden offenen Glasgefässes (etwa eines im Boden durchlöcherten Kolbens) sofort verlischt und erst oberhalb der Glasöffnung wieder angezündet fortbrennt.

Erdmann's Gasprüfer.

Nach dem Bisherigen beruht also die Intensität einer leuchtenden Flamme auf dem Hitzgrade, welchen der im Mantel *c* (Fig. 29 *a*) schwebende Kohlenstoff erhält, und der Hitzgrad ist wieder das Resultat von dem in der Hülle *ee* vor sich gehenden Verbrennungsprocess. Da nun des letztern Intensität in directer Beziehung zu der Menge des zuströmenden Sauerstoffs steht, so sollte man glauben, wird eine Flamme desto stärker leuchten, je mehr man ihr Sauerstoff zuführt. Aber dies ist nur bis zu einem gewissen Punkt richtig, so lange nämlich der Sauerstoff nicht in das Innere der Flamme eindringen kann und von dem das Leuchten bedingenden schwebenden Kohlenstoff nicht zu viel oxydirt wird. Denn bläst man in die verbrennlichen Flammenbestandtheile, die hell leuchten, einen raschen Strom Luft aus einer feinen Oeffnung ein, so erhält man ebenfalls die oben beschriebene entleuchtete Flamme, die aber nun einen viel grössern Hitzgrad als im Leuchten besitzt. Dieses Einblasen von Luft in eine Flamme wird in der Technik häufig benutzt und das Instrument, mittelst dessen man im Kleinen hohe Hitzgrade erzeugt, heisst das Löthrohr. Es ist dieses insonderheit für den Chemiker ein unentbehrliches Werkzeug, mittelst dessen er in der äussersten Flammenspitze kräftige Oxydationsprocesse, in dem innern bläulichen Flammenkegel energische Reductionsprocesse, beide in sehr hoher Temperatur, zu bewerkstelligen vermag.

Das Löthrohr.

Nachstehende Abbildungen stellen zwei Arten Löthrohr dar. Mit dem einen (Fig. 31) bläst man in eine beliebige leuchtende Flamme, das andere (Fig. 32) ist nur brauchbar, wenn man Leuchtgas zur Verfügung hat. Durch das Rohr *a* strömt das

Fig 31.

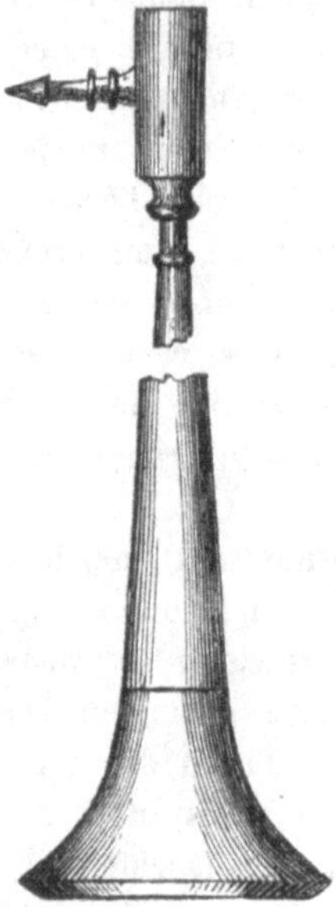

Fig. 32.

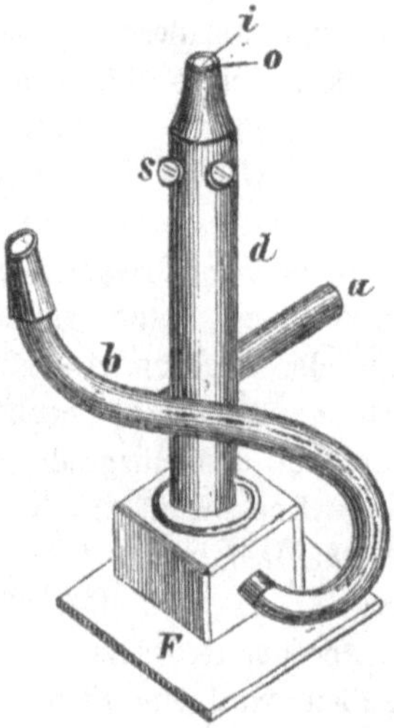

Gas ein, durch das mit dem Kautschuckschlauch *b* versehene bläst man die Luft mit dem Munde oder mittelst einer besondern Blasevorrichtung ein. Das Gas strömt aus dem ringförmigen Schlitz *o* aus und die eingeblasene Luft aus der feinen Oeffnung *i*, welche in das Metallrohr eingebohrt ist, um welches das äussere Rohr *d* festgeschroben ist. Drei Schrauben *s* gestatten die genau centrische Stellung des innern Metallrohrs. Es leuchtet ein, dass man dieses auf der Metallplatte *F* befestigte Löthrohr vertical, aber auch mit der Hand haltend in jeder beliebigen Richtung gebrauchen kann.

Die Färbung einer Lichtflamme hängt ab von den in ihr zum Glühen erhitzten Substanzen. Manche Salze färben, indem sie flüchtig werden, die lichtlose Flamme blau, grün, roth (so unten bei Metallen). Feste Körper, welche eine sonst lichtlose Flamme leuchtend machen, wie Kohle, Eisen, Platina, strahlen nur entsprechend der Temperatur der Flamme rothes, weisses oder gelbes Licht aus.

§ 139. Die Kohle, welche sich in der leuchtenden Hülle c (Fig. 29 a) befindet, wird ringsum an den Kanten, wenn der sauerstoffhaltige Luftstrom sie trifft, vollständig oxydirt, sobald die Menge derselben im Verhältniss der zuströmenden Luft nicht zu gross ist. In letzterem Falle wird ein Theil der ausgeschiedenen Kohle unverbrannt durch den Strom in die Höhe gerissen und verbreitet sich als schwarzer Rauch in der Luft. Diesem Uebelstande, der bei grossen zu Wärmeerzeugung bestimmten Feuerungen einen Verlust an Wärme, die das Brennmaterial geben könnte, und bei Leuchtmaterialien eine Verdunkelung der Flamme und belästigenden Dampf erzeugt, sucht man durch eine gehörige Regulirung der zum brennenden Körper zuströmenden Luft vorzubeugen. Bei Feuerstätten geschieht es durch eine angemessene Höhe des Schornsteins bei richtigem Verhältniss der Weite desselben zu den Oeffnungen der Roststäbe, und bei Spiritus-, Oel- und Gasflammen durch einen Cylinder aus Eisenblech oder Glas von passender Weite und Höhe, ausserdem durch den doppelten Luftzug, der durch Gebrauch runder Dochte und diesen entsprechender Construction der Lampe hervorgebracht wird. Bei den Kerzenflammen, bei denen diese Apparate nicht anzubringen sind, beruht die Vollkommenheit ihres Verbrennungsprocesses auf den richtigen Beziehungen, die zwischen den Schmelzpunkten des gewählten Materials (Stearinsäure, Talg, Wachs, Wallrath, Paraffin), dem Durchmesser der Dochte und der zweckmässigen Anfertigung der letzteren obwalten. Künstlicher Luftzug.

So wie durch Zuführung eines zu grossen Volums Luft zu einem Brennstoff, der nur Licht geben soll, der Lichteffect beeinträchtigt wird, so gilt dasselbe für den Wärmeeffect eines Brennstoffs, der nur Wärme geben soll. Man erreicht den vortheilhaftesten Wärmeeffect, wenn im kleinsten vor Abkühlung geschützten Raum die grösstmöglichste Menge Brennstoff (von stärkster Heizkraft) in kürzester Zeit verbrannt wird.

§ 140. Will man die in einer Flamme schwebende Kohle, welche in sehr fein vertheiltem Zustande sich befindet, zu technischen Zwecken gewinnen, so muss man zu den brennenden Körpern nur einen sehr unvollständigen Luftzutritt ge- Gewinnung von Russ.

statten und den Luftstrom durch einen seitlich geschlossenen Raum leiten, in welchem sich die Kohle absetzen kann. Dies geschieht häufig und man nennt die so gewonnene Kohle, die einen Handelsartikel ausmacht, *Kienruss*, weil zu ihrer Darstellung meistens das Harz der Nadelhölzer (Kiefern, Fichten), auch wohl harzreiche Holzstücken angewendet werden.

Den feinsten Russ, unter dem Namen „chinesischer Tusch" bekannt, fangen die Cinesen bei der Verbrennung von Sesam- oder Bignonienöl in Lampen, über deren Docht ein Metallblech schwebt, an letzterm auf und vermischen ihn mit Leim und verschiedenen Pflanzensäften.

Bedingungen für Fortbrennen und Verlöschen.

§ 141. Zum *Entzünden* und *Fortbrennen* der Körper gehört nothwendig zweierlei: Sauerstoffgas, ohne welches keine Oxydation statt finden kann, und eine gewisse Wärmemenge, welche wenigstens bei den Stoffen, deren man sich gewöhnlich zur Licht- und Wärmeerzeugung bedient, erforderlich ist, um die Oxydation einzuleiten und fortzusetzen. Man kann daher brennende Körper auf zweifache Weise auslöschen, durch Entziehung der sauerstoffhaltigen Luft und durch Abkühlung unter eine gewisse Temperatur. [Beides zugleich geschieht z. B. wenn brennendes Holz mit einer hinreichenden Menge Wasser übergossen wird. Sauerstoffentziehung findet statt, wenn auf eine brennende Lampe eine Kappe gesteckt oder wenn glühende Kohlen mit Sand überdeckt werden, oder wenn man in einem brennenden Schornstein unten Schwefel anzündet, wodurch eine die Verbrennung nicht unterhaltende Luftart sich erzeugt. Verlöschen durch Abkühlung tritt ein, wenn z. B. glühendes Eisen vor dem Gebläse aus den Kohlen weggenommen, wenn auf eine Kerzenflamme ein kalter Luftstrom geblasen wird, wenn glühende Kohlen auf Metallbleche gelegt werden, oder wenn man in eine Flamme ein Drahtnetz (mit 400 Maschen auf den Quadratzoll und aus Draht von $\frac{1}{40}$ — $\frac{1}{50}$ Zoll Dicke angefertigt) hält. Ein Gemenge von 2 Vol. Sauerstoff und 1 Vol. Wasserstoff verpufft nicht mehr, wenn es mit 8 — 9 Vol. Sauerstoff vermischt ist und Wasserstoff, dem sein siebenfaches Volum Stickstoff beigemengt ist, lässt sich nicht mehr an der Luft anzünden. Vor dem Hahn des Gasbehälters angezündetes Kohlenwasserstoff in maximo verlöscht, wenn der Gasstrom durch volle Oeffnung des Hahns verstärkt wird.]

Die Sicherheitslampe.

Auf der Abkühlung durch ein Metallnetz beruhen zwei wichtige Apparate: die Davy'sche Sicherheitslampe (Fig. 33) und eine Art Gasbrenner zum Heizen (Fig. 34).

Der innere Theil der Sicherheitslampe ist der Oelbehälter, auff welchen mittelst eines Schraubengewindes der obere Theil *B* luftdicht festgeschroben werden kann. Der letztere besteht aus dem Glascylinder *C*, welcher das Licht der Oelflamme heller durchscheinen lässt, als das Drahtnetz es thun würde; darum bildet das Netz nur den obern Schluss des Apparats. Beide Theile werden durch die Metallstäbe *a*, welche in die eiserne Kappe *D* und die messingenen Bügel *h* eingelassen sind, fest an einandergehalten. Die Flamme bekommt die zur Speisung nöthige Luft durch eine Anzahl im Oelbehälter eingebohrter Oeffnungen *n*, über welche im Innern ein Netz gebreitet ist. Der in einer Stopfbüchse bewegliche, an dem einen Ende krumm gebogene Draht *e* gestattet das Putzen und Regeln des Dochtes von aussen. Damit die Lampe nicht willkührlich geöffnet werden könne, ist eine Schraube *k* mit vierkantigem Kopf vorhanden, welche, mittelst eines passenden Schlüssels angezogen, das Umdrehen des Schraubengewindes, also das Abnehmen des obern sichernden Theils vom untern hindert. Es können die schlagenden Wetter ins Innere zur Flamme dringen und dort sich entzünden, das Drahtnetz verhindert durch die Erkaltung das Brennen ausserhalb der Lampe, wenn nicht durch zu häufige Wiederholung der Entzündung das Netz so heiss wird, dass es die Fortsetzung der Entzündung nach aussen nicht mehr hemmen kann.

Fig. 33

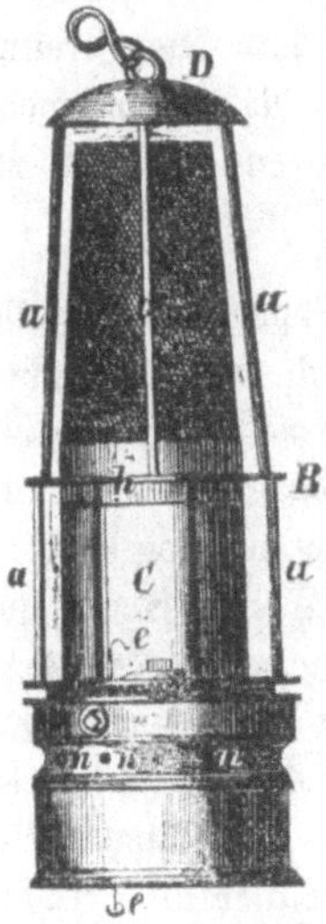

Fig. 34.

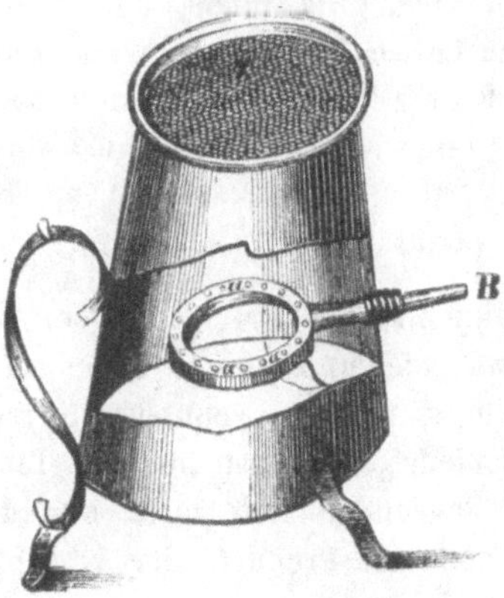

Der Netzbrenner.

Der Netzbrenner (Fig. 34) dient zum Verbrennen des Leuchtgases ohne Flamme, wie der oben beschriebene Bunsen'sche Brenner. Er ist ein abgestumpfter Kegel von Eisenblech, unten offen und auf Füssen ruhend, oben durch das Drahtnetz *x* verschlossen. Durch das Rohr *B* strömt das Leuchtgas ein und nachdem es sich mit Luft gemischt hat, wird es aussen oberhalb des Netzes entzündet. Hier brennt es mit schwach blauer Flamme, so lange als das Netz nicht glühend geworden, ohne dass sich die Verbrennung bis zu den Ausströmungsöffnungen *a* fortsetzt.

Entzündlichkeit brennbarer Körper. § 142. Die Entzündlichkeit der Körper, d. h. die Eigenschaft derselben, sich mit dem Sauerstoff bei einer bestimmten, mindestens dazu erforderlichen Temperatur zu verbinden, ist nicht für alle gleich gross, ja sie ist sogar bisweilen für einen und denselben Körper verschieden, je nachdem er sich in verschiedenen Formzuständen befindet. Manche bedürfen, um sich zu oxydiren, gar keiner erhöhten Temperatur [das Stickoxydgas, Kalium, Phosphor u. s. w], andere einer nur wenig erhöhten, andere einer sehr hohen Temperatur [Diamant, Graphit, Holzkohle, Eisen]. Die leichtere oder schwerere Oxydirbarkeit hängt nicht mit der Verwandtschaftskraft des Körpers zum Sauerstoff zusammen, denn Kohle hat eine grössere Verwandtschaft als Phosphor und doch bedarf sie einer viel höhern Temperatur zum Brennen. Pyrophore. Das Eisen, die Kohle und einige andere Metalle, welche in gewissen Formzuständen, als dichte Massen, schwer entzündlich sind, kann man in einen Zustand versetzen, in welchem sie ohne Anwendung von Wärme blos wenn sie mit der sauerstoffhaltigen Luft in Berührung kommen, unter Funkensprühen verbrennen [z. B. wenn Eisenoxyd bei gelinder Wärme durch Wasserstoffgas reducirt wird und wenn frisch gebrannte, fein pulverisirte Kohle in grossen Massen der Luft ausgesetzt wird]. Solche Körper, die sonst nicht leicht entzündlich, in gewissen Aggregatzuständen an der Luft sich von selbst entzünden, nennt man Pyrophore.

In Bezug auf die äussern augenfälligen Erscheinungen, wie auf die chemische Natur des entstandenen Products ist es aber nicht gleichgültig, bei welcher Temperatur ein brennbarer Körper sich oxydirt; denn je nach der niedrigeren oder höheren Temperatur können für einen und denselben Stoff nicht nur die äussern Erscheinungen, sondern auch die Producte der Verbrennung ganz verschieden sein. [Wird z. B. Weingeist angezündet, so verbrennt er mit Flamme zu Kohlensäure und Wasser, lässt man ihn dagegen durch einen Docht aufsaugen, über welchem sich ziemlich nahe ein feiner spiralig gewundener Platindraht oder ein Platinschwamm befindet, so veranlasst diese Contactsubstanz eine langsame Oxydation des Weingeistes ohne Flamme und die Producte davon sind verschiedene kohlen-, wasser- und sauerstoffhaltige Körper von durchdringendem, thränenreizendem Geruch.]

Die Säuren.

§ 143. Eine gewisse Classe chemischer Verbindungen hat man schon in frühen Zeiten mit dem Namen „Säuren" bezeichnet, weil als wesentlicher Character derselben ihr saurer Geschmack galt. Später wurden aber auch andere Verbindungen, denen diese Eigenschaft fehlte, Säuren genannt, wenn sie nur die Eigenschaft besassen, mit basischen Oxyden sich zu vereinigen. Die Eigenschaften, welche den Character einer Säure ausmachen, sind folgende: Merkmale der Säuren.

1) der saure Geschmack,

2) das Vermögen, verschiedene blaue Pflanzenfarben zu röthen,

3) das Vermögen, mit basischen Oxyden Salze zu bilden.

Von diesen Eigenschaften fehlen die erste und zweite mehren Säuren, und besonders den wasserfreien, die dritte aber keiner. Der saure Geschmack hängt von der Löslichkeit und der Stärke der Säure ab; ist letztere unlöslich oder schwach, so besitzt sie überhaupt keinen Geschmack, z. B. die Kieselsäure, Antimonsäure u. a. Das Vermögen, blaue Pflanzenpigmente zu röthen, besitzen oft auch die schwachen Säuren, welche die Geschmacksnerven nicht mehr afficiren, andern dagegen, z. B. der Kieselsäure, fehlt auch diese Reaction. Als blaues Pflanzenpigment pflegt man Lackmustinctur, d. i. die Auflösung des Lackmus (aus verschiedenen Flechten, namentlich Roccella- und Lecanoraarten bereitet) anzuwenden, häufig auch die Abkochung blauer Dahlien. Mit den Auflösungen dieser Pigmente bestrichenes feines Schreibpapier — **Reagenspapier** — ist das bequemste Prüfungsmittel.

Eintheilung der Sauren.

§ 144. Die Säuren werden gebildet entweder durch Verbindung eines Metalloids oder Metalls mit Sauerstoff oder durch Vereinigung eines Metalloids, namentlich der Halogene, mit Wasserstoff. Erstere heissen Sauerstoffsäuren, letztere Wasserstoffsäuren. Radical (Grundlage) wird bei den Säuren in demselben Sinne gebraucht wie bei den Oxyden (§ 23). In der Schwefelsäure ($\dddot{S}$) ist Schwefel, in der Phosphorsäure ($\overset{\cdot\cdot\cdot\cdot\cdot}{\bar{P}}$) Phosphor das Radical, in der Chlorwasserstoffsäure (HCl), Jodwasserstoffsäure (HJ) und Cyanwasserstoffsäure (HCy) ist Wasserstoff das Radical. Bei der Elektrolyse der Wasserstoffsäuren geht das Radical stets an den negativen, der andere Bestandtheil an den positiven Pol; bei der Elektrolyse der wasserfreien Sauerstoffsäuren, sofern sie überhaupt stattfindet, treten aber complicirte Zersetzungen ein, welche einfache Aussonderung des Radicals selten zur Folge haben und in ihrem ganzen Vorgang noch wenig erforscht sind.

Ausgehend von gewissen Zersetzungsproducten der Sauerstoffsäuren ist freilich auch eine andere Anschauungsweise über das, was man ihr Radical nennen soll, zulässig, und wenn man den dahin einschlägigen Versuchen das entscheidende Wort überlässt, so sind alle Sauerstoffsäuren solche mit zusammengesetztem Radical und für viele derselben ist das bisherige Aequivalent zu verdoppeln. [Beisp.: die Schwefelsäure giebt durch Behandlung mit Chlorphosphor eine Verbindung (SO^2)Cl oder (S^2O^4)Cl^2, welche mit Wasser in Chlorwasserstoff und Schwefelsäure sich umsetzt. Das Radical (S^2O^4) in der Chlorverbindung ist also dasselbe wie in der Schwefelsäure und diese entsteht aus jenem durch Aufnahme von 2 Aeq. Sauerstoff. Demnach wäre die Formel der wasserfreien Schwefelsäure (S^2O^4)O^2.] Da aber diese Anschauungsweise hauptsächlich erst in der Betrachtung der Zusammensetzung und Zersetzung organischer Körper ihre Begründung und Erweiterung findet, so classificiren und benennen wir hier die Säuren nach der alten einfachen Weise und theilen sie ein in

A. Sauerstoffsäuren:

1) mit einfachem Radical, z. B. Schwefelsäure, Jodsäure, Arsensäure, Kohlensäure;

2) mit zusammengesetztem Radical, z. B. Essigsäure, Citronensäure, Cyansäure, Hippursäure.

B. Wasserstoffsäuren:

1) mit einfachem elektronegativem Bestandtheil, z. B. Chlor-, Brom-, Fluorwasserstoffsäure;

2) mit zusammengesetztem elektronegativem Bestandtheil, z. B. Cyanwasserstoffsäure.

Unterschied zwischen Sauer- und Wasserstoffsäuren.

§ 145. Die Sauerstoffsäuren unterscheiden sich von den Wasserstoffsäuren dadurch, dass bei ersteren das Radical der verschiedenen Säuren ein anderes ist, während bei den Wasserstoffsäuren das Radical immer dasselbe ist, nämlich Wasserstoff. Sie unterscheiden sich aber auch dadurch, dass die Sauerstoffsäuren mit dem basischen Oxyde ohne Zersetzung sich verbinden, während die Wasserstoffsäuren ihren Wasserstoff an den Sauerstoff des Oxyds und ihren elektronegativen Bestandtheil an das Metall des Oxyds abtreten. [Beisp: Schwefelsäure, $\dddot{S}$, vereinigt sich direct mit Bleioxyd, $\dot{Pb}$, zu schwefelsaurem Bleioxyd, $\dot{Pb}\dddot{S}$; Chlorwasserstoffsäure und Bleioxyd geben aber nicht $\dot{Pb}HCl$, sondern $\dot{H}$ und $PbCl$.]

Es giebt zwar noch eine andere Anschauungsweise, vermöge deren alle Säuren auf eine analoge chemische Constitution zu reduciren sind, indem man sie als Verbindungen des Wasserstoffs betrachtet. Da aber diese Theorie, welche später (§ 242) erörtert werden wird, trotz ihrer Consequenz und trotz der kräftigen Stützen, welche die Erscheinungen bei der Elektrolyse ihr leihen, manche unwahrscheinliche Schlussfolgerungen nach sich zieht, und demnach eine allseitige Anerkennung noch nicht sich verschafft hat, werden wir die Säuren und ihre Verbindungen nach der obigen Betrachtungsweise abhandeln. Zur Erläuterung der Wasserstoffsäurentheorie möge vorläufig Folgendes dienen: das nothwendige Wasser, welches die Sauerstoffsäuren in der Regel enthalten (§ 146), kann selbstverständlich in der Formel seiner Bestandtheile zerspalten gedacht werden, indem man seinen Sauerstoff den übrigen in der Verbindung vorhandenen Bestandtheilen zulegt. Statt z. B. die Formel des Schwefelsäurehydrats $\dot{H}\dddot{S}$ zu schreiben, kann auch $H\ddddot{S}$ geschrieben werden und dann repräsentirt die letztere Formel eine Wasserstoffsäure mit zusammengesetztem elektronegativem Elemente. Dass bei der Absättigung eines Säurehydrats durch eine Basis Wasser frei wird, beweist nichts für die Präexistenz desselben in der Säure, da ja dasselbe auch bei der Absättigung der Wasserstoffsäuren stattfindet. Als Schema, welches z. B. die Entstehung des schwefelsauren Bleioxyds versinnlichen soll, kann eben so wohl dieses dienen: $\dot{H}\dddot{S}$ und $\dot{P}b = \dot{P}b\dddot{S}$ und $\dot{H}$, wie das andere: $H\ddddot{S}$ und $\dot{P}b = Pb\ddddot{S}$ und $\dot{H}$.

Organische Säuren. Die Sauerstoffsäuren mit zusammengesetztem Radical verlegt man mit Recht in das Gebiet der organischen Chemie und wir werden hier nur einige wenige aus Zweckmässigkeitsgründen kennen lernen. Ihre Radicale bestehen aus zwei oder mehr Elementen, unter denen Kohlenstoff nie, und Wasserstoff selten fehlt. Zwar ist noch keines dieser Radicale für sich isolirt, ihre Annahme zählt aber zu den wohlbegründeten wissenschaftlichen Erklärungsweisen.

Lösung der Säuren in Wasser. § 146. Bei weitem die meisten Säuren lösen sich in Wasser auf und werden in solcher Lösung angewendet. Man kann das Wasser in beliebiger Menge zusetzen und sie entweder in starkem (concentrirtem) oder verdünntem (diluirtem) Zustande anwenden. Von dem Wasser, welches zu einer wasserfreien Säure gebracht wird, binden die meisten Säuren eine gewisse Quantität chemisch so fest, dass man es nur durch Hinzufügen eines stärkeren basischen Oxyds abzuscheiden im Stande ist, selten durch erhöhte Temperatur. Der Sauerstoffgehalt der chemisch gebundenen Wassermenge steht stets mit dem Sauerstoffgehalt der Säure in einem bestimmten und einfachen Zahlenverhältniss und das Wasser vertritt gewissermassen die Stelle eines basischen Oxyds. Diese Verbindungen der Säuren mit Wasser werden Hydrate, und das in ihnen gebundene Wasser Hydratwasser oder basisches Wasser genannt zum Unterschied von dem blos zur Lösung dienenden Wasser. Von dem im Uebermass zugesetzten Wasser einer verdünnten Säure kann man in der Regel durch Erhitzen so viel entfernen, bis nur das chemisch gebundene Wasser zurückbleibt. [Beispiele s. u. bei der Salpetersäure und Schwefelsäure.]

Verbindung des Wassers mit Säuren, Hydrate.

Anhydride. Die Verwandtschaft fast aller Säuren zum Wasser ist so gross, dass viele wasserfrei dargestellt und erhalten werden können, und viele der wasserfreien Säuren haben nicht selten von ihrem Hauptmerkmal (der Verbindungsfähigkeit mit Basen) so bedeutend eingebüsst, dass manche Chemiker sie durch den besondern Namen „Anhydride" von den Säuren unterscheiden. Nichts desto weniger verbinden sich auch diese Säuren — wo es deren giebt — eben so mit basischen Oxyden wie ihre Hydrate. [Beisp.: die wasserfreie Schwefelsäure und Phosphorsäure vereinigen sich unter heftiger Wärmeentwickelung mit wasserfreier Baryterde. Eben so bildet die Kieselsäure ihre meisten Verbindungen mit Basen als wasserfreie Säure.] Dagegen pflegen die Anhydride der organischen Säuren meistens indifferente Körper zu sein, die erst in Berührung mit Wasser den Charakter einer Säure bekommen, und diese verdienen den Namen Anhydride mit grösserem Recht.

Sättigungscapacität der Säuren.

§ 147. Gleicherweise wie der Sauerstoffgehalt des chemisch gebundenen Wassers (§ 146), steht auch der Sauerstoffgehalt eines basischen Oxyds, mit welchem sich eine Säure vereinigt hat, in einfachem Zahlenverhältniss zum Sauerstoffgehalt der Säuren. Berechnet man von der Menge Basis, welche 100 Th. einer wasserfreien Säure zu sättigen, d. h. die wesentlichsten Eigenschaften der Säure aufzuheben erforderlich ist, den Sauerstoffgehalt, so giebt die gefundene Zahl die **Sättigungscapacität** der Säure an, wenn die entstandene Verbindung das neutrale oder normale Salz (§ 245) ist. Diese Zahl, welche stets auch das Sauerstoffverhältniss der Säure zu dem der Basis im normalen Salz ausdrückt, ist gleich für eine und dieselbe Säure auch bei ihrer Verbindung mit den verschiedensten Oxyden. [Beisp.: 100 Th. Schwefelsäure, $\dddot{S}$, bestehen aus 60,0 Sauerstoff und 40,0 Schwefel, und erfordern zu ihrer Sättigung

278,9 Th.	Bleioxyd,	welche	20,0 Th.	Sauerstoff enthalten,
270,0 -	Quecksilberoxyd,	-	20,0 -	- -

Die Sättigungscapacität der Schwefelsäure ist also = 20,0 oder, da 100 Th. 60,0 Th. Sauerstoff enthalten, $\frac{60,0}{20,0} = \frac{1}{3}$ (ihres Sauerstoffgehalts) Daraus ergiebt sich weiter, dass die Schwefelsäure aus 1 Atom Schwefel und 3 Atomen Sauerstoff bestehe.

100 Th. Salpetersäure bestehen aus 74,07 Sauerstoff und 25,93 Stickstoff und sie bedürfen zu ihrer Sättigung

206,6 Th.	Bleioxyd,	welche	14,81 Th.	Sauerstoff enthalten,
200,0 -	Quecksilberoxyd,	-	14,81 -	- -

Die Sättigungscapacität der Salpetersäure ist also $= \frac{74,07}{14,81} = \frac{1}{5}$ (ihres Sauerstoffgehalts), sie enthält demnach 5 Atome Sauerstoff.]

Mehrbasige Säuren.

Es ist schon hier hervorzuheben, was später seine weitere Erörterung findet (§ 245), dass 1 Aeq. mancher Säuren zur Bildung eines normalen Salzes mehr als 1 At. Basis (mit 1 At. Sauerstoff — kurz Monoxyd genannt —) bedarf, und diese Art Säuren heissen allgemein **mehrbasige**, speciell zwei-, dreibasige u. s. w., gegenüber den einbasigen, welche unter den unorganischen die Mehrzahl ausmachen. Die mehrbasigen Säuren haben vorzugsweise die Eigenschaft, sogenannte saure Salze und Doppelsalze zu bilden, und wo dieses überwiegend hervortritt, pflegen einige Chemiker das Aequivalent einer Säure zu verdoppeln, selbst wenn dies durch die numerische Relation ihrer Zusammensetzungsbestandtheile nicht geboten ist. [Beisp: die Schwefelsäure mit der Sättigungscapacität $\frac{1}{3} = \dddot{S}$ bildet viel saure Salze, in denen der Sauerstoffgehalt der Basis zu dem der Säure $= 1:6$, während er in den normalen $= 1:3$ ist. Verdoppelt man die Formel zu S^2O^6, so ist das normale Salz mit Monoxyden $= \dot{R}^2S^2O^6$, das saure Salz, welches stets noch 1 Atom Wasser enthält, $= (\dot{R}\dot{H})S^2O^6$ und das Doppelsalz $= (\dot{R}\dot{R}_1)S^2O^6$. Dieselben Zusammensetzungsverhältnisse werden durch die Formel der einbasigen Säure so ausgedrückt: $\dot{R}\dddot{S}$, $\dot{R}\dddot{S} + \dot{H}\dddot{S}$ und $\dot{R}\dddot{S} + \dot{R}_1\dddot{S}$.]

Als bemerkenswerthe Beispiele mehrbasiger Säuren mögen hier vorläufig die Phosphorsäuren angeführt werden.

Nomenclatur der Säuren.

§ 148. Die wissenschaftliche Benennungsweise der Säuren ist gewöhnlich folgende: bei den Sauerstoffsäuren wird der Name des Radicals, bei den Wasserstoffsäuren der Name der die Säure ausmachenden Bestandtheile mit dem Wort „Säure" zusammengesetzt, z. B. Schwefel-Säure, Jod-Säure, Chlorwasserstoff-Säure. Sind von einem und demselben Radical mehre Säuerungsstufen vorhanden (was nur bei den Sauerstoffsäuren zutrifft), so bezeichnet man die niedrigeren Stufen mit einem Adjectivum, welches aus dem Namen des Radicals mit der Endung „ig" gemacht ist (z. B. schweflige Säure und die noch niedrigeren Stufen durch die Vorsetzsilbe „unter", z. B. unterschweflige Säure, Unterschwefelsäure), die höheren Stufen mit der Vorsetzsilbe „über" (z. B. Ueberchlorsäure). Wo für ungewöhnlich zahlreiche Säuerungsstufen desselben Radicals das angeführte Benennungsprincip nicht ausreicht, greift man zu Namen, wie sie bei den Oxydationsstufen des Schwefels (§ 157) angegeben sind. Die ältern, längst üblichen und allgemein gebräuchlichen Namen der häufig zur Anwendung kommenden Säuren hat man nicht verdrängt, sondern meistens beibehalten, und sie sind entweder die ausschliessliche Bezeichnungsweise einer Säure, z. B Salpetersäure (die eigentlich Stickstoffsäure heissen sollte) oder sie sind gleichzeitig mit dem wissenschaftlichen Namen im Gebrauch, s. B. Salzsäure neben Chlorwasserstoffsäure.

Anmerk. Es werden hier nur die Säuren, welche durch Metalloide gebildet werden, abgehandelt, während diejenigen Sauerstoffsäuren, deren Radical ein Metall ist, später bei den betreffenden Metallen ihre Erwähnung finden.

A. Sauerstoffsäuren.

I. Sauerstoffsäuren mit einfachem Radical.

1. Säuren des Stickstoffs.

a) Salpetersäure, $\overset{\cdot\cdot\cdot\cdot\cdot}{N}$.

§ 149. Diese Säure findet sich in der Natur nicht in freiem Zustande, in sehr geringen Mengen mit Ammoniak verbunden im Regenwasser, reichlicher in Verbindung mit Kali, Kalkerde, Magnesia und Natron. Das salpetersaure Kali (§ 266), der natürliche Salpeter, und das salpetersaure Natron oder Chili-Salpeter (§ 284) sind die Salze, aus denen die Salpetersäure in grössern Massen gewonnen wird. Vorkommen.

Durch directe Verbindung des Stickstoffs mit dem Sauerstoff vermittelst häufiger elektrischer Funken kann Salpetersäure erzeugt werden, jedoch nur in äusserst geringer Menge; etwas mehr bildet sich, wenn das Gasgemenge mit der Lösung einer starken Basis, z. B. Kali oder Kalkerde, in Berührung ist. Auch bildet sich Salpetersäure, wenn Ammoniak mit Sauerstoff im statu nascendi zusammentrifft, z. B. wenn schwefelsaures Ammoniak mit Schwefelsäure und Mangansuperoxyd erhitzt wird, oder wenn viele stickstoffhaltige organische Körper mit übermangansaurem Kali, mit Eisenoxyd oder Manganoxyd behandelt werden, oder wenn sie an der Luft unter gewissen Bedingungen (§ 266) sich zersetzen. Bildung.

Darstellung der Salpetersäure.

§ 150. Die Salpetersäure ist im wasserfreien und wasserhaltigen Zustande bekannt und zwar existiren zwei Hydrate derselben.

Die wasserfreie Säure wird durch Einwirkung von Chlorgas auf salpetersaures Silberoxyd, beide völlig trocken angewendet, in geeignetem Destillationsapparat gewonnen, bei etwa $+50^0$ entweicht mit dem Sauerstoff des Silberoxyds die Säure und wird in stark gekühlter Vorlage verdichtet. Die Zersetzung geschieht so: $\dot{Ag}\overset{\cdot\cdot\cdot\cdot\cdot}{N}$ und $Cl = AgCl$, O und $\overset{\cdot\cdot\cdot\cdot\cdot}{N}$.

Die Hydrate der Salpetersäure stellt man durch Zerlegung des Kali- oder Natronsalpeters dar, und zwar zur Erlangung einer sehr reinen Säure aus reinem Kalisalz. In den chemischen oder pharmaceutischen Laboratorien verfährt man gewöhnlich so: 100 Th. Salpeter werden mit 97 Th. englischer Schwefelsäure (§ 159) übergossen (d. i. 1 Atomgew. Salpeter mit 2 Atomgew. Schwefelsäure) und in einer Retorte mit Vorlage der Destillation unterworfen. Zur völligen Zersetzung von 1 Atom $\dot{K}\overset{\cdot\cdot\cdot\cdot\cdot}{N}$ wäre eigentlich nur 1 Atom $\dot{H}\dddot{S}$, d. i. dem Gewichte nach 48,5 Th. $\dot{H}\dddot{S}$ auf 100 Th. $\dot{K}\overset{\cdot\cdot\cdot\cdot\cdot}{N}$, erforderlich und es würden sich dann $\dot{K}\dddot{S}$ und $\dot{H}\overset{\cdot\cdot\cdot\cdot\cdot}{N}$ bilden. Da aber wegen der grossen Neigung des Kali, ein saures Salz mit der Schwefelsäure zu bilden, eine so hohe Temperatur zur völligen Austreibung der Salpetersäure angewendet werden müsste, dass dieselbe sich dabei zum Theil in ihre Bestandtheile zerlegen würde, so wendet man 2 Atomgewichte Schwefelsäure an und das Resultat der Einwirkung ist: $\dot{K}\overset{\cdot\cdot\cdot\cdot\cdot}{N}$ und $2.\dot{H}\dddot{S} = \dot{K}\dddot{S} + \dot{H}\dddot{S}$, d. i. zweifach-schwefelsaures Kali und $\dot{H}\overset{\cdot\cdot\cdot\cdot\cdot}{N}$, d. i. Salpetersäurehydrat mit 1 Atom Wasser (§ 151). Nur in gewissen Fällen wendet man zur Zersetzung des Salpeters 1 Aequiv. Schwefelsäure an (§ 156). Soll das zweite Hydrat der Salpetersäure dargestellt werden, so vermischt man entweder das nach dem eben geschilderten Verfahren gewonnene Hydrat mit 42,5 pCt. Wasser oder es wird eine mit mehr Wasser verdünnte Salpetersäure einer langsamen Destillation unterworfen und die Vorlage gewechselt, wenn die in der Retorte kochende Säure eine Temperatur von 123^0 erreicht hat.

Fabrikmässige Gewinnung

Die Darstellung der Salpetersäure in Fabriken geschieht meist in Galeerenöfen, oder auch in eisernen Cylindern. Die

Galeerenöfen (Fig. 35) enthalten je zwei Feuerungen *o*, über jeder eine Reihe von eisernen Capellen *a, b, c* u. s. w., deren Boden mit einer dünnen Lage Sand bestreut und mit einer Glasretorte, in welcher sich die Mischung von Salpeter und Schwefelsäure

der Salpetersaure in Galeerenöfen,

Fig. 35.

befindet, besetzt wird. Der Zwischenraum zwischen Retorte und Capellenwand wird mit Sand ausgefüllt. Mit dem Hals der Retorte wird eine geräumige Vorlage verbunden, damit die umgebende Luft sie hinreichend abkühlen kann und kein Wasser zur Kühlung angewendet werden muss. Diese Art der Gewinnung ist aber durch die in Cylindern oder Kesseln fast verdrängt.

Die eisernen Cylinder oder Kessel sind inwendig mit einer Lage Steine ausgemauert, ihre Deckel werden luftdicht angekittet und durch die eine sofort wieder verschliessbare Oeffnung wird die Schwefelsäure eingegossen, aus der andern werden die Salpetersäuredämpfe in etwa 10 — 12 Vorlagen abgeleitet. Letztere bestehen meistens aus Steingut und sind Kruken mit drei Hälsen (sogenannte Woulf'sche Flaschen) (Fig. 36), in deren ersten *i* das Ableitungsrohr aus der Retorte einmündet, während aus dem letzten *l* ein anderes Rohr in eine eben solche Flasche führt u. s. w. Der mittlere Hals *k*, welcher durch einen Pfropfen verschlossen ist, dient zum Eingiessen von Wasser, zum Prüfen auf die Höhe der verdichteten Flüssigkeit u. dgl. Durch einen Hahn am Boden der Flasche (in der Zeichnung ausgelassen) wird die Säure abgezapft. Die auf diese Weise dargestellte

in eisernen Cylindern.

Fig. 36.

Acidum nitricum crudum.

mit Wasser mehr oder weniger verdünnte Salpetersäure heisst Scheidewasser, weil durch sie Gold von Silber geschieden werden kann, und ist gewöhnlich nicht chemisch rein. Ihren Gehalt an wasserfreier Säure oder erstem Hydrat ermittelt man in der Regel aräometrisch (§ 227).

Eigenschaften der wasserfreien Säure, $\dddot{N}$,

§ 151. Die wasserfreie Salpetersäure ($\dddot{N}$) bildet farblose glänzende Krystalle, welche bei 29,5° schmelzen, bei 45° kochen und dabei sich theilweis zersetzen. In zugeschmolzenen Gefässen aufbewahrt zersetzen sie sich oft freiwillig unter Explosion. In Wasser löst sich die Säure unzersetzt.

der Hydrate. Erstes Hydrat, $\dot{H}\dddot{N}$, **Acidum nitricum.**

Das erste Hydrat der Salpetersäure, $\dot{H}\dddot{N}$, ist in reinem Zustande eine farblose Flüssigkeit von 1,521 spec. Gewicht und eigenthümlich stechend saurem Geruch, höchst ätzend und meist die organischen Körper zerstörend. Sie enthält 14,25 pCt. Wasser, kocht bei + 86° und wird unter — 40° fest. Der Luft ausgesetzt bildet sie weisse Nebel, indem sie verdunstet und dabei Wasser anzieht. Im Sonnenlichte färbt sie sich gelb, indem sie theilweis zerlegt wird in Sauerstoffgas und sogenannte Untersalpetersäure (p. 124), welche in dem unzersetzten Theil sich mit gelber Farbe auflöst. Dasselbe geschieht bei wiederholter Destillation der reinen Säure und es zeigt sich überhaupt dieses Hydrat als eine so leicht zersetzbare Verbindung, dass Hindurchleiten von warmer, trockner Luft schon eine theilweise Zersetzung herbeiführt. In starker Glühhitze wird sie in ihre Bestandtheile, Sauerstoff und Stickstoff, zerlegt, bei schwacher Glühhitze in salpetrige Säure und Sauerstoff. Versucht man durch einen Körper, der stärkere Verwandtschaft zum Wasser hat, der Salpetersäure das Wasser zu entziehen, so zerlegt sie sich in salpetrige Säure und Sauerstoff. Sie lässt sich in allen Verhältnissen mit Wasser mischen und entwickelt dabei Wärme. In diesen Gemischen steigt mit zunehmendem Wassergehalt der Kochpunkt bis auf einen gewissen Punkt, wo er bei weiterm Zusatz von Wasser wieder abnimmt. Dieser Punkt ist unter gewöhnlichem Luftdruck 121° und die wässerige Salpetersäure, welche hierbei kocht, betrachtet man in der Regel als

Zweites Hydrat, $\dot{H}^4\dddot{N}$.

das zweite Hydrat, $\dot{H}^4\dddot{N}$, welches 40 pCt. Wasser, d. i. auf 1 At. Salpetersäure 4 At. Wasser enthalten muss. Dieses Hydrat ist eine farblose, nicht rauchende Flüssigkeit von 1,42 spec. Gewicht, die am Sonnenlichte sich nicht verändert. Von ihren vier Atomen Wasser können durch Destillation mit concentrirter Schwefelsäure (man nimmt auf 1 Th. $\dot{H}^4\overset{\cdots}{N}$ höchstens 5 Th. $\dot{H}\dddot{S}$) drei Atome entzogen werden und das Destillat besteht alsdann aus dem ersten Hydrat.

Wie weit die Constanz des Siedepunkts ein Zeichen für chemische Verbindungen ist.

Man hat gegen die Annahme des zweiten Hydrats als einer bestimmten Verbindung gewichtige Bedenken geltend gemacht: es enthalte nämlich, frisch destillirt, nie genau diejenigen Proportionen von $\overset{\cdots}{N}:\dot{H}$, welche die Formel $\dot{H}^4\overset{\cdots}{N}$ verlangt, und hinterlässt bei Erhitzen unter verschiedenem Luftdruck, während der Siedepunkt constant geworden, Producte von wechselnder Zusammensetzung, in denen die Relation des Wassers zur Salpetersäure nicht eine einfache atomistische ist, wiewohl sie für jenen Luftdruck unverändert dieselbe bleibt und der constante Siedepunkt eine bestimmte chemische Verbindung anzudeuten scheint.

Es ist allerdings hervorzuheben, dass die Constanz des Siedepunkts allein keine Bürgschaft für die Gleichartigkeit und Reinheit einer chemischen Verbindung leistet. Denn bei siedenden Gemischen von Flüssigkeiten, in denen wenigstens zwei verschiedene Verbindungen anwesend sind, muss wohl für einen bestimmten Luftdruck einmal der Punkt eintreten, bei welchem der Dampf dieselbe Zusammensetzung wie die siedende Flüssigkeit hat und dann wird Constanz im Siedepunkt und in der Zusammensetzung des Destillats obwalten, ohne dass zwischen den Componenten des Gemenges eine chemische Verbindung eingetreten zu sein braucht. Diese letztere muss sich stets durch unveränderliche atomistische Relation ihrer Bestandtheile ausweisen.

Indessen erscheinen die Einwände gegen die Existenz des zweiten Hydrats der Salpetersäure von dem obigen Standpunkt aus nicht entscheidend genug, da eine sehr unbedeutende Abweichung vom theoretischen Wassergehalt bei einer Wasser leicht anziehenden Substanz leicht erklärlich ist. Wohl aber beweisen die in der Zusammensetzung wechselnden, unter verändertem Luftdruck dargestellten Destillationsproducte von constantem Siedepunkt, dass jenes Hydrat bei relativ nicht hoher Temperatur schon Zersetzung erleide, — eine Eigenschaft, welche in noch grösserem Masse dem ersten Hydrat der Salpetersäure und auch andern Hydraten (s. § 160) zukommt.

Anwendung der Salpetersäure. § 152. Die Salpetersäure gehört zu den sehr starken Säuren und wird vielfach in Künsten und Gewerben (Kupferstecherei, Färberei u. dgl.) angewendet. Ihre Anwendung beruht meist auf ihrer oxydirenden Eigenschaft. Mit Metallen in Berührung gebracht zerlegt sie sich in der Regel leicht und giebt einen Theil ihres Sauerstoffs ($^3/_5$ oder $^2/_5$) an dieselben ab, während der übrige Theil, mit Stickstoff verbunden, entweder als $\ddot{N}$ entweicht oder als $\dddot{N}$ in der Flüssigkeit sich auflöst. In den meisten Fällen wirkt das erste Hydrat energischer als das zweite, bisweilen aber ist sogar eine verdünnte Säure wirksamer als die concentrirte.

Auf die meisten organischen Stoffe, die aus Kohlen-, Wasser- und Sauerstoff bestehen, wirkt die Salpetersäure ebenfalls stark oxydirend ein. **Nitro-Verbindungen.** In manchen Fällen indess ist die Einwirkung nicht von einer tiefgreifenden Zerstörung der Substanz und der Säure begleitet, sondern es verliert der organische Stoff nur ein oder mehre Atome Wasserstoff und an dessen Stelle treten ein oder mehre Atome $\ddddot{N}$ ein. Wo diese Art der Einwirkung statt gefunden hat, wird das Product als nitrirte oder Nitro-Verbindung bezeichnet. Dergleichen giebt es sehr bemerkenswerthe, von denen viele bei der Betrachtung der organischen Körper Erwähnung finden werden, z. B. die Nitrocellulose (sogenannte Schiessbaumwolle), das Nitrobenzid u. a.

Salze. Die Salpetersäure verbindet sich mit allen basischen Oxyden und liefert mit ihnen meistens in Wasser lösliche normale Salze, welche, getrocknet und geglüht, die Salpetersäure nicht völlig unzerlegt abgeben. Erhitzt man dieselben mit brennbaren Stoffen, so oxydiren sich die letztern häufig unter Lichterscheinung plötzlich — sie verpuffen — und daran sind salpetersaure Salze zu erkennen. Manche Metalle, z. B. Gold, Platin, werden durch Salpetersäure gar nicht angegriffen.

Die Verunreinigungen, welche, abgerechnet von feuerbeständigen Salzen, die Salpetersäure zu enthalten pflegt, wenn sie nicht mit besonderer Sorgfalt dargestellt ist, sind salpetrige Säure, Schwefelsäure und Chlor.

b) Salpetrige Säure, $\dddot{N}$.

§ 153. Diese Säure trifft man in der Natur nicht fertig gebildet, weder isolirt, noch in Verbindung; sie muss künstlich dargestellt werden. Leicht bildet sie sich, wenn Ammoniak oxydirenden Einflüssen gewisser Art unterworfen wird, z. B. wenn man in eine Luft und Ammoniakflüssigkeit enthaltende Flasche eine glühende Platinspirale einführt. Vorkommen.

§ 154. Man leitet 4 Vol. Stickoxyd und 1 Vol. Sauerstoffgas in ein stark erkaltetes Gefäss. Oder es wird die stark abgekühlte rauchende Salpetersäure (§ 156) mit so viel Wasser versetzt, bis sich eine untere dunkelblaugrüne und eine obere grasgrüne Schicht gebildet haben. Letztere, langsam bis höchstens 28° erwärmt, giebt im Destillat die salpetrige Säure. Auch erhält man diese Säure durch Destillation von Stärkemehl oder arseniger Säure mit Salpetersäure und Verdichtung des rothen Gases. Darstellung.

§ 155. Die reine salpetrige Säure ist im freien Zustande vielleicht noch nicht bekannt. Die durch Verbindung des Stickoxyds mit Sauerstoff entstandene Flüssigkeit ist blau, bei —20° farblos, fängt bei —2° an zu kochen und stösst dunkelgelbrothe Dämpfe aus. Mit Wasser über 0° entwickelt sie unter Aufbrausen Stickoxydgas und im Wasser ist alsdann Salpetersäure enthalten. Die aus der rauchenden Salpetersäure oder aus der Destillation der Salpetersäure mit Stärkemehl oder arseniger Säure erhaltene grüne Flüssigkeit ist bei gewöhnlicher Temperatur als solche zu erhalten, bei —34,5° wird sie fest, im übrigen zeigt sie dieselben Eigenschaften wie die blaue; beide sind aber wahrscheinlich eine mit salpetriger Salpetersäure verunreinigte salpetrige Säure. Eigenschaften

Mit Basen lässt sich die salpetrige Säure direct nur schwer vereinigen, aber auf indirectem Wege stellt man eine grosse Anzahl salpetrigsaurer Salze dar. Durch gelindes Glühen des salpetersauren Kalis oder Natrons, wobei sich Sauerstoff entwickelt, erhält man $\dot{K}\dddot{N}$ oder $\dot{Na}\dddot{N}$, und durch gegenseitige Zersetzung dieser Salze mit andern bekommt man die übrigen salpetrig- Verbindungen der salpetrigen Säure sauren Salze. Die Verwandtschaft dieser Säure zu den Basen ist nur schwach und ihre Verbindungen werden schon durch sehr schwache Säuren unter Entwickelung rother Dämpfe zersetzt, ja sie ist sogar im Stande, sich selbst mit starken Säuren zu vereinigen. Eine solche Verbindung ist unter andern (§ 163)

Salpetrige Salpetersäure, $\dddot{N}\overset{\cdot\cdot\cdot\cdot\cdot}{N}$, **Acidum nitroso-nitricum.**

die salpetrige Salpetersäure, welche man auch Untersalpetersäure nennt. Die Darstellung dieser Säure geschieht am besten durch Erhitzen des salpetersauren Bleioxyds in einem Destillationsgefäss unter starker Abkühlung der Vorlage. Man erhält sie als eine gelbrothe Flüssigkeit von 1,42 spec. Gewicht, welche bei +28° kocht, an der Luft dicke rothe erstickende Dämpfe ausstösst und bei —13,5° fest wird. Diese Verbindung besteht aus $\dddot{N}\overset{\cdot\cdot\cdot\cdot\cdot}{N}$ und ist in der rothen rauchenden Salpetersäure in grösserer oder geringerer Menge enthalten.

Die rothe rauchende Salpetersäure, **Acidum nitricum fumans.**

§ 156. Die rothe rauchende Salpetersäure gewinnt man in der Regel durch Destillation von 100 Th. Salpeter mit 48,5 Th. englischer Schwefelsäure, wobei anfangs das erste Hydrat der Salpetersäure ziemlich farblos übergeht; später aber bilden sich dicke rothe Dämpfe, die salpetrige Salpetersäure, welche vom ersten Hydrat aufgenommen werden und die rothe rauchende Salpetersäure bilden. Diese ist also keine bestimmte Verbindung, sondern die Auflösung von salpetriger Salpetersäure in dem ersten Hydrat. Die rauchende Salpetersäure zeichnet sich durch besonders stark oxydirende Eigenschaft aus und verdankt diese hauptsächlich der in ihr enthaltenen sehr leicht zersetzbaren salpetrigen Säure. Nicht selten bereitet man jetzt die rothe rauchende Salpetersäure aus Natronsalpeter (§ 284), welcher nicht hinlänglich gereinigt ist, und dann ist dieselbe durch Jodsäure oder Chlorjod verunreinigt.

2. Säuren des Schwefels.

Anzahl und Benennung der Säuren des Schwefels.

§ 157. Der Schwefel bildet sieben verschiedene Säuren, die reichste Anzahl von Oxydationsstufen eines Radicals, die man kennt. Die vier schon längere Zeit bekannten Oxydationsstufen dieses Metalloides heissen Schwefelsäure, $\dddot{S}$, schweflige Säure, $\ddot{S}$, Unterschwefelsäure, $\overset{\cdot\cdot\cdot\cdot\cdot}{\bar{S}}$, unterschweflige Säure, $\ddot{\bar{S}}$, die andern drei, welche später entdeckt wurden, die Trithionsäure, S^3O^5, Tetrathionsäure, S^4O^5 und Pentathionsäure, S^5O^5, hat man nicht durch eben so einfache deutsche Benennungen den vorigen anzureihen gewusst und deshalb auch für jene eine andere Nomenclatur vorgeschlagen. Die Namen sind aus dem Griechischen entlehnt und zwar durch Zusammensetzung des Worts θεῖον (Schwefel) und der Zahlwörter μόνος, δὶς, τρὶς, τέτρα, πέντα, wodurch die Atomenanzahl des Radicals angedeutet wird. Monothionsäuren sind darnach diejenigen, welche 1 Atom Schwefel, Dithionsäuren die, welche 2 At. Schwefel, Trithionsäuren die, welche 3 At. Schwefel als Radical enthalten u. s. w. Demgemäss heisst die $\dddot{S}$ Monothionsäure, die $\ddot{S}$ monothionige Säure, die $\overset{\cdot\cdot\cdot\cdot\cdot}{\bar{S}}$ Dithionsäure, die $\overset{\cdot\cdot}{\bar{S}}$ dithionige Säure. Die übrigen Säuren sind folgende: die Trithionsäure S^3O^5, die Tetrathionsäure S^4O^5 und Pentathionsäure S^5O^5. Inzwischen pflegt man für die vier ältern Oxydationsstufen die ältern Namen beizubehalten.

a) Schwefelsäure, $\dddot{S}$ (Monothionsäure).

§ 158. Diese Säure ist in der Natur sehr verbreitet. Sie kommt im freien Zustande nur in einigen Gewässern vor, welche Vulcanen entströmen [z. B. reichlich in Süd-Amerika und Java], gebunden an Oxyde aber sehr häufig, z. B. im Gyps, Schwerspath, Eisenvitriol und überhaupt in allen „Vitriole" genannten Mineralien, auch im Pflanzen- und Thierreich. Sie bildet sich, wenn schweflige Säure und Sauerstoff mit Contactsubstanzen, wie Platinschwamm, Bimstein u. a., oder mit verschiedenen Oxyden, wie Kupferoxyd, Eisenoxyd, Chromoxyd erwärmt werden; ferner durch freiwillige Oxydation vieler in der Natur vorkommender Schwefelmetalle und des Schwefelwasserstoffs.

Vorkommen.

Bildung.

§ 159. Man kann die Schwefelsäure im wasserfreien und wasserhaltigen Zustande gewinnen und Hydrate giebt es mehre. Handelswaare sind: die rauchende und die sogenannte englische; erstere wird auch „Nordhäuser Vitriol" genannt.

Darstellung

Die wasserfreie Schwefelsäure wird am bequemsten aus der rauchenden (s. § 160) gewonnen, indem man diese in einer Retorte gelinde erhitzt und die Vorlage mit Schnee oder Eis gut abkühlt. Hier verdichtet sich dann die Schwefelsäure in fester Gestalt, in der Retorte bleibt wasserhaltige Säure zurück. Auch gewinnt man sie reichlich, wenn ein trocknes Gemenge von etwa 2 Vol. schwefligsauren mit 1 Vol. Sauerstoffgas durch eine Glasröhre geleitet wird, in welcher eine lange Schicht Platinschwamm in der Rothgluth sich befindet. Endlich lässt sie sich auch aus einigen ihrer Verbindungen mit gewissen Metalloxyden durch Erhitzen abscheiden.

der wasserfreien,

der rauchenden, Die Darstellung der rauchenden Schwefelsäure geschieht aus dem schwefelsauren Eisenoxyd oder dem Eisenvitriol (schwefelsaurem Eisenoxydul), welcher zuvor durch Erhitzen in dem Raume *mm* (Fig. 37) von seinem Krystallwasser grösstentheils befreit und so viel als möglich in Oxydsalz übergeführt ist. Der calcinirte (stark erhitzte) Vitriol wird in thönernen Retorten *a* in Galeerenöfen einer hohen Temperatur ausgesetzt und das Destillat in einer thönernen, in den Hals der Retorte eingekitteten Vorlage *b* aufgefangen. Da nur das Eisenoxydsalz, nicht aber das Oxydulsalz die Eigenschaft besitzt, beim Erhitzen seine Schwefelsäure unzerlegt abzugeben, so kann man auch direct das wasserleere Oxydsalz destilliren und die übergehende wasserfreie Säure in dem zweiten Hydrat (§ 160) auffangen.

Fig. 37.

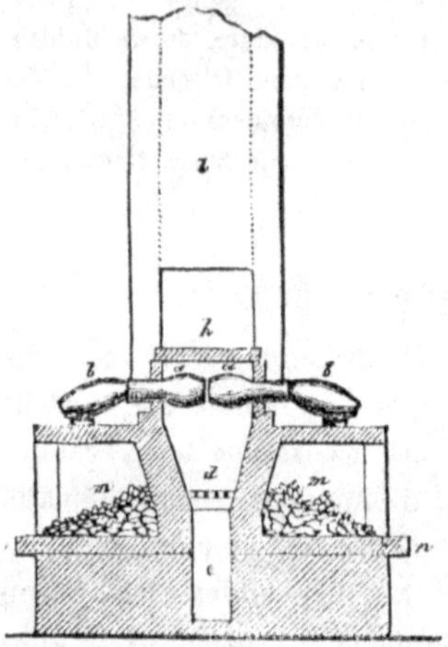

der englischen Schwefelsäure. Die englische Schwefelsäure (so genannt, weil diese Art zuerst in England allgemein dargestellt wurde) gewinnt man fabrikmässig auf folgende Weise: in einem Ofen, welcher durch Abzugsröhren mit einer Reihe von grossen, durch Bleiplatten umgränzten Räumen (den sogenannten Bleikammern) in Verbindung steht, wird unter Zutritt der Luft Schwefel verbrannt. Die dadurch entstandene schweflige Säure strömt mit einem Ueberschuss der sauerstoffhaltigen Luft in das Bleikammersystem ein und trifft in den ersten Kammern Salpetersäure, welche sie unter Entwickelung von Stickoxyd zersetzt. Die dadurch gebildete Schwefelsäure verdichtet sich in Wasserdampf, den man in angemessener Menge aus einem Dampfkessel in die Kammern einströmen lässt, und die nicht verdichteten andern Gase, nämlich schweflige Säure, Stickoxyd und Sauerstoff der Luft treten in Wechselwirkung mit einander. Der Sauerstoff der Luft nämlich oxydirt das Stickoxyd zu salpetriger Säure und diese giebt ein Atom ihres Sauerstoffs an schweflige Säure ab, wandelt damit letztere in Schwefelsäure, sich selbst aber in Stickoxyd um ($\ddot{S}$ und $\dddot{N} = \dddot{S}$ und $\ddot{N}$). Das Stickoxyd nimmt wieder Sauerstoff aus der Luft auf, die salpetrige Säure wirkt auf einen neuen Antheil schwefliger Säure, und so geht dieser Process immer fort, so lange noch schweflige Säure zutritt und die Bedingungen, unter denen der Process statt findet, keine Störung erleiden. Eine solche kann nämlich leicht eintreten: wenn das Stickoxyd nicht hinreichend Sauerstoff findet, also bei Mangel an atmosphärischer Luft, und wenn nicht Wasser genug vorhanden ist, um die Verbindung der Schwefelsäure mit salpetriger Säure (s. § 163), welche in dicken Nebeln in dem Raum sich bildet, aufzunehmen und zu zersetzen. Aus dem Schornstein am Ende der Kammern entweichen Stickstoff der Luft und Oxydationsstufen des Stickstoffs, welche letztern man durch herabtröpfelnde Salpetersäure verdichtet und für die Fabrikation wieder nutzt.

Die auf dem Boden der Kammern befindliche Schwefelsäure wird von Zeit zu Zeit auf ihr spec. Gewicht untersucht, dieses darf nicht unter 1,35 fallen, weil sonst zu viel schweflige Säure absorbirt wird. In der Regel wird sie von 1,53—1,55 spec. Gewicht abgezapft, in Bleipfannen bis 1,70 spec. Gewicht eingedampft, wobei nur Wasserdämpfe entweichen, und zuletzt in Platingefässen bis 1,84 spec. Gewicht (= 66° Beaumé) concentrirt. Als solche kommt sie dann, in gläserne Ballons gefüllt, in den Handel. **Acidum sulphuricum crudum.**

§ 160. Die wasserfreie Schwefelsäure krystallisirt in langen, weissen, seideglänzenden Nadeln von 1,97 spec. Gewicht, die bald bei ungefähr + 18—25° schmelzen und bei + 30° kochen, bald bei 100° erst schmelzen. Sie ist sehr flüchtig und bildet mit der Luft in Berührung dicken weissen Rauch, indem sie schnell mit dem Wasser der Luft sich verbindet und als wasserhaltige Säure sich verdichtet. Ihre Verwandtschaft zum Wasser ist so gross, dass sie, in Wasser geworfen, zischt und einen Theil desselben in Dampf verwandelt. Ihr Gas ist farblos und von 1,954 spec. Gewicht, durch glühende Röhren geleitet wird es in schweflige Säure und Sauerstoffgas zerlegt. Sie besteht aus 1 Atom Schwefel und 3 Atom Sauerstoff: $\dddot{S}$. Eigenschaften der wasserfreien, $\dddot{S}$,

Das Nordhäuser Vitriolöl ist eine im reinen Zustande farblose, ölartige Füssigkeit, welche an der Luft mehr oder weniger der rauchenden, stark raucht und ein mehr oder weniger holies spec. Gewicht (durchschnittlich 1,9) besitzt. Sie besteht aus einer Auflösung von wasserfreier Schwefelsäure in wasserhaltiger, woraus die erstere leicht abdunstet, mit dem Wasser der Luft sich verbindet und in Folge dessen die Nebel bildet. Aus der rauchenden Säure scheiden sich, wenn sie sehr concentrirt ist, schon bei gewöhnlicher Temperatur, sonst beim Erkalten unter 0°, Krystalle ab, die aus $\dot{H}\dddot{S}^2$ (oder $\dot{H}\dddot{S}+\dddot{S}$) bestehen, bei $+35°$ schmelzen und beim Erwärmen sich in wasserfreie Säure und das Hydrat $\dot{H}\dddot{S}$ zerlegen. Man bezeichnet diese Verbindung als **erstes Hydrat**.

Erstes Hydrat

Eigenschaften der englischen Schwefelsäure. Zweites Hydrat, $\dot{H}\dddot{S}$.

Die englische Schwefelsäure ist farblos, dickflüssig wie Oel, geruchlos und raucht bei gewöhnlicher Temperatur nicht. Sie ist diejenige Verbindung der wasserfreien Säure mit Wasser, welche man als das **zweite Hydrat** zu bezeichnen pflegt und müsste nach der ihr ertheilten Formel $\dot{H}\dddot{S}$ in 100 Th. aus 81,63 $\dddot{S}$ und 18,37 $\dot{H}$ bestehen. Diese der Theorie entsprechende Zusammensetzung hat dieses Hydrat aber nur, wenn man es in krystallisirter Gestalt gewann. Die käufliche und möglichst concentrirte Säure enthält stets ein wenig (etwa 1,3 pCt.) Wasser mehr. Bei $-0,5°$, bisweilen bei $-4°$ und andere Male bei $-34°$ scheiden sich aus dieser Säure Krystalle von der Zusammensetzung $\dot{H}\dddot{S}$ aus. Diese, mehrmals umgeschmolzen und erstarrt, schmelzen bei $+10,5°$ und die Flüssigkeit hat bei $+12°$ das spec. Gewicht $= 1,842$, bei $0° = 1,85$. Erwärmt man diese Säure, so fängt sie bei 40—50° an zu rauchen, sie giebt wasserfreie Säure ab und dadurch wird der Rückstand also wasserreicher. Bei 290° beginnt sie zu sieden und bei 338° tritt Constanz des Siedepunkts ein. Das Destillat enthält etwas mehr an Wasser, als die Theorie für $\dot{H}\dddot{S}$ verlangt. Erhitzt man dieses Destillat bis 288° einige Zeit lang, so verliert es das überflüssige Wasser und bekommt das spec. Gewicht $= 1,848$ und den richtigen Wassergehalt des Hydrats; kocht man aber dann längere Zeit, so zersetzt sich das Hydrat unter Ausgabe von wasserfreier Säure und Minderung seines spec. Gewichts auf 1,838. Durch Wiederholen der genannten Operationen lässt sich diese Concentrirung abwechselnd mehrmals ausführen, zum Beweis, dass die Existenz des Hydrats an bestimmte Temperaturen gebunden, aber keineswegs zu bezweifeln ist. Es zieht aus der Luft begierig Wasser an und seine Verwandtschaft dazu ist so gross, dass, wenn 4 Th. desselben mit 1 Th. Wasser gemischt werden, eine Temperaturerhöhung bis 150° statt findet. Wegen dieser Wasseranziehung benutzt man dieselbe oft zum Trocknen feuchter Luft in abgeschlossenen Räumen.

Drittes Hydrat, $\dot{H}^2\dddot{S}$.

Setzt man zur englischen Schwefelsäure 18,37 pCt. Wasser, so bildet sich ein anderes Hydrat, $\dot{H}^2\dddot{S}$, dessen spec. Gewicht 1,78, Kochpunkt 224°, Gefrierpunkt +4° ist. Die Temperaturerhöhung, welche bei Mischung dieses Hydrats mit mehr Wasser entsteht, verräth die Existenz noch weiterer Hydrate, aber keins davon — falls es überhaupt mehre geben sollte — ist durch Krystallisation oder sonstige unterscheidende Merkmale gekennzeichnet.

Alle Hydrate, ausser dem zweiten, sind durch so geringe Verwandtschaft ihrer nähern Bestandtheile zusammengehalten, dass sie durch Temperaturerhöhung leicht sich zersetzen und bei der oben angeführten Grenze das zweite Hydrat liefern.

Anwendung der Schwefelsäure.

§ 161. Die Anwendung der wasserhaltigen Schwefelsäure ist ausserordentlich gross: sie dient wegen ihrer starken Affinität zu Basen zur Darstellung der meisten andern Säuren und findet fast in jedem Zweige der Technik mittelbare oder unmittelbare Verwendung. Bei der Darstellung schwefelsaurer Metallsalze wirkt sie auf die Metalle entweder so ein, dass ihr Wasser zersetzt und durch dessen Sauerstoff das Metall oxydirt wird, oder sie zerlegt sich selbst unter Entwickelung schwefliger Säure. Letzteres findet auch meistentheils statt bei der Einwirkung der Schwefelsäure auf organische Stoffe, von denen viele dabei sich braun oder schwarz färben. Die rauchende Schwefelsäure wird in der Technik jetzt nur noch zur Auflösung des Indigos gebraucht, von den Chemikern dagegen häufiger.

Verunreinigungen.

§ 162. Zufolge ihrer Darstellung kann die Schwefelsäure verschiedene Verunreinigungen enthalten, und zwar an feuerbeständigen Stoffen: Salze von Bleioxyd, Kalkerde und Kali oder Natron, an flüchtigen Körpern: Oxydationsstufen des Stickstoffs ($\dddot{N}$ and $\overset{\cdot\cdot\cdot\cdot\cdot}{N}$), Arseniks und Selens. Wenn zur Bereitung der Schwefelsäure Schwefelkiese gedient haben, so findet sich in manchen Fabriken (z. B. in Schweden und Böhmen) auf dem Boden der Kammern ein röthlicher Schlamm, welcher ausser Schwefel auch Selen (s. § 63) enthält und dann pflegt auch in der Schwefelsäure selbst eine Oxydationsstufe des Selens gelöst zu sein.

Schwefelsaure salpetrige Säure. § 163. Die **Schwefelsäure** vereinigt sich mit **salpetriger Säure** zu einem krystallisirbaren Körper, welcher sich in concentrirter Schwefelsäure unzersetzt auflöst, mit Wasser aber sich unter Entwickelung rother Dämpfe in Salpetersäure, Schwefelsäure und salpetrige Säure zerlegt. Diese Verbindung bildet sich häufig in grosser Menge in den Bleikammern der Schwefelsäurefabriken und ist hier bei Mangel an Wasserdämpfen die Ursache der Störung in der Bildung von Schwefelsäure (§ 159), indem das Oxydationsmittel der schwefligen Säure unwirksam gemacht wird. Man erhält sie auch unter Entwickelung von schwefliger Säure beim Ueberleiten von Stickoxyd über wasserfreie Schwefelsäure. Die schwefelsaure salpetrige Säure besteht aus $\dddot{N}\dddot{S}^2$ und kann sich auch mit Wasser zu $\dddot{N}\dddot{S}+\dot{H}\dddot{S}$ verbinden.

b) Schweflige Säure, $\ddot{S}$ (monothionige S.).

Darstellung § 164. Man verbrennt Schwefel in Luft oder Sauerstoff, oder man erhitzt Holzkohle, Kupfer, Silber oder Quecksilber mit englischer Schwefelsäure, oder endlich man glüht Braunstein mit Schwefel gemengt und fängt das entweichende Gas auf (Cu und $2\dot{H}\dddot{S} = \dot{C}u\dddot{S}$, $2\dot{H}$ und $\ddot{S}$; $2\ddot{M}n$ und $S = 2\dot{M}n$ und $\ddot{S}$).

Eigenschaften. § 165. Die schweflige Säure ist ein farbloses Gas von saurem, erstickendem Geruch und 2,247 spec. Gewicht, verdichtet sich bei etwa —20° zu einer leicht beweglichen, farblosen Flüssigkeit von 1,42 spec. Gewicht, die bei —10° kocht, bei —76° erstarrt und durch ihre Verdunstung eine Kälte von – 57° erzeugt. Das Gas reizt heftig zum Husten und bewirkt Erstickung, brennende Körper verlöschen in ihm sofort. Wasser löst bei +18° sein 39faches, bei 0° sein 68,8faches Volum an schwefliger Säure auf. Weingeist löst bei denselben Temperaturen sein 124,5, resp. 328,6faches Volum. Diese Auflösung oder auch, bei Anwendung in Fabriken, das Gas werden benutzt zum Bleichen mancher vegetabilischer oder thierischer Farbstoffe (das Schwefeln in Woll- und Seidenfärbereien), und in Krankenanstalten macht man Räucherungen mit dem Gas gegen Hautkrankheiten. Mit Sauerstoff verbindet sich die gasförmige schweflige Säure nur bei Gegenwart einer Contactsubstanz, z. B. Platinschwamm, Bimsstein u. dgl.; dagegen nimmt sie in Wasser gelöst, leicht Sauerstoff aus der Luft auf, und noch begieriger aus einigen Oxyden, z. B. aus Bleisuperoxyd, aus Eisen- und Goldoxyd, aus Arseniksäure, Salpetersäure u. a., weshalb eine Auflösung von ihr in der analytischen Chemie als kräftiges Reductionsmittel häufig Anwendung findet. In allen diesen Fällen geht dabei die schweflige Säure in Schwefelsäure über.

Sie besteht aus 1 At. S und 2 At. $O = \ddot{S}$; ihre Verwandtschaft zu den Basen ist nicht sehr gross, und viele ihrer Verbindungen sind wenig beständig. Sie bildet normale und saure Salze.

c) Unterschweflige Säure, $\ddot{\not{S}}$ (dithionige S.).

§ 166. Durch Kochen eines schwefligsauren Salzes mit Schwefel (z. B. $\dot{Na}\ddot{S}$ und $S = \dot{Na}\ddot{\not{S}}$), durch Behandeln von Zink mit einer Lösung von schwefliger Säure ($2Zn$ und $3\ddot{S} = \dot{Zn}\ddot{S}$ und $\dot{Zn}\ddot{\not{S}}$), und wenn Schwefelmetalle der Alkalien oder alkalischen Erden, in Wasser gelöst, der Luft ausgesetzt werden ($2.NaS$ und $4O = \dot{Na}$ und $\dot{Na}\ddot{\not{S}}$), bilden sich unterschwefligsaure Salze. Bei Kochen von Lösungen der Alkalien mit Schwefel entsteht ebenfalls ein unterschwefligsaures Salz: $3\dot{K}$ und $12S = 2.KS^5$ und $\dot{K}\ddot{\not{S}}$. Darstellung.

§ 167. Im freien Zustande kann die Säure nicht bestehen, sie zerlegt sich alsdann sogleich in S und $\ddot{S}$. Die Salze sind meist in Wasser leicht löslich, am meisten angewendet ist das Natronsalz. Die Photographen nämlich benutzen es, um das überschüssige Jod von der Silberplatte zu entfernen; denn es wird durch Jod das unterschwefligsaure Natron zersetzt, und zwar so, dass dadurch Tetrathionsäure entsteht (s. § 172). In der analytischen Chemie gebraucht man es häufig zur Abscheidung von Schwefelmetallen, insofern viele Salze der unterschwefligen Säure sich unter Abscheidung von Schwefelmetall sogleich zersetzen, z. B. $\dot{Ag}\ddot{\not{S}} = AgS$ und $\ddot{S}$. Eigenschaften.

d) Unterschwefelsäure, $\ddot{\bar{\mathrm{S}}}$ (Dithionsäure).

Darstellung. § 168. Wird bereitet durch Einleiten von schwefelsaurem Gas in kaltes Wasser, unter welchem Braunstein sich befindet. Die Lösung, welche unterschwefelsaures Manganoxydul enthält, zersetzt man durch Baryterde und das dadurch gebildete Barytsalz durch Schwefelsäure. $\dot{\mathrm{Mn}}$ und $2\ddot{\mathrm{S}} = \dot{\mathrm{Mn}}\ddot{\bar{\mathrm{S}}}$. $\dot{\mathrm{Mn}}\bar{\mathrm{S}}$ und $\dot{\mathrm{Ba}} = \dot{\mathrm{Mn}}$ und $\dot{\mathrm{Ba}}\ddot{\bar{\mathrm{S}}}$. $\dot{\mathrm{Ba}}\ddot{\bar{\mathrm{S}}}$ und $\dot{\mathrm{H}}\dddot{\mathrm{S}} = \dot{\mathrm{Ba}}\dddot{\mathrm{S}}$ und $\dot{\mathrm{H}}\ddot{\bar{\mathrm{S}}}$.

Eigenschaften. § 169. Die in Wasser gelöste Unterschwefelsäure ist eine geruchlose saure Flüssigkeit, die sich im luftleeren Raum bis 1,347 spec. Gewicht concentriren lässt, beim Erwärmen aber in schweflige Säure und Schwefelsäure zerlegt. Ihre Salze zerfallen ebenfalls beim Glühen in schweflige Säure und schwefelsaures Salz: $\dot{\mathrm{R}}\ddot{\bar{\mathrm{S}}} = \ddot{\mathrm{S}}$ und $\dot{\mathrm{R}}\dddot{\mathrm{S}}$.

e) Trithionsäure, S^3O^5.

Darstellung. § 170. Durch Behandlung von unterschwefligsaurem Kali mit schwefliger Säure oder durch Kochen von saurem schwefligsaurem Kali mit Schwefel entsteht das Kalisalz der Trithionsäure, welches durch Ueberchlorsäure zerlegt wird.

Eigenschaften. § 171. Die freie in Wasser gelöste Säure ist im concentrirten Zustand syrupsdick, schmeckt sauer, herbe und bitter und zerlegt sich allmählig bei gewöhnlicher Temperatur, sogleich bei 80° in Schwefel, schweflige Säure und Schwefelsäure.

f) Tetrathionsäure, S^4O^5.

Darstellung. § 172. Bildet sich durch Behandlung eines unterschwefligsauren Alkalis mit Jod (§ 167) oder Eisenchlorid ($2\dot{\mathrm{Na}}\bar{\mathrm{S}}$ und $J = NaJ$ und $\dot{\mathrm{Na}}S^4O^5$ oder $2\dot{\mathrm{Na}}\bar{\mathrm{S}}$ und $Fe^2Cl^3 = 2FeCl$, $NaCl$ und $\dot{\mathrm{Na}}S^4O^5$). Die freie Säure scheidet man am besten aus ihrem Barytsalz ab.

Eigenschaften. § 173. Sie ist farblos, geruchlos und stark sauer und zerlegt sich erst, wenn sie im concentrirten Zustande gekocht wird.

g) Pentathionsäure, S^5O^5.

Darstellung. § 174. Entsteht durch Einleiten von Schwefelwasserstoff in eine Auflösung von schwefliger Säure und Abdampfen bei 50—60° bis zu 1,3 spec. Gewicht. $5\ddot{\mathrm{S}}$ und $5HS = S^5O^5$, $5\ddot{\mathrm{S}}$ und $5\dot{\mathrm{H}}$.

§ 175. Die Lösung ist schwach gelblich, stark sauer und gelinde bitter von knoblauchähnlichem Geruch und zerfällt bei 80° in Schwefel, schweflige Säure und Schwefelsäure. Eben so unbeständig sind ihre Salze, von denen das der Baryterde allein genauer untersucht ist. Eigenschaften.

3. Säuren des Selens.

Das Selen hat zwei Oxydationsstufen, welche Säuren sind, die selenige Säure und die Selensäure. Sie entsprechen in ihrer Zusammensetzung den gleichnamigen Oxydationsstufen des Schwefels.

a) Selenige Säure, $\ddot{Se}$.

§ 176. Bildet sich beim Erhitzen von Selen in Sauerstoff oder beim Auflösen des Metalloids in Salpetersäure oder Königswasser und Verdampfen zur Trockne. Darstellung

§ 177. Die selenige Säure ist farblos, fest, läst sich bei hoher Temperatur in ein grünlich gelbes Gas von 4,0 spec. Gewicht verwandeln und scheidet sich beim Abkühlen des Gases in langen Prismen aus. Diese sind sehr leicht in Wasser löslich und zerfliessen, der Luft ausgesetzt. Schweflige Säure, Zink, Eisen und andere Metalle scheiden aus der Lösung rothes Selen aus (§ 65). Eigenschaften.

Die selenige Säure ist eine ziemlich starke Säure und bildet leicht normale und saure Salze, von denen letztere im Allgemeinen leichter löslich sind als erstere.

b) Selensäure, $\dddot{Se}$.

§ 178. Man behandelt selenigsaures Kupferoxyd unter Wasser mit Chlor, fällt aus der Lösung (nach Abdunsten des Chlors und Sättigen mit kohlensaurem Kupferoxyd) durch Weingeist das selensaure Kupferoxyd, krystallisirt dies bis zum Freisein von Chlorkupfer um und zersetzt es schliesslich mittelst Schwefelwasserstoffs. Darstellung.

§ 179. Die wässerige Lösung kann bis 280° erhitzt werden, hat dann ein spec. Gewicht = 2,620 und enthält 84,21 pCt. $\dddot{Se}$. Bei 290° zerlegt sich die Säure in Sauerstoff und selenige Säure; mit Chlorwasserstoff gekocht, in Chlor, Wasser und selenige Säure ($\dddot{Se}$ und $HCl = \ddot{Se}$, $\dot{H}$ und Cl). Durch schweflige Säure wird sie nicht verändert. Sie löst Gold auf, aber nicht Platin. Eigenschaften.

Die Selensäure ist eine sehr starke Säure. Ihre Salze sind denen der Schwefelsäure mit entsprechenden Basen isomorph und die Untersuchung derselben hat zur Entwickelung der wichtigen Entdeckung des Isomorphismus (§ 14) viel beigetragen.

4. Säuren des Tellurs.

Die beiden Säuren des Tellurs entsprechen in ihrer Zusammensetzung denen des Selens.

a) Tellurige Säure, $\ddot{Te}$.

Darstellung und Eigenschaften.

§ 180. Sie entsteht durch Erhitzen des Tellurs an der Luft, ist farblos, krystallinisch, leicht schmelzbar und in Wasser unlöslich. Durch schweflige Säure wird sie zu Tellur reducirt.

b) Tellursäure, $\dddot{Te}$.

Darstellung und Eigenschaften.

§ 181. Wird aus dem Barytsalz durch Schwefelsäure abgeschieden und scheidet sich in grossen Krystallen aus, welche durch Erhitzen ihr Wasser verlieren und dabei, wie die Kieselsäure, in eine andere Modification übergehen. So stellt die Säure denn ein gelbes, in Wasser, Säuren und Alkalien unlösliches Pulver dar.

5. Säuren des Phosphors.

Drei Säuren bildet der Phosphor mit Sauerstoff: Phosphorsäure, phosphorige und unterphosphorige Säure.

Phosphorsäure

a) Phosphorsäure, $\overset{\cdot\cdot\cdot\cdot\cdot}{P}$.

Vorkommen.

§ 182. Diese besteht in wasserfreiem und wasserhaltigem Zustande. Sie findet sich in der Natur nicht frei, aber an Basen gebunden reichlich in unorganischen wie organischen Stoffen. Unter den Pflanzen sind besonders gewisse Familien durch ihren Gehalt an phosphorsauren Salzen ausgezeichnet; in den Thieren ist es das feste Gerüst des Körpers, welches bedeutende Mengen dieser Säure enthält.

Darstellung der wasserfreien,

Die wasserfreie Säure entsteht durch Verbrennen von Phosphor in trocknem Sauerstoffgas oder im Ueberschuss wasserfreier Luft. [Phosphor unter einer grossen Glocke zu verbrennen.]

der wasserhaltigen Säure.

Die wasserhaltige Säure wird sowohl durch Behandlung der wasserfreien Säure mit Wasser, als durch Auflösen des Phosphors in Salpetersäure von 1,2 spec. Gewicht, als auch durch Behandeln von weissgebrannten Knochen mit verdünnter Schwefelsäure gewonnen. Die Knochen bestehen wesentlich aus phosphorsaurer Kalkerde, der die Schwefelsäure den grössten Theil Kalkerde entzieht und damit ein schwerlösliches Salz bildet, welches durch Filtriren von der sauren Lösung getrennt wird. Diese, noch Kalkerde enthaltend, wird mit Ammoniak versetzt, die dadurch ausgeschiedene basisch phosphorsaure Kalkerde durch Filtration getrennt und das Filtrat eingedampft und geglüht. Dabei entweicht alles Ammoniak und es hinterbleibt die Säure als glasige Masse.

Eigenschaften der wasserfreien,

§ 183. Die wasserfreie Phosphorsäure ist ein weisser, flockiger Körper, der in der Luft zerfliesst, in der Rothglühhitze schmilzt, in der Weissgluth verdampft.

der wasserhaltigen Säure

Ihre Verwandtschaft zum Wasser ist so gross, dass sie in Berührung damit zischt, und aus der Luft zieht sie allmählig so viel davon an, dass sie zu einer syrupsdicken, sehr sauren Flüssigkeit wird. Auf gleiche Weise erhält man aus der nach den obigen beiden Methoden (§ 182) gewonnenen wasserhaltigen verdünnten Säure durch Eindampfen eine syrupsdicke, saure Flüssigkeit, die bei weiterem Abdampfen bis auf 11,2 pCt. alles Wasser verliert, dann zu einer farblosen glasähnlichen Masse, $\dot{H}\overset{:\cdot:}{\bar{P}}$, schmilzt, bei der Rothgluth flüchtig wird, an der Luft wieder Wasser anzieht und zerfliesst. Porcellan- und Glasgefässe, in denen sie geschmolzen wird, greift sie stark an. Sie ist eine starke Säure und hat namentlich bei hoher Temperatur grosse Verwandtschaft zu den Basen. Mit diesen, so wie mit Wasser, welches dann die Stelle der Basen vertritt, kann sie sich in drei verschiedenen Verhältnissen verbinden.

Acidum phosphoricum glaciale.

Drei Hydrate der Phosphorsäure.

Die drei Verbindungen mit Wasser erhält man bisweilen zufällig, wenn die glasige Säure, $\dot{H}\overset{:\cdot:}{\bar{P}}$, allmählig Wasser aus der Luft anzieht, ohne ganz zu zerfliessen. Es liegt alsdann auf dem Boden der Rest dieses ersten Hydrats und aus der syrupsdicken Flüssigkeit darüber scheiden sich in dem zunächst an der Luft befindlichen Theil Prismen des dritten Hydrats, $\dot{H}^3\overset{:\cdot:}{\bar{P}}$, und darunter Krystalle des zweiten Hydrats, $\dot{H}^2\overset{:\cdot:}{\bar{P}}$, aus, letztere jedoch selten.

Diese drei Hydrate entsprechen drei durch ihre Eigenschaften von einander verschiedenen Phosphorsäuren, von denen zwei, das Trihydrat und Bihydrat, zu den mehrbasigen Säuren (§ 147) gehören. Man hat zur Unterscheidung denselben besondere Bezeichnungen gegeben und ihre verschiedenen charakteristischen Reactionen sind nachstehend aufgeführt. Alle drei lösen sich in jedem Verhältniss in Wasser auf und lassen sich beliebig in einander überführen.

Trihydrat, dreibasige Säure, ${}^{c}\overset{\cdot\cdot\cdot\cdot\cdot}{\bar{P}}$.

1) Die **gewöhnliche Phosphorsäure**, die aus der syrupsdicken Lösung am leichtesten unter der Luftpumpe in Krystallen, $\dot{H}^3\overset{\cdot\cdot\cdot\cdot\cdot}{\bar{P}}$, erhalten werden kann, ist dreibasig, enthält also in ihren normalen Salzen 3 Atome Basis. Von diesen drei Atomen Base können ein oder zwei Atome häufig durch Wasser repräsentirt sein, während die andern Metalloxyde sind. Ihre Salzlösungen fällen die Silbersalze gelb, $\dot{Ag}^3\overset{\cdot\cdot\cdot\cdot\cdot}{\bar{P}}$. Die freie Säure fällt Eiweiss und Barytwasser (in spärlicher Menge) nicht. Man bezeichnet sie mit ${}^{c}\overset{\cdot\cdot\cdot\cdot\cdot}{\bar{P}}$. Erhitzt man die syrupsdicke Lösung dieser Säure längere Zeit bis 415°, so verliert sie $\frac{1}{3}$ ihres chemisch gebundenen Wassers und geht in die folgende Modification über.

Bihydrat, zweibasige Säure, ${}^{b}\overset{\cdot\cdot\cdot\cdot\cdot}{\bar{P}}$.

2) Die **Para- oder Pyrophosphorsäure** wird gewöhnlich durch Glühen des phosphorsauren Natrons $(\dot{Na}^2+\dot{H})\overset{\cdot\cdot\cdot\cdot\cdot}{\bar{P}}$, wodurch dieses in $\dot{Na}^2\overset{\cdot\cdot\cdot\cdot\cdot}{\bar{P}}$ übergeht, Auflösung des letztern, Fällen mit Bleioxydsalz und Abscheidung der Basis aus dem Bleisalz durch Schwefelwasserstoff gewonnen. Sie ist eine saure dicke Flüssigkeit, welche Eiweisslösung nicht fällt. Ihre Salzlösungen werden durch die Silbersalze weiss $(\dot{Ag}^2\overset{\cdot\cdot\cdot\cdot\cdot}{\bar{P}})$, durch Barytlösung nicht gefällt. Im freien Zustande geht sie bei gewöhnlicher Temperatur langsam, beim Kochen sogleich in die gewöhnliche Phosphorsäure über. Sie bildet normale Salze mit zwei Atomen Basis, von denen unter den sauren Salzen das 1 Atom Wasser ist. Man bezeichnet sie mit ${}^{b}\overset{\cdot\cdot\cdot\cdot\cdot}{\bar{P}}$.

Monohydrat, einbasige Säure, ${}^{a}\overset{\cdot\cdot\cdot\cdot\cdot}{\bar{P}}$.

3) Die **Metaphosphorsäure**, gewonnen durch Eindampfen und Glühen der gewöhnlichen Phosphorsäure, ist die oben angeführte glasige Masse, deren Lösung Eiweiss, Baryterdelösung und die Silbersalze weiss fällt. Sie sättigt 1 Atom Basis, ändert sich jedoch im freien Zustande allmählig aber bald, und durch die

Sättigung mit einer Basis noch schneller in $^{c}\overset{..}{\dddot{P}}$ um. Ihre Salze sind unkrystallinisch und werden häufig „saure" phosphorsaure Salze genannt. Man bezeichnet die Säure mit $^{a}\overset{..}{\dddot{P}}$.

b) Phosphorige Säure, $\dddot{P}$.

§ 184. In einer Glasröhre, zu welcher nur unvollständig Luft Zutritt hat, wird Phosphor bis zum Entzünden erhitzt, es sublimirt alsdann die phosphorige Säure als gelblich weisses Pulver. Phosphorchlorür, allmählig zu Wasser hinzugefügt, zersetzt sich damit in Chlorwasserstoff und phosphorige Säure (PCl^3 und $3\dot{H} = \dddot{P}$ und $3HCl$). Letztere wird beim Abdampfen der Flüssigkeit, mit Wasser verbunden, in Krystallen erhalten. Sie bildet sich auch, wenn Phosphor langsam an feuchter Luft sich oxydirt, geht aber dann schnell in Phosphorsäure über. Die auf diese Art erhaltene saure Flüssigkeit — ehemals unter dem Namen phosphatische Säure bekannt — ist ein Gemisch von phosphoriger und Phosphorsäure. In der Natur findet sich phosphorige Säure nicht fertig gebildet vor. Darstellung.

§ 185. Die wasserfreie phosphorige Säure ist ein gelblich weisses Pulver, sublimirbar, leicht löslich in Wasser, entzündet sich an der Luft von selbst. Die wasserhaltige ist eine syrupsdicke, saure Flüssigkeit, die im luftleeren Raum Krystalle, $\dot{H}^3\dddot{P}$, giebt, und an der Luft nach und nach zu Phosphorsäure sich oxydirt. Eingedampft und geglüht zerlegt sie sich mit dem Wasser, welches nicht durch Destillation weggeht, in Phosphorsäure, Wasserstoff und Phosphorwasserstoff und dasselbe findet beim Erhitzen ihrer Salze statt. Sie reducirt mehre Metalloxyde, z. B. Quecksilber- und Silberoxyd, indem sie deren Sauerstoff aufnimmt und sich in Phosphorsäure verwandelt. — Die phosphorige Säure ist ein Gift. Eigenschaften. Hydrat, $\dot{H}^3\dddot{P}$.

c) Unterphosphorige Säure, $\dot{P}$.

§ 186. Man kocht Phosphor mit einer wässerigen Auflösung eines Alkalis oder einer alkalischen Erde, z. B. Baryterde ($4P$ und $3\dot{Ba}\dot{H} = 3\dot{Ba}\dot{P}$ und PH^3, s. § 76). Ein Theil des Phosphors verbindet sich mit dem Sauerstoff, ein anderer Theil mit dem Wasserstoff des Wassers. Der unterphosphorigsaure Baryt wird mit Schwefelsäure zersetzt und durch Filtration vom Darstellung.

schwefelsauren Baryt geschieden. Fertig gebildet findet sich diese Säure nicht in der Natur.

Eigenschaften. § 187. Die unterphosphorige Säure ist wasserfrei nicht bekannt. Mit Wasser bildet sie im concentrirten Zustande eine syrupsdicke Flüssigkeit, die nicht krystallisirt und sich beim Kochen in Phosphorsäure, Phosphor und Phosphorwasserstoff zerlegt. Sie reducirt aus vielen Salzen, namentlich der edeln Metalle, leicht das Metall und oxydirt sich höher. Ihre Salze sind leicht löslich und alle wasserhaltig, beim Erhitzen zersetzen sie sich unter Entwickelung von Phosphorwasserstoffgas.

6. Säuren des Chlors.

Das Chlor verbindet sich in vier bestimmten Verhältnissen mit Sauerstoff zu Säuren und wahrscheinlich giebt es noch ein Oxyd, dessen Zusammensetzung aber bisher noch nicht ermittelt ist, da es nicht im isolirten Zustande dargestellt werden konnte.

a) Ueberchlorsäure, $\overset{\cdots}{\mathrm{Cl}}$.

Darstellung. § 188. Durch Erhitzen des chlorsauren Kalis (s. u. Kali), so lange noch ohne bedeutendere Temperaturerhöhung Sauerstoff sich entwickelt ($2.\dot{K}\overset{\cdot\cdot}{Cl} = \dot{K}\overset{\cdots}{Cl}$, KCl und 4O), Zersetzung des umkrystallisirten überchlorsauren Kalis vermittelst Kieselfluorwasserstoffsäure (s. u.), Abfiltriren, Eindampfen des Filtrats zur Concentration und Destillation. $2\dot{K}\overset{\cdots}{Cl}$ und $2.HF+SiF^2 = 2KF+SiF^2$, $2\dot{H}$ und $2\overset{\cdots}{Cl}$.

Eigenschaften Ueberchlorsäure ist eine farblose, rauchende Flüssigkeit von 1,65 spec. Gewicht und rein saurem Geschmack, kocht bei $+200^0$, kann mit viel Schwefelsäurehydrat destillirt noch concentrirter in Krystallen erhalten werden, die bei $+45^0$ schmelzen. Ihr Dampf entzündet hineingehaltenes Papier, sie oxydirt organische Körper sehr leicht, röthet Lackmus ohne es zu bleichen und liefert Salze, die beim Erhitzen viel Sauerstoff entwickeln und mit brennbaren Stoffen heftig explodiren.

b) Chlorsäure, $\overset{\cdot\cdot}{\mathrm{Cl}}$.

Darstellung. § 189. Chlorsaures Kali (dessen Bereitung s. u. Kalisalze) wird mit Kieselfluorwasserstoffsäure versetzt, die Flüssigkeit vom unlöslichen Kieselfluorkalium getrennt und im luftleeren Raume concentrirt. $2\dot{\mathrm{K}}\overset{\cdots}{\ddot{\mathrm{Cl}}}$ und $2\mathrm{HF}+\mathrm{SiF}^2=2\mathrm{KF}+\mathrm{SiF}^2$ (Kieselfluorkalium), $2\dot{\mathrm{H}}$ und $2\overset{\cdots}{\ddot{\mathrm{Cl}}}$.

§ 190. Die Lösung der Chlorsäure in Wasser ist im concentrirten Zustande eine syrupsdicke, schwach stechend riechende, saure Flüssigkeit, die, auf Papier oder Leinwand getröpfelt, diese entzündet und Lackmuspapier zuerst röthet, dann bleicht. Sie lässt sich nicht unzersetzt kochen, sondern giebt bei der Destillation Ueberchlorsäure, Chlor und Sauerstoff. Durch schweflige Säure, Schwefelwasserstoff, Chlorwasserstoff und brennbare Körper wird sie desoxydirt. Eigenschaften.

Sie liefert mit den Basen Salze, die sich durch die Eigenschaft auszeichnen, mit brennbaren Körpern, z. B. Schwefel, Schwefelantimon u. dgl., erhitzt, unter heftiger Detonation sich zu zerlegen. Für sich erhitzt, zerfallen die chlorsauren Salze in Chlormetall und Sauerstoff (§ 19). Von besonderer Wichtigkeit ist als Handelswaare das chlorsaure Kali (§ 267), welches fast stets da benutzt wird, wo man von den Wirkungen der Chlorsäure Gebrauch machen will.

c) Chlorige Säure, $\dddot{\mathrm{Cl}}$.

§ 191. Ein Gemenge von 2 Th. chlorsauren Kalis, 3 — 4 Th. Wassers, 3 Th. Salpetersäure von 1,3 spec. Gewicht und 0,8 Th. Rohrzuckers wird in einem mit Gasleitungsrohre versehenen Glasgefäss bis $+60^0$ erwärmt. Höhere Temperatur bewirkt Explosion der Gefässe. Statt des Rohrzuckers kann man auch arsenige Säure, $\dddot{\mathrm{As}}$, nehmen und dann ist die Zersetzung folgende: $\dot{\mathrm{K}}\overset{\cdots}{\ddot{\mathrm{Cl}}}$, $\dddot{\mathrm{As}}$ und $\overset{\cdots}{\ddot{\mathrm{N}}}=\dot{\mathrm{K}}\overset{\cdots}{\ddot{\mathrm{N}}}$, $\overset{\cdots}{\ddot{\mathrm{As}}}$ und $\dddot{\mathrm{Cl}}$. Darstellung.

§ 192. Die chlorige Säure ist ein dunkel grünlich gelbes Gas von 2,7 spec. Gewicht und chlorähnlichem Geruch, die Athmungsorgane stark reizend. Es lässt sich durch Abkühlung zu einer röthlichen Flüssigkeit condensiren. Im Sonnenlicht zerlegt es sich sehr schnell, im zerstreuten Licht langsamer, von Quecksilber wird es absorbirt. Wasser nimmt bei $+8-10^0$ mehr als das zehnfache seines Volums chloriger Säure auf und bildet eine tief rothgelbe Flüssigkeit, welche sehr stark bleichende und kräftig oxydirende Wirkung äussert und sich lange ohne Zersetzung im Dunkeln aufbewahren lässt. Ueber 60^0 erhitzt, Eigenschaften.

zerlegt es sich leicht mit Detonation. Sie ist nur eine schwache Säure, liefert aber krystallisirbare Salze, unter denen das Bleisalz, $\dot{Pb}\dddot{Cl}$, am besten studirt ist. Dasselbe zerlegt sich bei 100° unter Explosion und eben so, wenn es mit Schwefel zusammengerieben wird.

$\dddot{Cl}\overset{\cdot\cdot\cdot\cdot\cdot}{Cl}$. § 193. Durch vorsichtiges Erwärmen von chlorsaurem Kali mit englischer Schwefelsäure oder durch Erhitzen eines Gemenges von chlorsaurem Kali mit dem 4,6fachen Gewicht krystallisirter Oxalsäure (§ 206) genau bis 70°, entwickelt sich ein gelbrothes Gas von stechendem Geruch, welches in tiefer Temperatur zu einer rothen, bei +20° siedenden Flüssigkeit sich verdichtet, im Sonnenlicht allmählig, bei etwa 60° sogleich unter Explosion in Chlor und Sauerstoff zerfällt. Es wird von Quecksilber und Wasser absorbirt und hat die Zusammensetzung $\ddddot{Cl}$, wird daher von Einigen als eine besondere Säurestufe, Unterchlorsäure, angesehen. Da es mit Basen sich nicht unzerlegt verbindet, sondern ein chlorigsaures und chlorsaures Salz liefert, so ist es wohl als eine Verbindung der beiden Säuren, $\dddot{Cl}\overset{\cdot\cdot\cdot\cdot\cdot}{Cl}$, entsprechend der sogenannten Untersalpetersäure, anzusehen.

d) Unterchlorige Säure, $\dot{Cl}$.

Darstellung. § 194. Quecksilberoxyd, mit Wasser angerührt, wird in eine mit Chlor gefüllte Flasche gebracht: $2\dot{Hg}$ und $2Cl = HgCl + \dot{Hg}$ und $\dot{Cl}$. Die unterchlorige Säure findet sich im Wasser gelöst. Gasförmig erhält man sie, wenn trocknes Quecksilberoxyd, mit Sand vermischt, in eine Flasche mit Chlorgas gebracht und darin geschüttelt wird.

Eigenschaften. § 195. Die Säure ist ein farbloses Gas von 2,993 spec. Gewicht, welches selbst durch schwaches Erwärmen unter Feuererscheinung und Explosion in seine Bestandtheile zerlegt wird. Auch in Berührung mit Schwefel, Phosphor und andern brennbaren Körpern tritt Explosion ein. Durch Abkühlung bis —20° verdichtet es sich zu einer orangerothen Flüssigkeit, die bei +21° kocht, und dabei sehr leicht explodirt. Das Gas hat einen dem Chlor ähnlichen Geruch und 1 Vol. desselben besteht aus 1 Vol. Chlor und $^1/_2$ Vol. Sauerstoff. Es löst sich leicht in Wasser auf, bildet dann eine gelbe Flüssigkeit, die, wie das Gas, Pflanzenfarben bleicht und im concentrirten Zustande sich bald in

Chlorsäure und Chlor zersetzt. Verdünnt kann die Lösung bei Abschluss des Lichts lange unzersetzt aufbewahrt, selbst destillirt werden.

Salze derselben.

Mit starken Basen kann die Säure direct verbunden werden, mit schwachen nicht. Die Salze der erstern zerlegen sich durch Temperaturerhöhung und Sonnenlicht leicht in chlorsaure Salze und Chlormetalle, und dies geschieht in geschlossenen Gefässen bisweilen unter heftiger Explosion. Eines dieser Salze, das Kalksalz, wird fabrikmässig dargestellt, um es zum Bleichen zu benutzen (s. u.). Die bleichenden Eigenschaften der unterchlorigen Säure und ihrer Salze beruhen auf der leichten Zersetzbarkeit der Säure, indem beide Bestandtheile, Chlor und Sauerstoff, auf die Farbestoffe einwirken.

7. Säure des Broms.

Bromsäure, $\overset{.....}{Br}$.

§ 196. Bromsäure, $\overset{.....}{Br}$, ist die einzige bisher mit Bestimmtheit bekannte Säure des Broms. Sie wird wie die Chlorsäure dargestellt und hat dieser ganz ähnliche Eigenschaften, nur zerfällt sie schon bei 100° in Brom und Sauerstoff.

8. Säuren des Jods.

Das Jod hat zwei Säuren, die man mit Genauigkeit erforscht hat. Es existiren aber ausserdem Sauerstoffverbindungen desselben, die noch nicht hinreichend untersucht sind.

a) Ueberjodsäure, $\overset{.......}{J}$.

Ueberjodsäure, $\overset{.......}{J}$.

§ 197. Diese Säure entsteht auf analoge Art wie die Ueberchlorsäure und man scheidet sie aus der überjodsauren Baryterde durch Zusatz von Schwefelsäure und Verdunsten der filtrirten Lösung ab. Reiner erhält man sie durch Zersetzung ihres Silbersalzes mittelst Wasser. Die Ueberjodsäure bildet farblose Krystalle, $\overset{.......}{J} + 5\dot{H}$, die bei 130° schmelzen, bei 160° ihr Wasser noch nicht ganz verlieren und, ein wenig höher erhitzt, sich in Sauerstoff und Jodsäure zerlegen. Sie wird durch schweflige Säure, Chlorwasserstoff und Schwefelwasserstoff sogleich zersetzt.

b) Jodsäure, $\overset{\cdot\cdot\cdot\cdot\cdot}{J}$.

Jodsäure, $\overset{\cdot\cdot\cdot\cdot\cdot}{J}$.

§ 198. Sie bildet sich eben so wie Chlor- und Bromsäure, oder durch Behandlung von Jod mit starker Salpetersäure ($\dot{H}\overset{\cdot\cdot\cdot\cdot\cdot}{N}$). Sie ist leicht in Wasser löslich und scheidet sich aus dieser Lösung in wasserhaltigen Krystallen, $\dot{H}\overset{\cdot\cdot\cdot\cdot\cdot}{J}$, aus, welche bei erhöhter Temperatur schmelzen und sich in Sauerstoff und Jod zersetzen. Mit brennbaren Körpern gemengt und erhitzt, verpufft die Jodsäure und durch die meisten Reductionsmittel (schweflige Säure, Schwefelwasserstoff u. a.) wird ihr aller Sauerstoff entzogen.

9. Säure des Kiesels.

Das Silicium hat nur eine Säure, diese heisst

Kieselsäure, $\dot{Si}$.

Vorkommen.

§ 199. Sie kommt ungemein weit verbreitet in der Natur vor und namentlich im Mineralreich. Im reinsten Zustande heisst sie *Bergkrystall,* sonst *Quarz, Sand, Feuerstein, Amethyst, Chalcedon, Achat, Opal.* Sie findet sich auch in sehr vielen Mineralien in Verbindung mit Basen, z. B. im Feldspath, Granit, Glimmer u. s. w. Im Pflanzenreich ist sie nicht minder verbreitet und manche Familien enthalten eine grosse Menge davon, z. B. die Gräser und Schachtelhalme (Equiseten), deren Halme man wegen der Härte der Kieselsäure zum Schleifen und Poliren benutzt. Aus dem Bambusrohr sammelt man in Java eine amorphe Concretion — genannt „*Tabaschir*" — die über 86 pCt. Kieselsäure enthält. Unter den Thieren sind es besonders die Vögel, die in ihren Federn, und die Infusorien, die in ihrem Panzer grössere Quantitäten Kieselsäure anhäufen. Die in gewissen Formationen reichlich abgelagerten Infusorienpanzer — *Kieselguhr, Infusorienerde, Tripel* genannt — sind die Ursache der Anwendbarkeit solcher Gesteine zum Poliren.

Künstlich stellt man die reine Kieselsäure durch Einleiten von Fluorkiesel (s. u.) in Wasser dar oder durch Zersetzung eines kieselsauren Alkalis mittelst Salzsäure. Auch manche in der Natur vorkommenden kieselsauren Salze lassen sich unter Ausscheidung der Säure durch Salz- oder Schwefelsäure zerlegen.

Zwei isomere Modificationen.

§ 200. Die Kieselsäure besitzt sowohl in den mannigfaltigen, natürlich vorkommenden Ausscheidungen, als in den künstlich darstellbaren Präparaten eine so grosse Verschiedenheit ihrer Eigenschaften, dass man zwei isomere Modificationen derselben annimmt. Diese unterscheiden sich wesentlich von einander durch ihr differentes spec. Gewicht, ihr Polarisationsvermögen oder Mangel desselben und durch die Amorphie einerseits und die Krystallisirbarkeit andererseits. Man kann deshalb die eine Modification die krystallisirte, $^{k}\ddot{Si}$, die andere die amorphe, $^{a}\ddot{Si}$, nennen. Nebenher kann auch als Unterscheidungsmerkmal die leichtere Löslichkeit der einen Modification in Wasser und Alkalien dienen, weshalb man sie vorzugsweise die lösliche nennt.

Krystallisirte, $^{k}\ddot{Si}$.

Die krystallisirte Kieselsäure findet sich vorzugsweise in der Natur und ihre typischen Repräsentanten sind die im hexagonalen System ausgeschiedenen Krystalle, welche farblos, durchsichtig und glänzend *Bergkrystall*, blau gefärbt *Amethyst* heissen. Weniger oder gar nicht deutlich erkennbar findet sich die krystallisirte Kieselsäure in den dichten Massen des Hornsteins, Sandes, Feuersteins, Chrysopras, gemeinen Quarzes und seiner Varietäten, des Chalcedons, Kieselschiefers, Jaspis und manchen versteinerten Holzes. Ueberall, wo die Kieselsäure als $^{k}\ddot{Si}$ auftritt, hat sie das spec. Gewicht = 2,6, ist in Wasser und allen Säuren, ausser Flusssäure unlöslich, polarisirt das Licht und wird selbst in fein vertheiltem Zustande von den kochenden Lösungen der fixen Alkalien nur sehr schwer angegriffen. Dieselbe Modification kann auch künstlich, sogar in erkennbaren Krystallen, dargestellt werden, theils wenn Chlor- oder Fluorkieselgas nebst Wasserdampf durch ein glühendes Rohr geleitet wird, theils wenn man die Lösung der amorphen Modification in Wasser langsam bis zu einer Temperatur von 200° bis 300° erhitzt. Wird die krystallisirte Kieselsäure bis nahe zu ihrem Schmelzpunkt erhitzt oder zum Schmelzen gebracht — was nur im Knallgasgebläse (§ 30) geschehen kann — so geht sie in die amorphe Modification über.

Amorphe, $^{a}\ddot{Si}$.

Die amorphe Kieselsäure findet sich ebenfalls in der Natur vor, und zwar bisweilen rein (im *Hyalith* und *Opal*), häufig im Gemenge mit der krystallisirten (in einigen verkieselten Hölzern und Achaten). Die künstlich dargestellte Kieselsäure (§ 199) ist stets amorphe. Sie stellt sich in der Regel dar als gallertartige Masse, welche in viel Wasser und verdünnten Säuren löslich ist, am leichtesten in der Lösung fixer oder kohlensaurer Alkalien. Wird die Lösung der Kieselsäure in Wasser zur Trockne verdampft, so geht die gallertartige Masse, die sich bei gewisser Concentration ausschied, in ein lockeres, weisses, amorphes Pulver über, welches, etwa bis 150° erhitzt, seine Löslichkeit in Wasser und Säuren verloren, die in Alkalien aber beibehalten hat. Einige kieselsaure Verbindungen des Mineralreichs geben bei ihrer Zerlegung durch Säuren sogleich die Kieselsäure als pulverige Masse. Diese aber hat im Uebrigen keine abweichenden Eigenschaften. Das wichtigste Merkmal der $^{a}\ddot{Si}$ ist das geringere spec. Gewicht = 2,2 — 2,3. In der Regel enthält sowohl die in der Natur vorkommende amorphe Kieselsäure (*Opal* und *Hyalith*), als auch die künstlich dargestellte mehr oder weniger Wasser gebunden, welches sie erst bei hohen Temperaturen ganz verliert. Dieses drückt natürlich ihr spec. Gewicht herab; aber auch wenn sie durch Erhitzen ihres Wassers beraubt ist, steigert sich ihr spec. Gewicht niemals über 2,3. Obwohl die $^{a}\ddot{Si}$ das Wasser sehr fest hält, hat man doch keine bestimmten Hydrate derselben nachweisen können. Eine fernere auszeichnende Eigenschaft der amorphen Kieselsäure ist die weit grössere Leichtigkeit, mit der sie von Flusssäure und von den Lösungen der kohlensauren fixen Alkalien gelöst wird. Daher löst sich geschmolzener Bergkrystall eben so leicht in kohlensaurer Natronflüssigkeit wie die Infusorienerde oder Opal. Mit Ausnahme einiger Hyalithe besitzt die $^{a}\ddot{Si}$ nicht die Eigenschaft, das Licht zu polarisiren.

Nach dem Obigen kann man willkürlich die eine Modification der Kieselsäure in die andere umwandeln; aber aus den hierfür beobachteten Bedingungen lässt sich nicht der Schluss machen, dass die in der Natur auftretende krystallisirte Kieselsäure überall auf wässerigem Wege entstanden sei. Denn obwohl $^{k}\ddot{Si}$ durch Schmelzen in $^{a}\ddot{Si}$ übergeht, so muss man dennoch zugestehen, dass sie in Gemengen mit andern Silicaten bei Temperaturen weit unter ihrem Schmelzpunkt erst zum Krystallisiren gelangen mochte. Und so kann es eben so gut $^{k}\ddot{Si}$, auf wässerigem wie auf feurig flüssigem Wege entstanden, geben.

Die im Ausscheidungsmoment aus ihren Salzen in viel Wasser lösliche Kieselsäure findet sich daher nicht selten in Mineralwässern frei und scheidet sich als sogenannter *Kieselsinter* beim Verdunsten des Wassers aus. Sie wird auch als solche in den berühmten Geysirn Islands mit der Wassersäule in die Höhe getrieben und bildet später die Incrustationen des Beckens.

Die Kieselsäure ist für sich vollkommen feuerbeständig, bei gewöhnlicher Temperatur eine Säure von schwacher, bei grosser Hitze dagegen von sehr starker Verwandtschaftskraft. Ihre Verbindungen mit Basen (die Silicate) sind die in der Natur am verbreitetsten vorkommenden Mineralien, und keine Säure bildet Salze in so mannigfaltigen stöchiometrischen Verhältnissen als die Kieselsäure. Die normalen Salze enthalten in der Basis halb so viel Sauerstoff als die Säure, es finden sich aber in der Natur mehr basische oder saure als normale Verbindungen. Diese Silicate sind theils leicht durch Salzsäure zersetzbar, theils gar nicht; die letztern kann man indess zersetzbar machen, wenn man sie zuvor mit überschüssigem kohlensaurem Kali oder Natron schmilzt. Kein Silicat widersteht der Einwirkung der Fluorwasserstoffsäure, aber die einen werden leichter, die andern schwerer dadurch zersetzt. Die Kieselsäure ist nicht nur wichtig für die Constitution und Veränderungen der Erde, sondern auch in vielen andern Beziehungen. Sie ist z. B. ein wesentlicher Bestandtheil des Glases, Porcellans und anderer derartiger Geschirre, so wie des hydraulischen Mörtels (s. u. Kalksalze). Silicate.

10. Säure des Bors.

§ 201. Die einzige bis jetzt bekannte Oxydationsstufe des Bors,

die Borsäure, $\dddot{B}$,

findet sich in der Natur sowohl frei, als auch an Basen, namentlich an Natron (Borax) gebunden. In manchen vulcanischen Gegenden findet sie sich in fester Gestalt, untermischt mit Schwefel (so z. B. im Krater des feuerspeienden Berges der Insel Volcano), in andern (z. B. in den Maremmen Toscanas) strömen heisse Wasserdämpfe aus der Erde hervor, welche reich an Kohlensäure und Stickstoff sind, ausserdem Schwefelwasserstoff, Sauerstoff, Ammoniak und Borsäure mit sich führen. Um Vorkommen.

diese Gasquellen (Fumarole oder Suffioni genannt) legt man Becken (Lagoni, Lagunen) an, in denen sich die Wasserdämpfe verdichten und aus diesen Wässern, welche noch einige andere Darstellung. Salze gelöst enthalten, gewinnt man durch Abdampfen die Borsäure in Krystallen, die durch Umkrystallisiren gereinigt werden. Auch stellt man die Borsäure aus dem Borax dar durch Uebersättigung einer heissen concentrirten Lösung desselben mit Chlorwasserstoffsäure. Die beim Erkalten ausgeschiedene Borsäure wird umkrystallisirt oder geschmolzen.

Eigenschaften. § 202. Die reine Borsäure bildet farblose, blättrige Krystalle, $\dddot{B} + 3\dot{H}$. Sie ist in Wasser nicht sehr löslich, röthet gelöst Lackmuspapier und bräunt Curcumapapier. Für sich wird sie in der analytischen Chemie bei Löthrohrproben angewendet, ihre Verbindung mit Natron (s. u.) dagegen findet häufig Anwendung. Sie ist wie die Kieselsäure bei gewöhnlicher Temperatur eine schwache, bei Glühhitze dagegen eine starke Säure. Das Borsäurehydrat schmilzt beim Erwärmen zuerst, dann wird es vorübergehend fest, indem es sein Wasser abgiebt, und in der Rothgluth schmilzt die wasserfreie Säure zu einer glasartigen Masse, die beim Erkalten zerspringt. In sehr hoher Temperatur verflüchtigt sie sich. Die lichtlose Flamme des Leuchtgases (§ 138) und die des Weingeistes färbt die Borsäure grün.

11. Säuren des Kohlenstoffs.

Es giebt mehre Salze, in denen im wasserfreien Zustande Verbindungen des Kohlenstoffs mit Sauerstoff die Saure ausmachen, z. B. rhodizonsaure, mellithsaure, oxalsaure. Diese werden aber mit Recht zu den organischen gerechnet, und wir werden daher hier nur von der Kohlensäure und aus Zweckmässigkeitsgründen von der Oxalsäure Kenntniss nehmen.

a) Kohlensäure, $\ddot{C}$.

Vorkommen. § 203. Die Kohlensäure findet sich in der Natur sehr verbreitet, theils frei, als Gas oder gelöst in Wasser, theils gebunden an Basen. Frei findet sie sich in der Luft (§ 45. 46) und erneuert sich täglich durch das Athmen der Menschen und Thiere (§ 48), durch die Fäulniss pflanzlicher und thierischer Stoffe, durch das Hervorquellen aus der Erde in vulcanischen Gegenden

(Mofetten, Hundsgrotte bei Neapel, am Brohler Thal, am Laacher See, in der Eifel) und durch Verbrennen von Holz, Torf, Steinkohle u. s. w. Sie häuft sich auch in grosser Menge in der Luft solcher Räume an, in denen viele Menschen versammelt sind, oder in denen Gefässe mit gährenden Flüssigkeiten stehen. In Wasser gelöst trifft man sie fast in allen Brunnen, namentlich in den sogenannten Säuerlingen oder Sauerbrunnen (Selters, Franzensbrunn u. s. w.). Unter den Basen kommt sie besonders an Kalkerde gebunden vor und bildet dann oft ganze Gebirge (Kreide, Marmor, verschiedene Arten Kalkgebirge). Zu ihrer Darstellung in grössern Massen bedient man sich der Kreide, oder, um sie reiner zu erhalten, des Marmors oder des Magnesits. Man übergiesst diesen mit verdünnter Schwefelsäure, Salpetersäure oder am besten mit Chlorwasserstoffsäure in einem mit Gasleitungsröhren versehenen Gefäss und fängt das Gas auf ($\dot{Ca}\ddot{C}$ und $\dddot{S}$ = $\dot{Ca}\dddot{S}$ und $\ddot{C}$). Kohlensäure bildet sich beim Verbrennen des Kohlenoxyds und überall da, wo Kohle oder kohlenstoffhaltige Materien in geeigneter Temperatur mit überschüssigem Sauerstoff zusammentreffen.

Bildung.

Darstellung.

§ 204. Die Kohlensäure (in älteren Zeiten „fixe Luft" genannt) ist ein schwach säuerlich riechendes, farbloses Gas von 1,524 spec. Gewicht bei 0° und 760mm, welches in 1 Vol. ½ Vol. Kohlenstoffgas und 1 Vol. Sauerstoff enthält. Durch einen Druck von 36 Atmosphären bei 0° verdichtet es sich zu einer farblosen, leicht beweglichen Flüssigkeit von 0,95 spec. Gewicht bei 0°, welche bei der Befreiung vom Druck (in Berührung mit der Luft) so schnell verdunstet, dass ein Theil derselben in fester Gestalt als weisse, lockere, schneeähnliche Masse zurückbleibt.

Eigenschaften.

Die Verdichtung der Kohlensäure bewerkstelligt man durch den umstehend (p. 148 Fig. 38) dargestellten Compressionsapparat. Völlig getrocknetes und luftfreies Kohlensäuregas lässt man durch die mit einem Ansatzrohr versehene Oeffnung *i* in das eiserne Rohr *a* eintreten und bewegt dann mittelst der Kurbel *k* den Krummzapfen *r* und die Stange *l*, welche die am Schlitten *s* befestigte Stange *o* mit dem Kolben *n* in Bewegung setzt. Durch jeden Aufgang wird das in *a* eingetretene Gas in die gussstählerne oder stabeiserne Flasche *B* gedrückt; bei jedem

Niedergang bis zu der in der Zeichnung angegebenen Stellung

Fig. 38.

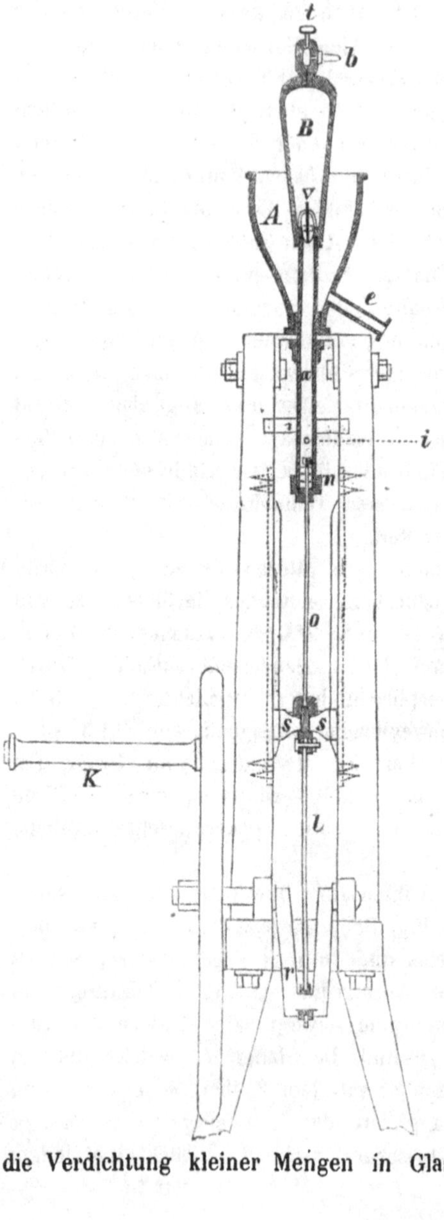

tritt neues Gas durch *i* ein und der Hergang wiederholt sich von Neuem. Das in *B* gedrückte Gas kann sich nicht wieder expandiren, denn das verhindert das nur nach innen sich öffnende Kegelventil *v*. Nach vollendeter Verdichtung, welche durch in *A* gelegtes Eis, dessen Schmelzwasser durch *e* abrinnt, wesentlich erleichtert wird, schraubt man *B* von *a* ab und lässt durch Oeffnung des Schraubenventils *t* die flüssige Kohlensäure aus *b* austreten. Sobald sie an die Luft kommt, wird ein Theil derselben mit grosser Heftigkeit gasig und dadurch der andere Theil so stark abgekühlt, dass er in einem vor *b* gehaltenen halbkugelförmigen Sieb als lockere, weisse, dem Schnee ähnliche Masse aufgesammelt werden kann. Es ist also auf diese Weise die flüssige Kohlensäure nicht in ihrer Farbe und Beweglichkeit zu beschauen, wohl aber kann die Verdichtung kleiner Mengen in Glasgefässen mit Hülfe des flüssigen Stickoxyduls bewerkstelligt werden. Die feste Kohlensäure schmilzt bei —57° und gleicht dann dem durchsichtigen Eis, bringt bei ihrer Verdunstung an der Luft eine Kälte von —78° und mit Aether gemischt, im Vacuo eine Kälte von —110° hervor, die niedrigsten Temperaturen, die man ausser mittelst Stickoxydul (§ 51) bis jetzt zu erzeugen im Stande war.

Das Kohlensäuregas unterhält nicht den Verbrennungsprocess, also auch nicht das Athmen, doch kann eine Luft bis $1/_{20}$ ihres Volums Kohlensäure enthalten, ehe das Athemholen beschwerlich fällt. In grösserer Menge eingeathmet, erzeugt es Schwindel und Betäubung.

Wasser löst bei +13° und gewöhnlichem Luftdruck 1,06 seines Volums Kohlensäure auf, bei 0° das 1,8fache, unter höherm Druck mehr. Daher enthalten die aus grosser Erdtiefe kommenden, mit Kohlensäure gesättigten Wässer einen gewissen Ueberschuss, der bei dem gewöhnlichen Luftdruck unter Bläschenbildung (Perlen) entweicht. Der beliebte Genuss an Kohlensäure reicher Salzlösungen — den natürlichen Mineralwässern grossentheils nachgebildet — hat die Darstellung derselben in grossem Massstab hervorgerufen und in diesen Fabriken wird die Kohlensäure unter 2—6 Atmosphärendruck in die Salzlösungen eingepresst.

Die Verwandtschaft der Kohlensäure zu den Alkalien und alkalischen Erden ist stark, zu den meisten übrigen Metalloxyden, namentlich den Sesquioxyden ($\dddot{R}$), schwach. Die kohlensauren alkalischen Erden sind unlöslich, und man kann daher durch Auflösung eines der Hydrate der alkalischen Erden (z. B. Baryterde oder Kalkerde) in Wasser etwa vorhandene Kohlensäure an der Trübung der Auflösung erkennen. Die kohlensauren Salze werden durch die meisten, selbst schwachen Säuren zerlegt, indem unter Aufbrausen Kohlensäure entweicht, und verlieren grösstentheils in der Glühhitze ihre Säure. Salze.

Die Kohlensäure findet vielfache Anwendung in der Industrie; — theils benutzt man dazu das an manchen Orten, — der Erde entströmende Gas, theils stellt man sie künstlich aus Marmor, Magnesit und andern kohlensauren Salzen dar, theils erzeugt man sie durch den Gährungsprocess und imprägnirt damit die gegohrenen Getränke, in denen sie genossen werden soll, wie Biere, Schaumweine u. dgl.

b) Oxalsäure *(Kleesäure)*, $\dddot{C}$.

Vorkommen. § 205. Diese Säure findet sich in mehren Pflanzen, meist an Kali, bisweilen an Kalkerde gebunden, besonders im Sauerklee (Oxalis acetosella) und in andern Oxalisarten, woher der Name.

Darstellung. Sie bildet sich durch Einwirkung von Salpetersäure auf viele pflanzliche Stoffe. Am reichlichsten gewinnt man sie durch Kochen von 1 Th. Zucker mit 6 Th. Salpetersäure von 1,2 spec. Gewicht, Abdampfen zur Trockne, Auflösen in Wasser und krystallisiren lassen. Man kann auch die Kleesäure aus dem Sauerkleesalz (zweifach oxalsaurem Kali) darstellen, indem man aus demselben durch Zusatz von kohlensaurem Kali neutrales oxalsaures Salz und durch Hinzufügung einer Lösung von essigsaurem Bleioxyd, unlösliches oxalsaures Bleioxyd sich verschafft. Das Bleisalz mit der gehörigen Menge Schwefelsäure versetzt, giebt unlösliches schwefelsaures Bleioxyd und eine Lösung der Oxalsäure, die abgedampft und krystallisirt wird. Man gewinnt jetzt auch im Grossen Oxalsäure durch Einwirkung von Kalihydrat bei 200° auf viele organische Substanzen, wie Stroh, Heu, Stärkemehl und andere.

Eigenschaften. § 206. Die Oxalsäure krystallisirt in farblosen Prismen, welche aus $\dddot{C} + 3\dot{H}$ bestehen, also 42,86 pCt. Wasser enthalten, wovon sie in trockner Luft 28 Th. (= 2 Atome) verlieren (verwittern). Die übrigen 14 Th. Wasser können, ohne dass die Säure zersetzt wird, durch erhöhte Temperatur nicht entfernt werden, sie lassen sich aber durch eine stärkere Basis, z. B. Bleioxyd, austreiben. Die Krystalle schmelzen bei 98°, kochen bei 156° und zersetzen sich in Kohlenoxyd, Kohlensäure und Ameisensäure. Die verwitterte Oxalsäure, $\dot{H}\dddot{C}$, sublimirt schon unter 160° reichlich, zwischen 160° und 170° vollständig. Das Sublimat schmilzt und kocht bei 181° und bildet dieselben prismatischen Krystalle wie vorher, wasserfrei erhält man die Säure nicht. Mit concentrirter Schwefelsäure, behandelt zerlegt sie sich in Kohlenoxyd und Kohlensäure. —

Die Oxalsäure ist eine starke Säure und hat zu manchen Basen, z. B. zur Kalkerde, grössere Verwandtschaft, als selbst die stärksten Säuren und sie treibt die Chlorwasserstoffsäure aus ihren Verbindungen mit den Alkalien in der Wärme aus. Ihre Salze zerlegen sich durch Hitze in Kohlensäure und Kohlenoxyd, oder, wenn die Basis Sauerstoff abgiebt, in Kohlensäure. [Beisp.: $\dot{\mathrm{Ag}}\dddot{\bar{\mathrm{C}}} = 2\ddot{\mathrm{C}}$ und Ag, aber $\dot{\mathrm{Ca}}\dddot{\bar{\mathrm{C}}} = \dot{\mathrm{C}}$ und $\dot{\mathrm{Ca}}\ddot{\mathrm{C}}$.] Sie findet eine häufige Anwendung in der analytischen Chemie, vorzugsweise zur Erkennung und Abscheidung von Kalkerde, mit welcher sie ein in Wasser unlösliches Salz bildet.

Da die Oxalsäure grosse Neigung zur Bildung saurer Salze hat und anderweitiges Verhalten ebenfalls dafür spricht, so kann man sie als eine zweibasige Säure ansehen. Die Formel für die krystallisirte Säure ist alsdann $\dot{H}^2C^4O^6 + 4\dot{H}$, für die verwitterte $\dot{H}^2C^4O^6$, für die normalen Salze $\dot{R}^2C^4O^6$ und für die sauren $(\dot{R}\dot{H})C^4O^6$. Die zweibasige Oxalsäure ist zu den Sauerstoffsäuren mit zusammengesetztem Radical zu rechnen theils wegen ihrer leichten Zerlegbarkeit, theils wegen der Schwerlöslichkeit oder Unlöslichkeit vieler ihrer Salze.

II. Sauerstoffsäuren mit zusammengesetztem Radical.

§ 207. Diese Säuren enthalten als Radical eine Verbindung von zwei oder drei, selten von vier einfachen Körpern. Die Grundstoffe, welche am häufigsten das Radical bilden, sind Kohlenstoff, Wasserstoff und Sauerstoff, wie in der Essigsäure, Weinsäure, Benzoësäure u. s. w., und über viele der complicirter zusammengesetzten Sauerstoffsäuren ist die Wissenschaft noch nicht einig, was in ihnen das Radical sei. Da nun alle die Säuren mit ternärem (§ 145) und selbst die mit binärem Radical (§ 206) in das Gebiet der organischen Chemie zu verweisen sind, so fällt unserer Betrachtung hier nur eine einzige Säure mit binärem Radical, die Cyansäure, zu. Es wird zwar diese mit eben so grossem Recht zu den organischen gerechnet; wir wollen sie indess hier einigermassen kennen lernen, da sie eine bemerkenswerthe Stellung zwischen organischen und unorganischen Körpern einnimmt und den Uebergang zu unzweifelhaft organischen Verbindungen auf die einfachste Art anschaulich macht.

Zusammensetzung dieser Säuren.

Cyansäure, $C^2NO = \dot{C}y$.

Darstellung. § 208. Die Cyansäure findet sich nicht fertig gebildet vor und lässt sich nicht durch directe Vereinigung ihrer Bestandtheile erhalten. Sie entsteht auf mehrfache Art, z. B. wenn Cyangas in Kalilauge geleitet oder Cyankalium an der Luft geschmolzen oder mit Superoxyden erhitzt wird. Gewöhnlich verfährt man bei ihrer Darstellung so: gleiche Gewichtstheile entwässertes Kaliumeisencyanür ($2KCy + FeCy$) und Braunstein ($\dot{M}n$), innig gemengt, werden bis zum Rothglühen erhitzt und die verglimmte Masse mit Weingeist von 0,84 spec. Gewicht ausgekocht. Aus dem Weingeist scheidet sich beim Erkalten cyansaures Kali, $\dot{K}C^2NO$, in Krystallen aus. Dieses Salz kann nicht durch Zusatz von stärkeren Säuren in Cyansäure und Kali zersetzt werden, denn bei Gegenwart von Wasser zerlegt sich die Cyansäure in Kohlensäure und Ammoniak (C^2NO und $3\dot{H} = NH^3$ und $2\ddot{C}$). Man kann aber aus einem andern Körper Cyansäure darstellen, jedoch nur in wasserhaltigem Zustande, indem man nämlich die trockne Cyanursäure ($C^6N^3H^3O^6$) destillirt und das Product in einem gut abgekühlten Gefäss auffängt; es verwandelt sich alsdann diese in drei Atome wasserhaltige Cyansäure $3(C^2NO + \dot{H})$.

Eigenschaften. § 209. Das auf die zuletzt angeführte Methode erhaltene Cyansäurehydrat muss in einer Temperatur unter 0° aufbewahrt werden und bildet dann eine farblose, sehr flüchtige Flüssigkeit, die stechend sauer riecht und auf der Haut schmerzhaft Blasen zieht. Bei wenigen Graden über 0° geht sie unter Wärmeentwickelung und Aufbrausen in einen festen Körper über, welcher dieselbe Zusammensetzung wie die wasserhaltige Cyansäure besitzt und sich bei erneuter Destillation wieder in diese umwandelt. Mit wenig Wasser von 0° lässt sich die Cyansäure vermischen, bei Zusatz von mehr Wasser verwandelt sie sich in Kohlensäure und Ammoniak. Dasselbe findet statt, wenn die Lösung eines cyansauren Salzes mit einer Säure versetzt wird. Die Salze der Cyansäure sind trocken, theils feuerbeständig (die der Alkalien), theils nicht, feucht aber zersetzen sie sich wie eben angeführt. Die bemerkenswertheste Zerlegung erleidet das cyansaure Ammoniak, insofern daraus Harnstoff entsteht, ein Körper, der fortdauernd im Urin der Fleischfresser reichlich ausgeschieden wird. Von diesem Gesichtspunkte aus ist die Cyansäure, als unorganische Substanz betrachtet, höchst beachtenswerth, denn sie vermittelt unter blosser Mithülfe des Wassers den Uebergang zu einer stickstoffhaltigen organischen Verbindung und von dieser aus zu weiteren, die wir unter den organischen näher kennen lernen werden. Andererseits tragen gewisse Salze der Cyansäure so sehr den Charakter unorganischer Verbindungen, wie die der stärksten Mineralsäuren, denn man kann die Salze der Alkalien in den höchsten Temperaturen schmelzen, ohne dass sie sich zersetzen, eine Eigenschaft, die den Salzen keiner einzigen organischen Säure zukommt.

Als eine der Cyansäure isomere oder polymere Säure hat man bisher die sogenannte Knallsäure betrachtet. Es ist aber kein Zweifel, dass ihre Verbindungen, welche beim Quecksilber und Silber ihre Erwähnung finden werden, zu der Klasse der nitrirten (§ 152) organischen Substanzen gehören.

B. Wasserstoffsäuren.

Es giebt eine Anzahl Verbindungen, welche in mehren ihrer Eigenschaften so sehr den Sauerstoffsäuren gleichen, dass man sie mit dem Namen Säuren belegt hat, und da stets Wasserstoff in jeder dieser Säuren enthalten ist, so werden sie zum Unterschied von jenen Wasserstoffsäuren genannt. Die meisten derselben bestehen aus Wasserstoff und einem der Halogene. Sie sind bei gewöhnlicher Temperatur gasförmig, lösen sich in grosser Menge in Wasser auf und werden in Lösungen gemeiniglich angewendet.

Der Unterschied zwischen Sauerstoffsäuren und Wasserstoffsäuren ist schon oben (§ 145) auseinander gesetzt. Verbindungen der Wasserstoffsäuren mit Wasser in bestimmten stöchiometrischen Verhältnissen, wie wir sie bei den meisten Sauerstoffsäuren kennen, scheinen zwar zu existiren, denn die Wärmeentwickelung, welche bei dem Eintröpfeln der concentrirten Fluorwasserstoffsäure in Wasser entsteht, scheint darauf hinzudeuten. Indess sind bis jetzt keine gut charakterisirten Hydrate bekannt und die

Constanz des Siedepunkts einer wässerigen Lösung ist, wie schon oben erörtert (§ 151), kein unzweideutiger Beweis für eine homogene chemische Verbindung. Am klarsten hat sich dies bei der Chlorwasserstoffsäure herausgestellt (§ 212). Auch giebt es keine Wasserstoffsäure, welche, wie z. B. die Salpetersäure, nicht ohne Wasser bestehen könnte.

Von einer Sättigungscapacität, in der Art wie bei den Sauerstoffsäuren, kann natürlich bei den Wasserstoffsäuren keine Rede sein. Wenn man daher unter den Salzen, welche sie bilden, ebenfalls wie bei denen der Sauerstoffsäuren, normale, saure und basische unterscheidet, so geschieht dies in anderem Sinne.

I. Wasserstoffsäuren mit einfachem elektronegativem Element.

1. Chlorwasserstoffsäure (*Salzsäure*), HCl.

Vorkommen. § 210. Sie findet sich im freien Zustande als Gas, welches aus Vulcanen ausströmt oder in Gewässern, die aus Vulcanen fliessen. Im Magensaft der Fleischfresser kommt sie zwar nur in geringer Menge vor, ist aber für die Verdauung sehr wichtig.

Bildung. § 211. Das Chlorwasserstoffgas lässt sich direct aus seinen Elementen darstellen, indem man ein Gemisch von 1 Vol. Chlor und 1 Vol. Wasserstoffgas anzündet oder dem Tageslicht aussetzt; im directen Sonnenlicht geschieht die Verbindung unter
Darstellung. Explosion. In der Regel stellt man das Gas dar, indem man Kochsalz (Chlornatrium, NaCl) mit Schwefelsäurehydrat ($\dot{H}\dddot{S}$) übergiesst (NaCl und $\dot{H}\dddot{S}$ = HCl und $\dot{Na}\dddot{S}$). Das Gas wird über Quecksilber aufgefangen, wenn man es als solches haben will, oder in Wasser geleitet, von dem es reichlich verschluckt wird und alsdann die wässerige Chlorwasserstoffsäure bildet, welche den Trivialnamen Salzsäure hat.

Da die Salzsäure in der Chemie und den technischen Gewerben eine sehr ausgedehnte Anwendung findet, so bereitet man sie fabrikmässig auf ähnliche Weise wie die Salpetersäure (in Galeerenöfen, aus Glasretorten oder eisernen Cylindern), meistentheils gewinnt man sie als Nebenproduct bei der Sodafabrikation (§ 285). Zur Darstellung einer reinen Salzsäure (was die in Fabriken gewonnene in der Regel nicht ist) bedient man sich eines Glasballons *a*, in welchem ungefähr 20 Pfund Kochsalz bequem mit der nöthigen Menge Schwefelsäure behandelt werden können. Auf 20 Th. Salz nimmt man 33½ Th. englische, mit 6 Th. Wasser verdünnte Schwefelsäure und giesst diese nach und nach durch den Trichter *b* ein. Das Gas entwickelt sich durch das Rohr *s* und wird entweder in Woulffschen Flaschen *c* oder in mit Wasser gefüllten Flaschen aufgefangen, welche in dem Masse, wie sie sich erwärmen, abwechselnd untergesetzt werden. Hört die Gasentwickelung beim Zusatz von Schwefelsäure auf, so wird der Ballon in einem Sandbade *a* langsam erwärmt. Soll Säure von 1,1 spec. Gewicht dargestellt werden, so giebt man auf die obige Menge Salz 40 Pfund Wasser in die Vorlage und kühlt, ohne das Gefäss zu wechseln. Gewinnung reiner Salzsäure.

Fig. 39.

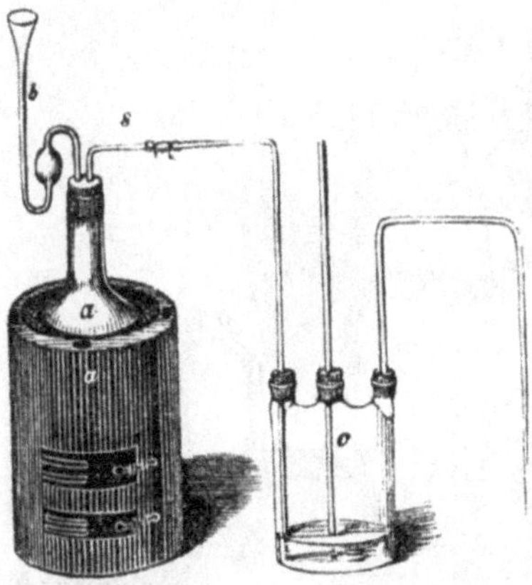

Die Darstellung in Fabriken geschieht in einer grossen Anzahl eiserner Cylinder *C* (p. 156 Fig. 40), von denen je zwei oder drei in dem Feuergewölbe *F* liegen. Nach Einbringung der üblichen Menge Kochsalz giesst man durch *i* die erforderliche Schwefelsäure dazu und verschliesst *i* wieder. Die Chlorwasserstoffdämpfe entweichen durch das Sandsteinrohr *s* in die thönernen, etwa halb mit Wasser gefüllten Vorlagen *b*, deren eine bedeutende Anzahl mittelst irdener Röhren mit einander verbunden ist. Die verdichtete Salzsäure wird durch die Hähne *h* abgelassen.

§ 212. Die gasförmige Chlorwasserstoffsäure ist farblos, raucht an der Luft, riecht scharf sauer, wirkt erstickend und hat ein spec. Gewicht von 1,2595, denn sie besteht in 1 Vol. aus ½ Vol. Cl (= 1,225) und ½ Vol. H (= 0,0345). Sie lässt sich bei +10° und 18 Atmosphären Druck zu einer farb- Eigenschaften der gasförmigen, losen Flüssigkeit condensiren, wird aber bei den tiefsten Temperaturen, die man bis jetzt künstlich erreicht hat, nicht fest.

Fig. 40.

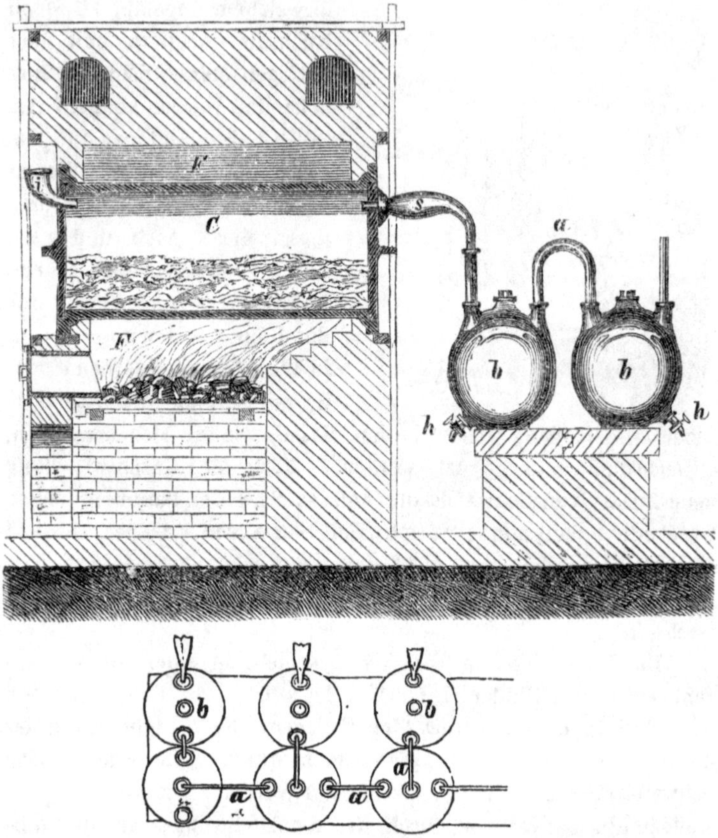

der wässerigen Säure, **Acidum (muriaticum) hydrochloratum.**

Das Gas wird in grosser Menge und sehr schnell vom Wasser verschluckt und in um so grösserer Menge, je niedriger die Temperatur des Wassers ist. 1 Vol. Wasser von 0° nimmt gegen 480 Vol. Salzsäuregas auf und bildet damit eine Salzsäure von 1,21 spec. Gewicht, welche 42,4 pCt. Chlorwasserstoff enthält. Bei gewöhnlicher Temperatur gesättigt, nimmt das Wasser 38,4 pCt. Gas auf, bekommt ein spec. Gewicht von 1,192 und kocht bei +60°. Eine gesättigte Lösung stösst bei Temperaturen über der des Sättigungspunktes weisse Dämpfe aus, hat sehr sauren Geschmack und wirkt höchst ätzend. Ihr Kochpunkt liegt nicht hoch über dem Sättigungspunkte und steigt unter Entwickelung von gasförmiger Säure bis 110° bei gewöhnlichem Luftdruck, wobei er stehen bleibt; die zurückbleibende Flüssigkeit enthält alsdann noch 20,25 pCt. Chlorwasserstoff, hat 1,094 spec. Gewicht und lässt sich ohne weitern Verlust an Gas überdestilliren. Der constante Siedepunkt und der procentige Gehalt an Chlorwasserstoff, welcher genau dem stöchiometrischen Verhältniss $HCl + 16\dot{H}$ entspricht, haben zu der Annahme veranlasst, dass diese wässerige Salzsäure eine chemische Verbindung des Wassers mit Chlorwasserstoff sei. Aber wenn dieselbe Säure unter verschiedenem Luftdruck destillirt wird, so erhält man Producte von constantem Siedepunkt für denselben Druck, die in ihrem Wasser- und Säuregehalt keine stöchiometrischen Verhältnisse zeigen. Dasselbe Resultat ergiebt sich, wenn durch wässerige Salzsäure ein Luftstrom von bestimmter Temperatur geleitet wird. Es ändert jede Salzsäure bei verschiedenen Temperaturen des Luftstroms ihre Zusammensetzung so lange, bis diese der angewandten Temperatur entspricht.

Die Säure von 20,25 pCt. Chlorwasserstoffgehalt und noch verdünntere Säure rauchen nicht an der Luft.

Die Einwirkung der Chlorwasserstoffsäure auf die Metalle und Metalloxyde ist sehr stark. Gasförmiger Chlorwasserstoff zersetzt sich z. B. mit Baryterde unter Glühen, indem Chlorbarium und Wasser sich bilden ($\dot{Ba}$ und $HCl = BaCl$ und $\dot{H}$). Dieselbe Zersetzung findet mit andern Metalloxyden statt. Einige der Metalle werden von sehr concentrirter wässeriger Säure, andere von verdünnter unter Wasserstoffentwickelung gelöst und das Product ist ein Chlormetall. Mit Superoxyden und einigen Metallsäuren, z. B. der Chromsäure, zersetzt sie sich unter Chlorentwickelung (§ 82).

Auf organische, namentlich vegetabilische Stoffe wirkt die Säure so, dass sie dieselben gelb färbt oder schwärzt.

Verunreinigungen der Salzsäure, Acidum (muriaticum)

§ 213. Die reine Salzsäure ist farblos und verflüchtigt sich beim Erhitzen ohne Rückstand. Die in Fabriken dargestellte Salzsäure (gewöhnlich r o h e genannt) ist meist gelblich gefärbt (durch organische Bestandtheile oder Eisenchlorid oder Chlor) und kann verschiedene Verunreinigungen enthalten, die theils hydrochloratum crudum. von ihrer Darstellungsweise (Eisen von den eisernen Cylindern, Schwefelsäure und Natronsalze als solche mit übergerissen), theils von den unreinen Materialien, namentlich von denen der Schwefelsäure herrühren, z. B. Selen, Arsenik und Chlor, letzteres, wenn die Schwefelsäure Stickoxyd enthielt.

Königswasser, Aqua regis. § 214. Die Salzsäure findet nicht nur für sich, sondern auch im Gemenge mit Salpetersäure häufig Anwendung in der Technik. Ein solches Gemisch, aus 2—4 Th. Salzsäure mit 1 Th. Scheidewasser bestehend, wird Königswasser genannt, weil es von den alten Chemikern zuerst zum Auflösen des Königs der Metalle, des Goldes, benutzt wurde. Das Königswasser ist farblos, wenn es aus verdünnten Säuren gemischt ist, wird beim Erhitzen gelb, indem sich das Chlor und Stickoxyd entwickeln und löst mit wenigen Ausnahmen alle Metalle auf. Die Wirksamkeit desselben beruht auf dem Freiwerden des Chlors aus der Salzsäure, deren Wasserstoff sich mit $^3/_5$ des Sauerstoffs der Salpetersäure verbindet. Wird das durch Erwärmen des Königswassers entwickelte Gas bis —7° abgekühlt, so verdichtet sich eine rothbraune Flüssigkeit von der Zusammensetzung $\ddot{N}Cl^2$.

NO^2Cl^2.

2. Bromwasserstoffsäure, HBr.

Darstellung. § 215. Als Gas erhält man Bromwasserstoff, wenn Bromphosphor mit sehr wenig Wasser in Berührung gebracht wird ($PBr^3 + 3\dot{H} = \dddot{P} + 3HBr$), in Wasser gelöst, wenn man Schwefelwasserstoff zu Brom leitet, welches mit Wasser übergossen ist (Br und HS = HBr und S). Direct verbinden sich Brom und Wasserstoff nur sehr schwer und durch Zersetzung des Bromkaliums mittelst Schwefelsäure erhält man es auch nicht (§ 272).

Eigenschaften der gasförmigen, § 216. Das Gas ist farblos, von 2,731 spec. Gewicht, raucht an der Luft, ist in 1 Vol. aus $^1/_2$ Vol. Brom und $^1/_2$ Vol. Wasserstoff zusammengesetzt und verhält sich chemisch wie Chlorwasserstoff. Es wird durch starken Druck und grosse Kälte zu einer Flüssigkeit und zuletzt bei —86° zu einem festen Körper verdichtet. Wasser absorbirt es begierig und bildet, damit gesättigt, eine rauchende Flüssigkeit, die beim Kochen Bromwasserstoff verliert, bis der Kochpunkt beim gewöhnlichen Luftdruck auf 126° gestiegen ist. Die Säure geht dann unverändert

der wässerigen Säure.

über und enthält 47 pCt. Bromwasserstoff. Sie ist kein bestimmtes Hydrat aus den oben (§ 212) entwickelten Gründen. Eine Säure, welche 1,32 spec. Gewicht bei $+18^0$ besitzt, enthält 64,3 pCt. Bromwasserstoff. Mit Salpetersäure gemischt, bildet sie eine ähnliche Flüssigkeit wie das Königswasser.

3. Jodwasserstoffsäure, HJ.

§ 217. Jodphosphor wird mit wenig Wasser übergossen. Dieses giebt seinen Sauerstoff an den Phosphor und seinen Wasserstoff an das Jod ab, Jodwasserstoff entweicht als Gas ($PJ^3 + 3\dot{H} = \ddot{P} + 3HJ$). Die wässerige Lösung stellt man wie die des Bromwasserstoffs dar. Darstellung.

§ 218. Jodwasserstoff ist ein farbloses Gas von 4,44 spec. Gewicht, verdichtet sich durch hohen Druck oder starke Kälte zuerst zu einer Flüssigkeit, dann bei -52^0 zu einem festen, eisähnlichen Körper. Die wässerige Lösung des Gases ist anfangs farblos, nach kurzer Zeit aber wird sie durch den Sauerstoff der Luft theilweis zersetzt und durch ausgeschiedenes Jod braun gefärbt. Die concentrirte Säure raucht, giebt beim Kochen Gas ab, bis sie bei 125^0—128^0 kocht und hat dann 1,7 spec. Gewicht. Ihr chemisches Verhalten ist wie das der Chlor- und Bromwasserstoffsäure, aber von Quecksilber und Silber wird sie zersetzt. Eigenschaften

4. Fluorwasserstoffsäure, HF.

§ 219. Reiner Flussspath (Fuorcalcium, CaF) wird in einer Platinretorte oder in einem Bleigefäss mit dem Doppelten seines Gewichts concentrirter Schwefelsäure übergossen und erwärmt. Es bildet sich schwefelsaures Calciumoxyd (Gyps) und Fluorwasserstoffgas entweicht durch das in dem Deckel des Bleigefässes befindliche Platinrohr (CaF und $\dot{H}\ddot{S} = \dot{C}a\ddot{S}$ und HF). Da der Flussspath häufig Kieselerde und Schwefelmetalle beigemengt enthält, so ist eine aus solchem Material dargestellte Lösung der Säure durch Kieselsäure und Schwefel verunreinigt. Darstellung.

Fig. 41.

Eigenschaften. § 220. Fluorwasserstoffgas ist farblos, raucht an der Luft und lässt sich durch hohen Druck und starke Kälte zu einer farblosen, sehr leicht beweglichen Flüssigkeit condensiren. Die Lösung des Gases in Wasser ist farblos, die möglichst concentrirte Lösung siedet ungefähr bei $+15^{0}$, raucht, riecht stechend sauer und wirkt sehr heftig auf die thierische Haut ein. Sie zieht unter Schmerzen Blasen und ihr Dampf verursacht Augenentzündung und bösartige Wunden. Sie löst viele Metalle und zersetzt Metalloxyde, die von den andern starken Säuren nicht angegriffen werden, namentlich aber zeichnet sie sich durch eine grosse Verwandtschaft zum Silicium aus, weshalb man sie schon seit Mitte des 17. Jahrhunderts zum Glasätzen benutzt hat. Dieses Aetzen beruht auf einer Zersetzung der im Glas enthaltenen Kieselsäure, welche mit Fluorwasserstoff Wasser und Kieselfluorgas bildet, und kann entweder durch die gasförmige oder durch die wässerige Säure bewirkt werden. Aus demselben Grunde ist auch die Fluorwasserstoffsäure ein für den analytischen Chemiker sehr schätzbares Mittel zur Zerlegung der in der Natur häufig vorkommenden kieselsauren Fossilien. Die Fluorwasserstoffsäure, häufig Flusssäure genannt, kann nur in Gefässen von Gold, Platin, Silber oder Blei aufbewahrt werden, weil sie von den übrigen Metallen zersetzt wird; dies geschieht zwar auch von Blei und Silber, aber nur sehr wenig, von Gold und Platin dagegen gar nicht. Neuerdings bedient man sich kleiner Flaschen von Guttapercha, einem harzartigen Stoffe. Aus eben demselben bereitet man auch Trichter und Becher, deren man sich zum Filtriren der Säure oder ihrer Salze, welche ebenfalls das Glas ätzen, bedient.

Flusssäure.

Obwohl man das Fluor noch nicht isolirt hat, so ist doch durch die Analyse die Zusammensetzung des Fluorwasserstoffgases ermittelt. Es besteht aus HF.

Verbindungen des Fluorwasserstoffs mit Fluorkiesel und Fluorbor.

Der Fluorwasserstoff verbindet sich mit Fluorbor (§ 110) und Fluorkiesel (§ 105) zu eigenthümlichen bemerkenswerthen Säuren, in denen bei ihrer Berührung mit Basen nur das Fluor des Fluorwasserstoffs sich mit dem Metall der Basis vereinigt und dieses so gebildete Fluormetall mit dem Fluorbor oder Fluorkiesel eine Verbindung eingeht.

Kieselfluorwasserstoffsäure, $2HF+SiF^2$
(kieselhaltige Flusssäure).

§ 221. Gleiche Theile zerriebener Flussspath und grob pulverisirtes Glas werden mit 6 Th. Schwefelsäure in einem Destillationsapparate erhitzt und das sich entwickelnde Fluorkieselgas in Wasser geleitet (2 CaF, $\ddot{S}i$ und $2\dot{H}\dddot{S} = 2\dot{C}a\dddot{S}$ und SiF^2). Durch das Wasser wird von 2 Atomen Fluorkiesel 1 Atom zerlegt, indem sich Kieselsäure und Fluorwasserstoff bilden (SiF^2 und $2\dot{H} = \ddot{S}i$ und 2 HF) und das unzersetzte Atom Fluorkiesel vereinigt sich mit dem gebildeten Fluorwasserstoff zur Kieselfluorwasserstoffsäure. Die durch Zerlegung des Fluorkiesels entstandene Kieselsäure scheidet sich sofort gallertartig aus und würde das Entbindungsrohr verstopfen, wenn man nicht auf den Boden des Gefässes, welches das Wasser enthält, etwas Quecksilber gösse und das Gasentwickelungsrohr unter dasselbe münden liesse. Die Lösung der Kieselfluorwasserstoffsäure wird von der Kieselsäure abgegossen und durch Leinwand colirt. Darstellung.

§ 222. Kieselfluorwasserstoffsäure ist eine farblose Flüssigkeit von starkem, rein saurem Geschmack, die beim fortgesetzten Erhitzen sich zerlegt, indem Fluorkiesel entweicht. Sie besteht aus $2HF+SiF^2$ und bildet mit den Basen Salze, die aus 2 At. Fluormetall und 1 At. Fluorkiesel bestehen, also nach der allgemeinen Formel $2RF+SiF^2$ zusammengesetzt sind. Manche dieser Salze, z. B. das Kalium- und Bariumsalz, sind in Wasser so schwer löslich, dass man sich der Kieselfluorwasserstoffsäure zur Trennung jener Metalloxyde von andern Verbindungen bedient. Eigenschaften.

II. Wasserstoffsäuren mit zusammengesetztem elektronegativem Element.

1. Cyanwasserstoffsäure *(Blausäure)*, HCy.

§ 223. Die Cyanwasserstoffsäure lässt sich, obwohl sie nicht als solche darin enthalten ist, aus Bestandtheilen mehrer Pflanzen darstellen, z. B. aus den Blättern, Blüthen und Kernen der Pfirsichen, aus den Kernen der Kirschen, Aprikosen und Vorkommen.

Pflaumen, aus den bittern Mandeln, ferner aus der Rinde des Faulbaums, aus den Blättern des Kirschlorbeers, aus dem Saft der Wurzel von Jatropha Manihot u. a. Sie ist daher im Bittermandel- und Kirschlorbeer-Wasser enthalten. Beiläufig bildet sie sich bei dem Erhitzen von Harzen, fetten Oelen und Zucker mit Salpetersäure und noch bei vielen andern Zersetzungsprocessen organischer Körper.

Darstellung. Ihre Darstellung geschieht in der Regel aus Cyanverbindungen, und zwar, wenn sie wasserfrei dargestellt werden soll, durch Zerlegung des Cyanquecksilbers (s. u.) mittelst Schwefelwasserstoff ($HgCy$ und $HS = HgS$ und HCy), wenn sie aber in Lösung gewonnen werden soll, durch Destillation des Kaliumeisencyanürs (Blutlaugensalzes, s. u. Eisen) mit Schwefelsäure: $2(2KCy + FeCy)$ und $3\dot{H}\ddot{S} = 3HCy$, $3\dot{K}\ddot{S}$ und $(KCy + 2FeCy)$ Dieses letztere Salz bleibt mit dem schwefelsauren Kali in der Retorte zurück. Die entweichende Cyanwasserstoffsäure wird in Wasser oder Alkohol aufgefangen, und zwar wendet man am besten auf 10 Th. Kaliumeisencyanür 12 Th. Schwefelsäurehydrat mit 20 Th. Wasser verdünnt an, schlägt 36 Th. Alkohol zum Auffangen vor und destillirt so lange, bis daraus 44 Th. geworden sind. Die in den Apotheken gebräuchliche Säure enthält nur 2 pCt. Cyanwasserstoff und um sie zu erhalten, schlägt man bei dem obigen Gemisch statt Alkohol 72 Th. Wasser zum Auffangen vor und destillirt so lange, bis daraus 88 Th. geworden sind. Früher wurde die Säure aus Berlinerblau dargestellt und deshalb Blausäure genannt.

Eigenschaften. § 224. Die wasserfreie Cyanwasserstoffsäure ist eine farblose, sehr flüchtige Flüssigkeit von 0,697 spec. Gewicht bei $+18^0$ und eigenthümlichem, betäubendem Geruch, welcher an Bittermandelöl erinnert; sie kocht bei $+26{,}5^0$ und erstarrt bei -15^0. Das Gas hat ein spec. Gewicht von 0,9376, brennt angezündet mit weisslicher Flamme und löst sich sehr reichlich in Wasser und Weingeist. Die wasserfreie Säure ist ausserordentlich giftig und erfordert bei ihrer Darstellung die grösste Sorgfalt. An der Luft zerlegt sie sich schnell in eine schwarzbraune Substanz, die mehre Zersetzungsproducte enthält. Die wässerige Lösung der Blausäure, vor dem Lichte und der Luft geschützt, behält ihre Farblosigkeit lange Zeit, wenn sie verdünnt genug ist und besonders wenn sie etwas freie Mineralsäure enthält, sonst zerlegt sie sich bald, die Lösung in Alkohol hält sich am längsten unzersetzt. Die verdünnte Säure ist weniger giftig als die wasserfreie, sie erregt beim Riechen Kratzen im Halse. Der Tod, welcher durch kein Gift so schnell als durch die Blausäure herbeigeführt wird, soll in Folge der Adstriction der letzten Verzweigungen der Arterien, also Anhäufung des Bluts in den Hauptstämmen, eintreten. — Von starken Säuren und Alkalien wird die wässerige Blausäure sogleich in Ameisensäure (C^2HO^3) und Ammoniak zerlegt, aber auch von selbst tritt diese Zersetzung in der Säure allmählig ein. Mit Metalloxyden bildet sie Wasser und Cyanmetalle, von denen einige gefärbt, andere farblos, die der Alkalien im Wasser löslich, die vieler andern Metalle, namentlich des Silbers, ganz unlöslich sind. Fast alle sind giftig. Sie verbindet sich auch mit einigen Chloriden, z. B. denen des Zinns, Antimons, Eisens. Kalium verschluckt das Cyanwasserstoffgas zur Hälfte, indem es sich mit dem Cyan desselben verbindet und $\frac{1}{2}$ Vol. Wasserstoffgas zurücklässt. 1 Vol. Cyanwasserstoff besteht also aus $\frac{1}{2}$ Vol. Wasserstoff und $\frac{1}{2}$ Vol. Cyan, $= HCy$ oder $H + C^2N$.

Acidum hydrocyanatum (borussicum).

Man erkennt die Blausäure und ihre Salze theils durch den farblosen Niederschlag, den sie mit Silbersalzen geben, theils durch den blauen, welchen sie mit Eisenoxydul- und Eisenoxydsalzen liefern, theils durch die blutrothe Färbung, welche die mit Schwefelammon verdampfte Säure nach der Auflösung in Wasser in Eisenoxydsalzlösungen hervorbringt.

2. Schwefelcyanwasserstoffsäure, $H\overset{\prime\prime}{Cy}$.

Darstellung.

§ 225. Schwefelcyankalium, gewonnen durch Schmelzen des Kaliumeisencyanürs mit Schwefel, wird mit Phosphorsäure der Destillation unterworfen. $K\overset{\prime\prime}{Cy}$ und $\dot{H}\overset{\cdot\cdot\cdot\cdot\cdot}{P} = \dot{K}\overset{\cdot\cdot\cdot\cdot\cdot}{P}$ und $H\overset{\prime\prime}{Cy}$.

Eigenschaften.

§ 226. Eine farblose Flüssigkeit von stark saurem Geschmack und der Essigsäure ähnlichem Geruch, zerlegt sich von selbst, namentlich beim Kochen in concentrirter Lösung und durch starke Säuren. Sie zeichnet sich durch die blutrothe Farbe ihrer Eisenverbindung aus, weshalb man sie auch *Rhodanwasserstoffsäure* (ῥόδιος roth) genannt hat. Sie besteht aus $HC^2NS^2 = HCyS^2$ oder $H\overset{\prime\prime}{Cy}$.

Gegen die Metalloxyde verhält sie sich wie die andern Wasserstoffsäuren. Die Schwefelcyanmetalle sind theils löslich und krystallisirbar, theils unlöslich und manche derselben benutzt man bei analytischen Arbeiten.

Tabellen für die wasserhaltigen Säuren.

§ 227. Da die meisten Sauerstoffsäuren und von den Wasserstoffsäuren wenigstens die Salzsäure eine ausgedehnte Anwendung in den Künsten und Gewerben finden, so werden sie in grossen Mengen dargestellt und in den Handel gebracht. Beim Gebrauch derselben kommt es auf den Gehalt der wässerigen Säure an wasserfreier Säure — denn das ist der eigentlich wirksame Bestandtheil — an. Weil aber die in verschiedenen Fabriken dargestellten Säuren nicht immer gleichen Gehalt an wasserfreier Säure haben, so muss man ein Mittel anwenden, um denselben zu erfahren, und dieses Mittel ist das spec. Gewicht der Säuren, welches durch die Aräometer ermittelt wird. Bei den am meisten gebräuchlichen Säuren ist durch zahlreiche Versuche der Gehalt der mit verschiedenen Mengen Wasser verdünnten Säuren ermittelt und in Tabellen aufgestellt, welche am Ende dieses Buches folgen. Man pflegt sehr häufig nach Beaumé's Aräometergraden die Stärke einer Säure anzugeben, und damit man nach dieser Angabe das spec. Gewicht und den procentigen Gehalt an wasserfreier Säure erfahre, ist eine Tabelle beigefügt, in welcher die den Beaumé'schen Graden entsprechenden spec. Gewichte aufgestellt sind.

Die Metalle.

Ausser den bisher abgehandelten 14 einfachen Körpern kennt man zur Zeit noch 49 andere, und diese werden mit dem Namen „Metalle" bezeichnet *).

§ 228. Zwischen diesen und den Metalloiden scharf charakterisirte und durchgreifende Unterscheidungsmerkmale aufzustellen, ist sehr schwer und dennoch, wenn man die gesammten Eigenschaften der Glieder der einen und der andern Gruppe gegen einander abwägt, wird nur bei Wenigen der Totaleindruck über ihre Stellung im System erhebliche Zweifel hinterlassen. Trotz auffallender Abweichungen in den physikalischen und chemischen Eigenschaften im Allgemeinen sind dennoch keine Merkmale der einen oder der andern Abtheilung so ausschliesslich eigen, dass nicht einige Metalle — namentlich in Bezug auf die chemischen Eigenschaften ihrer Sauerstoffverbindungen — den Metalloiden nahe stünden [z. B Antimon und Arsenik]. Die besten Unterscheidungsmerkmale sind diese: alle Metalle (sofern sie nicht pulverförmig sind) leiten Wärme und Elektricität besser als alle Metalloide und die Oxydationsstufen derselben sind überwiegend basische Körper. Zwar sind die Metalloide nicht absolute Nichtleiter der Wärme und Elektricität, aber es steht ihnen jene Eigenschaft nur in geringem Grade zu; die Kohle z. B. ist Elektricitätsleiter, aber sehr schlechter Wärme-

Unterscheidungsmerkmale zwischen Metallen und Metalloiden

*) Einige chemische Lehrbücher rechnen zwei derselben, nämlich Antimon und Arsenik zu den Metalloiden und stellen sie wegen der Aehnlichkeit ihrer chemischen Eigenschaften neben den Phosphor.

leiter; Schwefel leitet weder Wärme noch Elektricität und dasselbe gilt von den gasförmigen.

rücksichtlich ihrer physikalischen Eigenschaften,

Ausserdem hat man folgende physikalische Eigenschaften, als den Metallen vorzugsweise zukommend, aufgestellt:

1. **Undurchsichtigkeit.** Diese besitzen aber auch einige der Metalloide, z. B. das Jod, der Schwefel und Kohlenstoff; andererseits sind einige Metalle (Kupfer, Silber, Gold) in sehr dünnen Blättchen durchsichtig.

2. **Metallglanz.** Diese Eigenschaft, welche hauptsächlich auf der Undurchsichtigkeit (dem Zurückwerfen der Lichtstrahlen von der Oberfläche undurchsichtiger Körper) beruht, haben auch einige der Metalloide (Jod und Kohlenstoff), und den pulverförmigen Metallen geht sie ab.

3. **Geschmeidigkeit und Dehnbarkeit** sind allerdings vielen Metallen in hohem Grade eigen (Silber, Gold), andern dagegen nicht, und manche sind so spröde, dass sie sich pulvern lassen (Antimon, Wismuth). Die geschmeidigen Metalle nennt man auch hämmerbare oder ductile.

4. **Das specifische Gewicht,** welches für die ältern Chemiker ein wichtiges Unterscheidungszeichen der Metalle von den Metalloiden war, ist es jetzt nicht mehr. Obwohl im Allgemeinen die Metalle ein viel höheres spec. Gewicht als die Metalloide besitzen, so giebt es doch Metalle (der Alkalien und alkalischen Erden), welche ein niedrigeres spec. Gewicht als manche Metalloide (Jod und Kohlenstoff) haben. Die spec. Gewichte der Metalle liegen zwischen den Grenzen 0,5 und 21,5.

5. Die Fähigkeit, unter Umständen in den flüssigen Zustand überzugehen (**Schmelzbarkeit**) und zu krystallisiren, besitzen fast alle Metalle, aber auch einige Metalloide in ausgezeichnetem Grade (Schwefel, Phosphor, Jod, Kohlenstoff). Der Schmelzpunkt verschiedener Metalle ist sehr verschieden (Quecksilber -40^{0}, Eisen ungefähr $+1500^{0}$, Platin über $+2000^{0}$). Ein Metall verdunstet bei gewöhnlicher Temperatur (Quecksilber), andere Metalle bedürfen dazu sehr hoher (Gold), andere weniger hoher (Zink, Blei, Wismuth). Die meisten Metalle, deren Form wir genau kennen, krystallisiren in der Form von Würfeln, Oktaëdern oder Dodekaëdern, wenige in Rhomboëdern (Antimon, Arsenik), viele sind undeutlich krystallinisch.

rücksichtlich ihrer chemischen Eigenschaften.

Unter den chemischen Eigenschaften, welche die Metalle oder deren Verbindungen von den Metalloiden und deren Verbindungen unterscheiden, sind es besonders diese: 1. die Verwandtschaft der Metalle unter einander ist weit geringer, als die der Metalle zu den Metalloiden (Wasserstoff und Stickstoff ausgenommen); 2. die Oxydationsstufen der meisten Metalle sind Basen, nur eine kleine Anzahl Metalle bilden Säuren; die Oxydationsstufen fast aller Metalloide dagegen sind Säuren.

Nach den chemischen Eigenschaften kann man die Metalle in gewisse Gruppen abtheilen, in welche man die ihren chemischen Eigenschaften zufolge ähnlichen Metalle neben einander stellt. So viel als thunlich, wird, wenn nicht Rücksicht auf praktische und technische Wichtigkeit eine andere Zusammenstellung erfordern sollte, die Abhandlung in Gruppen erfolgen, die nach der chemischen Aehnlichkeit der Metalle selbst oder ihrer wichtigern Verbindungen aufgestellt sind. Aufstellung nach Gruppen.

Ueber die Verbindungen der Metalle mit den Metalloiden oder unter einander lassen sich nicht viel allgemeine und umfassende Beschreibungen geben; das Wichtige davon findet am besten bei der speciellen Abhandlung der Metalle seinen Platz. Nur einige wenige allgemeine Erörterungen sollen hier folgen.

§ 229. Die **Sauerstoff**-Verbindungen der Metalle können auf mehrfache Weise entstehen; auf zwei Arten lassen sich aber die verschiedenen Entstehungsweisen zurückführen, nämlich entweder wird ein Metall durch freien ihm dargebotenen Sauerstoff oxydirt oder es entzieht denselben einer andern chemischen Verbindung, die man mit ihm in Berührung bringt. Ersteres geschieht in der Regel durch den Sauerstoff der atmosphärischen Luft oder durch reines Sauerstoffgas, am kräftigsten durch Ozon (§ 21); letzteres durch den Sauerstoff des Wassers (bei den sogenannten wasserzersetzenden Metallen) oder den der Salpetersäure oder irgend einer andern Säure, die mehr oder weniger leicht Sauerstoff abgiebt. Letzteres nennt man Oxydation auf nassem, ersteres auf trocknem Wege; zu diesem gehört auch die Oxydation eines Metalls durch Schmelzen mit salpetersauren und chlorsauren Salzen, oder einem andern Sauerstoff abgebenden Körper. Einige Metalle oxydiren sich schon bei gewöhnlicher Temperatur und selbst bei tiefern Kältegraden [Kalium, Natrium, Mangan], andere bei mässiger Hitze oder in feuchter kohlensäurehaltiger Luft [Eisen, Blei, Kupfer, Zink], noch andere können gar nicht weder bei gewöhnlicher Temperatur, noch durch starkes Erhitzen, mit Sauerstoff direct verbunden erhalten werden [Platin, Silber, Gold], sondern nur auf indirectem Wege durch Zerlegung ihrer Salze. Dahin gehört die Zersetzung der Chloride dieser Metalle durch Alkalien. Im Allgemeinen sind die Metall- Oxydiren der Metalle auf trocknem, auf nassem Wege, bei niedriger, bei hoher Temperatur, oxyde glanzlose erdige Pulver und wurden deshalb früher Metallkalke genannt.

Manche Metalle bilden nur basische Oxyde, [Zink, Kupfer, Quecksilber], andere bilden Basen und Säuren [Eisen, Mangan, Antimon, Chrom], noch andere nur Säuren [Arsen], und wieder andere sowohl Basen, als Säuren, als auch indifferente Oxyde (§ 24. 27).

Verbindungen der Oxyde. Hydrate.

§ 230. Die Oxyde verbinden sich mit dem Wasser und heissen alsdann Hydrate. In diesen Verbindungen steht der Sauerstoff des Wassers, wie bei den Säurehydraten, stets in stöchiometrischem Verhältniss zum Sauerstoff des Oxyds, z. B. $\dot{Cu}\dot{H}$, $\dot{Pb}^3\dot{H}$. Bisweilen giebt es von demselben Oxyde mehre Hydrate z. B. Eisenoxydhydrat: $\dddot{\bar{Fe}}{}^2\dot{H}^3$ und $\dddot{\bar{Fe}}\dot{H}$. Die Verwandtschaft der Oxyde zum Wasser ist bei den verschiedenen Hydraten nicht gleich gross, einige derselben halten das Wasser selbst in der Rothglühhitze fest [Kalihydrat, Natronhydrat], andere verlieren es schon beim Kochpunkte des Wassers selbst unter Wasser [Kupferoxydhydrat]. Manche Oxyde bilden überhaupt keine Hydrate [Silberoxyd, Quecksilberoxyd].

Die basischen Oxyde verbinden sich mit Säuren zu Salzen (§ 245). Häufig geht ein basisches Oxyd mit einem andern basischen eine Verbindung ein, in welcher das schwächer basische die Rolle der Säure in den gewöhnlichen Sauerstoffsalzen vertritt (z. B. Aluminiumoxyd-Zinkoxyd, $\dot{Zn}\dddot{\bar{Al}}$, Bleioxyd-Kaliumoxyd, Eisenoxyduloxyd, Manganoxyduloxyd). Unter den Basen sind die Monoxyde (§ 27) in der Regel die stärkern, die Sesquioxyde die schwächern.

Reduciren der Oxyde.

§ 231. Die Reduction der Oxyde, d. h. ein Zurückführen derselben in den metallischen Zustand findet ebenfalls auf mannigfache Art statt. Einigen Oxyden kann man durch blosses Erhitzen den Sauerstoff entziehen [z. B. dem Silber-, Gold-, Platinoxyd] und deren Metalle heissen edle. Andere bedürfen ausser der erhöhten Temperatur noch eines Zusatzes (Reductionsmittel), dessen Verwandtschaft zum Sauerstoff grösser als die des Metalls im Oxyd ist, und man bedient sich hierzu gewöhnlich des Wasserstoffs (namentlich bei sorgfältigern wissenschaftlichen Versuchen) oder der Kohle (bei der fabrikmässigen Darstellung von Metallen auf Hüttenwerken). Die erstere Reductionsweise wird

Edle Metalle.

Reductionsmittel sind:

Wasserstoff,

Kohle,

in Röhren, durch welche Wasserstoffgas über das erhitzte Oxyd strömt, die letztere durch Erhitzen des Oxyds mit dem Reductionsmittel in Tiegeln oder Oefen vorgenommen. Ist das Metalloxyd schwer reducirbar, so wendet man einen Gebläseofen an, im Gegentheil blos einen Windofen. Die Stärke der Verwandtschaftskraft eines Körpers zum Sauerstoff hängt in den meisten Fällen von der Temperatur ab; bei recht hoher Temperatur übertrifft die Kohle fast alle Metalle an Verwandtschaft zum Sauerstoff. Die alten Chemiker nannten das durch Reduction erhaltene geschmolzene Metall Regulus (Metallkönig), daher man sich auch jetzt noch des Ausdrucks regulinisch, d. h. metallisch, zu bedienen pflegt. — Als Reductionsmittel dienen aber auch andere Metalle, die grössere Verwandtschaft zum Sauerstoff haben als das in dem zu reducirenden Oxyde enthaltene, und unter ihnen stehen allen voran die Metalle Kalium und Natrium. Endlich findet auch im Gegensatz gegen die bisher angeführten Reductionsarten (welche man die auf trocknem Wege nennt) eine Reduction auf nassem Wege statt und diese geschieht a) durch Hineinstellen eines Metalls von grösserer Verwandtschaft zum Sauerstoff in die Auflösung eines andern Metallsalzes [Zink in einer Lösung von essigsaurem Bleioxyd fällt Blei aus, Eisen in einer Lösung von schwefelsaurem Kupferoxyd fallt Kupfer aus]; b) durch Leiten des Stroms einer hydroelektrischen Kette durch eine Metalloxydlösung, wobei sich am — Pol das Metall absetzt [die galvanische Vergoldung, Versilberung u. s. w.]; c) durch Einwirkung des Sonnenlichtes auf manche Metallsalze, z. B. Gold- und Silberoxydsalze; d) durch Zusatz gewisser organischer Substanzen oder gewisser Salzlösungen, deren Basis oder Säure sich höher zu oxydiren sehr geneigt ist, zu den Lösungen mancher Metallsalze, deren Oxyde leicht Sauerstoff abgeben. [Aus Quecksilbersalzen wird durch Zinnoxydulsalze oder phosphorige Säure Quecksilber niedergeschlagen.]

andere Metalle,

der elektrische Strom,

das Licht,

manche Salzlösungen.

§ 232. Mit **Schwefel** gehen die Metalle fast eben so vielfache Verbindungen ein, wie mit Sauerstoff. In der Regel giebt es von einem Metall eben so viele Schwefelungsstufen als Oxydationsstufen und dieselben sind meistens den Oxyden proportional zusammengesetzt (§ 62). Bei einigen Metallen aber finden wir sogar mehr Schwefelungsstufen als Oxydationsstufen (z. B. beim Kalium und Arsenik).

Schwefelmetalle.

Darstellung.

Ihre Darstellung kann auf trocknem und nassem Wege geschehen, und zwar auf trocknem Wege: entweder, indem die Metalle unmittelbar mit Schwefel zusammengeschmolzen, oder wenn die Oxyde derselben mit Schwefel oder kohlensaurem Natron und Schwefel geschmolzen werden, oder durch Erhitzen der Oxyde in einem Strom von Schwefelwasserstoff ($\dot{R}$ und HS = RS und $\dot{H}$) oder Schwefelkohlenstoff (2$\dot{R}$ und CS^2 = 2RS und $\ddot{C}$) oder durch Glühen eines schwefelsauren Salzes mit Kohle (z. B. $\dot{R}\dddot{S}$ und 2C = RS und 2$\ddot{C}$). Auf nassem Wege werden die Schwefelmetalle gewonnen, wenn ein Metallsalz durch Schwefelwasserstoff oder durch die Lösung eines Schwefelalkalis zerlegt wird (z. B. $\dot{Cu}\dddot{S}$ und HS = CuS, $\dot{H}$ und $\dddot{S}$). —

Eigenschaften derselben.

Allgemeine Eigenschaften der Schwefelmetalle sind folgende: Viele derselben kommen im Mineralreich vor und haben oft einen solch lebhaften Glanz, wie die Metalle, namentlich wenn sie geschmolzen sind, und sie leiten alsdann die Elektricität. Sie bilden entweder die Basis (das elektropositive Glied) oder die Säure (das elektronegative Glied) eines Schwefelsalzes (§ 62). Bei mehren Schwefelstufen eines und desselben Metalls sind die höhern (die Polysulphurete) in der Regel durch Hitze zerlegbar, indem sie einen Antheil Schwefel verlieren und dadurch in eine niedrigere Schwefelstufe verwandelt werden, welche meist der stärksten Basis, die unter den Sauerstoffverbindungen dieses Metalls existirt, proportional zusammengesetzt ist. Durch Behandeln mit verdünnter oder concentrirter Schwefelsäure oder Salzsäure zerlegen sich die meisten Schwefelmetalle unter Entwickelung von Schwefelwasserstoffgas, viele Polysulphurete unter gleichzeitiger Abscheidung von Schwefel. Durch Behandeln mit Salpetersäure oder Königswasser gehen sie in schwefelsaure Salze über. Mehre Schwefelmetalle bilden mit proportionalen Oxydationsstufen desselben Metalls chemische Verbindungen und diese werden Oxysulphurete oder Oxysulphüre genannt [z. B. Antimonoxysulphür].

Oxysulphurete.

Reduction der Schwefelmetalle.

§ 233. Aus den Schwefelmetallen kann auf ähnliche Weise wie aus den Oxyden das Metall wieder gewonnen werden. Durch blosses Glühen geschieht die Reduction nur bei einigen der edlen Metalle. Durch Glühen in einem Strom von Wasserstoffgas kann der Schwefel nur den Schwefelverbindungen des Antimons, Silbers und Wismuths entzogen werden. Die meisten

Schwefelmetalle müssen, um aus ihnen das Metall zu erhalten, durch wiederholtes Erhitzen beim Zutritt der Luft in Oxyde verwandelt (Rösten, Abschwefeln) und diese alsdann durch Einschmelzen mit Kohle reducirt werden. Einige wenige Schwefelmetalle kann man auch dadurch reduciren, dass sie mit einem andern Metall zusammen erhitzt werden, welches wegen grösserer Verwandtschaft zum Schwefel mit letzterem sich verbindet (z. B. Schwefelquecksilber oder Schwefelblei mit Eisen erhitzt geben Quecksilber oder Blei und Schwefeleisen). **Rösten.**

§ 234. Verbindungen von Metallen mit **Selen**, **Tellur**, **Wasserstoff** und **Stickstoff** kennen wir bis jetzt nur wenige, es lässt sich daher nicht viel Allgemeines darüber anführen, das Besondere wird bei den betreffenden Metallen erwähnt werden. Die Selenmetalle geben beim Erhitzen vor dem Löthrohr den Selengeruch (§ 65). Die Stickstoffmetalle kennzeichnen sich nicht selten dadurch, dass sie durch Stoss, Schlag oder höhere Temperatur unter Explosion in ihre Bestandtheile zerfallen. Die Wasserstoffmetalle, von denen man bis jetzt Sicheres weiss, sind bei gewöhnlicher Temperatur gasförmig. **Selen-, Tellur-, Wasserstoff- und Stickstoff-metalle.**

§ 235. **Phosphor** scheint sich nach den bisherigen Erfahrungen nicht leicht in grossen Mengen mit den Metallen zu vereinigen. Man kennt nicht viel Bestimmtes über Phosphormetalle. Die der Alkalien und alkalischen Erden zerlegen sich mit Wasser oder verdünnter Säure unter Entwickelung von Phosphorwasserstoff. Einige Verbindungen des Phosphors mit Metallen (z. B. Eisen) sind von Wichtigkeit und werden bei diesen erwähnt werden. Im Allgemeinen pflegt man Phosphormetalle durch Erhitzen eines phosphorsauren Metallsalzes mit Kohle oder durch directe Vereinigung des Phosphors mit dem Metall, oder durch Glühen des Gemenges von fester Phosphorsäure mit dem Oxyd und Kohle zu erhalten. **Phosphor-metalle.**

§ 236. Die Verbindungen der **Halogene** mit Metallen rechnen wir zu den Salzen und es wird bei diesen ausführlicher das Allgemeine über jene Verbindungen angeführt werden (§ 248 ff.). **Haloidsalze.**

§ 237. **Kohlenmetalle** entstehen oft bei der Reduction der Metalle im Schmelzofen. Die Verwandtschaft des Kohlenstoffs zu den Metallen ist nicht unbedeutend und obwohl der Gehalt **Kohlenmetalle.**

eines Kohlenmetalls an Kohlenstoff nur stets ein geringer ist, so sind die Eigenschaften der Kohlenmetalle doch oft sehr abweichend von denen der Metalle. Unsere Kenntnisse der Verbindungen der Metalle mit Kohle sind noch lückenhaft In der Regel sind die Kohlenmetalle spröder als die Metalle. Am genauesten kennt man die technisch bedeutungsvollen Verbindungen des Eisens mit Kohlenstoff [Roheisen, Stabeisen, Stahl].

Bormetalle. Kieselmetalle. § 238. Von den Verbindungen der Metalle mit **Bor** und **Kiesel** wissen wir nur wenig. Es giebt aber einige Verbindungen derselben, die sehr bemerkenswerth sind, und die des Siliciums mit Kupfer z. B. scheinen sogar eine hohe Beachtung in technischer Hinsicht zu beanspruchen.

Legirungen. § 239. Die Metalle vereinigen sich auch unter einander und diese Verbindungen heissen **Legirungen.** Mit wenigen Ausnahmen lässt sich jedes Metall mit einem andern zusammenschmelzen. Häufig findet beim Zusammenschmelzen von Metallen eine Verbindung in bestimmten stöchiometrischen Proportionen statt und dann kann diese Verbindung unter günstigen Umständen auch wohl in Krystallen erhalten werden. Oft sind solche Verbindungen in der Legirung mit einem Ueberschuss des einen oder andern Metalls gemischt. Manche Metalle gehen in mehren Verhältnissen mit einem andern bestimmte Verbindungen ein (so z. B. bilden Kupfer und Zinn zwei verschiedene Legirungen, die im Kanonengut mit Ueberschuss von Kupfer gemengt sind). Am leichtesten bilden sich Legirungen in bestimmten Verhältnissen, wenn die Metalle, deren Oxydationsstufen vorzugsweise Säuren sind [z. B. Arsenik, Tellur, Antimon], mit Metallen, deren Oxyde vorherrschend basisch sind [z. B. Silber, Blei], zusammengeschmolzen werden. Beim Legiren von Metallen, die sich chemisch verbinden, findet stets Wärmeentwickelung statt, bei einigen solchen Legirungen tritt nach dem Erkalten Volumenverminderung, bei andern Volumenvergrösserung ein. Daher ist das spec. Gewicht einer Legirung selten das arithmetische Mittel aus dem spec. Gewicht ihrer Constituenten.

Die Legirungen werden entweder nach ihren Zusammensetzungsbestandtheilen benannt, oder es giebt Trivialnamen für dieselben, welche ihrer Kürze wegen auch in der wissenschaftlichen Sprache gern beibehalten werden. So heissen z. B. die

Legirungen von Kupfer und Zink Messing oder Tomback, die von Kupfer und Zinn Bronze oder Kanonengut, die von Kupfer, Zink und Nickel Neusilber oder Argentan u. s. w.

Vereinigungen von Quecksilber mit andern Metallen heissen **Amalgame** und es findet in Bezug auf die stöchiometrischen Verhältnisse der darin enthaltenen Bestandtheile dasselbe statt wie bei andern Legirungen. Einige derselben finden sich als Mineralien in ausgezeichnet schönen Krystallen. Im Allgemeinen sind die Amalgame wenig untersucht. Amalgame.

Manche Legirungen (das Messing, Tomback, Kanonengut u. a.) finden im praktischen Leben eine sehr ausgedehnte Anwendung und sind wegen gewisser vortrefflichen Eigenschaften durch kein Metall ersetzbar. In der Regel sind sie zäher als eines der darin enthaltenen Metalle und härter als das andere, so dass sie beide gute Eigenschaften vereinigen und nicht die bei der technischen Anwendung nachtheiligen Eigenschaften jedes der einzelnen Metalle besitzen. Wenn Metalle von hohem mit Metallen von niedrigem Schmelzpunkt verbunden werden, so hat die daraus entstandene Legirung gewöhnlich einen niedrigern Schmelzpunkt, als der des schwerer schmelzbaren ist, und einen höhern als der des leichter schmelzbaren Metalls der Legirung. Es findet jedoch — wiewohl selten — statt, dass der Schmelzpunkt einer Legirung unter dem niedrigsten der darin vereinigten Metalle liegt (z. B. bei einem Gemisch aus Blei, Zinn und Wismuth, oder aus den genannten und Cadmium in gewissen Verhältnissen). Allgemeine Eigenschaften der Leigrungen.

§ 240. Die Metalle finden sich selten an der Oberfläche der Erde (zu Tage), gewöhnlich unter derselben und zwar entweder in grossen Lagern oder in besondern Spalten der Erdoberfläche (in der Bergmannssprache Gänge genannt), worin sich die Metalle oder deren Verbindungen (Erze) krystallisirt oder amorph abgesetzt haben. Vorkommen der Metalle. Lagerungsstätten.

Es kommen die Metalle vor

a) gediegen, d. h. als isolirte Metalle, ohne mit Metalloiden verbunden zu sein [z. B. Wismuth, Kupfer, Gold, Silber, Platin]. Ein edles Metall, welches oft mit einem andern edlen Metall verbunden (Legirung) vorkommt [z. B. Platin mit Rhodium und Iridium, Gold und Silber, Osmium und Iridium], wird dennoch gediegen genannt; Art des Vorkommens.

b) vererzt, d. h. in Verbindung mit Metalloiden und zwar als Oxyde (die Eisenerze), als Schwefelmetalle [unter den bergmännischen Namen „Kiese, Glanze und Blenden" bekannt], als Salze [wie Gyps, Marmor, Kochsalz, Eisenvitriol, Spatheisenstein u. a. m.].

Gewinnung der Metalle.

§ 241. Die Gewinnung eines vererzten Metalls (Ausbringung desselben) geschieht auf verschiedene Weise, wovon das Speciellere bei den einzelnen Metallen auseinandergesetzt werden wird. Im Allgemeinen werden die mit den Erzen eines zu gewinnenden Metalls vorkommenden grössern Stücke anderer Mineralien (unhaltiges, taubes Gestein) so viel als möglich abgeschlagen, und das Uebriggebliebene, nachdem es durch Pochen zerkleint ist, geschlämmt, d. h. durch darüber fliessendes Wasser in einen schwerern und leichtern Theil geschieden. Die Erze der Metalle, welche Gegenstand der bergmännischen Gewinnung sind, haben nämlich ein grösseres specifisches Gewicht, als die beigemengten erdigen Mineralbestandtheile, und bleiben beim Schlämmen zurück. Diejenigen Erze, welche blos aus Oxyden bestehen, werden mit Kohle gemengt und in besondern für diese hüttenmännischen Zwecke construirten Oefen (mit oder ohne Gebläse) eingeschmolzen. Diejenigen Erze, die aus Schwefel- oder Arsenikverbindungen bestehen, werden zuvor einmal oder öfters geröstet und dann wie die Oxyde behandelt. Beide erhalten aber während des Einschmelzens Zusätze (Zuschläge) von erdigen Bestandtheilen [Kalk, Flussspath oder Quarz], um das dem Erz etwa noch anhängende Gestein durch Verwandlung in Schlacke zu beseitigen und ein in hoher Temperatur schmelzbares kieselsaures Salz (die Schlacke) zu bilden, welches das niedergeschmolzene Metall gegen Zutritt der Luft schützt. Die Kohle dient theils als Heiz-, theils als Reductionsmittel, letzteres nicht unmittelbar, sondern hauptsächlich durch die während der Verbrennung aus ihr gebildeten reducirenden Gase.

Von den Salzen.

Begriffsbestimmung von „Salz."

§ 242. Es ist hier der Ort, die schon bei früheren Gelegenheiten (§§ 25. 62. 80. 145) verstreut gegebenen Erklärungen des Begriffs „Salz" zusammenzufassen und die Theorien über die Constitution der Salze auseinanderzusetzen.

Wir haben gesehen, dass man mit dem Namen „Salz" zweierlei Klassen von Verbindungen bezeichnet, welche in ihren Eigenschaften viel, rücksichtlich der Analogie ihrer Zusammensetzung aber wenig mit einander gemein haben. Die Sauerstoffsalze (welche als Typus der ihnen analogen Sulpho-, Selenio- und Telluriosalze *) dienen mögen) bestehen durchschnittlich aus drei einfachen Körpern: dem Radical der Basis, dem Radical der Säure und dem Sauerstoff — Ausnahme bilden nur die wenigen Fälle, in denen das Radical der Säure und das der Basis aus demselben einfachen Körper besteht, z. B. antimonsaures Antimonoxyd, chromsaures Chromoxyd u. dgl. Die Haloidsalze bestehen im Allgemeinen nur aus zwei einfachen Körpern, dem Halogen und einem Metall. — Ausnahme bilden nur diejenigen Fälle, in denen entweder das Metall ein zusammengesetztes Radical ist, z. B. Ammonium (§ 315), oder das Halogen, z. B. Cyan.

Die beiden Salztheorien.

Dieser mangelnden Uebereinstimmung in der Zusammensetzung der beiden Klassen von Salzen hat man auf zweifache Weise abzuhelfen versucht. Entweder nämlich hielt man daran fest, dass ein Salz aus der Verbindung zweier binärer Körper bestehe — wie die Sauerstoffsalze — und dann konnte man die Verbindung eines Salzbildners mit einem Metall nicht hierher rechnen; es wurde also erst die Vereinigung zweier solcher Verbindungen zu einem Ganzen, das was man sonst ein Haloiddoppelsalz nennt — ein Salz genannt. Oder man betrachtete alle Sauerstoffsäurenhydrate als Wasserstoffsäuren mit zusammengesetztem elektronegativem Radical (§ 145). Das erstere Auskunftsmittel hat wenig Anhänger gefunden und es steht ihm in der That die grosse Aehnlichkeit der Haloid- und Sauerstoffsalze namentlich in ihrer gegenseitigen Zersetzungsweise entgegen. Die zweite Anschauungsweise aber hat viel mehr Beifall gefunden, besonders seit der Entwickelung der organischen Chemie in der jüngsten Zeit. Abgerechnet die dadurch erzielte Uebereinstimmung in den Formeln der Salze, hat sie allerdings noch die Vorzüge, dass sie die gegenseitige Zersetzung der Haloid- und Sauerstoffsalze auf einfachere Art erklärt [Beisp.: $K\dddot{\bar{S}}$ und

*) Es sei gestattet, die den Sulphosalzen entsprechenden Tellur- und Selenverbindungen zum Unterschied von den Salzen der Sauerstoffsäuren des Selens und Tellurs mit den obigen Namen zu versehen.

$BaCl = Ba\dddot{S}$ und KCl], und dass sie einen plausibeln Aufschluss über die Sättigungscapacität der Säuren (§ 147) und die Constitution der normalen Salze (§ 245), sowie über die Zersetzungsweise der Salze durch den galvanischen Strom giebt. Aber sie muss ihre Zuflucht zu einer grossen Menge hypothetischer Radicale nehmen [z. B. in den drei Phosphorsäuren, in den dreierlei chromsauren Salzen u. m.], sie lässt unerklärt, wie die sonstige starke Verwandtschaftskraft der Alkalimetalle neben sauerstoffhaltigen Körpern sich nicht geltend machen sollte [z. B. K neben $\dddot{S}$], und warum der Wasserstoff mehrer Säurehydrate durch andere eben so positive Metalle nicht ausgeschieden wird [z. B im $H\dddot{S}$ durch Cu]. Wegen dieser und anderer Unzulänglichkeiten der Wasserstoffsäurentheorie werden wir daher die ältere Begriffsbestimmung der Salze beibehalten.

Eintheilung der Salze.

§ 243. Die Salze werden darnach in zwei Klassen getheilt, in Amphidsalze (§ 62 Anm.) und Haloidsalze.

Die Amphidsalze zerfallen in vier Arten: in Sauerstoff-, Schwefel- (Sulpho-), Selen- und Tellursalze, die Haloidsalze in so viel Arten, als es Halogene giebt. In jeder der beiden Klassen giebt es neutrale (normale), basische, saure Salze und Doppelsalze. Folgendes Schema mag eine Uebersicht geben:

I. Amphidsalze.	II. Haloidsalze.
1. Sauerstoffsalze:	
a) neutrale	a) neutrale
b) saure	b) saure
c) basische	c) basische
d) Doppelsalze.	d) Doppelsalze.
2. Schwefelsalze:	
a) neutrale	
b) basische	
c) Doppelsalze.	

3. Selen- }
4. Tellur- } Salze. Bei diesen lässt sich, da sie noch wenig untersucht sind, nicht mit Bestimmtheit sagen, ob für sie dieselben Unterabtheilungen aufgestellt werden können.

Constitution der Amphidsalze.

§ 244. Die Amphidsalze entstehen durch Verbindung einer Basis mit einer Säure; die Basis kann sein: ein Oxyd, ein basische Schwefel-, Selen- oder Tellurmetall (ein Sulphuret, Selenür- oder Tellurür), die Säure kann bestehen aus einer Sauerstoffsäure, einem Schwefel-, Selen- oder Tellurmetall (Sulphid, Selenid oder Tellurid). Viele Amphidsalze kommen fertig gebildet in der Natur vor, theils im festen Zustande, theils in Wasser gelöst.

§ 245. Die **Sauerstoffsalze** entstehen auf sehr verschiedene Weise, im Allgemeinen durch Sättigung eines basischen Oxyds mit einer Säure. Ein Oxyd oder eine Säure **sättigen** (neutralisiren) heisst: beide in solchem Verhältniss mit einander vermischen, dass gewisse charakteristische Eigenschaften beider in der neu entstandenen Verbindung (dem Salze) verschwunden sind. Als solch charakteristische und entscheidende Eigenschaft betrachtete man in früherer Zeit das Verhalten gegen gewisse Pflanzenfarbstoffe, unter denen Lackmus (§ 143) der wichtigste war und auch heute noch die meiste Anwendung findet. Die Sauerstoffsalze.

Wird eine Säure gewisser Stärke mit einer Basis gewisser Stärke gesättigt, so tritt keine Veränderung der Farbe des Lackmus ein, und ein solches Salz pflegte man ein **neutrales** zu nennen. Indessen ist dieses Merkmal nicht für alle neutralen Salze gültig, sondern nur für die, deren Basis und Säure in Bezug auf Stärke oder Schwäche der Verwandtschaftskraft sich gleich stehen. Hat die Basis starke, und die Säure schwache Verwandtschaft, so wird das aus Vereinigung beider entstandene Salz die Reaction der Basis zeigen (wie z. B. das kohlensaure Kali), und hat die Basis schwache und die Säure starke Verwandtschaft, so wird das Salz die Reaction der Säure zeigen (wie z. B. das schwefelsaure Eisenoxyd), obwohl beide neutrale genannt werden. Die Unsicherheit der Reaction auf Pflanzenfarben hat daher eine andere Begriffsbestimmung des Wortes „neutral" hervorgerufen, welche sich auf die chemische Constitution des Salzes gründet, und man vertauscht daher auch wohl den Ausdruck „neutral" mit „normal." **Ein neutrales oder normales Salz ist hiernach dasjenige, in welchem die Basis für jedes in ihr enthaltene Atom Sauerstoff 1 Atom der Säure aufgenommen hat.** [Beisp.: $\dot{K}\ddot{C}$, $\dot{K}\dddot{S}$, $\ddot{Pt}\dddot{S}^2$, $\dddot{\overline{Al}}\dddot{S}^3$.] Neutrale,

Es giebt indess eine Anzahl Säuren, welche zur Bildung eines normalen Salzes mehr als 1 Atom eines Monoxyds ($\dot{R}$)

als Basis aufnehmen (§ 147). Bei diesen gilt die eben aufgestellte Definition natürlich nicht und es ist nicht selten schwierig zu bestimmen, wieviel basig eine Säure sei, wie viel Atome Basis ihre normalen Salze enthalten. Denn gerade bei diesen Säuren lassen die äusserlichen Anzeichen für die Neutralität, d. h. die Einwirkung auf Pflanzenfarben, meistentheils im Stich. Es ist daher bei solchen mehrbasigen Säuren bisweilen erst durch die Untersuchung einer grossen Reihe ihrer Salze die Entscheidung möglich, wie hoch ihr Aequivalent sei, oder was dasselbe ist: wie viel Atome eines Monoxyds ihre normalen Salze enthalten. Ein Beispiel dafür bieten die Salze der gewöhnlichen Phosphorsäure dar. Unter den Sauerstoffsäuren mit zusammengesetztem Radical (den organischen insonderheit) giebt es eine ziemliche Anzahl mehrbasiger Säuren, deren Sättigungscapacität jedoch über 4 Atome kaum hinauszugehen scheint.

basische,

Treten zu einem neutralen Salze noch ein oder mehre Atome der im Salze enthaltenen Basis hinzu, so heisst das Salz ein **basisches** (z. B. basisch essigsaures Bleioxyd $\dot{P}b^3\bar{A}$) und man giebt in der Benennung eines solchen gewöhnlich die Anzahl der Atome Basis an, welche zu dem neutralen Salze hinzugetreten sind, und nennt demnach das Salz einbasisch oder schlechtweg „basisch,“ zwei-, dreibasisch u. s. w.

saure Salze.

Hat sich ein neutrales Salz mit einem oder mehren Atomen der im Salz enthaltenen Säure verbunden, so heisst das Salz ein **saures** und man benennt es, ähnlich wie die basischen, nach der Anzahl der hinzugetretenen Atome der Säure (z. B. *zweifach*-chromsaures oder *saures* chromsaures Kali $\dot{K}\ddot{C}r^2$, vierfach oxalsaures Kali $\dot{K}\ddot{\text{C}}^4+7\dot{H}$). Die sauren Salze sind in der Regel Verbindungen des neutralen Salzes mit Multipeln des Säurehydrats, so dass sie als Doppelsalze angesehen werden können (z. B. $\dot{K}\ddot{S}+\dot{H}\ddot{S}$ = neutrales schwefelsaures Kali + Schwefelsäurehydrat).

Es ist schon früher erwähnt (§ 147), dass manche Chemiker das Aequivalent einiger Säuren verdoppeln, um aus ihnen zweibasige zu machen, weil sie saure Salze bilden. Die Formeln solcher sauren Salze lassen daher eine doppelte Schreibweise zu. Vom Gesichtspunkte der Monobasicität aus (wobei das

Aequivalent der Säure einfach genommen wird) schreibt man nämlich die Zeichen des normalen Salzes und des Säurehydrats additionell neben einander (z. B. $\dot{K}\ddot{S}+\dot{H}\ddot{S}$), vom Gesichtspunkt der Bibasicität aus schreibt man die Zeichen der Base und des basigen Wassers neben einander vor das Zeichen der Säure (z. B. $(\dot{K}\dot{H})S^2O^6$). Auf die letztere Art müssen die sauren Salze aller wirklich zweibasigen Säuren formulirt werden, sofern die numerische Relation der Zusammensetzungsbestandtheile eine Halbirung des Aequivalents der Säure, also eine Umwandlung in eine einbasige, nicht zulässt.

Die Doppelsalze entstehen, indem sich zwei Salze mit einander zu einem neuen vereinigen. Es sind meistentheils je 1 Atom des einen Salzes mit 1 Atom des andern zu dem Doppelsalze verbunden, doch finden hiervon auch Abweichungen statt. In der Regel ist in den beiden Gliedern eines Doppelsalzes die Säure dieselbe (z. B. $\dot{K}\ddot{S}+\dot{Mg}\ddot{S}$; $\dot{K}\ddot{S}+\hat{Fe}\ddot{S}$), und die Basen sind verschiedene, bisweilen sind die Basen dieselben und die Säuren verschieden, selten sind die Basen und die Säuren in beiden Gliedern andere. Wenn eine zweibasige Säure durch zwei Atome verschiedener Basen gesättigt ist, so nennt man dies ein normales Salz derselben und formulirt es analog wie die sauren (s. oben) (z. B. $(\dot{K}\dot{Mg})S^2O^6$). Von diesem Standpunkte aus giebt es daher keine Doppelsalze, es sei denn, dass zwei solcher Verbindungen sich mit einander vereinigten. Wo aber in den zwei Gliedern eines Salzes verschiedene Basen oder wenigstens verschiedene Säuren und dieselbe Base auftreten, kann über die Natur des Doppelsalzes kein Zweifel herrschen. Ausser den Doppelsalzen giebt es noch Tripelsalze, d. h. Verbindungen dreier einfacher Salze, deren Anzahl ist jedoch sehr gering. *Sauerstoff-Doppelsalze.*

Die deutsche Benennung für die Sauerstoffsalze ist folgende: aus dem Namen der Säure wird ein Adjectivum gebildet und dieses zu dem Namen des Oxyds hinzugefügt, z. B. die Verbindung der Schwefelsäure mit dem Kupferoxyd heisst schwefelsaures Kupferoxyd. Um aber die Salze der verschiedenen Säuren mit einem kürzeren Collectivnamen zu bezeichnen, hat man aus dem lateinischen Namen der Säure Substantive gebildet. So sagt *Bezeichnungsweise der Sauerstoffsalze.*

man Nitrate statt salpetersaure, Sulphate statt schwefelsaure, Phosphate statt phosphorsaure Salze u. s. w. und man setzt auch wohl daraus Bezeichnungen specieller Salze zusammen, z. B. Kalisulphat (statt schwefelsaures Kali), Barytnitrat (statt salpetersaure Baryterde). Viele Salze, namentlich solche, die in den Künsten **Trivialnamen.** und Gewerben häufige Anwendung finden, haben einen Trivialnamen erhalten und diesen wendet man auch öfters in der Wissenschaft an, besonders wenn er kurz und die wissenschaftliche Benennung lang ist. [Beisp.: Alaun heisst das Doppelsalz von schwefelsaurem Kali mit schwefelsaurer Thonerde, Salpeter ist salpetersaures Kali.]

Die Schwefelsalze. § 246. Die Schwefelsalze werden dargestellt entweder durch directe Vereinigung zweier Schwefelverbindungen, einer Sulphobasis mit einer Sulphosäure, oder durch Behandlung gewisser Oxyde oder Sauerstoffsalze mit Schwefelwasserstoffgas (§ 62). [Beisp.: Kali, Natron, Ammoniak bilden Schwefelwasserstoff-Schwefel-Kalium, -Natrium u. s. w. $\dot{K}$ und $2HS = \acute{K}\acute{H}$ und $\dot{H}$, arsensaures Kali wird zu Schwefelarsen-Schwefelkalium $\dot{K}\overset{....}{As}$ und $6HS = \acute{K}\overset{'''''}{As}$ und $6\dot{H}$.] Manche Schwefelsalze finden sich in der Natur und sind bisweilen die Erze sehr geschätzter Metalle, z. B. Schwefelsilber in Verbindung mit Schwefelantimon.

Neutrale, Wie bei den Sauerstoffsalzen der Sauerstoff der Basis zu dem der Säure in einfachem Verhältnisse steht, so ist es in den Schwefelsalzen mit dem Schwefel der beiden Glieder desselben der Fall. Die neutralen Schwefelsalze sind daher den neutralen Sauerstoffsalzen analog zusammengesetzt, in den **basische,** basischen Schwefelsalzen vertritt ein basisches Schwefelmetall die Stelle des Oxyds in den basischen Sauerstoffsalzen, und die **Doppel-Schwefelsalze.** Doppelsalze haben bei demselben Typus dieselbe Mannigfaltigkeit in der Zusammensetzung der beiden Glieder, wie die Sauerstoff-Doppelsalze; aber saure Schwefelsalze kennt man bis jetzt noch nicht. [Beisp.: ein neutrales Schwefelsalz ist der Miargyrit, $\acute{Ag}\overset{'''}{Sb}$, ein basisches das Rothgültigerz, $\acute{Ag}\overset{'''}{Sb} + 2\acute{Ag}$, ein basisches Doppelsalz der Polybasit $\acute{Cu}^{9}\overset{'''}{Sb} + 4\acute{Ag}^{9}\overset{'''}{Sb}$.]

Allgemeine Eigenschaften der Schwefelsalze. In ihren physikalischen Eigenschaften unterscheiden sich diese Salze nicht von den Sauerstoffsalzen, viele von ihnen krystallisiren, lösen sich in Wasser und scheiden sich, oft mit Wasser verbunden, wieder in Krystallen aus. Chemisch sind sie leicht darin erkenntlich, dass, wenn sie durch Sauer- oder Wasserstoffsäuren zerlegt werden, die Sulphosäure sich unlöslich niederschlägt, indem Schwefelwasserstoff entweicht, und die Sulphobasis sich auf Kosten von zersetztem Wasser in ein Oxyd verwandelt, welches sich mit der zugesetzten Säure vereinigt. [Beisp: $\acute{K}\overset{\prime\prime\prime\prime\prime}{As}$ und $\dot{H}\dddot{S} = \dot{K}\dddot{S}$, $\acute{H}$ und $\overset{\prime\prime\prime\prime\prime}{As}$.] Eine Ausnahme hiervon machen diejenigen Schwefelsalze, deren Sulphosäure Schwefelwasserstoff oder Schwefelkohlenstoff ist.

Bezeichnungsweise der Schwefelsalze. Die Bezeichnung der Schwefelsalze im Deutschen geschieht entweder durch Nebeneinandersetzen der Namen ihrer Bestandtheile [z. B. Schwefelkalium - Schwefelarsen, Schwefelkalium - Schwefelwasserstoff], oder durch Anwendung der lateinischen Namen der Sulphosäure, welchen der Name des in der Sulphobasis enthaltenen Metalls vorangesetzt wird [z. B. Kalium-Sulphhydrat, Kalium-Arsensulphid, Natrium-sulphocarbonat]. Hat ein Metall mehre Schwefelverbindungen, die Sulphosäuren sind, so wird nach der letztern Bezeichnungsweise in der Endung dieses Schwefelmetalls angedeutet, ob die niedere oder höhere Schwefelungsstufe in der zu bezeichnenden Verbindung enthalten sei, die niedrigere endigt sich auf —it, die höhere auf —iat [z. B. Sulpharsenit = $\overset{\prime\prime\prime}{As}$, Sulpharseniat = $\overset{\prime\prime\prime\prime\prime}{As}$]. Natriumsulpharsenit würde also eine Verbindung von Schwefelnatrium mit der niedrigern Schwefelstufe des Arsens ($\overset{\prime\prime\prime}{As}$), Natriumsulpharseniat mit der höhern Schwefelstufe ($\overset{\prime\prime\prime\prime\prime}{As}$) bezeichnen. Sulphhydrate sind Schwefelsalze, in denen Schwefelwasserstoff (Wasserstoffsulphid), Sulphocarbonate Salze, in denen Schwefelkohlenstoff (Kohlenstoffsulphid) die Säure ist.

Die Selen- und Tellursalze. § 247. Die Selen- und Tellursalze, welche in ihrer Bildungsweise, Zusammensetzung und physikalischen Eigenschaften den Schwefelsalzen sehr ähnlich sind, werden auch auf eine analoge Weise benannt. Auch von ihnen kommen einige in der Natur vor, doch ist deren Anzahl sehr gering, nur wenige derselben sind genauer untersucht und keines hat bis jetzt Anwendung in der praktischen Chemie gefunden.

Die Haloidsalze. § 248. Die Haloidsalze entstehen entweder durch directe Vereinigung eines Halogens mit einem Metall, oder durch Behandlung eines Metalloxyds oder eines wasserzersetzenden Metalls mit einer der Wasserstoffsäuren. Viele Haloidsalze kommen fertig gebildet in der Natur vor, fest oder in Wasser gelöst.

Neutrale,

Die neutralen Haloidsalze sind immer den Oxydationsstufen des Radicals proportional zusammengesetzt, so dass für jedes Atom Sauerstoff des Oxyds in dem entsprechenden Haloidsalze 1 Aequivalent des Salzbildners eingetreten ist. Daher giebt es für alle Metalle so viele neutrale Haloidsalze, als den vorhandenen Oxydationsstufen entsprechende Halogenverbindungen existiren (§ 34). [Das Eisen z. B. hat drei Oxyde, von denen zwei correspondirende Chlorverbindungen besitzen, dem Eisenoxydul $\dot{\mathrm{Fe}}$ entspricht FeCl, dem Eisenoxyd $\dddot{\overline{\mathrm{Fe}}}$ entspricht $\overline{\mathrm{Fe}}\mathrm{Cl}^3$, beides sind normale Haloidsalze.]

saure,

Die sauren Haloidsalze entstehen durch Vereinigung eines neutralen mit bestimmten Aequivalentgewichten der Wasserstoffsäure, welche das im neutralen Salze enthaltene Halogen bildet. [Fluornatrium z. B. verbindet sich mit Fluorwasserstoffsäure und bildet saures Fluornatrium $\mathrm{NaF} + \mathrm{HF}$.]

basische Haloidsalze.

Ein basisches Haloidsalz ist die Verbindung eines neutralen mit bestimmten Aequivalenten des Oxydes, dessen Metall im neutralen Salze enthalten ist. [Chlorblei vereinigt sich z. B. mit 1, 2, 3 und 7 Atomen Bleioxyd und bildet damit ein- ($\mathrm{PbCl} + \dot{\mathrm{Pb}}$), zwei- ($\mathrm{PbCl} + 2\dot{\mathrm{Pb}}$), drei- ($\mathrm{PbCl} + 3\dot{\mathrm{Pb}}$) und siebenfach ($\mathrm{PbCl} + 7\dot{\mathrm{Pb}}$) basisches Chlorblei.]

Doppelsalze.

Die Haloiddoppelsalze bilden sich durch Verbindung zweier neutraler Haloidsalze, häufig in gleichen Atomgewichten von jedem, doch kommen auch andere Verhältnisse vor. [Beisp.: Goldchlorid mit Chlorkalium $\mathrm{KCl} + \mathrm{AuCl}^3$; Cyankalium mit Eisencyanür $2\,\mathrm{KCy} + \mathrm{FeCy}$.] Das Halogen ist in den beiden Gliedern eines Doppelsalzes meistens dasselbe und die Radicale sind verschieden, wie die eben angeführten Beispiele erläutern. Doch giebt es auch hier Doppelsalze, in denen das Radical dasselbe ist und die Salzbildner verschiedene [z. B. in der Verbindung von Chlorblei mit Fluorblei, $\mathrm{PbCl} + \mathrm{PbF}$].

Es vereinigen sich aber nicht blos je Sauerstoff- und Haloidsalze unter einander zu Doppelsalzen, sondern es giebt auch solche eines Sauerstoff- und Haloidsalzes. [Beisp.: jodsaures Natron mit Clornatrium, $\dot{\mathrm{Na}}\overset{\cdot\cdot\cdot\cdot\cdot}{\mathrm{J}} + \mathrm{NaCl}$.]

Bezeichnungsweise der Haloidsalze.

Die Bezeichnungsweise der neutralen Chlorverbindungen (Chlorüre, Chloride u. s. w.) ist oben § 84 angeführt, die der Fluor-, Jod-, Brom- und Cyanverbindungen ist jenen ganz analog. Giebt es von einem und demselben Metall nur ein einziges neutrales Haloidsalz, so wird es gewöhnlich durch Nebeneinandersetzung der Namen des Halogens und Metalls benannt [z. B. Chlorkalium, Fluornatrium, Cyankalium u. s. w.]. Die sauren Haloidsalze werden meist durch Zusatz des Wortes „saures" bezeichnet, die basischen meistens durch Hinzufügung der Zahlwörter, welche die Atomenzahl des in der Verbindung enthaltenen Oxyds angeben, aber auch durch Einschaltung des Wortes „Oxy" zwischen den Namen des Metalls und den des Haloids [z. B. Bleioxychlorid $= PbCl + \dot{Pb}$, Quecksilberoxychlorid $= HgCl + 2\dot{Hg}$, Antimonoxychlorid $SbCl^3 + 5\dddot{Sb}$].

Allgemeine Eigenschaften der Salze.

§ 249. Die Salze sind fast durchgängig feste Körper bei gewöhnlicher Temperatur, theils amorphe, theils und zwar überwiegend krystallisirte. Sie besitzen ungleiche Lösungsmittel (Weingeist, Säuren) und ungleiche Löslichkeit; die meisten jedoch lösen sich in Wasser. Einige sind darin sehr leicht löslich, ziehen sogar schon aus feuchter Luft das Wasser an und zerfliessen, **deliquesciren**. Andere sind wiederum schwer löslich und bedürfen zu ihrer Lösung viel Wasser.

Deliquescien.

Krystallwasser.

Sowohl Amphid- als Haloidsalze können, wenn sie sich aus wässeriger Lösung in fester Gestalt aussondern, chemisch mit Wasser sich verbinden. Dieses Wasser steht dann in bestimmten stöchiometrischen Verhältnissen zu den das Salz bildenden Elementen und wird **Krystallwasser** genannt. Bei den Sauerstoffsalzen ist der Sauerstoff des Krystallwassers ein Multiplum, seltener ein Submultiplum vom Sauerstoff der Basis, bei den Haloidsalzen ist der Wassergehalt ein Gleiches, Vielfaches oder einfacher Bruchtheil von den Atomen des Salzes selbst. Viele Salze krystallisiren aus wässeriger Lösung wasserfrei. [Beisp.: Salpeter, $\dot{K}\overset{.....}{N}$, und chlorsaures Kali, $\dot{K}\overset{.....}{Cl}$, krystallisiren, ohne Wasser zu binden; kohlensaures Natron dagegen enthält 10 Atome ($\dot{Na}\ddot{C} + 10\dot{H}$), der Alaun 24 Atome ($\dot{K}\dddot{S} + \dddot{Al}\dddot{S}^3 + 24\dot{H}$), Natrium-Sulphantimoniat 18 Atome ($\acute{Na}^3\overset{'''''}{Sb} + 18\dot{H}$) und Chlorbarium 2 Atome Krystallwasser ($BaCl + 2\dot{H}$).] Aus den angeführten Beispielen ist zugleich ersichtlich, dass die Menge des

Wasserfreie, wasserhaltige Salze.

Krystallwassers, welches verschiedene Salze aufnehmen, sehr ungleich ist und dieses trifft sogar zuweilen bei einem und demselben Salze zu, je nachdem die Temperatur bei der Krystallisation verschieden ist. [Beisp: Chlornatrium nimmt bei gewöhnlicher Temperatur kein, bei und unter -10^{0} 4 Atome ($NaCl + 4\dot{H}$) Wasser auf, kohlensaures Natron verbindet sich je nach der Temperatur mit 10 ($\dot{Na}\ddot{C} + 10\dot{H}$), mit 5 ($\dot{Na}\ddot{C} + 5\dot{H}$), und mit 1 Atom ($\dot{Na}\ddot{C} + \dot{H}$).]

Verlust des Krystallwassers.

§ 250. Die wasserhaltigen Salze verlieren durch erhöhte Temperatur ihr Krystallwasser; aber die dazu erforderliche Temperatur ist bei den verschiedenen Salzen ungleich. Manche verlieren einen Theil ihres Krystallwassers schon bei gewöhnlicher Temperatur in trockner Luft, und verändern dabei ihr früheres äusseres Ansehn, indem die sonst glänzenden Krystalle undurchsichtig und auf der Oberfläche pulverförmig werden oder ganz

Verwittern (Fatisciren).

zu Pulver zerfallen — sie verwittern (fatisciren) [z. B. kohlensaures Natron, Zinkvitriol]. Andere Salze verlieren ihr Krystallwasser erst bei höherer Temperatur und zwar die meisten bei $+100^{0}$, jedoch einige erst vollständig bei über 200^{0} [Kupfervitriol bei 220^{0}]. Aus einigen, z. B. aus den unterphosphorigsauren und phosphorigsauren Salzen lässt sich das letzte Atom Wasser nicht eher entfernen, als bis das Salz zersetzt wird. Die Temperatur, welche zur Entwässerung der Salze erforderlich ist, kann den Maassstab für die Verwandtschaftskraft zwischen dem Salze und seinem Krystallwasser abgeben, und es würde also diese Verwandtschaft, nach Atmosphärendruck berechnet, gleich der Tension des Wassers bei der Temperatur sein, wobei das Wasseratom sich entfernt. In gewissen Salzen ist der Verlust des letzten Antheils Wasser von Wichtigkeit für die ganze Natur des Salzes und er charakterisirt sich einerseits durch den grossen Temperaturintervall, bei welchem er entweicht, andererseits durch das einfache stöchiometrische Verhältniss, in welchem er zur Basis steht (Uebergang der Salze der ${}^{c}\overset{\cdot\cdot\cdot}{\ddot{P}}$ in ${}^{b}\overset{\cdot\cdot\cdot}{\ddot{P}}$). Diese Proportion Wasser bezeichnet man deshalb mit dem besondern Namen „**Constitutionswasser.**" Für die Erscheinung, dass manche Salze sehr leicht, andere dagegen viel schwieriger ihr Krystallwasser verlieren, lässt sich bis jetzt kein Grund auffinden, eben so wenig dafür, dass eine Basis mit einigen Säuren wasserhaltige, mit andern wasserfreie Salze bildet.

Wird ein trocknes Salz, namentlich ein solches, welches schnell aus der Lösung herauskrystallisirt ist, erhitzt, so entweicht aus dem Innern der Krystalle das Wasser, welches mechanisch eingeschlossen war, dampfförmig, und die Krystalle springen unter lebhaftem Knistern, oft unter kleinen Detonationen auseinander — sie decrepitiren oder verknistern. Diese Eigenschaft besitzen gerade solche Salze, die ohne Krystallwasser zu krystallisiren pflegen, am stärksten [z. B. schwefelsaures Kali, Salpeter, salpetersaures Bleioxyd u. a.]. Verknistern (Decrepitiren).

§ 251. Der Krystallwassergehalt ist für viele Salze etwas Wesentliches, denn er bestimmt häufig die Form, in welcher sie krystallisiren und ihre Farbe. Das wasserfreie Chlornatrium krystallisirt in Würfeln, das mit 4 Atomen Wasser in platten sechsseitigen Tafeln. Der krystallisirte Kupfervitriol z. B. ist blau; wird er entwässert, so wird er farblos. Die Farbe kann aber nur insofern durch den Wassergehalt bestimmt werden, als überhaupt ein anderer der Salzbestandtheile Farbe gebend ist. Denn eine farblose Säure und eine farblose Base geben mit oder ohne Krystallwasser farblose Salze. Die Farbe der Salze wird theils durch die Base, theils durch die Säure und manchmal durch beide bedingt. Das Krystallwasser oft Ursache der Gestalt und Farbe der Salze.

Der Geschmack der Salze ist ebenfalls sehr verschieden und hängt meist von der Base, seltener von der Säure ab. Einige Salze schmecken süss [Thonerde- und Bleisalze], andere zusammenziehend [Eisensalze], andere bitter [Magnesiasalze].

§ 252. Mehre wasserhaltige Salze schmelzen schon bei gelinder Wärme in ihrem Krystallwasser und werden, wenn letzteres entfernt ist, wieder fest. Andere, die wasserfrei sind, schmelzen bei erhöhter Temperatur und zersetzen sich entweder [Salpeter, chlorsaures Kali], oder sie bleiben unverändert [kohlensaures Kali u. a.]. Einige sind in der Hitze flüchtig [z. B. die Ammoniak- und Quecksilbersalze], und zwar entweder ohne Zersetzung, dann sublimiren sie [wie Salmiak], oder sie zerlegen sich [wie schwefelsaures Ammoniak u. a.]. Verhalten der Salze bei höherer Temperatur.

§ 253. Da die meisten Salze aus Lösungsmitteln gewonnen und oft durch Verschiedenheit der Löslichkeit theils in demselben, Löslichkeit der Salze.

theils in ungleichen Lösungsmitteln von andern Körpern getrennt und gereinigt werden, so ist natürlich die Kenntniss von der Löslichkeit der Salze für den praktischen Chemiker von höchstem Werth. Wasser ist das geläufigste Lösungsmittel und die nachstehenden Bemerkungen beziehen sich daher auf dessen Anwendung.

Gesättigte, Im Allgemeinen nimmt das Lösungsvermögen des Wassers für Salze mit steigender Temperatur zu und erreicht in der Siedhitze, die einige Grade über 100° zu liegen pflegt, sein Maximum. Ist Wasser für eine bestimmte Temperatur mit so viel Salz angeschwängert, dass es nichts mehr davon löst, so ist die Lösung für jene Temperatur gesättigt, und nimmt erst bei Temperaturen über dieser neue Mengen Salz auf und scheidet bei Temperaturen unter dem Sättigungsgrad entsprechende Mengen Salz aus. Um die wirkliche Sättigung herbeizuführen, sind oft besondere Vorsichtsmassregeln erforderlich. Von jener Regel machen indessen einige Salze auffällige Ausnahmen, insofern sie bei steigender Temperatur des Wassers ihr Maximum unter dem Siedepunkt erreichen und mit weiterer Temperatursteigerung sich aus der Lösung partiell wieder ausscheiden. [Beisp.: das Glaubersalz (§ 285).] Einige Salze, deren Lösung bei höherer Temperatur gesättigt wurde, scheiden bei sinkender Temperatur nichts aus, was doch geschehen sollte, sondern verharren in Lösung und bilden somit eine für die niedrigere Temperatur übersättigte Lösung. Für diese bedarf es oft nur eines sehr unbedeutenden Anstosses, um plötzlich die ganze Lösung zum Krystallisiren zu bringen. Unter den Salzen, welche Neigung übersättigte Lösungen zu bilden haben, zeichnen sich Glaubersalz und salpetersaures Lithion aus.

übersättigte Lösungen.

Kältemischungen Bei der Auflösung der Salze in Wasser findet — wenn keine chemische Verbindung entsteht — Temperaturerniedrigung statt und diese ist, verschieden je nach der Natur des Salzes, bei einigen so bedeutend, dass man dergleichen Salze als Mittel zu künstlichen Kältemischungen benutzt. Je niedriger die Temperatur des Salzes und des Lösungsmittels vor dem Vermischen beider ist, um so grösser ist der Effect und man wendet daher — wenn es thunlich ist — statt Wassers Eis an. Salze, die zu Frostmischungen dienen können, sind: Kochsalz, Salmiak, Glaubersalz, Kali- und Natronsalpeter, salpetersaures Ammoniak und Chlorcalcium ($CaCl + 6\dot{H}$). Unter diesen giebt das letztere die günstigste Wirkung, denn durch Mischen von 1 Th. gepulverten Eises mit $1\frac{1}{3}$ Th. Chlorcalciums sinkt die Temperatur von 0^0 auf -49^0, während 1 Th. Eis mit $\frac{1}{2}$ Th. Kochsalz eine Temperaturerniedrigung um 38^0 und 1 Th. Eis mit 1 Th. Kochsalz um 18^0 bewirkt.

§ 254. Die künstliche Darstellung und Untersuchung der Salze ist für die theoretische Chemie, insonderheit für die Ausmittelung der atomistischen Zusammensetzung vieler Verbindungen, von grosser Wichtigkeit. In solchen Fällen, wo Zweifel entstehen, wie viele Atome des einen Körpers mit denen eines andern in einer untersuchten Verbindung vereinigt seien, entscheidet häufig die Darstellung eines Salzes aus ihm. Ist er z. B. eine Säure, so vereinigt man ihn mit mehren Basen, deren Sauerstoffgehalt bekannt ist, oder ist er eine Basis, so vereinigt man ihn mit Säuren von bekannter Zusammensetzung zu Salzen und man erfährt in beiden Fällen durch Analyse dieser Salze seine atomistische Zusammensetzung. Denn durch die Sättigungscapacität der Säuren wird immer die Anzahl der in einer Säure vorhandenen Atome Sauerstoff erfahren, wenn die mit ihr vereinigte Basis in ihrer Zusammensetzung bekannt ist und umgekehrt kann die Zahl der Sauerstoffatome in einer Basis berechnet werden, wenn man sie mit einer Säure von bekannter Sättigungscapacität verbunden hat. Ein Beispiel möge dies erläutern: es giebt nur eine Verbindung des Broms mit Sauerstoff, welche die Eigenschaft einer Säure besitzt. Da sie nicht mit einem andern Oxyde desselben Radicals verglichen werden kann, so kann ihre Zusammensetzung 1 Atom Brom und 1 Atom Sauerstoff aber auch anders sein. Verbindet man diese Säure mit einer Basis, deren Sauerstoffgehalt bekannt ist, z. B. mit Kali, welches 1 Atom Sauerstoff enthält, so giebt das Verhältniss, welches nach der Analyse des Salzes zwischen dem Sauerstoff der Basis und dem der Säure im bromsauren Kali gefunden wird, die Anzahl der Sauerstoffatome in der Bromsäure an. Es findet sich nämlich in letzterer 5mal so viel Sauerstoff als im Kali, sie enthält also 5 Atome Sauerstoff.

Aufschlüsse aus der Zusammensetzung der Salze über atomistische Zusammensetzung von Basen oder Säuren.

Zerlegung der Salze nach Aequivalenten.

§ 255. Die Salze, welche in Lösung durch einfache oder doppelte Wahlverwandtschaft zerlegt werden können, erleiden (wie dies schon früher erörtert worden ist) immer nur innerhalb ihrer Atomgewichte die Zersetzung und es folgt daraus, dass, wenn zwei neutrale Salze sich gegenseitig zerlegen, die Neutralität der Lösung nach der Zersetzung geblieben sein muss. Denn wenn ein Salz, welches aus a + b besteht, mit einem andern c + d seine Base oder Säure vertauscht, so kann nur a + c und b + d oder a + d und b + c entstehen, kein Bruchtheil irgend eines Bestandtheils bleibt übrig. Essigsaures Bleioxyd $\dot{Pb}\overset{\cdot\cdot\cdot\cdot\cdot}{N}$ z. B. und schwefelsaures Kupferoxyd $\dot{Cu}\dddot{S}$ zerlegen sich in $\dot{Pb}\dddot{S}$ und $\dot{Cu}\overset{\cdot\cdot\cdot\cdot\cdot}{N}$. Ist mehr als 1 Atom des einen Salzes auf 1 Atom des andern in der Flüssigkeit enthalten, so bleibt das Mehr vom erstern unzersetzt: $2(\dot{Pb}\overset{\cdot\cdot\cdot\cdot\cdot}{N})$ und $\dot{Cu}\dddot{S}$ zerlegen sich in $\dot{Pb}\dddot{S}$ und $\dot{Cu}\overset{\cdot\cdot\cdot\cdot\cdot}{N}$ und 1 $\dot{Pb}\overset{\cdot\cdot\cdot\cdot\cdot}{N}$ bleibt unzerlegt. Dasselbe Verhältniss findet zwischen Haloid- und Sauerstoffsalzen statt, denn NaCl und $\dot{Pb}\bar{A}$ liefern $\dot{Na}\bar{A}$ und PbCl, der Sauerstoff der Basis im Sauerstoffsalz verbindet sich mit dem Metall des Haloidsalzes und das Radical der erstern mit dem Halogen des letztern.

Eben so findet bei Zersetzung durch einfache Wahlverwandtschaft die Substitution immer nur nach Aequivalenten statt. [Beisp.: Wird Eisenvitriol, $\dot{Fe}\dddot{S}$, mit einer stärkern Base, Kali(umoxyd), $\dot{K}$, in Wechselwirkung gesetzt, so verbindet sich statt des Eisenoxyduls das Kali mit der Schwefelsäure und das Product der Zerlegung ist schwefelsaures Kali, $\dot{K}\dddot{S}$, und Eisenoxydul, $\dot{Fe}$; wird Salpeterlösung mit Schwefelsäure versetzt, so wird die Salpetersäure ausgeschieden.]

Für die gegenseitige Zersetzung zweier Salze lassen sich zwar sichere Erfahrungsregeln aufstellen, wenn das eine der beiden Umwandlungsproducte nach seiner Entstehung aus der Reactionssphäre ausscheidet. Aber im entgegengesetzten Fall ist es schwer, das Spiel der Verwandtschaften vorauszusagen, da unsere Erfahrungen noch viel zu wünschen übrig lassen und das Verwandtschaftsgesetz, dass die stärkste Base mit der stärksten Säure sich verbindet, viele Ausnahmen erleidet.

Zunächst betrachten wir das Verhalten der Salze zu einander in Lösung. Abgesehen von dem Fall, dass aus zwei Salzen ein Doppelsalz entsteht, kann entweder durch völlige Umsetzung nach dem obigen Schema ein unlösliches Product sich ausscheiden und ein lösliches verbleiben, oder es entsteht gar kein unlösliches Product. Dann findet entweder keine gegenseitige Zersetzung statt, oder sie findet statt. Im letzteren Fall, welcher der häufigste zu sein scheint, ist es meist sehr schwer oder für unsere Mittel unmöglich nachzuweisen, in welchem Maass sie eintritt, und überdies ist sie oft durchaus von der Temperatur abhängig; denn dieselben Salze können bei höherer Temperatur sich ganz entgegengesetzt als bei niederer Temperatur verhalten. Im Allgemeinen nimmt man an, dass aus zwei Salzen vier in Lösung befindliche entstehen, von denen zwei aus dem unzerlegten Antheil der ursprünglich zusammengemischten, zwei aus den Zersetzungsproducten bestehen. Aendert man die Temperatur oder das Lösungsmittel, so kann oft eines der Producte ausgeschieden erhalten werden. Beispiele, Versuchen entlehnt, erläutern dies am besten: Natronsalpeter, $\dot{\mathrm{Na}}\,\ddot{\bar{\mathrm{N}}}$, und Chlorkalium, KCl, geben beim Verdampfen durch Kochen zuerst Kochsalz, NaCl, dann Kalisalpeter, $\dot{\mathrm{K}}\,\ddot{\bar{\mathrm{N}}}$, in niederer Temperatur bleiben sie unverändert. Einfach chromsaures Kali wird durch Essigsäure bei gewöhnlicher Temperatur in zweifach chromsaures und essigsaures Kali zersetzt, während in der Siedhitze zweifach chromsaures Kali aus dem essigsauren Kali Essigsäure austreibt. Aus einem Gemenge von Chlornatrium und schwefelsaurer Magnesia krystallisirt bei 0^{0} Glaubersalz, aus einem solchen von Glaubersalz und Chlormagnesium beim Eindampfen Chlornatrium. — Wird Salpeter mit essigsaurem Bleioxyd vermischt, so scheidet sich bei Zusatz von Weingeist salpetersaures Bleioxyd aus. Gleicher Umsatz unter dieser Bedingung findet bei vielen Salzmischungen statt, in denen ursprünglich die stärkste Säure an die stärkste Base gebunden war.

Bei der gegenseitigen Zersetzung trockner Salze gilt die Regel, dass das flüchtigere Salz sich zu bilden pflegt. Beisp.: Kohlensaure Kalkerde und Chlorammonium geben erhitzt Chlorcalcium und kohlensaures Ammon; in wässerige Lösung setzen sich die beiden letzteren in die ersteren um. Erhitzt man Kochsalz und schwefelsaures Ammoniak, so sublimirt Chlorammonium und schwefelsaures Natron bleibt zurück; reibt man Glaubersalzkrystalle und Salmiak zusammen, so zerfliesst das Genenge zu einem Brei, in dem sich schwefelsaures Ammoniak und Chlornatrium befinden. Durch wiederholtes Glühen mit überschüssigem Salmiak kann man aber auch entgegengesetzter Weise das Glaubersalz in Chlornatrium verwandeln.

Die Kenntniss der gegenseitigen Zersetzung von Salzen wird, so wichtig sie auch ist, für den Fall der Nichtausscheidung unlöslicher Producte noch viel Untersuchungen erfordern, ehe nur einigermassen allgemeine Gesetze aufzustellen sind.

Eintheilung der Metalle.

§ 256. Die Eintheilung der Metalle nach ihrer chemischen Aehnlichkeit hat die Aufstellung mehrer Gruppen hervorgerufen. Die gebräuchlichste ist die in Metalle der Alkalien, der alkalischen Erden, eigentlichen Erden und der sogenannten schweren Metalle. Unter den letztern befinden sich Individuen von sehr abweichenden Eigenschaften und daher kann die Anordnung unter ihnen wieder verschieden sein; am zweckmässigsten wird die sein, welche Aehnlichkeit der Metalle in chemischer Beziehung als Hauptgrundsatz der Eintheilung macht und nach diesem die ähnlichen in Gruppen zusammenstellt, die technische Wichtigkeit derselben aber und ihre Beziehung zu andern, mit denen sie gewöhnlich verbunden in der Natur vorkommen und fast gleiche Gewinnungsmethode haben, nicht zu sehr unterordnet. Diese Anordnung ist im Folgenden gewählt und ausserdem werden nur diejenigen Metalle, die wissenschaftlich oder technisch von besonderer Wichtigkeit sind, hinreichend ausführlich abgehandelt, die andern aber nur oberflächlich erwähnt werden.

Metalle der Alkalien.

Allgemeine Charaktere.

§ 257. Alle nehmen schon bei gewöhnlicher Temperatur Sauerstoff aus der Luft auf und oxydiren sich mit Wasser in Berührung unter lebhafter Wasserstoffentwickelung. Sie haben, so weit wir sie kennen, ein geringeres spec. Gewicht als Wasser, starken Metallglanz und geringe Härte. Ihre Oxyde sind die stärksten Basen, sehr schwer reducirbar, in Wasser löslich und von so grosser Verwandtschaft zum Wasser, dass sie sich damit unter heftiger Wärmeentwickelung zu höchst beständi-

Oxyde. Alkalien.

gen Hydraten vereinigen. Die Lösungen dieser Oxydhydrate haben einen eigenthümlichen laugenhaften, ätzenden Geschmack und werden heut wie ehemals Alkalien genannt. Früher hiessen sie auch *Laugensalze*, denn man stellte sie durch Auslaugen von eingeäscherten Pflanzen dar. Ehe man wusste, dass sie Oxyde seien, hielt man sie für einfache Stoffe und ertheilte ihnen besondere Namen, die sie wegen ihrer Kürze noch jetzt beibehalten haben und aus denen der Name ihres metallischen Radicals abgeleitet ist.

Anzahl der Alkalien.

Solcher Metalloxyde giebt es jetzt fünf: Kali, Natron, Lithion, Cäsium- und Rubidiumoxyd; man rechnet aber auch noch die wässerige Lösung des Ammoniaks (§ 54) wegen seiner grossen Aehnlichkeit im chemischen Verhalten zur Gruppe der Alkalien.

Eintheilung derselben.

Ehemals wurden die Alkalien eingetheilt in fixe, d. h. feuerbeständige (Kali, Natron und Lithion) und flüchtiges (Ammoniak), in kaustische (ätzende, weil sie thierische Stoffe zerstören) und milde (die kohlensauren Salze dieser Basen), in vegetabilisches (Kali) und mineralisches (Natron, — Lithion ist erst neuerlich entdeckt). Indess alle diese Unterscheidungen, ausser etwa zwischen fixen und flüchtigen, werden heut zu Tage nur wenig gebraucht, denn wir wissen jetzt, dass Natron fast eben so häufig in Vegetabilien vorkommt als Kali und dass bei hinreichend hoher Temperatur Kali, Natron und Lithion sich auch verflüchtigen. Der Ausdruck „ätzend" oder „kaustisch" ist aber noch allgemein gebräuchlich für die Hydrate der Alkalien; statt „milde" pflegt man jedoch jetzt „kohlensaure Alkalien" zu sagen.

Reaction der Alkalien auf Pflanzenfarben.

Die Lösungen der fixen Alkalien sind geruchlos, die des flüchtigen nicht (§ 54). Sie verändern gewisse rothe Pflanzenfarben in blaue, gewisse blaue in grüne und die gelbe der Curcuma in braun, und wenn die Lösung eines Oxydes oder Salzes dasselbe thut, so sagt man daher von ihr: sie reagire alkalisch. Zur Erprobung der Reaction bedient man sich in der Regel des Lackmus- oder Dahlienpapiers (§ 143) oder des Curcumapapiers (§ 54).

Lackmuspapier.

1. Kalium (K = 39,13).

Vorkommen. § 258. Das Kalium findet sich nie gediegen, sondern als Oxyd in Verbindung mit Säuren, und zwar im Mineralreich am häufigsten mit Kieselsäure verbunden als Bestandtheil sehr verbreiteter kieselsaurer Doppelsalze [Feldspath, Glimmer, u. s. w.]. Im Pflanzenreich ist es meistens an organische Säuren [Oxalsäure, Essigsäure, Weinsäure] gebunden, und geht durch Verbrennen der Pflanzen in kohlensaures Kali über, als welches es in den unverbrennlichen Theilen der Pflanzen (der Asche) enthalten ist (§ 263).

Darstellung aus kohlensaurem Kali und Kohle, § 259. In grössern Mengen gewinnt man das Kalium aus Weinstein, der in einem gut bedeckten Tiegel geglüht wird, wodurch die aus Kohlenstoff, Wasser- und Sauerstoff bestehende Weinsäure zersetzt, ein Theil der Producte verflüchtigt wird, im Tiegel aber kohlensaures Kali, innig mit Kohle gemengt, zurückbleibt. Dieses Gemenge wird mit $^1/_{10}$ (vom angewandten Weinstein) pulverisirter Holzkohle vermischt und noch heiss in eine stabeiserne Flasche *a* gefüllt, welche einer starken Weissgluth ausgesetzt wird. Mit dem nur wenig durch die Ofenwand her-

Fig. 42.

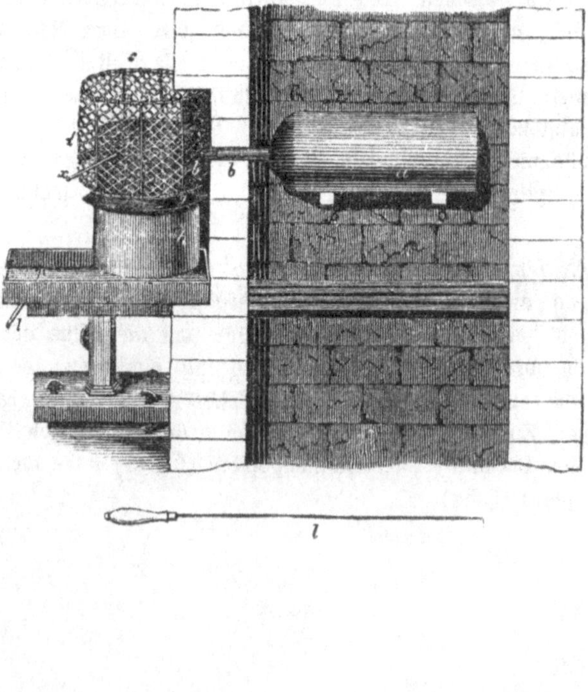

vorragenden Hals *b* der Flasche wird eine zur Hälfte mit Steinöl gefüllte kupferne Vorlage *h* verbunden und in dieser sammelt sich das überdestillirte Kalium in Kugeln von Haselnussgrösse an. Das Steinöl wird zum Auffangen des Metalls angewandt, weil es nur aus Kohlenstoff und Wasserstoff besteht; in einer sauerstoffhaltigen Flüssigkeit, wie z. B. im Wasser, würde sich das Kalium sogleich wieder oxydiren. Das so gewonnene Kalium wird einer nochmaligen Destillation unterworfen, um es von einer schwarzen kohlehaltigen Masse frei zu erhalten.

aus Kali durch Elektricität, durch Eisen.

In kleinern Mengen kann aus dem Kalihydrat durch Zerlegung vermittelst eines sehr starken elektrischen Stroms oder durch Erhitzen desselben mit Eisen Kalium erhalten werden. Im letztern Fall oxydirt sich das Eisen auf Kosten des Wassers und des Kalis und es entweicht Wasserstoff und Kalium.

Eigenschaften.

§ 260. Kalium ist ein bei gewöhnlicher Temperatur weiches, knetbares Metall, von 0,865 spec. Gewicht und bläulich weissem Glanz auf frischer Schnittfläche. Bei 0° ist es spröde, bei gewöhnlicher Temperatur weich, bei +55° schmilzt es und gleicht alsdann dem Quecksilber; in starker Rothgluth verwandelt es sich in ein grünes Gas. Durch geeignete Behandlung kann man aus dem geschmolzenen Metall Krystalle erhalten, deren Flächen das Licht mit grünlich bläulicher Farbe reflectiren. Der Luft ausgesetzt oxydirt es sich langsam bei gewöhnlicher Temperatur, bis nahe zum Rothglühen erhitzt entzündet es sich und verbrennt mit Flamme. Seine Verwandtschaft zum Sauerstoff ist so gross, dass es schon bei mässig hoher Temperatur den meisten oxydirten Körpern, häufig unter Lichtentwickelung, den Sauerstoff entzieht, so z. B. dem Wasser, der Kieselsäure, Kohlensäure und andern sonst schwer reducirbaren Körpern.

Ueberhaupt zeigt es ein grosses Vereinigungsbestreben zu den meisten Metalloiden, namentlich zu den Halogenen, denn mit Chlor verbindet es sich ebenfalls unter Lichtentwickelung. Man benutzt es daher bisweilen, um aus den Haloidverbindungen gewisser Metalle die letzteren zu reduciren. Da aber das Natrium dieselben Dienste leistet und wohlfeiler ist, so findet dieses jetzt mehr Verwendung zu Reductionen der Art.

In hoher Temperatur kehren sich jedoch die Verwandtschaften oft um: das Kaliumoxyd wird durch Kohle und Eisen reducirt.

Das Kalium hat drei Oxydationsstufen, ein Suboxyd, Superoxyd und Oxyd. Letzteres nur ist von Wichtigkeit.

Kaliumoxyd, $\dot{K}$. Kali.

§ 261. Kaliumoxyd kann wasserfrei und rein nur schwer gewonnen werden, am besten wenn Kalium in gerade so viel trocknem Sauerstoffgas verbrannt wird, dass auf 1 Aequivalent Kalium 1 Aequivalent Sauerstoffgas vorhanden ist. Dies Oxyd ist eine weissgraue, harte, in Rothgluth schmelzbare Masse, die sich unter heftiger Temperaturerhöhung mit dem Wasser vereinigt und dann das

Kalihydrat, $\dot{K}\dot{H}$.

Kaliumoxydhydrat, $\dot{K}\dot{H}$, bildet, welches gemeiniglich mit seinem ältern Namen Kali bezeichnet wird. Das Kalihydrat wird in grossen Mengen aus der Pottasche (§ 263) dargestellt.

Kalihydrat in Wasser gelöst, Lauge.

Soll das Kali zu technischen Zwecken (als sogenannte Lauge) angewendet werden, zu denen es nicht besonders rein zu sein braucht [z. B. zum Seifesieden], so wird Holzasche mit Wasser ausgelaugt und diese Lauge mit gebranntem und gelöschtem Kalk behandelt, oder es wird statt der Holzaschenlauge eine Lösung von roher Pottasche angewendet. Soll aber reines Kali dargestellt werden, so löst man 10 Th. reines kohlensaures Kali ($\dot{K}\ddot{C}$) in 100 Th. Wasser und setzt, während diese Lösung in einem eisernen Kessel fortwährend im Kochen erhalten wird, 8 Th. gebrannten Kalk, nachdem er vorher gelöscht ist ($\dot{C}a\dot{H}$), nach und nach hinzu. Der Kalk entzieht dem Kali die Kohlensäure (kausticirt es) und in der wässerigen Lösung befindet sich Kalihydrat ($\dot{K}\ddot{C}$ und $2\dot{C}a\dot{H} = \dot{K}\dot{H}$ und $\dot{C}a\ddot{C} + \dot{C}a\dot{H}$). Diese Lösung kann in eisernen oder Silberschalen, nachdem sie zuvor von dem körnigen Niederschlage der basisch-kohlensauren Kalkerde ($\dot{C}a\ddot{C} + \dot{C}a\dot{H}$) abgegossen ist, eingedampft und das Kalihydrat in fester Form erhalten werden.

Eigenschaften. **Kali caustic. fusum.**

Rein dargestellt ist es eine weisse, krystallinische Masse, die vor der Rothgluth schmilzt und in der Rothglühhitze sich verflüchtigt, ohne das Wasser abzugeben. Es besteht aus 1 Atom Kali und 1 Atom Wasser, $\dot{K}\dot{H}$. An der Luft zerfliesst es sehr bald, indem es Wasser und Kohlensäure anzieht. Thierische und vegetabilische Körper greift es sehr stark an, indem es sie auflöst und deshalb wird es geschmolzen und in kleine Stangen gegossen, zum Aetzen von thierischer Haut und Fleisch angewendet, daher auch **Aetzstein** (lapis causticus chirurgorum), ge-

Kali caustic. in bacillis, Aetzstein, **lapis caustic.**

nannt. In Glas- und Thongefässen kann es nicht geschmolzen werden, ohne dieselben zu zerstören. In Wasser löst es sich unter Wärmeentwickelung auf, indem sich eine chemische Verbindung mit mehr Wasser, $\dot{K}\dot{H}^5$, bildet. Die concentrirte wässerige Lösung hat häufig einen unangenehmen Geruch, der entfernt an verdünnte Ammoniaklösung erinnert und durch organische Verunreinigungen entsteht.

In wissenschaftlicher wie technischer Hinsicht ist das Kalihydrat von grosser Wichtigkeit und findet die mannigfaltigste Anwendung.

Salze des Kaliums.

§ 262. Die Salze des Kaliums sind meistens farblos und in Wasser löslich. In ihren concentrirten Lösungen wird durch einen Ueberschuss von Weinsäure oder Ueberchlorsäure ein weisser Niederschlag (weinsaures oder überchlorsaures Kali), durch Platinchlorid ein röthlich gelber (Kaliumplatinchlorid) hervorgebracht. Trockne Kaliumsalze, in das Oehr eines Platindrahts eingebracht, färben die lichtschwache Flamme des Leuchtgases (§ 138) violett, eben so die des brennenden Weingeistes. Ist etwas Natron anwesend, so betrachtet man die Flamme durch ein mit Kobaltoxydul blau gefärbtes Glas. Die schärfste Erkennung der Kalisalze vermittelt der Spectralapparat (§ 303).

Kohlensaures Kali, $\dot{K}\ddot{C}$. Pottasche.

§ 263. Kohlensaures Kali, $\dot{K}\ddot{C}$. Alle Pflanzen enthalten wechselnde Mengen von mancherlei Salzen, die nach Verbrennung der organischen Bestandtheile im Rückstande bleiben und die Asche ausmachen. Unter diesen Salzen finden sich bei den meisten, namentlich den in Binnenländern wachsenden Pflanzen, Kalisalze und zwar bei einigen in ziemlich beträchtlicher Menge. Die Kräuter und Sträuche, so wie die Blätter und Zweige der ältern Bäume hinterlassen mehr Asche als die Stämme. In 100 Th. der Asche findet sich mitunter an 60 pCt. Kali, wovon der grösste Theil mit Kohlensäure, ein anderer Theil mit Schwefelsäure, Kieselsäure und andern Säuren verbunden ist. Die Asche besteht aus in Wasser löslichen und unlöslichen Bestandtheilen, zu erstern gehört auch das kohlensaure Kali. Um

Darstellung der Pottasche.

dieses aus der Pflanzenasche zu gewinnen, laugt man dieselbe mit Wasser mehrmals aus, dampft die Laugen in kupfernen Kesseln stark ein und krystallisirt in hölzernen Bottichen. Die ausgeschiedenen Krystalle von zweifach kohlensaurem Kali (§ 264) werden aus der Flüssigkeit mit einem Siebe herausgenommen, in einem Ofen geglüht (calcinirt) und als **Pottasche** in den Handel gebracht.

Eigenschaften.

Diese Pottasche ist meist eine graulich weisse oder bläuliche (durch mangansaures Kali gefärbte) unkrystallinische Masse, die ausser dem Hauptbestandtheil, kohlensaurem Kali, noch Verunreinigungen von schwefelsaurem, kieselsaurem Kali und Chlorkalium enthält.

Kali carbonicum crudum.

Sie ist stets mehr oder weniger feucht, reagirt und schmeckt stark alkalisch und enthält, wenn sie sehr gut ist (wie die russische Kronasche), 82 pCt. reines kohlensaures Kali, die weniger gute enthält gegen 73 pCt. davon.

Reines kohlensaures Kali. **Kali carbonicum depuratum.**

Aus der Pottasche kann ein ziemlich reines kohlensaures Kali erhalten werden, indem dieselbe mit gleichen Theilen kalten Wassers übergossen, das Gelöste zur Trockne gedampft, der Rückstand nochmals gelöst und das Filtrat wieder abgedampft wird.

Sal tartari, Kali carbonicum purum.

Reiner wird das durch Glühen von gereinigtem Weinstein erhaltene kohlensaure Kali und am reinsten, wenn letzteres durch Oxalsäure in zweifach oxalsaures Kali verwandelt, dieses Salz mehrmals umkrystallisirt und durch Glühhitze in kohlensaures Kali verwandelt wird. Das reine kohlensaure Kali ist ein farbloses Salz, reagirt und schmeckt alkalisch, ohne zu ätzen (daher *mildes Alkali* genannt), ist wasserfrei, zieht aber aus der Luft schnell Feuchtigkeit an und zerfliesst. In der Glühhitze schmilzt es ohne Verlust an Säure. Es löst sich in sehr wenig Wasser auf und kann krystallisirt erhalten werden mit 20 pCt. Wasser, $\dot{K}\ddot{C} + 2\dot{H}$. In absolutem Alkohol ist es unlöslich.

Saures kohlensaures Kali, $\dot{K}\ddot{C} + \dot{H}\ddot{C}$.

§ 264. Zweifach kohlensaures Kali, $\dot{K}\ddot{C} + \dot{H}\ddot{C}$, entsteht, wenn das neutrale Salz, mit Wasser befeuchtet, einer Atmosphäre von Kohlensäure ausgesetzt wird. Es krystallisirt leicht, da 1 Th. desselben nur in 4 Th. kalten Wassers löslich ist. Die Krystalle sind farblos, luftbeständig und enthalten 9 pCt. Krystallwasser. Beim Glühen entweichen Wasser und Kohlensäure, neutrales kohlensaures Kali bleibt im Rückstand.

Alkalimetrie.

§ 265. Da das kohlensaure Kali vielfach in den Künsten und Gewerben angewendet wird, so ist es für den Techniker wichtig, den Gehalt einer Pottasche an reinem kohlensaurem Kali, d. h. an dem Bestandtheil, den man von der Pottasche (in den meisten Fällen) nur als wirksam gebrauchen will, schnell und richtig zu erfahren. Dies geschieht vermittelst der Alkalimetrie. Die alkalimetrischen Proben beruhen auf der Neutralisation des kohlensauren Kalis durch eine Säure von bekannter Sättigungscapacität und gleicher Stärke der Verwandtschaft, damit das dabei entstehende normale Salz auf Pflanzenfarben neutral reagire (§ 245). Man nimmt gewöhnlich eine verdünnte Schwefelsäure, deren Gehalt an wasserfreier Säure für eine bestimmte Gewichtsmenge abzusättigendes kohlensaures Kali ermittelt wird. Am einfachsten verfährt man so: ein in 100 Th. (Kubikzoll oder Kub.-Cent.) getheiltes Glasgefäss (Fig. 43) (das Alkalimeter) wird mit beliebig verdünnter Schwefelsäure (ungefähr 1 Th. $\dot{H}\ddot{S}$ auf 10 Th. Wasser) bis 0° gefüllt, dann 5 Gr. völlig reines kohlensaures Kali in Wasser gelöst, die Lösung mit Lackmustinctur (§ 143) versetzt und mit der Schwefelsäure aus dem Alkalimeter allmählig abgesättigt. Wenn die blaue Farbe der Flüssigkeit in eine weinrothe verwandelt ist, fügt man vorsichtig nur tropfenweis die verdünnte Schwefelsäure hinzu, bis die weinrothe in eine zwiebelrothe Farbe übergegangen ist. Dieses Maass der verbrauchten Schwefelsäure wird in das leergemachte Alkalimeter gegossen und der übrige Raum der 100 Maasstheile mit Wasser ausgefüllt, so dass nun (für die Gewichtsmenge von 5 Gr. reinen kohlensauren Kalis) jeder Theilstrich dieser verdünnten Säure 1 pCt. reines kohlensaures Kali anzeigt. Das ist die sogenannte Normalsäure. Bei der Prüfung einer käuflichen Pottasche werden 5 Gr. derselben auf die oben angeführte vorsichtige Weise mit der Normalsäure gesättigt und aus den verbrauchten Raumtheilen derselben ergiebt sich unmittelbar der procentige Gehalt der Pottasche an reinem kohlensaurem Kali. Zum bequemeren und sicheren Ausgiessen dieser Säure in die Pottaschenlösung dienen die sogenannten Büretten, welche in ihrer Eintheilung mit der des Alkalimeters übereinstimmen müssen, und entweder zum Giessen (Fig. 44) oder zum Ausfliessenlassen (S. 198 Fig. 45) eingerichtet

Das Alkalimeter.

Das Titriren.

Fig. 43.

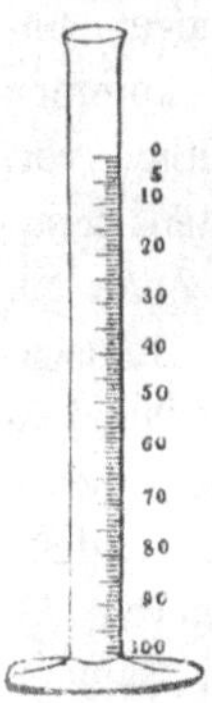

Fig. 44.

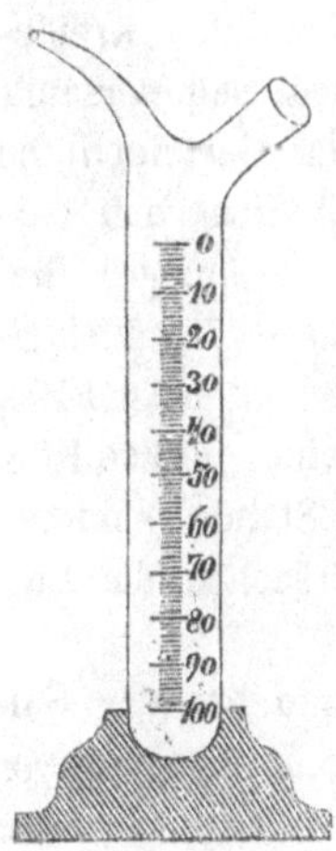

sind. Letztere sind mit einem durch leichten Fingerdruck zu öffnenden Quetschhahn *h* vermittelst eines dünnen Kautschuckrohrs nach unten abgeschlossen, und der in der Flüssigkeit befindliche Schwimmer gestattet eine genauere Ablesung des abfliessenden Volums. Aehnliche Operationen kann man mit andern geeigneten Substanzen ausführen und man bezeichnet sie kurz mit dem Ausdruck „Titriren," weil Gewichts- oder Maassmengen von bekanntem Gehalt (titre) an wirksamer Substanz zur Anwendung kommen.

Fig. 45.

Salpetersaures Kali, $\dot{K}\ddot{\ddot{N}}$. Vorkommen.

§ 266. Salpetersaures Kali, $\dot{K}\ddot{\ddot{N}}$, **Salpeter.** Dieses Salz, so wie andere salpetersaure Salze, finden sich in der Natur nicht selten. Sie kommen meistens nur in heissen Länderstrichen reichlich vor, so z. B. in Ostindien, Südamerika, Aegypten u. a., sie werden aber auch in der gemässigten Zone gefunden, z. B. in Ungarn, Frankreich und Deutschland. Zur Entstehung derselben ist das Vorhandensein einer starken Basis nöthig und unter diesen scheint die Kalkerde die günstigste zu sein; denn es sind namentlich Höhlen in einem Kalkstein jüngeren Alters, welche reich an Salpeter sind. Das Kali zum Salpeter in den Kalksteinhöhlen der Insel Ceylon liefert ein mit dem kohlensauren Kalk gemengter Feldspath (§ 286), welcher der Zersetzung unterliegt. An andern Orten, z. B. in den Kreidegebirgen von Roche-Guyon in Frankreich wird salpetersaure Kalkerde gefunden. Auf welche Weise in diesen Gesteinen die Salpetersäure sich erzeugt, lässt sich kaum mit Sicherheit entscheiden, vielleicht ist die Ursache, nicht blos ein einziger chemischer Process. Wir wissen, dass sich vermittelst der Elektricität Sauerstoff und Stickstoff zu Salpetersäure verbinden (§ 149), dass vermittelst Contactsubstanzen, wozu auch viele poröse Körper gehören, Vereinigungen von Gasarten zu Stande kommen können (§§ 31. 158). Man kann also diesen Ursachen die Entstehung salpetersaurer Salze nicht absprechen.

Wahrscheinlichste Bildung des Salpeters.

Am wahrscheinlichsten jedoch geht die Bildung der Salpetersäure in jenen grossen Salpeterablagerungen eben so vor sich, wie man sie auch künstlich in grossen Fabriken, den

Salpeterplantagen, nachahmt, nämlich durch Zersetzung faulender thierischer Substanzen. Wenn stickstoffhaltige Körper, z. B. thierische Abfälle, die sich besonders im Dünger in einem für die Salpetererzeugung vortheilhaften Zustande befinden, dem allseitigen Zutritt der atmosphärischen Luft ausgesetzt sind, so enthalten sie nach kürzerer oder längerer Zeit salpetersaure Salze. Ob unter diesen Umständen eine directe Vereinigung des Sauerstoffs der Luft (sei er gewöhnlicher oder im Zustande des Ozons) mit dem Stickstoff der thierischen Substanz statt finde, oder ob aus letzterem erst Ammoniak entstehe und dieses durch den Sauerstoff der Luft zu Salpetersäure und Wasser oxydirt werde, ist noch nicht entschieden. Dass aber durch eine Oxydation des Ammoniaks, speciell durch Ozon, reichliche Salpetersäurebildung statt finden könne, steht fest. Die thierischen Substanzen scheinen es nun auch zu sein, welche zu den reichen Salpeterablagerungen in Ostindien und besonders in Ceylon Veranlassung gegeben haben, denn es leben in jenen Salpeterhöhlen auf der letztgenannten Insel eine sehr grosse Menge Fledermäuse, durch deren Excremente und verfaulende Cadaver die Salpeterbildung statt finden mag. In den salpeterhaltenden Kalksteingebirgen finden sich stets mehr oder weniger Ueberreste von Thieren, welche bei der Bildung dieser Formation darin begraben wurden (denn diese Kalksteine liefern bei der trocknen Destillation stets ein ammoniakhaltiges Wasser); daher kann auch hier dieselbe Quelle der Salpetersäure möglicher Weise angenommen werden.

Gewinnung des Salpeters.

Die Gewinnung des Salpeters aus den in der Natur vorkommenden Ablagerungen salpetersaurer Salze ist sehr einfach. Die Gesteine werden von der Oberfläche weggenommen, wo sich der meiste Salpeter, selbst wenn er sich tiefer im Innern des Gesteins bildete, durch Capillarität in die Höhe gezogen, abgelagert hat, und mit Wasser ausgelaugt. Die Lauge enthält ausser salpetersaurem Kali noch andere salpetersaure Salze, wie Kalkerde und Magnesia. Sie wird, um letztere zu entfernen, mit Pottasche vermischt, wodurch Kalkerde und Magnesia, an Kohlensäure gebunden, unlöslich niederfallen, und dann zur Krystallisation abgedampft. Die gewonnenen Krystalle — der **Rohsalpeter** — sind in der Regel gelblich oder bräunlich gefärbt und werden entweder so in den Handel gebracht oder sie werden noch ein-

Rohsalpeter.

Raffinirter Salpeter. mal gelöst, umkrystallisirt und als einmal **geläuterter Salpeter** verkauft. Beide Arten sind aber noch unrein und bedürfen einer weitern Reinigung, welche am einfachsten durch gestörte (präcipitirte) Krystallisation bewerkstelligt wird. Diese begründet sich auf den grossen Unterschied der Löslichkeit des Salpeters in heissem und kaltem Wasser. Eine kochend gesättigte Lösung desselben (§ 253) lässt bei allmählig sinkender Temperatur fast die ganze gelöste Menge ausscheiden und zwar bei fortdauerndem Umrühren in sehr kleinen Krystallen (Krystallmehl), die durch weniges Waschen mit kaltem Wasser leicht völlig rein werden.

Bei dem grossen Bedarf und ziemlich hohen Preis des Salpeters bereitet man denselben neuerlich hie und da durch Zersetzung des viel wohlfeileren Chilesalpeters (§ 284) mittelst kohlensauren Natrons.

Eigenschaften des Salpeters. Der Salpeter krystallisirt in der Regel in grossen Prismen, deren Flächen gestreift sind, und so kommt er meistens im Handel vor. Es sind alsdann dem rhombischen Systeme ange-

Krystallform. hörige sechsseitige Prismen mit zweiflächiger oder sechsflächiger Zuspitzung der Endecken des Krystalls. Selten krystallisirt der Salpeter in der Form des hexagonalen Systems und dann bildet er Rhomboëder. Man kann die letztere Krystallform am besten unter dem Mikroskop beobachten, wenn man einen Tropfen einer nicht zu concentrirten Salpeterlösung auf einer Glasplatte langsam verdunsten lässt. Es scheiden sich alsdann am Rande des verdampfenden Tropfens Rhomboëder aus, die von den in der Mitte entstehenden Prismen, wenn diese mit jenen zusammenstossen, bisweilen eine merkwürdige Veränderung erleiden. Das Rhomboëder wird nämlich theils aufgelöst, theils in eine verworrene Masse verwandelt, aus denen man Spitzen von Prismen hervorragen sieht. Denselben Uebergang aus Rhomboëdern in Prismen erleidet auch eine dünne Lage geschmolzenen Salpeters, und zwar entweder von selbst oder wenn sie mit einer Nadelspitze geritzt wird.

Verknistern der Salpeterkrystalle. Die grossen gestreiften Prismen, in denen der Salpeter im Handel sich findet, haben zufolge ihrer schnellen Krystallisation in ihrem Innern kleine Höhlungen, die sich mit Mutterlauge füllten. Werden solche Krystalle in der Hand erwärmt, so entsteht durch die Ausdehnung des Wassers der Mutterlauge ein theilweises Sprengen der festen Masse und daher hört man ein Knistern. Werden die Höhlungen durch Zertrümmern des Krystalls geöffnet, so erscheint der Salpeter feucht. Zuweilen enthielt die Mutterlauge deliquescirende Salze und dann wird ein solcher Salpeter, selbst nachdem er stark getrocknet war, an der Luft wieder feucht. Reiner Salpeter ist vollkommen luftbeständig, er krystallisirt ohne Krystallwasser. Beim Erhitzen schmilzt er unter der Rothgluth zu einer dünnflüssigen Masse, die bei $+338^0$ zu einem krystallinisch faserigen Kuchen erstarrt. Stärker erhitzt, zerlegt sich unter Entwickelung von Sauerstoffgas die Salpetersäure und es bleibt zuerst salpetrigsaures Kali zurück, bei fortgesetztem Glühen hinterbleiben endlich Kali und Kaliumsuperoxyd. Das Glühen kann nur in silbernen Gefässen zweckmässig geschehen, denn alle andern Metalle, so wie Glas und Porcellan, werden vom zurückbleibenden Kali angegriffen. Diese Eigenschaft des Salpeters, im Glühen Sauerstoffgas abzugeben, wird häufig zu Oxydationen auf trocknem Wege benutzt (§ 229). Manche Körper, die mit Sauerstoff gasförmige Producte bilden, bringen durch das Verbrennen mit Salpeter eine so schnelle Gasentwickelung hervor, dass hierbei eine Verpuffung oder Explosion eintritt. Dies geschieht z. B., wenn 1 Th. Salpeter mit $^1/_3$ Th. Holzkohle gemengt und das Gemisch mit einem glühenden Körper berührt wird. Wie schnell die Zersetzung des Salpeters mit brennbaren Körpern vor sich geht, und wie hoch dabei die Wärme steigt, bemerkt man am sogenannten **Beaumé'schen Schnellfluss**; wird dieses Gemenge von 3 Th. Salpeter, 1 Th. Schwefel und 1 Th. Sägespänen in einer Wallnussschale angezündet, so steigt die Temperatur bis zum Schmelzpunkt des Schwefelsilbers [wenn man z. B. eine kleine Silbermünze in den Schnellfluss gelegt hat], ohne dass die äussere Nussschale verkohlt.

Schmelzpunkt.

Zersetzung beim Erhitzen.

Verpuffen.

Schnellfluss.

Wegen der leichten Zersetzbarkeit in Berührung mit gewissen brennbaren Stoffen und der heftigen Ausdehnung der dabei gebildeten Gase findet der Salpeter vorzugsweise Anwendung zur Bereitung des **Schiesspulvers** und ähnlicher Präparate. Das Schiesspulver besteht aus einem Gemenge von 3 Atomen Kohle, 1 Atom Schwefel und 1 Atom Salpeter und liefert bei seiner Zersetzung eine Anzahl Gase (Kohlensäure, Stickstoff, Kohlenoxyd, Wasserstoff [aus der Kohle] und andere), deren Menge verglichen

Anwendung zu Schiesspulver.

mit dem Volum des Pulvers und ihre plötzliche Ausdehnung die Wirkung des Schiesspulvers ausmachen.

Knallpulver.

Knallpulver ist ein Gemisch von 3 Th. Salpeter, 2 Th. kohlensaurem Kali und 1 Th. Schwefel, welches beim Erhitzen schmilzt und dann mit Explosion sich zersetzt.

Löslichkeit des Salpeters.

Das Wasser nimmt bei verschiedenen Temperaturen ungefähr folgende Mengen Salpeter auf: 100 Th. Wasser lösen bei 0° 13,32 Th., bei 18° 29 Th., bei 45° 74,6 Th., bei 97° 236 Th. Salpeter. Die Lösung hat einen kühlenden bitterlichen Geschmack.

Auch in Alkohol von 0,833 spec. Gewicht löst sich der Salpeter ein wenig, in absolutem Alkohol aber nicht.

Chlorsaures Kali, $\dot{K}\overset{\cdots}{Cl}$.

Darstellung aus Pottasche und Chlor,

§ 267. Chlorsaures Kali, $\dot{K}\overset{\cdots}{Cl}$, kann auf mehrerlei Weise gewonnen werden; in der Natur kommt es fertig nicht vor. Die gewöhnlichste Darstellungsweise ist folgende: In eine Lösung von Pottasche wird Chlor geleitet so lange, als die Flüssigkeit noch Gas aufnimmt und nicht nach Chlor riecht. Im Anfange der Operation entstehen unterchlorigsaures, zweifach-kohlensaures Kali und es scheidet sich Chlorkalium aus, welches das Zuleitungsrohr leicht verstopfen kann, darum wird dieses trichterförmig erweitert. Bei weiterer Einwirkung wird das unterchlorigsaure Salz zu chlorsaurem und die Endproducte sind Chlorkalium und chlorsaures Kali. Die Zersetzung geht so vor sich: $6\dot{K}\ddot{C}$ und $6Cl = \dot{K}\overset{\cdots}{Cl}$, $5KCl$ und $6\ddot{C}$. Während des Sättigens der Flüssigkeit mit Chlor krystallisirt schon ein grosser Theil des chlorsauren Kalis und durch Abdampfen der Mutterlauge bis zur Hälfte des Volums erhält man einen weitern Antheil. Dieser letztere ist aber durch Chlorkalium und ein wenig zweifach-kohlensaures Kali verunreinigt. Das erhaltene unreine chlorsaure Kali wird in ungefähr 3 Th. kochenden Wassers gelöst und die Lösung erkalten gelassen, es scheidet sich dann fast alles chlorsaure Salz aus, während Chlorkalium und zweifach-kohlensaures Kali gelöst bleiben. Durch nochmaliges Umkrystallisiren wird das chlorsaure Kali ganz rein erhalten.

aus Pottasche, Kalk u. Chlor,

Wird ein Gemenge von gleichen Atomen trocknen kohlensauren Kalis und Kalkhydrats oder besser ein wässeriger Brei von Chlorkalium und Kalk mit Chlorgas behandelt, so entstehen chlorsaures Kali und Chlorcalcium. Das chlorsaure Salz wird, wie vorhin, durch Krystallisiren gewonnen.

aus Chlorkalk.

Aus dem Chlorkalk, der seine Bleichkraft verloren hat, kann mit Wasser chlorsaurer Kalk ausgezogen werden, der durch Pottasche in chlorsaures Kali und kohlensaure Kalkerde zersetzt wird.

Eigenschaften.

Das chlorsaure Kali krystallisirt wasserfrei in perlmutterglänzenden Blättern des monoklinischen Systems. Es hat einen kühlenden Geschmack, schmilzt bei 334°, und bei etwa 360° entwickelt sich aus der kochenden Flüssigkeit Sauerstoffgas, die vorher leicht flüssige Masse wird dann dickflüssig und besteht erstarrt aus einem Gemenge von Chlorkalium und überchlorsaurem Kali ($2\dot{K}\overset{\cdot\cdot\cdot\cdot\cdot}{Cl} = 4O$, KCl und $\dot{K}\overset{\cdot\cdot\cdot\cdot\cdot\cdot\cdot}{Cl}$). Wird dieses Gemenge hierauf stärker erhitzt, so entweicht aller Sauerstoff und Chlorkalium bleibt im Rückstand. Im Mörser gerieben knistert das chlorsaure Kali und sprüht Funken; geschieht dies unter Zusatz von Schwefel, Kohle, Zinnober, Schwefelantimon u. a., so zerlegt es sich mit diesen Körpern unter starker Explosion; am heftigsten explodirt es mit Phosphor und einigen organischen Körpern. Auf Kohle erhitzt oder auf glühende Kohlen geworfen, verpufft das chlorsaure Kali noch heftiger als der Salpeter. Wenn ein Gemisch von chlorsaurem Kali mit Schwefel oder Zinnober oder Zucker oder anderen brennbaren Körpern durch einen Tropfen concentrirter Schwefelsäure befeuchtet wird, so entzündet sich dasselbe ohne Explosion. [Darauf beruhten die ehemaligen Zündhölzer] Erhitzt man es in Lösungen mit stärkeren Säuren, so zerlegt sich die Chlorsäure und äussert die kräftigsten Oxydationswirkungen. Das chlorsaure Kali löst sich in Wasser und Alkohol, in letzterem aber sehr unbedeutend. 100 Th. Wasser lösen bei 0° $3\frac{1}{3}$ Th., bei 15° 6 Th., bei 50° 19 Th. und bei 105° 60 Th. Diese ungleiche Löslichkeit, die zwischen dem Siedepunkte einer gesättigten Lösung (105°) und der gewöhnlichen Temperatur (13°) statt findet, macht die Reinigung des Salzes durch blosses Umkrystallisiren leicht, denn die mit ihm gemengten Salze zeigen diese Differenz nicht. Es wird dieser Umstand überhaupt bei verschiedenen Salzen benutzt, aus deren Gemenge das eine oder das andere getrennt werden soll.

Anwendung des chlorsauren Kalis.

Es findet das chlorsaure Kali häufig in den Gewerben sowohl, wie zu wissenschaftlich chemischen Versuchen Anwendung. Ehemals benutzte man es namentlich zur Anfertigung der chemischen Zündhölzer, die durch Berührung mit Vitriolöl oder durch Reiben sich entzündeten (s. oben). Neuerlich pflegt man zur Anfertigung der Reibzündhölzer sich nur noch des Phosphors zu bedienen. Dagegen findet das Salz häufige Anwendung in der Feuerwerkerei. Die Zerlegung des chlorsauren Kalis durch eine stärkere Säure und die durch seinen frei werdenden Sauerstoff hervorgebrachte Oxydation von sonst schwer oxydirbaren Körpern wird häufig in der analytischen Chemie angewendet, z. B. zur Oxydation des Schwefels im Schiesspulver, vieler Metalle, Schwefelmetalle, organischer Körper u. dgl.

Schwefelsaures Kali, $\dot{K}\dddot{S}$.

§ 268. Schwefelsaures Kali, $\dot{K}\dddot{S}$. Das neutrale Salz wird bei mehren chemischen Operationen als Nebenproduct gewonnen und findet sich auch in Pflanzen und thierischen Flüssigkeiten und Secreten fertig vor. Es krystallisirt vornehmlich in Formen des rhombischen Systems, löst sich in 16 Th. kalten und 4 Th. heissen Wassers und wird spärlich in der Heilkunde, häufiger in mehreren Fabricationszweigen (Alaun- und Glasbereitung) angewendet.

$\dot{K}\dddot{S}+\dot{H}\dddot{S}$.

Saures oder zweifach-schwefelsaures Kali, $\dot{K}\dddot{S}+\dot{H}\dddot{S}$, wird ebenfalls oft als Nebenproduct (§ 150), oder aus dem neutralen Salz durch Zusatz von Schwefelsäure erhalten. Es krystallisirt in schiefen Prismen, schmilzt bei 200°, verliert bei stärkerer Hitze Schwefelsäurehydrat und löst sich leicht in Wasser. Durch Alkohol wird seine wässerige Lösung zersetzt, das neutrale Salz scheidet sich aus und Schwefelsäure löst sich im Alkohol.

Kieselsaures Kali.

§ 269. Kieselsaures Kali bildet sich durch Zusammenschmelzen von Quarz, Sand oder Feuerstein mit kohlensaurem Kali, wobei Kohlensäure entweicht. Wendet man das Kalisalz im Ueberschuss an, so erhält man eine leicht schmelzbare Masse, die durch kaltes Wasser von dem unzersetzten kohlensauren Kali befreit werden kann und sich in heissem Wasser löst. Sie ist bekannt unter dem Namen *Kieselfeuchtigkeit* (liquor silicum). Wird ein Ueberschuss von Kieselsäure beim Zusammenschmelzen genommen, so wird die Masse schwerer schmelzbar und bei 15 At. auf 1 At. Kali schmilzt sie nicht mehr. Die Verbindungen der Kieselsäure mit Kali in den allerverschiedensten Verhältnissen, so weit dieselben noch schmelzbar sind, krystallisiren geschmolzen nicht, sondern erkalten zu einer glasähnlichen

Masse und wenn andere kieselsaure Salze, die sonst für sich krystallisiren, mit dem kieselsauren Kali gemengt sind, so erstarren auch sie glasartig und das, was wir mit dem Namen „Glas" bezeichnen, sind Doppelverbindungen von kieselsauren Alkalien mit andern kieselsauren Salzen. (S. den Anhang zu den Alkalien und alkalischen Erden.) Eine krystallisirbare Verbindung von kieselsaurem Kali scheidet sich aus, wenn eine wässerige Lösung, in welcher Kieselsäure in Kalilauge gelöst ist, mit Weingeist vermischt wird.

Wasserglas.

Eine Verbindung von Kieselsäure mit Kali, die durch Zusammenschmelzen von 15 Th. Quarz oder reinstem Sand, 10 Th. Pottasche und 1 Th. Kohle *), aber auch durch Auflösen der ^{a}Si (§ 200), z. B. Infusorienerde, in kochender Kalilauge erhalten wird, ist unter dem Namen **Wasserglas** bekannt. Sie hat die Eigenschaft, in kochendem Wasser sich zu lösen und beim langsamen Eintrocknen zu einer glasigen Masse zu erhärten. Man benutzt das Wasserglas sehr mannigfach, theils um manche verbrennliche Gegenstände, wie Holz, Tapeten u. dgl. durch einen Ueberzug davon unverbrennlich zu machen, theils um verschiedene Geräthe von Stein, Porcellan oder Glas mit einander zu verkitten, theils um wasserdichte Mauerüberstriche zu machen, theils um Farben auf Zeugen und andern Unterlagen zu fixiren. Die bemerkenswertheste Anwendung hat man von ihm in der Kunst der Frescomalerei gemacht. Wenn nämlich kieselsaures Kali mit Kalk und andern Metalloxyden in Berührung kommt, so bilden sich von Wasser nicht ferner angreifbare Doppelsilicate, welche man durch Ueberspritzen des Frescogemäldes mit einer Wasserglaslösung erzeugt. Dieser Kunstzweig führt den Namen **Stereochromie.**

Anwendung desselben

in der Stereochromie.

Das kieselsaure Kali findet sich als ein Glied verschiedener kieselsaurer Doppelsalze, die für die Zusammensetzung gewisser weit verbreiteter und mächtiger Gebirge wichtig sind, z. B. im Feldspath, Glimmer und andern ähnlichen Mineralien.

Oxalsaures Kali,

§ 270. Oxalsaures Kali. Es giebt dreierlei Verbindungen der Oxalsäure mit Kali, eine normale, eine saure und

*) Diese dient zur leichtern Zersetzung des kohlensauren Kalis der Pottasche, indem sie die Kohlensäure in Kohlenoxyd umwandelt.

neutrales,

eine vierfach saure. Die erste ist sehr leicht löslich in Wasser und wird durch Absättigung der zweiten mit kohlensaurem Kali in Krystallen, $\dot{K}\ddot{\overline{C}}+\dot{H}$, gewonnen.

saures (Kleesalz),

Das saure Salz, $\dot{K}\ddot{\overline{C}}+\dot{H}\ddot{\overline{C}}+2\dot{H}$, kommt in vielen Pflanzen, namentlich von Rumex- und Oxalisarten vor. Es wird aus Oxalis acetosella gewonnen, ist unter dem Namen Kleesalz eine Handelswaare und dient häufig zum Entfernen von Rostflecken (§ 465) und Dintenflecken, da das Doppelsalz von oxalsaurem Eisenoxyd-Kali leicht löslich ist. Das Salz löst sich in 40 Th. kalten und 6 Th. heissen Wassers.

vierfach saures.

Das vierfach saure Salz ist oft dem vorigen beigemengt. Man gewinnt es in schönen Krystallen, $\dot{K}\ddot{\overline{C}}^4+7\dot{H}$, durch directe Vereinigung der Bestandtheile.

Haloidsalze des Kaliums.

Die Haloidsalze des Kaliums haben grosse Aehnlichkeit unter einander in ihren physikalischen Eigenschaften: sie krystallisiren alle in Würfeln, sind farblos, leicht in Wasser löslich, in hoher Temperatur schmelzbar und flüchtig.

Chlorkalium, KCl.

§ 271. Chlorkalium, KCl, wird oft als Nebenproduct gewonnen, z. B. in den Salinen aus der Mutterlauge, bei der Darstellung des Sauerstoffs aus chlorsaurem Kali, bei Raffination des Salpeters und sonst. Es ist ein Bestandtheil des Meerwassers, der Pflanzenaschen und der thierischen Flüssigkeiten. Das Chlorkalium ist leicht in Wasser löslich, schmeckt salzig, fast wie Kochsalz. 100 Th. Wasser von 0° lösen 29,2 Th. und für jeden Thermometergrad darüber 0,2738 Th. mehr. Der Siedepunkt der gesättigten Lösung ist 110° und dann sind in 100 Th. Wasser 59,4 Th. Chlorkalium gelöst. Bei seiner Auflösung in kaltem Wasser tritt starke Temperaturerniedrigung ein; 1 Th. Salz in 4 Th. Wasser gelöst lässt das Thermometer um 11,4° fallen, daher das Chlorkalium bisweilen zu Kältemischungen gebraucht wird. Das unreine Salz, welches die Seifensieder bei Umwandlung ihrer Kaliseifen in Natronseifen gewinnen, heisst *Seifensiederfluss* und wird in Alaunfabriken benutzt.

Bromkalium, KBr.

§ 272. Bromkalium, KBr, gewinnt man durch Absättigen von kohlensaurem Kali mit Brom, Eindampfen und Glühen des Products. Es krystallisirt in glänzenden Würfeln und ist dem Chlorkalium sehr ähnlich. 100 Th. Wasser lösen bei 0° 53,5 Th., bei 100° 102 Th. Salz. Bei der Behandlung mit Schwefelsäure liefert es nicht Bromwasserstoff, sondern Brom. Dasselbe geschieht, wenn es trocken mit Braunstein erhitzt wird.

§ 273. Jodkalium, KJ, kommt in einigen Pflanzen (Nasturtium und Ceratophyllum), aber spärlich vor. Man bereitet es entweder durch Lösen von Jod in Kalilauge, Abdampfen und Erhitzen der trocknen Masse mit etwas Kohle, Wiederlösen und Krystallisiren, oder durch Behandeln von überschüssigem Eisendraht mit 3 Th. Jod, Abfiltriren des Eisenjodürs, Zusatz von 1 Th. Jod zu dieser Lösung (um 1 Th. Eisenjodid zu erzeugen) und Ausfällen mit kohlensaurem Kali, bis kein Niederschlag mehr erfolgt. Beim Verdampfen scheidet sich das Jodkalium in Würfeln aus, die sich in $^3/_4$ Th. kalten und $^1/_2$ Th. heissen Wassers, auch in Weingeist lösen. Man wendet das Salz häufig als Heilmittel und in der analytischen Chemie an. Jodkalium, KJ.

§ 274. Cyankalium, KCy, wird am bequemsten durch Schmelzen eines Gemenges von 8 Th. entwässerten Kaliumeisencyanürs (2KCy+FeCy s. u. Eisensalze) und 3 Th. getrockneten kohlensauren Kalis dargestellt. Die geschmolzene, farblose Masse wird von dem schwarzen Rückstand (der Kohleneisen und Eisen enthält) abgegossen und besteht aus Cyankalium, cyansaurem Kali und kohlensaurem Kali; wird dem Gemenge vor dem Schmelzen 1 Th. fein pulverisirter Kohle zugesetzt, so ist das Präparat frei von cyansaurem Kali ($\dot{K}\dot{C}y$ und $2C = KCy$ und $2\dot{C}$). Man kann auch durch Glühen des reinen Kaliumeisencyanürs Cyankalium erhalten, es bedarf aber dann einer viel stärkeren und anhaltenderen Glühhitze, als im Gemenge mit kohlensaurem Kali. Reines Cyankalium wird nur durch Sättigen einer alkoholischen Auflösung von Kalihydrat mit Cyanwasserstoffsäure erhalten. Das Salz schmeckt und reagirt alkalisch, zieht Wasser und Kohlensäure aus der Luft an und zersetzt sich durch letztere, weshalb sowohl das feste Salz als auch seine Lösung stets nach Blausäure riechen. Es kann in Oktaëdern krystallisirt erhalten werden, die bei starkem Erhitzen unter Abschluss von Luft schmelzen und zu Würfeln erstarren; hat die Luft Zutritt, so bildet sich cyansaures Kali. In siedendem 60procentigem Weingeist löst es sich ziemlich reichlich und krystallisirt daraus beim Cyankalium, KCy.

Erkalten. Es ist eines der giftigsten Metallsalze und wirkt fast so schnell tödtlich wie Blausäure.

Anwendung desselben.

Das Cyankalium wird jetzt häufig zur Auflösung mancher Metallsalze [z. B. von Silber, Gold, Kupfer u. a.] angewendet, deren man sich zu galvanoplastischen Niederschlägen (§ 672) bedienen will. Für diesen Zweck ist das mit kohlensaurem Kali dargestellte Salz hinreichend rein. Auch ist es ein Mittel zur schnellen Reduction von Metalloxyden, mit deren Sauerstoff es beim Schmelzen in cyansaures Kali sich verwandelt.

Schwefelcyankalium, KC^2NS^2.

§ 275. Schwefelcyankalium, KC^2NS^2, dargestellt durch Schmelzen von Kaliumeisencyanür mit Pottasche und Schwefel, krystallisirt aus der alkoholischen Lösung in langen Prismen, dem Salpeter. ähnlich. In feuchter Luft zerfliesst es, in verdünnter wässeriger Lösung zersetzt es sich nach längerer Zeit auf Kosten der Luft. Es wird in der analytischen Chemie zur Prüfung auf Eisenoxydsalze angewendet, deren Lösung es blutroth färbt, indem sich leichtlösliches Eisenschwefelcyanid bildet.

Fluorkalium, KF.

§ 276. Fluorkalium, KF, durch Absättigung des kohlensauren Kalis mit Flusssäure (§ 220) bereitet, scheidet sich in Würfelaggregaten aus, die schnell an der Luft zerfliessen. Es entsteht auch, wenn

Kieselfluorkalium, $2KF+SiF^2$.

Kieselfluorkalium, $2KF+SiF^2$, lange stark geglüht wird. Dieses Salz ist ein weisses, schwer in Wasser lösliches Pulver, welches man zur Darstellung des Kiesels anzuwenden pflegt.

Sulphurete des Kaliums.

Von den Schwefelungsstufen des Kaliums, deren es fünf giebt, sollen nur einige hier angeführt werden und von den Schwefelsalzen an dieser Stelle nur eines.

Einfach-Schwefelkalium, KS. Kaliumsulphuret.

§ 277. Einfach-Schwefelkalium, KS oder $\acute{K}$, ist rein schwer darzustellen. Es entsteht durch directe Vereinigung gleicher Aequivalente von Schwefel und Kalium, oder wenn Kaliumsulphhydrat (§ 278) mit 1 Aeq. Kalihydrat vermischt und unter Abschluss der Luft zur Trockne verdampft wird. Es schmilzt bei erhöhter Temperatur zu einer zinnoberrothen krystallinischen Masse, an der Luft zerfliesst es zu einer gelben Flüssigkeit von stark alkalischem Geschmack und entwickelt, weil es von der Kohlensäure der Luft zersetzt wird, den Geruch von Schwefelwasserstoff ($\acute{K}$, $\dot{H}$ und $\ddot{C} = \dot{K}\ddot{C}$ und $\acute{H}$). Auf dieselbe Weise

Pyrophor.

wird es von allen Säuren zersetzt. Wenn dieses Schwefelkalium durch Glühen des schwefelsauren Kalis ($\dot{K}\dddot{S}$) mit Kohle dargestellt und von letzterer mehr angewendet wird, als zur Entfernung der 4 Atome Sauerstoff nöthig ist, so entzündet sich das Schwefelkalium, da es im innigen Gemenge mit Kohle sehr fein vertheilt ist, an der Luft von selbst; es ist also ein Pyrophor. Am zweckmässigsten stellt man diesen dar, wenn 2 Th. neutrales schwefelsaures Kali mit 1 Th. Kienruss innig gemengt und geglüht werden. Die Entzündung beruht auf der Oxydation des Schwefelkaliums und der dadurch entstehenden Wärmeentwickelung.

Das Kaliumsulphuret ist eine der stärksten Sulphobasen und bildet die Basis einer Anzahl von Schwefelsalzen, von denen mehre bei den Sulphosäuren der betreffenden Salze Erwähnung finden. Hier nur das — Schwefelsalze des Kaliums.

Schwefelwasserstoff-Schwefelkalium (Kaliumsulphhydrat), KS+HS. Es wird dieses Salz durch Sättigung von Kalihydrat mit Schwefelwasserstoff erhalten. Bei Abschluss der Luft eingedampft, krystallisirt es in grossen Prismen, die an der Luft zerfliessen, in Alkohol leicht löslich sind und durch Säuren unter Aufbrausen (Entwickelung von Schwefelwasserstoff) zersetzt werden. — Kaliumsulphhydrat, KS+HS.

Das **Kalium sulphuratum** der preussischen Pharmakopöe, welches durch Schmelzen von 2 Th. kohlensaurem Kali und 1 Th. Schwefel bereitet wird, ist eine grünlich gelbe Masse, die aus Dreifach-Schwefelkalium, unterschwefligsaurem und kohlensaurem Kali besteht. — **Kalium sulphuratum.**

Die übrigen Schwefelverbindungen des Kaliums werden entweder durch Schmelzen des Einfach-Schwefelkaliums mit den erforderlichen Atomgewichten Schwefel oder durch Schmelzen des kohlensauren Kalis mit Schwefel dargestellt. Im letztern Falle erhält man aber nie eine reine Schwefelverbindung, sondern Gemenge derselben mit unterschwefligsaurem oder schwefelsaurem Salze, je nach der dabei angewendeten niedrigern oder höhern Temperatur. — Polysulphurete des Kaliums.

Die Polysulphurete des Kaliums sind unter dem Namen Schwefelleber **(hepar sulphuris)** bekannt.

Fünffach-Schwefelkalium, KS^5. Schwefelleber.

Fünffach-Schwefelkalium, **Schwefelleber** (hepar), wird durch Zusammenschmelzen gleicher Theile Schwefel und kohlensauren Kalis gewonnen. Es ist, bei möglichst niedriger Schmelzhitze dargestellt, ein Gemenge von unterschwefligsaurem Kali mit Fünffach-Schwefelkalium ($3\dot{K}\ddot{C}$ und $12S = 3\ddot{C}$, $\dot{K}\not{S}$ und $2\overset{\prime\prime\prime\prime\prime}{K}$), bei stärkerer Hitze zersetzen sich $4\dot{K}\not{S}$ in $\overset{\prime\prime\prime\prime\prime}{K}$ und $3\dot{K}\dddot{S}$. Die Schwefelleber hat eine dunkelbraune Farbe, löst sich in Wasser und wird durch Säuren zerlegt; Schwefel fällt nieder, Schwefelwasserstoff entweicht und ein Kalisalz bleibt gelöst ($\overset{\prime\prime\prime\prime\prime}{K}$, $\dot{H}$ und $\dddot{S} = \dot{K}\dddot{S}$, $\overset{\prime}{H}$ und $4S$). Daher wurde es früher zur Darstellung des Sulphur praecip. (§ 58) verwendet, wozu man jetzt in der Regel ein Polysulphuret des Calciums gebraucht. Beim starken Glühen giebt das Fünffach-Schwefelkalium 2 Atome Schwefel ab und geht in das Trisulphuret über.

Kaliumamid, KNH^2.

§ 278. Kaliumamid, KNH^2, ist eine olivengrüne krystallinische Verbindung, welche bei gelindem Erhitzen des Kaliums in trockenem Ammoniakgas entsteht. An der Luft und im Wasser zerfällt sie sofort in Ammoniak und Kalihydrat. Sie schmilzt beim Erhitzen und verliert zuerst Ammoniak, dann Stickstoff und Wasserstoff und hinterlässt nach starkem Glühen Kaliumstickstoff, K^3N, in Gestalt einer schwarzen, graphitähnlichen, unschmelzbaren Masse.

2. Natrium (Na = 23,0).

Vorkommen.

§ 279. Es findet sich nur in Verbindung mit andern Körpern: im Mineralreich als Chlorverbindung (Kochsalz) und Oxyd, letzteres namentlich in Silicaten (**Albit, Oligoklas, Sodalith** u. a.), ferner in Verbindung mit Kohlensäure, Salpetersäure, Schwefelsäure und Borsäure. In den Pflanzen ist das Oxyd meist an organische Säuren gebunden, in den Säften des thierischen Körpers finden sich Chlornatrium, phosphorsaures und kohlensaures Natron.

Darstellung.

§ 280. Man erhält das Metall aus einem Gemenge von kohlensaurem Natron mit Kreide und Kohle auf ähnliche Art, wie das Kalium. Die Destillation des Natriums geschieht bei etwas niedrigerer Temperatur als die des Kaliums, und wenn sie, wie es jetzt in Frankreich und England der Fall ist, in grossem Maassstabe ausgeführt wird, bedient man sich schmiedeeiserner Röhren von grösserer Capacität, von denen mehre gleichzeitig in einem Ofen beschickt und erhitzt werden.

§ 281. Die Eigenschaften des Natriums sind denen des Kaliums sehr ähnlich: silberweiss, spec. Gewicht = 0,972 bei +15°, Schmelzpunkt +97,6°. Kann krystallisirt erhalten werden und seine Krystallflächen reflectiren das Licht mit blassröthlicher Farbe. Verflüchtigt sich ein wenig leichter als Kalium, sein Gas ist farblos. Unter Feuererscheinung oxydirt es sich nur auf heissem Wasser oder angefeuchtetem Papier, sonst nimmt es aus Luft und Wasser leicht Sauerstoff auf, ohne sich zu entzünden. Die Wärmeentwickelung hierbei ist inzwischen so gross, dass das sich bildende Natronhydrat als schmelzende Kugel auf dem Wasser rotirt. In der Stärke der Verwandtschaft zu Sauerstoff und andern elektronegativen Körpern folgt es sogleich hinter dem Kalium, aber dennoch kann es geschehen, dass unter Umständen das Kalium aus Kalihydrat durch Natrium reducirt wird. Das Natrium hat drei Oxyde, wie das Kalium, unter denen das wichtigste das Natron ist. **Eigenschaften.**

§ 282. Natriumoxyd oder Natron. Die Darstellung dieses Alkalis im reinen wasserfreien Zustande ist so schwierig, wie die des Kaliumoxyds; es besteht aus 1 At. Na und 1 At. O. Natron, $\dot{Na}$.

Natronhydrat wird jetzt fabrikmässig dargestellt und giebt in Wasser gelöst die Natronlauge. Seine Darstellung geschieht, wie die des Kalihydrats, aus kohlensaurem Natron; wenn die Natronlauge nicht rein zu sein braucht, aus der rohen Soda (§ 287), entgegengesetztenfalls aus reinem kohlensaurem Natron. Durch Abdampfen der Lauge zur Trockne erhält man Natronhydrat im festen Zustand, Aetznatron, kaustisches Natron. Dieses bildet eine weisse krystallinische Masse, die Anfangs Feuchtigkeit aus der Luft anzieht, dann aber in ein trocknes weisses Pulver (kohlensaures Natron) sich verwandelt. Im Uebrigen sind die Eigenschaften des Natronhydrats denen des Kalihydrats so ähnlich, dass man häufig eines für das andere gebrauchen kann, um dieselbe chemische Wirkung hervorzubringen. Wegen seiner häufigen Anwendung hat man daher, wie für die Lösungen des Aetzkalis in Wasser, auch für die des Aetznatrons eine Tabelle **Liquor Natri hydrici (caustici).** Aetznatron, $\dot{Na}\dot{H}$.

entworfen, aus deren spec. Gewicht ihr procentiger Gehalt an Natron zu ersehen ist (s. am Ende).

Die Salze des Natriums.

§ 283. Die Salze des Natriums sind farblos, wenn die Säure nicht gefärbt ist, enthalten grösstentheils Krystallwasser und verwittern häufig. In ihren Lösungen sind sie schwer zu erkennen, da es nicht unzweideutige Fällungsmittel für sie giebt. Aber man erkennt sie leicht auf trocknem Wege durch die intensiv gelbe Flamme, welche sie entweder dem brennenden Weingeist oder der lichtlosen Gasflamme (§ 138) ertheilen. Diese gelbe Farbe verdeckt leicht andere Farben der Flamme und macht sich neben letzteren selbst in geringer Menge noch dadurch bemerklich, dass ein rother Krystall des zweifach chromsauren Kalis in ihr farblos durchsichtig erscheint. Die schärfste Erkennungsweise ist die im Spectralapparat (§ 303). — Von den wichtigern Natronsalzen finden die nachstehenden Erwähnung.

Salpetersaures Natron, $\dot{Na}\ddot{\ddot{N}}$. Vorkommen des Chilesalpeters.

§ 284. Salpetersaures Natron findet sich in sehr grossen Mengen in dem District Atacama zwischen Chile und Peru und wird **Chilesalpeter** genannt. Es bildet hier ein 25 Meilen langes, von Thon bedecktes Lager, welches vor Wegschwemmung durch seine Lage in einem regenlosen Klima geschützt ist. Das Salz kommt bisweilen roh in den Handel und enthält dann Verunreinigungen von Kochsalz, schwefelsaurem Natron und Kali, Jodnatrium und andern Stoffen, meist ist es aber umkrystallisirt und enthält dann nur geringe Beimengungen von Kochsalz.

Eigenschaften.

Im reinen Zustande ist das salpetersaure Natron farblos, es krystallisirt in sehr stumpfen wasserfreien Rhomboëdern von 2,26 spec. Gewicht, die oberflächlich den Würfeln ähnlich sehen (daher auch kubischer Salpeter genannt) und bei 310,5° schmelzen. Aus der Luft zieht es Feuchtigkeit an, in Wasser löst es sich leicht, denn 100 Th. Wasser nehmen bei 0° 80 Th., bei +119° 218 Th. und bei +122°, dem Siedepunkt der gesättigten Lösung, 224,8 Th. Salz auf. Ist es mit Kalisalpeter ungefähr zu gleichen Theilen gemengt und wird das Gemenge in wenig heissem Wasser gelöst, so krystallisirt beim Erkalten der Lösung das Natronsalz mit dem Kalisalz zugleich heraus in der prismatischen Form des letztern.

Kubischer Salpeter.

Anwendung.

Anwendung findet das salpetersaure Natron zu ähnlichen Zwecken, wie das Kalisalz, z. B. zur Salpetersäuredarstellung

(§§ 150. 156); auch zur Darstellung des Kalisalpeters sucht man es zu verwenden, indem Lösungen desselben durch Chlorkalium oder durch Pottasche zersetzt werden. Zur Schiesspulverbereitung ist es untauglich wegen seiner Hygroskopie.

Schwefelsaures Natron, $\dot{Na}\ddot{S}$.

§ 285. Schwefelsaures Natron findet sich in rhombischen Pyramiden krystallisirt (**„Thenardit"**) im Steinsalzgebirge selten, gelöst im Meerwasser, in den Salzsoolen und vielen Mineralwässern (**Epsomer, Saidschützer, Püllnaer, Karlsbader** u. a., überhaupt namentlich in den sogenannten **Bitterwässern**). In einigen Ländern wittert es aus der Erde (z. B. in den eintrocknenden Seen der Araxesebene, bei Bahia-Blanca in Südamerika, in Tyrol zugleich mit Gyps und Steinsalz) und eben so findet es sich als krystallinische Auswitterung an alten Mauern, an denen es durch Zersetzung von Kochsalz mit Gyps entsteht (NaCl und $\dot{Ca}\ddot{S} = \dot{Na}\ddot{S}$ und CaCl). Es wird fabrikmässig nur auf zweierlei Weise dargestellt: 1) indem der Pfannenstein, der sich beim Abdampfen der Salzsoolen bildet (§ 295) in kaltem Wasser gelöst und die Lösung, nachdem noch Kochsalz daraus gewonnen worden, bei niedriger Temperatur im Winter der Krystallisation überlassen wird (§ 255); 2) durch Glühen des Kochsalzes mit Schwefelsäure. Zu diesem letztern Zweck wird in einem Flammenofen mit zwei Heerden (Sulfatofen genannt) Kochsalz auf dem hintern Heerde *a* (Fig. 46) mit Schwefelsäure übergossen. Wenn die starke Entwickelung der Salzsäuredämpfe aufgehört (NaCl und $\dot{H}\ddot{S} = \dot{Na}\ddot{S}$ und HCl) hat, wird die beim Erkalten

Darstellung.

Fig. 46.

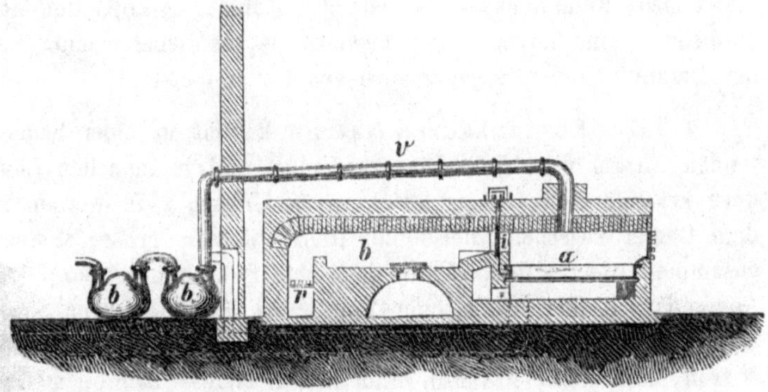

fest werdende Masse nach Oeffnung des Schiebers *i* auf den vordern Heerd *b* gekrückt und hier durch Feuer vom Rost *r* aus so lange erhitzt, bis der Rest von Wasser und Salzsäure ausgetrieben ist. Die als Nebenproduct sich bildende Salzsäure wird, damit sie nicht beim Austritt aus dem Schornstein in dem Wasserdampf der Luft sich verdichte und die Vegetation der umliegenden Gegend zerstöre, im Schornstein durch niedertröpfelndes Wasser verdichtet oder gewöhnlich sind Abzugsröhren *v* im obern Gewölbe des hintern Heerdes angebracht, welche mit einer grossen Anzahl irdener Verdichtungsgefässe *b* im Verbindung stehen. Das meiste schwefelsaure Natron, besonders das zur Sodafabrication (§ 287) jetzt so reichlich angewendete, wird auf diese Weise dargestellt. Man gewinnt es ausserdem noch

Eigenschaften. als Nebenproduct bei der Salmiakfabrication. — Das schwefelsaure Natron ist ein in Wasser leicht lösliches, farbloses Salz,

$\dot{Na}\dddot{S} + 10\dot{H}$. welches bei gewöhnlicher Temperatur mit 10 At. (55,8 pCt.) Wasser in grossen, durchsichtigen, schief rhombischen Prismen, bei $+36^0$ und darüber in geradrhombischen wasserfrei krystallisirt. Seine Löslichkeit ist am grössten bei $+33^0$ (322 Th. in 100 Th. Wasser). Die wasserhaltigen Krystalle verwittern an trockner Luft, schmelzen bei $+33^0$ in ihrem Krystallwasser und verlieren dieses bei höherer Temperatur ganz. Es findet in

Glaubersalz. der Soda- und Glasfabrication Anwendung, ausserdem in der Heilkunde und hat den Trivialnamen **Glaubersalz** (Sal mirabile Glauberi). Es schmeckt bitter.

$\dot{Na}\dddot{S} + \dot{H}\dddot{S}$. $+ 2\dot{H}$.

§ 286. Saures schwefelsaures Natron, $\dot{Na}\dddot{S} + \dot{H}\dddot{S} + 2\dot{H}$, bildet sich auf ähnliche Weise wie das Kalisalz (§ 268) und hat ähnliche Eigenschaften. Man gewinnt es als Nebenproduct bei der Darstellung der Salpetersäure aus Chilesalpeter.

Kohlensaures Natron, $\dot{Na}\ddot{C}$. Soda. Vorkommen.

§ 287. Kohlensaures Natron kommt in einer bedeutenden Anzahl von Mineralwässern gelöst und in manchen Ländern krystallinisch ausgewittert vor. In Ungarn z. B. werden in dem Gebiet zwischen Theiss und Donau jährlich grosse Mengen gesammelt und in den Handel gebracht (Debrecziner **Soda**). In Aegypten, in der Araxasebene und in Mexico sind kleine Seen, an deren Rande und Grunde sich Salzkrusten von kohlensaurem Natron, mit schwefelsaurem und andern Natronsalzen gemengt, während der Verdunstung des Wassers in der heissen Jahreszeit absetzen. Man sammelt sie und bringt sie entweder nach einmaliger Reinigung, oder so wie sie die Natur liefert, in den Handel. Die ägyptische oder afrikanische führt den Namen **Trona**, die südamerikanische und mexicanische den Namen **Urao**; letztere enthält an 41 pCt., erstere gegen 22 pCt. kohlensaures Natron. Es finden sich ferner in den Seestrandpflanzen überwiegend Natronsalze, und bei Einäscherung dieser Pflanzen entsteht neben den übrigen Salzen kohlensaures Natron. Diese Pflanzenaschen, welche hauptsächlich durch Verbrennung von *Salicornia-* und *Salsola*-Arten in Gruben gewonnen werden, kommen als dunkelgraue geschmolzene oder zusammengesinterte Massen im Handel vor und heissen natürliche Soda. Diese wird besonders in Spanien (**Barilla-** oder **Alicante-**Soda), in Frankreich um Narbonne (**Salicor**) und bei Aigues mortes und Frontignan (**Blanquette**), in Armenien im Districte Scharus auf der Araxeshochebene dargestellt. Die beste dieser Sodaarten enthält nur bis 30 pCt. kohlensaures Natron; da aber der Verbrauch dieses Salzes jetzt so gross ist, dass die Ausbeute desselben aus der natürlichen Soda den Verbrauch nicht deckt, so stellt man es in weit grössern Mengen künstlich dar.

Gewinnung aus Pflanzenaschen.

Natürliche Soda.

Darstellung der künstlichen Soda.

Die künstliche Soda erhält man durch Glühen eines Gemenges von schwefelsaurem Natron (§ 285), kohlensaurer Kalkerde (Kreide) und Kohle. Ein Gemisch von 100 Th. trocknem schwefelsaurem Natron, 100 Th. Kreide und 55 Th. Kohle wird auf der Sohle eines Flammenofens erhitzt, während es schmilzt so lange umgerührt, bis kein Kohlenoxyd mehr entweicht und die geschmolzene Masse mit warmem Wasser (von $+40^0$) ausgelaugt. Die Laugen, zur Trockne gedampft, liefern ein unreines, zur Krystallisation gedampft, ein reineres kohlensaures Natron, welches durch unterschwefligsaures, schwefelsaures Natron und Chlornatrium verunreinigt zu sein pflegt und nur noch einmal umkrystallisirt wird. Die Krystalle werden erhitzt, um das Krystallwasser zu entfernen und so in den Handel gebracht (calcinirte Soda). Die aus dem Ofen genommene geschmolzene Masse besteht aus kohlensaurem Natron, Schwefelcalcium, Kalkerde, etwas Schwefelnatrium und Kohle, auch sind meist etwas unzersetztes schwefelsaures Natron und Kochsalz beigemengt: $2\dot{Na}\dddot{S}$ und $8C = 2\acute{Na}$ und $8\dot{C}$; $2\acute{Na}$ und $3\dot{Ca}\ddot{C} = 2\dot{Na}\ddot{C}$, $(\acute{Ca}^2 + \dot{Ca})$ und $\ddot{C}$.

Mauersalpeter. Das kohlensaure Natron zeigt sich bisweilen in feinen Krystallnadeln ausgewittert an Mauern, deren Mörtel oder andere Bestandtheile Kochsalz enthielten. Durch Einwirkung von Kalkerde ($\dot{Ca}$) auf Kochsalz (NaCl) entsteht Natron und dieses zieht Kohlensäure aus der Luft an (NaCl und $\dot{Ca}$ = CaCl und $\dot{Na}$). Diese Auswitterung wird gewöhnlich mit dem Namen **Mauersalpeter** bezeichnet, weil man das Auswittern des Salpeters aus alten Mauern früher beobachtet hatte und jede Salzauswitterung für Salpeter hielt.

Eigenschaften des kohlensauren Natrons. Das reine kohlensaure Natron erhält man in farblosen, schief rhombischen Krystallen bei gewöhnlicher Temperatur mit 62,9 pCt. Wasser $= \dot{Na}\ddot{C} + 10\dot{H}$, bei höherer mit weniger Wasser in verschiedenen Proportionen. Es verwittert schnell an der Luft, löst sich leicht in Wasser und hat einen milden alkalischen Geschmack. Gelinde erwärmt schmilzt es in seinem Krystallwasser und wird unter Wasserverlust wieder fest; bei der Rothgluth schmilzt es von neuem, ohne Kohlensäure zu verlieren. Es wird vielfältig angewandt in den Gewerben und der Pharmacie; in der Feuerwerkerei benutzt man es zur Verfertigung von Feuersätzen, die mit gelbem Licht brennen.

$\dot{Na}^2\ddot{C}^3 + 4\dot{H}$. § 288. **Anderthalb-kohlensaures Natron**, $\dot{Na}^2\ddot{C}^3 + 4\dot{H}$, findet sich vermischt mit Soda in der **Trona** (§ 287). Es ist luftbeständig und bildet grosse, harte, schief rhombische Prismen.

$\dot{Na}\ddot{C} + \dot{H}\ddot{C}$. **Zweifach-kohlensaures Natron** sind kleine, farblose Krystalle von schwach alkalischem Geschmack und geringerer Löslichkeit in Wasser. Es zerlegt sich beim Glühen in Kohlensäure und Wasser, die entweichen, während das neutrale Salz im Rückstand bleibt. Dieses Salz ist ein häufiger Bestandtheil von Mineralwässern, die jetzt in bedeutender Menge künstlich angefertigt werden (**Sodawasser**) und der sogenannten **Brausepulver**. Man bereitet es, indem ein Gemisch von wasserfreiem und krystallisirtem kohlensaurem Natron mit Kohlensäure gesättigt wird, und dies geschieht fabrikmässig in Räumen, wo aus gährenden Flüssigkeiten viel Kohlensäure sich entwickelt.

Alkalimetrische Bestimmung. § 289. Bei der häufigen Anwendung des kohlensauren Natrons ist die Soda oft ein Gegenstand alkalimetrischer Prüfung.

Diese wird entweder wie bei der Pottasche (§ 265) ausgeführt oder durch Ermittelung des Gewichtsverlustes, den die mit Schwefelsäure behandelte Soda erleidet. In beiden Methoden ist zu berücksichtigen, dass die Soda oft Schwefelnatrium und in Folge von dessen Oxydation unterschwefligsaures und schwefligsaures Natron enthalten kann, welche beide durch Schwefelsäure zersetzt werden und ein unrichtiges Resultat verursachen können. Um dies zu vermeiden, werden vor Anstellung der alkalimetrischen Probe das schwefligsaure und unterschwefligsaure Natron in der zu prüfenden Soda durch Glühen derselben mit chlorsaurem Kali in schwefelsaures Natron verwandelt und der Procentgehalt dieser Probe mit dem einer andern verglichen, die mit unveränderter Soda angestellt wurde. Die Differenz beider ist der Gehalt an Schwefelnatrium, schwefligsaurem oder unterschwefligsaurem Natron. Soll der Natrongehalt durch den Gewichtsverlust (an Kohlensäure) gefunden werden, so wird zu der concentrirten Lösung einer abgewogenen Menge Soda in dem Kolben *A* (Fig. 47) etwas neutrales chromsaures Kali, in Wasser gelöst, zugefügt und an dem Rohr *d* gesogen, während *a* mit einem Wachspfropfen verstopft ist. Lässt man alsdann Luft durch *d* in den Kolben *B* hineintreten, so wird die hier befindliche Schwefelsäure nach *A* gedrückt. Kohlensäure entweicht durch *c* und *d* und die schweflige oder unterschweflige Säure werden durch den Sauerstoff des chromsauren Kalis zu Schwefelsäure oxydirt, die nicht entweicht. Aus dem Gewichtsverlust wird der Gehalt der Soda an Natron oder kohlensaurem Natron berechnet. Der Gehalt von Aetznatron wird aus einer besondern Probe ermittelt, die vorher mit kohlensaurem Ammoniak geglüht war, wodurch das Aetznatron in kohlensaures Salz umgewandelt wird. der Soda.

Fig. 47.

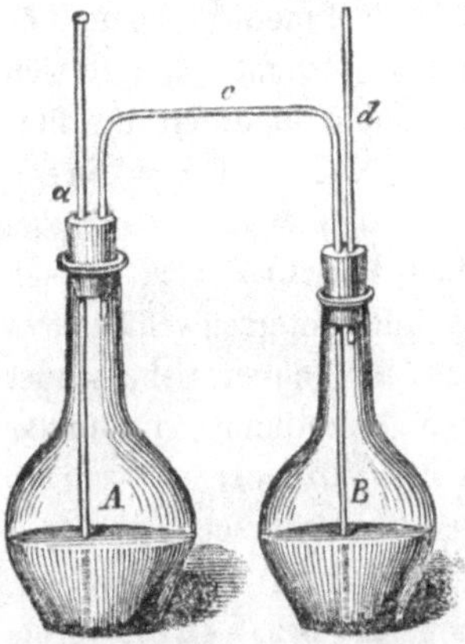

Statt des in Fig. 47 beschriebenen Apparates kann man auch den in Fig. 48 anwenden, welcher namentlich zur Zersetzung solcher kohlensaurer Salze sich eignet, deren Basen mit

Schwefelsäure eine unlösliche Verbindung eingehen. Dann füllt man die Kugelröhre *k* (Fig. 48) mit Salz- oder Salpetersäure und lässt zeitweilig davon in das Wasser zu dem Carbonat fliessen, indem man den durch das Kautschuckband *a* zusammengedrückten Quetschhahn *r* öffnet, wobei Luft durch das Kautschuckrohr *c* eintritt. Die ausgetriebene Kohlensäure nimmt ihren Weg durch das Rohr *i* in den Raum des übergeschmolzenen Rohrs *g* und aus diesem durch die Oeffnungen *qq* in die bis *n* reichende concentrirte Schwefelsäure, wodurch sie getrocknet wird.

Fig. 48.

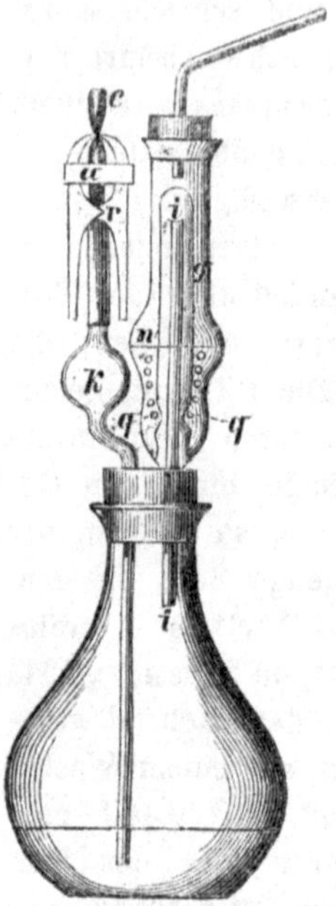

Schwefligsaures Natron, $\dot{Na}\ddot{S} + 10\dot{H}$.

§ 290. Schwefligsaures Natron entsteht bei der Sättigung einer Lösung von kohlensaurem Natron durch schweflige Säure. Es scheidet sich in Krystallen, $\dot{Na}\ddot{S} + 10\dot{H}$, aus, die verwittern und zugleich Sauerstoff aufnehmen. Seine Lösung, mit Schwefel gekocht, ändert sich unter Schwefelaufnahme in unterschwefligsaures Natron um ($\dot{Na}\ddot{S}$ und $S = \dot{Na}\ddot{\bar{S}}$). Es kommt ein Salzgemenge im Handel

Antichlor.

unter dem Namen **Antichlor** vor, dessen wirksamer Bestandtheil schwefligsaures und unterschwefligsaures Natron sind. Das Antichlor dient dazu, um einen Ueberschuss von Chlor, der bei manchen technischen Operationen in Flüssigkeiten enthalten ist, wegzunehmen, da die Salze der schwefligen und unterschwefligen Säure leicht durch Chlor zersetzt werden.

Unterschwefligsaures Natron, $\dot{Na}\ddot{\bar{S}} + 5\dot{H}$.

§ 291. Unterschwefligsaures Natron bildet grosse, luftbeständige, schief rhombische Prismen, die bei $+45^{0}$ in ihrem Krystallwasser schmelzen, dabei Wasser verlieren und bei 150^{0} völlig entwässert sind; stärker erhitzt zersetzen sie sich in Schwefelnatrium und schwefelsaures Natron, an der Luft brennt Schwefel weg. Sie lösen sich leicht in Wasser, die Lösung aber zersetzt sich allmählig unter Abscheidung von Schwefel. Mit vielen Metallsalzen zerlegt sich das Salz unter Ausscheidung von Schwefelmetallen, mit andern unlöslichen geht es leicht lösliche Doppelsalze ein. Es findet deshalb häufig Anwendung in der analytischen Chemie und in der Photographie.

Zweifach-borsaures Natron, $\dot{Na}\ddot{B}^2+10\dot{H}$. Tinkal.

§ 292. Zweifach-borsaures Natron findet sich in Siebenbürgen, der Tartarei und einigen Seen Tibets. Es kommt, mit einem fettigen Stoff verunreinigt, im Handel unter dem Namen **Tinkal** vor und wird durch Behandlung mit einer verdünnten Natronlösung, welche die fettige Substanz löst, gereinigt. Nach dem Auflösen und Abdampfen bilden sich beim Erkalten in gewöhnlicher Temperatur grosse, schief rhombische Krystalle, $\dot{Na}\ddot{B}^2+10\dot{H}$, die unter dem Namen **Borax** verkauft werden. Jetzt stellt man auch aus der natürlichen Borsäure (§ 201) und kohlensaurem Natron den Borax künstlich dar. Das Salz mit 10 At. Wasser bildet farblose Krystalle, die schwach verwittern, bei erhöhter Temperatur sich aufblähen, das Krystallwasser verlieren und zuletzt zu einer glasartigen Masse schmelzen. Es löst sich leicht in heissem Wasser, die Lösung schmeckt süsslich und reagirt alkalisch. Borax ist besonders bei den Metallarbeitern häufig in Gebrauch, die ihn zum Löthen benutzen. Wenn nämlich zwei Metalle mit einander zusammengelöthet werden sollen, so muss die Oxydschicht, die sich auf den meisten Metallen beim Liegen an der Luft bildet, weggenommen werden und dies geschieht durch Borax, welcher Metalloxyde beim Schmelzen auflöst und damit Doppelsalze bildet, die glasartig und leicht schmelzbar sind. Auch bei Löthrohrversuchen benutzt man den Borax zur Lösung von Metalloxyden, oft um durch die Farbe der Perle das Metalloxyd zu erkennen.

Borax. **Anwendung.**

Phosphorsaures Natron.

§ 293. Phosphorsaures Natron. Die dreibasige Phosphorsäure bildet mit Natron dreierlei Salze, in denen entweder alle drei Atome Wasser durch Natron ersetzt sind, oder nur zwei oder eins. Das am häufigsten übliche Salz besteht aus $(\dot{Na}^2+\dot{H})\overset{\therefore\cdot\cdot}{P}+24\dot{H}$, und wird durch Sättigen der Phosphorsäure mit kohlensaurem Natron erhalten. Es bildet farblose, bei $+35^0$ schmelzende Krystalle, die beim Verwittern ein Drittel ihres Wassergehalts verlieren und in kaltem Wasser sich ziemlich leicht lösen. Die 24 At. Krystallwasser können bei 100^0 entfernt werden, das letzte Atom, was die Stelle einer Basis vertritt, erst bei einer viel höhern Temperatur, bei welcher zugleich die dreibasige in zweibasige Säure übergeht (p. 136). Die Auflösung des Salzes, welche alkalisch reagirt, fällt Silbersalze gelb ($\dot{Ag}^3 c\overset{\cdot\cdot\cdot\cdot\cdot}{P}$). Aus seiner wässerigen Lösung krystallisirt ein Salz mit weniger Wassergehalt bei 30—40° $(\dot{Na}\dot{H})\overset{\cdot\cdot\cdot\cdot\cdot}{P} + 16\dot{H}$. Vermischt man seine Lösung mit Aetznatron, so bilden sich beim Verdampfen Prismen, $\dot{Na}^3\overset{\cdot\cdot\cdot\cdot\cdot}{P} + 24\dot{H}$, dampft man es mit überschüssiger Phosphorsäure ein, so krystallisirt $(\dot{Na}\dot{H}^2)\overset{\cdot\cdot\cdot\cdot\cdot}{P} + 2\dot{H}$ sogen. saures Salz.

Durch Glühen des gewöhnlichen Salzes, wobei es schmilzt, bildet sich pyrophosphorsaures Natron, $\dot{Na}^{2\,b}\overset{\cdot\cdot\cdot\cdot\cdot}{P}$, welches aus wässeriger Lösung in farblosen luftbeständigen Krystallen $\dot{Na}^2\overset{\cdot\cdot\cdot\cdot\cdot}{P} + 10\dot{H}$ anschiesst und Silbersalzlösungen weiss ($\dot{Ag}^2\overset{\cdot\cdot\cdot\cdot\cdot}{P}$) fällt.

Metaphosphorsaures Natron entsteht durch Glühen des sauren Salzes als eine glasige zerfliessliche Masse, die aus wässeriger Lösung Krystalle $\dot{Na}\overset{\cdot\cdot\cdot\cdot\cdot}{P} + 4\dot{H}$ bildet.

Kieselsaures Natron.

§ 294. Kieselsaures Natron bildet in gewissen Verhältnissen seiner Bestandtheile ein Wasserglas, wie das Kalisalz (§ 269). Mit Ueberschuss von Kieselsäure dargestellt und mit andern kieselsauren Salzen in Verbindung wird es häufig zur Fabrication des Glases, namentlich des Spiegelglases benutzt (s. u. Glasfabrication). Doppelsalze desselben finden sich namentlich im Mineralreich sehr häufig (§ 279).

§ 295. Unter den Haloidsalzen des Natriums ist das wichtigste das

Chlornatrium, Na Cl. Vorkommen.

Chlornatrium, das Kochsalz. Es findet sich äusserst verbreitet theils in grossen Ablagerungen in fester Gestalt und heisst dann Steinsalz, theils reichlich gelöst im Wasser einiger Quellen (Salzsoolen), weniger reichlich in manchen Mineralwässern und im Meerwasser. Auch in Pflanzen und Thieren findet sich das Chlornatrium häufig und namentlich ist es ein Bestandtheil des Blutes und Harnes. Dargestellt wird das Kochsalz entweder durch Verdampfen seiner Lösungen (des Meerwassers und der Salzsoolen) oder man gewinnt es, wo sich grosse Lager (wie in Cardona, Wieliczka, Stassfurt und anderwärts) finden (als

Gewinnung des Steinsalzes.

Steinsalz), bergmännisch durch Losschlagen und Heraufschaffen grösserer Stücke, die, wenn sie rein genug sind, als solche in den Handel kommen, sonst in Wasser gelöst und durch Abklären und Krystallisation gereinigt werden. Das Steinsalz ist häufig gefärbt, bald roth, bald blau und braun, und wird durch Auflösen und Klären farblos erhalten. Bisweilen werden Steinsalzlager nicht durch bergmännischen Abbau ausgebeutet, sondern man bohrt ein Loch bis zu dem Lager, leitet — wenn sich keine unterirdischen Wasserzuflüsse von selbst einstellen — einen Bach in das Bohrloch, pumpt die gebildete künstliche Salzsoole in die Höhe und verarbeitet sie wie die nicht selten zufällig aus der Erde quellenden Lösungen des Kochsalzes (die natürlichen Soolen). Diese Lösungen enthalten ausser Kochsalz noch mehre andere Salze, wie schwefelsaures Natron, schwefelsaure Kalkerde, Chlormagnesium, kohlensaures Eisenoxydul u. a. m., und ihre Verarbeitung zur Gewinnung des Kochsalzes daraus geschieht in besonderen Anstalten, Salinen genannt. Wenn eine Salzsoole in 100 Th. 22—25 Th. Salz enthält, so wird sie unmittelbar eingedampft und das dabei in Krystallen ausgeschiedene Salz gewonnen; wenn sie aber weniger Salz enthält, so wird ihr zuvor eine grössere Quantität Wasser entzogen und dies geschieht, um Brennmaterial zu ersparen, in den Gradirwerken durch Verdunsten vermittelst des Luftzugs. Zwischen hölzernen Gerüsten sind Dornenwellen aufgeschichtet, über deren Oberfläche beim Heruntertröpfeln die Salzsoole sich verbreitet und also eine grosse Oberfläche dem Luftzug darbietet; sie verliert dabei einen Theil Wasser und einen Antheil gewisser Salze, die zugleich mit dem Kochsalz im Wasser gelöst waren, namentlich Gyps (schwefelsaure Kalkerde) und Eisenoxyd. Das Wasser (und zugleich etwas von den darin gelösten Salzen) wird durch den Luftstrom fortgeführt und der Gyps und das Eisenoxyd setzen sich auf den Dornen ab und bilden den *Dornenstein.* Hat durch genügendes Gradiren eine Salzsoole die gehörige Concentration erlangt (d. h. ist sie siedewürdig), so wird sie in Pfannen von Eisenblech in dem Siedehause abgedampft, bis auf der Oberfläche sich kleine Krystalle ausscheiden. Dann lässt man bei verminderter Heizung die Krystallisation vor sich gehen, krückt die Krystalle aus der Pfanne heraus und lässt die Lauge, aus der sie sich abscheiden, abtropfen. Die Krystalle werden in warmen Räumen auf Hürden getrocknet, die Lauge aber wird mit neuer Soole wieder verdampft und zuletzt erhält man eine Flüssigkeit, aus der mit Vortheil kein Kochsalz mehr zu erhalten ist (die

Gewinnung in Salinen.

Gradiren der Soode.

Dornenstein.

Versieden der Soole.

Mutterlauge.

Mutterlauge). Aus ihr gewinnt man Glaubersalz und bei manchen Salinen auch Brom (z. B. in Kreuznach), denn es ist darin Bromnatrium enthalten. Solche Mutterlauge findet deshalb auch häufig Anwendung in der Heilkunde zu Bädern.

Pfannenstein. Während des Einkochens in den Pfannen setzt sich auf dem Boden der letztern eine feste Salzmasse ab, — der *Pfannenstein* — welche Glaubersalz, Gyps und Kochsalz enthält. Sie wird auf Darstellung von schwefelsaurem Natron (§ 285) benutzt und der Rest, vornehmlich aus Gyps bestehend, als

Düngesalz. Düngesalz verkauft; denn für viele Bodenarten ist schwefelsaure Kalkerde ein wesentliches Verbesserungsmittel.

Gewinnung des Kochsalzes aus Meerwasser. Aus dem Meerwasser wird nur in heissen oder sehr kalten Klimaten Kochsalz gewonnen; in erstern durch Verdunstung vermittelst der Luftwärme, in letztern durch Gefrieren der Lösung. Es gefriert nämlich nur das süsse Wasser und lässt eine concentrirte Lösung aller Salze, die sich im Meereswasser befinden, zurück, und aus dieser wird dann durch Eindampfen das Salz gewonnen. So z. B. im nördlichen Russland. An der südlichen und westlichen Küste Frankreichs, in Portugal bei St. Uebes und in Spanien wird das bei der Fluthzeit auf das Land getretene Meerwasser durch Schleusen in flachen Gruben *(marais salans)* zurückgehalten und wenn die Sonne das Wasser nach und nach verdunstet hat, schaufelt man den Salzrückstand zusammen und lässt ihn, mit Binsen bedeckt, an der Luft völlig trocknen.

Eigenschaften des reinen Chlornatriums. Das Chlornatrium, welches man im Kleinen durch Sättigen von Salzsäure mit kohlensaurem Natron völlig rein erhält, krystallisirt in farblosen Würfeln, die meist treppenförmig an einander gereiht sind, bisweilen auch in Oktaëdern. Bei gewöhnlicher Temperatur erhalten ist es wasserfrei, bei —10° krystallisiren aus einer Lösung schief rhombische Prismen, die 4 Atome Wasser enthalten; die Verwandtschaft dieses Wassers zum Salz ist jedoch nur schwach, und die Krystalle geben dasselbe bei einer geringen Temperaturerhöhung selbst unter Wasser wieder ab. Es ist in kaltem und heissem Wasser nahezu gleich auflöslich, eine gesättigte Lösung enthält 27 pCt. Salz, sie schmeckt stark salzig. Erhitzt decrepitirt das Salz, in schwacher Rothgluth schmilzt es und bei höherer Temperatur verflüchtigt es sich.

Sowohl das aus den Soolen wie das aus Meerwasser dargestellte Kochsalz ist nie ganz rein, es enthält namentlich häufig Chlormagnesium, weshalb es aus der Luft Feuchtigkeit anzieht und einen bitterlichen Beigeschmack hat. Von dieser Beimengung kann es durch Glühen, Wiederauflösen und Abdampfen befreit werden. Beimengungen des Kochsalzes.

Die Anwendung des Chlornatriums als Küchensalz ist hinreichend bekannt, sie findet aber auch zu vielen andern chemischen Zwecken (§§ 82. 211) statt.

§ 296. Jodnatrium ist in manchen Strandpflanzen und Fucusarten enthalten und diese werden behufs der Jodgewinnung gesammelt. An der Westküste Irelands und der Hebriden trocknet man die während der Frühjahrsstürme ausgeschleuderten Seetange im Sommer und verbrennt sie in Gruben. Die geschmolzene Asche — **Kelp** genannt — wird wiederholt ausgelaugt und liefert bei successivem Krystallisiren schwefelsaures Kali, Chlorkalium und Kochsalz. Zuletzt bleibt eine Mutterlauge, die etwas Soda, Glaubersalz, Schwefelalkalien, unterschwefligsaure Salze und Jodnatrium enthält. Diese vermischt man mit Schwefelsäure, schöpft den hierbei sich reichlich ausscheidenden Schwefel ab und verwendet sie hierauf zur Jodgewinnung (§ 96). Jodnatrium, Na J. Kelp.

Die Asche der Seetange von der Westküste Frankreichs, **Varec**-Soda genannt, enthält ebenfalls Jodnatrium und auch Brommetalle und wird daher zur Darstellung der beiden Halogene verwerthet. **Varec.**

Reines Jodnatrium wird wie Jodkalium dargestellt und hat in seinen physikalischen Eigenschaften viel Aehnlichkeit mit diesem, löst sich aber leichter in Wasser und in Alkohol.

§ 297. Die Schwefelverbindungen des Natriums, welche denen des Kaliums an Zahl wohl kaum nachstehen, sind noch wenig untersucht. Schwefelnatrium.

Einfach-Schwefelnatrium wird wie die entsprechende Kaliumverbindung dargestellt. Es kann aus seiner wässerigen Lösung in farblosen Krystallen, $\acute{Na} + 9\dot{H}$, erhalten werden. Mit Schwefelwasserstoff bildet es ein Schwefelsalz. Ueberhaupt ist es die Basis mehrer Schwefelsalze. Einfach-Schwefelnatrium, Na S.

Natriumamid, $NaNH^2$, erhält man auf dieselbe Weise wie Kaliumamid. Es ist schmelzend eine blaue, erstarrt eine olivengrüne bis fleischrothe krystallinische Masse.

3. Lithium (Li = 7,03).

Vorkommen. § 298. Dieses Metall findet sich nur als Oxyd (Lithion), mit Kieselsäure oder Phosphorsäure verbunden, in einigen seltenen Mineralien, z. B. im **Lepidolith** (Lithionglimmer), **Triphyllin, Petalit** und **Spodumen** in solcher Quantität, dass man es bequem daraus gewinnen kann. Uebrigens findet es sich in ungemein geringen Mengen in einer grossen Anzahl Silicaten, in Pflanzenaschen und Mineralquellen, namentlich Salzsoolen und auch im Meerwasser des atlantischen Oceans. Ueberall begleitet es die beiden andern Alkalien.

Darstellung. § 299. Man stellt das Lithium aus dem geschmolzenen und oberflächlich erstarrten Chlorid mit Hülfe eines starken elektrischen Stroms dar.

Der dünne Eisendraht, welcher die negative Elektrode bildet, wird von Zeit zu Zeit ausgehoben und das an ihm klebende Metall sofort abgeschabt und unter Steinöl gebracht.

Eigenschaften. § 300. Das Lithium ist silberweiss, läuft aber schnell an der Luft gelblich an, hat ein spec. Gewicht = 0,59, schmilzt bei 180°, und verflüchtigt sich in der Rothgluth noch nicht. Es ist härter als Kalium und Natrium und weniger leicht oxydabel als diese, zersetzt jedoch Wasser bei gewöhnlicher Temperatur rasch. Es ist dehnbar und zähe, so dass man Drähte aus ihm ziehen kann. An der Luft bis über seinem Schmelzpunkt erhitzt, verbrennt es mit intensivem Licht zu Lithion — der einzigen Oxydationsstufe, die man genau kennt.

Lithionhydrat. § 301. Lithionhydrat gleicht in allen seinen allgemeinen Eigenschaften dem Kali und Natron, weicht aber von ihnen darin ab, dass es sich nicht so leicht in Wasser löst, keine Feuchtigkeit aus der Luft anzieht und dass seine Verbindung mit Kohlensäure in Wasser schwer löslich ist.

Die Lithionsalze. § 302. Die Lithionsalze sind daran erkenntlich, dass in ihren Lösungen besonders in der Wärme durch phosphorsaures Natron ein schwer löslicher Niederschlag, $\dot{L}i^3\ddot{\ddot{P}}+\dot{H}$, entsteht und dass die trocknen Salze die Flamme brennenden Alkohols oder des Löthrohrs oder die lichtlose Gasflamme (§ 138) purpurroth färben. Im Spectralapparat (§ 303) erkennt man sie an einer carminrothen Lichtlinie.

Chlorlithium, Li Cl.

Von den Salzen des Lithions möge nur hier das Chlorid Erwähnung finden als Material, aus welchem das Metall reducirt wird.

Das Chlorid, Li Cl, krystallisirt in Würfeln, zerfliesst sehr schnell an der Luft, schmilzt in der Rothgluth und verflüchtigt sich in noch stärkerer Hitze. Man bereitet es durch Erhitzen des Lepidoliths mit der Hälfte seines Gewichts Gyps, Auslaugen der Masse mit Wasser, Eindampfen zu stärkerer Concentration, Fällen mit Ammoniak, oxalsaurem Ammoniak und etwas Schwefelammon, wobei nur die fremden Metalloxyde abgeschieden werden, schliesslich fällt man aus dem Filtrat durch kohlensaures Ammoniak das Lithion als kohlensaures Salz aus, reinigt dies und löst es in Chlorwasserstoffsäure.

4. Cäsium. 5. Rubidium.

Die Methode der Spectralanalyse.

§ 303. An die bisher abgehandelten Metalle der Alkalien schliessen sich zwei an, welche erst in jüngster Zeit entdeckt worden sind und zwar vermittelst einer analytischen Methode, die alle bisher bekannten an Feinheit und Empfindlichkeit bei weitem übertrifft. Es ist dies die Methode, die man kurz die der Spectralanalyse nennt. Wir wollen sie hier kennen lernen, ehe wir zur Beschreibung jener neuen alkalischen Metalle und deren Verbindungen schreiten.

Stellt man vor den durch die Schraube *s* zu öffnenden und schliessenden Spalt des Fernrohrs *A* (Fig. 49 p. 226) eine hellleuchtende Gasflamme, so wird das Licht derselben von der Sammellinse aufgenommen und durch das Prisma *P* wie bekannt zerlegt; man sieht also in dem Ocular des Beobachtungsfernrohrs *B* ein Solarspectrum (ohne Frauenhofersche Linien). Dieses Spectrum nimmt jedoch nur das halbe Gesichtsfeld des Oculars von *B* ein, weil ein kleines Prisma *) in solcher Stellung die Hälfte des Spalts verschliesst, dass das Licht der unmittelbar vor dem Spalt befindlichen Lichtquelle nicht durch dasselbe in das Rohr

*) In der Zeichnung nicht sichtbar.

eindringen kann. Bringt man aber seitlich von der einen Lichtquelle *E* in richtiger Stellung eine zweite leuchtende Flamme *D* an, so wird deren Licht vom kleinen Prisma durch den Spalt ebenfalls auf die Sammellinse des Fernrohrs geworfen und man

Fig. 49.

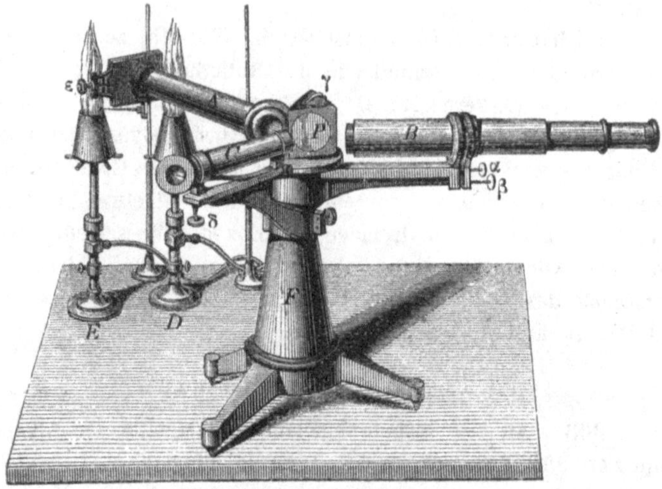

nimmt dann im Beobachtungsfernrohr ein zweites Solarspectrum unter dem ersten wahr, dessen einzelne Farben genau dieselbe Lage haben wie dic des erstern. Sind demnach beide Lichtquellen aufgestellt, so ist das Gesichtsfeld von *B* durchaus mit einem Solarspectrum erfüllt, welches durch eine quer durch seine Mitte laufende horizontale schwarze Linie als aus zweien zusammengesetzt sich kund giebt.

Lässt man nun die eine der beiden Gasflammen lichtlos oder vielmehr schwach blau leuchtend (§ 138) brennen, die andere dagegen leuchtend, so ist das Gesichtsfeld von *B* halb mit einem Solarspectrum erfüllt, halb dunkel. Bringt man in die lichtlose Flamme einen feinen Platindraht, in dessen Oehr sich eine flüchtige Metallverbindung befindet, so dass die letztere in dem Saum der sehr heissen Flamme verdampft, dann zeigen sich in dem dunkeln Theil des Gesichtsfelds eine oder mehre gefärbte Lichtlinien, die bei den verschiedenen Stoffen verschieden sind. Es verursacht z. B. eine Kaliumverbindung zwei

Lichtlinien, die eine im Roth, die andere im Violett des Spectrums — wie man sich durch Beobachtung des gleichzeitig vorhandenen farbigen Solarspectrums vergleichsweise überzeugen kann — die Natriumverbindungen erzeugen eine intensive Linie im Gelb, die Lithionverbindungen im Roth u. s. w. Durch solche Lichtlinien im Roth und Blau zeichnen sich nun die beiden neuen Metalle aus und haben daher ihre Namen (Rubidium von „rubidus" schwarzroth, Cäsium von „caesius" himmelblau) erhalten. Das Rubidium kennzeichnet sich durch eine Linie im äussersten Roth und eine im Blau, das Cäsium durch zwei sehr nahe neben einander auftretende blaue Linien, von denen die eine sehr schmal und schnell vorübergehend ist, die andere breit und hell.

Da nun mehre Verbindungen Lichtlinien in derselben Spectralfarbe (wenn auch nicht an demselben Orte in ihr) besitzen, so ist es zur Unterscheidung unumgänglich nothwendig, die Orte genau zu kennen, welche die Linien verschiedener Stoffe in derselben Farbe einnehmen. Dazu dient eine kleine, auf Glas photographirte Scala, die in dem Ocular des Fernrohrs *C* befindlich ist und durch eine vorgestellte Kerzenflamme erleuchtet wird. Ihr Bild wird durch die Sammellinse des Rohrs auf die vordere Fläche des Prismas *P* geworfen und von hier in das Beobachtungsrohr reflectirt. Sie erscheint also horizontal in dem Gesichtsfeld gleichzeitig mit den Spectris und man kann sie so stellen, dass sie in der Mitte zwischen letztern zu liegen kommt. Jede der entworfenen Lichtlinien verschiedener Stoffe trifft dann auf bestimmte Abtheilungsgrade dieser Scala und hat stets diesen selbigen Platz, so lange man das Scalenfernrohr nicht verstellt. Es ist also, wenn einmal von den bekannten zur Untersuchung kommenden Körpern die Lage aller Lichtlinien für eine bestimmte Stellung des Fernrohrs auf der Scala bekannt ist, jede derselben augenblicklich wieder zu erkennen und ihre Identität festzustellen, ohne dass man zur Vergleichung das zweite Solarspectrum zu entwerfen nöthig hat. [Die Wichtigkeit der Scalenbeobachtung möge folgendes Beispiel zeigen: das Cäsium bietet, wenn es nicht in etwas grösserer Menge und sehr rein zur Anwendung kommt, nur die eine breite und helle blaue Linie dar; das Rubidium verräth sich durch seine helle blaue Linie stets, während seine rothe Linie, die neben der blauen die bezeichnendste ist, schwer sich erkennen lässt. Gesetzt nun, man habe zu entscheiden, ob eine blaue Linie die Reaction des Cäsiums oder Rubidiums sei, so darf nur der Scalentheil beobachtet werden, auf welchen diese Linie fällt. Hat man nämlich das Scalenfernrohr so eingestellt, dass z. B. die helle gelbe Linie des Natriums auf den Theilstrich 100 der Scala fällt, so bezeichnet die blaue Linie, wenn sie auf 155 fällt, Cäsium, wenn sie auf 182 fällt, Rubidium.]

Die Entdeckung der beiden neuen Metalle ist der Beweis für die Wichtigkeit der Spectralbeobachtung. Denn ihre Verbindungen haben in ihren chemischen Reactionen so täuschende Aehnlichkeit mit denen des Kaliums, dass sie sich nicht von den letztern unterscheiden lassen und selbst in der Spectralreaction ist das Rubidium dem Kalium noch so ähnlich, dass jedes von ihnen eine Lichtlinie im rothen und im blauen Ende des Spectrums zeigt, wiewohl die des Kaliums schon im Violett liegt.

Nachstehende Zeichnung möge, so gut als dies ohne farbige Ausführung erreichbar ist, eine Uebersicht von der Lage der Lichtlinien der bisher abgehandelten, so wie der neuen Metalle der Alkalien geben. Die in 1. mit Buchstaben bezeichneten Linien sind die bekannten vornehmlichsten Frauenhoferschen, die in 2. sind die Lichtlinien des Kaliums (α roth, β violett), die in 3. die des Rubidiums, unter denen die rothe γ und die blaue α

Fig. 50.

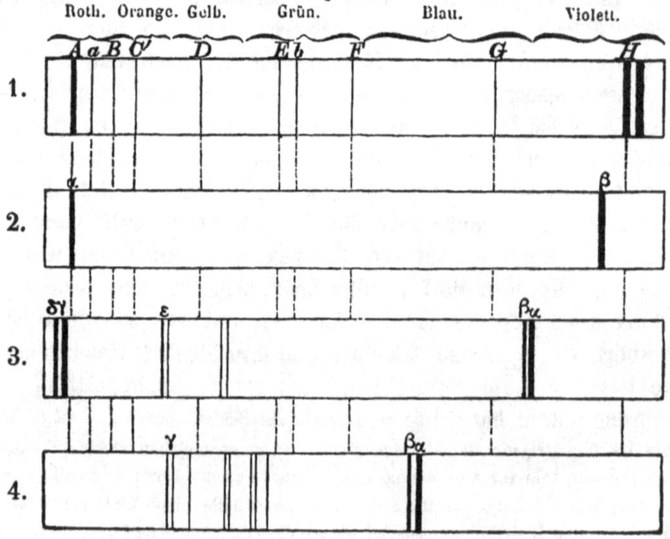

am charakteristischsten sind, die in 4. die des Cäsiums, von denen die beiden blauen α und β am deutlichsten sich herausheben.

Es sind in vorstehender Zeichnung nur die wichtigsten Lichtlinien der letztern Stoffe eingetragen, welche als leichte Erkennungsmerkmale in den Apparaten dienen können, deren sich der Chemiker als analytischen Hülfsmittels bedient.

Trennung der neuen Alkalimetalle vom Natrium und Lithium,

§ 304. Die ungemeine Spärlichkeit ihres Vorkommens und zwar gleichzeitig mit denen der andern Alkalien macht die Darstellung und Trennung der Verbindungen der beiden neuen Alkalimetalle umständlich und schwierig, ganz besonders aber die Trennung des Cäsiums vom Rubidium. Die Abscheidung beider zusammen in Gestalt der Chloride von den Natrium- und Lithiumverbindungen geschieht leicht vermittelst Platinchlorid, mit welchem sie in Wasser sehr schwer lösliche Doppelverbindungen eingehen, die Chloride des Natriums und Lithiums nicht. Aber auch das Kaliumplatinchlorid ist schwer löslich und schlägt sich mit denen des Cäsiums und Rubidiums zugleich nieder. Da es jedoch leichter als die beiden letztern in kochendem Wasser sich löst, so führt wiederholtes Auskochen des Niederschlags zur Entfernung des Kaliumplatinchlorids und der Rückstand enthält nur noch die Doppelsalze des Platinchlorids mit den Chloriden des Cäsiums und Rubidiums. Um die letztern beiden von einander zu trennen, verwandelt man sie zu $^4/_5$ in ätzende Hydrate, zu $^1/_5$ in kohlensaure Salze und zieht aus diesem Gemisch mittelst Alkohols das Cäsiumoxydhydrat aus. Dieses ist dann frei von Rubidiumoxyd, aber letzteres enthält ein wenig Cäsiumoxyd.

vom Kalium, von einander.

Wir wollen die bisherigen Beobachtungen über die beiden Metalle und ihre Verbindungen kurz zusammenstellen und nach Analogie der ältern Bezeichnungsweise (Natron statt Natriumoxyd) der Kürze halber das Cäsiumoxyd Cäsion, das Rubidiumoxyd Rubidion nennen.

Cäsium (Cs = 123,35).

Vorkommen.

§ 305. Das Cäsium hat sich bis jetzt, stets begleitet vom Rubidium, in mehren Mineralquellen, namentlich Soolquellen, gefunden, unter denen die von Dürkheim als Material zur Gewinnung desselben gedient hat. Man beobachtete es ausserdem in demjenigen Mineral, welches zur Darstellung des Rubidiums diente. Am reichsten an beiden Metallen scheinen die Mineralquellen von Bourbonne-les-Bains zu sein.

Darstellung und Eigenschaften.

§ 306. Durch Elektrolyse des geschmolzenen Chlorcäsiums gewinnt man kein Cäsium, denn es verbrennt sogleich an der Luft oder löst sich im Rest des unzersetzten Chlorids mit blauer Farbe (als Subchlorür?) auf. Unter Anwendung von Quecksilber als negativem Pol bildet sich bei der Elektrolyse des wässerigen Chlorcäsiums ein silberweisses krystallinisches Amalgam, welches sich an der Luft sehr schnell oxydirt, das Wasser sogleich zersetzt und gegen Natrium-, Kalium- und Rubidiumamalgame sich positiv verhält. Von den Eigenschaften des Cäsiummetalls lässt sich daher nur angeben, dass es der positivste aller bekannten Körper ist und, so viel sich schliessen lässt, zwei Oxydationsstufen besitzt, von denen jedoch nur eine — das Cäsion — näher bekannt ist.

Cäsionhydrat, $\dot{C}s\,\dot{H}$.

§ 307. Cäsiumoxyd = Cäsion ist nur als Hydrat bekannt und man bereitet es durch Fällung des schwefelsauren Salzes mit Barythydrat ($\dot{C}s\dddot{S}$ und $\dot{B}a\dot{H} = \dot{B}a\dddot{S}$ und $\dot{C}s\dot{H}$). Es ist, unter Abschluss der Luft eingedampft, eine grauweisse Substanz, die unter der Glühhitze schmilzt und zu einer spröden Masse erstarrt, $\dot{C}s\dot{H}$, stärker erhitzt sich leicht verflüchtigt, ohne sein Wasser zu verlieren. Es ist sehr zerfliesslich, erhitzt sich mit Wasser heftig, reagirt äusserst alkalisch und löst sich auch leicht in Alkohol. Im Schmelzen greift es Porcellan- und Platingefässe stark an.

Kohlensaures Cäsion, $\dot{C}s\,\ddot{C}$.

§ 308. Das neutrale kohlensaure Cäsion schiesst in höchst zerfliesslichen wasserhaltigen Krystallen an, die in ihrem Krystallwasser schmelzen und das wasserfreie Salz als sandige, weisse, höchst zerfliessliche Masse, $\dot{C}s\ddot{C}$, hinterlassen. Dieses schmilzt in Rothgluth, verdampft in Weissgluth und löst sich in 9 Th. absolutem Alkohol von $+19^{0}$. Die wässerige Lösung reagirt stark alkalisch und ätzt bei längerer Berührung die Haut.

$\dot{C}s\ddot{C} + \dot{H}\ddot{C}$.

Das zweifach-kohlensaure Cäsion bildet grosse luftbeständige Prismen, deren Lösung schwach alkalisch reagirt und beim Kochen etwas Kohlensäure verliert.

Salpetersaures Cäsion, $\dot{C}s\overset{\cdot\cdot\cdot\cdot\cdot}{N}$.

§ 309. Salpetersaures Cäsion krystallisirt in luftbeständigen Prismen oder Hexagonaldodekaëdern, $\dot{C}s\overset{\cdot\cdot\cdot\cdot\cdot}{N}$, die wie der Salpeter schmecken, unter der Glühhitze schmelzen, sich in 9,5 Th. Wasser von $+3{,}2^{0}$ und nur sehr wenig in Alkohol lösen.

§ 310. Schwefelsaures Cäsion. Das neutrale Salz schiesst in wasserfreien, luftbeständigen, kurzen Prismen, $\dot{C}s\dddot{S}$, an, die sich in Wasser sehr leicht (bei —2° in 0,63 Th.), in Weingeist gar nicht lösen. Ihre wässerige Lösung schmeckt bitterlich fade und giebt mit den Sulphaten der Gruppe des Kobaltoxyduls schön krystallisirende Doppelsalze mit 6 Atomen Wasser, mit schwefelsaurer Thonerde ein Salz von der Zusammensetzung des Alauns, $\dot{C}s\dddot{S} + \dddot{Al}\dddot{S}^3 + 24\dot{H}$. Schwefelsaures Cäsion, $\dot{C}s\dddot{S}$.

Das saure Salz krystallisirt in luftbeständigen rhombischen Prismen von stark saurem Geschmack, die leicht schmelzen und in hoher Temperatur das neutrale Salz hinterlassen.

§ 311. Chlorcäsium krystallisirt in kleinen Würfeln oder federförmigen Gruppen, CsCl, die in dunkler Rothgluth schmelzen und weiter erhitzt, sich leicht verflüchtigen. Das Salz zieht schnell Wasser an und zerfliesst. Seine Lösung giebt mit Platinchlorid einen gelben Niederschlag, $CsCl + PtCl^2$, auf dessen Schwerlöslichkeit in Wasser die Gewinnung der Cäsiumverbindungen beruht (§ 304). Chlorcäsium, CsCl.

Rubidium (Rb = 85,36).

§ 312. Dieses Metall findet sich fast in allen den Mineralquellen, in denen Cäsiumverbindungen vorkommen, in untergeordneter Menge. Im Lepidolith und andern Lithionglimmern dagegen findet es sich reichlicher als Cäsium, weshalb man zweckmässiger diese Glimmer zu seiner Gewinnung benutzt. Vorkommen.

§ 313. Zur Darstellung des Rubidiums verfährt man eben so wie bei der des Cäsiums (§ 306) und das Resultat der Operation ist genau dasselbe. Von den Eigenschaften desselben lässt sich daher nichts mehr als von denen des Cäsiums sagen, nur ist es negativer als dieses, dagegen positiver als Kalium. Darstellung und Eigenschaften.

§ 314. Rubidion wird auf dieselbe Weise wie Cäsion als Hydrat gewonnen, $\dot{R}b\dot{H}$, und besitzt die nämlichen Eigenschaften der Schmelzbarkeit, Flüchtigkeit, Zerfliesslichkeit und starken Alkalinität. Auch die Verbindungen des Oxyds mit Säuren gleichen den entsprechenden des Cäsiums derartig, dass, wo deutliche Krystallform erkennbar war, auch Isomorphismus beobachtet wurde. In einigen Eigenschaften nur weichen einzelne Verbindungen von einander ab; so z. B. löst sich das neu- Rubidionhydrat, $\dot{R}b\dot{H}$. Salze desselben.

trale kohlensaure Salz in absolutem Alkohol fast gar nicht, das salpetersaure bei 0° in 5 Th. Wasser, das Platinchloriddoppelsalz bei +20° in 780 Th.

Chlorrubidium. Das Chlorrubidium, welches als Ausgangspunkt für die Darstellung der übrigen Verbindungen dient, krystallisirt in luftbeständigen Würfeln, die erhitzt decrepitiren, schmelzen und sich schnell verflüchtigen. Man gewinnt es am besten aus dem Lepidolith, welcher 0,24 pCt. Rubidion als Silicat enthält, indem man denselben eben so wie zur Darstellung des Chlorlithiums (§ 302) und die Doppelchloride des Platins nach § 304 behandelt.

Die bemerkenswerthe Analogie der Cäsium- und Rubidiumverbindungen mit denen der ältern Alkalien, insonderheit des Kaliums, tritt am deutlichsten hervor in der Isomorphie der schwefelsauren Salze und deren Verbindungen mit den Sulphatendes Kobalt- und Nickeloxyduls und der Thonerde, ebenso in der Isomorphie der Chloride und deren Verbindungen mit Platinchlorid.

6. Ammonium (?) Ammoniakverbindungen.

Das Radical der Ammoniaksalze. § 315. Die wässerige Lösung des Ammoniaks (§ 53) liefert bei Zusatz von Sauer- oder Wasserstoffsäuren eine Reihe von salzartigen Verbindungen, welche denen der Alkalien, besonders des Kaliums, so ähnlich sind, dass man in ihnen, wie in diesen, ein metallisches Radical annehmen kann, welches, in den Sauerstoffsalzen mit 1 Atom Sauerstoff verbunden, die Basis bildet, mit den Halogenen aber direct zu Haloidsalzen sich vereinigt. Diese salzartigen Verbindungen bestehen, wenn in ihnen Sauerstoffsäuren enthalten sind, mindestens aus 1 Aeq. NH^3, 1 Aeq. der wasserfreien Säure und 1 Aeq. Wasser; wenn sie zur Klasse der Haloidsalze gehören, aus 1 Aeq. NH^3, 1 Aeq. H und 1 Aeq. des Halogens. [Beisp.: schwefelsaures Salz = NH^3, $\dot{H}$, $\dddot{S}$, Chlorid = NH^3, H, Cl.] Das Radical in ihnen muss also aus NH^4 bestehen; es hat aber bisher noch nicht isolirt dargestellt werden können. Darstellung des Ammoniums. Man erhält es als glänzendes, oft krystallinisches Amalgam, wenn Quecksilber mit Ammoniakflüssigkeit übergossen und mit dem negativen Pol einer voltaischen Säule in Verbindung gebracht wird, während man den positiven Pol in das Ammoniak taucht. Es bildet sich auch durch Zersetzung des Natriumamalgams mit einer Salmiaklösung. Das Quecksilber schwillt im letztern Fall zu einer breiähnlichen Masse auf, welche aber bald wieder zusammenfällt, während sich Ammoniakgas und Wasserstoff entwickeln, und zwar auf je 1 Aeq. NH^3 1 Aeq. H; es ist also in jenem Amalgam das Quecksilber mit einem Körper verbunden, der aus NH^4 besteht, sich aber sogleich zersetzt, sobald er vom Quecksilber sich trennt. Dieses Radical ist Ammonium genannt worden, seine Sauerstoffsalze müssen also nach Analogie der andern Metallsalze Ammoniumoxydsalze heissen und die Basis derselben $N\dot{H}^4$ geschrieben werden. Sie werden indessen meistentheils, wie auch die Haloidsalze des Ammoniums, mit dem gebräuchlicheren Namen „Ammoniaksalze" bezeichnet. Man kann auch, um sich von jeder Hypothese frei zu halten, die Basis in den Sauerstoffsalzen des Ammoniaks als bestehend aus Ammoniak und Wasser $NH^3 + \dot{H}$ ansehen, dann nennt man sie Ammoniakhydrat und schreibt sie $NH^3\dot{H}$, z. B. schwefelsaures Ammoniak: $N\dot{H}^4\dddot{S}$ oder $NH^3\dot{H}\dddot{S}$; Chlorammonium: NH^4Cl oder NH^3HCl (Chlorwasserstoff-Ammoniak).

Obwohl das Ammonium kein isolirbares Radical ist, so ist die Annahme desselben doch eine wohlbegründete, hauptsächlich durch die Analogie mit andern zusammengesetzten Körpern, die sich wie einfache verhalten (§ 131) und denen wir in den organischen Körpern Schritt auf Schritt begegnen, aber auch durch die höchst bemerkenswerthen Verbindungen, welche sich mit Hülfe solcher organischer Radicale von dem Ammoniak ableiten lassen. Ein Beispiel möge dies vorläufig erläutern. Unter den vielen organischen Radicalen besteht eines — Aethyl — aus (C^4H^5), von diesem können sich 4 Aeq. mit 1 Aeq. Stickstoff und 1 Aeq. Sauerstoff vereinigen und dieser Atomencomplex hat alsdann die Eigenschaften der stärksten Basen — wie die Alkalien. Und, was besonders hervorzuheben ist, diese Verbindung wird aus dem Ammoniak dargestellt. Sie ist also ganz analog dem in Wasser gelösten Ammoniak (§ 317), und wenn wir in der Formel die Analogie veranschaulichen wollen, so schreiben wir so:

$$N\left\{\begin{matrix} H \\ H \\ H \\ H \end{matrix}\right\}O \qquad\qquad N\left\{\begin{matrix} (C^4H^5) \\ (C^4H^5) \\ (C^4H^5) \\ (C^4H^5) \end{matrix}\right\}O$$

Ammoniumoxyd, äthylirtes Ammoniumoxyd.

Ammoniak und wasserfreie Säuren.

§ 316. Das Ammoniak, NH^3, kann zwar auch mit wasserfreien Sauerstoffsäuren krystallinische Verbindungen eingehen, diese aber verhalten sich anders als die entsprechenden Salze der fixen Alkalien und verwandeln sich erst in solche, wenn sie mit Wasser in Berührung kommen (§ 321). Es gehört daher zur wesentlichen Zusammensetzung der Ammoniak-Sauerstoffsalze ausser der Säure und NH^3 noch 1 Aeq. Wasserstoff und 1 Aeq. Sauerstoff, welche durch keine erhöhte Temperatur entfernt werden können, ohne das Salz zu zersetzen. Eben so gehört zur Zusammensetzung der Ammoniak-Haloidsalze ausser NH^3 noch 1 Aeq. Wasserstoff, denn ein Halogen, mit NH^3 in Berührung gebracht, zersetzt dieses unter Abscheidung von Stickstoff. Mit den Wasserstoffsäuren, in denen jenes 1 Aeq. Wasserstoff vorhanden ist, verbindet sich NH^3 direct zu Haloidsalzen.

Die Ammoniakflüssigkeit.

§ 317. Dass die Auflösung des Ammoniakgases in Wasser (§ 54) als die Lösung des Oxyds jenes unbekannten metallähnlichen Radicals NH^4 betrachtet werden kann, geht aus ihrem Verhalten sowohl gegen Säuren als auch gegen eine grosse Menge von andern Metallsalzen hervor. Die Verwandtschaftskraft des in dieser Lösung enthaltenen Oxyds zu den Säuren ist nur wenig geringer als die der bisher angeführten Alkalien und es werden daher durch seine Lösung eine grosse Anzahl Metalloxyde aus ihren Verbindungen mit Säuren ausgeschieden.

Salze des Ammoniaks.

§ 318. Die Salze des Ammoniaks sind meist farblos, krystallisirbar und dann mit den entsprechenden Kalisalzen isomorph; alle verflüchtigen sich in erhöhter Temperatur, theils unzersetzt (wie z. B. Salmiak), theils zersetzt (wie das schwefelsaure Ammoniak). In Lösungen sind sie leicht erkennbar durch die Eigenschaften des Ammoniaks (§ 54), welches sich bei Zusatz von Kalilauge zu der kochenden Lösung entwickelt und an dem gelben Niederschlag, den Platinchlorid in ihnen hervorbringt.

Kohlensaures Ammoniak. Darstellung desselben aus thierischen Substanzen,

§ 319. Kohlensaures Ammoniak ist dasjenige Salz, aus welchem fast alle andern Ammoniaksalze dargestellt werden. Es bildet sich bei der Fäulniss und trocknen Destillation thierischer Substanzen. Die gewöhnlichste Bereitungsweise desselben ist folgende: Knochen [z. B. Hirchhorn *)], Haut, Haare, wollene

*) Daher der Name „spiritus cornu cervi," „Sal cornu cervi volatile."

Lumpen, Hornabfälle werden in eisernen Cylindern oder Kesseln *K* (Fig. 51) allmählig bis zur Rothgluth erhitzt. Dabei bildet sich ein schwerflüchtiger ölartiger Körper (thierisches Oel) und Wasser, welches nebst einem Theil der Ammoniaksalze in dem

Fig. 51.

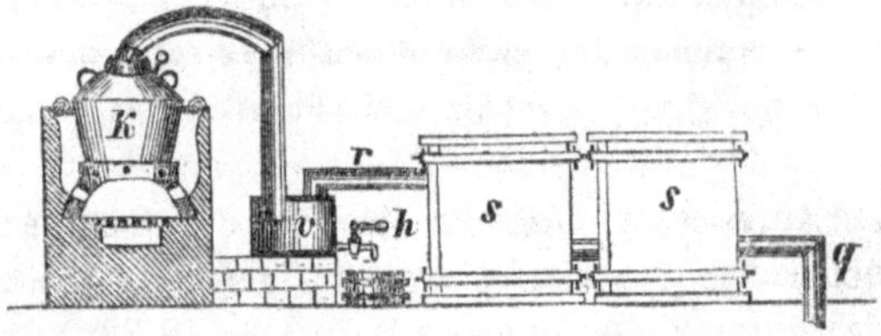

Gefäss *v* sich verdichtet und mittelst des Hahnes *h* zeitweilig abgezapft wird. Die Gase ziehen durch *r* in die aus Sandsteinplatten zusammengefügten Kästen *s, s* und hier verdichtet sich namentlich das kohlensaure Ammoniak als festes Sublimat, durchtränkt mit einem braunen Oel **(rohes Hirschhornsalz)**, die nicht verdichtbaren Gase ziehen durch *q* ab. In den Kesseln bleibt eine stickstoffhaltige Kohle zurück, die in Zucker- und Blutlaugensalzfabriken angewendet wird. Um aus der Lösung das kohlensaure Ammoniak in fester Gestalt zu erhalten, wird dieselbe, nachdem das mit übergegangene thierische Oel **(Hirschhornöl, oleum cornu cervi)** abgeschöpft ist, eingedampft und die zurückbleibende braune Salzmasse, mit Thierkohle gemengt und überschichtet, der Sublimation unterworfen. Diese führt man meist in eisernen Kesseln aus, deren Abzugsrohr nach einer langen, von kaltem Wasser in sich erneuerndem Wechsel umgebenen Verdichtungskammer führt. Von hier aus leitet ein Rohr das durch partielle Zersetzung entstandene Ammoniak in einen Cylinder, der Hürden mit Schwefelsäure getränkter Coaksstücke enthält. Man stellt auch das kohlensaure Ammoniak dar durch Erhitzen eines Gemenges von Salmiak (§ 326), oder schwefelsaurem Ammoniak (§ 320) und kohlensaurer Kalkerde in gläsernen oder eisernen Kolben, an welche gläserne Vorlagen befestigt sind, in denen das sublimirte kohlensaure Ammoniak sich ansetzt. — Das so dargestellte Salz des Handels besteht frisch bereitet aus a n d e r t h a l b - k o h l e n s a u r e m A m m o n i a k $(\dot{N}H^4)^2 C^3$; es ist eine weisse krystallinische Masse, die stark nach Ammoniak

Oleum animale foetidum,

aus Salmiak und kohlensaurem Kalk.

Eigenschaften. $(\dot{N}H^4)^2 \ddot{C}^3$.

riecht, an der Luft Kohlensäure und Ammoniak verliert und sich in zweifach-kohlensaures Ammoniak verwandelt. Es findet vielfache Anwendung und dient meistens zur Darstellung anderer Ammoniaksalze. Ein durch ätherisches Thieröl (s. oben) verunreinigtes oder mit bestimmten Mengen desselben geflissentlich vermischtes kohlensaures Ammoniak findet Anwendung in der Heilkunde als **Ammonium carbonicum pyro-oleosum.** Ehemals wurde das rohe Hirschhornsalz der Fabriken statt dessen gebraucht.

Ammon. carbon. pyro-oleos.

Verwendung der Destillationsproducte der Steinkohlen und des gefaulten Urins.

Kohlensaures Ammoniak ist auch in den flüssigen Destillationsproducten der Steinkohlen und im gefaulten Urin, in welchem es sich durch Zersetzung des Harnstoffs (§ 325) bildet, enthalten. Diese Lösungen aber können zur Darstellung des festen kohlensauren Ammoniaks nicht zweckmässig direct verwendet werden, weshalb man sie zur Darstellung anderer Ammoniaksalze, besonders des schwefelsauren Ammoniaks und des Salmiaks, benutzt.

$\dot{N}H^4\ddot{C}$.

Neutrales kohlensaures Ammoniak, $NH^3\dot{H}\ddot{C}$, ist bis jetzt noch nicht in fester Gestalt bekannt, aber in Wasser gelöst erhält man es, wenn man die Lösung des anderthalb kohlensauren Salzes eine Zeitlang erhitzt. Bei zu lange fortgesetztem Kochen entweicht wieder Ammoniak aus dem neutralen Salz.

$\dot{N}H^4\ddot{C}+\dot{H}\ddot{C}$.

Zweifach-kohlensaures Ammoniak kommt bisweilen in grossen Massen in Guanolagern *) an der Westküste Patagoniens vor. Es bildet sich aus dem anderthalb-kohlensauren Ammoniak und kann gut krystallisirt, $\dot{N}H^4\ddot{C}+\dot{H}\ddot{C}$, erhalten werden. Es riecht nicht nach Ammoniak und verliert beim Kochen mit Wasser Kohlensäure.

Schwefelsaures Ammoniak. $\dot{N}H^4\dddot{S}$.

§ 320. Schwefelsaures Ammoniak, $\dot{N}H^4\dddot{S}$, bildet sich durch Absättigung der Schwefelsäure mit Ammoniakflüssigkeit oder mit der wässerigen Flüssigkeit von der Destillation thierischer Substanzen (§ 318) oder der Steinkohlen (§ 129). Es wird aus der Lösung in Krystallen erhalten, die bei erhöhter Temperatur schmelzen und in gesteigerter Hitze sich zersetzen, indem schwefligsaures Ammoniak sublimirt. Man wendet

*) Guano oder Huano sind die Excremente von Seevögeln, die sich in grossen Lagern an der Westküste Südamerikas und in Afrika finden.

dieses Salz an zur Darstellung des kohlensauren Ammoniaks ($N\dot{H}^4\dddot{S}$ und $\dot{Ca}\ddot{C} = \dot{Ca}\dddot{S}$ und $N\dot{H}^4\ddot{C}$), des Ammoniakalauns (§ 393), des Salmiaks (§ 326) und des Ammoniaks.

Es giebt ausserdem noch saure Salze, von denen das eine, $N\dot{H}^4\dddot{S}+\dot{H}\dddot{S}$ in geraden, das andere $3(N\dot{H}^4\dddot{S})+\dot{H}\dddot{S}$ in schiefen, rhombischen Prismen krystallisirt. Das erstere liefert mit Oxalsäure eine krystallinische Verbindung: $N\dot{H}^4\dddot{S}+\dot{H}\dddot{S}+\dot{H}\dddot{\overline{C}}$.

Wasserfreie Schwefelsäure und wasserfreies Ammoniak.

§ 321. Wasserfreie Schwefelsäure und wasserfreies Ammoniak (NH^3) verbinden sich zu einer salzähnlichen Masse, die aber in ihrem Verhalten gegen Barytsalze von dem eben erwähnten schwefelsauren Ammoniak abweicht, jedoch in dieses übergeht, wenn sie lange Zeit mit Wasser in Berührung war oder darin gekocht wird. Sie besteht anfangs aus 1 At. NH^3 und 1 At. $\dddot{S}$, nach vollendeter Einwirkung des Ammoniaks in der Schmelzhitze aus $3NH^3$ und $4\dddot{S}$, löst sich im Wasser und wird durch Chlorbaryum nicht gefällt, der Sauerstoff ist also darin nicht mit dem Schwefel zu Schwefelsäure vereinigt, sondern die Elemente der Verbindung sind anders gruppirt. Zum Unterschied von dem schwefelsauren Ammoniak hat man sie „Sulphat-Ammon" genannt. Sie besteht aus saurem sulphaminsaurem Ammoniak, $N\dot{H}^4(NH^2S^2O^5)+\dot{H}(NH^2S^2O^5)$.

Sulphamin-Säure.

Salpetersaures Ammoniak, $N\dot{H}^4\overset{\cdot\cdot\cdot\cdot\cdot}{N}$.

§ 322. Salpetersaures Ammoniak, $N\dot{H}^4\overset{\cdot\cdot\cdot\cdot\cdot}{N}$, wird durch directe Vereinigung der beiden Bestandtheile des Salzes dargestellt. Die geraden rhombischen Krystalle, welche sehr leicht löslich sind, ziehen Wasser aus der Luft an. Beim Erhitzen zerlegen sie sich in Stickoxydul und Wasser (§ 50). Es findet sich in geringen Mengen im Regenwasser und unter den Salzen, die bei der künstlichen Salpetererzeugung in den Erdhaufen der Salpeterplantagen (p. 199) vorkommen.

Chlorsaures Ammoniak, $N\dot{H}^4\overset{\cdot\cdot\cdot\cdot\cdot}{Cl}$.

§ 323. Chlorsaures Ammoniak, $N\dot{H}^4\overset{\cdot\cdot\cdot\cdot\cdot}{Cl}$, ebenfalls auf directe Weise dargestellt, bildet nadelförmige farblose Krystalle, die im trocknen Zustande gelb werden und von selbst mit grosser Heftigkeit explodiren, indem sich wahrscheinlich Chlorstickstoff bildet.

Phosphorsaures Ammoniak-Natron.

§ 324. Phosphorsaures Natron-Ammoniak erhält man in glänzenden Krystallen, $(\dot{Na}+N\dot{H}^4+\dot{H})\overset{\cdot\cdot\cdot\cdot\cdot}{P}+8\dot{H}$, welche bei starkem Erhitzen alles Ammoniak und Wasser verlieren, in metaphosphorsaures Natron übergehen und zu einer farblosen glasähnlichen Perle schmelzen. Man benutzt sie unter dem Namen *Phosphorsalz* zu Löthrohrversuchen, wie Borax (§ 292). Schon in alter Zeit gewann man dieses Salz durch Abdampfen faulen Urins und nannte es „sal mikrokosmicum" oder „sal urinae fusibile."

Cyansaures Ammoniak, $\dot{N}H^4\dot{C}y$.

§ 325. Cyansaures Ammoniak, $\dot{N}H^4\dot{C}y$, erhalten durch Zersetzung des cyansauren Kalis mit schwefelsaurem Ammoniak, ist besonders dadurch bemerkenswerth, dass es durch blosses Sieden seiner wässerigen Lösung ohne Aenderung seiner Zusammensetzung, in einen Stoff umgewandelt wird, den der menschliche Körper täglich im Urin aussondert, in den Harnstoff, $C^2N^2H^4O^2$ (= $NH^3\acute{H}C^2NO$). Da dieser in wässeriger Lösung unter gewissen Bedingungen leicht sich zerlegt und dabei kohlensaures Ammoniak entsteht ($C^2N^2H^4O^2$ und $4\dot{H} = C^2O^4N^2H^8O^2$, d. i. $2.\dot{N}H^4\ddot{C}$), so findet sich hierin die Erklärung für die Anwendung des gefaulten Urins zur Darstellung von Ammoniaksalzen (§ 326).

Chlorwasserstoff-Ammoniak, NH^4Cl, Salmiak.

§ 326. Chlorammonium, NH^4Cl, Chlorwasserstoff-Ammoniak, **Salmiak.** Dieses Salz entsteht, wenn Ammoniak- und Chlorwasserstoffgas zusammentreffen; man findet es auch in den Kratern oder frischen Laven mancher Vulcane und an einigen Orten, wo heisse Dämpfe oberhalb brennender Steinkohlenlager aus der Erde treten, spurenweis im Meerwasser und einigen Mineralquellen. Es wurde zuerst in Libyen aus dem Russ von Kameelmist durch Erhitzen bereitet*) und solches kommt auch heut noch in geringer Menge als ägyptischer Salmiak in den Handel in runden schwärzlichen Scheiben oder weissen glockenförmigen Stücken. Jetzt wird es in grossen Mengen fabrikmässig dargestellt, theils durch Vermischen der wässerigen Flüssigkeit von der Destillation der thierischen Substanzen (§ 319) mit Salzsäure oder Chlorcalcium, Reinigung von dem braunen Farbstoff und Umkrystallisiren oder Sublimiren; theils aus dem gefaulten Urin (§ 325), indem das kohlensaure Ammoniak desselben durch Zusatz von Gyps (schwefelsaurer Kalkerde, $\dot{C}a\dddot{S}$) in kohlensaure Kalkerde und schwefelsaures Am-

Ammoniac. hydrochloratum.

*) Von der Oase oder dem Tempel des Jupiter Ammon in Libyen hat (dieses Land den Namen Ammonien? und) das obige Salz den Namen Sal ammoniacum erhalten.

moniak zerlegt wird ($\dot{N}H^4\ddot{C}$ und $\dot{Ca}\dddot{S} = \dot{N}H^4\dddot{S}$ und $\dot{Ca}\ddot{C}$). Wenn man letzteres mit Zusatz von Kochsalz abdampft, so krystallisirt zuerst Glaubersalz und Salmiak bleibt in Lösung ($\dot{N}H^4\dddot{S}$ und $NaCl = NH^4Cl$ und $\dot{Na}\dddot{S}$). Der hierauf durch Krystallisation erhaltene Salmiak wird getrocknet und alsdann der Sublimation unterworfen, oder umkrystallisirt als Salmiak in Zuckerhutform verkauft. Der sublimirte käufliche Salmiak hat meist die Form von concav-convexen Kuchen und ist eine zähe, krystallinisch faserige, durchscheinende Salzmasse, die sich schwer pulvern lässt. Reiner Salmiak krystallisirt in Oktaëdern, Würfeln und zuweilen in Trapezoëdern, meist in federförmig an einander gereihten Individuen. Er sublimirt bei erhöhter Temperatur unzersetzt, ohne vorher zu schmelzen, schmeckt scharf salzig und löst sich leicht in kaltem und gleichen Theilen kochenden Wassers.

Salmiak in Hüten, in Kuchen.

Es dient in der Regel zur Darstellung des kaustischen (§ 53) und kohlensauren Ammoniaks und bei den Metallarbeitern zum Löthen von Zinn und Messingwaaren.

Schwefelverbindungen des Ammoniaks.

§ 327. Unter den Schwefelverbindungen des Ammoniums kennt man drei gut characterisirte: das Einfach-, Fünffach- und Siebenfach-Schwefelammonium.

Einfach-,

Schwefelammonium, NH^4S, entsteht durch Zusammenleiten von Schwefelwasserstoff mit Ammoniakgas im Ueberschuss bei —18°. Es ist eine krystallisirte, leicht zersetzbare Verbindung.

Fünffach-, Siebenfach-Schwefelammonium.

Fünffach-Schwefelammonium, NH^4S^5, und Siebenfach-Schwefelammonium, NH^4S^7, erhält man durch Sättigen von Wasser mit Ammoniak- und Schwefelwasserstoffgas abwechselnd und so lange bis sich Krystalle ausscheiden, die nachher durch erhöhte Temperatur wieder gelöst werden. In verschlossenen Gefässen scheiden sich dann orangefarbene Krystalle von NH^4S^5 aus, welche durch Verlust von Schwefelwasserstoff und Ammoniak in rubinrothe Krystalle von NH^4S^7 übergehen.

Schwefelwasserstoff-Ammoniak, NH^4S+HS.

§ 328. Von diesen Schwefelverbindungen ist das Einfach-Schwefelammonium eine starke Salzbasis und liefert eine zahlreiche Menge Schwefelsalze, unter welchen das wichtigste das

Ammoniumsulphhydrat, NH^4S+HS, ist. Dieses Salz kann in farblosen Blättchen krystallisirt erhalten werden. Gewöhnlich bewahrt man seine wässerige Lösung unter dem Namen Schwefelammon auf und benutzt sie als ein in der analytischen Chemie unentbehrliches Reagens. Es wird dargestellt durch Einleiten von Schwefelwasserstoffgas in eine zur Hälfte verdünnte Ammoniakflüssigkeit, so lange bis letztere gesättigt ist. Anfangs ist die Flüssigkeit farblos, eine Zeit lang mit der Luft in Berührung wird sie gelblich, weil ein Theil Schwefel, durch Oxydation des Ammoniums aus der Verbindung abgeschieden, in dem übrigen unzersetzten Theil der Flüssigkeit sich löst. Sehr lange Zeit der Luft ausgesetzt, wird die gelbe Farbe intensiver, es scheidet sich dann Schwefel, oft in Krystallen, aus und zuletzt enthält die Lösung gar kein Schwefelwasserstoff-Ammoniak mehr, hat also ihre Wirkungskraft verloren. Ihre hauptsächlichste Anwendung beruht nämlich auf der Eigenschaft, dass NH^4S mit gewissen Sulphiden lösliche Verbindungen eingeht, die man von andern unlöslichen Schwefelmetallen trennen kann. [Beisp.: aus einem Gemenge von Schwefelblei und Schwefelantimon zieht Schwefelammon das letztere aus, indem sich das lösliche Salz Ammonium-Antimonsulphür bildet: SbS^3 und $NH^4S + HS = NH^4S + SbS^3$ und HS.]

Metalle der alkalischen Erden.

Allgemeine Eigenschaften. § 329. Zu dieser Gruppe gehören vier Metalle: Baryum, Strontium, Calcium und Magnesium, die in manchen Eigenschaften, z. B. der leichten Oxydirbarkeit an der Luft und im Wasser, den Metallen der Alkalien ähneln, aber durch höheres spec. Gew. (zwischen 1,57 und 2,5) und bedeutend höhere Schmelzpunkte von ihnen abweichen. Ihre Oxyde — die alkalischen Erden — sind zwar ebenfalls starke Basen und haben ätzenden Geschmack und grosse Verwandtschaft zum Wasser, aber alles dies weniger stark als die Alkalien. Sie lösen sich weit spärlicher in Wasser, das Oxyd des Magnesiums sogar fast nicht und diese Lösungen trüben sich an der Luft durch Kohlensäureaufnahme; denn ihre kohlensauren Salze sind unlöslich.

7. Baryum ($Ba = 68,58$).

Vorkommen. § 330. Es findet sich als Oxyd am verbreitetsten im **Schwerspath** und **Witherit**, welche theils krystallisirt, theils in derben Massen vorkommen, spärlich in einigen Mineralwässern.

§ 331. Man stellt das Baryum mittelst der galvanischen Säule genau so wie das Lithium dar (§ 299). **Darstellung.**

§ 332. Ein gelbes, glänzendes Metallpulver, welches sich an der Luft und in Wasser schnell oxydirt. Es hat zwei Oxydationsstufen: ein Oxyd und Superoxyd. **Eigenschaften.**

§ 333. Baryterde, $\dot{Ba}$, Baryumoxyd, ist die Basis der meisten im Mineralreich vorkommenden Salze des Baryums. Es wird wasserfrei durch Glühen des salpetersauren Salzes (§ 337) dargestellt, und ist ein grauweisses, erdiges Pulver, welches grosse Verwandtschaft zum Wasser und zur Kohlensäure hat, erst bei starker Weissglühhitze schmilzt und sich nicht verflüchtigt. Sein spec. Gewicht ist 4, das höchste unter denen der Alkalien und alkalischen Erden. Es löst sich in 29 Th. Wasser und verbindet sich damit unter starker Wärmeentwickelung; aus der Lösung kann man Krystalle, $\dot{Ba} + 9\dot{H}$, erhalten, die durch erhöhte Temperatur alles Wasser bis auf 1 Atom verlieren, welches selbst durch die stärkste Hitze nicht zu entfernen ist. Die Krystalle, wie die Lösung derselben (das sogenannte Barytwasser), ziehen Kohlensäure aus der Luft an und die Lösung trübt sich durch die in Wasser unlösliche kohlensaure Baryterde. Baryterdehydrat wird in der Regel durch Kochen einer Schwefelbaryumlösung (§ 340) mit Kupferoxyd bereitet (BaS, $\dot{H}$ und $\dot{Cu} = CuS$ und $\dot{Ba}\dot{H}$); Schwefelkupfer scheidet sich unlöslich aus und Baryterdehydrat bleibt gelöst. Die Lösung der Baryterde reagirt alkalisch und ist giftig, wie alle ihre löslichen Salze. **Baryumoxyd, $\dot{Ba}$. Baryterde.** **Baryterdehydrat, $\dot{Ba}\dot{H}$. $\dot{Ba} + 9\dot{H}$.** **Darstellung.**

§ 334. Baryumsuperoxyd, $\ddot{Ba}$, bildet sich beim gelinden Glühen der Baryterde in Sauerstoffgas oder in kohlensäurefreier, schwach feuchter Luft. Das weissgraue Pulver, welches mit Wasser ein weisses Hydrat bildet, zerlegt sich mit Wasser und Säuren in ein Baryterdesalz und Wasserstoffsuperoxyd (§ 40). Erhitzt man es stark in einem Strom Wasserdampf, so giebt es die Hälfte seines Sauerstoffs wieder ab und das rückbleibende Barythydrat kann von Neuem in Superoxyd verwandelt werden. **Baryumsuperoxyd, $\ddot{Ba}$.**

§ 335. Die Salze des Baryums zeichnen sich im festen Zustande durch ihre Schwere aus, in Lösung durch den weissen, in Wasser und allen verdünnten Säuren unlöslichen Niederschlag, **Salze des Baryums.**

welchen Schwefelsäure darin hervorbringt. Auch durch neutrale phosphorsaure Alkalien werden die Salze des Baryums weiss gefällt und durch Kieselfluorwasserstoffsäure selbst in saurer Lösung. Trockne Barytsalze färben die Flamme des brennenden Alkohols oder des Leuchtgases (§ 138) grün, geben im Spectralapparat eine Anzahl rother und grüner Lichtlinien (§ 303), und finden Anwendung zu grünen Feuersätzen.

Schwefelsaure Baryterde, $\dot{\mathrm{Ba}}\dddot{\mathrm{S}}$.

§ 336. Schwefelsaure Baryterde, $\dot{\mathrm{Ba}}\dddot{\mathrm{S}}$, kommt häufig in grossen rhombischen Krystallen, oft als derbes Mineral vor und wird **Schwerspath** genannt *). Sein spec. Gewicht ist 4,4. Es dient in der Regel zur Darstellung der andern Baryumsalze, muss aber zu diesem Zwecke erst in Schwefelbaryum (§ 340) verwandelt werden, weil der Schwerspath durch Säuren nicht zersetzt wird. Reiner und weisser Schwerspath dient theils selbst als Anstrichfarbe **(Permanentweiss)**, theils wird er nicht selten dem Bleiweiss (s. d.) beigemischt. Das bei vielen Zersetzungen als Nebenproduct auftretende Salz sucht man auf die mannigfachste Weise, namentlich zu Farbewaaren, zu verwerthen, und zu diesem Zwecke wird es sowohl trocken, in Brode geformt, als auch nass als Teig in den Handel gebracht. Seine Anwendung ist ungefährlicher als die anderer weisser Farbematerialien, weil die sonst giftigen Eigenschaften der Barytsalze an dem schwefelsauren sich nicht zeigen.

Salpetersaure Baryterde, $\dot{\mathrm{Ba}}\overset{\cdot\cdot\cdot\cdot\cdot}{\bar{\mathrm{N}}}$.

§ 337. Salpetersaure Baryterde, $\dot{\mathrm{Ba}}\overset{\cdot\cdot\cdot\cdot\cdot}{\bar{\mathrm{N}}}$, erhält man durch Zersetzung des Schwefelbaryums oder der kohlensauren Baryterde mit Salpetersäure. Dieses Salz krystallisirt wasserfrei in Oktaëdern, löst sich in $12\frac{1}{2}$ Th. kalten und 3 Th. kochenden Wassers, viel weniger leicht in Salpetersäure oder Salzsäure, fast gar nicht in Weingeist. Beim Erhitzen decrepitiren die Krystalle, bei erhöhter Temperatur schmelzen sie unter Zersetzung der Salpetersäure, an der Luft bleiben sie unverändert, fein gepulvert aber ziehen sie, wie jedes feine Pulver, Feuchtigkeit aus der Luft an. Die salpetersaure Baryterde dient als Zusatz bei Anfertigung grüner Feuersätze.

---

*) Dieses Mineral, welches man von den Baryumsalzen zuerst kannte, wurde wegen seiner Schwere in Vergleich zu den andern bekannten Erden anfangs Schwererde, dann Barytes (von *βαρὺς* schwer) genannt und das weit später entdeckte Metall Baryum.

§ 338. Kohlensaure Baryterde, $\dot{Ba}\ddot{C}$, findet sich als Mineral **Witherit**, selten in deutlichen rhombischen Krystallen, häufiger in derben, faserigen Aggregaten. Spec. Gewicht = 4,2—4,3. Durch Fällung von einem löslichen Baryumsalze mit kohlensaurem Alkali scheidet sie sich als feines erdiges, geruch- und geschmackloses Pulver aus, fast unlöslich in reinem, löslich in kohlensaurem Wasser. Sie verliert in sehr heftiger Glühhitze (vor dem Löthrohr z. B.) ihre Kohlensäure. Wo man reichliche Mengen Witherit zur Verfügung hat, stellt man aus ihm die andern löslichen Salze der Baryterde dar. Kohlensaure Baryterde, $\dot{Ba}\ddot{C}$.

§ 339. Chlorbaryum, BaCl, dargestellt durch Zersetzung des Schwefelbaryums mit Salzsäure, krystallisirt in tafelförmigen Krystallen, $BaCl + 2\dot{H}$, die beim Erhitzen ihr Wasser verlieren, in starker Rothgluth schmelzen und leicht löslich in Wasser, schwer löslich in Salz- oder Salpetersäure sind. Um es von einem etwaigen Gehalt von Chlorcalcium zu befreien, versetzt man die Lösung mit Barytwasser und leitet Kohlensäure ein. Es wird, in Wasser gelöst, als Reagens auf Schwefelsäure gebraucht. Chlorbaryum, $BaCl + 2\dot{H}$.

§ 340. Schwefelbaryum, BaS, stellt man gemeiniglich durch Glühen eines innigen Gemenges von Schwerspathpulver mit Kohle, Harz oder Mehl ($\dot{Ba}\ddot{S}$ und 4C = BaS und 4$\dot{C}$) dar. Es ist ein weisses, körniges Pulver, welches im Dunkeln leuchtet (Bologneser Leuchtstein), sich in Wasser löst; bei Zutritt der Luft färbt sich die Lösung gelblich und nach längerer Zeit wird sie durch den Sauerstoff und die Kohlensäure gänzlich zersetzt. Durch Zusatz von Säuren zu der Lösung erhält man die Barytsalze der angewandten Säuren (s. o.), indem Schwefelwasserstoff entweicht. Schwefelbaryum mit Wasser übergossen zersetzt sich in ein Schwefelsalz (Baryumsulphhydrat) und Baryterde (2BaS und $\dot{H}$ = BaS+HS und $\dot{Ba}$). Aus der heissen Lösung sondern sich erst schuppige Krystalle, dann grosse prismatische, $\dot{Ba}$+BaS +28$\dot{H}$, aus. Schwefelbaryum, $\overset{\prime}{Ba}$.

8. Strontium (Sr = 43,75).

§ 341. Kommt als Oxyd im **Coelestin** (§ 346) und **Strontianit** (§ 347) vor. Letzteres Mineral wurde beim Dorfe Stron- Vorkommen tian in Argyleshire (England) gefunden und davon erhielten das Metall und seine Verbindungen den Namen.

Darstellung. § 342. Durch Elektrolyse des schmelzenden Chlorstrontiums auf ähnliche Weise wie das Baryum.

Eigenschaften. § 343. Das Strontium ist ein gelbes, glänzendes, dehnbares Metall von 2,5 — 2,58 spec. Gewicht, schmilzt in Rothgluth, zersetzt Wasser bei gewöhnlicher Temperatur, oxydirt sich daher in feuchter Luft sogleich. In trockner Luft ist es beständig, mit Chlor-, Brom-, Jod- und Schwefelgas verbindet es sich unter Lichtentwickelung, in Sauerstoff verbrennt es mit intensivem weissem Licht.

Es hat zwei Oxydationsstufen, denen des Baryums ähnlich und analog zusammengesetzt, und gleicht überhaupt in seinen Verbindungen denen des Baryums ausserordentlich.

Strontianerde, $\dot{Sr}$. § 344. Strontianerde, $\dot{Sr}$, das niedrigere Oxyd des Strontiums, wird aus dem Schwefelstrontium durch Kupferoxyd dargestellt. Sie löst sich in 130 Th. Wasser von 20°, bildet ein Hydrat, $\dot{Sr}\dot{H}$, welches bei schwachem Glühen schmilzt und in hoher Temperatur sein Wasser verliert. Aus Wasser krystallisirt $\dot{Sr} + 9\dot{H}$.

Salze des Strontiums. § 345. Die Salze des Strontiums werden durch Schwefelsäure gefällt, aber weniger leicht als die des Baryums und sind durch Kieselfluorwasserstoffsäure nicht fällbar. Sie färben die Flamme brennenden Alkohols oder die lichtschwache Gasflamme (§ 138) purpurroth und geben im Spectralapparat rothe und blaue Lichtlinien (§ 303).

Schwefelsaure, $\dot{Sr}\dddot{S}$, § 346. Schwefelsaure Strontianerde, $\dot{Sr}\dddot{S}$, wird von den Mineralogen **Coelestin** genannt, und findet sich theils in schönen Krystallen, theils in stängligen Aggregaten; sie ist nur sehr wenig in Wasser löslich. Durch Glühen derselben mit Kohle wird das Schwefelstrontium dargestellt, welches zur Bereitung der übrigen Strontiansalze zu dienen pflegt.

kohlensaure, $\dot{Sr}\ddot{C}$, § 347. Kohlensaure Strontianerde, $\dot{Sr}\ddot{C}$, heisst **Strontianit** und kommt sowohl in rhombischen Krystallen, als in faserigen und derben Massen vor. Künstlich dargestellt ist sie ein weisses Pulver, fast unlöslich in Wasser.

salpetersaure Strontianerde, $\dot{Sr}\overset{\cdot\cdot\cdot\cdot\cdot}{N}$. § 348. Salpetersaure Strontianerde, $\dot{Sr}\overset{\cdot\cdot\cdot\cdot\cdot}{N}$, krystallisirt bei gewöhnlicher Temperatur wasserfrei in Oktaëdern, bei niedrigerer Temperatur mit 4 At. Wasser in anderer Form. Sie ist in 5 Th. kalten und $\frac{1}{2}$ Th. kochenden Wassers löslich, in absolutem Alkohol unlöslich. Die wasserfreien Krystalle sind luftbeständig und werden zu rothen Feuersätzen angewendet. $\dot{Sr}\ddot{N} + 4\dot{H}$.

§ 349. Chlorstrontium, $SrCl + 6\dot{H}$, bildet zerfliessliche Krystalle, die sich in 2,27 Th. Wasser von 0° und in 19 Th. kochenden absoluten Alkohols lösen, erwärmt ihr Wasser verlieren und in hoher Temperatur schmelzen. Chlorstrontium, $SrCl + 6\dot{H}$.

9. Calcium (Ca = 20,0).

§ 350. Dies Metall ist sehr verbreitet als Oxyd in Verbindung mit Säuren, namentlich mit Kohlensäure (§ 360) und mit Schwefelsäure (§ 361). Vorkommen.

§ 351. Seine Darstellung geschieht entweder auf dieselbe Weise wie die des Strontiums, oder durch Schmelzen des Chlorids mit Zink und Natrium und Erhitzen der erhaltenen Zink-Calcium-Legirung in einem Kohletiegel bei sehr hoher Temperatur. Auch durch Schmelzen des Jodcalciums mit Natrium in eisernen Gefässen erhält man das Metall. Darstellung.

§ 352. Das Calcium ist hellgelb, frisch gefeilt sehr glänzend, sehr ductil, von hakigem Bruch und 1,57—1,8 spec. Gewicht. In trockner Luft beständig, zerfällt es an feuchter Luft schnell, zersetzt Wasser heftig, ebenso verdünnte Säuren; aber in concentrirter Salpetersäure wird es nicht angegriffen. Es schmilzt in Rothgluth und verbrennt dann an der Luft mit grossem Glanz, auch mit Jod-, Brom-, Chlor- und Schwefelgas verbindet es sich unter Feuererscheinung. Eigenschaften.

Es hat zwei Oxyde: eine Salzbase, $\dot{Ca}$, und ein Superoxyd, $\ddot{Ca}$, von denen ersteres das wichtigste ist.

§ 353. Kalkerde, $\dot{Ca}$. Sie wird erhalten durch starkes Glühen von kohlensaurer Kalkerde, am reinsten aus dem Marmor oder aus künstlich dargestellter, reiner, kohlensaurer Kalkerde. Sie ist ein weisses, selbst im stärksten Feuer unschmelzbares Pulver von alkalischer Reaction und ätzendem Geschmack, 2,3 spec. Gewicht, schwer löslich in Wasser, aber leichter in kaltem als in heissem. Mit Wasser verbindet sich die Kalkerde zu einem Hydrat, welches ein feines, weisses Pulver darstellt, sich in 780 Th. Wasser von 18° und in 1500 Th. von 100° Kalkerde, $\dot{Ca}$. Calciumoxyd. Aetzkalk. Kalkhydrat, $\dot{Ca}\dot{H}$.

löst. Bei dieser Verbindung findet eine solche Wärmeentwickelung statt, dass bei gewissen Verhältnissen (2 Th. Kalk auf 1 Th. Wasser) Holz, Stroh und Schiesspulver sich entzünden. Befeuchtet man gebrannten Kalk mit wenig Wasser, so beobachtet man im Dunkeln ein Glühen und Leuchten desselben. Das

Löschen.

Vereinigen des Kalks mit Wasser nennt man das Löschen, gelöschter Kalk ist also Kalkhydrat, Kalkhydrat mit Wasser zu einer Flüssigkeit angerührt, heisst Kalkmilch, und Kalkhydrat mit nur wenig Wasser Kalkbrei. Dieser hält das Wasser stark zurück und trocknet langsam aus, indem er rissig wird und bedeutend schwindet. Unter Luftabschluss und angemessenem Druck erhärtet das Hydrat allmählig zu festem Stein, sonst bleibt es locker wie Kreide. Die Auflösung des Kalks in Wasser (Kalkwasser) reagiert alkalisch und trübt sich an der Luft, indem sich ein Niederschlag von kohlensaurer Kalkerde bildet. Wenn frisch

Zerfallen.

gebrannter Kalk in groben Stücken längere Zeit an der Luft liegt, so zieht er daraus Kohlensäure und Wasser an, zerfällt und löscht sich nicht mehr, weil er eine chemische Verbindung mit Kohlensäure und Wasser, $\dot{Ca}\ddot{C} + \dot{Ca}\dot{H}$, eingegangen ist.

Gewinnung des gebrannten Kalks.

§ 354. Wegen der häufigen Anwendung der Kalkerde, welche gewöhnlich gebrannter Kalk oder schlechthin Kalk genannt wird, benutzt man die an der Erdoberfläche häufig zu Tage stehenden Gebirge, die aus kohlensaurer Kalkerde mit verschiedenen Beimengungen anderer Substanzen bestehen und Kalkstein, Muschelkalk, Kreide u. s. w. (§ 360) heissen. Es werden grosse Stücke des Kalksteins losgebrochen und in Schachtöfen wie Fig. 52 oder ähnlicher Construction gebrannt. Der Schacht *C* besteht aus feuerfesten Steinen *d'*, umgeben von der innern Mauer *d* und dem Mantel *e*. Die äussern Umfangsmauern *B* enthalten Gewölbe *H* zum Trocknen des Brennmaterials u. dgl. und *E* zum Aufnehmen der heissen Asche aus dem Aschenfall *i*. Zuerst wird mit Holz auf dem Boden des Ofens angefeuert und Kalkstein nur bis zur Höhe der drei Feuerungen *b* aufgeworfen, dann aber wird der Ofen bis oben mit Kalkstein vollgefüllt und auf den Rosten *b* mit Torf oder Steinkohlen fortwährend geheizt. Den gebrannten Kalk zieht man alle 12 Stunden aus der während dieser Zeit vermauerten Oeffnung *a*, über welcher sich die Ventilationscanäle *k* befinden, heraus, und ein solcher

Ofen pflegt ununterbrochen im Betrieb zu sein, so lange er aushält.

Fig. 52.

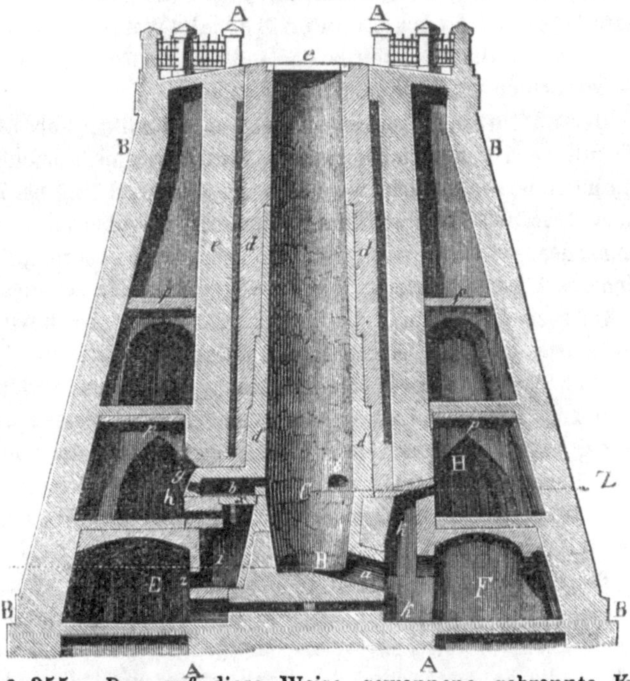

§ 355. Der auf diese Weise gewonnene gebrannte Kalk enthält fast stets als Beimengung Thonerde und Kieselerde, und bisweilen in so grosser Menge, dass sich die Kieselerde, namentlich bei starkem Brennen, mit der Kalkerde und Thonerde chemisch verbunden hat, dann löscht sich ein solcher Kalk nicht mehr und heisst todtgebrannt. Je freier der Kalkstein von fermden Beimengungen ist, desto besser ist der aus ihm gebrannte Kalk (fetter). Man pflegt nicht selten einen Kalkstein anzuwenden, welcher viel kohlensaure Magnesia enthält, und wenn der Gehalt an dieser Beimengung zu hoch steigt, so bildet er beim Löschen keinen zähen Brei und ist unbrauchbar; eine geringe Beimengung von Magnesia ist unschädlich und veranlässt nur trägeres Löschen. Solcher Kalk wird mager genannt. Es kann indessen auch ein sehr reiner Kalkstein magern Kalk liefern, wenn er unvollständig gebrannt ist.

Todtgebrannter Kalk.

Der Mörtel.

§ 356. Die Darstellung des gebrannten Kalkes geschieht vornehmlich zur Anfertigung von Mörtel, dem bekannten Bindemittel zwischen den Bausteinen. Es giebt zwei Arten desselben: *Luftmörtel* und *hydraulischen Mörtel* (Wassermörtel). Ersterer wird zu Bauten, welche der Luft ausgesetzt bleiben, letzterer zu Bauten unter Wasser angewendet.

Luftmörtel.

Der *Luftmörtel* ist ein Gemisch von gelöschtem Kalk (Kalkbrei) mit Sand. Die bindende Kraft kann durch gelöschten Kalk allein nicht hervorgebracht werden, denn dieser erhärtet bei langsamem Trocknen nur zu einer mürben, zerreiblichen Masse. Wenn aber der Kalk mit gröberem Sand oder andern gröbern Steinbruchstücken vermischt wird, so bewirkt die Anziehungskraft des Kalks zu dem Sand, die grösser ist als die der Kalktheile zu einander, dass der Mörtel ein so festes Bindemittel wird wie der Leim zwischen zwei Holzstücken. Der Sand verhindert ausserdem, dass der Kalk sich nicht in grössern Massen neben einander lagern kann und beim nachherigen Austrocknen mürbe wird. Es ist aber deshalb auch wichtig, dass die Mengung der beiden Bestandtheile recht innig sei und dass man das richtige Verhältniss zwischen Kalk und Sand gewählt habe.

Einwirkung der Luft auf Mörtel.

Die Erhärtung des Mörtels an der Luft beruht auf zweierlei: 1) verliert der Mörtel nach und nach Wasser, das durch die porösen Steine, zwischen welche er gedrückt ist, entweicht; 2) zieht die Kalkerde allmählig Kohlensäure an und es bildet sich eine basische Verbindung, $\dot{Ca}\ddot{C} + \dot{Ca}\dot{H}$. Die Vereinigung mit der Kohlensäure geht indess so langsam vor sich, dass in den Mauern von beträchtlicher Dicke selbst nach Jahrhunderten noch nicht aller Kalk kohlensaurer geworden ist. Unter den Ursachen der Erhärtung scheint aber ausser dieser eben angeführten chemischen Veränderung, wodurch der Kalk des Mörtels nach und nach wieder in eine Art Kalkstein übergeht, noch eine andere mitzuwirken, nämlich die Bildung einer Verbindung von Kalkerde mit Kieselsäure, welche Säure sich in den angewandten Materialien, namentlich in den Thonbeimengungen des gebrannten Kalks, in solchem Zustande befinden kann, dass sie sich mit der Kalkerde vereinigt.

Auswitterungen aus Mauern.

Dass fortdauernd eine Einwirkung der Kalkerde auf zufällig in den Bestandtheilen des Mörtels oder der Mauersteine vorhandene Beimengungen statt findet, zeigen die Auswitterungen krystallinischer Salze mancher Mauern, die gewöhnlich mit dem Namen *Mauerfrass* oder *Mauersalpeter* bezeichnet werden. Diese Auswitterungen bestehen aus verschiedenen Salzen, kohlensaurem Natron, Kochsalz, schwefelsaurem Natron, kohlensaurem Kali, Chlorcalcium und salpetersaurer Kalkerde. Sie können theils Bestandtheile des zu Kalk gebrannten Kalksteins, theils Zersetzungsproducte derselben durch den gebrannten Kalk, theils Beimengungen des zum Löschen des Kalks angewandten Wassers sein. In der Regel ist das erste der Fall, seltener rühren sie von den Mauersteinen her, denn sie können sich finden bei Mauern sowohl aus Sandsteinen, als aus Backsteinen. Die Entstehung des kohlensauren Natrons ist oben (§ 287) erklärt, auf ähnliche Weise kann kohlensaures Kali entstehen. Die salpetersaure Kalkerde aber findet sich nur an Mauern, an denen stickstoffhaltige Substanzen (Urin, Mist u. dgl.) in Fäulniss übergehen, oder zu deren Mörtel Wasser angewendet ist, welches salpetersaure Salze enthält. Besonders schädlich wirkt das Kochsalz ein, weil es sich mit Kalkerde in Natron (später kohlensaures Natron) und in Chlorcalcium zerlegt, welches Feuchtigkeit aus der Luft anzieht und die Mauern feucht macht. Mauerfrass.

§ 357. Der hydraulische oder Wassermörtel besteht aus einem Gemenge von Kalkerde mit Kieselsäure oder kieselsäurehaltigen Verbindungen, in denen Kieselsäure enthalten ist, die sich durch Zersetzung von Silicaten auf nassem Wege ausgeschieden hat, wie z. B. im Opal (p. 144) und im Thon (§ 395). Wenn solche Kieselsäure mit Kalkerde und Wasser in Berührung ist, so wirken beide auf einander und verbinden sich nach kürzerer oder längerer Zeit zu kieselsaurer Kalkerde, welche sowohl für sich als auch in Vereinigung mit andern auf dieselbe Weise gebildeten Silicaten die Eigenschaft besitzt, unter Wasser zu erhärten und von diesem weder gelöst noch zersetzt zu werden. Auf dieser Eigenschaft beruht die Anwendung der hydraulischen Kalke. Bestandtheile des hydraulischen Mörtels. Eigenschaften desselben.

Das Material zur Darstellung des Wassermörtels findet sich an vielen Orten in der Natur fertig gebildet vor und bedarf nur des einfachen Brennens, um die Kohlensäure von der Kalkerde zu entfernen und zugleich dadurch die Verbindung der Kieselsäure mit der Thonerde zu lockern. An andern Orten bedient Natürlicher hydraulischer Mörtel.

man sich einer künstlich angefertigten Mischung aus kohlensaurem Kalk mit einem kieselsäurehaltigen Mineral von der oben angeführten Eigenschaft, welches Cäment genannt wird (s. u.). Zu den in der Natur fertig gebildeten geeignetsten, sehr verbreiteten Materialien gehört das unter dem Namen „Mergel" bekannte innige Gemisch von kohlensaurer Kalkerde und Thon, worin der Gehalt des letztern zwischen 13—24 pCt. beträgt. Im Thone der Gegend von London, an den Ufern und im Bett der Themse, auf den Inseln Sheppey und Wight, an den Ufern von Kent, Yorkshire u. a. finden sich elliptische, plattgedrückte Massen, die ungefähr 67 pCt. kohlensauren Kalk, 9 pCt. kohlensaure Magnesia und Eisenoxydul, $4\frac{1}{2}$ pCt. Thonerde und 17 pCt. Kieselerde (in Verbindung mit Thonerde und Eisenoxydul) enthalten; diese geben, vorher gebrannt, gemahlen und gesiebt, einen hydraulischen Kalk, der, mit Wasser übergossen, nach sehr kurzer Zeit erhärtet. Diese Masse wird gewöhnlich im gepulverten Zustande als römischer Cäment in den Handel gebracht. Bisweilen kann auch der magere Kalk (§ 355), der zu Luftmörtel nicht gut taugt, als hydraulischer verwendet werden, wenn er eine hinreichende Menge Kieselerde oder Silicate im angreifbaren Zustande enthält. Er löscht sich zwar langsam, erhärtet aber unter fortdauerndem Einfluss des Wassers. So der Portlandcäment.

Römischer Cäment.

Künstlicher hydraulischer Kalk.

An vielen Orten, wo diese von der Natur bereiteten Materialien sich nicht finden, kann man sie künstlich darstellen durch Zusatz der Cämente zu gebranntem Kalk. Als Cämente *) dienen Mineralien, die Kieselsäure im angreifbaren Zustande enthalten, dahin gehören hauptsächlich der Thon und andere diesem ähnlich zusammengesetzte Substanzen wie der Trass, die Puzzuolane, Rückstände vom Auslaugen des Alaunschiefers (s. u.), Asche von manchen Steinkohlen, Braunkohlen und Torf, und viele Schlacken, die nicht zu viel Eisenoxydul, aber einen Ueberschuss von Kieselerde enthalten. Der Trass und die Puzzuolane sind bimssteinähnliche, zersetzte Massen vulcanischer Gesteine, welche ausser geringen Mengen von Kalkerde, Magnesia, Kali, Natron und Eisenoxyd, zwischen 44—48 pCt. Kieselsäure und 15—19 pCt.

Cämente.

Trass.

*) Man pflegt auch häufig mit dem Namen Cement die hydraulischen Mörtel selbst zu bezeichnen, eigentlich sind es aber nur die Zusätze zum Kalk.

Thonerde enthalten. Der Trass ist eine mürbe, zerreibliche, bald gelbliche, bald graue Erde, die namentlich im Brohlthale in grossen Bänken angeschwemmt ist; die Puzzuolane ist eine mehr weisse, zerreibliche Erde, die bei Puzzuoli (in der Nähe von Neapel) sich findet und schon von den alten Römern in ihrer Eigenschaft mit Kalk zu erhärten gekannt war (pulvis puteolanus). Puzzuolane.

Von diesen genannten Cämenten sind Trass und Puzzuolane die vorzüglichsten, denn sie enthalten freie Kieselsäure in einem solchenZustande, dass sie blos mit dem Kalk innig gemengt und der Wirkung des Wassers ausgesetzt zu werden brauchen, um hydraulischen Mörtel zu bilden. Der Thon, welcher nicht freie Kieselsäure genug enthält, muss vorher mit Kalk gebrannt werden, damit die Kieselsäure desselben aus ihrer Verbindung mit der Thonerde frei werde; der Zusatz von Kalk ist bei manchen Thonen nicht nöthig, wenn sich statt dessen andere Oxyde finden, die für den Kalk die Aufschliessung der Thone bewirken.

Anwendung von Trass und Puzzuolane.

Anwendung von Thon.

§ 358. Der chemische Process beim Festwerden des hydraulischen Mörtels ist: die Bildung von kieselsaurer Kalkerde, welche mit kieselsaurer Thonerde oder kieselsaurer Magnesia, oder mit beiden zugleich, Doppelsilicate bildet, die unter Wasser erhärten und nach langer Zeit fest wie Stein werden. Auf das Gemenge der zum Wassermörtel fertig bereiteten Substanzen wirkt Wasser theils so ein, dass es zuerst Kalkerde löst und diese in die vielfachste Berührung mit den nicht gelösten Kieselsäuretheilchen bringt, und wenn dies geschehen ist, neue Antheile Kalkerde löst und sie wieder der Kieselsäure zuführt, wodurch das Kalkerdesilicat sich leichter und schneller bildet; theils so, dass es sich chemisch nachher mit dem Doppelsilicat vereinigt. Daher leuchtet es ein, warum der hydraulische Mörtel kurz nach seiner Anwendung durchaus eine Zeit lang nass gehalten werden muss. Da die Bildung von kieselsaurer Magnesia zur Güte des hydraulischen Mörtels viel beizutragen scheint, so ist es vortheilhaft, Magnesiakalkstein (Dolomit) statt des gewöhnlichen Kalksteins anzuwenden. Die Anwesenheit kieselsaurer Alkalien in den Cementen ist nicht hinderlich, denn sie treten ihre Kieselsäure an die Kalkerde ab, ja sogar an Kalkerdesalze, indem das Alkali sich mit den Säuren des Kalksalzes verbindet; denn Kreide, in kieselsaures Kali ge-

Chemischer Process bei Bildung des hydraulischen Mörtels.

taucht, überzieht sich mit einer steinharten Kruste von kieselsaurer Kalkerde.

Salze des Calciums.

§ 359. Die Salze des Calciums charakterisiren sich durch den weissen Niederschlag, welchen Oxalsäure (§ 206) in ihren neutralen oder ammoniakalischen Lösungen verursacht. Der Niederschlag ist oxalsaure Kalkerde, unlöslich in Wasser und Essigsäure, löslich in stärkeren Säuren. In sehr concentrirten Lösungen von Calciumsalzen bringt auch Schwefelsäure einen weissen Niederschlag (Gyps) hervor. Die Flamme brennenden Alkohols oder des Leuchtgases (§ 138) färben Calciumsalze schwach roth, daher werden sie bisweilen zu Feuersätzen angewendet. Im Spectralapparat kennzeichnen sie sich durch grüne und orangefarbigen Lichtlinien (§ 303).

Kohlensaure Kalkerde, $\dot{Ca}\ddot{C}$.

Vorkommen in der Natur.

§ 360. Kohlensaure Kalkerde ist eine der verbreitetsten Verbindungen auf der Erde. Sie kommt in zwei verschiedenen Formen krystallisirt (dimorph) vor, nämlich in Rhomboëdern und geraden rhombischen Prismen, und heisst in der erstern Form **Kalkspath**, in der andern **Arragonit.** Beide sind im reinen Zustande farblos, durchsichtig, glänzend, der Kalkspath von 2,72, der Arragonit von 2,95 spec. Gewicht. Ist der Kalkspath völlig farblos und durchsichtig, so macht man von seiner Eigenschaft, das Licht doppelt zu brechen — daher er **Doppelspath** heisst, auch „isländischer Spath," weil er in Island zuerst gefunden wurde — hauptsächlich zu gewissen optischen Apparaten Anwendung. Die andern Formen haben verschiedene Namen und bilden bisweilen grosse Gebirge, in denen die kohlensaure Kalkerde bald mehr rein und krystallinisch (**Marmor**), bald unreiner und amorph (wie in verschiedenen Kalksteinen, in der **Kreide**, dem **Muschelkalk** u. s. w.) sich abgelagert hat. Auch die Schalen vieler Weichthiere (fossiler wie lebender) bestehen fast ganz aus kohlensaurem Kalk, und zwar theils in der Form des Kalkspaths, theils in der des Arragonits, letzteres ist namentlich bei derjenigen Schicht der Fall, welche den Namen „Perlmutter" trägt. Knochen der Thiere und Menschen enthalten einen kleinen Theil kohlensauren Kalks. In den Pflanzenaschen findet er sich ebenfalls häufig, meist entstanden aus den Salzen organischer Säuren. Aber auch in lebenden Pflanzen, z. B. in Cocosnüssen und Maulbeerbäumen kommt er als solcher vor.

Der kohlensaure Kalk ist fast ganz unlöslich in reinem, aber löslich in kohlensäurehaltigem Wasser, und noch leichter, wenn dasselbe Ammoniaksalze enthält, daher findet sich fast in allen Brunnenwässern mehr oder weniger davon gelöst. Verdunstet die Kohlensäure oder wird sie durch Temperaturerhöhung ausgetrieben, so schlägt sich kohlensaurer Kalk aus dem Wasser nieder und aus ihm besteht deshalb der Absatz in der Nähe mancher Quellen, die besonders reich an kohlensaurem Kalk (**Kalktuff**), und die Kruste auf dem Boden solcher Gefässe, in denen viel kalkhaltiges Wasser verdunstet wird, wie in den Dampfkesseln. Mit Wasser verbunden, $\dot{C}a\ddot{C}+5\dot{H}$, scheidet sich der kohlensaure Kalk krystallisirt aus, wenn zu einer gesättigten Lösung zweifach kohlensauren Natrons unter $+18^0$ ein wenig einer Kalksalzlösung gemischt wird. Aus seinen Lösungen in Kohlensäure oder bei Bildung durch doppelte Zersetzung scheidet sich der kohlensaure Kalk bald als Kalkspath, bald als Arragonit aus, vorwaltend in Rhomboëdern aus kalten, in rhombischen Prismen aus heissen. Wird kohlensaure Kalkerde in verschlossenen Gefässen stark erhitzt, so schmilzt sie, findet das Erhitzen in offenen Räumen und namentlich in andern Gasen (z. B. im Wasserdampf) statt, so entweicht die Kohlensäure und zwar im letzten Fall wird die Kalkerde leichter und schneller kaustisch. — Die Anwendung der kohlensauren Kalkerde ist die vielfältigste, am meisten in der Form der Kalksteine zu Bauwerken und gebrannt zur Mörtelbereitung. Eigenschaften. Kalktuff. Kesselstein.

§ 361. Schwefelsaure Kalkerde kommt in der Natur gewöhnlich mit Wasser verbunden vor, $\dot{C}a\dddot{S}+2\dot{H}$, als **Gyps**, bisweilen wasserfrei, $\dot{C}a\dddot{S}$, als **Anhydrit**, in beiden Formen auch künstlich darstellbar. Krystallisirter Gyps bildet entweder schön ausgebildete, schief rhombische Prismen (von den Mineralogen „Selenit" genannt), oder breite, sehr spaltbare Blätter, die farblos und durchscheinend sind (**Marienglas, Fraueneis**), oder dichte, körnige, weisse oder krystallinische Massen (**Alabaster**), oder dichte, unreine, nicht deutlich krystallinische Massen (**Gypsstein**), in letzterer Form bildet der Gyps ganze Gebirge. In 400 Th. Wasser von $+35^0$ löst sich 1 Th. Gyps, bei höherer und niederer Temperatur weniger; aus der Auflösung scheidet er sich bisweilen in guten Krystallen aus. Quellwasser, die aus Schwefelsaure Kalkerde, $\dot{C}a\dddot{S}$, Anhydrit. $\dot{C}a\dddot{S}+2\dot{H}$, Gyps.

Eigenschaften des Gypses.

Gypsgebirgen entspringen, enthalten nicht unbedeutende Mengen gelöst und scheiden beim Verdampfen ihn aus. In einer gesättigten Lösung von unterschwefligsaurem Natron löst sich der Gyps, namentlich beim Erwärmen, leicht auf und auch in manchen andern Salzlösungen ist er leichter löslich als im Wasser. Trockner Gyps verliert bei $+130^0$ sein Krystallwasser und nimmt, mit Wasser übergossen, dieses wieder auf, wenn die Temperatur beim Brennen nicht zu hoch (über $+160^0$) gesteigert war (todtgebrannt); sehr stark geglüht schmilzt er. Nimmt der pulveri-

Löschen.

sirte gebrannte Gyps wieder Wasser auf, so bildet sich ein poröses Haufwerk von Krystallen, welches eine Quantität Wasser einsaugt und dadurch zu einem steifen Brei erstarrt, wenn nicht die zum Löschen des Gypses angewendete Wassermenge zu gross

Anwendung des gebrannten Gypses.

war. Auf dieser Eigenschaft beruht die Anwendung des Gypses zum Ueberziehen von Wänden, die nicht der Feuchtigkeit ausgesetzt sind, zum Anfertigen der Abgüsse von Münzen und Büsten und von künstlichem Marmor (Stucco). Im letzten Fall wird der Gyps mit Leimwasser und bisweilen mit bunten Farben versetzt und nach der Erhärtung geschliffen und polirt. Das

Brennen des Gypses.

Brennen des Gypses geschieht in Meilern oder Backöfen oder andern ähnlichen Oefen und es ist besonders darauf zu sehen, dass kein zu starkes Brennen eintritt und dass das Brennmaterail so wenig wie möglich mit dem Gyps in Berührung kommt, weil sich sonst Schwefelcalcium bildet.

Ein Doppelsalz der schwefelsauren Kalkerde mit schwefelsaurem Natron findet sich in glänzenden Krystallen, $\dot{Ca}\dddot{S}+\dot{Na}\dddot{S}$, in den Steinsalzgebirgen und wird **Glauberit** genannt.

Salpetersaure Kalkerde, $\dot{Ca}\overset{\cdot\cdot\cdot\cdot\cdot}{N}+4\dot{H}$.

§ 362. Salpetersaure Kalkerde ist ein zerfliessliches Salz, dessen Krystalle, $\dot{Ca}\overset{\cdot\cdot\cdot\cdot\cdot}{N}+4\dot{H}$, bei $+44^0$ schmelzen, bei 132^0 kochen. Sie findet sich als Efflorescenz, $\dot{Ca}\overset{\cdot\cdot\cdot\cdot\cdot}{N}+\dot{H}$, in Kalksteinhöhlen Kentucky's und wittert an feuchten Mauern da, wo die Umstände zur Salpetersäurebildung vorhanden sind, und zwar so reichlich aus, dass sie zur Umwandlung in Kalisal-

Kehrsalpeter.

peter benutzt wird (**Kehrsalpeter**). Auch in manchen Brunnen findet es sich und in den Salpeterplantagen (§ 266) ist es das vorwaltende salpetersaure Salz. Es löst sich in Wasser sehr leicht, in 100 Th. siedenden Wassers sind 363 Th. Salz enthalten, auch in Alkohol ist es leicht löslich. Mit Kohle verpufft es wegen seines steten Feuchtigkeitsgehaltes nur schwach.

Unterchlorigsaure Kalkerde. Darstellung des Chlorkalks.

§ 363. Unterchlorigsaure Kalkerde ist der wirksame Bestandtheil des bekannten **Chlorkalks**, welchen man auf folgende Weise darstellt: Chlorgas wird in eine aus Werksteinen gemauerte Kammer geleitet, in welcher sich, auf übereinanderstehenden Hürden ausgebreitet, gelöschter Kalk befindet. Dieser wird durch das Chlor theilweis zersetzt ($2 Cl$ und $2 \dot{Ca} = Ca Cl$ und $\dot{Ca} \dot{Cl}$) und der fertige Chlorkalk besteht daher aus einem Gemenge von Chlorcalcium, unterchlorigsaurem Kalk und Kalkhydrat. Auf ungelöschten Kalk wirkt Chlor nicht ein und wenn die Temperatur in der Kammer über $+17^0$ steigt, so bildet sich im gelöschten Kalk mehr chlorsaures als unterchlorigsaures Salz und dasselbe ist der Fall, wenn bei der Bereitung Chlor im Uebermaass eingeleitet wurde. Der gelöschte Kalk nimmt, wenn er sich in guten Chlorkalk umwandelt, höchstens die Hälfte seines Gewichtes an Chlor auf.

Eigenschaften.

Er stellt alsdann ein weisses oder gelblich weisses, etwas sich zusammenballendes Pulver dar, welches nach unterchloriger Säure riecht. Mit Wasser behandelt scheidet sich der Chlorkalk in einen unlöslichen Theil (Kalkhydrat) und einen löslichen ($Ca Cl$ und $\dot{Ca} \dot{Cl}$), welcher die bleichende Substanz des Chlorkalks (das unterchlorigsaure Salz) enthält. Wird Chlorkalk mit Säuren behandelt, so zersetzt sich die unterchlorige Säure im Moment der Abscheidung; ihr Sauerstoff oxydirt das Calcium des Chlorcalciums und Chlor wird frei: $\dot{Ca} \dot{Cl}$ und $Ca Cl + 2 \dddot{S} = 2 Ca \dddot{S} + 2 Cl$. Man benutzt den Chlorkalk sowohl zum Bleichen, als zu Räucherungen gegen ansteckende Krankheitsstoffe, üble Gerüche, Miasmen u. dgl. und zersetzt ihn durch Essig. Da die Zersetzung des unterchlorigsauren Salzes schon durch Einwirkung der Kohlensäure der Luft statt findet, so werden zu bleichende Zeuge, nachdem man sie in den wässerigen Auszug des Chlorkalks getaucht hat, der Luft ausgesetzt. Chlorkalk oder dessen Lösung, lange Zeit der Luft ausgesetzt, wird aus demselben Grunde unwirksam. Kocht man Chlorkalklösung im concentrirten Zustande, so entwickelt sich Sauerstoffgas, im verdünnten Zustande ist dies nicht der Fall, in beiden Fällen enthält die Lösung neben Chlorcalcium chlorsaure Kalkerde und die Umsetzung ohne Sauerstoffentwickelung findet so statt: $3 \dot{Ca} \dot{Cl} = 2 Ca Cl + \dot{Ca} \ddot{\ddot{Cl}}$.

Benutzung zersetzten Chlorkalks.

Wenn durch Temperaturerhöhung bei der Darstellung oder durch freiwillige Zersetzung in chlorsaure Kalkerde und Chlorcalcium der Chlorkalk verdorben ist, so kann man aus ihm chlorsaures Kali gewinnen, indem man zur Lösung desselben Pottasche oder Chlorkalium hinzufügt. Bei dem Abdampfen der Flüssigkeit scheidet sich dann chlorsaures Kali in Krystallen aus ($\dot{\mathrm{Ca}}\overset{\cdot\cdot\cdot\cdot\cdot}{\mathrm{Cl}}$ und $\dot{\mathrm{K}}\ddot{\mathrm{C}} = \dot{\mathrm{Ca}}\ddot{\mathrm{C}}$ und $\dot{\mathrm{K}}\overset{\cdot\cdot\cdot\cdot\cdot}{\mathrm{Cl}}$ oder $\dot{\mathrm{Ca}}\overset{\cdot\cdot\cdot\cdot\cdot}{\mathrm{Cl}}$ und $\mathrm{KCl} = \dot{\mathrm{K}}\overset{\cdot\cdot\cdot\cdot\cdot}{\mathrm{Cl}}$ und CaCl).

Chlorometrie.

Da der Chlorkalk sehr häufige Anwendung findet, so ist es von Wichtigkeit, seinen Gehalt an unterchloriger Säure so schnell ermitteln zu können, wie bei der Pottasche und Soda den Gehalt an kohlensaurem Alkali. Man bedient sich dazu zweier chlorometrischer Proben: zufolge der einen wird ermittelt, wie viel Eisenoxydulsalz durch die in einer gewissen Menge Chlorkalk enthaltene unterchlorige Säure in Eisenoxydsalz ($2\mathrm{FeCl} + \mathrm{Cl} = \overline{\mathrm{Fe}}\mathrm{Cl}^3$), zufolge der andern, wie viel arsenige Säure dadurch in Arseniksäure umgewandelt wird ($\overset{\cdot\cdot\cdot}{\mathrm{As}} + 2\mathrm{Cl} + 2\dot{\mathrm{H}} = \overset{\cdot\cdot\cdot\cdot\cdot}{\mathrm{As}} + 2\mathrm{HCl}$).

Phosphorsaure Kalkerde.

§ 364. Phosphorsaure Kalkerde, $\dot{\mathrm{Ca}}^3\overset{\cdot\cdot\cdot\cdot\cdot}{\mathrm{P}}$, ist der Hauptbestandtheil der weissgebrannten Knochen, die ausserdem kohlensaure Kalkerde und Chlorcalcium enthalten. Frisch gefällt ist der basisch phosphorsaure Kalk ein gallertartiger Niederschlag, der getrocknet weiss und erdig wird, sich nicht in reinem Wasser löst, aber in Wasser, welches Kohlensäure und gewisse Salze der Alkalien enthält. Das Salz ist nach dem Glühen in Essigsäure unlöslich, in stärkeren Säuren löslich. Im Mineralreich kommt es in hexagonalen Krystallen **(Apatit)** vor, die zugleich etwas Chlorcalcium und Fluorcalcium enthalten; auch als kreideartige weisse **(Osteolith)**, oder bläulich graue faserige Masse **(Phosphorit)**, vermischt mit Kieselerde, Eisenoxyd und anderen Oxyden. Es findet sich ausserdem in den Säften und Geweben des thierischen Körpers und in vielen Pflanzen.

Mit ᶜPhosphorsäure liefert die Kalkerde auch ein Salz, welches bald mit weniger Wasser, $(\dot{\mathrm{Ca}}^2\dot{\mathrm{H}})\overset{\cdot\cdot\cdot\cdot\cdot}{\mathrm{P}} + 3\dot{\mathrm{H}}$, bald mit mehr, $(\dot{\mathrm{Ca}}^2\dot{\mathrm{H}})\overset{\cdot\cdot\cdot\cdot\cdot}{\mathrm{P}} + 4\dot{\mathrm{H}}$, krystallisirt. Letzteres findet sich im Markgewebe von Tectonia grandis.

Das saure Salz bildet krystallinische Blättchen, $(\dot{\mathrm{Ca}}\dot{\mathrm{H}}^2)\overset{\cdot\cdot\cdot\cdot\cdot}{\mathrm{P}} + \dot{\mathrm{H}}$, welche an der Luft zerfliessen. Im Gemenge mit andern Kalksalzen macht dieses Salz den wichtigsten Bestandtheil eines

Düngematerials aus, welches jetzt in grossen Mengen bereitet und unter dem Namen „Superphosphat," „überphosphorsaurer Kalk" und aufgeschlossenes Knochenmehl" in den Handel gebracht wird.

Oxalsaure Kalkerde.

§ 365. Oxalsaure Kalkerde ist ein weisses in Wasser unlösliches Pulver, $\dot{C}a\ddot{\bar{C}}+2\dot{H}$, welches durch Oxalsäure aus neutralen Kalksalzlösungen gefällt wird, sich in stärkeren Säuren löst, in Essigsäure nicht, und beim Glühen kohlensaure Kalkerde im Rückstand lässt. Die mikroskopischen Quadratoktaëder des oxalsauren Kalks finden sich in dem Zellgewebe vieler Pflanzen und in manchen thierischen Flüssigkeiten, wie z. B. im Harn. Gewisse Harnsteine bestehen vornehmlich daraus.

Kieselsaure Kalkerde.

§ 366. Kieselsaure Kalkerde kommt in verschiedenen Sättigungsstufen in vielen Mineralien sowohl für sich (**Wollastonit**, $\dot{C}a\dddot{S}i$, **Okenit**, $\dot{C}a\dddot{S}i+2\dot{H}$), als auch in Verbindung mit andern Silicaten (**Augit, Hornblende** u. a.) sehr verbreitet vor. Die wichtigste Rolle, die sie im hydraulischen Mörtel spielt, ist schon erwähnt (§ 357), und nicht minder wichtig ist sie auch als ein Bestandtheil vieler Gläser (§ 408).

Chlorcalcium, CaCl.

§ 367. Chlorcalcium erhält man häufig als Nebenproduct chemischer Zersetzungen, z. B. bei der Ammoniakbereitung. Es ist ein zerfliessliches Salz, welches im krystallisirten Zustande, $CaCl+6\dot{H}$, mit Eis oder Schnee zu Kältemischungen gebraucht wird. $CaCl+6\dot{H}$. Werden die Krystalle, welche bei $+29^0$ schmelzen, bis 200^0 erhitzt, so verlieren sie $^2/_3$ ihres Krystallwassers und die dadurch entstandene poröse weisse Masse wird wegen ihrer Verwandtschaft zum Wasser sehr häufig zum Trocknen von Gasarten angewendet (§ 37). Erhitzt man dieselbe bis zum Glühen, so verliert sie den Rest ihres Wassers, schmilzt und erstarrt zu einer Masse, welche sehr begierig Feuchtigkeit anzieht bis zum Zerfliessen, und darum ebenfalls oft zur Entwässerung verschiedener Körper dient, insonderheit solcher organischer Verbindungen, die weder Chlorcalcium lösen, noch sich mit ihm verbinden.

Fluorcalcium. CaF.

§ 368. Fluorcalcium, CaF, findet sich als Mineral (**Flussspath**) in Würfeln oder Oktaëdern krystallisirt, theils farblos, theils blau, grün oder gelb gefärbt, oder es kommt als derbe Masse vor. Es ist unlöslich in Wasser, dient zur Darstellung der Fluorwasserstoffsäure und anderer Fluorverbindungen und häufig statt des kohlensauren Kalks als Zusatz (Flussmittel) beim Verschmelzen von Erzen. Viele Flussspathkrystalle zeichnen sich durch Phosphorescenz aus, d. h. sie strahlen, wenn sie mässig erwärmt werden, im Dunkeln bläuliches oder violettes, am häufigsten grünliches Licht aus, und diese Varietäten werden „Chlorophan" genannt. Manche zeigen, in verschiedenen Richtungen betrachtet, ungleiche Farben des reflectirten Lichts, besitzen also Dichroismus und Fluorescenz.

Schwefelcalcium.

§ 369. Die Verbindungen des Calciums mit Schwefel werden auf ähnliche Weise, wie die des Baryums und Strontiums dargestellt.

Protosulphuret.

Das Einfach-Schwefelcalcium, CaS, durch Glühen von kohlensaurem Kalk in Kohlensäure und Schwefelkohlenstoffgas bereitet, ist gelblich weiss und leuchtet im Dunkeln eben so wenig wie das auf analoge Art dargestellte Einfach-Schwefelbarium. Das durch Glühen von kohlensaurem Kalk mit Schwefel dargestellte Präparat (welches Kalk neben dem Sulphuret enthält), ist ein röthlich weisses Pulver, welches kurz nach der Bereitung, oder wenn es den Sonnenstrahlen ausgesetzt wird, im Dunkeln leuchtet **(Canton's Phosphor)**. Mit Wasser zersetzt sich das Schwefelcalcium wie Schwefelbaryum, und das entstehende Calciumsulphhydrat greift energisch die Hornsubstanz an; man benutzt es daher zur Entfernung der Haare.

Tetrasulphuret.

Unter den Polysulphureten des Calciums ist die vornehmste Verbindung das Vierfach-Schwfelcalcium, welches stets entsteht, wenn das Einfach-Schwefelmetall mit 3 Aeq. Schwefel (oder weniger) in Wasser digerirt wird. Es scheint dies beim Calcium, eben so wie beim Baryum und Strontium, die höchste bekannte Schwefelungsstufe zu sein, welche aber nur in Lösung existirt, beim Abdampfen sich zersetzt und über Kalkhydrat aufbewahrt, ein gut krystallisirtes Oxysulphuret, $\dot{C}a^3 + CaS^4 + 12\dot{H}$, bildet.

Oxysulphuret.

Das durch Kochen von Kalkhydrat mit Schwefel neben unterschwefligsaurem Kalk entstehende Tetrasulphuret dient vorzugsweise zur Darstellung der Schwefelmilch (§ 58). Ueber Kalkhydrat aufbewahrt liefert die Lösung ebenfalls Krysalle eines Oxysulphurets, $\dot{C}a^4 + CaS^4 + 18\dot{H}$.

§ 370. Phosphorcalcium bereitet man am besten aus glühendem Kalk, über welchen man Phosphorgas leitet. Die dabei entstehende röthlich braune Masse ist ein Gemisch von phosphorsaurem Kalk und Phosphorcalcium, Ca^2P, und wird nur zur Darstellung der Phosphorwasserstoffe benutzt (§ 76). Phosphorcalcium.

10. Magnesium ($Mg = 12,0$).

§ 371. Es findet sich fast eben so häufig wie das Calcium und zwar als Oxyd, mit verschiedenen Säuren, z. B. Kohlensäure, Schwefelsäure, Kieselsäure, verbunden. Vorkommen.

§ 372. Chlormagnesium wird mit Chlorkalium geschmolzen und die schmelzende Masse mit ähnlichen Vorsichtsmaassregeln wie beim Lithium elektrolysirt. Oder man trägt ein Gemisch von Chlormagnesium mit $^1/_6$ Kochsalz, $^1/_6$ Flussspath und $^1/_6$ Natrium in einen rothglühenden Tiegel ein, rührt die geschmolzene Masse um, lässt erkalten und sammelt nach dem Zerschlagen des Tiegels die Metallkugeln, welche durch Wasser von der anhängenden Salzmasse zu befreien sind. Darstellung.

§ 373. Ein geschmeidiges, gut feilbares Metall von silberweissem Glanz und dem spec. Gewicht 1,74—1,78. Es verändert sich nicht an trockner Luft, an feuchter wird es matt grau, schmilzt etwa bei der Temperatur des schmelzenden Zinks und verflüchtigt sich auch bei derselben Temperatur, wobei Zink sublimirt. Wasser zersetzt es nur langsam, aber sofort wenn Säuren anwesend sind. Es verbindet sich erhitzt unter grosser Lichtentwickelung mit Schwefel, Jod und namentlich Sauerstoff. Im letztern Fall entsteht die einzige bis jetzt bekannte Oxydationsstufe, die Magnesia. Eigenschaften.

§ 374. Magnesia (**Bittererde, Talkerde**) wird dargestellt durch Glühen des kohlensauren Salzes (§ 378). Sie ist ein weisses, lockeres Pulver von 3,65 spec. Gewicht, welches mit Wasser ein Hydrat bildet, kaum in 100,000 Th. Wasser löslich ist, aus der Luft Kohlensäure anzieht und selbst im Sauerstoffgebläse unschmelzbar ist. Nichts desto weniger erhält man sie aus dem schmelzenden Zustande krystallisirt, wenn borsaure Magnesia mit Zusatz von Kalk einer sehr hohen Temperatur ausgesetzt wird, und zwar bildet sie dieselben Gestalten (Würfel und Oktaëder), in denen sie im Mineralreich als **Periklas** auftritt Magnesia, $\dot{Mg}$. **Magnesia usta.**

$\dot{Mg}\dot{H}$.

und hat auch dasselbe spec. Gewicht 3,6. Das Hydrat der Talkerde findet sich als Mineral in hexagonalen Krystallen **(Brucit)** und faserig krystallinisch **(Nemalith)**. Künstlich erhält man Magnesiahydrat durch Fällung eines gelösten Salzes derselben mittelst Kalihydrat.

Die Salze des Magnesiums.

§ 375. Die Salze des Magnesiums schmecken, wenn sie löslich sind, unangenehm bitter (daher der Name Bittererde für das Oxyd). Sie charakterisiren sich durch den weissen Niederschlag, den in ihren ammoniakalischen Lösungen Phosphorsäure hervorbringt (§ 379). Bei Anwesenheit von Ammoniaksalzen entsteht weder durch kaustische noch durch kohlensaure Alkalien eine Fällung. Durch Kali und kohlensaures Kali oder Natron wird ein weisser Niederschlag (§§ 374. 378) hervorgebracht.

Salpetersaure Magnesia.

§ 376. Salpetersaure Magnesia findet sich in der Mutterlauge des Salpeters und in manchen Brunnenwässern. Sie lässt sich nur schwer in Krystallen, $\dot{Mg}\dddot{N} + 6\dot{H}$, erhalten, welche schnell an der Luft zerfliessen, bis 210° erhitzt 5 At. Wasser verlieren, das 6te Atom aber nicht ohne Verlust von Salpetersäure abgeben.

Schwefelsaure Magnesia, $\dot{Mg}\ddot{S} + 7\dot{H}$. Bittersalz.

§ 377. Schwefelsaure Magnesia kommt in mehren Mineralwassern (den sogenannten Bitterwassern) vor, z. B. in dem Saidschützer, Püllnaer u. a., wird aus diesen durch Abdampfen krystallisirt erhalten und ist unter dem Namen **Bittersalz** ein Handelsartikel. Man gewinnt dieses Salz auch aus den Mutterlaugen des Meerwassers und mancher Salinen und als Nebenproduct in den Fabriken künstlicher Mineralwasser bei der Zersetzung des Magnesits (§ 378) durch Schwefelsäure. Es krystallisirt je nach der höhern oder niederern Temperatur mit verschiedenem Wassergehalt, bei gewöhnlicher Temperatur in geraden rhombischen Prismen, $\dot{Mg}\ddot{S} + 7\dot{H}$, ist leicht löslich in Wasser und kommt gewöhnlich in der Form kleiner nadelförmiger Krystalle im Handel vor, die kühlend und dann bitter schmecken. Es wirkt, innerlich genommen, wie alle Magnesiasalze, purgirend und wird dieser Eigenschaft halber häufig angewendet.

Mit den schwefelsauren Salzen des Kalis und Ammoniaks verbindet sich die schwefelsaure Magnesia zu schön krystallisirenden Doppelsalzen, $\dot{K}\ddot{S} + \dot{Mg}\ddot{S} + 6\dot{H}$, und $\dot{N}H^4\ddot{S} + \dot{Mg}\ddot{S} + 6\dot{H}$, welche unter einander und mit einer Reihe anderer schwefelsaurer

Doppelsalze isomorph sind, in denen an Stelle der Talkerde gewisse andere Metalloxyde, wie Nickeloxydul, Eisenoxydul u. s. w. enthalten sind.

Kohlensaure Magnesia, $\dot{Mg}\ddot{C}$.

§ 378. Kohlensaure Magnesia findet sich als hartes, dichtes Mineral (**Magnesit**), in Verbindung mit etwas kohlensaurem Eisenoxydul als **Talkspath** in Rhomboëdern krystallisirt. Wenn schwefelsaure Magnesia durch kohlensaures Natron heiss gefällt wird, so fällt eine Verbindung der kohlensauren Magnesia mit Magnesiahydrat nieder, $4(\dot{Mg}\ddot{C}+\dot{H})+\dot{Mg}\dot{H}$, welche getrocknet ein feines, leichtes, weisses Pulver bildet und unter dem Namen *Magnesia alba* bekannt ist. Die neutrale kohlensaure Magnesia durch wechselseitige Zersetzung darzustellen, gelingt nur unter höherem Druck, und dann bildet sie ein sandiges Pulver. Die kohlensaure Magnesia ist sehr schwer in (10,000 Th.) reinem, leichter in kohlensäurehaltigem Wasser löslich, bei hinreichend langer Glühhitze verliert sie ihre Kohlensäure. Aus der Lösung in kohlensaurem Wasser scheiden sich theils glänzende, verwitternde, schiefe Prismen, $\dot{Mg}\ddot{C}+4\dot{H}$, theils gestreifte gerade rhombische Prismen, $\dot{Mg}\ddot{C}+3\dot{H}$, des neutralen, wasserhaltigen Salzes, aus. In Kohlensäure gelöst findet sich die Talkerde in vielen Mineralquellen und man stellt auch solche Wässer mit Ueberschuss an Kohlensäure künstlich dar.

Magnesia alba.

Bitterspath, Dolomit.

Das in grossen Rhomboëdern auftretende Mineral **Bitterspath** ist eine Verbindung der kohlensauren Kalkerde mit kohlensaurer Magnesia ($\dot{Mg}\ddot{C}+\dot{Ca}\ddot{C}$), enthält aber häufig Beimischungen anderer kohlensaurer Salze, die mit ihm isomorph sind. In derben Massen, oft Gebirge bildend, werden die Gemische der beiden Carbonate Magnesiakalkstein oder **Dolomit** genannt. Da der kohlensaure Kalk sich leichter in kohlensäurehaltigem Wasser löst und im Dolomit oft Kalklager sich finden, so werden letztere bisweilen ausgezogen und der Dolomit wird löcherig.

Mit den kohlensauren Salzen des Kalis, Natrons und Ammoniaks liefert die kohlensaure Magnesia eine Reihe krystallisirter Doppelsalze, die durch wechselseitige Zersetzung, und zwar theils wasserhaltig, theils wasserfrei erhalten werden.

Phosphorsaure Magnesia.

§ 379. Phosphorsaure Magnesia ist ein Bestandtheil mancher Pflanzensamen, namentlich der Getreidearten und daher unserer wichtigsten Nahrungsmittel (Brod, Bier). Sie findet sich deshalb auch im thierischen Körper und wird aus diesem in Verbindung mit Ammoniak ausgesondert als phosphorsaure Ammoniak-Magnesia, $(\dot{N}H^4\dot{M}g^2)\dddot{\bar{P}}+12\dot{H}$, welche sehr häufig ein Bestandtheil der Harnsteine und des krystallinischen Niederschlags ist, der in manchem Harn sich bildet. In einer alten Cloake hat man diese Verbindung in sehr grossen, wohlausgebildeten Krystallen gefunden und ihr den Namen **Struvit** beigelegt. Sie verwittern leicht an der Luft und verlieren dadurch ihren lebhaften Glasglanz. Dieses Doppelsalz ist in ammoniakhaltigem Wasser nicht löslich und daher bedient man sich zur quantitativen Ermittelung der Talkerde der ^{c}Phosphorsäure und des Ammoniaks und umgekehrt zur Ermittelung der ^{c}Phosphorsäure der Magnesiasalze.

Kieselsaure Magnesia.

§ 380. Kieselsaure Magnesia findet sich in mannigfachen Sättigungsverhältnissen in vielen Mineralien, z. B. im **Meerschaum**, **Speckstein**, **Serpentin**, **Augit**, **Hornblende**, **Asbest**, **Olivin (Chrysolith)**, **Talk** und andern. Von letzterm hat die Magnesia den Namen Talkerde erhalten. Manche dieser Silicate bilden Gebirgsarten und werden, wie der Serpentin, Speckstein, Talk, zur Anfertigung nützlicher Geräthschaften (Mörser, Hausgeschirre u. dgl.) benutzt; andere, die in isolirten Krystallen vorkommen, verschleift man zu Schmucksteinen, z. B. den Chrysolith.

Chlormagnesium, $MgCl+5\dot{H}$.

§ 381. Chlormagnesium ist ein Bestandtheil des Meerwassers, der Salzsoolen und anderer Quellen. Es kann krystallisirt, $MgCl+5\dot{H}$, erhalten werden, die Krystalle ziehen Feuchtigkeit an und zerfliessen, erhitzt zersetzen sie sich in Chlorwasserstoff und Magnesia. Mischt man aber der wässerigen Lösung Chlorammonium bei, so lässt sie sich unzersetzt zur Trockne bringen, bei stärkerer Hitze verflüchtigt sich der Salmiak und das wasserfreie Chlormagnesium schmilzt und erstarrt krystallinisch.

Mit den Chloriden des Kaliums, Ammoniums und Calciums verbindet sich das Chlormagnesium zu krystallisirbaren Doppelsalzen von der Zusammensetzung $2MgCl+RCl+12\dot{H}$, welche alle leicht zerfliessen. Das des Chlorkaliums scheidet sich aus den letzten Mutterlaugen einiger Soolen und des Meerwassers aus und findet sich als Mineral **(Carnallit)** in Steinsalzlagern;

das des Calciums ist ebenfalls ein Vorkommniss im Steinsalz und heisst **Tachhydrit.**

Das Chlormagnesium ist dem Kochsalz nicht selten beigemengt und ertheilt diesem einen bitterlichen Geschmack und die Eigenschaft, leicht feucht zu werden. Es wird oft als Nebenproduct gewonnen und dann, wie das Chlorcalcium, zur Darstellung des Salmiaks oder des Bittersalzes verwendet.

Brommagnesium. Brommagnesium, MgBr, ebenfalls ein Gemengtheil der Salzsoolen und des Meerwassers, bleibt in der Mutterlauge derselben und dient zur Darstellung des Broms (§ 92).

Schwefelmagnesium. § 382. Schwefelmagnesium wird durch Glühen der schwefelsauren Magnesia mit Kohle, besser durch Erhitzen von Magnesia in einem Strom Schwefelkohlenstoffgas erhalten. Es bildet eine krystallinische Masse, die sich mit Wasser leicht zerlegt und mit Schwefelwasserstoff ein Salz, Magnesiumsulphhydrat, welches man durch Einleiten von Schwefelwasserstoff in Wasser erhält, worin Magnesia suspendirt ist. Das Verhalten des Schwefels zum Magnesium ist überhaupt wenig erforscht.

Kieselmagnesium. § 383. Eine Verbindung des Magnesiums mit Silicium entsteht durch Schmelzen eines Gemisches von Chlormagnesium, Chlornatrium, Kieselfluornatrium und Natrium. Die mit metallglänzenden, schwarzen Blättchen und Kügelchen durchwebte Masse enthält auch bleigraue Oktaëder, Mg^2Si, welche, wie die ganze Schmelze, mit Wasser und Salzsäure sich zerlegen, indem sich Kieselwasserstoff (§ 106) entwickelt.

Metalle der eigentlichen Erden.

Allgemeine Eigenschaften. § 384. Zu dieser Gruppe rechnet man meistentheils acht Metalle, über deren Eigenschaften im gediegenen Zustande nur von einigen wenigen Gliedern der Gruppe Genaueres bekannt ist. Sie sind mit Ausnahme des Aluminiums und Berylliums als schwarze oder graue, pulverförmige, unschmelzbare Körper dargestellt, bei gewöhnlicher Temperatur in Luft und Wasser unveränderlich, bei hoher Temperatur an der Luft verbrennend. Das Wasser zersetzen sie unter Mithülfe von Säuren bei gewöhnlicher Temperatur. Ihre Darstellung wird bei allen übrigen bewerkstelligt wie beim Alluminium, welches sammt seinen Verbindungen überhaupt die meiste Beachtung verdient. Von den Verbindungen des Berylliums, Yttriums, Zirconiums und Thoriums wird daher nur oberflächlich Einiges erwähnt werden. Die Oxyde dieser Metalle, kurzweg Erden genannt, sind weisse, feuerbeständige Pulver, unlöslich in Wasser und von schwacher Verwandtschaft, daher verbinden sie sich sowohl mit Säuren als mit Basen zu Salzen.

11. Aluminium (Al = 13,63).

Vorkommen. § 385. Ist sehr verbreitet als Oxyd (Thonerde) in Verbindung mit verschiedenen Säuren, namentlich mit Kieselsäure.

Darstellung. Im Kleinen gewinnt man das Metall aus dem wasserfreien Chloraluminium entweder durch Elektrolyse, oder durch Glühen mit Kalium, oder durch Schmelzen des Kryoliths (§ 398) mit Natrium und Chlornatrium in eisernen Tiegeln.

Fabrikmässig stellt man jetzt in Frankreich das Aluminium durch Schmelzen des Chlornatrium-Chloralumins (§ 397) unter Zusatz von $\frac{1}{2}$ Th. Flussspath und $\frac{1}{5}$ Th. Natrium in Flammenöfen dar. Das geschmolzene Aluminium sammelt sich beim Umrühren in dem geneigten Theil der Heerdsohle an, von wo man es abfliessen lässt. Statt des Chloraluminins bedient man sich auch des Kryoliths (§ 398).

Eigenschaften. § 386. Das Aluminium ist fast silberweiss, stark glänzend und von 2,56 — 2,67 spec. Gewicht. Es verändert sich nicht an der Luft, ausser in hoher Temperatur, schmilzt in der Rothgluth leichter als Silber und erstarrt krystallinisch. Seine Luftbeständigkeit, grosse Ductilität und bedeutende Zähigkeit machen es zu einem technisch sehr anwendbaren Metall. Seine Dehnbarkeit ist so gross, dass man daraus äusserst feine Blätter schlagen kann. Wasser zersetzt es nur, wenn es als feines Pulver abgeschieden oder in feine Blätter ausgeschlagen ist, im Kochen, aber bei Zusatz von verdünnter Salzsäure auch bei gewöhnlicher Temperatur; Salpetersäure greift das Metall wenig an. In kaustischen Alkalien oyxdirt es sich leicht unter Wasserstoffentwickelung. Aluminium hat nur eine Oxydationsstufe, die Thonerde.

Thonerde, $\dddot{Al}$. § 387. Thonerde, $\dddot{Al}$, kommt in der Natur in Rhomboëdern krystallisirt vor, nur mit geringen Mengen färbender

Körper vermischt, und bildet dann einige geschätzte Edelsteine: roth gefärbt den **Rubin**, blau gefärbt den **Sapphir.** Thonerdekrystalle, die keine reine Farbe haben, werden **Korund** genannt und kleine, braune, körnige Bruchstücke, oft mit andern Mineralien gemengt, heissen **Smirgel.** Die Härte der genannten Substanzen ist beinahe so gross wie die des Diamants und Bors, und daher werden auch die weniger kostbaren, z. B. der Smirgel, als Schleif- und Polirmittel angewendet. Das spec. Gewicht ist $= 3{,}9$. Künstlich in Gestalt des Rubins, Saphirs und Korunds wird Thonerde dargestellt durch Erhitzen des Fluoraluminiums mit ein wenig Chromfluorid in sehr hoher Temperatur, oder in Gestalt eines weissen, erdigen Pulvers durch Fällen des Chloraluminiums mit kohlensaurem Ammoniak, Trocknen und Glühen des Niederschlags. So dargestellt ist sie sehr hart, in Säuren unlöslich, in Alkalien nur sehr schwer löslich und schmilzt erst im Knallgasgebläse. Nach dem Schmelzen erstarrt, ist sie krystallinisch farblos und durchsichtig.

Thonerdehydrat.

Mit Wasser verbindet sie sich zu zwei krystallisirten Hydraten, von denen das eine, $\dddot{Al}\dot{H}^3$, künstlich dargestellt werden kann und als Mineral, **Hydrargillit (Gibbsit)**, vorkommt, das andere, $\dddot{Al}\dot{H}$, nur als Mineral, **Diaspor**, sich findet. Wenn ein Thonerdesalz durch kohlensaures Alkali gefällt wird, so scheidet sich das Hydrat $\dddot{Al}\dot{H}^3$ als eine voluminöse, kleisterartige Masse aus, welche sich leicht in Säuren und fixen Alkalien löst, in Ammoniak fast gar nicht. Dieses Hydrat hat die Eigenschaft, sich mit organischen Farbstoffen zu vereinigen und diese aus ihren Lösungen niederzuschlagen, und eine Anzahl der Farblacke sind solche Verbindungen. Auch auf der Baumwollenfaser schlägt es sich nieder und kann dann Farbstoffe aufnehmen. — Das bis zur schwachen Rothgluth erhitzte und dabei noch nicht völlig entwässerte Hydrat nimmt unter Wasser begierig davon auf und bildet meistens ein Hydrat mit 1 At. Wasser, bisweilen Gemenge mehrer Hydrate. Zur Weissgluth erhitzte Thonerde verbindet sich nicht mehr mit Wasser.

Die Thonerde ist nur eine schwache Basis, sie bildet zwar mit den meisten Säuren Salze, aber neutralisirt die Säuren nicht vollständig, daher reagiren die löslichen Thonerdesalze sauer. Mit starken Basen geht sie ebenfalls Verbindungen ein und ver-

Spinell. Gahnit.

tritt darin die Stelle einer Säure; einige dergleichen Verbindungen (**Aluminate**) finden sich in der Natur krystallisirt, z. B. der **Spinell**, $\dot{\mathrm{Mg}}\dddot{\mathrm{Al}}$, und der **Gahnit**, $\dot{\mathrm{Zn}}\dddot{\mathrm{Al}}$.

Salze des Aluminiums.

§ 388. Die Salze des Aluminiums haben einen süsslichen zusammenziehenden Geschmack. Sie werden durch kaustische und kohlensaure Alkalien gefällt; der durch fixe Alkalien entstandene Niederschlag (Thonerdehydrat) löst sich im Ueberschuss derselben wieder auf, er wird, mit Kobaltsalzlösung befeuchtet und geglüht, blau. Durch Zusatz von Schwefelwasserstoff-Ammoniak wird aus den Lösungen Thonerdehydrat niedergeschlagen.

Schwefelsaure Thonerde.

§ 389. Schwefelsaure Thonerde wittert hier und da in feinen Prismen (**Haarsalz**) aus der Erde und wird durch Auflösen des Thonerdehydrats in Schwefelsäure erhalten. Das neutrale Salz wird bei gewöhnlicher Temperatur in weichen, glänzenden Blättchen, $\dddot{\mathrm{Al}}\dddot{\mathrm{S}}^3 + 18\dot{\mathrm{H}}$, und bei niederer Temperatur in grossen Rhomboëdern, $\dddot{\mathrm{Al}}\dddot{\mathrm{S}}^3 + 27\dot{\mathrm{H}}$, gewonnen. Es wird auch durch Behandlung des Thons (§ 391) fabrikmässig dargestellt und in der Färberei statt Alauns gebraucht.

Aluminit.

Ein basisches Salz, $\dddot{\mathrm{Al}}\dot{\mathrm{S}} + 9\dddot{\mathrm{H}}$, kommt in der Natur vor, **Aluminit**, und kann durch unvollständige Fällung der schwefelsauren Thonerde mit Ammoniak erhalten werden. Eine Verbindung desselben mit Kalisulphat ist der **Löwigit**, $\dot{\mathrm{K}}\dddot{\mathrm{S}} + 3.\dddot{\mathrm{Al}}\dddot{\mathrm{S}} + 9\dot{\mathrm{H}}$, ein Mineral, welches ebenfalls künstlich darstellbar ist.

Doppelsalze derselben.

§ 390. Die Doppelsalze, welche die neutrale schwefelsaure Thonerde mit den schwefelsauren Alkalien bildet, werden Alaune genannt. Unter ihnen sind wegen ihrer häufigen Anwendung in den Gewerben der Kali- und Ammoniakalaun die merkwürdigsten. Die Alaune haben alle dieselbe Krystallform und sind nach denselben Atomenverhältnissen zusammengesetzt, d. h. es ist 1 Atom eines neutralen schwefelsauren Alkalis mit 1 Atom neutraler schwefelsaurer Thonerde und 24 Atomen Wasser verbunden. So wie das Kali durch Ammoniumoxyd ersetzt werden kann, ohne dass die Form des Doppelsalzes sich ändert, so kann auch die Thonerde durch andere analog zusammengesetzte Metalloxyde ersetzt werden ohne Aenderung der Krystallform, und es giebt daher durch Austausch der Monoxyde des ersten und der Sesquioxyde des zweiten Gliedes eine reiche Gruppe von Alaunen, welche sprechende Belege für den Isomorphismus sind (§ 14). Es können im ersten Glied z. B. die Sulphate des Kalis, Ammoniaks Rubidions und Cäsions, im zweiten die des Eisenoxyds, Manganoxyds, Chromoxyds und der Thonerde anwesend sein, und aus einer Lösung dieser sämmtlichen Basen in Schwefelsäure kann sich ein Salz in Krystallen des regulären Systems mit 24 Atomen Wasser ausscheiden, welches ungleiche und wechselnde Mengen jedes der Oxyde enthalten kann. Nur das eine steht fest, dass die Summe des Sauerstoffs der gesammten anwesenden Monoxyde $\frac{1}{12}$ und die des Sauerstoffs der gesammten Sesquioxyde $\frac{1}{4}$ von dem der vorhandenen Schwefelsäure beträgt. Folgendes Schema zeigt dies übersichtlich:

$$\left.\begin{array}{c}\dot{K}\dddot{S}\\ N\dot{H}^4\dddot{S}\\ \dot{Na}\dddot{S}\\ \dot{Cs}\dddot{S}\\ \dot{Rb}\dddot{S}\end{array}\right\} + \left\{\begin{array}{l}\ddot{Al}\dddot{S}^3+24\dot{H},\\ \ddot{Cr} \quad "\\ \ddot{Fe} \quad "\\ \ddot{Mn} \quad "\end{array}\right.$$

oder ganz allgemein drückt sich die Formel der Alaune aus durch $\dot{R}\dddot{S}+\ddot{R}\dddot{S}^3+24\dot{H}$, worin R das Radical eines der isomorphen Monoxyde und R das Radical eines der isomorphen Sesquioxyde bezeichnet.

§ 391. Kalialaun, $\dot{K}\dddot{S}+\ddot{Al}\dddot{S}^3+24\dot{H}$, ist an manchen Orten, wo die Bedingungen zu seiner Bildung da waren, in feinen Krystallen ausgewittert, so z. B. in Brandfeldern des Steinkohlengebirgs und auf Klüften mancher Laven. In grossen Mengen wird er aus verschiedenen Materialien gewonnen, in denen meistens die Thonerde als Thon (§ 395) und der Schwefel (zur Bildung der Schwefelsäure) in Verbindung mit Eisen (als Schwefelkies), vorhanden ist, oder in Gasen der Solfataren (s. u.).

Alaun, Darstellung desselben.

Das **Alaunerz**, aus welchem der meiste Alaun gewonnen wird, ist ein Gemenge von Thon, Braunkohle oder bituminösen Stoffen und Schwefelkies (FeS^2) in fein vertheiltem Zustande. Wenn das Erz mit Sauerstoff der Luft in Berührung kommt, oxydirt sich der Schwefelkies zu schwefelsaurem Eisenoxydul und Schwefelsäure, welche sich mit der Thonerde des Thons verbindet. Das schwefelsaure Eisenoxydul wandelt sich später in basisch schwefelsaures Eisenoxyd um und dadurch wird noch mehr Schwefelsäure frei. Diese Oxydation des Schwefelmetalls ist von

aus Alaunerz,

solcher Wärmeentwickelung begleitet, dass sich bisweilen das Alaunerz von selbst entzündet. Geht wegen zu grosser Dichtigkeit des Erzes die Oxydation an der Luft zu langsam von sich, so wird das Alaunerz gebrannt. Das hinreichend vorbereitete Erz wird mit Wasser ausgelaugt, die Lösung abgedampft und zu derselben Kaliumsalze, welche im Handel wohlfeil zu erhalten sind, zugesetzt. Die heisse Auflösung wird hierauf nach vorgängiger Befreiung vom Eisensalz langsam erkalten gelassen, und es setzen sich aus ihr an hineingehangenen Fäden grosse Alaunkrystalle an, welche in den Handel kommen.

aus Alaunschiefer, Aus dem **Alaunschiefer,** welcher in seiner Zusammensetzung dem Alaunerz ähnlich, aber viel dichter ist, wird der Alaun auf ähnliche Weise dargestellt, nur muss der Schiefer vorher gebrannt werden. An manchen Orten ist derselbe so bituminös, dass er als Brennmaterial benutzt und aus der Asche Alaun gewonnen wird.

aus Alaunstein, Der **Alaunstein** besteht aus $\dot{K}\dddot{S} + \ddot{Al}\dddot{S}^3 + 2.\ddot{Al}\dot{H}^3$. Er kommt bei Tolfa im Kirchenstaate und in Ungarn vor, und aus ihm wird der unter dem Namen *römischer* sehr geschätzte Alaun gewonnen. Man brennt ihn ähnlich wie den Kalk oder Gyps, wodurch sich die 2 Atome Thonerdehydrat aus der Verbindung abscheiden, zieht den gebrannten Stein mit Wasser aus und lässt die heisse Lösung krystallisiren.

aus Thon, Aus dem Thon (§ 395) wird der Alaun so dargestellt: Man glüht denselben, übergiesst ihn in Bleigefässen mit heisser Schwefelsäure von 1,7 spec. Gewicht, arbeitet die Masse gehörig mit Stampfen durch einander und lässt sie Monate lang liegen. Mit Wasser zieht man alsdann schwefelseure Thonerde aus und aus dieser Lösung wird durch Zusatz von Kaliumverbindungen Kalialaun oder durch Zusatz von schwefelsaurem Ammoniak Ammoniakalaun (§ 393) dargestellt.

aus zersetzten Trachyten. In einigen vulcanischen Gegenden dringen durch Spalten in der Erde schwefligsaure Dämpfe hervor, und wenn sie mit thonerde- und kalihaltigen Materialien (zersetztem Trachyt, meist aus Feldspath (§ 395) bestehend) in Berührung kommen, so oxydiren sie sich zu Schwefelsäure, welche sich mit dem Kali und der Thonerde verbindet. Aus solchen Erden wird durch Auslaugen Alaun gewonnen, z. B. in der Solfatara bei Puzzuoli.

Eigenschaften des Alauns.

Der Kalialaun, gewöhnlich schlechtweg Alaun genannt, bildet regelmässige Oktaëder mit Würfelflächen, die ein wenig verwittern, beim Erhitzen anfangs schmelzen, dann eine poröse weisse Masse (**gebrannten Alaun**, $\dot{K}\dddot{S}+\dddot{\bar{Al}}\dddot{S}^{3}$), zuletzt ein Gemenge von Thonerde und schwefelsaurem Kali hinterlassen. Er löst sich leicht in heissem, schwer in kaltem Wasser, die Lösung schmeckt süss und zusammenziehend. Aus einer Auflösung, die basisch schwefelsaure Thonerde enthält, scheidet sich der Alaun stets in Würfeln aus. Die hauptsächlichste Anwendung findet der Alaun in der Färberei als Beizmittel (§ 394), ferner im Gemenge mit Kochsalz in der Gerberei und in andern Gewerbszweigen.

Alumen ustum.

Pyrophor aus Alaun.

Wenn 3 Th. gebrannter Alaun und 1 Th. Kienruss geglüht werden, so bildet sich ein Gemenge ven Schwefelkalium, Thonerde und Kohle, in welchem wegen der feinen Vertheilung der Gemengtheile das Schwefelkalium ein Pyrophor ist.

Natronalaun.

§ 392. Natronalaun, $\dot{Na}\dddot{S}+\dddot{\bar{Al}}\dddot{S}^{3}+24\dot{H}$, scheidet sich wegen seiner Leichtlöslichkeit nur schwer in Krystallen (Oktaëdern) aus, welche schnell verwittern. In Südamerika findet er sich hie und da als ausgewittertes Mineral.

Ammoniakalaun.

§ 393. Ammoniakalaun, $\dot{NH^{4}}\dddot{S}+\dddot{\bar{Al}}\dddot{S}^{3}+24\dot{H}$, wird jetzt nicht selten statt des Kalialauns angewendet und deshalb fabrikmässig dargestellt durch Vermischen einer Auflösung von schwefelsaurer Thonerde mit einer solchen von schwefelsaurem Ammoniak (§ 320). Er krystallisirt eben so leicht wie der Kalialaun, hinterlässt beim starken Glühen reine Thonerde und verwittert nicht.

Essigsaure Thonerde.

§ 394. Essigsaure Thonerde wird in Lösung so dargestellt, dass man basisch schwefelsaure Kali-Thonerde mit essigsaurem Bleioxyd versetzt und die Flüssigkeit vom unlöslichen schwefelsauren Bleioxyd trennt. Diese Verbindung eignet sich vorzugsweise, um die charakteristische Eigenschaft der Thonerde, sich mit Farbstoffen zu vereinigen (§ 387), praktisch zu verwerthen. Daher ihre häufige Anwendung in den Färbereien als sogenanntes „Beizmittel." Wenn ein Baumwollenzeug in die Lösung der essigsauren Thonerde und nach dem Trocknen in die eines organischen Farbstoffs getaucht wird, so schlägt sich der Farbstoff so fest auf das Zeug nieder, dass er durch Waschen nicht entfernt werden kann.

Anwendung als Beizmittel.

Kieselsaure Thonerde. § 395. Kieselsaure Thonerde kommt im Mineralreich in verschiedenen Sättigungsverhältnissen sowohl für sich [z. B. im **Cyanit** und **Andalusit**, $\dddot{Al}\ddot{Si}$], als auch in Verbindung mit andern Salzen (§ 398) und namentlich vielen Silicaten anderer Basen vor. Unter den letztern ist besonders eine Gruppe Doppelsalze von Monoxyd- und Sesquioxyd-Silicaten, theils wegen ihrer weiten Verbreitung im Mineralreich, theils wegen der Bedeutung, welche sie selbst oder ihre Zersetzungsproducte für Ackerbau, Künste und Gewerbe haben, hervorzuheben, nämlich die **Feldspathe**.

Sie finden sich äusserst verbreitet zum Theil in grossen, wohlausgebildeten Krystallen, zum Theil in dichten, krystallinischen Massen und machen einen der wichtigsten Gemengtheile der krystallinischen Massengesteine unserer Erde („Granit, Gneiss, Syenit, Porphyr, Trachyt") aus. Ihrer chemischen Zusammensetzung nach kann man sie in drei Abtheilungen zerfällen, nach dem Monoxyd, welches das erste Glied des Doppelsilicats ausmacht, nämlich in: Kali-, Natron- und Kalk-Feldspathe. Inzwischen sind in jeder dieser Abtheilungen eine mehr oder weniger grosse Menge anderer Basen, ausser den wesentlich bezeichnenden [Thonerde und Kali, Natron oder Kalk] gleichzeitig vorhanden, und fast jeder Feldspath enthält Kali, Natron, Kalk, Magnesia, Thonerde, Eisenoxyd und auch wohl Manganoxyd, von denen sich die Monoxyde unter einander und die Sesquioxyde unter einander in ihrer chemischen Function vertreten — ein weiteres belehrendes Beispiel zu der Lehre vom Isomorphismus (vgl. § 390).

Unter den Feldspathen verdient die meiste Beachtung der

Feldspath. Kalifeldspath oder **Orthoklas**. Er besteht aus $\dot{K}\ddot{Si}^3 + \dddot{Al}\ddot{Si}^3$ und findet sich meistens in grossen, röthlichen, dann in schönen glasglänzenden Krystallen oder als farblose krystallinische Masse im Granit, welcher ausserdem noch Quarz und ein anderes Thonerdedoppelsilicat, den Glimmer, $m . \dot{K}\ddot{Si}^3 + n . \dddot{Al}^2\ddot{Si}^3$, enthält. Er kommt ferner als wesentlichster Bestandtheil des Porphyrs und Trachyts vor. Feldspath ist unlöslich in Wasser und den stärksten Säuren, wenn er aber lange Zeit der Einwirkung des Wassers und der Kohlensäure ausgesetzt ist, so zersetzt er sich, indem er fast seinen ganzen Kaligehalt und den grössten Theil der Kieselsäure verliert und das Zersetzungsproduct ist Thon, d. h. wasserhaltige basisch kieselsaure Thonerde, meistens von der Zusammensetzung $\dddot{Al}^2\ddot{Si}^3+3\dot{H}$, gemengt mit freier Kieselsäure und einer geringen Menge eines Kalisilicats. Obwohl anscheinend der meiste Thon aus zersetztem Kalifeldspath entstanden ist, so findet sich derselbe doch ohne Zweifel auch als Zersetzungsproduct anderer Feldspathe, z. B. des **Albits** $\dot{Na}\ddot{Si}^3+\dddot{Al}\ddot{Si}^3$, **Oligoklases** $\dot{Na}^2\ddot{Si}^3+2.\dddot{Al}\ddot{Si}^3$, **Anorthits** $\dot{Ca}\ddot{Si}+\dddot{Al}\ddot{Si}$, **Labradors** $\left.\begin{matrix}\dot{Ca}\\ \dot{Na}\end{matrix}\right\}\ddot{Si}+\dddot{Al}\ddot{Si}^2$, und überhaupt anderer Thonerdesilicate, wie z. B. des Glimmers. Ist der Thon auf der Stelle, wo er sich bildete, geblieben [auf primärer Lagerstätte], so zeichnet er sich in der Regel durch Reinheit aus und wird Kaolin oder Porcellanerde genannt, wenn aber Wasserströme den Thon weit fortführten und dann erst absetzten [auf secundärer Lagerstätte], so ist er mit vielen andern, namentlich färbenden Metalloxyden verunreinigt. Enthält er wenig sandige Beimengungen, so ist er fetter Thon oder Lehm, mit viel Sand gemengt ist er der magere Thon, und findet sich kohlensaure Kalkerde in nicht zu geringer Menge beigemischt, so heisst er Mergel. Inzwischen enthält auch der Lehm nicht selten Beimengungen von kohlensaurer Kalkerde.

Thon. Lehm. Mergel.

Der Thon zeichnet sich durch folgende Eigenschaften aus: er ist unlöslich in Wasser, aber sehr leicht darin aufzuschwemmen (suspendirbar) und darauf beruht seine weite Verbreitung über die ganze Erdoberfläche. Er wird, mit Wasser angefeuchtet, bildsam (plastisch) und lässt sich dann zu Gegenständen von den mannigfaltigsten Gestalten verarbeiten, ohne dass er zerreisst; er lässt sich formen, drehen, abschneiden und in einzelnen Stücken wieder zusammenkneten. Wird der feuchte und nicht zu fette Thon an der Luft getrocknet und dann erhitzt, so verliert er sein Wasser und zieht sich zusammen (er schwindet), ohne jedoch seine Form zu verlieren und selbst bei der stärksten Hitze unserer Oefen schmilzt er nicht. Auf dieser Eigenschaft beruht die Darstellung der unentbehrlichsten Geräthschaften: des Töpfergeschirrs, Steinguts, Porcellans, der Fayence, Ziegeln, Backsteine, feuerfesten Tiegel und vieler anderer Gegenstände (s. u. Anhang). In Bezug auf den Ackerbau ist der Thon deswegen so wichtig, weil fast keine Pflanze seiner entbehren kann,

Eigenschaften des Thons.

denn er besitzt vermöge seiner Bildsamkeit so viel Zusammenhalt, dass die Wurzeln der Pflanzen sich in ihm befestigen können, er ist der Feuchtigkeitsbehälter und lässt, einmal durchtränkt, von oben eindringendes Wasser nicht mehr durch und endlich liefert er die Basis eines der wichtigsten Salze für die Ernährung der meisten Pflanzen: das Kali.

Ultramarin, Lasurstein.

§ 396. Ultramarin. In China, Thibet und an wenigen andern Orten findet sich ein seltenes Mineral, welches sich durch eine schöne blaue Farbe auszeichnet und früher häufig als Schmuckstein und zu architektonischen Verzierungen angewendet wurde, der **Lasurstein.** Zerrieben und geschlämmt wurde er ehemals als kostbare Malerfarbe unter dem Namen **Ultramarin** in den Handel gebracht. Dieses Mineral besteht hauptsächlich aus Thon, enthält aber ausserdem noch Schwefelnatrium, Natron, Kalkerde, Schwefelsäure und sehr wenig Eisen und Schwefel; diese beiden letztern Bestandtheile sind jedoch von Wichtigkeit für die Farbe. Sie wird jetzt fabrikmässig, von derselben Schönheit wie die natürliche, aus Thon, Soda, Schwefel oder aus Quarz, gebranntem Alaun, Kohle, Schwefel und Soda dargestellt; eines Zusatzes von Eisen bedarf es nicht, weil davon so viel, als erforderlich ist, einige der Materialien als Verunreinigung enthalten.

Chloraluminium, $AlCl^3$.

§ 397. Chloraluminium, $AlCl^3$, gewinnt man durch Glühen von mit Kohle gemischter Thonerde im Chlorstrom als ein gelblich weisses krystallinisches Sublimat, $AlCl^3$, welches leicht sich verflüchtigt, an der Luft etwas raucht, zerfliesst und sich im Wasser unter Erhitzung löst. Die wässerige Lösung giebt bei freiwilligem Verdunsten Krystalle, $AlCl^3 + 12\dot{H}$, zersetzt sich aber beim Verdampfen zur Trockne in Salzsäure und Thonerde.

Man bereitet das wasserfreie Chlorid jetzt fabrikmässig in grossen Mengen zur Darstellung des Metalls (§ 385) und führt es zu diesem Zweck in eine Doppelverbindung mit Chlornatrium, $NaCl + AlCl^3$, über, welche bei etwa 200° schmilzt und das Chloralumin vor zu leichter Verflüchtigung schützt.

Das Chloraluminium verbindet sich ausserdem auch mit andern Chlormetallen und mit den Chloriden des Schwefels, Selens und Tellurs.

§ 398. Fluoraluminium, AlF^3, bildet sich beim Ueberleiten von Fluorkiesel (§ 106) über erhitztes Aluminium. Es ist eine farblose, ziemlich schwer schmelzende Verbindung, die in Rhomboëdern krystallisirt, in Hellrothgluth sich verflüchtigt, in Wasser unlöslich ist und weder durch starke Säuren noch alkalische Laugen zersetzt wird. Fluoraluminium, AlF^3.

Verbindungen des Fluoraluminiums finden sich in manchen Mineralien, z. B. dem Glimmer, als geringe Beimengungen, in andern bilden sie einen wesentlichen Bestandtheil, wie im Edelstein, **Topas**, $(AlF^3+SiF^2)+5.\ddot{A}l\ddot{S}i$. Die bemerkenswertheste dieser Verbindungen ist aber der **Kryolith**, $3NaF+AlF^3$, welcher in Grönland in grossen Massen vorkommt und sowohl zur Darstellung des Alumins, als auch zu andern technischen Zwecken Verwendung findet. Topas. Kryolith.

§ 399. Schwefelaluminium entsteht sowohl durch directe Vereinigung der Bestandtheile, wie durch Erhitzen von Thonerde in Schwefelkohlenstoffgas. Die schwarzgraue, gerieben glänzende Verbindung, welche sich an der Luft und in Wasser bald zerlegt, hat man zur Gewinnung des Aluminiums benutzt, indem man sie mit Eisenfeilspänen schmolz. Schwefelaluminium.

§ 400. Mit vielen andern Metallen bildet das Aluminium sehr leicht Legirungen, von denen einige für die technische Verwendung äusserst brauchbar sind und später Erwähnung finden werden. Die mit den Metallen der Alkalien sind weiss und glänzend und zersetzen sich an der Luft sehr schnell. Legirungen des Aluminiums.

12. Beryllium (Be = 7,0). 13. Zirconium (Zr = 44,8). 14. Norium. 15. Thorium (Th = 59,5).

§ 401. Beryllium, das metallische Radical der Beryllerde und ihrer Salze, gewinnt man aus dem Chlorberyllium nach demselben Verfahren wie das Aluminium (§ 385). Das Metall ist zinkweiss, von 2,1 spec. Gewicht, schmied- und hämmerbar, luftbeständig auch in hoher Temperatur und zersetzt das Wasser auch im Kochen nicht. Durch verdünnte Salzsäure wird es leicht gelöst; aus dieser Lösung fällen die Alkalien das Hydrat der Beryllerde, $\ddot{B}e\dot{H}^4$, des einzigen Oxyds, welches das Metall besitzt und welches nur in einigen weniger häufigen Verbindungen Beryllium. Beryllerde.

im Mineralreich vorkommt. Die löslichen Salze der Beryllerde schmecken zusammenziehend süss (daher hat dieses Oxyd auch den Namen Glycinerde) und unterscheiden sich von denen der Thonerde durch ihr Verhalten gegen kohlensaures Ammoniak und mehre andere Eigenschaften. Die Beryllerde wird in derselben Form krystallisirt erhalten wie die Thonerde und besitzt eine analoge Zusammensetzung.

Die hauptsächlichsten Verbindungen der Beryllerde, die als Mineralien auftreten, sind Silicate: der seltene **Phenakit**, $\dddot{\bar{B}}e^2\dddot{S}i^3$ und noch seltenere **Euklas**, der häufigere **Beryll**, $\dddot{\bar{B}}e\dddot{S}i^3 + \dddot{\bar{A}}l\dddot{S}i^3$, der grün gefärbt **(Smaragd)** und fast farblos **(Aquamarin)** zwei sehr geschätzte Edelsteine bildet. Der **Chrysoberyll**, bekanntlich einer der schönsten Edelsteine von grünlich bläulicher Farbe, ist ein Aluminat, $\dddot{\bar{B}}e\dddot{\bar{A}}l^3$.

Zirconium. § 402. Zirconium ist das Metall eines nicht häufig vorkommenden Oxyds, der Zirconsäure, $\ddot{Z}r$, die in isomorphen Mischungen mit Kieselsäure krystallisirt, $\ddot{Z}r\dddot{S}i$, den **Zircon**, **Auerbachit**, $\ddot{Z}r^2\dddot{S}i^3$, und einige sehr spärlich vorkommende andere Mineralien ausmacht. Der Zircon ist in gewisser rother Farbe ein Edelstein und heisst **Hyazinth**, sonst findet er sich farblos, gelb und braun. Die gefärbten Varietäten haben, wie manche Flussspathe (§ 368), die Eigenschaft der Phosphorescenz und so strahlen z. B. die von Ceylon beim Erhitzen ein röthliches, die vom Ilmensee ein bläuliches Licht aus.

Zirconerde (Zirconsäure).

Norium. § 403. Norium. In manchen Zirconen (den norwegischen z. B.) kommt neben der Zirconsäure noch ein anderes derselben ähnliches Oxyd vor, welches das eines bis jetzt noch nicht näher untersuchten Metalls ist. Man hat ihm den Namen Norium beigelegt.

Thorium. Thorerde, $\dot{T}h$.

§ 404. Thorium findet sich als Thorerde, $\dot{T}h$, nur in sehr seltenen Mineralien, nämlich dem **Pyrochlor** in Verbindung mit Niobsäure und dem **Thorit** und **Orangit** in Verbindung mit Kieselsäure. Diese Erde ist ein weisses Pulver, bemerkenswerth durch sein hohes spec. Gewicht = 9,4. Sie kann durch Schmelzen mit Borax in hoher Temperatur in braunen Prismen krystallisirt dargestellt werden.

16. Yttrium. 17. Erbium. 18. Terbium.

§ 405. Eben so selten wie die letztgenannten kommt das Oxyd des Yttriums, die Yttererde, vor, zugleich mit zwei andern Erden, Erbinerde und Terbinerde, deren Eigenschaften noch nicht hinlänglich erforscht sind. Die Mineralien, in denen sie sich finden, sind **Gadolinit**, **Yttrotantal**, **Orthit** und einige andere seltene. Yttererde. Erbinerde. Terbinerde.

Anhang zu den Alkalien und Erden.

Glas- und Thonwaaren.

Das Glas.

§ 406. So nennt man eine zusammengeschmolzene Masse von verschiedenen Silicaten, unter denen die der Alkalien ein Hauptbestandtheil sind, weil sie den eigenthümlichen Aggregatzustand, der mit dem Namen *glasig* bezeichnet wird, bedingen. Die geschmolzenen Silicate nämlich der alkalischen Erden und der Oxyde der schweren Metalle werden beim Erstarren krystallinisch, die der Alkalien nicht; sind letztere den erstern beigemengt, verhindern sie sogar das Krystallisiren derselben, und es entsteht aus solchen geschmolzenen Gemischen beim Erkalten das eigentliche Glas. Blosse Alkalisilicate können nicht das Glas, welches zu Geräthschaften dienen soll, ausmachen, weil sie von Wasser und Säuren leicht angegriffen werden (§ 269. 294) und unter den alkalischen Erden sind nur wenige tauglich, um zu Glas verarbeitet zu werden, denn die Silicate der Baryterde und Strontianerde sind zu theuer und die Silicate der Magnesia und Thonerde sind sehr schwer schmelzbar, doch können diese beiden Verbindungen ohne Nachtheil für das Glas den andern leichter schmelzbaren Silicaten beigemengt sein. Daher besteht in der Regel das Glas wesentlich aus Silicaten der fixen Alkalien und der Kalkerde, denen zufällig oder absichtlich auch geringere Mengen anderer Silicate, wie der Magnesia, Thonerde, Eisenoxyde u. dgl. beigemischt sein können. Das Glas.

§ 407. Es besteht das Glas fast nie aus Doppelsilicaten von bestimmter stöchiometrischer Zusammensetzung, sondern meist aus solchen und einem Ueberschuss von Kieselsäure oder einem Ueberschuss eines der Silicate, denn beide lösen sich bis zu einer gewissen Grenze in den Doppelsilicaten auf. Indessen ist doch eine grössere Menge der Kieselsäure oder eines der Silicate von wichtigem Einfluss auf die Eigenschaften des Glases. Je mehr der Kieselerdegehalt steigt, desto schwerer schmelzbar wird die Glasmasse, aber das dargestellte Glas widersteht am besten den Einwirkungen derjenigen Substanzen, welche chemisch dasselbe zu zerstören im Stande sind. Je grösser der Gehalt an Silicaten, namentlich derer der eigentlichen Metalle und insbesondere des Bleioxyds ist, desto leichter schmelzbar ist das Glas, es wird aber auch leicht von Säuren angegriffen. Im Allgemeinen hat sich herausgestellt, dass in den besten Glassorten das Sauerstoffverhältniss der Kieselsäure zu dem der Basen wie 4 : 1 oder wie 6 : 1 ist. Das meiste Glas besteht aus Kieselerde, Kali oder Natron und Kalkerde, und enthält, wenn es aus recht reinen Materialien dargestellt wurde, fast gar keine anderweitigen Bestandtheile, bei Verwendung unreiner Materialien kann es mehre andere Oxyde enthalten, unter denen einige das Glas färben, z. B. das Eisenoxydul, Manganoxyd u. a. Eine andere Art Glas bereitet man aus Kieselerde, Kali und Bleioxyd, welches sich von dem vorigen durch ein höheres spec. Gewicht, starkes Lichtbrechungs- und Zerstreuungsvermögen und leichtere Schmelzbarkeit unterscheidet.

Crownglas. § 408. Aus Kieselsäure, Kali und Kalkerde bestehen die ganz farblosen schönen Producte, welche heutigen Tages viele Glashütten in Böhmen, Schlesien, der Lausitz und anderwärts liefern, z. B. Flaschen, Gläser, Spiegel, Röhren und geschliffene Fenster, ebenso auch das **Crownglas.** Man stellt indess neuerdings in Frankreich eine Art Crownglas dar, welches als Basen ausser den Alkalien nur Spuren Kalk, dagegen viel Zinkoxyd und ein wenig Bleioxyd enthält. Es zeichnet sich dieses Kalikalkglas vor dem Natronglas durch schwerere Schmelzbarkeit aus und dient daher vorzugsweise zur Anfertigung gewisser chemischer Geräthe, wie der Verbrennungsröhren. Aus Kieselsäure, Natron und Kalkerde besteht das **Spiegelglas.**

Krystallglas. Kieselsäure, Kali und Bleioxyd ist der Glassatz für das sogenannte englische **Krystallglas**, für das zu optischen Geräthen Flintglas. besonders taugliche **Flintglas** und für den zur Anfertigung künst-

Strass.

licher Edelsteine gebräuchlichen **Strass**. Der Sauerstoff der Basen im Krystallglase verhält sich durchschnittlich zu dem der Kieselsäure wie 1 : 7 bis 1 : 9, der des $\dot{K} : \dot{Pb} = 1 : 1$ bis 2,5; im Flintglas ist Sauerstoff des $\dot{K} : \dot{Pb} = 2 : 3$ und beider zu dem der Kieselsäure = 1 : 4, im Strass ist $\dot{K} : \dot{Pb} = 1 : 3$. Diese Gläser haben ein hohes spec. Gewicht (bis über 3,6), während das des bleifreien Glases etwa 2,5 beträgt, und unterscheiden sich von dem Crownglas hauptsächlich durch das grössere Brechungs- und Zerstreuungsvermögen des Lichts.

Die Glassätze.

§ 409. Für die sämmtlichen bisher genannten Glasarten wendet man als Glassätze möglichst reine Materialien an und zwar dient als Kieselsäure feiner weisser Sand oder Quarz oder Feuerstein, als Kalipräparat gereinigte Pottasche, als Natronmaterial Soda oder Glaubersalz, als Bleioxydpräparat Mennige oder Glätte. Statt des Quarzes und der Pottasche bedient man sich auch des schon fertigen Wasserglases (§ 269), um Mennige damit einzuschmelzen.

Es ist sehr schwierig, ganz eisenfreie Substanzen zu den reinen Gläsern zu bekommen und selbst eine kleine Menge Eisenoxydul färbt das Glas sehr merklich grün, während ein wenig Eisenoxyd gar nicht färbt; man sucht daher ersteres unwirksam zu machen theils dadurch, dass man durch einen Zusatz von Braunstein das dem Grün fast complementäre Violett hervorruft, theils dadurch, dass man durch ein Gemisch von oxydirtem Nickelantimon dem Glas durch und durch eine schwach röthliche Färbung ertheilt und so das Grün verdeckt.

Ordinäres, grünes, Bouteillen-Glas.

Das ordinäre Glas, auch grünes Glas genannt, enthält in der Regel Kieselsäure, Kali, Kalkerde, Natron, Magnesia, Thonerde, beide Oxyde des Eisens und Mangans. Die letztern, welche die dunkle Farbe des Glases verursachen, sind zufällige Beimengungen der unreinen Materialien, welche zu solchem Glassatz gewählt werden; denn man nimmt gewöhnlich eisenschüssigen Sand (der auch Thonerde enthält), Holzasche, Seifensiederfluss, Seifensiederäscher und ähnliche wohlfeile Nebenproducte, die Kali oder Kalk oder beides enthalten, auch Glasscherben und verschiedene Silicate, die in der Natur vorkommen, wie Basalt, Klingstein, Pechstein, Lava, Bimsstein, oder Schlacken von Hohöfen, die alle stets ein sehr dunkel gefärbtes Glas liefern.

Fabrication des Glases.

§ 410. Die Anfertigung von Glas geschieht in eigens dazu erbauten Oefen, in deren Schmelzraum mehre Tiegel aus feuerfestem Thon (die Glashäfen) stark erhitzt werden.

Ehe der Glassatz in die Schmelztiegel kommt, wird er zuvor stark geglüht (gefrittet), wobei alles Wasser entweicht und schon eine Einwirkung der Kieselsäure auf die Basen statt findet, ohne dass Schmelzung eintritt. Dann wird er in verschiedenen Portionen nach und nach in die Glashäfen eingetragen und nieder geschmolzen. Während des Schmelzens muss die Temperatur sehr hoch gesteigert werden (Heissschüren), damit die Masse dünnflüssig werde, die Kohlensäureblasen leicht entweichen können und alle noch nicht gelösten gröberen Stücke (wie Sandkörner oder thonige Bestandtheile) vollkommen gelöst werden. Wenn dieses geschehen ist, lässt man den Ofen etwas erkalten (Kaltschüren), damit der Glassatz dickflüssig werde, denn nur so kann er zweckmässig verarbeitet werden.

Verarbeitung des Glases.

Alle Gegenstände, die nicht gegossen werden, verfertigt man mittelst einer eisernen, in der Mitte mit Holz belegten Röhre (Pfeife), deren unterer Theil zum Eintauchen in die geschmolzene Glasmasse, der obere zum Einblasen dient. Mit Hülfe der Pfeife werden die mannigfachsten Gegenstände verfertigt, der Arbeiter taucht nämlich das untere Ende derselben in die schmelzende Masse, zieht das daran Haftende heraus und bläst unter stetem Drehen, Schwingen, bald Vertical-, bald Horizontalhalten in die weiche Masse hinein, bis dieselbe zu erstarren anfängt und in diesem Falle wärmt er sie in der Arbeitsöffnung wieder an. Die ausgeblasene Masse hat zuerst die Kugelform, bekommt dann eine birnförmige Gestalt und kann sowohl aus freier Hand, als auch durch Eindrücken in hölzerne angefeuchtete Modelle die verschiedensten Formen erhalten. Alle auf diese Weise angefertigten Glasgeräthschaften bezeichnet man mit dem Namen **Hohlglas.**

Eigenschaften des Glases.

§ 411. Die fertigen Gegenstände werden, wenn sie nicht sehr dünnwandig sind, in einem besondern Ofen (Kühlofen), einer langsamen Abkühlung unterworfen. Dies ist unumgänglich nöthig, um sie gegen das leichte Zerspringen beim kleinsten Stoss oder geringsten Temperaturwechsel zu schützen. Das Glas hat nämlich durch die schnelle Abkühlung beim Blasen, wobei die

Oberfläche schneller erstarrte als die darunter befindliche noch im Zusammenziehen begriffene Masse, den Zustand einer starken Spannung bekommen und die unbedeutendste Verletzung desselben verursacht ein Zerreissen der gespannten Fläche. Beweis dafür sind die bekannten *Glasthränen* und *Bologneser Fläschchen.* Eine Anwendung von dieser Eigenschaft macht man beim Spalten des Glases durch Diamanten, oder beim Zertheilen von Röhren durch Einschnitte mit dreikantigen Feilen.

Die Eigenschaften des Glases richten sich nach der Sorgfalt bei der Auswahl der Materialien des Glassatzes und beim Verarbeiten desselben. Gutes Glas ist ganz homogen in seiner Masse, es zeigt keine unaufgelösten Körner oder Blasen (zu niedrige Temperatur oder falsch gewählter Satz), keine farbigen Streifen (ungelöste färbende Metalloxyde in einem farblosen Satz). Es muss eine vollkommen glatte Oberfläche haben und den Einwirkungen der Atmosphäre und der starken Säuren und wässerigen Lösungen der Alkalien lange Zeit widerstehen. Dies findet meistens bei solchen Gläsern statt, die einen grossen Gehalt von Kieselerde besitzen. Je grösser der Alkaligehalt ist, desto leichter wird das Glas chemisch zerstört und selbst reines Wasser greift solches Glas bei lange fortgesetzter Einwirkung in Kochhitze bemerklich an. Im Allgemeinen darf man das Glas als von Wasser nicht angreifbar betrachten, aber selbst die kieselsäurereicheren Gläser sind nicht ganz gegen seinen Angriff geschützt und zwar werden sie bei Temperaturen von 300—400° in kurzer Zeit zerstört. Auch beim öftern starken Erhitzen des Glases, bisweilen schon während des Ausblasens tritt eine Veränderung ein, welche man als *Entglasung* bezeichnet. Man beobachtet sie am besten, wenn Glas unter seinem Schmelzpunkt lange erhitzt und langsam erkaltet wird, es wird dann matt, undurchsichtig und krystallinisch *(Réaumursches Porcellan).* Hierbei verliert das Glas zwar einen kleinen Theil seines Alkalis, aber dieser ist so unbeträchtlich, dass man dieser Ursache jene Veränderung nicht zuschreiben darf; vielmehr ist es das Entstehen gewisser krystallinischer Substanzen und die andere Anordnung zu neuen chemischen Verbindungen, welche die Entglasung herbeiführt. Das gewöhnliche grüne Glas oder das halbweisse, welches zu Fensterscheiben benutzt wird, zeigen die Zersetzung

Zersetzbarkeit.

durch die Feuchtigkeit der Atmosphäre an den Farben der dünnen Blättchen, die durch feine Schuppen ausgesonderter Kieselsäure oder eines Kalksilicats hervorgebracht werden. Das Glas ist so elastisch, dass man dünne Fäden desselben zu Ringen zusammenbiegen und zu Geweben verarbeiten kann. Plötzliche Ausdehnung durch Wärme und schnelles Zusammenziehen beim Erkalten kann dünnes Glas wohl ertragen, wird aber ein dickes Glas schnell erwärmt, so dehnt sich die der Wärmequelle zugewendete Seite schneller als die innere, und zufolge der Spannung, welche die innern Theile schon besitzen, und weil sie nicht eben so schnell dieselbe Ausdehnung wie die zuerst erwärmten annehmen können, findet ein Zerreissen des Glases statt. Man macht von dieser Eigenschaft dicken Glases oft Anwendung zum Absprengen von Theilen der Gefässe, z. B. der Retorten und Kolbenhälse.

Elasticität. Zerspringen.

Gefärbtes Glas.

§ 412. Gefärbtes Glas kann durch den Zusatz mehrer Metalloxyde, die sich im Glase auflösen, dargestellt werden. Das ordinäre Glas ist immer gefärbt (§ 409) durch die Verunreinigungen, welche der Glassatz an den Oxyden des Eisens und Mangans enthält, und zwar schmutzig grün oder bräunlich. Reinere und schönere Farben theilt man dem weissen Glase mit, und zwar **Grün** durch Chromoxyd, Eisenoxydul oder Kupferoxyd, **Schwarz** durch Kobalt- und Eisenoxyd, **Violett** durch Manganoxyd, **Blau** durch Kobaltoxydul (s. Smalte), undurchsichtig blau (türkisblau) durch Zusatz von Knochenasche zum Kobaltoxydul, **Rubinroth** und **Rosenroth** durch Goldpurpur, **Dunkelpurpurroth** durch Kupferoxydul, in dünner Schicht über weisses Glas verbreitet *(Ueberfangglas)*, **Gelb** durch Antimonoxyd oder Silberoxyd, **Grünlichgelb** durch Uranoxyd. Auf dieselbe Weise werden **künstliche Edelsteine (Glaspasten)** dargestellt und man erhält z. B. durch Zusatz von Eisenoxyd Topas, durch Manganoxyd Rubin, durch Kobaltoxydul Sapphir, durch Kupfer- und Chromoxyd Smaragd u. s. w. Als Grundmasse für diese Edelsteine wählt man den Strass (§ 408), welcher ungefärbt sehr rein und stark lichtbrechend und geschliffen dem Diamant ähnlich ist. Das seit alten Zeiten bekannte **Aventuringlas** ist eine durch Eisenoxyd und Kupferoxydul braungelb gefärbte Glaspaste, in welcher kleine glitzernde Krystalle von Kupfer sich befinden.

Künstliche Edelsteine.

§ 413. Mit solchen gefärbten Gläsern wird auch Glas bemalt. Man pulvert ein leicht schmelzbares Glas, gewöhnlich aus Bleioxyd, Quarz und Borax bestehend, mischt die färbenden Metalloxyde zu und trägt das Pulver, mit Terpentinöl angerieben, entweder unmittelbar auf das zu bemalende Glas oder erst auf ein Papier und von diesem auf das Glas. Der bemalte Gegenstand wird alsdann in einem Ofen erhitzt, bis der aufgetragene Glasfluss schmilzt, wobei das darunter befindliche Glas noch nicht schmilzt (§ 452). Auch durch Ueberziehen mit glänzenden edlen Metallen, Silber, Gold und Platin, durch theilweises Mattschleifen oder Mattätzen mittelst Flusssäure, und andere Verzierungen sucht man Luxusgläser gefällig auszustatten. **Bemaltes Glas.**

§ 414. **Email** nennt man einen bleihaltigen Glasfluss, welcher durch gewisse Beimengungen, nämlich Zinnoxyd, Antimonoxyd oder arsenige Säure, undurchsichtig gemacht ist und zum Ueberzug auf anderm Glas oder auf Metall dienen soll, z. B. auf den kupfernen Zifferblättern der Uhren. **Undurchsichtiges Glas. Email.**

Beinglas (Milchglas) ist ein unter Zusatz von Knochenasche (§ 364) verarbeitetes Glas. Die phosphorsaure Kalkerde löst sich im Glase zu einer nicht völlig undurchsichtigen Masse auf wie Zinnoxyd und weisser Arsenik im Email, sondern macht das Glas durchscheinend. Die Lampenglocken, Kugeln, Vasen, bestehen aus Milchglas. **Beinglas. Milchglas.**

Die Undurchsichtigkeit des sogenannten **Alabasterglases** beruht wahrscheinlich auf der Ueberhäufung eines Kaliglases mit Kieselsäure, welche nach dem Erkalten nicht völlig gelöst bleibt. **Alabasterglas.**

Die Thonwaaren.

§ 415. Es lassen sich nach gewissen physikalischen Eigenschaften die aus Thon angefertigten Geräthschaften in zwei grosse Klassen theilen, deren Abarten verschiedene Namen führen. Der Repräsentant für die eine Klasse ist das Porcellan und zu den Abarten gehören das Gesundheitsgeschirr, Steingut und Wedgewood, für die andere Klasse ist der Repräsentant Fayence und die Abarten sind die gemeinen Töpfergeschirre, die Alkarazzas, Majolikageschirre und alle aus den ältesten Zeiten herrührenden Thonwaaren. **Gefässe aus Thon.**

Unterschied zwischen Porcellan,

Die wesentlichen Eigenschaften des Thons, auf denen seine Anwendung zu Geräthschaften beruht, sind schon früher (§ 395) hervorgehoben. Hier mag noch Folgendes hinzugefügt werden: Wird der Thon mit einem schmelzbaren Silicat oder mit Oxyden vermischt, die ihm Kieselsäure entziehen und mit dieser und der kieselsauren Thonerde des Thons schmelzbare Doppelsilicate bilden können, so entsteht beim Erhitzen eines solchen Gemisches in hoher Temperatur eine auf dem Bruch glasige und durchscheinende Masse, indem das schmelzende Silicat mit der unschmelzbaren Thonmasse zu einem gleichartigen Ganzen verfliesst, ohne dass die äussere Gestalt sich ändert. Eine solche Masse wird **Porcellan** genannt, wenn sie aus Thon von primärer Lagerstätte und reinen Zusätzen bereitet wird, **Gesundheitsgeschirr** und **Steingut** aber, wenn sie aus Thon von secundärer Lagerstätte dargestellt ist (§ 395). Beide unterscheiden sich von einander nur durch das äussere Ansehn, indem Porcellan und Gesundheitsgeschirr immer weiss, das Steingut aber stets gefärbt (röthlich, grau oder gelb) ist.

Steingut,

Fayence und Töpfergeschirr.

Finden sich dem Thon keine solche schmelzbaren Substanzen beigemengt, so liefert er nach dem Brennen nur eine poröse Masse, die Wasser durchlässt und daher mit einer Glasur versehen werden muss, wenn ein solches Thongeschirr wasserdicht sein soll. Die Glasur schmilzt beim Brennen nur auf der Oberfläche des Geschirrs fest und man erhält daher auf diese Weise eine Masse, deren Bruch im Innern erdig ist und auf deren beiden Seiten sich dünne Blättchen eines glasigen Ueberzugs befinden. Zu dieser Gattung von Geschirren gehört das **Fayence**, welches seinen Namen von der Stadt Faënza in Italien hat, die Töpfergeschirre u. dgl., welche sich wiederum unter einander wie das Steingut vom Porcellan durch die grössere oder geringere Reinheit des zu ihnen angewandten Thons unterscheiden.

Vorzug des Porcellans.

Für den häufigen Gebrauch sind die Porcellangefässe den Fayencegefässen vorzuziehen, denn erstere sind weit haltbarer als letztere und diese vertragen ausserdem den Temperaturwechsel zwischen heissem und kaltem Wasser nicht, weil die Glasur sich anders ausdehnt als die darunter befindliche Masse, also leicht Risse bekommt.

§ 416. Das **Porcellan.** Nur Thon von primärer Lagerstätte kann zur Anfertigung von Porcellan gebraucht werden, denn der andere giebt wegen seiner oft bedeutenden Verunreinigung mit Eisenoxyd und andern färbenden Metalloxyden kein weisses Porcellan. Jener Thon, die **Porcellanerde** oder **Kaolin** (§ 395), enthält meistens freie Kieselsäure in so fein vertheiltem Zustande, dass sie beim Schlämmen den Thon begleitet, ferner gröbere Quarzstücke und sehr geringe Mengen von Kali, Kalkerde und Eisenoxyd. Vom Quarz trennt man sie durch Schlämmen und vermischt sie dann mit der gehörigen Menge fein gemahlenen Pulvers der schmelzbaren Substanz, als welche meist Feldspath, aber auch Kreide, Gyps, Schwerspath genommen werden. Porcellan. Die Materialien zur Anfertigung desselben.

Die Porcellanerde und der fein gemahlene Feldspath, beide aufs Innigste nass durch einander geknetet, werden nach schwachem Trocknen noch feucht zusammengeballt und so entweder aus freier Hand oder in bestimmten Modellen zu den mannigfaltigsten Gegenständen verarbeitet. Die geformten Sachen werden lufttrocken gemacht und dann bis zur schwachen Rothgluth erhitzt (verglüht), wodurch sie ziemlich fest zusammensintern und eine poröse, doch klingende Masse bilden, die *Biscuit* genannt wird. In diesem Zustande werden sie glasirt, d. h. man taucht sie in Wasser ein, in welchem fein geriebener Quarz und Porcellanerde oder Quarz und Feldspath oder Gyps, Kieselerde und zermahlene Porcellanscherben suspendirt sind; das Geschirr saugt Wasser ein und die suspendirten Substanzen setzen sich auf der Oberfläche desselben ab. Nach hierauf erfolgtem Lufttrocknen werden die Geschirre gut oder gar gebrannt. Beim Verglühen sowohl als beim Garbrennen befinden sich die grösseren Geschirre in besondern Kapseln, die aus feuerfestem Thon mit zerstossenen alten Kapselscherben (Charmotte) angefertigt sind; diese verhüten, dass sich dasselbe nicht verziehe, da es bis zum völligen Schmelzen der Glasur, aber nur bis zum Weichwerden der ganzen Masse erhitzt werden muss. Daher muss die Zusammensetzung der Glasurmasse der der Porcellanerde entsprechend gewählt sein, damit der Grad, bei welchem die Glasur schmilzt und die Porcellanmasse weich zu werden anfängt, nicht zu weit von einander abstehen. Verarbeitung der Materialien. Glasiren, Garbrennen.

Wie das Glas, kann auch das Porcellan durch Metalloxyde gefärbt werden und zwar unter der Glasur und auf der Glasur. Bemaltes Porcellan.

Letzteres geschieht durch Einbrennen mit leicht schmelzbaren farbigen Glasflüssen, ersteres durch Auftragen der Farbe auf die verglühten Geschirre, welche alsdann glasirt und fertig gebrannt werden. Zu Farben unter der Glasur sind nicht alle Metalloxyde gleich anwendbar.

Gesundheitsgeschirr.

§ 417. **Gesundheitsgeschirr** ist ebenfalls ein Porcellan, aber von geringerem Werth; es wird aus einem Gemenge von Porcellanerde und Thon von secundärer Lagerstätte auf dieselbe Weise wie das Porcellan dargestellt und behandelt. Die Masse hat grössere Bildsamkeit, lässt sich schneller und billiger als die Porcellanmasse verarbeiten und hat ihren Namen davon erhalten, dass man in ihm eine Thonwaare herstellte, deren Glasur keine der Gesundheit schädlichen Metalloxyde enthielt, wie andere Thongeschirre (§ 421).

Steingut.

§ 418. **Steingut**, in seiner Zusammensetzung dem Porcellan ähnlich, wird aus den plastischen Thonen von sesundärer Lagerstätte, welche ausser Eisenoxyd und Kali meist noch Kalkerde enthalten, bereitet; zuweilen enthalten die Thone Kieselerde genug, um als solche eine taugliche Masse liefern zu können, zuweilen ist ein Zusatz von Sand erforderlich. Die Masse erweicht in der Temperatur des Brennofens, weil der Kalk und das Eisenoxyd sich mit der Kieselerde zu schmelzbaren Silicaten verbinden und mit dem Thon zusammenschmelzen. Die Steingutgeschirre sind daher dicht für Flüssigkeiten, auch ohne Glasur — wie es auch die unglasirten, aber sehr stark erhitzten Porcellangefässe sein würden — indessen pflegt man auch den Steingutwaaren, um ihre ungleichartige Oberfläche glänzend zu machen, eine Glasur mitzutheilen. (Glasiren desselben) Dies geschieht entweder durch eine in ihrer Zusammensetzung dem Glase ähnliche Masse (z. B. Schlacken, Laven u. dgl.), die, fein pulverisirt, auf die geformten Geschirre aufgebeutelt und im Feuer fest aufgebrannt wird, oder durch das Salzglasiren. (durch Kochsalz.) Im letztern Fall wird in den Ofen gegen Ende des Brandes Kochsalz geworfen: dieses wird bei der hohen Temperatur flüchtig und umgiebt die Geschirre an ihrer Oberfläche. Wenn hier das Kochsalz mit der Kieselsäure des Geschirrs und dem Wasserdampf der Flamme in Berührung kommt, so zersetzt es sich in Chlorwasserstoff und Natron ($NaCl$ und $\dot{H} = \dot{N}a$ und HCl); das Alkali verbindet sich mit der Kieselsäure und das kieselsaure Natron mit andern Silicaten des Geschirrs zu einem schmelzenden Glas, welches die ganze Oberfläche der Geschirre bedeckt.

§ 419. Die **Wedgewoodgeschirre** gehören in die Klasse der feinen Steingutwaaren und werden durch Mengen von Thon mit Quarz (Feuerstein) und Feldspath oder Schwerspath oder Gyps bereitet. Beim Brennen entstehen daraus Silicate von Thonerde, Baryterde oder Kalkerde, welche gewöhnlich in der Masse durch Metalloxyde gefärbt werden und zwar schwarz, grün oder blau. Diese Art Geschirre werden häufig mit verschiedenfarbigen Verzierungen in erhabener Arbeit auf dunkelm Grunde versehen und so die antiken Vasen nachgeahmt. Gewöhnlich sind sie nicht glasirt, sondern zufolge ihrer Zusammensetzung bilden die Bestandtheile eine glänzende, geschmolzene Oberfläche. Bisweilen aber glasirt man sie mit einem Gemisch von Kochsalz, Pottasche und Bleioxyd. Wedgewood-geschirre.

§ 420. Die **Fayence** ist ein Thongeschirr ohne Beimischung eines schmelzbaren Silicats, überzogen mit einer weissen durchsichtigen oder mit einer emailartigen undurchsichtigen Glasur. Sie wird bereitet aus Thonen von secundärer Lagerstätte, welche mit gepulvertem Feuerstein gemengt werden. Die aus solcher Masse angefertigten Gegenstände schmelzen selbst bei sehr hoher Temperatur nicht, da aber die Thone färbende Metalloxyde enthalten, so werden sie schwach gelblich oder mehr oder weniger stark roth. Die beim Brennen nur schwach sich färbenden Thone überzieht man mit einer durchsichtigen Glasur aus Sand, Borax, Mennige und Pottasche und dieses sind die jetzt üblichen Fayencegeschirre. Diejenigen, welche wegen der rothen Farbe der gebrannten Thone mit undurchsichtiger Glasur (§ 414) überzogen werden mussten, waren früher die einzig dargestellten, und davon sind noch als Seltenheiten die sogenannten **Majolikageschirre** bekannt. Jetzt fertigt man eine derartige Fayence nur noch zu den Ofenkacheln, Platten zum Täfeln und zu einigen wenigen Gefässen, und man kann derartige Gegenstände mit Recht in die Klasse der gemeinen Töpfergeschirre rechnen. Fayence. Majolika.

Die Anfertigung der Fayencegeräthe geschieht auf ähnliche Weise wie die der Porcellangeschirre, eben so das Glasiren und Brennen, letzteres aber bedarf nicht gleich grosser Vorsicht, und da die Fayencegeschirre sich beim Brennen nicht verziehen, so stellt man viele derselben in hohlen Kapseln (Kokern) über einander. Wegen ihrer Zerbrechlichkeit und der Unhaltbarkeit ihrer Glasur pflegt man die Fayencegeschirre nicht mit Malereien zu verzieren, aber man druckt Kupferstiche unter die Glasur.

Töpfergeschirr.

§ 421. Das gewöhnliche **Töpfergeschirr** ist eine der Fayence ähnliche Masse, die aus dem Thone geringster Qualität angefertigt wird, welcher viel fremde Beimengungen enthält und beim Brennen roth wird. Er ist an der Erdoberfläche sehr verbreitet (§ 395) und wird nur wenig zubereitet, sei es durch Schlämmen oder durch Vermischen fetter und magerer Thonsorten oder durch Kneten mit Händen, um gröbere Bruchstücke von Steinen zu entfernen. Die Geschirre von diesem Thon werden aus freier Hand angefertigt und entweder glasirt oder unglasirt gebrannt. Die unglasirten Geschirre sind sehr porös und werden als solche zu verschiedenen Zwecken, z. B. zu Blumentöpfen, Zuckerhutformen, Kühlkrügen (Spanisch *Alcarazzas*) angefertigt. Sollen sie wasserdicht werden, so glasirt man sie und wendet in der Regel dazu eine wohlfeile Glasurmasse aus Lehm und Bleiglanz (Schwefelblei) an, wodurch ein

Bleiglasur.

Ueberzug von einem Bleiglas entsteht. In der Ofenhitze zersetzt sich nämlich das Schwefelblei in schweflige Säure und Bleioxyd, welches sich mit der Kieselsäure des Thons verbindet. Da indessen oft bei diesem Glasurgemisch so viel Bleioxyd angewendet und so schwach gebrannt wird, dass es sich nicht mit der Kieselsäure vollständig verbindet und daher Säuren und saure Speisen Bleioxyd auflösen und dadurch giftig wirken; so wendet man auch statt dessen andere, bleifreie Glasuren, wie Hohofenschlacken u. dgl. an, welche gepulvert auf die zu glasirenden Geschirre gestäubt oder mit Wasser angerührt als dicker Brei auf dieselben aufgegossen werden. Meistens werden die Glasuren durch Metalloxyde gefärbt (durch Kupferasche grün, durch Schwefelspiessglanz gelb, durch Eisenoxyd roth).

Backsteine und Ziegeln.

§ 422. **Backsteine** und **Ziegeln** werden wie Töpfergeschirre aus den verschiedensten Thonen gearbeitet. Es ist hierbei zu berücksichtigen, dass der Thon nicht zu fett sei, aber auch nicht zu mager (§ 395) und dass er keine gröberen Stücke von Kalk, Geröllen oder grössere Pflanzenreste (Wurzelstücke u. dgl.) enthalte. Backsteine aus zu fettem Thon schwinden zu sehr, verwerfen sich leicht beim Brennen und reissen, aus zu magerem Thon aber werden sie zu mürbe. Dagegen kann zu Ziegeln ein fetterer Thon dienen wegen der geringern Dicke derselben. Gröbere Steinchen und namentlich Kalkstücke (wie Kreidebruchstücke, kalkige Versteinerungen) verursachen im Innern des gebrannten Steins Höhlungen, in denen sich gebrannter Kalk befindet, der sich, wenn Wasser zu ihm eindringt, löscht, dadurch aufbläht und den Stein zersprengt. Nicht minder gefährlich wirken Beimengungen von gröbern Schwefelkiesstückchen, Pflanzenresten und Wurzelstücken, die während des Brennens entweder durch heftige Gasentwickelung den Stein zersprengen, oder verbrennen und an ihrer Stelle Höhlungen zurücklassen. Zu viel Kalk, innig mit dem Thon gemengt, bringt den Thon leicht zum Schmelzen; man sucht daher durch Vermischen verschiedener Thone die richtige Qualität zu erzielen. Fetter Thon wird durch Zusatz von Sand magerer gemacht, magerer wird mit Lehm vermischt, gröbere Steine entfernt man durch Schlämmen. Durch längeres Liegenlassen an der Luft, besonders durch Frost, wird der Thon locker und dann wird er nach der gehörigen Vorbereitung (Durchtreten u. dgl.) in die Formen der Backsteine oder Ziegeln gepresst, entweder durch Hand- oder Maschinenarbeit.

Feuerfeste Steine, Tiegel u. s. w.

Feuerfeste Tiegel, Steine, Retorten, Muffeln u. dgl. werden aus Thon mit Zusatz von grobem Sand oder Charmotte (§ 416) gebrannt. Graphittiegel bestehen aus feuerfestem Thon und doppelt so viel Graphit; man benutzt sie wegen ihrer inneren glatten Fläche besonders zu Schmelzversuchen mit Metallen. Am bekanntesten sind in Deutschland unter den feuerfesten Tiegeln die hessischen und unter den Graphittiegeln die Passauer.

19. Cer (Ce = 46,0). 20. Lanthan (La = 46,4). 21. Didym (Di = 48,37).

Cer, Lanthan und Didym.

§ 423. Den Uebergang von den Metallen der Erden zu den schweren Metallen bildet eine Gruppe von drei Metallen, deren Oxyde stets mit einander in einigen seltenen Mineralien vorkommen. Am reichlichsten finden sie sich im **Cerit**, $\left.\begin{matrix}\dot{Ce}\\ \dot{La}\\ \dot{Di}\end{matrix}\right\}{}^2\ddot{Si}+\dot{H}$, demnächst im **Allanit** und **Orthit**, Silicate, welche durch Schwefelsäure zersetzbar sind.

Bis jetzt wissen wir von diesen drei Metallen im regulinischen Zustande nichts Nennenswerthes und von ihren Verbindungen, dass sich die des Cers völlig rein darstellen, die des Lanthans und Didyms aber schwer von einander trennen lassen.

$\dot{Ce}$. $\dddot{\overline{Ce}}$. Das Cer hat zwei Oxydationsstufen: ein Oxydul $\dot{Ce}$, dessen Salze farblos, und ein Oxyd $\dddot{\overline{Ce}}$, dessen Salze röthlich gelb gefärbt sind. Beide verbinden sich unter einander zu $\dot{Ce}\dddot{\overline{Ce}}$.

$\dot{La}$. Das Lanthan scheint nur ein Oxyd $\dot{La}$ zu haben, welches farblose Salze liefert.

$\dot{Di}$. Vom Didym kennt man zwei Oxydationsstufen: ein basisches Oxyd $\dot{Di}$, dessen amethystrothe Salzlösungen, zwischen dem Licht und dem Spalt eingeschaltet (§ 303), eine bemerkenswerthe Anzahl schwarzer Linien im Spectrum hervorrufen und
$\ddot{Di}$. ein Superoxyd $\ddot{Di}$, welches braun gefärbt ist und durch Säuren zerlegt wird.

Das Cer hat den Namen vom Planeten Ceres, Lanthan ist von *λανθάνειν* verborgen sein, Didym von *δίδυμος* Zwilling benannt worden.

Die sogenannten schweren Metalle.

Eintheilung. § 424. Diese Abtheilung der Metalle kann in mehre Gruppen zerfällt werden, gewöhnlich pflegt man sie in folgende zu scheiden: 1) Metalle, deren Oxyde vorzugsweise Basen, 2) solche, deren Oxyde vorzugsweise Säuren sind, oder in: Wasser zersetzende (bei gleichzeitigem Vorhandensein einer Säure) und Wasser nicht zersetzende. Die Wasser zersetzenden fallen alle mit in die Abtheilung derjenigen Metalle, deren Oxyde vorzugsweise Basen sind. Es scheint ausserdem zweckmässig, dieselben in kleineren Gruppen derartig zusammen zu stellen, dass die durch ihre chemischen Eigenschaften einander nahe stehenden sich bei einander befinden. Zwar würden nach diesem Grundsatz auch einige Metalle der vorigen Abtheilung zu andern aus der gegenwärtigen oder umgekehrt geordnet werden müssen, wie z. B. das Zirconium zum Titan und Zinn; aber hiermit würde der Consequenz auch noch nicht völlig Genüge geschehen, denn dann müsste z. B. dem Zinn, Titan, Zirkonium auch das Silicium mit beigefügt werden. So lange man also überhaupt noch Metalle und Metalloide unterscheidet, trifft man die Auswahl unter den Individuen dieser beiden grossen Abtheilungen behufs ihrer Nebeneinanderstellung und lässt auch die althergebrachten bisher abgehandelten Abtheilungen bestehen. Der Name einer jeden kleineren Gruppe ist von einem in ihr befindlichen Metall entlehnt, welches in irgend einer Beziehung einen Vorrang verdient.

Die Gruppe des Eisens

umfasst vier Metalle: das **Mangan, Eisen, Chrom** und **Uran.** Allgemeine Charaktere: die Metalle sind äusserst schwer schmelzbar und nicht flüchtig. Ihre Oydationsstufen sind vorzugsweise Basen (Monoxyde und Sesquioxyde), unter denen der drei ersten finden sich auch Säuren.

22. Mangan ($Mn = 27,5$) Manganium.

§ 425. Findet sich sehr verbreitet nur im vererzten Zustande (§§ 429. 430. 433. 434. 438). Das häufigste Manganerz ist das Superoxyd. Manganverbindungen sind fast stets Begleiter der Eisenerze, sie finden sich fast immer in der Ackererde und gehen aus dieser in die Pflanzen und aus diesen in den thierischen Körper über. Vorkommen.

§ 426. Kohlensaures Manganoxydul wird mit Kohle gemengt und der stärksten Hitze eines Gebläseofens ausgesetzt. Am reinsten erhält man das Metall, wenn reines Manganoxydoxydul mit Zuckerkohle in einem Kalktiegel der strengsten Gebläsehitze ausgesetzt wird. Die Reduction des Chlor- oder Fluormangans durch Natrium liefert ein unreines Metall (§ 443). Darstellung.

§ 427. Das Mangan ist ein politurfähiges, glänzendes Metall von grauer Farbe mit röthlichem Schimmer, so spröde, dass es sich zerreiben lässt und so hart, dass es Glas und harten Stahl ritzt, äusserst schwer schmelzbar. Spec. Gewicht = 7,2. Oxydirt sich im Wasser langsam; an der Luft erhitzt läuft es an wie Stahl und überzieht sich mit braunem Oxyduloxyd. Verdünnte Säuren lösen das Metall schnell unter Wasserstoffentwickelung. Es hat fünf Oxydationsstufen, unter denen zwei basische Oxyde, zwei Säuren und ein Superoxyd, deren Sauerstoffmengen sich wie $1 : 1\frac{1}{2} : 2 : 3 : 3\frac{1}{2}$ verhalten (§ 27). Eigenschaften.

Manganoxydul, $\dot{Mn}$.

§ 428. Manganoxydul, $\dot{Mn}$, wird dargestellt durch Glühen von reinem Manganoxydhydrat oder Mangansuperoxyd in einem Strom von Wasserstoffgas. Es ist ein graugrünes Pulver, welches leicht an der Luft sich höher oxydirt, wenn es nicht bis zum Schmelzen erhitzt war. Es bildet mit Säuren Salze, aus

Hydrat.

denen die Basis durch ein fixes Alkali als Hydrat gefällt werden kann. Das Manganoxydulhydrat ist schwach röthlich weiss und wird an der Luft schnell braun, indem es sich zu Oxyduloxydhydrat oxydirt.

Manganoxyd, $\dddot{Mn}$. Braunit, $\dddot{Mn}\dot{H}$. Manganit.

§ 429. Manganoxyd, $\dddot{Mn}$, kommt als krystallisirtes schwarzes Mineral (**Braunit**) vor; fein gepulvert sieht es braun aus. Künstlich kann es als braunes Pulver durch Glühen des Superoxyds erhalten werden. Als Hydrat, $\dddot{Mn}\dot{H}$, findet es sich ebenfalls krystallisirt im Mineralreich (**Manganit**) und wird künstlich durch Oxydation des Oxydulhydrats an der Luft erhalten oder durch Behandlung des schwefelsauren Manganoxyds (§ 436) mit Wasser. Es ist der braune Farbstoff für viele Zeuge, die mit einem Oxydulsalze imprägnirt und dann durch Kalilösung gezogen werden. Glasflüssen theilt es eine violette Farbe mit (§ 412).

Manganoxydoxydul.

§ 430. Manganoxydoxydul, $\dot{Mn}\dddot{Mn}$, bildet sich beim starken Erhitzen jeder Oxydationsstufe oder jedes zersetzbaren Salzes des Mangans an der Luft, auch des Metalls (§ 427). Es ist rothbraun und kommt krystallisirt (**Hausmannit**) in der Natur vor, kann auch durch Zusammenschmelzen mit Borax in hoher Temperatur in Quadratoktaëdern dargestellt werden; als Hydrat erhält man es beim Erwärmen einer ammoniakalischen Manganchlorürlösung mit etwas feuchtem Superoxydhydrat.

Salze des Mangans.

§ 431. Die Salze des Mangans. Von den beiden basischen Oxyden des Mangans liefert nur das Oxydul, als stärkere Basis, eine grosse Anzahl von Salzen, das Oxyd dagegen hat schwache Verwandtschaft zu den Säuren. Die Oxydulsalze haben entweder eine blassrothe Farbe oder sie sind farblos. Ihre ungefärbte oder schwach röthliche Auflösung wird durch Schwefelwasserstoff nicht, durch Schwefelwasserstoff-Ammoniak fleischroth (Schwefelmanganhydrat), durch Kali und Natron weiss (§ 428), durch Ammoniak nicht, durch unterchlorigsaure Salze braun (Mangansuperoxydhydrat) gefällt.

Die einfachen Salze des Manganoxyds sind wenig beständig und zersetzen sich meist von selbst unter Sauerstoffabgabe oder wie das Chlorid (§ 437), doch macht ein Zusatz von Phosphorsäure dieselben beständiger und sie besitzen alsdann eine purpurrothe Farbe, welche auch bei ziemlich starker Verdünnung noch bemerkbar ist. Man benutzt diese Färbung, um Manganoxydulsalze leicht zu erkennen, indem man sie mit Salpetersäure und Bleisuperoxyd in Manganoxydsalze verwandelt. Die Doppelsalze des Manganoxyds sind etwas beständiger und entweder violett gefärbt wie der Manganalaun (§ 436), oder purpurroth wie das oxalsaure Kali-Manganoxyd. Alkalien fällen aus ihnen braunes Manganoxydhydrat.

Schwefelsaures Manganoxydul.

§ 432. *Schwefelsaures Manganoxydul*, dargestellt durch starkes Erhitzen von Schwefelsäure mit Braunstein, kann aus der wässerigen Lösung in Krystallen mit verschiedenem Wassergehalt erhalten werden, bei gewöhnlicher Temperatur $\dot{Mn}\dddot{S}+5\dot{H}$, bei 20° und darüber mit 4, bei 6° und darunter mit 7 Atomen $\dot{H}$. Es löst sich leicht in Wasser und bildet mit den schwefelsauren Alkalien Doppelsalze.

Kohlensaures Manganoxydul.

§ 433. *Kohlensaures Manganoxydul*, $\dot{Mn}\ddot{C}$, findet sich als krystallisirtes Mineral, **Manganspath**, häufig mit dem kohlensauren Eisenoxydul zusammen im Spatheisenstein. Es kann auch künstlich durch Fällen eines Manganoxydulsalzes mit kohlensaurem Alkali als weisses Pulver $2.\dot{Mn}\ddot{C}+\dot{H}$ erhalten werden. In diesem Zustande oxydirt es sich leicht höher an der Luft, während das krystallisirte Mineral unverändert bleibt. Es löst sich in kohlensäurehaltigem Wasser und findet sich daher nicht selten in Mineralwässern. Erhitzt man es bis 300°, so geht es in $\dot{Mn}\dddot{Mn}^{2}$ über.

Manganspath.

Kieselsaures Manganoxydul.

§ 434. *Kieselsaures Manganoxydul* kommt mit andern Silicaten isomorpher Basen als rothes Mineral, $\dot{Mn}\dddot{Si}$, vor und wird **Mangankiesel** genannt. Oxydirt sich dasselbe an der Luft, so entstehen schwarze oxydhaltige Gemenge.

Manganchlorür.

§ 435. *Manganchlorür*, $MnCl$, erhält man durch Glühen eines Gemenges von Braunstein mit Salmiak oder als Nebenproduct von der Darstellung des Chlors (§ 82). Aus der wässerigen Lösung desselben scheiden sich zerfliessliche Krystalle, $MnCl+4\dot{H}$, aus, welche erhitzt schmelzen und wasserfrei werden.

Schwefelsaures Manganoxyd.

§ 436. Schwefelsaures Manganoxyd erhält man als violett rothe Flüssigkeit durch gelindes Erhitzen von Braunstein mit concentrirter Schwefelsäure, und als amorphes dunkelgrünes Pulver $\dddot{\mathrm{Mn}}\dddot{\mathrm{S}}^3$. Beide geben leicht Sauerstoff ab, indem sich Oxydulsalz bildet, namentlich wenn leicht oxydable Körper hinzukommen. — Durch Zusatz von schwefelsauren Alkalien zu der rothen Lösung kann man Oktaëder eines dem Alaun analogen Doppelsalzes $\dot{\mathrm{R}}\dddot{\mathrm{S}}+\dddot{\mathrm{Mn}}\dddot{\mathrm{S}}^3+24\dot{\mathrm{H}}$ erhalten, die sich jedoch mit Wasser zersetzen.

Manganchlorid.

§ 437. Manganchlorid, MnCl^3, enthält die dunkelrothe Lösung, die beim Uebergiessen von Manganoxyd mit kalter Salzsäure entsteht; bei geringer Erwärmung schon zersetzt sich das Chlorid in Chlorür und die Lösung wird farblos.

Mangansuperoxyd, $\ddot{\mathrm{Mn}}$.

§ 438. Mangansuperoxyd, $\ddot{\mathrm{Mn}}$, wird in manchen Gegenden bergmännisch in grossen Mengen gewonnen, so z. B. bei Ilmenau (Thüringen) und Ilfeld (Harz). Es kommt sowohl in

Braunstein. Vorkommen.

deutlichen Krystallen von schwacher Farbe und starkem Glanz, als auch in strahlig krystallinischen oder dichten erdigen Massen vor und führt die Namen **Braunstein**, **Pyrolusit** und **Graubraunsteinerz**. Die Krystalle sind am reinsten und gelten im Handel als Braunstein erster Sorte, die dichten Massen sind durch Bergart verunreinigt und enthalten meist Manganoxydhydrat. Geglüht oder mit concentrirter Schwefelsäure gekocht, giebt das Mangansuperoxyd Sauerstoff ab, mit Salzsäure erwärmt entwickelt sich Chlor (§ 82). Es dient als Hauptmaterial für die Darstellung der

Hydrate.

andern Manganverbindungen. Mit Wasser bildet es vier verschiedene Hydrate, die man auf verschiedene Weise als braune Pulver erhält. Die einfachste Darstellungsweise eines der Hydrate ist Erwärmen des trocknen Manganchlorürs mit einer Chlorkalkauflösung.

Anwendung.

Der Braunstein findet in den Gewerben mannigfache Anwendung (§ 409. 412), hauptsächlich zur Entwickelung von

Die Braunsteinprobe.

Chlor (§ 82). Es ist daher von Wichtigkeit, ein leichtes Prüfungsmittel für die Güte des Braunsteins zu haben, denn das Manganoxydhydrat — eine fast stetige Beimengung desselben — zersetzt sich zwar auch mit Chlorwasserstoff unter Chlorentwickelung, liefert aber nur halb so viel Chlor als eine dieselbe Atomzahl Mangan enthaltende Menge Braunstein ($\dddot{\mathrm{Mn}}$ und $3\mathrm{HCl}=2\mathrm{MnCl}$, $3\dot{\mathrm{H}}$ und Cl, aber $2\ddot{\mathrm{Mn}}$ und $4\mathrm{HCl}=2\mathrm{MnCl}$, $4\dot{\mathrm{H}}$ und 2Cl).

Die Prüfung geschieht entweder dadurch, dass man ermittelt, wie viel Eisenvitriol eine mit Salzsäure übergossene bestimmte Menge Braunstein in Eisenoxydsalz umwandelt, oder dadurch, dass man eine gewogene Menge Braunstein mit verdünnter Schwefelsäure und krystallisirter Oxalsäure im Ueberschuss erhitzt und durch Gewichtsverlust die entwichene Kohlensäure ermittelt ($\ddot{\mathrm{Mn}}$, $\dddot{\mathrm{S}}$ und $\dddot{\not{\mathrm{C}}} = \dot{\mathrm{Mn}}\dddot{\mathrm{S}}$ und $2\ddot{\mathrm{C}}$). 1 Atom Sauerstoff im Mangansuperoxyd, welches zur Bildung von 2 Atomen Kohlensäure verwandt wird, entspricht 1 Aeq. Chlor (denn $\ddot{\mathrm{Mn}}$ und $2\mathrm{HCl} = \mathrm{MnCl}$, $2\dot{\mathrm{H}}$ und Cl), also 2 Atome entwickelte Kohlensäure entsprechen 1 Aequiv. Chlor, d. h. 100 Gewichtsth. $\ddot{\mathrm{C}}$ = 80,6 Gewichtsth. Cl. Man stellt am zweckmässigsten die Probe in einem kleinen Kolben an, dessen doppelt durchbohrter Kork ein Chlorcalciumrohr *C* trägt. Das Rohr *dd* dient zum Eintritt von Luft, welche nach beendigter Operation durch Ansaugen am Rohr *e* so lange durch den Apparat gezogen wird, bis die darin enthaltene Kohlensäure entfernt ist. Das Chlorcalcium *L* ist durch Baumwolle *aa* von den Korken getrennt; *f* und *e* münden nur eben unter der Baumwolle im Rohr *C*.

Fig. 53.

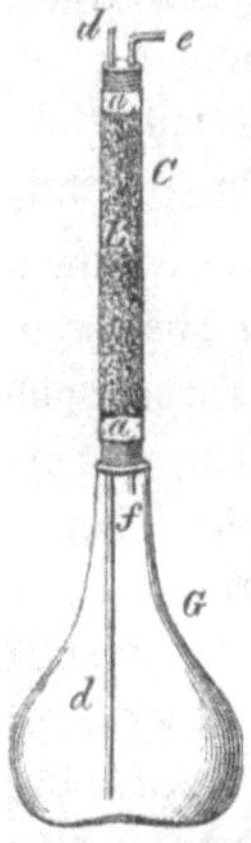

§ 439. Mangansäure, $\dddot{\mathrm{Mn}}$, entsteht durch Schmelzen von Mangansuperoxyd mit Kalihydrat ($\dot{\mathrm{K}}$ und $3\ddot{\mathrm{Mn}} = \dot{\mathrm{K}}\dddot{\mathrm{Mn}}$ und $\dddot{\not{\mathrm{M}}\mathrm{n}}$), sie kann aber wegen ihrer leichten Zersetzbarkeit nicht im freien Zustande dargestellt werden. Aus der schwarzen geschmolzenen Masse lässt sich mit Wasser ein grünes Salz auflösen, welches unter der Luftpumpe dem $\dot{\mathrm{K}}\dddot{\mathrm{S}}$ isomorphe grüne oder metallisch glänzende dichroitische Krystalle, $\dot{\mathrm{K}}\dddot{\mathrm{Mn}}$, giebt, die sich mit Wasser sogleich zersetzen. An der Luft geht die grüne alkalische Lösung, indem sie Kohlensäure aufnimmt, schnell durch ein Farbenspiel von Blau und Violett **(Chamaeleon minerale)** in Purpurroth über und es scheidet sich ein brauner Niederschlag (Mangansuperoxydhydrat) aus. In der rothen Lösung findet sich das Kalisalz der folgenden Säure ($3\dot{\mathrm{K}}\dddot{\mathrm{Mn}}\,\mathrm{S}\,2\ddot{\mathrm{C}} = 2\dot{\mathrm{K}}\ddot{\mathrm{C}}$, $\ddot{\mathrm{Mn}}$ und $\dot{\mathrm{K}}\overset{\cdots\cdots}{\not{\mathrm{M}}\mathrm{n}}$).

Mangansäure, $\dddot{\mathrm{Mn}}$.

Von den mangansauren Salzen lässt sich ausser dem Kalisalz nur das Barytsalz krystallisirt gewinnen.

Die Salze werden alle durch Säuren zersetzt und zwar entweder in übermangansaures Salz, wenn die Säure keinen Sauerstoff aufzunehmen geneigt ist, oder in Oxydulsalz, wenn die Säure sich leicht oxydirt. Es wirken daher die mangansauren Salze stark oxydirend auf eine grosse Menge, namentlich organischer Verbindungen.

Uebermangansäure, $\dddot{\mathrm{Mn}}$.

§ 440. Uebermangansäure, $\dddot{\mathrm{Mn}}$, ist zwar etwas beständiger als die Mangansäure, lässt sich aber doch im freien Zustande nicht lange unzersetzt erhalten. Ihre Verbindung mit Kali gewinnt man beim Abdampfen der Lösung des mit Kohlensäure behandelten mangansauren Kalis (§ 439) in prächtig

$\dot{\mathrm{K}}\dddot{\mathrm{Mn}}$.

dunkelrothen langen Prismen, $\dot{\mathrm{K}}\dddot{\mathrm{Mn}}$. In concentrirten Lösungen erhält sich dieses Salz unzersetzt, in sehr verdünnten aber geht es in mangansaures Kali über und zeigt dasselbe Farbenspiel während der Umwandlung, wie das mangansaure beim Uebergang in übermangansaures, daher auch dieses Salz den Namen **Chamäleon** führt. Isolirt man die Uebermangansäure aus der Lösung ihres Barytsalzes durch eine stärkere Säure, so zersetzt sich die carminrothe Lösung bald in Sauerstoff und Superoxyd, namentlich schnell, wenn sie nur bis 40° erwärmt wird oder wenn organische Körper mit ihr in Berührung kommen, wobei durch Aufnahme des frei gewordenen Sauerstoffs viele der letztern gebleicht oder zerstört werden. Die Uebermangansäure liefert mit den meisten Basen leicht lösliche rothe Salze, welche im Allgemeinen die Eigenschaften des Kalisalzes theilen, im trocknen Zustande mit brennbaren Stoffen erhitzt unter Verpuffung ihren Sauerstoff schnell abzugeben und auch in Lösung leicht oxydirend zu wirken.

Anwendung des Chamäleons.

Von dieser Eigenschaft macht man sehr häufig Gebrauch, wenn es gilt, durch Oxydation innerhalb einer bekannten Grenze solche Verbindungen quantitativ zu bestimmen, deren Zersetzungsweise mit dem übermangansauren Salz man kennt. Und zwar ist es hauptsächlich das Kalisalz — das Chamäleon — welches als Titrirflüssigkeit für Bestimmung des Eisenoxyduls u. s. w. im Gebrauch ist.

Wasserfreie Uebermangansäure.

Wenn übermangansaures Kali in stark abgekühlte concentrirte Schwefelsäure eingetragen wird, so löst es sich zu einer olivengrünen Flüssigkeit, die allmählig Sauerstoff entwickelt, inzwischen aber schwere ölartige rothbraune oder dunkelolivengrüne Tropfen fallen lässt. Diese erstarren bei -20^0 nicht, ziehen aus der Luft Feuchtigkeit an und zerfliessen zu einer violetten Lösung, welche stetig Sauerstoff entwickelt; sie zerlegen sich beim Erwärmen bis 70^0 oder in Berührung mit leicht oxydirbaren Körpern oder Contactsubstanzen unter Feuererscheinung und Explosion und scheinen wasserfreie Uebermangansäure zu sein. Uebergiesst man etwas grössere Mengen der Krystalle des übermangansauren Kalis mit concentrirter Schwefelsäure von gewöhnlicher Temperatur, so brechen rothe Flammen aus der Masse hervor, activer Sauerstoff entweicht und Manganoxyd scheidet sich in Fäden und Flocken aus.

Kocht man eine concentrirte Lösung des übermangansauren Kalis längere Zeit mit Kalilauge, so entwickelt sich Sauerstoff und es bildet sich mangansaures Kali.

Schwefelmangan, MnS. Manganglanz.

§ 441. Schwefelmangan, MnS, findet sich krystallisirt im Mineralreich und bisweilen in Hohöfen und wird von den Mineralogen **Manganglanz** oder **Manganblende** genannt. Es kann künstlich durch Erhitzen von Oxyden des Mangans mit Schwefel als grünes Pulver erhalten werden, welches leicht durch Säuren zersetzt wird. Wenn man ein Manganoxydulsalz durch ein Schwefelalkali fällt, so scheidet sich ein wasserhaltiges Schwefelmangan als röthliches Pulver aus, welches beim Erhitzen Wasser abgiebt und grün wird. Es kann mit Schwefelkalium oder Schwefelnatrium Schwefelsalze bilden: $\acute{K}\acute{M}n^3$ und $\acute{N}a\acute{M}n^3$.

Hauerit, MnS^2.

Eine dem Mangansuperoxyd proportionale Schwefelverbindung, MnS^2, findet sich, jedoch selten, ebenfalls im Mineralreich krystallisirt und heisst **Hauerit.**

Phosphormangan.

§ 442. Phosphormangan erhält man als geschmolzene spröde Masse von grauer Farbe und krystallinischem Bruch, welches in Höhlungen glänzende Krystalle zeigt von 5,95 spec. Gewicht. Es ist luftbeständig, verglimmt erhitzt an der Luft und entwickelt mit Salzsäure nicht selbstentzündlichen Phosphorwasserstoff, ohne sich vollkommen darin zu lösen. Es scheint aus zwei Verbindungen, Mn^3P und Mn^7P, zu bestehen.

Kieselmangan.

§ 443. Kieselmangan entsteht beim Schmelzen von Chlormangan, Flussspath, Wasserglas und Natrium. Man erhält geschmolzene spröde, zuweilen Krystalle enthaltende Metallkönige von silberweisser bis grauer Farbe, krystallinischem Gefüge und einem zwischen 6,5 und 13 pCt. schwankenden Siliciumgehalt. Von einem solchen Kieselmangan wird stets das metallische Mangan begleitet, wenn man das Metall mit Natrium in gewöhnlichen Schmelztiegeln reducirt.

Legirungen des Mangans.

§ 444. Die Legirungen des Mangans kennt man noch sehr wenig. In Verbindung mit Aluminium erhält man es als dunkelgraues Krystallpulver, $MnAl^3$, von 3,4 spec. Gewicht, unlöslich in kalter Salpetersäure, löslich in Salzsäure. Seine Anwesenheit im Eisen wird später erwähnt werden.

23. Eisen ($Fe = 28,0$) Ferrum.

Vorkommen.

§ 445. Das Eisen findet sich unter allen Metallen am häufigsten, meistens in Verbindung mit Sauerstoff, selten gediegen als **Meteoreisen** und dann stets begleitet von andern Metallen, wie Nickel, Kobalt und Chrom. Auch Verbindungen des Eisens mit Schwefel kommen sehr oft vor.

Darstellung reinen Eisens.

§ 446. Reines Eisen kann nur in kleinen Mengen durch Schmelzen eines Gemenges von feinstem Eisendraht mit einem Viertel seines Gewichts reinen Eisenoxyds in einem Gebläseofen erhalten werden, wobei der Sauerstoff des Eisenoxyds den geringen Kohlen- und Siliciumgehalt des Drahts oxydirt. Das Eisen, was gewöhnlich Gegenstand des Handels ausmacht, ist nie reines, sondern Kohleneisen und wird bald Gusseisen, bald Stahl, bald Stabeisen genannt, je nachdem es verschiedene Zusammensetzung und verschiedene Eigenschaften besitzt. Die Darstellung des Eisens im Grossen auf den Hütten geschieht aus den Eisenerzen, die stets aus Sauerstoffverbindungen bestehen, denn aus dem Schwefeleisen kann, obwohl es in grossen Massen vorkommt, wegen der kostbaren Aufbereitung desselben kein Eisen mit Vortheil gewonnen werden.

§ 447. Die Eisenerze, aus denen überhaupt Eisen dargestellt wird, finden sich später unter den betreffenden Verbindungen angeführt.

Aufbereiten der Erze.

Ehe sie verschmolzen werden, röstet man sie (§ 241), um die zu dichten aufzulockern und die kohlensäure- und wasserhaltigen von diesen Bestandtheilen zu befreien, theils um etwaigen

Schwefel so viel als möglich zu entfernen. Das Rösten geschieht entweder im Freien, oder in viereckigen gemauerten Räumen (Stadeln), oder in Kalköfen ähnlichen Oefen. Diejenigen, welche in zu grossen derben Stücken vorkommen, werden nach dem Rösten auf Pochwerken zerkleinert.

Zuschläge.

Da die Erze stets mit andern mineralischen Körpern (Gangart), welche mechanisch nicht davon zu trennen sind, wie z. B. mit Kieselsäure, Kalk, Magnesia, Thon gemengt sind, und da diese Substanzen wegen ihrer Unschmelzbarkeit sowohl die Ausscheidung des Eisens im flüssigen Zustande, als auch den regelmässigen Schmelzverlauf durch Verstopfen des Ofens verhindern würden, so setzt man zu den vorbereiteten Erzen gewisse Mineralien hinzu (**Zuschlag** genannt), welche sich mit den Beimengungen des Erzes verbinden und während des Einschmelzens schmelzbare Silicate (die **Schlacke**) bilden. Solche Zuschläge sind je nach der Beschaffenheit der Gangart verschieden; ist in dieser Kieselsäure vorherrschend, so nimmt man als Zuschläge Gesteine, die Kalkerde enthalten, z. B. Kalkstein, Dolomit, Flussspath u. dgl., damit die Kieselsäure mit der Kalkerde zu einem schmelzbaren Silicat sich vereinige. Ist aber in der Gangart Kalk vorherrschend, so wählt man umgekehrt kieselsäurehaltige Zuschläge, wie Quarz, Hornstein u. dgl.

Der Hohofen.

§ 448. Das Gemenge von Eisenerz und Zuschlag (**Beschickung** genannt) wird in abwechselnden Schichten mit Kohlen in einem eigens construirten (zwischen 30—40 Fuss hohen) Ofen (**Hohofen**) durch eingeblasene Luft erhitzt. Das Innere des Hohofens (Fig. 54) hat die Form zweier abgestumpfter Kegel *a* und *b*, die mit ihren Grundflächen sich berühren, und wird **Schacht** genannt, das Aeussere hat die Gestalt eines abgestumpften Kegels. Der untere abgestumpfte Kegel *b* des Schachts heisst die **Rast** und der unter dieser befindliche viereckige Raum *c* das **Gestell.** Nach einer Seite *i* ist das Gestell offen und mit einem Stein *g* (Wallstein) versetzt, über welchen die geschmolzene Schlacke aus dem Gestell abfliessen kann oder abgezogen wird. Durch die Gewölbe *A*, *B* kann man zu den Röhrenleitungen der Gebläseluft, welche durch *d* einströmt, und überhaupt rings um das Gestell gehen.

Fig. 54.

Wenn ein Hohofen in Gang gesetzt (angeblasen) wird, so füllt man ihn fast ganz mit Kohlen und lässt diese langsam abbrennen. Ist der Ofen langsam angewärmt, dann werden Kohlen und Erz in abgemessenen oder abgewogenen Mengen (Gichten) durch eine obere seitliche Oeffnung des Hohofens aufgegeben, und die Temperatur mit Hülfe der durch zwei einander gegenüberliegende Oeffnungen im Gestell eingeblasenen Luft so hoch gesteigert, als es der Schmelzprocess erfordert.

Chemischer Process bei der Reduction der Eisenerze.

§ 449. Der chemische Vorgang ist folgender: die stets wasserdampfhaltige Luft, welche durch das Gebläse in den Ofen getrieben wird, trifft einen Ueberschuss von glühenden Kohlen und ihr Sauerstoff verwandelt sich in Kohlenoxydgas, ihr Wasserdampf aber zersetzt sich mit den Kohlen in Wasserstoff und Kohlenoxyd. Die glühende Luftsäule von Stickstoff, Kohlenoxyd und Wasserstoff, welche ausserdem noch Kohlenwasserstoff enthält, strömt durch die übereinanderliegenden Schichten von Erz und Kohlen hindurch und das Kohlenoxyd und Wasserstoffgas reduciren in den kaum bis in die Mitte herabgesunkenen Gichten das Eisenoxyd des Erzes zu Metall, die Kohlenwasserstoffe geben Kohle an das Eisen ab. Die Temperatur ist aber hier noch nicht ausreichend zur Schmelzung sowohl des Eisens als auch der andern Beimengungen. Erst wenig über der Oeffnung, wo die Gebläseluft einströmt, schmilzt die Kieselsäure mit den Oxyden zusammen, und Kohleneisen nebst Schlacke sinken im flüssigen Zustande auf den Boden des Gestells, das Eisen wegen seines höhern spec. Gewichts zu unterst, die Schlacke darüber. So wie eine Gicht nach der andern niederschmilzt, wird eine neue oben aufgegeben und dieses so lange Zeit ununterbrochen fortgesetzt, bis der Ofen einer Reparatur bedarf. Während des Einschmelzens häuft sich die Menge der Schlacke so an, dass sie über den Wallstein abfliesst und vom Arbeiter, da sie wegen ihrer Zähflüssigkeit in kurzer Entfernung vom Wallstein erstarrt, weggezogen werden muss. Wenn das eingeschmolzene Eisen im Gestell beinahe bis zur Höhe des Wallsteins sich angehäuft hat, so wird es durch eine zwischen der Basis des Wallsteins und der Seitenwand des Gestells befindliche Oeffnung (Abstichloch), welche während des Schmelzprocesses mit Thon verstopft war, abgelassen (es wird abgestochen) und das fliessende Metall durch Sandrinnen entweder in vorher modellirte Formen geleitet (wie es beim Geschützguss ist), oder in länglich viereckige Rinnen, in denen es erstarrt und alsdann mit dem Namen **Gänze**, **Platteln** oder **Flossen** bezeichnet wird.

Abstechen des Roheisens.

Arten des Roheisens.

Das in einem regelmässigen Hohofengang dargestellte Eisen wird Gusseisen oder Roheisen genannt und hat je nach der Natur der Erze und der Art und Weise, wie dieselben verschmolzen wurden, verschiedene Eigenschaften. Zweierlei Arten Roheisen unterscheidet man hauptsächlich: graues und weisses; die Mischungen dieser beiden in wechselnden Verhältnissen bezeichnet man als halbirtes Eisen.

Eigenschaften des grauen Roheisens.

Beimengungen.

Farbe.

§ 450. Das graue Roheisen besteht wesentlich aus Eisen und Kohlenstoff, enthält aber stets andere geringere Beimengungen, wie Silicium, Schwefel, Phosphor, Mangan und Metalle der Erden, welche je nach der Natur des Erzes, des Brennstoffs und der mehr oder weniger hohen Temperatur beim Ausschmelzen grösser oder kleiner sind. Es ist von Farbe grau in

Bruch verschiedenen Schattirungen vom Dunkeln zum Hellen, auf dem Bruch körnig bis fein schuppig, lässt sich vermöge seiner Weichheit mit Bohrer und Meissel bearbeiten, ist aber wenig dehnbar, sehr strengflüssig und hat ein spec. Gewicht von 7,1. Es ist im Wesentlichen ein Gemenge von reinem Eisen mit Kohle (in der Form von Graphit) und chemischen Verbindungen des Eisens mit Kohle, Silicium und manchen andern Stoffen. Der Gehalt an Eisen schwankt zwischen 92 und 94 pCt., der an Silicium zwischen 0,5 und 2 pCt. und der an Kohlenstoff zwischen 3 und 5 pCt., davon sind ungefähr 2,3—3,5 pCt. unverbunden (als Graphit) vorhanden, 0,3—2 pCt. mit dem Eisen in Verbindung. Mit Salzsäure behandelt entwickelt sich Wasserstoff und ein übelriechendes Gas, welches in Folge der Zersetzung der chemischen Verbindungen des Eisens mit Kohlenstoff und Silicium einen Kohlenwasserstoff und Kieselwasserstoff (§ 106) beigemengt enthält, und eine schwarze Masse scheidet sich unlöslich aus. Diese betrachtet man gewöhnlich als Graphit, sie enthält davon auch reichliche Mengen, ausserdem aber auch Eisen, Aluminium und Silicium (letzteres zum Theil als Oxydul, denn sie entwickelt mit Alkalien Wasserstoff (§ 106)) und hie und da auch noch andere Metalloide oder Metalle in unbekannter Verbindungsweise. Unter diesen in sehr geringer Menge auftretenden Beimischungen verdient der Stickstoff Beachtung, der zwar nicht in allen, doch in sehr vielen Roheisensorten sich zu finden scheint und bisweilen als Cyan, zuweilen als Stickstoffkiesel da ist. Wird graues Roheisen mit einem Ueberschuss von Kohle geschmolzen, so nimmt es mehr Kohlenstoff auf, als es nach dem Erkalten behalten kann und es scheidet sich daher beim langsamen Abkühlen der überschüssige Kohlenstoff in der Krystallform des Graphits auf der Oberfläche des Eisens aus. Oft geschieht auch im Innern langsam erkalteten Roheisens eine Graphitabsonderung und ein solches Eisen hat an jenen Stellen eine viel geringere Haltbarkeit. Beim Erkalten zieht sich graues Roheisen zusammen (es schwindet) und hierauf muss bei Anfertigung von Formen, in welchen ein Guss geschehen soll, Rücksicht genommen werden. Lässt man schmelzendes graues Roheisen schnell erstarren, giesst man es z. B. in dünne Platten oder in Wasser, so wird es weiss, hart und spröde, es ändert sich in eine andere Eisenart um, in weisses Roheisen.

Spec. Gewicht.

Zusammensetzung.

Verhalten gegen Salzsäure.

Schwinden.

§ 451. Das weisse Roheisen besteht, wie das graue, wesentlich aus Eisen und Kohle, auch ungefähr in denselben procentigen Verhältnissen. Die Umstände, unter denen es sich bildet, scheinen eine rasche Erkaltung der schmelzenden Masse oder eine nicht zu hohe Temperatur beim Verschmelzen der Erze zu fordern. Denn wenn graues Roheisen geschmolzen und schnell erkaltet wird, so ändert es sich in weisses um, und umgekehrt kann aus dem weissen Roheisen durch Schmelzen in sehr hoher Temperatur und langsames Erkalten graues gewonnen werden. Hierbei bewirkt die Krystallisationskraft der Kohle in der lange Zeit hindurch flüssigen Masse, dass sich ein Theil derselben als Graphit aussondert. Ursprünglich war die sämmtliche Kohle, welche graues oder weisses Roheisen aufnehmen können, mit dem Eisen chemisch verbunden und sie bleibt es auch, wenn die Masse schnell erstarrt (im weissen Roheisen). Man könnte daher das weisse Roheisen, wenn es 5 pCt. Kohlenstoff und darüber, wie es im krystallisirten Spiegeleisen bisweilen der Fall sein soll, enthält, als eine chemische Verbindung von 4 At. Eisen mit 1 At. Kohle (Fe^4C) betrachten, da aber sein Kohlengehalt durchschnittlich stets geringer ist, so muss es ein Gemenge von reinem Eisen mit einem Kohleneisen von unbekannter Zusammensetzung sein, worin jedoch sämmtliche Kohle chemisch gebunden ist. Denn in kochender Salzsäure löst sich das weisse Roheisen ohne Rückstand auf, indem Wasserstoff und das übelriechende Gas entweichen. Das weisse Roheisen hat eine silberweisse Farbe und die breiten Bruchflächen der oft grossen ausgebildeten Krystalle spiegeln mit starkem Metallglanz (**Spiegeleisen**), häufig ist es strahlig faserig (blumiges Floss), oft mehr körnig ohne bestimmtes Gefüge (grelles Roheisen), oft hat es zackigen Bruch (luckiges Floss). Die letzteren Varietäten haben stets einen geringeren Kohlegehalt als das Spiegeleisen und selten ist weisses Roheisen völlig frei von einer geringen Beimischung von grauem. Obwohl das weisse Roheisen weniger mannigfaltige fremdartige Stoffe enthält als das graue, so besitzt es doch nicht unbedeutende Beimengungen, die ohne Zweifel von Wichtigkeit für seine weitere Verarbeitung zu Stahl sind. So findet man darin oft bis 2 pCt. Mangan, bis 0,4 pCt. Silicium und auch der Stickstoffgehalt ist ihm nicht fremd. Be-

Eigenschaften des weissen Roheisens.

Zusammensetzung.

Farbe.

Gefüge.

dient man sich der blättrigen Krystalle des Spiegeleisens als positiven Pols für die Elektrolyse der wässerigen Salzsäure, so scheiden sich während der Bildung des Eisenchlorürs grosse schwarzbraue glänzende Blätter (von der Gestalt der Krystalle) aus, welche Kohlenstoff, Mangan, etwas Eisen und viel Silicium enthalten und die Eisenchlorürlösung entwickelt durch Zusatz von Aetzkali Ammoniak. Der Gehalt an Eisen erreicht die Höhe von etwa 93,5 pCt. und entspricht daher nicht der Formel Fe^4C.

Härte. Es ist so hart und spröde, dass es Glas ritzt und feilt und von den härtesten Bohrern oder Meisseln nicht bearbeitet werden

Spec. Gewicht. kann. Sein spec. Gewicht ist 7,5; es ist leichter schmelzbar als das graue Roheisen und zieht sich beim Erkalten sehr stark zusammen. Zu Gusswaaren, namentlich so fern diese bearbeitet werden sollen, ist es untauglich, wenn dieselben nicht nachher

Härten des grauen Roheisens. noch getempert werden. Werden aus grauem Roheisen zu fertigende Gusswaaren in gut Wärme leitende (z. B. feuchte oder eiserne) Formen gegossen, so haben sie auf der Oberfläche eine harte, unbearbeitbare Kruste, und wenn die Gegenstände überhaupt von sehr kleinen Dimensionen sind, so bestehen sie dann ganz und gar aus weissem Roheisen. Für manche Dinge sucht man mit Fleiss eine solche harte Rinde zu erzeugen, z. B. für Hartwalzen. Andere dagegen, welche noch nach dem Guss bearbeitet werden sollen, müssen, wenn sie zu hart geworden sind, bei Abschluss der Luft (z. B. unter einer Decke von gebranntem Kalk, ausgelaugter Asche u. dgl.) eine Zeit lang geglüht (adou-

Tempern. cirt oder getempert) werden. Es liefert einen sehr guten Stahl, wenn es aus guten Erzen dargestellt ist, daher es auch **Rohstahleisen** genannt wird. Waren die Erze mit Schwefel

Beimengungen. oder Phosphorverbindungen verunreinigt, so gehen diese in das weisse Roheisen mit über und theilen ihm für die weitere Verarbeitung schädliche Eigenschaften mit.

Halbirtes Roheisen. § 452. Zwischen diesen beiden Eisenarten liegt eine andere, welche aus einem Gemisch von grauem und weissem Roheisen besteht, das halbirte. Es finden sich graues und weisses in verschiedenen Verhältnissen gemengt, bald herrscht das graue vor, bald das weisse, bald sind beide innig und gleichmässig gemischt, bald liegt das weisse in der Mitte und das graue bildet graue Säume. Das halbirte Roheisen ist zum Giessen vieler

Gegenstände geeigneter als das graue oder weisse, denn es vereinigt die Weichheit und Zähigkeit des grauen mit der Sprödigkeit und Härte des weissen Roheisens, es ist leichtflüssiger als das graue und schwindet nicht so sehr beim Erstarren wie das weisse, füllt daher die Formen gut aus. Man kann beliebig das halbirte Roheisen erzeugen, wenn man in das im Gestell des Hohofens befindliche flüssige graue Roheisen kurz vor dem Abstechen Eisenerz hineinwirft (Füttern genannt), oder wenn beim Hohofenprocess Eisenoxydulsilicate sich bilden, die unzersetzt ins Gestelle herunterkommen, oder wenn man während des Schmelzprocesses das Verhältniss des Erzes zu den Kohlen steigert, also die Temperatur herabdrückt. Erzeugung desselben.

§ 453. Sehr häufig wird das graue Roheisen umgeschmolzen, um es zu Gusswaaren in bestimmten Formen zu verwenden. Dies geschieht in besondern Oefen, und zwar für sehr umfangsreiche Gegenstände, zu denen gegen 50—60 Centner Eisen erforderlich sind, in Flammenöfen, für solche von geringerem Kaliber in kleinen Schachtöfen, Cupoloöfen genannt, und für Sachen von 5—8 Pfund in Tiegelöfen. Die Flammenöfen haben ungefähr die Construction wie Fig. 46 *b*, nur sind sie mit einer Abstichsöffnung versehen. Umschmelzen des Roheisens in Flammenöfen,

Der Cupoloofen wird aus eisernen Platten zusammengesetzt, welche man auf einer horizontalen eisernen Platte, die auf einem Gemäuer ruht, aufstellt. Sand und feuerbeständige Steine bilden die Sohle, feuerfeste Steine das Futter des Ofens und zwischen letzterem und den eisernen Platten, welche die Umfassung des Ofens bilden, wird ein leerer Raum gelassen, den man mit einem schlechten Wärmeleiter ausfüllt. Der Cupoloofen ist demnach ein kurzer Schachtofen, in welchen durch eine oder mehre Oeffnungen Luft eingeblasen wird, um eine nicht sehr grosse Quantität Eisen auf einmal in Fluss zu bringen, der aber durch erneutes Aufgeben der Materialien lange in Gang erhalten werden kann. Das eingeschmolzene Eisen wird in Zwischenräumen je nach Bedarf in Pfannen abgelassen, aus denen der Guss geschieht. in Cupoloöfen,

Zum Umschmelzen des Eisens in Tiegeln bedient man sich der Graphittiegel oder der hessischen aus feuerfestem Thon (§ 422) in Tiegelöfen.

und setzt den mit Eisen gefüllten und mit gut schliessendem Deckel versehenen Tiegel in einen Zugofen (Windofen).

Veränderungen in der Zusammensetzung des Eisens beim Umschmelzen.

§ 454. Beim Umschmelzen in Flammenöfen kann das Roheisen eine starke Veränderung erleiden, indem der Sauerstoff der über das Eisen strömenden Luft demselben Kohlenstoff entzieht und es aus grauem leicht in halbirtes oder gar in einen Zustand überführt, der nachher unter dem Abschnitt Stabeisen erläutert werden soll. Es muss daher beim Umschmelzen in Flammenöfen die Aufmerksamkeit auf die Flamme gerichtet werden. Im Cupoloofen erleidet das Roheisen beim Umschmelzen keine wesentliche Veränderung und in Tiegelöfen ebenfalls nicht.

Das Stabeisen.

§ 455. Das Stabeisen oder Schmiedeeisen ist ebenfalls ein kohlenhaltiges Eisen, aber der Kohlengehalt ist viel geringer als der im Roheisen, er schwankt zwischen 0,02 und 0,8 pCt. und von den andern Beimengungen, welche das Roheisen gewöhnlich enthält, wie Silicium, Mangan, Phosphor und Schwefel, soll im Stabeisen nichts oder nur eine Spur vorhanden sein. Das Stabeisen ist lichtgrau und metallisch glänzend, in dicken Stücken körnig und zackig auf dem Bruch, aber zu Stäben ausgereckt sehnig und die Sehnen und Adern haben eine lichte Farbe; je länger die Sehnen sind, desto besser und haltbarer das Eisen. Es hat ein spec. Gewicht von etwa 7,6, ist sehr weich, zähe, in hoher Temperatur äusserst dehnbar und zeichnet sich vor dem Roheisen besonders zur Anwendung für viele Gegenstände durch seine Bearbeitbarkeit in der Glühhitze aus. Wenn man nämlich Stabeisen bis zur Weissgluth erhitzt, so wird es schweissbar, d. h. es lassen sich dann einzelne Stücke an einander kleben und durch den Hammer so fest mit einander vereinigen, dass sie ein Ganzes bilden. Zwar besitzt auch das graue Roheisen diese Eigenschaft, aber innerhalb einer so geringen Temperaturgrenze, dass sich für die praktische Anwendung kein Gebrauch davon machen lässt. Wird Stabeisen nach dem Glühen in Wasser abgelöscht, so behält es seine Weichheit und Zähigkeit, wenn das Glühen bei Luftabschluss geschieht, sonst oxydirt sich ein Theil seines Kohlenstoffs und es heisst verbrannt. An der Luft rothglühendes Stabeisen überzieht sich mit einer schwarzen Oxydschicht, welche durch einen Schlag des Hammers abspringt. Wird das Stabeisen längere Zeit unter Luftabschluss rothglühend

(Margin notes: Eigenschaften. — Gefüge. — Farbe. — Spec. Gewicht. — Schweissbarkeit.)

erhalten, so wird die Krystallisationskraft des reinen Eisens thätig, das Stabeisen bekommt im Innern eine grobblättrige krystallinische Structur und verliert seine Haltbarkeit. Diese Veränderung scheint auch bei gewöhnlicher Temperatur durch Torsionen oder oft wiederholte, selbst unbedeutende Erschütterungen eintreten zu können und ist der Grund von dem oft schnellen Unbrauchbarwerden solcher Gegenstände, wie Locomotivaxen u. dgl. Erst bei der stärksten Weissgluth schmilzt das Stabeisen, und ist es dabei mit Kohle in Berührung, so geht es in Roheisen über. Wird es mit verdünnter Salzsäure behandelt, so scheiden sich weiche weisse krystallinische Blättchen aus, die aus Kohleneisen bestehen und mit starker Säure sich in Kohlenwasserstoff und Eisenchlorür zerlegen. Das Stabeisen besteht also aus einem Gemenge von reinem Eisen mit einem Kohleueisen von unbekannter Zusammensetzung. Geringe Beimengungen von Phosphor (über 0,3 pCt.) machen das Stabeisen kaltbrüchig, d. h. es lässt sich in der Schweisshitze verarbeiten, ist aber bei gewöhnlicher Temperatur brüchig, sehr geringe Beimengungen von Schwefel (über 0,02 pCt.) machen es rothbrüchig (es lässt sich nicht mehr in der Rothgluth schmieden), und durch einen Kieselgehalt von mehr als $^1/_4$ pCt. soll es sehr mürbe werden (faulbrüchig), es lässt sich dann weder in der Kälte noch in der Hitze bearbeiten. Beimengungen von andern Metallen sollen dem Stabeisen meistens sehr schädlich sein, namentlich behauptet man dies vom Nickel und vom Antimon.

Schmelzpunkt.

Verhalten gegen Säuren.

§ 456. Die Darstellung des Stabeisens geschieht dadurch, dass dem Roheisen ein Antheil seines Kohlenstoffs entzogen wird und man nennt dies das Frischen des Roheisens. Es pflegt dies auf zweifache Weise zu geschehen: entweder in kleinen dazu eigens construirten vierkantigen Räumen mit Gebläse (**Frischheerd**) oder in Flammenöfen (**Puddlingsöfen**).

Darstellung des Stabeisens.

Fig. 55.

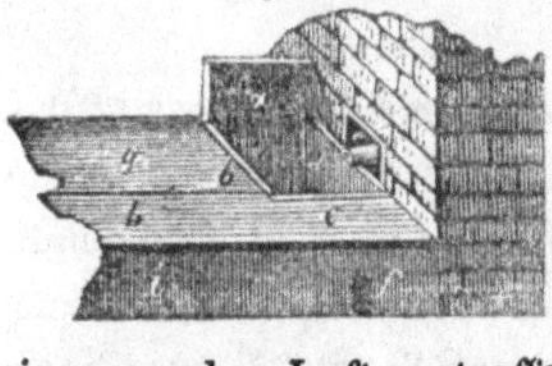

Der Frischheerd wird mit glühenden Kohlen angefüllt und an der Seite *b* (Fig. 55), welche der durch die Düse *d* einströmenden Gebläseluft gegenüberliegt, die Gänze (§ 449) von Roheisen in den Heerd hineingehalten, so dass sie von der Luft getroffen einschmelzen; die Richtung des Ge-

Der Frischheerd.

bläsewindes ist so zu regeln, dass er auf das niedergeschmolzene Eisen noch einwirken kann. Dadurch wird eine Oxydation des Eisens hervorgebracht, es bildet sich Eisenoxydul und dieses verbindet sich mit der aus dem Kieselgehalt des Roheisens, aus den Kohlen und dem Sand vom Guss herrührenden Kieselsäure zu einem Silicat, $\dot{F}e^2\ddot{S}i$, (der **Rohschlacke**), welches während und nach vollendetem Einschmelzen aus der Oeffnung *f* abgelassen wird und bei späteren Frischen als Zusatz dient. Hierauf wird das eingeschmolzene Eisen im Heerde wieder aufgebrochen (Rohaufbrechen), der Heerd mit Kohlen gefüllt und das darüber gelegte Eisen bei verstärktem Winde wieder eingeschmolzen. Die Luft oxydirt von neuem und es bilden sich Eisenoxydul und Eisenoxyd, von denen das erste mit Kieselerde sich zu einem Subsilicat, $\dot{F}e^4\ddot{S}i$, **(Gahrschlacke)** verbindet, welches bei der Rothglühhitze mit kohlehaltigem Eisen in Berührung, sich zerlegt, indem die Hälfte des Eisenoxyduls Sauerstoff an die Kohle des Roheisens abgiebt und Kohlenoxyd bildet, das reducirte Eisen dieses Oxyduls aber mit dem Kohleneisen zusammenschmilzt; aus dem Subsilicat wird dann wieder $\dot{F}e^2\ddot{S}i$. Nach erfolgtem zweiten Schmelzen wird die Gahrschlacke nicht abgelassen, sondern man lässt sie mit dem noch einmal aufgebrochenen (Gahraufbrechen) Eisen beim dritten Schmelzen in Berührung und sie wirkt daher entkohlend und ersetzt einen Theil des Verlustes, welchen man am Eisen durch Oxydation haben würde. Nach diesem dritten Einschmelzen (Gahreinschmelzen) ist das Roheisen in der Regel in Stabeisen umgewandelt, es befindet sich im Heerde nicht mehr eine geschmolzene, sondern eine teigartige Eisenmasse (der **Deul** oder die **Luppe**), welche herausgehoben und unter schweren Hämmern von der eingemengten Schlacke befreit wird. Die theilweise Entkohlung des Roheisens, wodurch dieses zu Stabeisen wird, geschieht also nicht unmittelbar durch den Sauerstoff der Luft, sondern vermittelst des Sauerstoffs des Eisenoxyduls der Gahrschlacke.

Der Puddleprocess. An den Orten, wo Holzkohlen zu theuer sind, wird das Stabeisen nicht in Frischheerden, sondern in Flammenöfen, die mit Steinkohlen geheizt werden, dargestellt. Das zu frischende Roheisen darf nämlich nicht unmittelbar mit Steinkohlen oder Coaks in Berührung kommen, weil es sonst Schwefel aus ihnen aufnehmen würde. Man schmilzt daher entweder in einem eigens construirten Flammenofen mit zwei Heerden, von denen der eine zum Vorwärmen des Roheisens dient, oder in einem einfachen Flammenofen (Fig. 56), das Roheisen auf der Heerdsohle *h* ein und lässt vom Rohr *r* aus je nach Bedürfniss eine

Fig. 56.

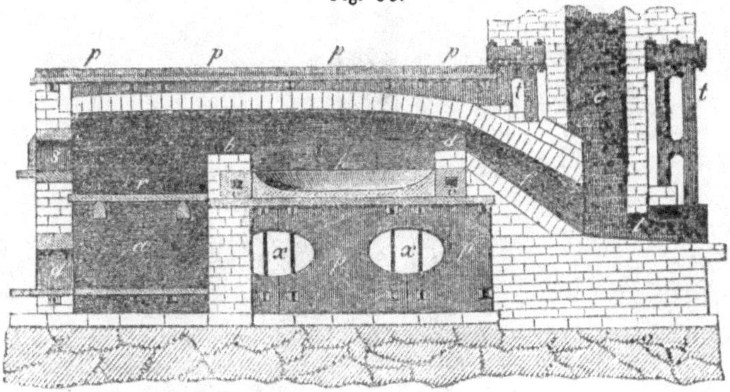

Der Puddleofen.

stark russende (während des Einschmelzens) oder eine mehr oxydirende Flamme (während des Entkohlens) über den Heerd schlagen, indem man den Zug durch die Klappe des Schornsteins *e* regulirt. Wenn das eingeschmolzene Eisen dickflüssiger wird, so rührt der Arbeiter es fleissig um (*puddle* im Engl., daher Puddlingsprocess), damit es der Luft neue Flächen darbiete und das entstandene Eisenoxydulsilicat in die innigste Berührung mit dem darunter befindlichen geschmolzenen Roheisen komme. Dabei entweicht Kohlenoxydgas aus dem aufwallenden Eisen, und wenn die Entkohlung hinreichend vor sich gegangen ist, so wird die bis zur Weissgluth erhitzte sandig teigige Eisenmasse auf der Sohle in mehre Bälle (Luppen) gerollt und aus dem Ofen herausgezogen. Die Schlacke, welche während des Puddelns entsteht, wird durch eine Oeffnung abgelassen, die in den Luppen zurückgebliebene wird aus denselben durch schwere Hämmer, jetzt fast überall durch Dampfhämmer, ausgepresst.

Ein solcher Hammer besteht aus einem eisernen Gerüst *AA*, in dessen geschliffener Bahn *dd* sich ein mit dem Hammer *D* versehener Eisenblock *E* auf- und niederbewegt, wenn der Dampf den Kolben im Cylinder *B* hebt, welcher mittelst der an ihm befestigten Stange *t* den Hammer in die Höhe zieht. Die Regulirung des durch die Oeffnung *u* in den kleinern Cylinder *H* einströmenden Dampfes geschieht durch den Schieber *l*, welcher in seiner höheren Stellung (s. die kleinere Figur) dem Dampf in

Der Dampfhammer.

Fig. 57.

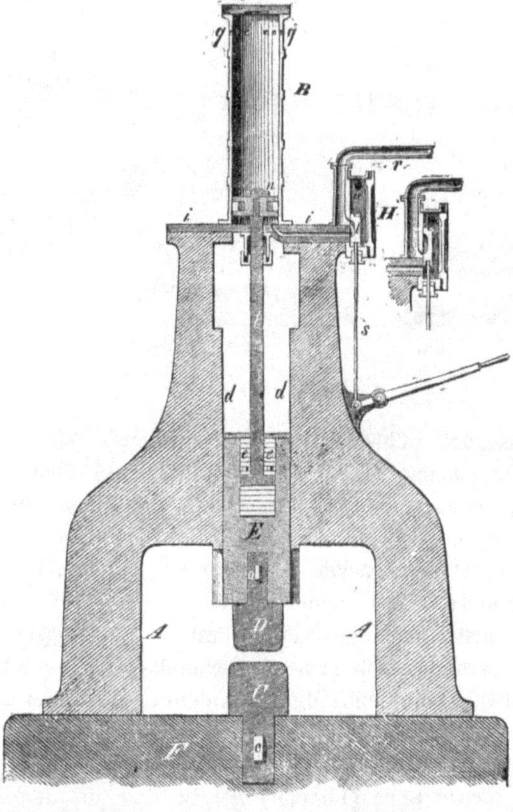

den Cylinder *B* Zutritf gestattet, heruntergezogen aber (s. die grosse Figur) diesen Zutritt verhindert, dagegen dem Dampf durch den hohlen Raum des Schiebers den Austritt in das Ableitungsrohr *r* gestattet. Durch die Löcher *qq* tritt während des Aufgangs des Kolbens die Luft aus *B*, die über *q* befindliche Luft aber wird, wenn der Kolben sich dem Cylinderdeckel nähert, zusammengedrückt und wirkt elastisch wie eine Feder. In obiger Zeichnung ist die Steuerung des Schiebers durch einen Hebel angedeutet, welcher durch eine Menschenhand zu führen ist; man hat aber neuerdings durch besondere Vorrichtungen eine Selbststeuerung angebracht.

Das Feinmachen des Roheisens.

§ 457. Nicht alles Roheisen lässt sich sogleich direct zu Stabeisen verarbeiten, am besten weisses oder mit Holzkohlen dargestelltes graues Roheisen. Das graue, wenn es bei sehr hoher Temperatur des Hohofens dargestellt ist, wie das mit Coaks erblasene, enthält zu viel Silicium und zu viel Graphit, welche beide bei dem Frischen sehr hinderlich sind. Man ändert daher durch vorgängiges Einschmelzen in einem kleinen Heerde mit starkem Gebläse oder auf der Sohle eines durch Gasgebläse gespeisten Flammenofens solches graue Roheisen in ein weisses (grelles) um und erreicht dadurch, dass das Silicium sich oxydirt und der Graphit in chemische Verbindung mit Eisen tritt. Diese Vorbereitung zum Puddeln wird Weiss- oder Feinmachen genannt, das dadurch erhaltene Roheisen Feinmetall und die dazu bestimmten Heerde Feineisenfeuer.

Entphosphorn.

Einen reichen Gehalt an Phosphor pflegt man durch Zusatz eines Gemenges von Braunstein und Kochsalz oder Flussspath zu entfernen.

Aus der Darstellungsweise des Stabeisens geht hervor, dass es keine gleichmässige Masse ist. Man sucht daher eine solche dadurch zu erreichen, dass mehre Stäbe auf einander gelegt, zusammengeschweisst und ausgereckt werden.

Der Stahl.

§ 458. Der **Stahl** ist ein Kohleneisen, welches weniger Kohle als das Gusseisen und mehr als das Stabeisen enthält. Er kann daher sowohl aus dem einen, als aus dem andern dargestellt werden, indem man dem Roheisen Kohle entzieht oder dem Stabeisen Kohle zuführt. Je nachdem das Erstere oder Letztere geschieht, bekommt der Stahl verschiedene Namen: der aus Roheisen gewonnene heisst Rohstahl **(deutscher Stahl, Schmelzstahl)**, der aus Stabeisen dargestellte Cementstahl **(Brennstahl, englischer Stahl)**. Aus beiden wird durch weitere Verarbeitung Gerbstahl (raffinirter Stahl) und Gussstahl.

Darstellung des Rohstahls.

Die Darstellung des Rohstahls geschieht in kleinen, den Frischheerden (Fig. 55) ähnlichen und von diesen in ihrer Construction nur wenig abweichenden Heerden. Das Roheisen wird vor dem Winde eingeschmolzen und unter einer Decke von

Schlacken flüssig erhalten. Der Sauerstoff der Luft und die Schlacke (ein Eisenoxydulsubsilicat) entziehen dem Eisen einen Theil seines Kohlenstoffs (wie beim Frischprocess) und es geht alsdann aus dem leichtflüssigen in den schwerflüssigen Zustand über. Es liegt bei dieser Bearbeitung hauptsächlich in der Kunstfertigkeit und dem geübten Blick des Arbeiters, den Augenblick wahrzunehmen, in welchem das Eisen hinreichend Kohlenstoff verloren hat, um Stahl zu geben; denn bei längerer Bearbeitung kann es leicht zu viel Kohle verlieren und geht dann in Stabeisen über. Die im Heerde befindliche Rohstahlmasse wird herausgebrochen und in mehre keilförmige Stücke zertheilt, welche man aufheizt und zu Stäben ausschmiedet. — Nur ein von fremden Beimengungen ziemlich freies Roheisen lässt sich zu gutem Stahl verarbeiten und unter den beiden Roheisenarten eignet sich fast nur das weisse, namentlich das aus Spatheisenstein gewonnene Spiegeleisen dazu, theils weil es sehr wenig fremde Beimengungen enthält, theils weil sein sämmtlicher Kohlenstoff chemisch gebunden ist und daher bei der Oxydation leichter und gleichmässiger abgeschieden werden kann, während der Graphit des grauen Roheisens schwerer zu oxydiren ist. Das graue Roheisen, besonders das mit Coaks erblasene, eignet sich nicht zur Rohstahlfabrication, denn es hat zu viel Silicium und andere schädliche Beimengungen, und dasjenige graue Roheisen, welches frei davon ist, wird am zweckmässigsten vorher in weisses Roheisen umgewandelt und dann erst zu Rohstahl verarbeitet.

Man hat neuerdings auch zur Entkohlung des Roheisens bis zur Stufe des Stahls sowohl ein dem Puddeln ganz ähnliches Verfahren in Flammenöfen eigenthümlicher Construction zur Anwendung gebracht, als auch eine Oxydationsmethode, bei welcher durch die Masse des flüssigen Roheisens eine angemessene Menge Luft oder Wassergas mit starker Pressung hindurchgeblasen wird.

Darstellung des Cementstahls.

Cementstahl erhält man durch Glühen von Stabeisen, welches mit Kohle oder Kohle gebenden Substanzen in Berührung und gegen den Zutritt der Luft geschützt ist. Man verfährt bei der Darstellung des Cementstahls in der Regel so: in einem länglich viereckigen aus feuerbeständigem Thon angefertigten Kasten wird auf dem Boden eine (ungefähr 2 Zoll hohe) Schicht Cementirpulver, welches aus gröblich gepulverter Holzkohle von harten Hölzern, 10 pCt. Holzasche und 2—3 pCt. Kochsalz besteht, ausgebreitet. Auf diese Schicht legt man Eisenstäbe auf die hohe Kante $^1/_4$—$^1/_2$ Zoll weit von einander; auf diese wieder eine Lage Cementirpulver und in derselben Richtung wieder Eisenstäbe und so fort, bis der Kasten beinahe angefüllt ist. Den leeren Raum füllt man noch mit Cementpulver, mauert die Oeffnungen der Kasten und die Seitenwand, durch welche der Arbeiter zu den Kasten gelangte, zu und unterhält 2—4 Tage lang eine hohe Temperatur, welche zuletzt starke Weissgluth erreicht. Nach mehrtägigem Erkalten wird das cementirte Stabeisen herausgenommen und weiter verarbeitet. — Es kann zur Stahlbereitung auf diesem Wege nur ein gutes, weder roth- noch kalt- noch faulbrüchiges Stabeisen angewendet werden, denn alle schlechten Eigenschaften des Stabeisens finden sich in dem daraus bereiteten Stahl wieder.

Chemischer Process bei der Cementirung.

§ 459. Die Zuführung von Kohle an das Stabeisen während der Cementirung, die ohne Schmelzung des Stabes bis in das Innere desselben vor sich geht, wird ohne Zweifel — das lehren directe Versuche — mit Hülfe von Cyanverbindungen eines Alkali- oder Erdmetalls bewerkstelligt. Die Quelle solcher Cyanverbindungen liegt im sogenannten Cementirpulver und man kann daher selbstverständlich auch Stahl auf andere Weise erzeugen, wenn direct gewisse Cyanüre oder Cyan bildende Körper mit Eisen in Wechselwirkung gesetzt werden. So erhält man z. B. Stahl, wenn Stickstoffeisen in Kohlenwasserstoffgas oder Kohleneisen (Stabeisen) in Ammoniakgas geglüht werden. Ob aber der Stickstoff des Cyans theilweise bei dem entstandenen Stahl verbleibt — wofür viele Analysen sprechen — oder ob er sich im Verlauf des Glühens wieder daraus entfernt — wofür ebenfalls Belege vorhanden sind — ist zur Zeit unentschieden. Jedenfalls ist der Stickstoffgehalt eines Roheisens rücksichtlich der Stahlbereitung daraus eine wichtige Beimengung (§ 451), denn auf seiner Anwesenheit — vorausgesetzt sie sei eine constante und unerlässliche für den Stahl — beruht die Möglichkeit, durch Zusammenschmelzen von Roheisen mit Stabeisen oder von Roheisen mit oxydirtem Eisen oder Braunstein unmittelbar Gussstahl zu bereiten — ein Verfahren, welches neuerdings ebenfalls in Anwendung gebracht worden ist.

Das Raffiniren des Stahls.

§ 460. Sowohl Rohstahl als Cementstahl sind zufolge ihrer Darstellung ein ungleichartiges Kohleneisen. Denn beim Einschmelzen des Roheisens werden die unter dem Gebläsewind befindlichen Theile mehr entkohlt als die an den Wänden des Heerdes, und beim Cementiren des Stabeisens werden die äussern Theile des Stabes früher in den stahlartigen Zustand übergehen als die innern, und man kann durch längere Brennzeit und schnell gesteigerte Temperatur dieses nicht verbessern, weil dadurch die äussern Theile des Stabes roheisenartig werden. Die ersten Producte der Stahlbereitung bestehen daher stets aus einem Gemenge einer harten und weichen Verbindung. Um diese gleichartig zu machen, wird der Stahl raffinirt oder gegerbt. Man erhitzt nämlich die ausgeschmiedeten Stäbe von Rohstahl oder Cementstahl bis zur Rothgluth, löscht sie in Wasser ab und schlägt sie auf einem Amboss entzwei. Es springen zuerst immer die härtesten Theile der Stäbe ab und diese werden für sich genommen, zusammengeschweisst und Edelstahl genannt. Wenn die Stäbe alsdann von neuem stärker auf den Amboss geschlagen werden, springen wiederum mehre Theile davon ab, welche der Arbeiter, nach der Bruchfläche urtheilend, in härtere und weichere sondert, je ein weiches neben ein hartes Stück legt und 6—8 solcher Stücke im Schmiedefeuer zu einem Stabe ausarbeitet. Ein solcher Stab wird in der Mitte durchgeschlagen und die beiden Stücke wieder zusammengeschweisst, und je nachdem dies ein oder mehrmals geschieht, heisst der Stahl einoder mehrmals raffinirter.

Edelstahl.

Gerbstahl.

Der gleichmässigste Stahl wird erhalten, wenn der raffinirte Stahl geschmolzen wird. Man pflegt den Stahl in sehr feuerbeständigen Tiegeln, die mit einem gut schliessenden Deckel oder mit Glas bedeckt sind, in Tiegelöfen bis zum Schmelzen zu erhitzen, die Tiegel mit Zangen aus dem Ofen zu nehmen und den flüssigen Stahl in eiserne aus zwei Hälften bestehende, vorher angewärmte Formen zu giessen und die so gewonnenen Stücke im Schmiedefeuer auszurecken. Bei der Gussstahlfabrication ist die geringe Haltbarkeit der Tiegel, welche durch die hohe zum Schmelzen des Stahls erforderliche Temperatur und durch den schnellen Temperaturwechsel beim Herausnehmen aus dem Ofen veranlasst wird, kein geringes Hinderniss und daher der Gussstahl auch in hohem Preise.

Gussstahl.

Man theilt bisweilen dem Gussstahl einen vorzüglichen Grad von Härte mit durch Zusatz sehr geringer Mengen anderer Metalle, z. B. von $1\frac{1}{2}$ pCt. Platina, 1—2 pCt. Rhodium, als härtester gilt der durch Zusatz von $\frac{1}{5}$ pCt. Silber und der mit 1—4 pCt. Wolfram versetzte Stahl. In Ostindien wird ein Stahl durch Schmelzen von Stabeisen mit Pflanzensubstanzen dargestellt, der Wootz, dessen grosse Härte auf Beimengungen von Aluminium beruhen soll. Silberstahl. Wootz.

§ 461. Die Eigenschaften des Stahls sind folgende: er hat eine grauweisse Farbe und ist, polirt, sehr glänzend; seine Farbe allein unterscheidet ihn nicht vom Stabeisen, aber Bruch und Textur. Stahl ist auf dem Bruch körnig, dicht und gleichartig, je feinkörniger desto besser, und selbst in den dünnsten Stäben ist seine Textur nicht sehnig. Sein spec. Gewicht ist etwa 7,6—7,8. Er ist härter als Stabeisen und graues Roheisen und zugleich zähe. Wird er erhitzt und dann in Wasser getaucht (gehärtet), so bekommt er eine solche Härte, dass er Glas schneidet. Ungehärtet aber lässt er sich schweissen und, wie das Stabeisen, mit allen Instrumenten, Feilen, Bohrer u. s. w. bearbeiten. Aus dem gehärteten Zustande kann der Stahl durch Erhitzen unter Abschluss der Luft wieder in den weichen und aus diesem durch Ablöschen wieder in den gehärteten übergeführt werden. Beim Härten dehnt sich der Stahl aus und zwar ist diese Volumenvergrösserung nicht bei allen Stahlarten gleichmässig, und da vieler Stahl aus ungleichartigen Theilen besteht, so erleidet er eine ungleichartige Ausdehnung, er verzieht sich. Beim Härten bekommt der Stahl zugleich eine so grosse Sprödigkeit, dass viele daraus gefertigte Gegenstände wegen ihrer grossen Zerbrechlichkeit nicht anwendbar sein würden, wenn es nicht ein Mittel gäbe, ihnen die Sprödigkeit zu nehmen, nämlich das **Anlassen** oder **Tempern** des Stahls. Wird gehärteter Stahl nur schwach erhitzt, so verliert er seine Sprödigkeit und seine eigenthümliche weissgraue Farbe, er bekommt vielmehr je nach der höheren oder geringeren Temperatur verschiedene Farben, die von der Dicke der durch das Erhitzen entstandenen Oxydschicht herrühren (der Stahl läuft an). Je niedriger die Temperatur beim Anlassen ist, desto härter, aber auch desto spröder bleibt der Stahl, bei zunehmender Temperatur verliert sich seine

Eigenschaften des Stahls. Farbe. Gefüge. Spec. Gewicht. Härten. Schweissbarkeit. Sprödigkeit. Anlassen. Anlaufen.

Sprödigkeit, aber auch seine Härte. Bei 221° C. läuft der Stahl blassgelb an (soweit erhitzt man z. B. feine chirurgische Instrumente), bei 243° wird er goldgelb (Rasir-, Federmesser u. dgl.), bei 254° braun (Scheeren und Meissel für Eisen, bei 276° purpurfarben (Aexte, Hobeleisen, Taschenmesser), bei 288° hellblau (Uhrfedern, Klingen), bei 293° blau (Bohrer, feine Sägen), bei 316° dunkelblau (Hand- und Stichsägen, die gefeilt werden).

Kohlegehalt. Der Kohlenstoffgehalt des Stahls schwankt zwischen 0,6 und $1\frac{1}{2}$ pCt. und seine geringere oder grössere Härte hängt von dem geringern oder grössern Kohlegehalt ab. Steigt dieser bis gegen 2 pCt., so ist der Stahl zwar nach dem Ablöschen sehr hart, seine Festigkeit und Schweissbarkeit aber so gering, dass er bei Bearbeitung in hoher Temperatur unter dem Hammer zerfällt, wiewohl er sich kalt noch aushämmern lässt. Auf welche Weise der Kohlenstoff im ungehämmerten Stahl vorhanden ist, lässt sich aus der Behandlung mit Säuren schliessen. Es zerlegt sich

Verhalten gegen Säuren. nämlich mit verdünnter Salzsäure der Cementstahl in Eisenchlorür und eine Verbindung der Kohle mit Eisen, welche sich in kleinen weissen krystallinischen Blättchen ausscheidet, unlöslich in verdünnter, löslich in concentrirter Salzsäure unter Entwickelung etwas übelriechenden Kohlenwasserstoffs. Man betrachtet daher den ungehärteten Stahl als ein Gemenge von reinem Eisen mit einer Verbindung der Kohle mit Eisen. Gehärteter Stahl wird nicht von verdünnter Salzsäure angegriffen, mit concentrirter gekocht, löst er sich unter Kohlenwasserstoff und Wasserstoffentwicklung vollkommen auf. Verdünnte Salpetersäure wirkt auf gehärteten Stahl ein und es scheidet sich auf der Oberfläche eine schwarze kohlige Masse aus. Wenn der Stahl ungleichartig ist und aus Gemengen von hartem und weichem Stahl besteht, so bilden sich durch die ungleiche Einwirkung der Säure auf dieselben gewisse Zeichnungen, aus hellen

Damast. und dunkeln Parthien bestehend, welche man **Damast** nennt. Man bringt auf manchen Gegenständen, z. B. auf Gewehrläufen und Säbeln, als Verzierung diesen Damast hervor und er bildet sich noch weit besser, wenn Stahl und Stabeisen oder harter und weicher Stahl oder auch hartes und weiches Stabeisen zusammengeschweisst und verarbeitet worden sind, wie es bei den Gewehrläufen meistens der Fall ist.

Wird der Stahl bis zur Weissglühhitze erhitzt und langsam erkaltet, so scheidet sich das Kohleneisen in grössern Blättern aus und der Stahl verliert seine Festigkeit (er ist verbrannt). Setzt man Stahl öfters der Schweisshitze aus, wobei gewöhnlich der Zutritt der Luft nicht ganz abgehalten wird, so oxydirt sich ein Antheil seines Kohlenstoffs, er geht in Stabeisen über und hat ebenfalls seine Güte verloren. Verbrennen des Stahls.

§ 462. Manchen eisernen Gegenständen, die blos auf ihrer Oberfläche hart zu sein brauchen, theilt man diese Härte auf eine eigenthümliche Weise mit (man verstählt sie). Soll die harte Schicht tief nach dem Innern gehn, so cementirt man wie bei der Darstellung des Cementstahls, nur kürzere Zeit, und löscht die glühenden Gegenstände schnell ab. Wenn aber nur eine dünne Schicht Stahl das Eisen bedecken soll, so bestreut man die zu verstählenden Gegenstände mit Kaliumeisencyanür und löscht sie nach dem Glühen ab. Das Cyanür zersetzt sich auf dem glühenden Eisen und cementirt die Oberfläche desselben. — Auch durch Leuchtgas kann eine Cementation ausgeführt werden, weil dasselbe den zur Cyanbildung nothwendigen Antheil des Stickstoffs enthält oder im Eisen schon vorfindet (§ 459). Verstählen eiserner Gegenstände.

§ 463. Das reine Eisen hat folgende Eigenschaften: geschmolzen (wie man es nach § 446 oder durch Elektrolyse der Eisensalze erhält) ist es weiss und stark metallisch glänzend, sehr zähe, weich und dehnbar. Es wird durch einen Magnet oder elektrischen Strom magnetisch, verliert aber den Magnetismus sogleich wieder, wenn der Magnet oder elektrische Strom nicht mehr wirken. Enthält es aber so viel Sauerstoff, wie im Eisenoxydoxydul, oder so viel Kohle wie im Stahl, oder so viel Schwefel wie im Magnetkies, so wird ihm zwar langsam, aber ein innerhalb gewisser Temperaturgrenzen dauernder Magnetismus mitgetheilt. Es hat ein spec. Gewicht = 7,8, und ist nur bei sehr hoher Temperatur (ungefähr 1500°) schmelzbar. Wenn in einem Strom von Wasserstoffgas Eisenoxyd bei +250° reducirt wird, so erhält man Eisen als schwarzes Pulver, welches beim Zutritt der Luft sich entzündet und oxydirt. — In trockner Luft verändert sich das Eisen nicht, in feuchter und namentlich in kohlensäurehaltiger bildet sich schnell Eisenoxydhydrat (Rost) Eigenschaften des reinen Eisens. Weichheit. Magnetismus. Spec. Gewicht. Schmelzpunkt. Pyrophor. Rosten.

(§ 465). In einer Atmosphäre, welche Dämpfe von Säuren, Chlor oder Schwefelwasserstoffgas, selbst in geringen Mengen, enthält, rostet das Eisen sehr schnell und ebenso unter einem Wasser, welches viele Salze enthält, wie z. B. das Meerwasser, ausgenommen wenn diese Salze neutrale kohlensaure Alkalien sind. Unter einer dicken Schicht Wasser überzieht sich das Eisen mit einer schwarzen Kruste (Eisenoxydoxydulhydrat), unter einer dünnern Schicht Wasser entsteht der rothbraune Ueberzug des Rostes. Beim Rosten des Eisens unter Wasser wird letzteres zersetzt und es bildet sich zugleich (aus dem Wasserstoff des Wassers und dem Stickstoff der Luft) Ammoniak, welches sich mit dem Eisenoxyd verbindet. Beim Erhitzen in der Luft oder in Sauerstoffgas bis zur starken Rothgluth überzieht sich das Eisen mit einer schwarzen Rinde von Oxydoxydul (Hammerschlag, Glühspan § 466).

Verhalten gegen Säuren. Das bisher angeführte Verhalten gegen Sauerstoff bei gewöhnlicher (das Rosten) und bei erhöhter Temperatur (das Entstehen des Glühspans) ist nicht nur eine Eigenschaft des reinen Eisens, sondern auch aller seiner verschiedenen Kohlenverbindungen. Verdünnte Säuren lösen reines Eisen unter Wasserstoffentwickelung auf (Fe und $\dot{H}\dddot{S} = \dot{Fe}\dddot{S}$ und H), verdünnte Salpetersäure zugleich unter Ammoniakbildung, concentrirte Salpetersäure giebt Sauerstoff an dasselbe ab und zerlegt sich in eine niedere Oxydationsstufe des Stickstoffs, bald aber hört die Einwirkung der Salpetersäure auf; das Eisen wird passiv. Diese Bezeichnung ertheilt man auch demjenigen Eisen, welches aus gewissen Metallsalzen, z. B. denen des Kupfers, das Metall nicht ausfällt, was es sonst thut, und welches sich nur in einigen wenigen Meteoriten in dieser Beschaffenheit vorfindet. Das Verhalten der Kohlenverbindungen des Eisens gegen Säuren ist oben bei den einzelnen angeführt.

Oxydationsstufen. Das Eisen hat drei Oxydationsstufen, von denen zwei Basen sind und die dritte eine Säure, deren Sauerstoff bei gleicher Menge Metall in dem Verhältniss von $1 : 1\frac{1}{2} : 3$ steht.

Eisenoxydul, $\dot{Fe}$. § 464. Eisenoxydul, $\dot{Fe}$, im völlig reinen Zustande ist noch nicht bekannt, am besten erhält man es durch Erhitzen des oxalsauren Eisenoxyduls beim Abschluss der Luft. In diesem Zustande ist es ein Pyrophor und entzündet sich sofort an der

Luft. Beim Zusatz von Ammoniaklösung zu der Lösung eines Eisenoxydulsalzes, wenn beide nicht lufthaltig sind, entsteht ein weisser Niederschlag, Eisenoxydulhydrat, welcher durch Einwirkung der Luft sich schnell höher oxydirt und erst schmutzig grün, dann schwarz und zuletzt rothbraun wird. Eisenoxydul ist eine stärkere Basis als das Oxyd und hat grosse Neigung in dieses überzugehen, deshalb benutzt man seine Salze oft als reducirendes Mittel, um andern Oxyden Sauerstoff zu entziehen. Hydrat.

§ 465. Eisenoxyd, $\dddot{F}e$, kommt in der Natur sehr verbreitet vor und ist das vornehmste Eisenerz. In schwarzen metallisch glänzenden Krystallen (Rhomboëdern) von 4,9 bis 5,3 spec. Gewicht heisst es **Eisenglanz**, in dunkelrothen faserigen, stengligen und dichten Massen mit metallglänzenden braunrothen Absonderungsflächen **Rotheisenstein, rother Glaskopf**, oder in erdiger, zerreiblicher Form **Eisenocker**, bald mit Quarz, bald mit kohlensaurem Kalk, bald mit Thon gemengt. Es ist bisweilen sehr dicht und hart und wird als Polirmittel angewendet **(Blutstein)**, manchmal fein vertheilt, mit andern Substanzen, wie Thon u. dgl., gemengt und färbt dann mit rother Farbe ab **(Röthel)**. Die rothe Farbe mancher Gebirge (des bunten Sandsteins, des Rothliegenden) rührt ebenfalls vom Eisenoxyd her. Daher ist es auch ein fast steter Bestandtheil der Pflanzenaschen und des thierischen Körpers. Künstlich erhält man das Eisenoxyd durch Glühen des salpetersauren Oxyds oder schwefelsauren Oxyduls **(Colcothar** oder **Caput mortuum)** als dunkelbraunes Pulver, welches zerrieben roth aussieht und sowohl als Polirmittel wie als Malerfarbe benutzt wird **(Englisch Roth)**. Zum Poliren vorzüglich geeignet ist dasjenige Oxyd, welches durch Glühen des oxalsauren Eisenoxyduls an der Luft entsteht. Künstlich stellt man es in rhomboëdrischen Krystallen dar, wenn Wassergas mit Eisenchlorid durch starke glühende Röhren geleitet wird; und auf ähnliche Weise entstanden findet es sich in den Kraterspalten der Vulcane. Geglühtes Eisenoxyd wird nur schwer von Säuren aufgelöst, am besten von Schwefelsäure (8 Th. mit 3 Th. Wasser) bei 210°. Eisenoxyd, $\dddot{F}e$. Eisenglanz. Rotheisenstein. Eisenocker. Blutstein. Röthel. Colcothar.

Eisenoxydhydrat bildet sich, wenn ein Eisenoxydsalz durch kaustische oder kohlensaure Alkalien im Ueberschuss gefällt wird. Der rothbraune sehr voluminöse, in Wasser unlös- Hydrate.

liche Niederschlag wird beim Trocknen pulverförmig und besteht

$\ddot{\bar{F}}e^2\dot{H}^3$.

aus $\ddot{\bar{F}}e^2\dot{H}^3$. Krystallisirt findet sich dieses Hydrat in der Natur und zwar als ein sehr verbreitetes und benutztes Eisenerz in fase-

Brauneisenstein.

rigen oder dichten braunen glänzenden Massen (**Brauneisenstein, brauner Glaskopf**), meist durch Zersetzung des kohlensauren Eisenoxyduls entstanden; oder in gelben Massen (**Gelbeisenstein**). Wenn sich Schwefelkies (s. u.) oxydirt, so wandelt er sich auch in Eisenoxydhydrat um, oft mit Beibehaltung seiner Form, und dieses

$\ddot{\bar{F}}e\dot{H}$.

Hydrat hat die Zusammensetzung $\ddot{\bar{F}}e\dot{H}$; es führt bei den Mineralogen auch die Namen **Göthit, Nadeleisenerz, Lepidokrokit,** — überhaupt schuppig faseriger Brauneisenstein. — Auch dieses Hydrat erhält man, wie das der Thonerde, künstlich unter gewissen Bedingungen (§ 476) als eine in Wasser lösliche Substanz. Die beiden Hydrate finden sich nicht nur im Gemenge mit einander, sondern auch im Gemenge mit andern Substanzen, wie Thon, Kieselsäure, kohlensaure Kalkerde u. dgl. Sind die Beimengungen unbedeutend, und ist das Erz dicht, so herrscht die braune Farbe des Eisenoxydhydrats vor, sind sie bedeutender und das Mineral innig gemengt mit ihnen, so wird die Farbe gelb. Häufig ist das Eisenoxydhydrat mit Thon innig gemengt und bildet in den Thonlagern zwischen den Steinkohlenflötzen grosse kugelähnliche

Thoneisenstein.

Stücke (Nieren) und heisst dann **Thoneisenstein.** Aus diesem Erz wird besonders in England eine grosse Masse Eisen gewonnen und die Production dieses Metalls ist hier wegen des gleichzeitigen Vorkommens des Brennmaterials mit dem Erz so ausserordentlich begünstigt. Es ist schon oben (§ 463) erwähnt, dass

Entstehung des Rostes.

der Eisenrost Oxydhydrat sei. Seine Bildung, welche namentlich in kohlensäurehaltiger Luft und bei Gegenwart von etwas Wasser schnell von Statten geht, geschieht zuerst durch Einwirkung der Kohlensäure auf das Eisen und Wasser; es bildet sich kohlensaures Eisenoxydul und dieses zersetzt sich durch Sauerstoffaufnahme in Eisenoxydhydrat und freie Kohlensäure, denn mit Eisenoxyd, als einer zu schwachen Basis, kann sich die Kohlensäure nur zu sehr basischen Salzen verbinden. Die freie Kohlensäure löst sich dann im Wasser und wirkt von Neuem auf einen andern Theil Eisen und der eben erwähnte Process findet wiederum statt. Daher der schnelle Angriff des Eisens, das Fressen des Rostes.

Das durch Ammoniak aus Eisenchloridlösung gefällte Oxydhydrat wendet man in Wasser suspendirt als Gegengift gegen Vergiftung durch Arsenik an, weil es mit den Säuren des Arsens unlösliche Verbindungen bildet. Aber das Eisenoxydhydrat darf für diesen Zweck nicht lange Zeit vorher aufbewahrt sein, sonst versagt es seine Wirkung. Es ist nämlich eine bemerkenswerthe Eigenschaft desselben, unter Wasser bei gewöhnlicher Temperatur und noch schneller unter dem Gefrierpunkt krystallinisch zu werden und dadurch seine leichte Verbindungsfähigkeit mit schwachen Säuren einzubüssen. Bei 160° verliert es selbst unter Wasser sein chemisch gebundenes Wasser und wird wasserfrei. **Ferrum hydricum in aqua.**

Das Eisenoxyd ist wie alle Sesquioxyde nur eine schwache Basis und verbindet sich daher als Säure mit den starken Basen, wie Kali, Natron, Kalk und Zinkoxyd. Diese Verbindungen sind aber sehr unbeständig und werden theilweis schon durch Wasser zersetzt.

§ 466. Eisenoxydoxydul. Eine Verbindung der beiden basischen Oxyde des Eisens kann in verschiedenen Verhältnissen statt finden. In schwarzen glänzenden Oktaëdern krystallisirt oder in blätterig krystallinischen, auch derben Massen findet sie sich als **Magneteisenstein**, $\dot{Fe}\dddot{\bar{Fe}}$, oft in grossen Lagern im ältern Gebirge, und dient besonders in Schweden zur Erzeugung eines sehr geschätzten Eisens, welches frei ist von gewissen Beimengungen, die bei andern Eisenerzen häufig vorkommen. Mit überwiegender aber veränderlicher Menge des Oxyduls (Glühspan) entsteht sie beim Glühen des Eisens an der Luft (**Hammerschlag** § 455) oder beim Glühen des Spatheisensteins, $\dot{Fe}^4\dddot{\bar{Fe}}$. Der Magneteisenstein ist von 5,0 spec. Gew. und, wie sein Name andeutet, magnetisch. Ein Hydrat des Eisenoxydoxyduls bildet sich, wenn Magneteisenstein in Salzsäure gelöst und die Lösung in Ammoniak gegossen wird. Es ist ein schwarzes körniges magnetisches Pulver, das sich auch bei Höheroxydation des Eisenoxydulhydrats bildet (§ 464). Eisenoxydoxydul.

§ 467. Eisensäure, $\dddot{Fe}$, bildet sich, wenn Eisen mit Salpeter und Kalihydrat geschmolzen oder wenn in eine Lösung von Kalihydrat, worin Eisenoxydhydrat vertheilt ist, Chlorgas geleitet wird ($5\dot{K}$, $3Cl$ und $\dddot{Fe} = 3KCl$ und $2.\dot{K}\dddot{Fe}$), die Eisen- Eisensäure, $\dddot{Fe}$.

säure verbindet sich mit Kali und die Auflösung dieses Salzes ist violett. Im freien Zustande kann die Eisensäure nicht erhalten werden, sie zerlegt sich sogleich in Sauerstoff und Eisenoxyd. Auch mit andern Basen kann sich Eisensäure verbinden, aber ihre Verbindungen sind grösstentheils wenig beständig, ausser wenn dieselben unlöslich sind.

Die Reactionen der Salze des Eisens.

§ 468. Die wasserfreien Oxydulsalze sind farblos, die wasserhaltigen bläulich grün. Sie oxydiren sich, indem sie dabei gelblich werden, an der Luft leicht zu Oxydsalzen und wirken daher auch reducirend auf andere Oxyde, die ihren Sauerstoff leicht abgeben (z. B. auf Gold- und Silbersalze). In ihren Auflösungen verursachen Alkalien einen weissen, an der Luft sich bräunenden Niederschlag (§ 464), Kaliumeisencyanid einen dunkelblauen (Berlinerblau) und Schwefelwasserstoffammoniak einen schwarzen. Durch Schwefelwasserstoffwasser wird ihre saure Lösung nicht verändert, durch Stickoxydgas färbt sie sich tief braun.

Die Oxydsalze sind meistens braunroth gefärbt, auch gelblich oder farblos, manche blutroth (z. B. das essigsaure und das Schwefelcyansalz). Ihre Lösungen werden durch kaustische und kohlensaure Alkalien braunroth (§ 465), durch Kaliumeisencyanür dunkelblau (Berlinerblau) gefällt, durch Galläpfeltinctur bläulichschwarz (gerbsaures Salz, Tinte) gefällt. Schwefelwasserstoff wandelt unter Abscheidung weisslichgelben Schwefels das Eisenoxyd in Oxydul um ($\overset{\cdots}{\overline{\mathrm{Fe}}}$ und $\mathrm{HS} = \mathrm{S}$, $\dot{\mathrm{H}}$ und $2\dot{\mathrm{Fe}}$), Schwefelwasserstoffammoniak bringt einen schwarzen Niederschlag (FeS) hervor. Die grosse Neigung basische Salze zu bilden und die leichte Zersetzbarkeit in der Siedhitze des Wassers ist eine charakteristische Eigenschaft der Eisenoxydsalze, auf welche man sich nicht selten bei manchen praktischen Arbeiten stützt.

Schwefelsaures Eisenoxydul, Eisenvitriol.

Von den Eisenoxydulsalzen sind folgende die erwähnenswerthesten.

§ 469. Schwefelsaures Eisenoxydul, Eisenvitriol, ist das im Handel am meisten vorkommende Eisensalz. Es wird gewöhnlich fabrikmässig dargestellt durch Auslaugen oxydirter Schwefelkiese. In manchen Bergwerken, die neben gewissen andern kostbareren Erzen viel Schwefelverbindungen des Eisens enthalten, werden letztere bei Seite gelegt (alter Mann) oder aus der Grube an die Oberfläche gebracht und nachdem sie vorher erhitzt (um Schwefel daraus zu gewinnen) sind, der Luft ausgesetzt. In beiden Fällen oxydiren sich durch den Sauerstoff der Luft der Schwefel und das Eisen zu schwefelsaurem Eisenoxydul, welches mit Wasser ausgelaugt und aus der Lösung in Krystallen gewonnen wird. Enthält das Schwefeleisen andere Schwefelmetalle, so oxydiren sich auch diese zu schwefelsauren Salzen: daher sind Beimengungen von schwefelsaurem Zinkoxyd und Manganoxydul nicht selten und die des Kupferoxyds gewöhnlich. Die letztere ist auch für viele Zwecke, zu denen das Eisenvitriol gebraucht wird, z. B. bei Anwendung in Färbereien, nicht schädlich, sogar erwünscht. — Schnell und rein erhält man in kleinern Mengen Eisenvitriol durch Auflösen von Eisen (alten Nägeln) in verdünnter Schwefelsäure. Das Eisenoxydul im Salz hat grosse Neigung, sich in Oxyd umzuwandeln, doch geschieht dies schneller in der Lösung, als in den trocknen Krystallen. Eine oxydhaltige Auflösung kann durch Erwärmen mit Eisen vom Oxyd befreit werden ($\overset{\dots}{\bar{Fe}}$ und $Fe = 3\dot{Fe}$). Bei gewöhnlicher Temperatur krystallisirt der Eisenvitriol in schiefen rhombischen Prismen, $\dot{Fe}\dddot{S} + 7\dot{H}$, bei 80° oder aus schwefelsaurer Lösung mit weniger Wasser, $\dot{Fe}\dddot{S} + 5\dot{H}$, $\dot{Fe}\dddot{S} + 4\dot{H}$, in Krystallen, welche letztern beiden den entsprechenden Hydraten des Manganvitriols isomorph sind. Von dem Salz mit grösstem Wassergehalte löst sich 1 Th. bei +12° in 2,57, bei 70° in 0,97 Th. Wasser. Eisenvitriol findet Anwendung zur Darstellung des Vitriolöls (§ 159), zur Schwarzfärbung von Zeugen, zur Bereitung der Dinte (gerbsaures Eisenoxyd), zur Fabrication des Berlinerblaus, zur Indigoküpe (Reduction des blauen Farbstoffs), als Mittel gegen Holzschwamm und zu mehren andern Gegenständen.

$\dot{Fe}\dddot{S} + 7\dot{H}$.
$\dot{Fe}\dddot{S} + 5\dot{H}$.
$\dot{Fe}\dddot{S} + 4\dot{H}$.

Anwendung desselben.

Mit den schwefelsauren Alkalien verbindet sich das schwefelsaure Eisenoxydul zu isomorphen Doppelsalzen von der Formel $\dot{Fe}\dddot{S} + \dot{R}\dddot{S} + 6\dot{H}$, in denen das Eisenoxydul viel weniger leicht vom Sauerstoff der Luft höher oxydirt wird.

Kohlensaures Eisenoxydul, $\dot{Fe}\ddot{C}$.

§ 470. Kohlensaures Eisenoxydul findet sich rhomboëdrisch krystallisirt im **Spatheisenstein**, künstlich wird es durch Fällung reinen Eisenvitriols mit kohlensaurem Natron als weisses Pulver, aber auch unter gewissen Bedingungen in kleinen Rhomboëdern erhalten.

Spatheisenstein.

Der Spatheisenstein enthält stets mehr oder weniger von den kohlensauren Salzen des Manganoxyduls, der Kalkerde oder Magnesia. Er kommt in gelblichen oder braunen (zersetzt) Krystallen vor, oft auch in sphärischen Stücken und heisst dann

Sphärosiderit.

Sphärosiderit. Er ist ein vortreffliches Erz für die Darstellung des Rohstahls und wird daher von den Bergleuten auch **Stahlstein** genannt. An der Luft oxydirt sich das künstlich dargestellte pulverisirte Salz leicht zu Eisenoxydhydrat, das natürliche und künstlich krystallisirte widerstehen länger, aber es wird leicht von kohlensaurem Wasser gelöst und dann schnell durch den Sauerstoff der Luft in Eisenoxydhydrat umgewandelt. Das Eisenoxydhydrat des Thoneisensteins, welcher ursprünglich ein Gemenge des kohlensauren Eisenoxyduls mit Thon ist, verdankt seine Entstehung jener Oxydation. Eine Auflösung von kohlensaurem Eisenoxydul findet sich in vielen Quellen (in den sogenannten **Stahlwässern**) und seine häufige Entstehung erklärt sich durch die Reduction, welche das allgemein verbreitete Eisenoxyd durch organische Körper, wie Pflanzenreste, erleidet. Wurzeln von Pflanzen, die in einem eisenoxydhaltigen Boden sich zersetzen, wandeln das Oxyd in kohlensaures Oxydul um und dieses, von Quellwassern aufgenommen, wird an der Luft wieder Eisenoxydhydrat **(Ocher)**, oder wenn Wässer mit anderen Salzen beladen, sich mit jenen vermischen, so entstehen Niederschläge von Eisensalzen, die bisweilen in grossen Massen angehäuft als Eisenerze zum Verschmelzen dienen (§ 472. 473. 477).

Das kohlensaure Eisenoxydul findet häufig, wie andere Eisensalze, Anwendung als kräftiges Heilmittel. Ein solches Präparat ist z. B. das **Ferrum hydricum** (Crocus Martis aperitivus), welches durch Fällung von Eisenvitriollösung mit kohlensaurem Natron bereitet wird. Die rothgelbeFarbe desselben deutet schon an, dass es Eisenoxydhydrat im Gemenge mit kohlensaurem Eisenoxydul enthält, und diese theilweise Verunreinigung ist selbst bei vorsichtigster Darstellung nicht wohl zu vermeiden.

Ferrum hydricum.

Salpetersaures Eisenoxydul.

§ 471. Salpetersaures Eisenoxydul kann erhalten werden, wenn man Schwefeleisen in kalte Salpetersäure einträgt oder Eisenvitriol mit salpetersaurer Baryterde fällt, und die concentrirte neutrale Lösung zum Krystallisiren bringt. Beim Erhitzen einer nur wenig Säureüberschuss enthaltenden Lösung bildet sich aber sogleich unter Stickoxydentwickelung Eisenoxydsalz. Gleichzeitig neben Ammoniak entsteht dieses Salz bei der Auflösung von Eisen in einer Salpetersäure von 1,034 spec. Gewicht.

§ 472. Phosphorsaures Eisenoxydul scheidet sich als weisses Pulver aus, wenn Lösungen von Eisenvitriol und phosphorsaurem Natron vermischt werden. Das Salz verändert sich aber beim Auswaschen an der Luft schnell, wird graublau und enthält neben Oxydulsalz auch Oxydsalz. Es ist in der Pharmacie als **Ferrum phosphoricum oxydulatum** gebräuchlich. Im Mineralreich findet es sich krystallisirt $\dot{Fe}^3\overset{..}{\overset{...}{P}} + 8\dot{H}$ farblos, wird aber an der Luft schnell hellgrün und enthält dann Eisenoxyd. Fernerhin nimmt es immer mehr Sauerstoff auf und wird blau, ohne die Krystallgestalt zu verlieren, häufig aber auch findet man die blaue Verbindung amorph und erdig. Sie besteht aus wechselnden Mengen wasserhaltigen Eisenoxydul- und Eisenoxydphosphats, z. B. $6.\dot{Fe}^3\overset{..}{\overset{...}{P}} + \overset{...}{\bar{Fe}}{}^3\overset{..}{\overset{...}{P}}{}^2$, oder $\dot{Fe}^3\overset{..}{\overset{...}{P}} + \overset{...}{\bar{Fe}}\overset{..}{\overset{...}{P}}$ und heisst **Vivianit** (Blaueisenerde).

§ 473. Kieselsaures Eisenoxydul verdient nicht nur als ein Bestandtheil vieler Mineralien, sondern mehr noch wegen der wichtigen Rolle Erwähnung, die es beim Umändern des Roheisens in Stabeisen (§ 456) spielt. Es kommen sehr mannigfaltige Verbindungsverhältnisse vor und ein wasserhaltiges Eisenoxydulsilicat ist das wegen seiner Form sogenannte **Bohnerz**. Es findet sich in den jüngern Flötzgebirgen (Jura) in kleinen, bohnengrossen Körnern und ist im südwestlichen Deutschland und Frankreich häufig das Material zur Eisengewinnung.

§ 474. Oxalsaures Eisenoxydul kommt als krystallisirtes Mineral **(Humboldtit)** vor und bildet sich bei der Einwirkung des Sonnenlichts auf eine Lösung von oxalsaurem Eisenoxyd ($\overset{...}{\bar{Fe}}\overset{...}{\bar{C}}{}^3 = 2\dot{Fe}\overset{...}{\bar{C}}$ und $2\ddot{C}$) — eine bemerkenswerthe chemische Wirkung des Lichts. Man erhält es als citronengelbes Pulver, $\dot{Fe}\overset{...}{\bar{C}} + 2\dot{H}$, durch Zusatz von Oxalsäure zu einer Eisenvitriollösung. Es verliert beim Erhitzen sein Wasser nicht früher, als es sich zu zersetzen beginnt und verglimmt an der Luft zu einem feinen rothen Eisenoxyd (§ 465).

§ 475. Schwefelsaures Eisenoxyd. Das neutrale Salz lässt sich künstlich durch Oxydation des Eisenvitriols unter Zusatz

Phosphorsaures Eisenoxydul.

Kieselsaures Eisenoxydul.

Bohnerz.

Oxalsaures Eisenoxydul.

Schwefelsaures Eisenoxyd.

von Schwefelsäure und Salpetersäure erhalten. Wasserfrei erhält man es zuweilen aus der concentrirten Schwefelsäure in pfirsichblüthfarbenen Blättern, die sich in Wasser und Salzsäure nicht lösen; krystallisirt mit 9 At. Wasser findet es sich im Mineralreich (**Coquimbit**). Basische Salze giebt es in mehren Verhältnissen ($\ddot{\mathrm{F}}\mathrm{e}\dddot{\mathrm{S}}^{2}$, $\ddot{\mathrm{F}}\mathrm{e}\dddot{\mathrm{S}}$, $\ddot{\mathrm{F}}\mathrm{e}^{2}\dddot{\mathrm{S}}$, $\ddot{\mathrm{F}}\mathrm{e}^{3}\dddot{\mathrm{S}}$); sie sind alle wasserhaltig und augenscheinlich Producte oxydirten Schwefelkieses. Die krystallinischen werden von den Mineralogen mit besondern Namen (**Copiapit, Styptiacit, Vitriolocher, Misy** u. a.) belegt. Sie haben meist eine gelbe Farbe, sind schwer oder unlöslich in Wasser und werden nicht selten als solche, häufiger noch geglüht, als Farbstoffe gebraucht. Das durch Glühen unlöslich gewordene schwefelsaure Eisenoxyd wird durch Zusatz einer sehr geringen Menge Eisenvitriol leicht löslich.

Salpetersaures Eisenoxd, $\ddot{\mathrm{F}}\mathrm{e}\ddot{\ddot{\mathrm{N}}}^{3} + 12\dot{\mathrm{H}}$. $\ddot{\mathrm{F}}\mathrm{e}\ddot{\ddot{\mathrm{N}}}^{3} + 18\dot{\mathrm{H}}$.

§ 476. Salpetersaures Eisenoxyd scheint in mehren Sättigungsstufen zwischen Säure und Base zu existiren, aber nur das normale Salz krystallisirt und zwar mit zweierlei Wassergehalt. Das eine Hydrat, $\ddot{\mathrm{F}}\mathrm{e}\ddot{\ddot{\mathrm{N}}}^{3} + 12\dot{\mathrm{H}}$, schiesst in Würfeln an, die bei 35° schmelzen; das andere, $\ddot{\mathrm{F}}\mathrm{e}\ddot{\ddot{\mathrm{N}}}^{3} + 18\dot{\mathrm{H}}$, in vierseitigen farblosen sehr zerfliesslichen Prismen. Die letzteren schmelzen bei 47°, wirken stark ätzend und erzeugen im Gemenge mit Glaubersalz bedeutende Temperaturerniedrigung.

Die Salpetersäure bildet mit Eisenoxyd auch basische Salze, $\ddot{\mathrm{F}}\mathrm{e}\ddot{\ddot{\mathrm{N}}}^{2}$ und $\ddot{\mathrm{F}}\mathrm{e}\ddot{\ddot{\mathrm{N}}}$, deren Lösung nach längerer Erhitzung auf 100° bei Zusatz von Salz- oder Schwefelsäure einen Niederschlag von Eisenoxydhydrat, $\ddot{\mathrm{F}}\mathrm{e}\dot{\mathrm{H}}$, ausfällen lässt, welcher getrocknet schwarze Blättchen darstellt, in concentrirten Säuren unlöslich ist, mit Wasser aber leicht eine im reflectirten Licht trübe, im durchfallenden klare Lösung giebt. Diese reagirt nicht mit Eisencyanür- und Schwefelcyanverbindungen und scheidet bei Zusatz von Säuren das Eisenoxydhydrat wieder aus. Aehnlich verhält sich die Auflösung des essigsauren Eisenoxyds.

Lösliches Eisenoxydhydrat.

Phosphorsaures Eisenoxyd.

§ 477. Phosphorsaures Eisenoxyd, $\ddot{\mathrm{F}}\mathrm{e}\ddot{\ddot{\mathrm{P}}} + 4\dot{\mathrm{H}}$, fällt beim Zusatz einer phosphorsauren Natronlösung zu einem Eisenoxydsalz als weisses Pulver, welches geglüht braun wird. Basischere Verbindungen der Phosphorsäure mit Eisenoxyd sehen braunroth aus; sie bilden sich wie oben erwähnt (§ 470) und sind Gemengtheile mancher Eisenerze, namentlich des **Rasen-**

Raseneisenstein. **eisensteins**, eines Gemenges von Eisenoxydhydrat, phosphorsaurem Eisenoxyd, Thon, Sand und zersetzten vegetabilischen Resten. Es gehört dieses Erz zu den jüngsten Bildungen auf der Erdoberfläche und mag sich noch fortwährend erzeugen in Sümpfen oder Torfmooren, in welche eine Lösung von kohlensaurem Eisenoxydul fliesst und stagnirt. Daher wird es auch **Wiesenerz**, **Sumpf-** oder **Morasterz** genannt. Es liefert beim Verschmelzen ein Eisen, welches viel Phosphor enthält und darum nur eine beschränkte Anwendung (zu Gusswaaren) erleidet. In der Mark, Lausitz und Schweden wird aus diesem Erz viel Eisen dargestellt.

Eisenoxyduloxydsalze. § 478. Doppelsalze, in denen beide Oxyde des Eisens als Basen vorhanden sind, kennt man mit Schwefelsäure ($3\dot{Fe}\dddot{S}+2\dddot{\overline{Fe}}\dddot{S}^3+12\dot{H}$) und Phosphorsäure (§ 472).

§ 479. Von den Salzen, die Eisenoxyd mit organischen Säuren bildet, werden mehre in der Heilkunde, andere in der Technik angewandt. Als Heilmittel dienen das weinsaure in dem **Ferro-Kali tartaricum** oder **Globul. Tartari martiati**; das essigsaure in dem **Liquor Ferri acetici** und der **Tinct. Ferri acet. aether.**; das äpfelsaure im **Extractum Ferri pomatum**. In den Färbereien wird oft das essigsaure angewendet und in der schwarzen Tinte ist das gerbsaure Eisenoxyd der färbende Stoff.

Eisenchlorür, FeCl. § 480. Eisenchlorür, durch Behandlung von glühendem Eisen mit Chlorwasserstoff erhalten, bildet weisse Krystallschuppen, die in Rothgluth schmelzen, stärker erhitzt sublimiren. Bei Behandlung von Eisen mit Salzsäure und Abdampfen der Lösung erhält man blaugrüne Krystalle, $FeCl+4\dot{H}$, die leicht in Wasser und Alkohol sich lösen, an der Luft erhitzt ihr Wasser verlieren und sich zum Theil zersetzen. Die wässerige Auflösung des Eisenchlorürs, mit ein wenig Salzsäure versetzt, wird als Heilmittel unter dem Namen **Liquor ferri chlorati** angewendet; sie enthält in 100 Th. 10,8 Th. Eisen. ($FeCl+4\dot{H}$.) (**Liquor ferri chlorati.**)

Eisenjodür. § 481. Eisenjodür. Durch Digestion von Eisen und Jod in Wasser entsteht eine grünliche Flüssigkeit, aus welcher beim Verdampfen sich grüne zerfliessliche Krystalle, $FeJ+4\dot{H}$, ausscheiden. Das Salz hat ausserordentliche Neigung sich höher zu oxydiren und muss möglichst gegen Luftzutritt geschützt werden. Mit Milchzucker vermischt pflegt das Salz als Heilmittel (**Ferrum**

jodatum saccharatum) Anwendung zu finden, und ist als solches ein Gemisch von Eisenjodür und Eisenjodid.

Eisencyanür.

§ 482. Eisencyanür lässt sich nicht völlig rein darstellen; gewöhnlich fällt es als ein gelbrothes Pulver, welches schnell an der Luft blau wird und Cyankalium beigemischt enthält, wenn es durch Vermischen von Lösungen des Eisenvitriols und Cyankaliums bereitet wird. Es zeichnet sich durch die Eigenschaft aus, mit andern Cyanverbindungen eine Reihe von Doppelsalzen zu bilden, welche sowohl für die Wissenschaft interessant, als auch für die Anwendung derselben in den Gewerben von Wichtigkeit sind. Das bemerkenswertheste dieser Doppelsalze ist das

Kaliumeisencyanür. Blutlaugensalz. Darstellung desselben.

§ 483. Kaliumeisencyanür. Es ist im Handel unter dem Namen **Blutlaugensalz** oder blausaures Eisenkali bekannt. Seine Darstellung geschah früher aus verkohltem Blut (daher der Name Blutlaugensalz), jetzt wendet man statt dessen meist die Kohle anderer thierischer Substanzen, z. B. Abfälle von Leder, Horn, Fleisch, am häufigsten wollene Lumpen an, welche Substanzen sämmtlich keinen oder nur wenig phosphorsauren Kalk enthalten. Die thierische Kohle (deren Darstellung oben § 319 beschrieben ist) wird mit Pottasche und Eisenfeile in eisernen Schaalen unter stetem Umrühren mit eisernen Stangen geschmolzen; nach vollendeter Einwirkung der Substanzen auf einander wird die Masse (Schmelze) ausgeschöpft und in heissem Wasser aufgelöst. Die abgedampfte Lösung liefert unreine Krystalle, welche nochmals umkrystallisirt werden. Während des Schmelzens vereinigen sich der Stickstoff und Kohlenstoff der thierischen Kohle sowohl mit dem Kalium der Pottasche, wie mit dem zugesetzten Eisen und dem Eisen der Schaale und Rührstangen, es bilden sich Cyankalium und Cyaneisen und beide vereinigen sich zu Kaliumeisencyanür.

Eigenschaften. $2KCy + FeCy + 3\dot{H}$.

Das Salz krystallisirt aus der wässerigen Lösung in grossen gelben Quadratoktaëdern, $2KCy + FeCy + 3\dot{H}$, welche bei 100° ihr Wasser verlieren, bei höherer Temperatur sich zersetzen, indem Cyankalium und Kohleneisen sich bilden und Stickstoff entweicht. Wird das Salz mit verdünnter Schwefelsäure erhitzt, so entwickelt sich Blausäure (§ 223) und eine andere Verbindung von Cyankalium mit Eisencyanür ($KCy + 2FeCy$) scheidet sich als grünlich weisses Pulver aus. Erhitzt man es mit concentrirter Schwefelsäure, so entwickelt sich reichlich Kohlenoxyd und ein wenig Kohlensäure nebst schwefliger Säure; leitet man daher das Gas durch Kalilauge, so gewinnt man reines Kohlenoxyd. Durch Erhitzen mit verdünnter Salpetersäure erleidet es eine bemerkenswerthe Zersetzung (§ 486).

Anwendung als Reagens.

Eine grosse Zahl anderer Metallsalze werden durch eine Lösung von Blutlaugensalz so zersetzt, dass sich ein neutrales Kalisalz und ein Doppelcyanür von Eisen und dem Metall des zugesetzten Salzes bildet, welches meist unlöslich ist und häufig durch seine besondere Farbe sich charakterisirt. So geben z. B. Kupferoxydsalze einen röthlichbraunen Niederschlag (2KCy + FeCy und 2CuCl = 2KCl und 2CuCy + FeCy). Es dient daher das Kaliumeisencyanür nicht selten zur Erkennung gewisser Metallsalze. Am meisten wird es zur Darstellung einer blauen Farbe, des **Berlinerblaus**, benutzt. Wenn man nämlich eine Lösung von Blutlaugensalz mit einem Eisenoxydsalz vermischt, so entsteht ein dunkelblauer Niederschlag, welcher gewöhnlich Beimischungen von Thonerde und andern farblosen Körpern bekommt. Die blaue Verbindung besteht aus Eisencyanürcyanid, 3FeCy + 2.$\text{Fe}Cy^3$, welches Wasser und etwas Kaliumeisencyanür gebunden enthält [3(2KCy + FeCy) und $2\text{Fe}Cl^3$ = 6KCl und (3FeCy + 2.$\text{Fe}Cy^3$)]. Durch Behandlung mit Säuren, worin das Eisencyanürcyanid nicht löslich ist (ausgenommen Oxalsäure), können die fremden Beimengungen ausgezogen werden und man erhält dann ein reineres Präparat (**Pariserblau**). In reinem Wasser und in Oxalsäure löst sich die Verbindung auf und man benutzt die Lösung als blaue Tinte. — Eine grüne Verbindung des Eisencyanürs mit Cyanid, FeCy + $\text{Fe}Cy^3$ + $4\dot{H}$, wird durch Behandlung des Blutlaugensalzes mit Chlor erhalten.

Doppelcyanüre.

Berlinerblau.

Grünes Eisencyanürcyanid.

Andere Doppelcyanüre des Eisens.

So wie mit dem Cyankalium, so verbindet sich auch das Eisencyanür mit den Cyanmetallen der andern Alkalien und alkalischen Erden in denselben Verhältnissen zu Doppelsalzen, die sich theilweis unter einander zu noch zusammengesetzteren Verbindungen vereinigen, z. B. (2KCy + FeCy) + (2BaCy + FeCy) + $6\dot{H}$.

Eisenchlorid.

§ 484. Eisenchlorid, $\text{Fe}Cl^3$, gebildet durch Behandlung von Eisen mit Chlorgas, ist eine schwarzrothe, krystallinische, sublimirbare Masse, die schnell deliquescirt. Das Eisenchlorid kann, mit Wasser verbunden, in Krystallen, $\text{Fe}Cl^3 + 12\dot{H}$, erhalten werden, wenn die rothe Auflösung des Eisens in Königswasser zur Syrupsdicke abgedampft wird. Die Auflösung des Eisenchlorids zersetzt sich beim Abdampfen zur Trockne und beim Glühen geht Chlorwasserstoff weg und Eisenoxyd bleibt zurück.

Liquor ferri sesquichlorati. Die wässerige Auflösung des krystallisirten Eisenchlorids ist als pharmaceutisches Präparat, **Liquor ferri sesquichlorati**, in Anwendung und enthält freie Salzsäure und 16,6 pCt. Eisen.

Spiritus ferri chlorati aethereus. Die Auflösung desselben in Aether und Weingeist, **Spiritus ferri chlorati aethereus**, führte in älteren Zeiten den Namen **Tinctura nervina Bestuscheffii** und ist ein Heilmittel, welches ein 1 pCt. Eisen enthält.

Ammoniacum hydrochloratum ferratum. Mit den Chloriden der Alkalien verbindet sich das Eisenchlorid zu Krystallen, dergleichen bisweilen als vulcanische Sublimationsproducte vorkommen. Im Gemenge mit Chlorammonium, **Ammoniacum hydrochloratum ferratum** von einem Gehalt an 7,4 pCt. Eisenchlorid, braucht man es als Heilmittel.

Eisencyanid. § 485. Eisencyanid, $\text{Fe}Cy^3 + 3\dot{H}$, bildet sich unter Blausäure-Entwickelung, wenn Wasserstoffeisencyanid $(3\,HCy + \text{Fe}Cy^3)$ in wässeriger Lösung gekocht wird. Es ist ein grünes Pulver, welches, bis 230° erhitzt, Cyan verliert und blau wird. Diese Verbindung liefert, ebenso wie das Eisencyanür, mit andern Cyanmetallen eine grosse Reihe von Doppelsalzen, unter denen das mit Cyankalium das bemerkenswertheste ist.

Kaliumeisencyanid. Kaliumeisencyanid, $3KCy + \text{Fe}Cy^3$, entsteht durch Behandlung einer Kaliumeisencyanürlösung mit Chlor: $[2.(2KCy + FeCy)$ und $Cl = KCl$ und $3KCy + \text{Fe}Cy^3]$, oder mit oxydirenden Substanzen, z. B. Bleisuperoxyd in alkalischer Lösung. Beim Abdampfen der rothen Lösung scheiden sich granatrothe rhombische Prismen aus, die sich bei + 10° in 2,54 Th., bei 100° in 1,29 Th. Wasser lösen und beim Glühen in Kohleneisen und Cyankalium sich zerlegen. Die wässerige gelbe Lösung derselben ist das empfindlichste Erkennungsmittel für die Eisenoxydulsalze, denn es bildet sich bei Anwesenheit sehr geringer Mengen der letztern ein Niederschlag von Berlinerblau. Bei Anwesenheit freien Alkalis wirkt die Lösung des Salzes ausnehmend oxydirend, indem es sich in das Cyanür umwandelt, und man ist im Stande, sowohl organische Körper als auch Metalle, wie Eisen, Zink, Blei, Arsen u. a., und Metalloide, wie Jod, Schwefel und Phosphor in

Oxyde überzuführen. Daher benutzt man das Salz häufig bei analytischen Arbeiten zu solchem Zweck.

§ 486. Nitroprussidnatrium hat man das Zersetzungsproduct genannt, welches Kaliumeisencyanür beim Erwärmen mit verdünnter Salpetersäure und Absättigung der Lösung mit Natron liefert. Es bildet granatrothe rhombische Prismen von der Zusammensetzung Na^2, Fe^2, Cy^5, N, $\dot{H}^4$, O, deren wässerige Lösung durch ihr Verhalten gegen Schwefelalkalien ein schätzbares Reagens für letztere geworden ist. Die geringsten Mengen Schwefelalkali veranlassen nämlich bei Zusatz von Nitroprussidnatrium eine purpurviolette Färbung. Nitroprussidnatrium.

§ 487. Mit Schwefel verbindet sich das Eisen in mehren Verhältnissen. Zwei dieser Verbindungen entsprechen den beiden basischen Oxyden. Die Verwandtschaft beider zu einander ist so gross, dass ein inniges Gemenge von Eisenfeile (1 Th.) und Schwefel ($^1/_2$ Th.), mit Wasser zum Teig angefeuchtet, sich entzündet, wobei Eisen mit dem Sauerstoff des Wassers und mit dem Schwefel sich verbindet. Schwefeleisen.

Einfach-Schwefeleisen (das Sulphuret) fällt als schwarzes Pulver nieder, wenn ein Eisenoxydulsalz mit Schwefelalkali vermischt wird. Dieses Pulver löst sich ein wenig in reinem Wasser mit grüner Farbe auf, an der Luft oxydirt es sich schnell zu Oxyd, in Säuren löst es sich unter Schwefelwasserstoffentwickelung ohne Rückstand (FeS und $\dot{H}\ddot{S}$ = $\dot{F}e\ddot{S}$ und HS). Wird das Sulphuret durch Zusammenschmelzen von Eisen und Schwefel dargestellt, so ist es krystallinisch und gelb. Als ein Gemengtheil mancher Meteoreisen findet man es in grauen oder schwarzen Körnern von 4,7 spec. Gewicht. Einfach-Schwefeleisen, FeS. Eisensulfuret.

Anderthalb-Schwefeleisen (Sesquisulphuret) erhält man durch Erwärmen von Eisenoxyd in Schwefelwasserstoffgas bis 100°. Das gelbe Pulver oxydirt sich an der Luft schnell und zersetzt sich mit verdünnter Schwefelsäure in FeS und FeS^2, wovon FeS in $\dot{F}e\ddot{S}$ und HS zerfällt. Frei findet es sich nicht in der Natur vor, aber in chemischer Verbindung mit andern Schwefelmetallen, z. B. mit Schwefelkupfer im Kupferkies. Anderthalb-Schwefeleisen, Fe^2S^3. Eisensesquisulphuret.

Zweifach-Schwefeleisen (das Bisulphuret) kommt als krystallisirtes Mineral (**Schwefelkies, Eisenkies**) in ältesten wie in Zweifach-Schwefeleisen, FeS^2.

Eisenbisulphuret. Schwefelkies.

jüngsten Gebirgen weit verbreitet vor, theils in grossen messinggelben Würfeln oder Pentagondodekaëdern, theils als fein eingesprengte Masse (in Braun- und Steinkohlen). Das Mineral ist dimorph, hat ein spec. Gewicht = 5,0 und wird in der rhombischen Form **Markasit, Wasser-, Speer- oder Strahlkies** genannt. Der in compacten Stücken sich findende Schwefelkies ist sehr hart und giebt am Stahl Funken, daher in alter Zeit als Feuerstein für Gewehre angewendet und **Büchsenstein** benannt. An der Luft verändert er sich im dichten Zustande nicht; wenn er aber fein vertheilt ist, oxydirt er sich und zwar oft mit sehr grosser Wärmeentwickelung (§ 391). Der fein vertheilte Schwefelkies bildet, durch Reduction schwefelsauren Eisenoxyduls entstanden, ein schwarzes Pulver, welches viele Versteinerungen überzieht, im Gemenge aber mit andern Gesteinen, z. B. kohlensaurem Kalk oder Thon, färbt er diese oft blau. Er kann sowohl auf nassem wie auf trocknem Wege gebildet werden und wird so nicht selten angetroffen im Schlamme der Solfataren, des Meeres, wie als Hüttenproduct. Sein häufiger Gehalt an sehr geringen Mengen Goldes macht ihn zum Golderz und auch andere Metalle, wie Arsen und Kobalt findet man sehr oft in ihm. Von verdünnter Salz- oder Schwefelsäure wird er nicht angegriffen, in concentrirter erwärmt, zerlegt er sich in Schwefel, Schwefelwasserstoff und Eisenoxydulsalz. Beim Glühen ohne Luft- und Sauerstoffzutritt verliert der Schwefelkies einen Theil seines Schwefels (§ 56) und es bleibt eine Verbindung des Sulphurets mit dem Bisulphuret zurück.

Speerkies.

Magnetkies, $\overset{\prime}{Fe}{}^6\overset{\prime\prime}{Fe}$.

Diese findet sich auch in der Natur in gelben Krystallen, $6FeS + FeS^2$, und heisst **Magnetkies.** Man erhält sie auch stets, wenn Eisen mit Ueberschuss von Schwefel in starker Glühhitze geschmolzen wird, wie es bei Darstellung des für die Schwefelwasserstoff-Entwickelung (§ 60) bestimmten Schwefeleisens der Fall ist.

Phosphoreisen.

§ 488. Phosphoreisen erhält man in verschiedenen Verbindungsverhältnissen, als Fe^8P^3, Fe^6P, Fe^4P, Fe^2P, je nach verschiedener Bereitungsweise. Alle diese Verbindungen sind sehr spröde und theils porös, grauweiss, theils geschmolzen, weiss, stark glänzend und von Säuren nur schwer angreifbar. In Verbindung mit Nickeleisen bildet Phosphoreisen einen Bestandtheil vieler Meteoreisen. Mit reinem Eisen und Kohleneisen lässt sich das Phosphoreisen zu einer gleichartigen Masse zusammenschmelzen und es findet sich meist in nicht geringen Mengen in dem aus Raseneisenstein (p. 325) gewonnenen Roheisen, welches dadurch eine weisse Farbe erhält. Stabeisen wird durch Phosphoreisen kaltbrüchig (p. 305).

§ 489. Kohleneisen. Dass graues Roheisen, Stahl und Stabeisen neben reinem Eisen eine chemische Verbindung des Eisens mit Kohle enthalten, ist schon oben angeführt. Man hat aber die Verhältnisse beider Körper in diesen Verbindungen nicht bestimmen können. Es giebt wahrscheinlich mehre Verbindungen des Eisens mit Kohlenstoff, aber nur zwei derselben kennt man genauer, FeC^2 und Fe^2C^3. Sie entstehen, wenn die Ammoniumcyanverbindungen des Eisens ($2NH^4Cy + FeCy$ und $3FeCy + 2FeCy^3$) bei Abschluss der Luft geglüht werden. Diese Kohlenverbindungen sind schwarze Pulver, die sich an der Luft entzünden und oxydiren. Kohleneisen. FeC^2. Fe^2C^3.

§ 490. Kieseleisen, welches bis zu 19 pCt. Silicium enthält, ist noch dehnbar, unter andern Umständen scheint das Eisen durch eine Beimengung von Kieseleisen brüchig zu werden (p. 305). Es ist dieses Verhalten noch nicht gehörig erforscht. Wahrscheinlich hängt es zugleich vom Kohlegehalt oder andern Beimengungen des Eisens ab, ob dieses durch Kieseleisen spröde wird oder nicht. Kieseleisen.

§ 491. Legirungen bildet das Eisen mit den meisten Metallen, aber sie sind nicht näher untersucht, da sie bis jetzt keine praktische Anwendbarkeit haben. Dagegen pflegt man das Eisen in gewissen Gestalten mit andern weniger oxydabeln Metallen zu überziehen und bei dieser Operation bildet sich unmittelbar auf der Eisenfläche eine Legirung, auf welcher dann die Schicht des Ueberzugsmetalls auflagert. Legirungen des Eisens.

24. Chrom ($Cr = 26{,}24$) **Chromium.**

§ 492. Das Chrom kommt nicht gediegen vor, als Oxyd ist es im **Chromeisenstein** (§ 497), als Säure im **Rothbleierz** (§ 504) enthalten. Vorkommen.

§ 493. Reines Chromoxyd wird, mit Kohle gemengt, einer starken Weissglühhitze in einem Kalktiegel ausgesetzt; oder man Darstellung.

zerlegt glühendes Chromchlorid durch Zink, oder man elektrolysirt die wässerige Lösung des Chromchlorids mit gewissen Vorsichtsmaassregeln.

Eigenschaften. § 494. Je nach der Darstellungsweise ist das Chrom entweder halb geflossen oder krystallinisch oder es bedeckt als cohärentes glänzendes Blech die Elektrode. Es ist sehr spröde und hart, eisengrau, nicht magnetisch und von 6,8 — 7,5 spec. Gewicht; im krystallisirten und halbgeschmolzenen Zustande luftbeständig, elektrolytisch ausgeschieden nicht. Von Salpetersäure wird es durchaus nicht angegriffen, von verdünnter Schwefelsäure in der Wärme, in kalter Salzsäure löst es sich unter Wasserstoffentwickelung mit blauer Farbe; an der Luft erhitzt läuft es wie Stahl gelb und blau an.

Chromoxydul. § 495. Chromoxydul, $\dot{Cr}$, ist im isolirten Zustande nicht bekannt, da es wie das Eisenoxydul sich ausnehmend leicht höher oxydirt. Seine Salze, von denen man bis jetzt nur das essigsaure und das schwefelsaure Doppelsalz mit Kali ($\dot{Cr}\dddot{S} + \dot{K}\dddot{S} + 6\dot{H}$) dargestellt hat, sind blau gefärbt und geben mit Kali einen braunen Niederschlag, der sofort Wasser zerlegt und dann Chromoxyd enthält (§ 496). In Lösung verändern sich die Chromoxydulsalze rasch unter Aufnahme von Sauerstoff und Grünfärbung.

Chromoxyd, $\dddot{\bar{Cr}}$. § 496. Chromoxyd, $\dddot{\bar{Cr}}$, erhält man durch Glühen von zweifach chromsaurem Kali mit Salmiak und Pottasche ($\dot{K}\dddot{Cr}^2$, NH^3HCl und $\dot{K}\ddot{C} = KCl$, N, $4\dot{H}$, $\ddot{C}$ und $\dddot{\bar{Cr}}$) und Auslaugen der geglühten Masse als ein grünes Pulver, oder, wenn die Dämpfe von Chromsuperchlorid (§ 507) durch ein weissglühendes Rohr geleitet werden, oder beim Erhitzen von zweifach chromsaurem Kali mit Kochsalz in glitzernden schwarzgrünen Krystallen. Diese finden sich auch bisweilen in den Rissen der Röstöfen, in denen der Chromeisenstein verarbeitet wird (§ 497). Sie sind rhomboëdrische Tafeln, dem Eisenoxyd und der Thonerde isomorph, von 6,2 spec. Gewicht, sehr hart wie Korund, nur im strengsten Gebläsefeuer schmelzbar und in Säuren unlöslich. Es ertheilt Glasflüssen eine schön grüne Farbe, daher seine häufige Anwendung (§ 412).

Chromoxydhydrat existirt in zwei Modificationen als violettes Pulver, $\dddot{\bar{Cr}}\dot{H}^9$, löslich in Ammoniak und Essigsäure und als grünes Pulver, unlöslich in Ammoniak und Essigsäure, und je nach der Bereitungsart mit 5—8 At. Wasser verbunden.

Verbindungen des Chromoxyds mit Manganoxydul, $\dot{\text{Mn}}\dddot{\overline{\text{Cr}}}$, mit Zinkoxyd, $\dot{\text{Zn}}\dddot{\overline{\text{Cr}}}$,

§ 497. Das Chromoxyd ist wie alle Sesquioxyde eine schwache Base und verbindet sich daher mit starken Basen als Säure so gut wie als Basis mit Säuren. Verbindungen, in denen es die Rolle der Säure spielt, lassen sich sowohl auf trocknem Wege in Krystallen, als auf nassem Wege in Gestalt amorpher Niederschläge erhalten. Die krystallisirten Verbindungen mit Manganoydul und Zinkoxyd ($\dot{\text{Mn}}\dddot{\overline{\text{Cr}}}$ und $\dot{\text{Zn}}\dddot{\overline{\text{Cr}}}$) sind dem Magneteisen isomorph, die erstere eisengrau, die letztere schwarzgrün; die mit Kalkerde und Bleioxyd sind grüne amorphe Pulver. Am meisten Beachtung verdient unter diesen Verbindungen die mit Eisenoxydul, der **Chromeisenstein**, $\dot{\text{Fe}}\dddot{\overline{\text{Cr}}}$, welcher in der Natur theils in Oktaëdern krystallisirt, theils in dichten schwarzen Massen vorkommt und als hauptsächliches Material zur Darstellung der Chromverbindungen benutzt wird. In Nordamerika, am Ural, auf den shetländischen Inseln Fetlar und Unst, in Norwegen bei Röraas, in Schlesien und Frankreich findet sich Chromeisenstein in grössern Mengen und zwar meistentheils im Serpentin oder andern talkhaltigen Gebirgen. Er ist selten ganz rein von fremden Beimengungen.

mit Eisenoxydul, $\dot{\text{Fe}}\dddot{\overline{\text{Cr}}}$, Chromeisenstein.

Chromoxydul-Oxyde.

Verbindungen des Chromoxyds mit Chromoxydul giebt es anscheinend mehre. Das oben erwähnte braune Pulver (§ 495) besteht getrocknet aus $\dot{\text{Cr}}\dddot{\overline{\text{Cr}}}+\dot{\text{H}}$. Bei der Elektrolyse des Chromchlorids bilden sich je nach der Stromstärke schwarze Pulver, die aus $\dot{\text{Cr}}^2\dddot{\overline{\text{Cr}}}$ oder $\dot{\text{Cr}}^3\dddot{\overline{\text{Cr}}}$ bestehen. Durch Erhitzen des Chromsuperchloridgases in Röhren über 300° entsteht eine schwarze stark magnetische Masse, welche auch eine Verbindung des Oxyduls mit dem Oxyd, gemengt mit höherer Oxydationsstufe enthält.

Chromsäure, $\dddot{\text{Cr}}$.

§ 498. Chromsäure, $\dddot{\text{Cr}}$, scheidet sich beim Zusatz von $1\frac{1}{2}$ Vol. Schwefelsäure ($\dot{\text{H}}\dddot{\text{S}}$) zu 1 Vol. einer concentrirten Lösung von zweifach chromsaurem Kali zuweilen in grossen rothen Prismen, meistens als dunkelrothes krystallinisches Pulver aus, welches schnell Wasser aus der Luft anzieht und sich darin mit brauner Farbe auflöst. Beim schwachen Erhitzen giebt sie einen Theil Sauerstoff ab und ändert sich zuerst in chromsaures Chromoxyd $\dddot{\overline{\text{Cr}}}\dddot{\text{Cr}}^3$ um, bei stärkerm Erhitzen geht sie in Chrom- $\dddot{\overline{\text{Cr}}}\dddot{\text{Cr}}^3$, oxyd über. Mit concentrirter Schwefelsäure zerlegt sie sich beim Erhitzen in schwefelsaures Chromoxyd unter Ausgabe von Sauerstoff mit concentrirter Salzsäure in Chromchlorid unter Entwickelung von Chlor ($2\ddot{\mathrm{Cr}}$ und $6\mathrm{HCl} = \bar{\mathrm{C}}\mathrm{r\,Cl^3}$, $6\dot{\mathrm{H}}$ und $3\mathrm{Cl}$). In Ammoniakgas oder Alkoholdampf geräth sie ins Glühen, so dass der Alkohol sich oft entzündet und reducirt sich dabei zu Oxyd. Dasselbe geschieht in Berührung mit vielen organischen Substanzen, unter andern mit Papier, daher Lösungen von Chromsäure nicht durch dergleichen Filter gegossen werden dürfen. Andererseits ist sie für andere organische Stoffe, wie Muskelfaser, Gewebe, ein conservirendes Mittel, schützt diese gegen Fäulniss, contrahirt sie jedoch bedeutend.

Die Chromsäure und ihre sauren Salze betrachtet man als ziemlich starke Gifte und pflegt dagegen, jedoch mit zweifelhaftem Erfolg, die kohlensauren Salze der Magnesia oder fixen Alkalien oder essigsaures Eisenoxyd anzuwenden. Nachweisbar ist die Chromsäure leicht in sehr geringen Mengen wegen ihrer Beständigkeit in hoher Temperatur bei Ueberschuss von Alkalien und oxydirenden Substanzen und als Reagens dient das im folgenden Paragraphen angeführte Verhalten.

Ueberchromsäure.

§ 499. Ueberchromsäure, $\dddot{\bar{\mathrm{C}}\mathrm{r}}$, ist in der blauen Lösung, welche zweifach chromsaures Kali mit Wasserstoffsuperoxyd, beide in saurer Lösung zusammengebracht, giebt. Sie löst sich leicht in Aether und ist in diesem beständiger als in Wasser, denn im Allgemeinen ist sie eine sehr leicht zersetzbare Oxydationsstufe. Die blaue Farbe, welche Aether annimmt, wenn er mit einer nur unbedeutenden Menge sehr verdünnter Ueberchromsäure geschüttelt wird, ist ein sehr feines Erkennungsmittel für die Anwesenheit der Chromsäure und da der sogenannte ozonisirte Aether (p. 20) dieselbe Wirkung wie Wasserstoffsuperoxyd hat, so bedient man sich zweckmässig des letzteren.

Die Salze des Chromoxyds.

§ 500. Die Chromoxydsalze sind violett oder grün gefärbt, roth durchscheinend und lösen sich mit violetter, oder mit grüner Farbe in Wasser auf. Erstere besitzen namentlich die Lösungen der pflanzensauren Salze und sie gehen mit Ausnahme des oxalsauren beim Erhitzen bis 80° in Grün über. Die Salze der grünen Modification unterscheiden sich in gewissen Beziehungen von denen der violetten. Durch Alkalien und Schwefelwasserstoff-Ammoniak entsteht in den Lösungen der Chromoxydsalze ein grüner (Oxydhydrat), durch Schwefelwasserstoff kein Niederschlag.

Die chromsauren Salze sind alle mehr oder weniger schön gefärbt *), gelb, roth, braun, purpurroth. Die Salze der Alkalien sind löslich, die der andern Metalloxyde grösstentheils unlöslich. Ihre Lösungen werden durch Schwefelwasserstoff unter Abscheidung von Schwefel grün gefärbt ($2\dddot{Cr}$ und $3HS = \dddot{\overline{Cr}}$, $3\dot{H}$ und $3S$), durch Bleioxydsalze gelb (§ 504) und durch Quecksilberoxydulsalze ziegelroth gefällt. Ausserdem erzeugen viele andere Metallsalze in denen der löslichen chromsauren gefärbte Niederschläge. der Chromsäure.

Die Chromsäure liefert leicht saure Salze und Doppelsalze und viele derselben sind isomorph mit den entsprechenden schwefelsauren.

§ 501. **Schwefelsaures Chromoxyd** kann nur schwierig in violetten Krystallen, $\dddot{\overline{Cr}}\dddot{S}^3 + 15\dot{H}$, erhalten werden. Erhitzt man eine Lösung des Chromoxydhydrats in verdünnter Schwefelsäure nach Zusatz von concentrirter Schwefelsäure, so scheidet sich ein rothes Salz aus, $2.\dddot{\overline{Cr}}\dddot{S}^3 + \dot{H}\dddot{S}$, welches auch auf andere Weise gewonnen wird. Schwefelsaures Chromoxyd.

Das schwefelsaure Chromoxyd verbindet sich leicht mit den schwefelsauren Alkalien zu Doppelsalzen von derselben Krystallform wie die Alaune, und diese Verbindungen nennt man **Chromalaune**. Der Kali-Chromalaun, $\dot{K}\dddot{S} + \dddot{\overline{Cr}}\dddot{S}r^3 + 24\dot{H}$, bildet glänzende Oktaëder, die mit rubinrother Farbe durchsichtig sind, in trockner Luft bei $+30^0$ 12 Aeq. Wasser verlieren und eine Lilafarbe annehmen, bei 350^0 alles Wasser abgeben und wenig über 350^0 unter grünlich gelber Färbung völlig unlöslich werden. Wird der Kali-Chromalaun in wässeriger Lösung erhitzt, so geht die bläulichrothe Farbe in eine grüne über und aus der grünen Lösung bilden sich erst nach langer Zeit wieder die rubinrothen Krystalle. Dampft man sie ab, so hinterbleibt eine grüne Masse, die nur 6 Aeq. Wasser noch enthält. Die Natron- und Ammoniakverbindung, $\dot{Na}\dddot{S} + \dddot{\overline{Cr}}\dddot{S}^3 + 24\dot{H}$ und $NH^3\dot{H}\dddot{S} + \dddot{\overline{Cr}}\dddot{S}^3 + 24\dot{H}$, Chromalaune.

---

*) Deshalb hat das Radical dieser Säure den Namen Chrom (von χρῶμα Farbe) bekommen.

verwittern ebenfalls. Man erhält diese Alaune am leichtesten, wenn die entsprechenden chromsauren Alkalien in concentrirter Lösung zuerst mit Schwefelsäure ($\dot{H}\dddot{S}$) und nach und nach in kleinen Portionen mit Alkohol vermischt werden.

Chromammoniumbase.

§ 502. Das violette Chromoxydhydrat (§ 498) hat die Eigenschaft, sich mit Ammoniak zu einer eigenthümlichen Base zu vereinigen, welche rosenrothe Salze mit Säuren liefert, in denen auf 1 At. $\dddot{\bar{Cr}}$, $4.NH^3$ und 3 At. einer Wasserstoff- oder Sauerstoffsäure enthalten sind. Am leichtesten krystallisirt die salzsaure Verbindung $\dddot{\bar{Cr}}$, $4.NH^3$, $3.HCl$ in Oktaëdern. Aehnliche Verbindungen werden bei den Kobaltsalzen Erwähnung finden.

Chromsaures Kali, $\dot{K}\dddot{Cr}$.

§ 503. Neutrales chromsaures Kali, $\dot{K}\dddot{Cr}$, ist ein in grossen gelben Prismen krystallisirendes leichtlösliches Salz, welches durch Absättigung des zweifach chromsauren Kalis mit kohlensaurem Kali in der Wärme dargestellt wird. Die Krystalle sind in der Regel denen des neutralen schwefelsauren Kalis isomorph, bisweilen erhält man es aber auch in hexagonalen Tafeln. Es wird theils für sich als Färbungsmittel, theils zur Darstellung anderer chromsaurer Salze angewendet.

Zweifach chromsaures Kali, $\dot{K}\dddot{Cr}^2$.

Saures chromsaures Kali ist dasjenige Chrompräparat, welches in der Regel aus dem Chromeisenstein dargestellt wird. Die Bereitung desselben in Norwegen (bei Drontheim) ist folgende: das gepochte, geschlämmte und mit Kalk (gleiche Theile) fein gemahlene Chromerz wird, mit $\frac{1}{2}$ Th. schwefelsaurem Kali

Fabrikmässige Darstellung desselben.

und $\frac{1}{2}$ Th. Pottasche vermischt, in Flammenöfen unter Umrühren geschmolzen, die geschmolzene Masse mit siedendem Wasser ausgezogen, die wässerige Lösung, nachdem sie mit Schwefelsäure versetzt ist, in hölzernen Gefässen der Krystallisation überlassen und das ausgeschiedene Salz noch einmal in Wasser gelöst und umkrystallisirt. Das Chromoxyd des Chromeisensteins oxydirt sich auf Kosten der Luft zu Säure und diese verbindet sich mit dem Kali der Pottasche. Das chromsaure Kali bildet dunkel

Eigenschaften.

gelbrothe, in 10 Th. kalten Wassers lösliche schief rhombische Krystalle, welche beim Erhitzen schmelzen. Werden Papier oder ähnliche organische Stoffe mit einer Lösung davon getränkt, so glimmen sie, mit einem Funken berührt, wie Zunder. Die Leichtigkeit, mit welcher die Chromsäure die Hälfte ihres Sauerstoffs abgiebt und mit welcher das zweifach saure Kalisalz durch Umkrystallisiren völlig rein dargestellt werden kann, veranlassen jetzt die häufige Anwendung des letztern in der analytischen Chemie bei titrirenden Bestimmungen (§ 265).

Dreifach-chromsaures Kali, $\dot{K}\ddot{Cr}^3$, erhält man in dunkelrothen Krystallen aus der mit Salpetersäure vermischten Lösung des vorigen Salzes. Sie werden an der Luft schwarz und schmelzen bei 150°.

Chromsaures Bleioxyd, $\dot{Pb}\ddot{Cr}$.

§ 504. Chromsaures Bleioxyd, $\dot{Pb}\ddot{Cr}$, findet sich sparsam als krystallisirtes rothes Mineral, **Rothbleierz**, welches zerrieben eine gelbe Farbe besitzt. Durch Zusatz einer Lösung von neutralem chromsauren Kali zu Bleizuckerlösung erhält man es als gelbes Pulver, welches eine sehr beliebte Malerfarbe **(Chromgelb)** ist und nicht selten mit Gyps, Schwerspath, Bleivitriol und Thon vermischt wird **(Cöllner Gelb)**. Es ist unlöslich in Wasser, leicht schmelzbar und luftbeständig und findet bei der Analyse organischer Körper als Sauerstofflieferer Anwendung.

Chromgelb.

Ein basisches Salz, $\dot{Pb}^3\ddot{Cr}^2$, findet sich als Mineral **(Melanochroit)** und ein anderes, $\dot{Pb}^2\ddot{Cr}$, von schön zinnoberrother Farbe **(Chromroth)** bereitet man durch Eintragen von 1 Th. des neutralen Salzes in 5 Th. schmelzenden Salpeters und Ausziehen der Masse mit Wasser.

Chromroth.

Chromchlorür, CrCl.

§ 505. Chromchlorür, CrCl, durch Glühen von Chromchlorid in Wasserstoffgas erhalten, ist ein weisses Salz von geringer Beständigkeit. In wässeriger Lösung erhält man es durch Behandlung des Chromchlorids mit Zink, aber die blaue Lösung geht an der Luft bald wieder in die grüne des Chlorids über.

Chromchlorid.

§ 506. Chromchlorid, $\not{C}rCl^3$, kann man in violetten Krystallschuppen darstellen, wenn Chromoxyd, mit Kohle gemengt, in einem starken Chlorstrom geglüht wird. Es ist unlöslich in Wasser, concentrirter Schwefelsäure und Königswasser, löst sich aber leicht in Wasser, wenn eine sehr geringe Menge Chromchlorür, Zinn-, Eisen- oder Kupferchlorür zugesetzt wird, oder wenn man es zuvor mit Chlorkalium oder Chlornatrium zusammengeschmolzen hat, womit es Doppelsalze bildet. Die wässerige Lösung hat eine grüne Farbe.

Chromsuperchlorid.

§ 507. Chromsuperchlorid enthält die Lösung der Chromsäure in kalter Salzsäure. Mit Chromsäure verbunden, $CrCl^3 + 2\ddot{Cr}$, stellt es eine dunkelrothe sehr flüchtige Flüssigkeit dar, die bei 120° kocht, erstickende gelbrothe Dämpfe ausstösst und sich mit Alkohol entzündet. Man erhält sie durch Destillation eines Gemisches von Kochsalz, chromsaurem Kali und rauchender Schwefelsäure oder trocknen Eisenchlorids und Chromsäure.

Chrombromid. § 508. Chrombromid, €rBr^3, erhält man auf ähnliche Weise, wie das Chlorid, in schwarzglänzenden, mit olivengrüner Farbe durchscheinenden, röthlich schillernden Krystallen, die unlöslich in Wasser sind und durch Alkalien leicht zersetzt werden.

Chromfluorid. § 509. Chromfluorid bildet eine dunkelgrüne Masse, die bei sehr hoher Temperatur in glänzenden Oktaëdern sublimirt. Man kann mit Hülfe dieser Verbindung künstliche Rubine, Sapphire und grüne Korunde (§ 387) darstellen.

Stickstoffchrom. § 510. Stickstoffchrom, Cr^2N, entsteht bei Erhitzen des Chromchlorids in Ammoniakgas. Es ist nach der Befreiung von beigemengtem Chlorid ein schwarzes Pulver, welches durch verdünnte Säuren und Alkalien nicht angegriffen wird, an der Luft erhitzt unter Lichtentwickelung zu Chromoxyd verbrennt und in sehr hoher Temperatur seinen Stickstoff entlässt.

Schwefelchrom, €rS^3. § 511. Schwefelchrom, €rS^3, entsteht, wenn über glühendes Chromoxyd Schwefelkohlenstoffdampf geleitet wird.

Legirungen. § 512. Legirungen des Chroms kennt man mit verschiedenen Metallen, z. B. Aluminium, Nickel, Eisen, sie sind meist hart und spröde, krystallinisch und finden zur Zeit keine technische Anwendung.

25. Uran ($U = 59{,}7$) Uranium.

Vorkommen. § 513. Findet sich nicht gediegen und überhaupt nur sparsam verbreitet. Das hauptsächlichste Erz ist das Oxydoxydul (§ 518), sonst findet man auch als seltene Mineralien das Oxyd und phosphorsaure Verbindungen desselben mit phosphorsaurem Kupferoxyd oder mit phosphorsaurer Kalkerde.

Darstellung. § 514. Aus dem Uranchlorür-Chlorkalium durch Erhitzen mit Natrium in einem Gebläseofen.

Eigenschaften. § 515. Uran ist ein grauweisses, sehr hartes, ein wenig hämmerbares und sehr schwer schmelzbares Metall von 18,4 spec. Gewicht, welches an der Luft gelb anläuft, in Rothgluth unter Feuererscheinung sich oxydirt und sich unter Wasserstoffentwickelung in verdünnten Säuren zu einer grünen Flüssigkeit löst. Es hat zwei Oxydationsstufen.

Uranoxydul, $\dot{U}$.

§ 516. Das Uranoxydul, $\dot{U}$, durch Glühen von Uranchlorid mit Salmiak und Kochsalz bereitet, ist ein schwarzgrünes krystallinisches Pulver, durch Reduction des Oxydoxyduls in Wasserstoff erhalten ist es dunkelbraun. Es liefert mit Säuren grün gefärbte Salze, aus denen durch Alkali braunes Oxydulhydrat durch Schwefelwasserstoff nur in sehr verdünnten Lösungen, durch Schwefelammonium auch in concentrirten Schwefeluran gefällt wird.

Salze desselben.

Die Uranoxydulsalze sind von ausgezeichneter Reductionskraft und man kann durch dieselben Eisenoxydsalze sofort zu Oxydulsalzen umwandeln. Daher finden sie auch in gewissen analytischen Operationen zweckmässige Verwendung. Sie ändern sich aber auch selbst an der Luft leicht in Oxydsalze um, wenn sie nicht mit andern Salzen in Doppelverbindung sind.

Uranchlorür.

Am bequemsten ist unter den Uranoxydulsalzen das Uranchlorür in Verbindung mit Salmiak zu bereiten, indem man Uranchlorid-Salmiak mittelst Kupfer reducirt und das gelöste Kupferchlorür durch Schwefelwasserstoff entfernt. Durch Glühen des mit Kohle gemengten Uranoxyds im Chlorstrom erhält man Uranchlorür in dunkelgrünen Krystallen, die mit Wasser in Uranoxydul und Salzsäure sich zersetzen.

Uranoxyd, $\ddot{U}$.

§ 517. Uranoxyd, $\ddot{U}$, ist ein ziegelrothes, das Hydrat $\ddot{U}\dot{H}^2$ ein hellgelbes, in zweifach kohlensauren Alkalien lösliches Pulver, welches durch Glühen Sauerstoff verliert und in Oxydoxydul übergeht. Es ist nur eine schwache Base und bildet mit starken Basen Salze, in denen es die Säure ausmacht. Eine solche Verbindung ist die mit Natron, welche jetzt vorzugsweise im Handel unter dem Namen **Urangelb** vorkommt und fabrikmässig aus der Pechblende (§ 518) dargestellt wird, indem man letztere in Flammenöfen röstet, dann mit Soda und etwas Natronsalpeter schmilzt, auswäscht, den Niederschlag in Schwefelsäure löst, mit kohlensaurem Natron kocht und die abgeklärte Flüssigkeit mit Aetznatron fällt. Das Uranoxyd-Natron ist ein hellgelbes Pulver, welches beim Glühen sich nicht ändert.

Urangelb.

Salze desselben.

Mit Säuren bildet das Uranoxyd gelb gefärbte, vorzugsweise basische Salze, aus denen durch Alkali ein gelbes Pulver (Verbindung des Uranoxyds mit dem Alkali) gefällt wird. Auch mit andern starken Basen geht das Uranoxyd Verbindungen ein und verhält sich wie eine Säure. Durch Schwefelwasserstoff werden die Oxydsalze nicht verändert, durch Schwefelwasserstoff-Ammoniak entsteht ein braungrüner Niederschlag (Oxydulhydrat).

Von den Uranoxydsalzen kommen mehre, wiewohl sehr spärlich, als amorphe oder krystallisirte Mineralien vor. Zu den ersteren gehören mehre basische schwefelsaure Salze (**Uranblüthe, Uranvitriol, Uranocher**), zu letzteren der **Uranglimmer, Uranit** $(\dot{Ca}^2\dddot{\bar{U}})\overset{\cdot\cdot\cdot\cdot\cdot}{P} + 8\dot{H}$, der **Chlakkolith** $(\dot{Cu}^2\dddot{\bar{U}})\overset{\cdot\cdot\cdot\cdot\cdot}{P} + 8\dot{H}$, und der **Samarskit**, in welchem letztern das Uranoxyd als Säure auftritt.

Uranoxydoxydul. § 518. Uranoxydoxydul, $\dot{U}\dddot{\bar{U}}$, ein dunkelgrünes Pulver, entsteht durch Glühen eines der Uranoxyde oder des salpetersauren Salzes. Es ist der wesentlichste Bestandtheil des **Uranpecherzes (Pechblende)**, eines Handelsartikels, in schwarzen, dichten Massen.

Anwendung der Uranoxyde. § 519. Die Oxyde des Urans werden in der Glas- und Porcellanmalerei gebraucht, das Oxydul giebt eine schwarze, das Oxyd eine grünlichgelbe Farbe. Das durch Uranoxyd grünlichgelb gefärbte Glas (sog. Canarienglas) ist in wissenschaftlicher Beziehung besonders bemerkenswerth als das geeignetste Mittel, um die im Spectrum jenseits des Violetts fallenden (stärkst brechbaren) Lichtstrahlen für das menschliche Auge sichtbar zu machen. Dieselbe Eigenschaft besitzen auch ausserdem viele einfache und Doppelsalze des Uranoxyds, welche im ultravioletten dunkeln Theil des Spectrums [oder durch ein blaues Kobaltglas (§ 538) betrachtet] ein eigenthümliches grünliches oder bläuliches Licht aus ihrem Innern ausstrahlen. Man hat diese Erscheinung, die ausserdem an manchen andern, insonderheit Platincyanverbindungen ebenfalls zu beobachten ist, mit dem Namen der **Fluorescenz** bezeichnet.

Die Gruppe des Kobalts

besteht aus zwei Metallen: **Kobalt** und **Nickel**. Allgemeine Charaktere: die Metalle sind sehr schwer schmelzbar, magnetisch, nicht flüchtig und zersetzen mit Säuren das Wasser. Ihre Oxydationsstufen sind theils starke, theils schwache Basen (Monoxyde und Sesquioxyde).

26. Kobalt ($Co = 29{,}5$) **Cobaltum.**

Vorkommen.

§ 520. Dieses Metall findet sich nur selten gediegen im **Meteoreisen**, häufiger in Verbindung mit Arsenik **(Speisskobalt)** oder mit Schwefel und Arsenik **(Glanzkobalt)**, fast immer von Nickelerzen begleitet. Es ist überhaupt nicht sehr verbreitet.

Darstellung.

§ 521. Reines oxalsaures Kobaltoxydul oder Kobaltoxyd mit nur wenig Kohle gemengt wird im Gebläseofen in einem Kalktiegel bis zur Weissgluth erhitzt. Auch durch Glühen des Chlorürs im Wasserstoffstrom erhält man das Metall.

Eigenschaften.

§ 522. Ein stahlgraues und polirt stark glänzendes Metall von 8,6 spec. Gewicht, sehr grosser Dehnbarkeit und bedeutender Zähigkeit. Es ist schwer schmelzbar und magnetisch noch bis zur Temperatur, wobei Kupfer schmilzt. An der Luft und in Wasser ist es bei gewöhnlicher Temperatur unveränderlich, an der Luft erhitzt oxydirt es sich. In Salz- und Schwefelsäure unter Wasserstoffentwickelung träge löslich, in Salpetersäure leicht. Die Lösungen sind rosenroth. Es hat zwei Oxydationsstufen: ein Oxydul und Oxyd.

Kobaltoxydul. $\dot{Co}$.

§ 523. Kobaltoxydul, $\dot{Co}$, ist ein olivengrünes Pulver, welches durch Glühen des kohlensauren Salzes ohne Luftzutritt entsteht. Mit Wasser verbunden, $\dot{Co}\dot{H}$, ist es rosenroth, wird aber leicht braun durch höhere Oxydation. Das Oxydul ist eine starke Basis. An der Luft geglüht, wird es zu Oxydoxydul (§ 525).

Kobaltoxyd, $\ddot{\bar{Co}}$.

§ 524. Kobaltoxyd, $\ddot{\bar{Co}}$, wird durch Fällen eines Oxydulsalzes mit unterchlorigsaurem Natron als braunschwarzes Pulver, $\ddot{\bar{Co}}\dot{H}^3$, erhalten, welches sich mit einigen wenigen Sauerstoffsäuren verbindet und eine braune Auflösung giebt, aber in dieser sehr schnell durch Wärme oder Licht in Sauerstoff und Oxydulsalz zersetzt wird. Die Lösung desselben in Salzsäure entwickelt bald Chlor und verwandelt sich in Chlorür. Wird dieses Oxyd schwach erhitzt, so giebt es Sauerstoff ab und es bildet sich eine Verbindung des Oxyduls mit dem Oxyd. Wegen seiner schwachen Verwandtschaft zu Säuren wird es auch Kobaltsuperoxyd genannt. Bei der Verarbeitung gewisser Silbererze wird in Böhmen auch als Nebenproduct das Kobaltoxyd, auf obige Weise abgeschieden, gewonnen und in den Handel gebracht.

Kobaltoxydoxydul.

§ 525. Kobaltoxydoxydul, $\dot{Co}\ddot{\bar{Co}}$, erhält man als ein schwarzes Pulver beim schwachen Glühen des Oxyduls oder Oxyds oder des salpetersauren (§ 528) oder kohlensauren (§ 530) Salzes. In Oktaëdern krystallisirt scheidet sich diese Verbindung beim Glühen des Kobaltchlorürs oder seines Gemisches mit Salmiak in trockner Luft aus. Beim starken Glühen des Oxydulhydrats oder Oxyds oder anderer durch Hitze zersetzbarer Kobaltsalze bildet sich $\dot{Co}^4\ddot{\bar{Co}}$. Im Handel kommt unter dem Namen schwarzes Kobaltoxyd dieses Oxydoxydul vor, welches wahrscheinlich durch Glühen des kohlensauren Oxyduls gewonnen und im Gemenge mit Eisenoxyd und Braunstein zu schwarzen Glasflüssen gebraucht wird.

Kobaltsäure, Co^3O^5.

§ 526. Kobaltsäure, Co^3O^5, entsteht, wenn Kobaltoxyd mit Kali eine Zeitlang in mässiger Hitze geschmolzen wird. Die schwarzen Krystalle enthalten, wie es scheint, wechselnde Mengen von Kali in Verbindung und können wasserhaltig und wasserfrei sein.

Die Salze des Kobalts.

§ 527. Die Salze des Kobalts. Die Oxydulsalze (die gewöhnlichen) besitzen wasserfrei eine blaue, wasserhaltig und in Lösungen eine rosenrothe Farbe. Durch Schwefelwasserstoff-Ammoniak werden sie schwarz (Schwefelkobalt) gefällt, durch Alkalien erst blau (basisches Salz), dann roth (Oxydulhydrat) und dieser Niederschlag wird an der Luft braun (Oxydhydrat?). Bei Gegenwart von Ammoniaksalzen entsteht kein Niederschlag durch Ammoniak, die Lösung färbt sich an der Luft allmählig dunkler roth, giebt dann einen braunen Niederschlag und die dunkelrothe Lösung enthält das Salz einer ammoniakalischen Kobaltbase (§ 535). Durch Zusatz von salpetrigsaurem Kali entsteht in Kobaltoxydulsalzen ein citronengelber Niederschlag (§ 534). Das Oxydul färbt Glasflüsse und Thonerde blau; daher Erkennung vor dem Löthrohre. — Die Oxydsalze sind braun, durch Kali entsteht in ihren Lösungen ein brauner Niederschlag (Oxydhydrat), durch Kaliumeisencyanür ein dunkelrother (Eisencyanür-Kobaltcyanid). Ist ein Gemisch von Oxydul- und Oxydsalzen in einer Lösung vorhanden, so wird darin durch Kaliumeisencyanür ein blauer Niederschlag erzeugt.

Salpetersaures Kobaltoxydul, $\dot{Co}\ddot{\ddot{N}} + 6\dot{H}$.

§ 528. Salpetersaures Kobaltoxydul ist dasjenige Kobaltsalz, dessen Lösung gewöhnlich als Reagens für den Nachweis der Thonerdesalze vor dem Löthrohr angewendet wird. Es kann nur schwierig in rothen zerfliesslichen Krystallen, $\dot{C}o\ddot{\ddot{N}} + 6\dot{H}$, erhalten werden.

Schwefelsaures Kobaltoxydul.

§ 529. Schwefelsaures Kobaltoxydul findet sich spärlich als Mineral (**Kobaltvitriol**). Man bereitet es durch Lösen von kohlensaurem Kobaltoxydul in Schwefelsäure, und erhält es bei gewöhnlicher Temperatur in dunkelrothen schiefrhombischen Prismen $\dot{C}o\dddot{S} + 7\dot{H}$, die erhitzt blassroth werden und in starkem Glühen ihre Säure verlieren. Bei 20—30° scheiden sich andere Krystalle $\dot{C}o\dddot{S} + 6\dot{H}$, aus. Mit dem schwefelsauren Kali und Ammoniak bildet es gut krystallisirte Doppelsalze $\dot{K}\dddot{S} + \dot{C}o\dddot{S} + 6\dot{H}$, welche den entsprechenden der Magnesia (§ 377) isomorph sind.

Kohlensaures Kobaltoxydul.

§ 530. Kohlensaures Kobaltoxydul erhält man je nach der Darstellungsweise wasserfrei, $\dot{C}o\ddot{C}$, in Rhomboëdern, wasserhaltig, $\dot{C}o\ddot{C} + 6\dot{H}$, in mikroskopischen Prismen. Bei der Wechselzersetzung eines Kobaltoxydulsalzes mit kohlensaurem Alkali unter gewöhnlichen Umständen entstehen nur basische Salze von verschiedener Zusammensetzung.

Oxalsaures Kobaltoxydul.

§ 531. Oxalsaures Kobaltoxydul ist in Wasser und Säuren so schwer löslich, dass es sich bei Zusatz von Oxalsäure zu gelösten Kobaltsalzen sofort ausscheidet. Man benutzt diese Eigenschaft zur Darstellung eines sehr reinen Kobaltsalzes.

Phosphorsaures, arsensaures Kobaltoxydul.

§ 532. Phosphorsaures Kobaltoxydul, $\dot{C}o^3\ddot{\dot{P}}$, und arseniksaures, $\dot{C}o^3\ddot{\dot{As}}$, sind rosenrothe, in Wasser unlösliche Pulver. Das arseniksaure Salz kommt als pfirsichblüthrother Beschlag auf manchen Erzen vor, $\dot{C}o^3\ddot{\dot{As}} + 8\dot{H}$, und wird **Kobaltblüthe** genannt. Mit Thonerdehydrat gemischt und geglüht, liefern beide eine schöne blaue Malerfarbe, im Handel als **Kobaltultramarin** bekannt.

Kobaltchlorür

§ 533. Kobaltchlorür krystallisirt aus der wässerigen Lösung in Oktaëdern $CoCl + 8\dot{H}$ oder in schief rhombischer Form $CoCl + 6\dot{H}$ in schön rothen Krystallen. Die Lösung dient als sympathetische Tinte. Wenn nämlich mit der blassrothen Auflösung auf Papier geschrieben wird, so sind die Schriftzüge nicht bemerkbar, werden es aber durch Erwärmen, indem das Salz dadurch wasserfrei und blau wird. Ist Nickelsalz beigemengt, so werden die Chiffern grün.

Salpetrigsaures Kobaltoxydkali.

§ 534. Salpetrigsaures Kobaltoxydkali scheidet sich als gelbes krystallinisches Pulver aus, welches bei 100° getrocknet aus $\ddot{\overline{Co}}\dddot{N}^2 + 3.\dot{K}\dddot{N} + 2\dot{H}$ besteht. Es entsteht, wenn salpetrigsaures Kali zu einer angesäuerten Lösung eines Kobaltoxydulsalzes gesetzt wird, indem Stickoxyd entweicht. In neutralen Lösungen bildet es sich allmählig, indem aus der Luft Sauerstoff aufgenommen wird. In Wasser löst es sich ein wenig, aber anscheinend nicht ohne Zersetzung.

Die ammoniakalischen Kobaltbasen.

§ 535. Die ammoniakalischen Kobaltbasen. Wenn Kobaltoxydulsalze, mit oder ohne vorherigen Zusatz eines Ammoniaksalzes, mit Ueberschuss von Ammoniak vermischt und öfters mit Luft geschüttelt werden, so finden sich sehr bemerkenswerthe Salze in der dunkelrothen Lösung. Dieselben enthalten als Basis eine Verbindung, welche aus den Elementen des Kobalts, Ammoniaks und Sauerstoffs (oder auch gebunden an Halogene ohne Sauerstoff) besteht, und weichen von den gewöhnlichen Ammoniakdoppelsalzen in ihrem Verhalten wesentlich ab.

Roseokobalt-Salze.

Die bei gewöhnlicher Temperatur dargestellte Lösung ist rosenroth oder carminroth und giebt Salze von ziegelrother bis dunkel rosenrother oder von carminrother Farbe, in deren ersteren mit der Base $5.NH^3, Co^2O^3$ drei Atome einer Sauerstoffsäure, in deren zweiten zwei Atome einer solchen vereinigt sind. Das Chlorid beider hat die Zusammensetzung $5.NH^3, Co^2Cl^3$, ist aber in der rosenrothen Verbindung mit zwei Atomen Wasser vereinigt, in der carminrothen dagegen wasserfrei. Man hat daher die Salze dieser sonst gleich zusammengesetzten Base mit verschiedenen Namen bezeichnet und in ihnen zwei verschiedene isomere Basen angenommen, da die rosenrothen und carminrothen Sauerstoffsalze eine ungleiche Sättigungscapacität besitzen, und nennt die rosenrothen Roseokobalt-Salze, die carminrothen Purpureokobalt-Salze. Unter welchen Bedingungen stets nur die eine oder die andere Klasse dieser beiden Salze entsteht, ist noch nicht genau bekannt, aber sicher erhält man stets das Purpureokobaltchlorid, wenn eines der rosenrothen Salze mit überschüssiger Salzsäure gekocht wird; denn dann scheidet sich das sehr wenig in der Säure lösliche Chlorid in kleinen carminrothen quadratischen Prismen aus. Einige der aus dem letzteren durch doppelte Zersetzung erhaltenen Salze scheinen von selbst in Roseosalze überzugehen und andererseits entstehen auch bei gewöhnlicher Temperatur Purpureosalze. Die Basen,

Purpureokobalt-Salze.

welche aus dem rosenrothen Sulphat $5.NH^3, Co^2O^3\ddot{S}^3 + 5\dot{H}$ und aus dem sauren Purpureo-Sulphat $5.NH^3, Co^2O^3\ddot{S}^4 + 5\dot{H}$ mittelst Barytwasser isolirt werden können, bieten ausser der Farbenverschiedenheit keinerlei Unterscheidungsmerkmale dar, sie existiren nur in Lösung, welche rasch Kohlensäure aus der Luft anzieht, nicht ammoniakalisch riecht und sich schnell zersetzt.

Luteo-kobalt-Salze.

Bisweilen bilden sich unter ebenfalls nicht bekannten Bedingungen aus ammoniakalischen Kobaltoxydullösungen, namentlich wenn viel Salmiak anwesend ist, die krystallinischen Salze einer ammoniakalischen Base, welche man wegen ihrer gelben oder bräunlichen Farbe Luteokobalt-Salze genannt hat. Die Base enthält in den Sauerstoffsalzen die Elemente $6.NH^3, Co^2O^3$, verbunden mit drei At. einer Säure, und die bräunlich orangefarbenen Krystalle des Chlorids bestehen aus $6.NH^3Co^2Cl^3$. Die aus dem Sulphat $6.NH^3, Co^2O^3\ddot{S}^3 + 5\dot{H}$ durch Barytwasser isolirte Base bildet eine braungelbe alkalische Lösung, die begierig Kohlensäure anzieht und beim Abdampfen unter Freiwerden von Ammoniak sich zerlegt.

Xanthokobalt-Salze.

Eine andere eigenthümliche Klasse ammoniakalischer Kobaltsalze entsteht aus den Roseo- oder Purpureo-Salzen beim Einleiten von salpetriger Säure. Diese Salze sind alle braungelb — darum Xanthokobalt-Salze genannt — und ihre Base enthält ausser $5.NH^3, Co^2O^3$ noch die Elemente von entweder $\dddot{N}$ oder $\ddot{N}$, was noch erst festzustellen ist. Die Xanthokobalt-Salze sind sehr leicht zersetzbar und zerfallen sämmtlich durch eine Mineralsäure sofort in ein Purpureosalz und Stickoxyd, keines verträgt Kochen seiner wässerigen Lösung, und nur Essigsäure macht sie ein wenig beständiger. Die Base aus ihnen zu isoliren, scheint nicht zu gelingen.

Endlich erhält man ebenfalls aus dem Purpureokobaltchlorid drei neue Basen in Verbindung mit schwefliger Säure. Die eine davon, $3.NH^3, Co^2O^3$, entsteht bei der Behandlung des Purpureochlorids in schwach ammoniakalischer Lösung mit saurem schwefligsaurem Ammoniak und bildet gelbe Krystallnadeln der Verbindung $3.NH^3, Co^2O^3\dot{S}^3 + \dot{H}$. Die andere entsteht bei der Behandlung der verdünnten ammoniakalischen Lösung des Purpureochlorids mit schwefligsaurem Gas, wobei ein braunrothes Salz, $5.NH^3, Co^4O^6\dot{S}^6 + 9\dot{H}$, sich ausscheidet. Die dritte entsteht aus den Gemengen wie die erste unter etwas abgeänderten Verhältnissen und liefert braune Oktaëder $2.NH^3, Co^2O^3\ddot{S}^3+5\dot{H}$.

Schwefelkobalt, Co.

§ 536. Schwefelkobalt, CoS, wird krystallinisch, graugelb und glänzend erhalten durch Erhitzen des Kobalts in Schwefeldämpfen oder durch Schmelzen gerösteten Glanzkobalts mit Soda und Schwefel. Aus Kobaltoxydulsalzen gefällt (§ 527) ist es ein schwarzer Niederschlag, in verdünnten Säuren nur wenig löslich. Es findet sich auch in derben Massen als ein seltenes Mineral unter dem Namen **Kobaltkies**, womit man indess auch eine krystallisirte Verbindung bezeichnet, die wahrscheinlich aus Co^2S^3 besteht und in stahlgrauen Krystallen als Mineral vorkommt.

Arsenikkobalt.

§ 537. Arsenikkobalt, CoAs, ist eines der häufigern Kobalterze und findet sich in isomorphen Mischungen mit Arseneisen und Arsennickel als **Speisskobalt** in zinnweissen, glänzenden Massen oder Krystallen. Mit Schwefelkobalt verbunden, bildet das Arsenikkobalt den **Glanzkobalt**, $CoAs+CoS^2$, ein in röthlich weissen Krystallen vorkommendes Mineral.

Anwendung der Kobaltverbindungen.

§ 538. Kieselsaures Kobaltoxydul. Die Kobaltverbindungen finden wegen der färbenden Eigenschaft ihrer Oxyde häufig technische Anwendung, am meisten in Gestalt kieselsaurer Doppelsalze, denn Kobaltoxydul theilt Glasflüssen eine schöne blaue Farbe mit. Zur Bereitung dieser Farbenmaterialien werden die in der Natur vorkommenden Kobalterze auf den sogenannten Blaufarbewerken durch Rösten in Oxydul umgeändert und die geröstete Masse, mit Quarz oder Sand gemengt, unter

Zaffer.

dem Namen **Zaffer** in den Handel gebracht oder auf den Blaufarbewerken selbst verarbeitet. Zaffer ist das Material, aus welchem durch Schmelzen mit Pottasche ein blaues Glas bereitet wird, welches gemahlen und in Wasser suspendirt je nach der kürzern oder längern Zeit, die man dem Pulver zum Absetzen

Smalte.

gönnt, als gröberes (**Streublau**), feineres (**Smalte**) oder feinstes (**Eschel**) blaues Pulver erhalten wird. Durch wiederholtes Mahlen und Waschen stellt man aus der Smalte verschiedene Schattirungen des Blau dar, von denen das feinste **Königsblau** heisst. Für die Malerei auf Glas, Porcellan und Email ist die Smalte eine der wichtigsten Farben; man wendet sie ausserdem als Anstrichfarbe, zu Appretur der Leinwand, für Fresco- und Stubenmalerei, zum Bläuen des Papiers an. Da die Smalte stets etwas

Arsensäure enthält, so riecht ein mit Smalte gebläutes Papier beim Verbrennen nach Knoblauch.

§ 539. Als Nebenproducte beim Verarbeiten der Kobalterze zu Smalte erhält man während des Röstens weissen Arsenik (arsenige Säure) und wenn das Erz Nickel enthielt, eine gelblich weisse, metallisch glänzende Verbindung von Arsenik mit Nickel (**Kobalt-** oder **Nickelspeise** genannt), welche sich auf dem Boden des Tiegels unter der geschmolzenen Glasmasse ansammelt und später auf Nickel, und da sie meist noch etwas Kobalt enthält, auf beide verarbeitet wird (§ 542). Findet sich, was nicht selten ist, auch Wismuth im Erz, so sammelt sich dieses unter der Kobaltspeise an. Kobaltspeise.

§ 540. Mit Zinkoxyd liefert das Kobaltoxydul eine grüne Farbe, **Rinmannsches Grün** oder grüner Zinnober genannt, welche durch Fällen einer mit Zinkvitriol versetzten Lösung eines Kobaltoxydulsalzes mit kohlensaurem Natron und heftiges Glühen des entstandenen Niederschlags bereitet wird. Kobaltgrün.

Eine blaue Farbe, unter dem Namen **Coeruleum** im Handel bekannt, besteht aus einem Gemenge von zinksaurem Kobaltoxydul, Zinnoxyd, Gyps und Kieselsäure. **Coeruleum.**

27. Nickel (Ni = 29,0) **Niccolum.**

§ 541. Findet sich gediegen im Meteoreisen, meistens jedoch vererzt und zwar mit Arsenik oder Schwefel verbunden (§ 553), fast stets von Kobalterzen begleitet. Ueberhaupt nicht sehr häufig. Vorkommen.

§ 542. Das meiste Nickel wird wohl aus der Speise (§ 539) gewonnen und nur in einigen Ländern aus dem etwa reichlich vorkommenden Kupfernickel (§ 553) und Nickelglanz (§ 552) oder aus nickelarmen Schwefel- (§ 487) und Kupferkiesen (§ 606). Darstellung.

Die Gewinnung des Nickels geschieht vermittelst eines sehr verwickelten Hüttenprocesses, in welchem abwechselnd der trockne und nasse Weg Anwendung finden, und kann hier nicht im Einzelnen dargelegt werden. Im Allgemeinen ist das Verfahren folgendes: man röstet das Erz (worunter auch die Speise zu verstehen), um so viel als möglich Arsen und Schwefel zu entfernen und die Metalle zu oxydiren, dann wird in einer Säure der Rückstand gelöst und nach Abscheidung des arsensauren Eisenoxyds fällt man gemeinschaftlich die Oxyde des Nickels und Kupfers aus. Gewinnung.

Die letztern werden je nach ihrem relativen Gehalt entweder noch einer Scheidung unterworfen oder nicht und liefern im erstern Fall ein reineres, im zweiten ein sehr kupferreiches Nickeloxyd. Das reinere wird mit Kohle feucht gemengt, in Würfel geschnitten und in Tiegeln reducirt, das unreinere wird in einem Garheerd wie das Kupfer eingeschmolzen und in Scheiben gerissen. Ein ganz reines Nickel muss aus dem käuflichen durch einen weitläufigen Reinigungsprocess auf nassem Wege dargestellt werden, bei welchem ein reines oxalsaures Nickeloxydul resultirt und dieses wird, wie das entsprechende Kobaltsalz, in Kalktiegeln reducirt.

Eigenschaften. § 543. Es ist geschmolzen und gewalzt ein fast silberweiss mit einem Stich ins Gelbliche glänzendes Metall, magnetisch, von 8,82—8,97 spec. Gewicht, an trockner Luft ganz beständig, an feuchter weniger, kalt und rothglühend so dehnbar, dass es zu Blechen und Drähten von grosser Feinheit und ausnehmender Zähigkeit ausgearbeitet werden kann. Es ist fast so schwer schmelzbar wie Kobalt, daher im Handel meistens in der Form kleiner nicht geschmolzener Würfel (**Nickelschwamm**) verbreitet (§ 541). Das so im Handel vorkommende Metall enthält zwischen 54 und 98 pCt. Nickel und ausserdem hauptsächlich Kupfer und Eisen, einige Sorten, z. B. das englische, sind dagegen reich an Kobalt und enthalten nur Spuren von Kupfer. Das beste Nickel liefert ein Hüttenwerk in Nassau mit 98 pCt. Nickelgehalt.

Durch Salz- und Schwefelsäure wird das Nickel langsam unter Wasserzersetzung, durch Salpetersäure direct zu Oxydul oxydirt, die Lösungen sind grün. Beim Glühen an der Luft oxydirt es sich ebenfalls, im Sauerstoffgebläse mit Funkensprühen. Es hat, wie das Kobalt, zwei Oxyde, deren chemische Eigenschaften für sich und in Verbindung mit andern Körpern denen der Kobaltverbindungen sehr ähnlich sind.

Nickeloxydul, $\dot{N}i$. § 544. Nickeloxydul, $\dot{N}i$, kommt als sehr seltenes Mineral zwischen Nickelblüthe (§ 550) in grünen Oktaëdern vor und kann künstlich eben so aus schmelzender Borsäure krystallisirt erhalten werden. Spec. Gewicht 6,4—6,8. Auf manchem Garkupfer (§ 589) findet es sich in glänzenden schwarzen Oktaëdern von 5,74 spec. Gewicht krystallisirt, die fast unlöslich in

Säuren sind. Durch Fällung des schwefelsauren Nickeloxyduls mit Kali wird weisslich grünes Hydrat, $\dot{Ni}\dot{H}$, erhalten, welches geglüht, wasserfrei und aschgrau wird. Die Lösung des Hydrats in Ammoniak ist blau und besitzt die bemerkenswerthe Eigenschaft, die Seide aufzulösen.

Nickeloxyd, $\dddot{Ni}$.

§ 545. Nickeloxyd, $\dddot{Ni}$, wird auf ähnliche Weise, wie das Kobaltoxyd, wasserfrei und als Hydrat erhalten. In beiden Fällen ist es ein schwarzes Pulver, welches mit Säuren in Sauerstoff und Oxydulsalz sich zerlegt, also keine Salze bildet und mit Recht auch den Namen Superoxyd führt.

Die Salze des Nickels.

§ 546. Die Salze des Nickeloxyduls sind wasserhaltig grün, wasserfrei gelblich. Die grünen Lösungen derselben werden, wenn sie Säureüberschuss enthalten, durch Schwefelwasserstoff-Ammoniak schwarz (§ 552), durch Kali weisslich grün (§ 544), durch Ammoniak grün (basisches Salz) gefällt, letzter Niederschlag löst sich im Ueberschuss von Ammoniak mit blauer Farbe. Zink fällt aus ihnen das Metall als Pulver. Mit Borax geschmolzen liefern sie ein schmutzig grüngelbes Glas.

Schwefelsaures Nickeloxydul. Nickelvitriol.

§ 547. Schwefelsaures Nickeloxydul krystallisirt bei gewöhnlicher Temperatur in grünen glänzenden rhombischen Prismen, $\dot{Ni}\dddot{S}+7\dot{H}$, welche nach und nach undurchsichtig werden, und dann im Innern aus vielen kleinen Quadratoktaëdern bestehen. Diese letztern scheiden sich in grösserm Maassstab aus einer Lösung bei 30—40° aus und bestehen aus $\dot{Ni}\dddot{S}+6\dot{H}$.

Der **Nickelvitriol** findet sich spärlich in haarfeinen Efflorescenzen auf einigen Nickelerzen.

Wie das Kobaltsulphat verbindet sich auch das schwefelsaure Nickeloxydul mit den Sulphaten der Alkalien zu isomorphen Doppelsalzen von der allgemeinen Formel $\dot{R}\dddot{S}+\dot{Ni}\dddot{S}+6\dot{H}$.

Kohlensaures Nickeloxydul.

§ 548. Kohlensaures Nickeloxydul kann krystallinisch, $\dot{Ni}\ddot{C}+6\dot{H}$, gewonnen werden, in der Regel erhält man es als basisches Salz. Ein solches kommt auch als Mineral $\dot{Ni}^3\ddot{C}+6\dot{H}$ (**Nickelsmaragd**) vor.

Oxalsaures Nickeloxydul.

§ 549. Oxalsaures Nickeloxydul ist ein blassgrünes, in Wasser unlösliches Pulver, welches sich durch Zusatz von Oxalsäure zu der selbst sauren Lösung eines Nickelsalzes nach und nach krystallinisch ausscheidet, $\dot{Ni}\ddot{\mathrm{C}}+2\dot{H}$, schnell und vollständig, wenn die Lösung concentrirt ist und erhitzt wird.

Arsensaures und phosphorsaures Nickeloxydul.

§ 550. Arsensaures und phosphorsaures Nickeloxydul. Das phosphorsaure Salz ist ein grünlich weisser Niederschlag, der beim Glühen gelb wird und als solcher (**Nickelgelb**) Anwendung in der Porcellanmalerei findet.

Das arsensaure findet sich als ein ziemlich häufiger Begleiter gewisser Nickelmineralien und wird von den Mineralogen **Nickelblüthe** genannt. Man kennt es wasserfrei als $\dot{Ni}^3\ddot{\bar{As}}$ oder $\dot{Ni}^5\ddot{\bar{As}}$ und wasserhaltig als $\dot{Ni}^3\ddot{\bar{As}}+8\dot{H}$.

Nickelchlorür.

§ 551. Nickelchlorür ist ein lösliches Salz, welches in grünen schief rhombischen Prismen $NiCl+6\dot{H}$, dem Kobaltchlorür isomorph krystallisirt. Entwässert ist es gelb und sublimirt in gelben Schuppen.

Schwefelnickel.

§ 552. Schwefelnickel, NiS, kommt in dünnen, haarähnlichen, gelben Krystallen vor und wird **Haarkies** genannt. Als schwarzer Niederschlag scheidet sich diese Verbindung aus, wenn ein Nickelsalz mit Schwefelammonium versetzt wird, und ist ein wenig im Schwefelammon löslich.

Eine andere Schwefelungsstufe, NiS^2, kommt nicht für sich, aber mit Arseniknickel oder Antimonnickel in Verbindung vor und heisst **Nickelglanz** $NiS^2+\left\{\begin{matrix}NiAs.\\NiSb.\end{matrix}\right.$

Arseniknickel.

§ 553. Arseniknickel kommt als zinnweisses Mineral, $NiAs$ (**Weissnickelkies**) und als licht kupferrothes Ni^2As (**Rothnickelkies, Kupfernickel**), vor; diese beiden Verbindungen werden, wo sie sich in grösserer Menge vorfinden, zur Darstellung des Nickels benutzt.

Legirungen des Nickels. Das Neusilber.

§ 554. Unter den Legirungen des Nickels ist die wichtigste das Neusilber (**Packfong, Argentan**). Sie besteht aus Kupfer, Zink und Nickel, zeichnet sich durch einen silberähnlichen Glanz, grosse Zähigkeit und Dehnbarkeit aus und oxydirt sich nicht so leicht an der Luft wie Kupfer und Zink oder Messing, aber immer noch leicht genug, um bei seiner Anwendung zu Essgeräthen grosse Vorsicht zu empfehlen. Das Neusilber schmilzt, wenn darin der Nickelgehalt nicht über 34 pCt. steigt, leicht und ist kalt und warm wohl zu bearbeiten; man walzt Bleche und zieht Drähte daraus. Aber selbst geringe Beimengungen von Arsenik vermindern seine Dehnbarkeit. Je nach der relativen Mischung der Bestandtheile hat das Neusilber bald eine dem Silber ähnlich, bald eine mehr gelblich weisse Farbe.

Eine Legirung des Nickels mit Eisen, verbunden mit Phosphoreisen, findet sich krystallisirt in manchen Meteoreisen und heisst **Schreibersit.**

Die Gruppe des Zinks

umschliesst zwei Metalle: **Zink** und **Cadmium.** Allgemeine Charaktere: leicht schmelzbar und flüchtig, mit Säuren das Wasser zersetzend. Die Oxydationsstufen sind starke Basen (Monoxyde).

28. Zink ($Zn = 32{,}53$) **Zincum.**

§ 555. Gediegen hat man bis jetzt das Zink nur an einer Stelle in Australien gefunden, grösstentheils in Verbindung mit Sauerstoff als Oxyd, welches mit Kohlensäure, Kieselsäure oder Schwefelsäure verbunden ist; auch häufig als Schwefelzink. Siehe unten die betreffenden Paragraphen. Vorkommen.

§ 556. Das Zink wird bei weitem zum grössten Theil aus dem Galmei (§ 561) gewonnen, beiher aus dem Kieselzinkerz, welches sich meistens mit dem Galmei auf derselben Lagerstätte findet, bisweilen aus dem Ofenbruch (§ 558), und aus der Blende (§ 565). Der Galmei wird geröstet, um Wasser und Kohlensäure zu entfernen, mit kleinen Kohlenstücken (Cinders) gemengt und in thönernen retortenähnlichen Gefässen (Muffeln) oder in thönernen Röhren der Rothglühhitze ausgesetzt. Es reducirt sich aus dem Erze das Zink und destillirt in grossen Tropfen über, die dachziegelförmig über einander erstarren **(Tropfzink, Werkzink)** oder in Wasser aufgefangen werden. Ein Theil desselben (2—4 pCt.) verbrennt, wenn er mit der Luft in Berührung kommt, zu Oxyd. Das so erhaltene Metall wird umgeschmolzen und meistens in Platten **(Kaufzink)** oder ausgewalzt als Blech in den Handel gebracht. Es ist nie ganz rein, sondern enthält stets Eisen und ein wenig Schwefel, sehr selten kleine Mengen Kohle, Kupfer und Arsenik, am häufigsten unter fremden Metallen Zinn, Blei und Cadmium. Darstellung.

Wenn man chemisch reines Zink haben will, so muss erst reines Zinkoxyd (§ 558) dargestellt und dieses mit Kohle gemengt in thönernen Tiegeln mit lutirtem Deckel reducirt werden, wobei das Zink durch das im Boden des Tiegels befindliche Rohr abdestillirt und in einer Schaale mit Wasser aufgefangen wird.

Eigenschaften. § 557. Das Zink ist ein bläulich weisses glänzendes Metall von krystallinischer Structur und zwar grobblättrig im Gefüge, wenn es weit über seinen Schmelzpunkt, feinkörnig, wenn es nur eben bis über denselben erhitzt war. Es ist auch in deutlichen, hexagonalen Krystallen zu erhalten. Je nachdem das Metall grobblättrig oder feinkörnig ist, besitzt es geringere oder bessere Dehnbarkeit und je nachdem es vor dem raschen Abkühlen weit über oder nur eben bis zu seinem Schmelzpunkt erhitzt war, wird es von Schwefelsäure entweder schnell oder nur langsam aufgelöst. Bei gewöhnlicher Temperatur spröde, ist es zwischen 120°—150° so dehnbar, dass es sich zu Blechen auswalzen und zu Drähten ausziehen lässt, bei 200° wird es wieder so spröde, dass es gepulvert werden kann. Spec. Gewicht 7,03—7,21. Schmelzpunkt = 412°, Siedepunkt = 1040°. Es erleidet durch Wärme eine sehr starke Ausdehnung, zwischen 0—100° $^1/_{456}$ seiner Länge. In hoher Temperatur verdampft es als grünes Gas und brennt bei Luftzutritt mit intensivem Licht, indem es sich oxydirt und ein weisser, flockiger Rauch (Zinkoxyd, **Lana philosophica**) vom Luftstrom fortgerissen wird. An kohlensäurefreier feuchter Luft behält das Zink seinen Glanz sehr lange, später bildet sich Zinkoxydhydrat in weissen Krystallnadeln; an kohlensäurehaltiger feuchter Luft oder unter Wasser bedeckt es sich mit einer grauweissen Schicht (§ 561), welche das darunter befindliche Metall gegen weitere Oxydation schützt. In Glühhitze, wie mit Säuren übergossen, zersetzt Zink das Wasser, auch in den kochenden Lösungen ätzender Alkalien. Die Verwandtschaftskraft des Zinks zum Sauerstoff ist so gross, dass viele Metalle aus ihren Salzlösungen durch Zink ausgeschieden werden, z. B. Kupfer, Blei, Silber, Cadmium, Arsenik, andere werden in niedrigere Oxydationsstufen übergeführt, z. B. Eisen, Chrom, Titan, Wolfram u. a.

Das Zink hat zwei Oxydationsstufen, ein Superoxyd und Oxyd.

Zinkoxyd, $\dot{Z}n$. § 558. Zinkoxyd, $\dot{Z}n$, erhält man auf trocknem Wege beim Glühen des Zinks an der Luft (**Lana philosophica**, **Flores Zinci** genannt), auf nassem Wege durch Fällen eines Zinkoxydsalzes mit kohlensaurem Natron und Glühen des kohlensauren Zinkoxyds (**Zincum oxydatum**). Es ist ein weisses, feuerbeständiges Pulver, welches beim Erhitzen vorübergehend eine gelbe Farbe annimmt, in Säuren und Alkalien sich löst. Bei Verschmelzen von zinkhaltigen Eisenerzen setzt es sich in dem obern Theile (der Gicht) des Hohofens an (**Ofenbruch**) und wird als solches zur Darstellung von Zink benutzt. In gelben oder grünlichen hexagonalen Prismen krystallisirt findet sich mitunter das Zinkoxyd in den Rissen schadhafter Destillationsgefässe.

Mit Wasser verbunden bildet es theils krystallisirte Hydrate $\dot{Zn}\dot{H}$, $\dot{Zn}\dot{H}^2$, und $\dot{Zn}^3\dot{H}$ (§ 557), theils in amorphes $\dot{Zn}\dot{H}$.

Man wendet gegenwärtig das durch Verbrennen des Zinks an der Luft bereitete Zinkoxyd sehr häufig als Malerfarbe statt des Bleiweisses an und nennt es **Zinkweiss**. Es hat vor letzterem den Vorzug, dass seine Darstellung und Anwendung nicht von schädlichem Einfluss für die Arbeiter ist und dass die damit überzogenen Gegenstände von Schwefelwasserstoff nicht geschwärzt werden.

Obwohl das Zinkoxyd eine starke Basis ist, bildet es doch mit andern stärkern Basen Salze, in denen es die Rolle der Säure spielt. Verbindungen desselben mit Sesquioxyden sind früher erwähnt (§ 387).

Die Salze des Zinks.

§ 559. Die Salze des Zinks sind meist farblos, schmecken herb metallisch und wirken stark brechenerregend, in grösseren Dosen giftig. Ihre Lösungen reagiren sauer, geben mit Alkalien einen weissen, im Ueberschuss des Alkali's löslichen Niederschlag (basisches Salz), mit Schwefelwasserstoff-Ammoniak einen weissen (§ 564), mit Schwefelwasserstoff in der stark sauren Lösung keinen, in der neutralen oder schwache Säuren enthaltende Lösung einen weissen (§ 564). Sie werden durch kein Metall, aber durch den galvanischen Strom reducirt. Trockne Zinksalze, mit salpetersaurem Kobaltoxydul befeuchtet und stark geglüht, geben eine grüne Masse (§ 540).

Die Zinkoxydsalze gehören mit denen des Eisen-, Nickel-, Kobaltoxyduls und der Magnesia zu einer Gruppe isomorpher Verbindungen.

Schwefelsaures Zinkoxyd.

§ 560. Schwefelsaures Zinkoxyd ist das im Handel unter dem Namen **weisser Vitriol** oder Zinkvitriol bekannteste

Zinkvitriol. $\dot{Zn}\dddot{S}+7\dot{H}$.

Zinksalz. Es wird durch Rösten der Zinkblende und Auslaugen der gerösteten Masse oder durch Auflösen von Zink in Schwefelsäure und Abdampfen der Lösung bei gewöhnlicher Temperatur in farblosen glänzenden rhombischen Prismen, $\dot{Zn}\dddot{S}+7\dot{H}$, erhalten, die in ihrem Krystallwasser schmelzen und sich leicht in Wasser lösen. Lässt man die Lösung bei $+50^0$ krystallisiren, so erhält man schiefe rhombische Prismen $\dot{Zn}\dddot{S}+6\dot{H}$. Es bildet mit den schwefelsauren Salzen der Alkalien eine Reihe isomorpher Doppelsalze nach der Formel $\dot{R}\dddot{S}+\dot{Zn}\dddot{S}+6\dot{H}$, in denen $\dot{R}$ durch ein Alkali und $\dot{Zn}$ durch ein ihm isomorphes Oxyd in beliebigen Mischungsverhältnissen ausgemacht wird.

Der Zinkvitriol wird in den Gewerben zur Kattundruckerei und Firnissbereitung und in der Heilkunde als Arzneimittel angewendet. Eine Lösung von 14 Th. Zinkvitriol in 10 Th. Wasser ist eine Flüssigkeit, in welcher thierische Substanzen gut gegen Fäulniss zu bewahren sind.

Kohlensaures Zinkoxyd, $\dot{Zn}\ddot{C}$.

Zincum hydrico-carbonicum.

§ 561. Kohlensaures Zinkoxyd kommt als neutrales Salz, $\dot{Zn}\ddot{C}$, krystallisirt im Mineralreich (**Zinkspath**) vor. Fällt man ein Zinksalz mit kohlensaurem Natron, so scheidet sich ein basisches Salz, $2\dot{Zn}\ddot{C}+3\dot{Zn}\dot{H}$, aus, welches auch den oben erwähnten Ueberzug des an kohlensäurehaltiger Luft oxydirten Zinks bildet. Im Mineralreich findet sich theils dieselbe Verbindung krystallisirt, theils eine andere $\dot{Zn}\ddot{C}+2\dot{Zn}\dot{H}$, welche beide **Zinkblüthe** genannt werden. Im Gemenge mit Thon, Eisenoxydhydrat und andern Substanzen kommt das Salz in grossen Lagern in einer Kalkformation vor und bildet das hauptsächlichste Zinkerz, den **Galmei**.

Kieselsaures Zinkoxyd.

§ 562. Kieselsaures Zinkoxyd, $\dot{Zn}^2\dddot{Si}+\dot{H}$, findet sich nicht selten neben dem Galmei in glasglänzenden farblosen Krystallen (**Kieselzinkerz**) und wird zugleich mit demselben zur Zinkgewinnung benutzt.

Chlorzink, ZnCl.

§ 563. Chlorzink, ZnCl, ist eine weisse, schmelzbare, destillirbare und sublimirbare Verbindung, die an der Luft zerfliesst. In Wasser gelöst lässt es sich zu einer starken Concentration eindampfen, ohne zu erstarren, und da das Wasser nur nach und nach entweicht und die Temperatur nur allmählig steigt, so benutzt man diese Salzlösung als Bad zur allmähligen Erwärmung von Substanzen bis über 230^0, wobei jeder Grad beliebig festgehalten und beobachtet werden kann. Seine wässerige Lösung schmeckt im concentrirten Zustande sehr brennend, wirkt ätzend und äussert eine bemerkenswerthe Wirkung auf die vegetabilische Faser (Cellulose), welche dadurch aufschwillt, pergamentartig wird und demnach die Filtration einer solchen Lösung nicht gestattet. Bereitet man eine Chlorzinklösung von 1,8 spec. Gewicht, in welcher man 6 pCt. Jodkalium und Jod bis zur Sättigung löst, so besitzt man in dieser Lösung ein vortreffliches Reagens für die Cellulose, weil letztere nicht gelöst und die eigenthümliche Wirkung des Jods (Blau- oder Violettfärbung) dennoch zum Vorschein kommt.

Zincum chloratum.

Man bereitet es für medicinische Zwecke (**Zincum chloratum**) durch Auflösung des Zinc. hydrico-carbon. in Salzsäure, für Anwendung in der Technik durch Wechselzersetzung des Kochsalzes mit einer Zinkvitriollösung, aus welcher bei 0° schwefelsaures Natron auskrystallisirt, während das Chlorzink in Lösung bleibt.

Es verbindet sich mit Ammoniak und den Chloriden der Alkalien zu krystallisirbaren Salzen, mit Zinkoxyd zu einem basischen Salz, welches man wegen seiner Leichtschmelzbarkeit und starken Erhärtung als Kitt anwendet.

Schwefelzink, ZnS.

§ 564. Schwefelzink, ZnS, findet sich häufig als krystallisirtes Mineral, **Blende**, farblos, gelb, braun und schwarz. Direct vereinigt sich das Zink nicht mit Schwefel; man erhält Schwefelzink durch Erhitzen von Zinkoxyd mit Schwefel oder bei Reduction des Zinkvitriols mit Kohle. Es scheidet sich mit Wasser verbunden, $ZnS + \dot{H}$, als weisses Pulver aus, wenn ein neutrales Zinkoxydsalz mit Schwefelwasserstoff zersetzt wird. Beim Erhitzen wird es wasserfrei und gelb. Es zersetzt sich sehr leicht durch Säuren, indem Schwefelwasserstoff entweicht.

Eine höhere Schwefelung des Zinks, ZnS^5, entsteht, wenn eine Zinksalzlösung durch Fünffach-Schwefelkalium gefällt wird. Sie ist farblos und löst sich in Säuren unter Abscheidung von Schwefel und Entwicklung von Schwefelwasserstoff.

Anwendung des Zinks.

§ 565. Das Zink findet eine vielfache Anwendung, theils in Form von Blechen zu Wasserbehältern, Bedecken der Dächer, theils in Barren zu Legirungen, von denen die am häufigsten dargestellte, das Messing, später beim Kupfer Erwähnung finden soll, eine andere, das Neusilber, schon angeführt ist (§ 554).

Auch überzieht man gegenwärtig sehr häufig das Eisen mit Zink, theils direct, theils auf galvanischem Wege.

29. Cadmium (Cd = 56,0) Cadmium.

Vorkommen.

§ 566. Dieses Metall findet sich selten, stets in Begleitung von Zinkerzen, im Galmei als kohlensaures Oxyd, in der Blende als Schwefelcadmium.

Darstellung.

§ 567. Das bräunlichgelbe Oxyd, welches durch Verbrennung der bei der Destillation des Zinks zuerst übergehenden Antheile des Metalls sich bildet, enthält stets Kadmiumoxyd, zuweilen bis zu 11 pCt. Durch Auflösen dieses bräunlichgelben Oxyds in Schwefelsäure und Ausfällen vermittelst hineingestellter Zinkstäbe, erhält man fein vertheiltes Cadmiummetall, welches zusammengeschmolzen wird. Wegen seiner Seltenheit wird dieses Metall nicht in grösseren Mengen dargestellt. Es hat seinen Namen von Cadmia fossilis, d. h. Galmei.

Eigenschaften.

§ 568. In Farbe und Glanz dem Zink ähnlich, aber weniger spröde und krystallinisch. Dehnbar und leicht zu dünnen Platten und feinen Drähten verarbeitbar. Spec. Gewicht 8,7. Schmelzpunkt vor der Rothgluth. Siedepunkt 860°. Dampfdichte (bei 1048° genommen) 3,94. Flüchtiger als Zink, daher findet sich fast alles Cadmium des Erzes in den ersten Antheilen Zinks. Lange Zeit luftbeständig. Zersetzt das Wasser. Entzündet sich beim Glühen an der Luft und verbrennt zu der einzigen bis jetzt gekannten Oxydationsstufe, dem Oxyd.

Cadmiumoxyd, $\dot{Cd}$.

§ 569. Cadmiumoxyd, $\dot{Cd}$, ist ein braunes unschmelzbares Pulver, welches mitunter in schönen glänzenden schwarzbraunen Oktaëdern in den Rissen gesprungener Zink-Destillationsgefässe sich findet. Durch Fällen von Cadmiumsalzen mit Kali oder Natron erhält man ein weisses Oxydhydrat, $\dot{Cd}\dot{H}$, welches von Ammoniak gelöst wird, und daraus krystallinisch sich abscheidet.

Salze des Cadmiums.

§ 570. Die Salze des Cadmiums sind meist farblos, ihre Lösungen werden durch Schwefelwasserstoff gelb (Schwefelcadmium, nicht löslich in Ammoniak), durch Kali und Natron weiss (Oxydhydrat), durch kohlensaure Alkalien weiss (kohlensaures Salz), durch Ammoniak im Ueberschuss gar nicht gefällt. Vor dem Löthrohr geglüht, bildet sich um die Probe ein brauner Beschlag (Oxyd).

Trotz der grossen Aehnlichkeit des Cadmiums mit dem Zink sind seine Verbindungen doch nicht mit denen des Zinks isomorph. Denn das schwefelsaure Salz krystallisirt in anderer Form und mit andern Wassergehalt als der Zinkvitriol und ähnlich ist es mit den andern bisher untersuchten Salzen.

§ 571. Anwendung findet das Metall theils für sich als Ueberzug auf Eisen wegen seiner grössern Luftbeständigkeit, theils als Amalgam, theils in Legirung mit Zinn, Blei und Wismuth, wodurch man bei gewissen Mischungsverhältnissen eine Legirung von sehr niedrigem Schmelzpunkt (+ 60 — 70°) erhält. Von den Verbindungen des Cadmiums gebraucht man das Chlorid, CdCl, und Jodid, CdJ, neuerdings in der Photographie, und das Sulfuret, CdS, als gelbe Malerfarbe. Letzteres kommt auch als seltenes Mineral (**Greenockit**) in schönen rothgelben Krystallen vor. Anwendung des Cadmiums.

Die Gruppe des Zinns

umfasst die zwei Metalle Zinn und Titan. Sehr nahe steht diesen Metallen das Silicium, welches bei den Metalloiden seinen Platz fand, und das Zirkon, welches unter den Erdmetallen abgehandelt ist. Allgemeine Charaktere: Die Oxydationsstufen sind theils schwache Basen, theils schwache Säuren, sie sind luftbeständig und zersetzen das Wasser bei Anwesenheit von Säuren oder Alkalien.

30. Zinn (Sn = 58,0) **Stannum.**

§ 572. Das Zinn kommt gediegen nicht, sondern meist in Verbindung mit Sauerstoff als Oxyd (**Zinnstein**) vor, seltener mit Schwefel (im **Zinnkies**). Der Zinnstein, das einzige Erz, aus welchem Zinn gewonnen wird, findet sich in nicht sehr grosser Verbreitung über die Erde. Er kommt sowohl auf Gängen, (sogen. Stockwerken), eingesprengt im Gebirgsgestein älterer Formationen vor, begleitet von vielen andern Erzen, namentlich Arsenikkies, Kupferkies und Schwefelkies, als auch in abgerundeten Körnern auf secundären Lagerstätten (**Zinnseifen** genannt), inmitten von kieselhaltigen Geröllen, befreit von den Arsenik- und Schwefelmetallen, welche, bei der Zersetzung des Gebirges durch Atmosphärilien zu Salzen oxydirt, vom Wasser fortgeführt wurden. Die hauptsächlichsten Fundstätten des Zinnsteins sind: in England, in Ostindien (Halbinsel Malacca und Insel Banka), in Sachsen und Böhmen. Vorkommen.

Darstellung.

Aufbereitung des Zinnsteins.

§ 573. Das auf Gängen vorkommende Zinnerz wird zuerst gepocht und gewaschen, um die Beimengungen von geringerem spec. Gewicht abzuschlämmen, dann geröstet *), damit die Arsenik- und Schwefelmetalle, welche, von fast gleichem spec. Gewicht wie der Zinnstein, durch Schlämmen nicht entfernt wurden, sich zu Salzen oxydiren und als solche durch Waschen entfernt werden können. Der Rückstand von diesen Vorbereitungsarbeiten — ein Zinnstein, der immer noch kleine Beimengungen von Eisen-, Arsenik- und Kupfer-Verbindungen enthält, — wird mit

Einschmelzen desselben in Schachtöfen.

Kohlen und Zuschlägen in Schacht- oder Flammenöfen eingeschmolzen. Das während des Schmelzprocesses fortdauernd abfliessende Zinn und die Schlacken sammeln sich in einem Vorheerd aussen an. Die Schlacken werden abgezogen, das Zinn in einen eisernen Kessel abgelassen und aus diesem in dünne Stangen oder in dünne Platten gegossen. Das aus dem oben erwähnten Zinnstein erhaltene Zinn ist trotz aller Sorgfalt bei der Aufbereitung der Erze fast immer noch durch Eisen, Kupfer und Arsenik verunreinigt, und wenn diese Beimengungen beträchtlich sind, so raffinirt man das Zinn durch Saigerung, d. h.

Reinigung durch Aussaigern.

man erhitzt auf Heerden das unreine Zinn bei einer mässigen Temperatur bis zum Schmelzpunkt des reinen Zinns, wobei aus den Blöcken des unreinen Metalls das reine Zinn zuerst ausschmilzt und die Legirung des Zinns mit den fremden Metallen, als schwerer schmelzbar, zurückbleibt. Das ausgesaigerte Zinn wird geschmolzen, durch hineingetauchtes grünes Reisig in auf-

Raffiniren.

wallende Bewegung versetzt, damit etwa beigemengtes Oxyd oder Schlacke auf der Oberfläche als Schaum abgezogen werden können, und von dem geschmolzenen Metall schöpft man die obere Schicht ab und giesst das Metall in die für den Handel bestimmte Form. Solches Zinn kommt aus England unter dem

Blockzinn.

Namen **Blockzinn** zu uns. Das beste enthält ungefähr $\frac{1}{4}$ pCt. Kupfer und sehr wenig Eisen, das minder gute gewöhnliche, ungefähr 1 pCt. Kupfer, $\frac{1}{10}$ pCt. Arsenik, $\frac{1}{5}$ pCt. Eisen und eine Spur Antimon.

Das Zinnerz von den Seifenwerken, in welchen die Natur

*) Beim Rösten arsenikreicher Zinnerze sind an den Röstöfen Canäle zum Auffangen des weissen Arseniks (Giftfange) angebracht.

den Waschprocess ausgeführt hat, bedarf keiner so weitläufigen Vorbereitung und liefert das reinste Zinn. Man zerkleinert und wäscht das Erz, schmilzt es mit Kohlen und Zuschlag ein, schöpft von dem geschmolzenen Metall die obere Schicht ab und raffinirt diese in einem Kessel, indem man nasse Holzkohlen oder grünes Reisig in die schmelzende Masse taucht und von dem abgeschäumten Metall die obere Schicht abschöpft und in Blöcke giesst. Die untere Schicht enthält in diesem, wie in oben erwähnten Fällen, die beigemengten fremden Metalle, welche mit dem Zinn Legirungen von höherem spec. Gewicht, als des Zinns, bilden, und wird daher später einer weitern Reinigung durch Aussaigern und Abschöpfen unterworfen. Das raffinirte Zinn aus den Seifenwerken Englands kommt in den Handel unter dem Namen **Kornzinn** in unregelmässigen kleinen Säulen und zusammengehäuften Körnern, welche man durch Erhitzen der Blöcke und Fallenlassen derselben aus einer gewissen Höhe darstellt. Das englische Kornzinn enthält ausser einer sehr geringen Menge ($^1/_{20}$ pCt.) Eisen keine anderen Verunreinigungen. Kornzinn.

Chemisch reines Zinn lässt sich nur durch Reduction reinen Zinnoxyds oder Oxyduls darstellen.

§ 574. Das Zinn ist ein fast silberweisses, sehr glänzendes Metall mit krystallinischer Textur, sehr weich und schon bei gewöhnlicher Temperatur dehnbar, namentlich bei 100° sehr leicht verarbeitbar. In sehr dünne Blätter ausgewalzt oder ausgehämmert heisst es *Stanniol* oder *Zinnfolie*. Spec. Gewicht = 7,29. Schmelzpunkt + 232°. Bei sehr hoher Temperatur merklich flüchtig. Wird eine Stange Zinn öfters hin und her gebogen, so hört man einen knirschenden Ton (**Schrei**), hervorgebracht durch Zerreissen des Zusammenhangs und das Uebereinanderschieben der krystallinischen Theile im Innern der Stange, die Stange wird sehr heiss und zuletzt zerreisst sie. Bei aller Dehnbarkeit ist doch das Zinn unelastisch und wenig haltbar, denn ein Draht von $^1/_{15}$ Zoll Durchmesser trägt nur 31 Pfund. Beim langsamen Erkalten krystallisirt geschmolzenes Zinn in quadratischen Prismen. Es hat einen eigenthümlichen Geruch, welcher sich bei der Berührung der Hand mittheilt und lange daran haftet. Zwischen 0 — 100° dehnt es sich um $^1/_{370}$ seiner Länge aus. Alle andern Metalle, ausser Blei, machen das Zinn spröder, Eigenschaften.

besonders Arsenik, und verändern seine Farbe, Blei und Kupfer in Graublau, Antimon und Eisen in dunkler Weiss, Arsenik in grelles Weiss. Fremde Metalle vermindern überdies den starken Schrei des reinen Zinns und erhöhen sein spec. Gewicht. Das reinste Zinn des Handels ist das Bankazinn, demnächst das Malacca- und das englische Kornzinn, die geringern Sorten sind böhmisches und sächsisches Bergzinn.

Es ist luftbeständig und wird daher oft als Ueberzug leicht oxydabler Metalle (Eisen und Kupfer) angewendet. An der Luft geschmolzen oxydirt es sich anfangs zu einem weissgrauen Pulver, Zinnasche (Gemenge aus Oxyd und Metall), nachher bei fortgesetztem Erhitzen zu einem weissen Pulver (Oxyd). In Salzsäure und Alkalihydraten löst es sich unter Wasserstoffentwicklung, in Salpetersäure oxydirt es sich zu Oxyd, ohne sich zu lösen. Das Zinn hat zwei Oxydationsstufen, ein Oxydul und Oxyd, letzteres wird auch Säure genannt.

Zinnoxydul, $\dot{Sn}$. § 575. Zinnoxydul, $\dot{Sn}$, ist ein braunschwarzes Pulver von 6,1 spec. Gewicht, welches aus kleinen regulären Krystallen besteht und beim Erhitzen zu Oxyd verbrennt. Man gewinnt es durch Erhitzen einer Lösung des Hydrats in Kalilauge.

Zinnoxydulhydrat scheidet sich als weisser Niederschlag aus, wenn man zu Zinnchlorürlösung kohlensaures Kali setzt; es löst sich leicht in Kali und Natron, nicht in Ammoniak; aus einer solchen verdünnten Lösung sondert sich beim Erwärmen das wasserfreie Oxydul aus, aus einer concentrirten Lösung aber beim Kochen Metall, und zinnsaures Kali bleibt gelöst ($2\dot{Sn}$ und $\dot{K} = Sn$ und $\dot{K}\ddot{Sn}$). Die Salze des Zinnoxyduls nehmen leicht Sauerstoff auf und ändern sich in Oxydsalze um; daher dienen sie auch in Auflösung als Reductionsmittel anderer Oxyde, die leicht Sauerstoff abgeben. Kupferoxyd- und Eisenoxydsalze z. B. werden durch sie in Oxydulsalze, Quecksilber- und Silbersalze zu Metall reducirt.

Zinnoxyd, $\ddot{Sn}$. § 576. Zinnoxyd oder Zinnsäure, $\ddot{Sn}$, kommt als Mineral in gelblichen oder dunkel gefärbten Krystallen des quadratischen Systems von 6,94 spec. Gewicht vor und wird **Zinnstein** genannt. Man kann es auch künstlich krystallisirt darstellen durch Zersetzung des Zinnchloridgases auf verschiedene Weise und dann bildet es bald quadratische, bald rhombische

Prismen. Es ist also dimorph. Gewöhnlich bereitet man die Zinnsäure entweder durch Glühen des Zinns an der Luft (**Zinnasche**) oder durch Oxydation des Zinns mit Salpetersäure, oder durch Fällen einer Zinnchloridlösung mit Ammoniak oder kohlensaurer Kalkerde. Durch Salpetersäure erhält man ein weisses pulverförmiges Hydrat von 4,933 spec. Gewicht, unlöslich in Salpetersäure, verdünnter Schwefelsäure und überschüssiger Salzsäure, jedoch löslich, wenn nach dem Kochen mit Salzsäure Wasser hinzugefügt wird; es verliert beim Glühen 11 pCt. Wasser, wird hellgelb und ist dann in allen, selbst concentrirten Säuren unlöslich. Aus Zinnchlorid scheidet sich die Zinnsäure als gallertartige Masse aus, die, noch feucht, sich reichlich in Salpetersäure, Schwefelsäure, selbst verdünnter, und in Salzsäure löst, aber beim Kochen der verdünnten Lösung wieder ausfällt. Glüht man diese Zinnsäure, so geht sie, wie die erstere, in eine unlösliche Modification über. Die Verwandtschaft des Zinnoxyds zu den Säuren ist sehr schwach und gegen Alkalien verhält es sich wie eine Säure. Wegen ihrer verschiedenen Eigenschaften werden die beiden Zinnsäuren mit besondern Namen bezeichnet: die durch Oxydation mittelst Glühen oder mittelst Salpetersäure dargestellte heisst **Metazinnsäure**, $b\ddot{\breve{S}}n$, die aus Zinnchlorid erhaltene **Zinnsäure**, $a\ddot{\breve{S}}n$. Sie waren das erste Beispiel von Isomerie (§ 15). Ihre verschiedenen Eigenschaften nehmen die beiden Modificationen auch in ihre Verbindungen mit, nur scheint es als ob die gelösten Salze der Zinnsäure bei langer Aufbewahrung die Neigung haben, in Metazinnsäure überzugehen. Am leichtesten unterscheidet man die beiden Säuren in ihrer salzsauren Lösung: die der Zinnsäure giebt mit kohlensaurem Kali einen im Ueberschuss des Fällungsmittels löslichen, die der Metazinnsäure einen unter denselben Umständen unlöslichen weissen Niederschlag.

Metazinnsäure.

Zinnsäure.

§ 577. Beide Säuren lösen sich in kaustischen Alkalien leicht auf und bilden Salze, von denen das zinnsaure Kali und Natron in rhomboëdrischen Krystallen, $\dot{K}\ddot{S} + 3\dot{H}$ und $\dot{N}a\ddot{S}n + 3\dot{H}$, das metazinnsaure Kali undeutlich krystallinisch, $\dot{K}\ddot{S}n^7 + 3\dot{H}$, zu erhalten sind. Eine Auflösung des zinnsauren Natrons bereitet man behufs ihrer Anwendung in Färbereien fabrikmässig, indem man Zinn in Natronlauge unter Zusatz von Bleioxyd oder sal-

Zinnsaure Salze.

petrigsaurem Natron auflöst. Die hinreichend concentrirte Lösung setzt entweder die vorgenannte Verbindung oder Krystalle von $\dot{Na}\ddot{Sn} + 8\dot{H}$ ab.

Die Verbindungen der Zinnsäuren mit den andern Metalloxyden sind meistens unlöslich. — Zinnasche wird als Polirmittel und zur Bereitung des Emails angewendet. Für den erstern Zweck bereitet man sie am besten durch Glühen des oxalsauren Zinnoxyduls an der Luft.

Zinnoxydul und Zinnsäuren.

Wenn die Hydrate der Zinnsäure oder Metazinnsäure in eine Lösung von Zinnchlorür eingetragen werden, so bilden sich unlösliche Verbindungen beider mit Zinnoxydul, und eine davon, $\dot{Sn}\ddot{Sn}$, ist es wahrscheinlich, welche man bisher als Zinnsesquioxydul, $\dddot{\overline{Sn}}$, bezeichnet hat. Die auf diese Weise dargestellten orangegelben Körper bestehen aus $\dot{Sn}\ddot{Sn}^6 + 5\dot{H}$, verlieren beim Erhitzen ihr Wasser und werden braunschwarz.

Die Salze des Zinns. Oxydulsalze.

§ 578. Die Salze des Zinns. Die Oxydulsalze lösen sich nur theilweise in Wasser, indem ein basisches unlösliches Salz zurückbleibt. Ihre saure Lösung wird durch Schwefelwasserstoff braun (§ 582), durch kaustische und kohlensaure Alkalien weiss (§ 575) gefällt, im Ueberschuss von Kali und Natron ist der letztere Niederschlag löslich.

Oxydsalze.

In den Lösungen der Zinnsäuren in Säuren bringen die ätzenden Alkalien einen weissen, im Ueberschuss des Fällungsmittels löslichen Niederschlag hervor, Schwefelwasserstoff fällt sie schmutziggelb (§ 582). Die Lösungen der beiden Zinnsäuren in Alkalien werden durch stärkere Mineralsäuren gefällt und die ausgeschiedenen Zinnsäurehydrate verhalten sich je nach ihrer Modification wie oben angeführt. Schwefelwasserstoff fällt die alkalische Lösung nicht. Aus Oxydul- und Oxydsalzen wird durch Eisen, Blei und Zink das Zinn metallisch ausgeschieden.

Von den Zinnsalzen sind die beiden Chlorverbindungen die bekanntesten, sie werden auch wegen ihrer bedeutenden Anwendung in der Färberei fabrikmässig dargestellt.

Zinnchlorür, $SnCl + 2\dot{H}$.

§ 579. Zinnchlorür erhält man durch Auflösen von Zinn in Salzsäure und Abdampfen der Lösung in Krystallen mit verschiedenem Wassergehalt, gewöhnlich als $SnCl + 2\dot{H}$. Diese verlieren beim Erhitzen in Destillationsgefässen ihr Wasser theilweise und zerlegen sich bei Rothgluth in Chlorwasserstoff, Zinnoxydul und wasserfreies Zinnchlorür, welches überdestillirt und beim Erkalten zu einer weissen krystallinischen Masse erstarrt. Es wird dieses Salz unter dem Namen **Composition** oder **Zinnsalz** in der Färberei theils als Beizmittel, theils zur Reduction mancher färbenden Metalloxyde angewendet. Unter den Zinnoxydulsalzen besitzt es am stärksten die reducirende Eigenschaft und wird daher von allen am meisten angewendet. SnCl.

§ 580. Zinnchlorid, $SnCl^2$, entsteht, wenn Zinn mit Chlor im Ueberschuss behandelt wird. Es ist eine farblose, dünne Flüssigkeit, die bei 120° kocht, an der Luft raucht, Wasser anzieht und mit Wasser verbunden, $SnCl^2 + 3\dot{H}$ und $SnCl^2 + 5\dot{H}$, krystallisirt. Bei Zusatz von viel Wasser zerlegt sich das Salz in Chlorwasserstoff und Zinnsäure ($SnCl^2 + 2\dot{H} = \ddot{S}n + 2HCl$), welche theilweis sich abscheidet, theilweis in dem unzersetzten Chlorid als basischem Salz gelöst bleibt. Zinnchlorid, $SnCl^2$.

Zinnchlorid löst auch Zinnoxydul, indem sich Zinnchlorür und basisches Zinnchlorid dabei bilden ($2SnCl^2 + 2\dot{S}n = 2SnCl + SnCl^2\ddot{S}n$). Es löst ferner im wasserfreien Zustande Schwefel (^kS), Phosphor (^kP), Jod, Brom und Schwefelkohlenstoff, und man kann den Schwefel und das Jod krystallisirt wieder gewinnen.

Das Zinnchlorid vereinigt sich mit den Chlorverbindungen der Alkalien zu Doppelsalzen, von denen das mit Salmiak, $NH^4Cl + SnCl^2$, im Handel unter dem Namen **Pinksalz** bekannt ist, weil es in Färbereien hauptsächlich zum Rothfärben (Engl. pink = roth) benutzt wird. Auch mit andern Chloriden bildet das Zinnchlorid krystallisirbare Verbindungen, z. B. mit Chlorschwefel $SnCl^2 + 2SCl^2$, mit Phosphorchlorid $2SnCl^2 + PCl^5$, mit Phosphoroxydchlorid $2.SnCl^2 + PO^2Cl^3$. Pinksalz.

§ 581. Zinnfluorid, SnF^2, bietet für sich kein besonderes Interesse dar, wohl aber sind seine Verbindungen mit andern Fluoriden bemerkenswerth, da sie mit denen des Siliciums, Titans und Zirkons Isomorphismus zeigen. Dadurch hat sich die bis dahin mehr oder weniger zweifelhafte stöchiometrische Zusammensetzung der Kieselsäure und Zirkonerde deutlich als SiO^2 und ZrO^2 herausgestellt. Zinnfluorid, SnF^2.

§ 582. Mit Schwefel vereinigt sich das Zinn in zwei Verhältnissen, zu einem Sulphuret und Sulphid. Schwefelzinn.

Zinnsulphuret, SnS.

Einfach-Schwefelzinn (Zinnsulphuret), SnS, entsteht auf nassem Wege, wenn ein Zinnoxydulsalz durch Schwefelwasserstoff gefällt wird. Es ist ein kaffeebraunes Pulver, nicht löslich in Einfach-Schwefelalkalien und verdünnten Säuren, aber löslich in kochender concentrirter Chlorwasserstoffsäure. Durch Zusammenschmelzen von Zinn mit Schwefel zu gleichen Atomgewichten erhält man es als bleigraue, blättrig-krystallinische Masse, die sich in schmelzendem Zinn und wasserfreiem Zinnchlorür vollkommen löst. Wird das Zinnsulphuret mit Schwefelalkalien, die überschüssigen Schwefel enthalten, behandelt, so nimmt es Schwefel auf, ändert sich in Zweifach-Schwefelzinn um und löst sich als solches im Schwefelalkali.

Zinnsulphid, SnS^2.

Zweifach-Schwefelzinn (Zinnsulphid), SnS^2, bildet sich bei der Zersetzung eines Zinnoxyd- oder zinnsauren Salzes mit Schwefelwasserstoff oder wenn gleiche Theile Zinnfeilspäne, Schwefel und Salmiak so lange erhitzt werden, bis sich kein Salmiak mehr verflüchtigt. Der Salmiak nämlich bindet die überflüssige Wärme, welche das Zweifach-Schwefelzinn in die niedrigere Schwefelstufe zersetzen würde. Das auf nassem Wege gewonnene Schwefelmetall sieht schmutzig-gelb aus und löst sich in heisser concentrirter Salzsäure. Das auf trocknem Wege gewonnene Schwefelzinn besteht aus goldgelben, metallglänzenden Schuppen, die sich weich und talkartig anfühlen und in concentrirter heisser Salzsäure nicht lösen. Es ist im Handel unter dem Namen **Musivgold** bekannt und dient als gold- oder bronzefarbenes Pigment.

Musivgold.

Das Zweifach-Schwefelzinn hat die Eigenschaft eines Sulphids, daher löst es sich in Schwefelalkalien auf. Unter diesen Verbindungen scheinen durch Krystallisation am besten gekennzeichnet die des Schwefelnatriums zu sein, welche aus Hydraten theils von $\overset{\prime}{Na}\overset{\prime\prime}{Sn}$, theils von $\overset{\prime}{Na}{}^2\overset{\prime\prime}{Sn}$ bestehen. Im Mineralreich findet sich der Zinnkies $\overset{\prime}{\text{Ȼu}}{}^2\overset{\prime\prime}{Sn}+\overset{\prime}{Fe}{}^2\overset{\prime\prime}{Sn}$.

Legirungen des Zinns.

§ 583. Legirungen bildet das Zinn mit vielen Metallen und manche davon haben eine wichtige technische Anwendung. Die geschmeidigen Metalle verlieren durch Zinn meistentheils an ihrer Geschmeidigkeit. Eine krystallinische Legirung des Zinns mit Eisen hinterbleibt zuweilen beim Auflösen manchen käuflichen Zinns in Salzsäure und kann auch direct gewonnen werden.

Zinn und Kupfer bilden die Bronze, das Kanonen- und Glocken-Metall; Zinn und Antimon, Kupfer und Wismuth sind unter dem Namen Composition oder Britanniametall bekannte Legirung, Zinn und Blei bilden das Schnelloth. Von allen diesen Mischungen weiter unten das Ausführlichere.

Zinn und Zink lassen sich zu einer sehr dehnbaren Verbindung legiren, welche in dünne Platten ausgearbeitet, einen lebhaften, silberähnlichen Glanz hat und den Namen **unächtes Blattsilber** führt. Unächtes Blattsilber.

§ 584. Eine wichtige Anwendung findet das Zinn zum Ueberziehen des Eisen- und Kupferbleches, um diese Metalle dadurch gegen Oxydation zu schützen. Den verzinnten Eisenblechen wird durch Behandlung mit verdünnter Salz- oder Salpetersäure häufig eine unregelmässige Zeichnung auf der Oberfläche (Moiré metallique genannt) mitgetheilt, welche durch den ungleichen Angriff der Säuren auf die Krystalle des Zinnüberzugs hervorgebracht wird. Zur Anfertigung von Ess- und Trinkgeschirren, zu denen ehemals das reine Zinn sehr häufig diente, wendet man jetzt nicht selten eine Legirung von Zinn mit Blei an, die aber durchaus verwerflich ist, weil saure Speisen, wenigstens Essig, von der Legirung stets etwas Blei auflöst. Verzinnen anderer Metalle.

31. Titan (Ti = 25,0) **Titanium.**

§ 585. Dieses Metall kommt als Säure in einigen seltenern Mineralien unverbunden vor, nämlich im **Rutil**, **Brookit** und **Anatas**, häufiger in Verbindung mit Basen im **Sphen** (Titanit) mit Kalkerde, im **Iserin** (Titaneisen) mit den Oxyden des Eisens und Mangans. Vorkommen.

§ 586. Das Titan, durch Glühen von Fluortitankalium mit Kalium erhalten, ist ein wassérzersetzendes Metall von der Farbe des Eisens, welches schwer schmilzt und mit sehr starker Licht- und Wärmeentwickelung verbrennt. Durch Erhitzen von Titanchlorür in Wasserstoffgas bereitet, ist es messinggelb und in dünnen Schichten mit blauer Farbe durchsichtig. Es zeichnet sich durch eine nur von wenigen Elementen getheilte Affinität zum Stickstoff aus, mit welchem es in mehren Verhältnissen Ver- Eigenschaften.

bindungen eingeht. Daher kann es nicht bei Anwesenheit von Stickstoff aus seinen Verbindungen reducirt werden, und es sind die in manchen Hohofensauen sich findenden kupferrothen, glänzenden und sehr harten Würfel, welche man bisher für metallisches Titan hielt, eine Verbindung von Cyantitan mit Stickstofftitan $\mathrm{TiCy + 3 . Ti^3N}$.

Es hat zwei Oxydationsstufen, ein Oxyd $\dddot{\overline{\mathrm{Ti}}}$ und eine Säure $\ddot{\mathrm{Ti}}$. Das Oxyd entsteht beim Zersetzen des ihm entsprechenden Chlorürs, $\mathrm{\overline{Ti}Cl^3}$, durch Ammoniak. Es ist dunkelviolett oder schwarz, oxydirt sich aber schnell an der Luft zu Titansäure. Die in der Natur vorkommende Titansäure ist meist rothbraun und dimorph, Rutil und Anatas quadratisch, Brookit rhombisch. In quadratischer Form kann man sie auch künstlich gewinnen. Die völlig reine und auf nassem Wege gewonnene Säure ist ein farbloses Hydrat, welches beim Glühen braun wird und sich in Alkalien und auch in manchen Säuren löst.

Bis jetzt hat das Titan weder für sich noch in Verbindungen technische Anwendung gefunden, es scheint aber nicht unvortheilhafte Legirungen mit manchen Metallen zu bilden.

Die Gruppe des Kupfers

besteht aus zwei Metallen, **Kupfer** und **Quecksilber**. Allgemeine Charaktere: Sie zersetzen das Wasser nicht; ihre Oxydationsstufen sind Basen von der Zusammensetzung $\dot{\overline{\mathrm{R}}}$ und $\dot{\mathrm{R}}$.

32. Kupfer ($\mathrm{Cu} = 31{,}68$) Cuprum.

Vorkommen. § 587. Das Kupfer ist kein seltenes Metall. Gediegen findet es sich zwar nicht häufig, bisweilen aber in gewaltigen Massen, wie z. B. in Nordamerika am obern See. Meistentheils kommt es oxydirt oder geschwefelt vor. Die Erze, welche hauptsächlich zur Gewinnung des Kupfers auf den Hütten dienen, sind die Schwefelverbindungen, seltener die Sauerstoffverbindungen; man pflegt erstere kiesige, letztere ochrige zu nennen. Zu den kiesigen Erzen gehören vorzugsweise Kupferkies, Buntkupfererz und Kupferschiefer (§ 606), zu den ochrigen Rothkupfererz (Ziegelerz), Malachit, Kupferlasur (§§ 595. 600).

§ 588. Wo sich die ochrigen Kupfererze in so mächtigen Ablagerungen finden, wie z. B. am westlichen Ural und bei Lyon der Malachit, da werden sie in Flammen- oder Schachtöfen mit Kohle und passenden Zuschlägen eingeschmolzen, das Produkt nochmals umgeschmolzen und hammergahr (§ 590) gemacht und man erhält ein Kupfer, welches sich durch seine vorzügliche Reinheit auszeichnet (wie das russische Kupfer), weil die Erze fast gar keine Beimengungen anderer Metallverbindungen enthalten. Darstellung aus ochrigen Erzen.

Die kiesigen Erze des Kupfers dagegen finden sich fast immer mit vielen anderen Schwefelmetallen, z. B. mit denen von Eisen, Zink, Arsenik, Antimon, Silber u. a., theils chemisch verbunden, theils gemengt und bedürfen deshalb einer umständlichern Behandlung zur Abscheidung jener fremden Metalle. Wir wollen die hauptsächlichsten chemischen Gesichtspunkte, nach denen dieser Hüttenprocess ausgeführt wird, hervorheben. aus kiesigen Erzen.

Der Kupferkies, mit welchem meistens zusammen das Buntkupfererz vorkommt, und der Kupferschiefer bestehen wesentlich aus Schwefelkupfer und Schwefeleisen. Sie werden zuerst unvollkommen geröstet, so dass nur ein kleiner Antheil des Schwefels verbrennt, und dann in einem Schachtofen mit kieselsäurehaltigem Zuschlag eingeschmolzen, wobei ein Theil des Eisens, als Oxydul mit Kieselsäure verbunden, die Schlacke bildet, das übrige Eisen aber als Schwefelverbindung, die theils als solche in dem unvollkommen gerösteten Erze da war, theils aus dem beim Rösten gebildeten schwefelsauren Salze beim Einschmelzen entstand, mit dem Schwefelkupfer zusammenschmilzt. Diese schwarze geschmolzene Masse von Schwefelkupfer und Schwefeleisen, welche auch einige andere dem Erze beigemischte Schwefelverbindungen enthält — der **Rohstein** genannt — besitzt einen Kupfergehalt von 8—12 pCt. Es ist von Wichtigkeit, das erste Rösten nicht weiter zu treiben, als dass die leichter oxydablen Metalle sich oxydiren und in die Schlacke gehen, denn wenn vom Schwefel beim Rösten so viel entfernt wird, dass alles im Erz enthaltene Kupfer nicht hinreichend Schwefel vorfindet, um sich damit zu verbinden, so geht theils etwas Kupferoxydul mit Kieselsäure in die Schlacke, theils bildet sich schon beim ersten Schmelzen der gerösteten Erze (Rohschmelzen) ausser dem Rösten. Rohschmelzen. Rohstein.

Stein ein durch die Metalle der andern beigemengten Erze, z. B. Eisen, Arsenik u. s. w. so verunreinigtes Kupfer, dass es nur mit grossem Verlust zu reinigen sein würde. Ebenso wichtig ist auch der Zuschlag zur Schlackenbildung; denn wenn nicht hinlänglich Kieselsäure vorhanden ist, um alles oxydirte Eisen zu verschlacken, so reducirt sich Eisen und sammelt sich im untern Theile des Ofens an (**Eisensauen**).

Rösten des Rohsteins.

Der Rohstein wird mehre Male geröstet und auf die oben erwähnte Weise wieder niedergeschmolzen, das Resultat davon ist wiederum Schlacke und wenn die Erze nicht zu viel fremde metallische Beimengungen enthielten und der daraus erhaltene Stein ziemlich reich an Kupfer war — metallisches Kupfer (Rohkupfer, Schwarzkupfer genannt).

Schwarzkupfer.

Wenn aber der erste Stein nur wenig Kupfer und zu viel fremde Beimengungen enthielt, so erhält man Schlacke und einen Stein (Concentrationsstein, Spurstein) mit einem Kupfergehalt von 30 — 40 pCt.

Spurstein.

Dieser wird endlich so stark geröstet, dass nur wenig Schwefelkupfer unzersetzt bleibt, und hierauf mit Zuschlägen eingeschmolzen; das Product dieses Schmelzens (Rohkupferschmelzen, Schwarzmachen) ist Schwarzkupfer, Schlacke und ein Stein (Dünnstein), welcher bis 66 pCt. Kupfer enthält und, für sich allein auf die zuletzt angeführte Art verarbeitet, ein vorzüglich gutes Kupfer liefert.

Dünnstein.

Fig. 58.

Der Gahrheerd.

Gahrmachen des Kupfers.

§ 589. Das Schwarzkupfer enthält in der Regel ungefähr 5 pCt. fremde Beimengungen, darunter 3½ pCt. Eisen, ¾ pCt. Schwefel, ¾ pCt. Silber, etwas Antimon, Arsenik, Zink, Nickel und Zinn. Es wird, um es von diesen Beimengungen zu befreien, in einem runden Heerde (Fig. 58) oder auch in einem besondern Flammenofen mit zwei Vortiegeln *(Spleissheerd)*

Fig. 59.

Durchschnitt durch den Gahrheerd.

eingeschmolzen und die Oberfläche des eingeschmolzenen Metalls eine Zeit lang der Einwirkung der Gebläseluft ausgesetzt (das *(Gahrmachen)*. Die fremden Metalle oxydiren sich am leichtesten und werden als Oxyde oder als solche, verbunden mit der Kieselsäure der Holzkohlen und der Heerdmasse, von der Oberfläche abgezogen (Gekrätz). Wenn das Kupfer den gehörigen Grad der Gaare erreicht hat, was man an der Farbe, der Stärke und dem Grad der Biegsamkeit einer aus dem schmelzenden Metall herausgenommenen Probe erkennen kann, lässt man es ein wenig abkühlen, wobei oft eine starke Gasentwickelung aus dem Innern der geschmolzenen Masse Kupfer in kleinen Körnern umherschleudert, dann wird die eben erstarrte Oberfläche desselben mit Wasser abgelöscht, die oberste dünne Schicht des erstarrten Kupfers von der darunter befindlichen flüssigen Masse abgerissen, und dies Verfahren *(Scheibenreissen)* fortgesetzt, bis man den ganzen Inhalt des Heerdes in dünnen, hie und da mit Höckern besetzten Scheiben herausgenommen hat, die unter dem Namen Rosettenkupfer **(Gahrkupfer, Scheibenkupfer)** verkauft werden. Rosettenkupfer.

§ 590. Das Gahrkupfer muss stets so lange im Heerde behandelt sein, dass es Kupferoxydul enthält, welches sich leicht gleichmässig im geschmolzenen Kupfer auflöst. Im entgegengesetzten Fall nämlich enthält das Gahrkupfer noch zu viele der fremden metallischen Beimengungen. Ein kupferoxydulhaltiges (übergaares) Kupfer ist aber, obwohl das Metall sonst rein und zu Darstellung von Legirungen sehr gut ist, nicht anwendbar zur Verarbeitung unter Hämmern oder Walzwerken, denn es ist zu brüchig. Deshalb wird für solche Zwecke das Gahrkupfer noch einer Arbeit unterworfen, welche das Hammergahrmachen heisst. Man schmilzt zu diesem Behuf in einem dem Gahrheerde ähnlichen, aber flacheren Heerde das Gahrkupfer ein, indem die Rosettenscheiben auf die glühenden Kohlen gelegt werden und beim Schmelzen an denselben herunter fliessen müssen. Dabei kommt das in dem Gahrkupfer enthaltene Oxydul vielseitig mit der Kohle in Berührung und giebt an diese seinen Sauerstoff ab. Aber es nimmt zugleich, wenn es mit den Kohlen lange Zeit in Berührung ist, Kohle auf (es wird zu jung) und ist dann eben so unbrauchbar zum Ausarbeiten unter Häm- Das Hammergaarmachen.

mern, als das übergahre. Es liegt daher in der Geschicklichkeit des Arbeiters, welcher an der Biegsamkeit einer herausgenommenen Probe die Güte des Kupfers beurtheilt, den richtigen Zeitpunkt wahrzunehmen, wenn durch die Wirkung des Gebläses der etwa aufgenommene Kohlenstoff wieder entfernt und doch das Kupfer nicht von neuem übergahr geworden ist. Das hammergahre Kupfer wird schliesslich aus dem Heerde ausgeschöpft und in die für die weitere Verarbeitung zweckmässigen oder in der Handelswelt begehrten Formen gegossen.

Darstellung des Kupfers aus kiesigen Erzen in England.

§ 591. Die Darstellung des Kupfers aus kiesigen Erzen in Flammenöfen, wie sie hauptsächlich in England (Swansea und Anglesea) üblich ist, weicht nicht wesentlich von der eben erwähnten Methode ab. Nur pflegt das letzte Rösten des Concentrationssteins und das Rohkupferschmelzen ununterbrochen hinter einander auf demselben Heerde statt zu finden und ebenso das Gahr- und Hammergahrmachen des Schwarzkupfers. Man erhält stets ein übergahres Gahrkupfer, weil aus Vorsicht, um die fremden Metalle vollständig zu oxydiren, bei Luftzutritt lange genug geschmolzen werden muss und eine unmittelbare Berührung des Kupfers mit Kohle, wodurch das Oxydul wieder reducirt werden könnte, nicht statt findet. Indem man hierauf das geschmolzene übergahre Kupfer mit Kohlenlösche bestreut und mit Birkenstangen umrührt, von Zeit zu Zeit eine Probe zieht, und die Operation nur so lange fortsetzt, dass es das Oxydul verliert und keine Kohle aufnimmt, wird das Kupfer in die Hammergahre übergeführt.

Cementkupfer.

§ 592. Cementkupfer wird aus manchen Grubenwässern (§ 598) (in Anglesea, Ungarn), die viel schwefelsaures Kupferoxyd in Lösung enthalten, durch hineingeworfenes Eisen gewonnen. Es enthält selten viel über 70 pCt. Kupfer und wird wegen seiner starken Verunreinigung wie das Schwefelkupfer mit diesem gemeinsam weiter verarbeitet.

Entsilbern des Rohkupfers.

§ 593. Wenn das Rohkupfer so viel Silber enthält, dass es die Arbeit lohnt, so wird ihm dieser Silbergehalt durch die Saigerarbeit entzogen oder es wird der Amalgamation unterworfen. Von beiden wird später bei der Gewinnung des Silbers ausführlicher die Rede sein. Hier möge nur erwähnt werden, dass dasjenige Kupfer, welches durch Saigern entsilbert ist, meistens einen grössern oder geringern Bleigehalt besitzt.

§ 594. Das Kupfer ist ein Metall von eigenthümlich rother Farbe und lebhaftem Glanz, wenn es rein ist. In sehr dünnen Schichten, wie es z. B. durch Reduction von Kupferoxyd, über eine Glasröhre fein vertheilt, erhalten wird, ist es mit grüner Farbe durchsichtig. Es vereinigt Weichheit, vermöge deren es sich leicht bearbeiten lässt, mit einer gewissen Härte, wodurch es der Abnutzung widersteht; seine Dehnbarkeit und Zähigkeit sind so gross, dass man es zu sehr feinen Blättchen auswalzen und zu Draht ausziehen kann, der bei 0,787 Linie Durchmesser noch 302 Pfund trägt. Es krystallisirt in Formen des regulären Systems und so findet man es sowohl in der Natur im Mineralreich, wie auch an dem negativen Pol einer hydroelektrischen Kette, durch deren Strom Kupferlösungen zersetzt werden. Ueberhaupt scheidet es sich leicht bei Reductionen auf nassem Wege krystallisirt ab, so z. B. wenn in eine Kupfersalzlösung eine Stange Phosphor gestellt wird. Das spec. Gewicht des geschmolzenen Kupfers ist = 8,85, des geschmiedeten oder gewalzten = 8,95. Die lineare Ausdehnung desselben zwischen 0—100° beträgt beim gegossenen $^1/_{532}$, beim gehämmerten $^1/_{566}$. Sein Schmelzpunkt ist ungefähr 1100°. In sehr hoher Temperatur siedet und verdampft es. Die Beimengungen fremder Körper üben selbst in den kleinsten Mengen einen sehr schädlichen Einfluss auf die Dehnbarkeit des Kupfers aus: namentlich sind es Blei, Eisen, Zink, Antimon, Arsenik, Zinn, Wismuth und Kohle, welche reines Kupfer kaltbrüchig oder rothbrüchig machen. Den Einfluss beigemengten Kupferoxyduls, den man bisher für sehr schädlich hielt, haben neuere Versuche nicht bestätigt, wenigstens nicht bis zum Betrage von 3,5 pCt. Am unschädlichsten sind Beimengungen von Silber. Es verändern sich durch die eben genannten Verunreinigungen zwar Farbe und Textur des Kupfers nur so unbedeutend, dass man durch den blossen Anblick schwer die Verunreinigungen erkennen würde; aber wenn dieselben bedeutend sind, ändern sich Farbe und Gefüge merklich. Reines hammergahres Kupfer ist auf dem Bruch eines gegossenen Stücks zackig körnig, rein kupferroth glänzend, auf dem Bruch eines geschmiedeten Stücks sehnig, aber eine gleich-

Eigenschaften des Kupfers.

Einfluss fremder Beimengungen.

artige Masse mit seidenartigem Glanz und lichtrother Farbe darstellend; geschmolzen ist es dünnflüssig und erstarrt schnell, indem es dabei spratzt, d. h. feine Kügelchen durch aus dem Innern hervordringendes Gas umherschleudert. Ob dieses Gas Sauerstoff, schweflige Säure oder eine Oxydationsstufe des Kohlenstoffs sei, ist noch nicht ausgemacht.

Verhalten des Kupfers an der Luft

In trockner Luft ist Kupfer bei gewöhnlicher Temperatur unveränderlich, in fein vertheiltem Zustande (aus dem Oxyd durch Wasserstoff reducirt) nimmt es Sauerstoff langsam auf. Bei der Rothgluth überzieht es sich zuerst mit einer braunrothen Schicht (Gemenge von Oxyd mit Oxydul), dann mit einer schwarzen Rinde (Oxyd) und bei der Schmelzhitze verbrennt es unter Luftzutritt mit grüner Flamme.

bei gewöhnlicher Temperatur.

In feuchter und kohlensäurehaltiger Luft überzieht es sich, namentlich wenn sich Wasserdämpfe auf ihm niederschlagen, mit einer grünen Kruste, die im gemeinen Leben Grünspan genannt wird und basisch kohlensaures Kupferoxyd ist.

Verhalten gegen Säuren.

Säuredämpfe greifen es schnell an. Von verdünnten wie concentrirten Säuren, mit Ausnahme der Salpetersäure, wird es in der Kälte nicht angegriffen, wenn es nicht gleichzeitig mit der Luft in Berührung ist. Ist aber letzteres der Fall, dann greifen auch die schwächsten organischen Säuren, Fette und Salze das Kupfer an und lösen davon mit grüner Farbe. In kochender concentrirter Schwefelsäure löst es sich unter Entwickelung von schwefliger Säure, in kochender concentrirter Salzsäure unter Entwickelung von Wasserstoff, in Salpetersäure schon bei gewöhnlicher Temperatur unter Entwickelung von Stickoxyd, die Lösungen sind blau oder grün und enthalten Kupferoxydsalz. Von Ammoniak wird es bei Luftzutritt mit blauer Farbe gelöst, indem sich salpetrigsaures Salz bildet.

Drei Oxyde kennt man bis jetzt vom Kupfer, ein Superoxyd und zwei basische Oxyde, das Oxydul und Oxyd.

Kupferoxydul, $\dot{Cu}$.

§ 595. Kupferoxydul, $\dot{Cu}$, wird als rothes krystallinisches Pulver erhalten, wenn eine Lösung von einem Kupferoxydsalz, mit Stärkezucker und Kali versetzt, gelinde erwärmt wird; als gelbes Pulver scheidet es sich aus, wenn Kupferchlorür durch Kali gefällt wird. Es entsteht ebenfalls beim Erhitzen von Kupfer unter Luftzutritt, oder beim Glühen eines innigen Gemenges von 4 Th. Kupferfeilspänen mit 5 Th. Kupferoxyd. An der Luft verändert sich das auf trocknem Wege dargestellte Oxydul nicht, das auf nassem Wege gewonnene aber bläut sich schnell, indem es in Oxydhydrat übergeht. Mit Sauerstoffsäuren übergossen zerlegt sich ersteres in Oxyd und Metall, letzteres dagegen löst sich unzersetzt in allen Säuren. Es ist eine salzfähige Basis. In der Natur kommt es sehr spärlich vor, und zwar sowohl in regulären Oktaëdern krystallisirt als **Rothkupfererz,** als auch dicht gemengt mit andern Substanzen, wie Eisenoxydhydrat, Thon u. dgl. als **Ziegelerz** (Kupferblüthe). Glasflüssen ertheilt es eine rothe Farbe, indem es sich beim Erkalten des in der Hitze farblosen Glases aus der Verbindung ausscheidet und dann eine sehr stark färbende Kraft besitzt (§ 412).

Kupferoxyd, $\dot{Cu}$.

§ 596. Kupferoxyd, $\dot{Cu}$, dargestellt durch Erhitzen des Kupfers an der Luft (**Kupferasche, Kupferhammerschlag**) oder durch Glühen des kohlensauren oder salpetersauren Salzes, ist ein schwarzes Pulver, welches in der Hitze leicht seinen Sauerstoff an organische Körper abgiebt und daher zu Verbrennungsanalysen organischer Körper benutzt wird. In Säuren löst es sich mit blauer Farbe, Glasflüsse färbt es grün, eben so Fette und fette Oele. Es findet sich in der Natur hie und da, selten in grössern Mengen, namentlich krystallisirt (**Tenorit**) als amorpher schwarzer Ueberzug (**Kupferschwärze**) auf anderen Kupfererzen und rhombisch krystallisirt zuweilen auf den Heerdsohlen von Röstöfen.

Hydrat, $\dot{Cu}\dot{H}$.

Kupferoxydhydrat, $\dot{Cu}\dot{H}$, erhält man durch Fällen eines Oxydsalzes mit Kali oder Natron; es ist ein blauer Niederschlag, der beim Kochen unter Wasser schwarz wird, indem er sein Hydratwasser anfangs zum Theil, nachher ganz verliert. Unter dem Namen **Bremerblau** wird es als blaue Malerfarbe angewendet. Weder das wasserfreie Oxyd, noch das Hydrat lösen sich in reinem Ammoniak auf, wenn aber Kohlensäure, salpetrige Säure oder andere Säuren selbst in sehr geringer Menge anwesend sind, löst Ammoniak reichliche Mengen des Hydrats auf. Solche Lösungen haben die bemerkenswerthe Eigenschaft, die Cellulose, wie sie in der Baumwolle sich darbietet, aufzulösen.

Die Salze des Kupfers.

§ 597. Die Salze des Kupfers. Die Oxydulsalze sind im festen Zustande farblos, gelb oder roth, ändern sich namentlich in Lösung sehr leicht in Oxydsalze um. Ihre farblosen Auflösungen werden durch Kali gelb (Oxydul), durch Ammoniak gar nicht, durch Schwefelwasserstoff schwarz gefällt. Die Oxydsalze mit Krystallwasser sind blau oder grün, ohne dasselbe farblos. Die Lösungen sind blau oder grün, werden durch Schwefelwasserstoff schwarz, durch fixes Alkali blau, durch Kaliumeisencyanür rothbraun (Kaliumeisencyanür mit Eisencyanür-Kupfercyanid), durch Ammoniak gar nicht gefällt; sie geben mit letzterem Reagens, ebenso mit kohlensaurem Ammoniak, eine tief dunkelblaue Flüssigkeit. Durch fixes Alkali entsteht indess keine Fällung, wenn gewisse organische Substanzen in der Lösung anwesend sind, wie Zucker, Eiweiss, gewisse Säuren u. a., die Lösung bleibt dann dunkelblau. Eisen und Zink fällen aus den Kupfersalzen das Metall als feines Pulver, der galvanische Strom ebenso, aber auch je nach seiner Stärke in cohärenter Gestalt als dünnes Blech. Davon wird Anwendung gemacht zum Verkupfern anderer Metalle. Vor dem Löthrohr kann man die Kupfersalze leicht dadurch erkennen, dass sie der Phosphorsalzprobe eine grüne Farbe mittheilen, welche beim Zuschmelzen von Zinn rothbraun (durch Oxydulausscheidung) wird. Die Kupfersalze sind giftig.

Schwefelsaures Kupferoxyd, $\dot{Cu}\dddot{S} + 5\dot{H}$. Kupfervitriol.

§ 598. Schwefelsaures Kupferoxyd, **Kupfervitriol**, kommt in der Natur theils krystallisirt, theils in Grubenwässern aufgelöst vor und ist das am häufigsten angewendete Kupfersalz. Dasselbe wird künstlich dargestellt durch Auflösen von Kupfer in concentrirter kochender Schwefelsäure, oder durch gelindes Rösten von Schwefelkupfer. Das geröstete Schwefelkupfer, bestehend aus Oxyd und schwefelsaurem Oxyd, wird in Wasser unter Zusatz der nöthigen Menge Schwefelsäure aufgelöst. Die abgedampfte Lösung setzt beim Erkalten grosse dunkelblaue, ein wenig verwitternde rhomboidische Krystalle, $\dot{Cu}\dddot{S} + 5\dot{H}$, ab, die bis 100° erwärmt, 4 Atome Wasser, das letzte Atom erst bei 221° verlieren, in 3 Th. Wasser von 10° C. und $\frac{1}{2}$ Th. kochendem sich lösen und trocken erhitzt bei sehr hoher Temperatur in Kupferoxyd, schweflige Säure und Sauerstoff sich zerlegen. Das entwässerte Salz nimmt aus der Luft und aus dem Weingeist sogleich Wasser wieder auf und färbt sich blau. Der käufliche Kupfervitriol enthält gewöhnlich noch Eisenoxydul, bisweilen auch Zinkoxyd. Früher kamen unter dem Namen ge-

Gemischter Vitriol.

mischter Vitriol, Eisen- und Kupfervitriol zusammenkrystallisirt im Handel vor, so enthielt z. B. der Salzburger **(doppelter Adler)** 76 pCt. Eisenvitriol, der Admonter 83 pCt. Als Nebenproduct gewinnt man Kupfervitriol bei der Scheidung von Gold und Silber (s. u.) und durch Auflösen von Kupferasche und Kupferhammerschlag in Schwefelsäure. Anwendung findet das Salz in der Färberei, zur Tränkung von Hölzern und zur Darstellung vieler grüner und blauer Farben.

Doppelsalze.

Mit den schwefelsauren Alkalien liefert es Doppelsalze nach der Formel $\dot{R}\ddot{S}+\dot{Cu}\ddot{S}+6\dot{H}$, welche mit den entsprechenden des Zinkoxyds, Nickel-, Kobalt- und Eisenoxyduls isomorph sind. In Ammoniak löst es sich mit tief dunkelblauer Farbe und giebt eben solche Krystalle, $\dot{Cu}\ddot{S}+2NH^3+\dot{H}$, die an der Luft sich leicht zersetzen. Man erhält die ammoniakalische Verbindung, wenn gepulverter Kupfervitriol in concentrirtem heissem Ammoniak aufgelöst und erkalten gelassen wird, in grossen Prismen; wenn man eine mit Ammoniak vermischte wässerige Lösung des Vitriols mit Alkohol versetzt, in kleinen blauen Krystallen.

Basische Salze.

Mit Kupferoxyd geht das schwefelsaure Kupferoxyd in mehren Verhältnissen Verbindungen ein, und diese basischen Salze entstehen theils auf nassem Wege durch unvollständige Fällung des Kupfervitriols oder Digestion seiner Lösung mit Kupferoxydhydrat, theils auf trocknem Wege durch Erhitzen. Sie sind im erstern Fall grün oder bläulich gefärbt, im letztern röthlich gelb.

Salpetersaures Kupferoxyd. $\dot{Cu}\overset{\cdot\cdot\cdot\cdot\cdot}{N}+3\dot{H}$.

§ 599. Salpetersaures Kupferoxyd entsteht beim Auflösen des Kupfers in Salpetersäure. Es scheidet sich nach Abdampfen der Lösung bei $+27^0$ in blauen, deliquescirenden Prismen, $\dot{Cu}\overset{\cdot\cdot\cdot\cdot\cdot}{N}+3\dot{H}$, aus, die sich in Alkohol lösen und beim Erhitzen sich Anfangs in ein basisches grünes Salz zersetzen, zuletzt ihre Säure völlig verlieren. Bei niedriger Temperatur enthalten die Krystalle mehr Wasser, $\dot{Cu}\overset{\cdot\cdot\cdot\cdot\cdot}{N}+6\dot{H}$. Mit Ammoniak liefert es blaue Krystalle, $\dot{Cu}\overset{\cdot\cdot\cdot\cdot\cdot}{N}+2NH^3$, die sich beim Erhitzen unter Zischen zerlegen, mit salpetersaurem Ammoniak ein Doppelsalz, $NH^3\dot{H}\overset{\cdot\cdot\cdot\cdot\cdot}{N}+\dot{Cu}\overset{\cdot\cdot\cdot\cdot\cdot}{N}$, dessen Lösung, zu weit abgedampft, heftig explodirt.

Kohlensaures Kupferoxyd,

§ 600. Kohlensaures Kupferoxyd ist isolirt nur als basisches Salz bekannt. Ein grünes Salz, von der Zusammensetzung

Malachit

$\dot{Cu}\,\ddot{C} + \dot{Cu}\,\dot{H}$, kommt in der Natur sowohl in schönen Krystallen, wie in derben faserigen Massen vor (**Malachit**) und kann durch Fällung eines Kupferoxydsalzes mit kohlensaurem Natron als grünes Pulver erhalten werden. Es bildet sich auch, wenn Kupfer gleichzeitig der Einwirkung von Sauerstoff, Kohlensäure und Wasser ausgesetzt ist (der sogenannte Grünspan auf alten Kupfermünzen und Bronzestatuen).

Aerugo.

Der Malachit ist ein werthvolles Mineral, welches am Ural zu kostbaren Kunstgegenständen verschliffen und anderwärts, wenn es reichlich genug auftritt, als sehr geschätztes Kupfererz verhüttet wird.

Braunschweiger, Bremer Grün.

Gemenge des künstlich dargestellten Salzes mit Thonerde u. dgl. benutzt man als grüne Farbewaaren, dergleichen unter den Namen Mineral-, Braunschweiger-, Bremer-Grün u. s. w. im Handel sind. Ein blaues Mineral, $2.\dot{Cu}\,\ddot{C} + \dot{Cu}\,\dot{H}$, findet sich in schönen schief rhombischen Krystallen (**Kupferlasur**) oder dichten Massen; gepulvert wird es als schön blaue Farbe (**Bergblau**) verkauft.

Kupferlasur.

Bergblau.

Es kann künstlich dargestellt werden durch Einwirkung von salpetersaurem Kupferoxyd auf Kreide unter höherem Druck. Mit den kohlensauren Alkalien in Verbindung existirt das neutrale kohlensaure Kupferoxyd in Gestalt verschiedener blauer krystallinischer Doppelsalze, von denen das mit Natron, $\dot{Na}\,\ddot{C} + \dot{Cu}\,\ddot{C}$, durch Wasser nicht zersetzt wird.

Essigsaures Kupferoxyd.

§ 601. Essigsaures Kupferoxyd, $\dot{Cu}\bar{A} + \dot{H}$, erhält man in grünen Krystallen, wenn Kupferoxyd in Essigsäure ($C^4H^4O^4$) aufgelöst und bei gewöhnlicher Temperatur die Lösung zum Krystallisiren gebracht wird. Es ist dieses Salz unter dem Namen destillirter Grünspan*) als Malerfarbe ein Handelsartikel. Ausserdem findet man noch einen blauen Grünspan und einen andern grünen Grünspan im Handel.

Blauer Grünspan.

Der blaue wird in Montpellier auf folgende Weise fabricirt: man versetzt die Träbern von Weinbeeren in saure Gährung, packt sie dann mit angewärmten Kupferplatten in irdene Töpfe und bedeckt diese mit Stroh. Nach einigen Wochen werden die Kupferplatten herausgenommen, der gebildete Grünspan, $\dot{Cu}\bar{A} + \dot{Cu}\dot{H} + 5\dot{H}$, abgeschabt, zusammengeknetet und in ledernen Säcken getrocknet. — In Grenoble werden Kupferplatten, mit Essig benetzt, der war-

---

*) weil zur Anfertigung desselben destillirter Essig benutzt wird.

men Luft ausgesetzt und dieses so lange wiederholt, bis dieselben nach und nach in grünen Grünspan umgewandelt sind. Diese Verbindung besteht hauptsächlich aus zwei basischen Kupfersalzen, $\dot{C}u^3\bar{A}$ und $\dot{C}u^3\bar{A}^2$. Durch die Bereitungsart dieses Grünspans erhellt, wie leicht bei Luftzutritt das Kupfer von der Essigsäure angegriffen wird, wie leicht also bei Anwendung kupferner Geräthschaften Grünspanbildung und in Folge dessen Vergiftung von Speisen oder Getränken statt finden kann. Grüner Grünspan.

§ 602. Arsenigsaures Kupferoxyd, welches durch Fällen einer Lösung von Kupfervitriol mit arsenigsaurem Kali dargestellt wird und **Scheelsches** Grün heisst, und eine Verbindung von arsenigsaurem und essigsaurem Kupferoxyd, $\dot{C}u\bar{A} + 3.\dot{C}u^2\ddot{A}s$, welche man durch Zusammenmischen von gelöster arseniger Säure und neutralem essigsaurem Kupferoxyd erhält und **Schweinfurter (Mitis-, Wiener-, Kaisers-) Grün** nennt, sind zwei Malerfarben von ausgezeichnetem Grün, aber äusserst giftig. Arsenigsaures Kupferoxyd. Scheelsches Grün. Schweinfurter-, Mitis-, Kaisers-Grün.

§ 603. Kupferchlorür, ꞒuCl, bildet sich, wenn in eine Kupferchloridlösung Kupfer gestellt und die Luft abgeschlossen wird. Ans der farblosen Lösung kann man farblose Tetraëder erhalten, die sich nicht in Wasser, aber in Salzsäure lösen, erhitzt schmelzen, sich in hoher Temperatur verflüchtigen und von der Luft bald Sauerstoff aufnehmen und grün werden. Kupferchlorür.

§ 604. Kupferjodür, ꞒuJ, scheidet sich als gelblich weisses Pulver aus bei Zusatz einer Jodkaliumlösung zu einem Kupferoxydulsalz. Es ist nur sehr wenig in Wasser löslich, schmilzt erhitzt zu einer braunen Masse und ist die einzige bekannte Jodverbindung des Kupfers. Sie entsteht auch, wenn ein Kupferoxydsalz mit Jodkalium vermischt wird, indem sich Jod abscheidet (2 CuCl und 2 KJ = ꞒuJ, 2 KCl und J). Kupferjodür, ꞒuJ.

§ 605. Kupferchlorid, $CuCl + 2\dot{H}$, bildet grüne prismatische Krystalle, die in concentrirter Salzsäure mit schwarzbrauner Farbe sich auflösen, indem sie ihr Krystallwasser abgeben. In erhöhter Temperatur schmilzt das Salz zu einer braungelben Masse und verliert erst Krystallwasser, dann Chlor, indem es in Kupferchlorür sich verwandelt. Wird seine wässerige Lösung mit wenig Kali versetzt, so scheidet sich ein grünes Salz aus, $CuCl + 3.\dot{C}u\dot{H}$, welches auch als krystallisirtes Mineral Kupferchlorid, $CuCl + 2\dot{H}$.

(Atakamit) vorkommt. Das Kupferchlorid wird durch Auflösen von Kupfer in Königswasser und Abdampfen der grünen Lösung gewonnen.

Schwefelkupfer.

§ 606. Schwefel und Kupfer verbinden sich in zwei Verhältnissen, von denen die niedrigste Schwefelungsstufe dem Oxydul, die höhere dem Oxyd entspricht.

Cu^2S, Kupferglanz.

Halb-Schwefelkupfer, $\overset{\prime}{\text{Ɇu}}$, entsteht beim Zusammenschmelzen von Schwefel und Kupfer und scheidet sich oft in schwarzen regulären Oktaëdern aus, wenn man diese Schwefelverbindung darstellt. In der Natur kommt es sowohl für sich in derben Massen als auch in rhombischen Prismen vor, es ist also dimorph **(Kupferglanz).** Es ist eine Schwefelbasis und bildet mit anderen Schwefelmetallen eine Anzahl wohl charakterisirter Verbindungen; dergleichen Schwefelsalze sind z. B. das **Buntkupfererz,** in welchem bald $\overset{\prime}{\text{Fe}}$, bald $\overset{\prime\prime\prime}{\text{Ꞙe}}$ mit dem $\overset{\prime}{\text{Ɇu}}$ verbunden ist, der **Kupferkies** $\overset{\prime}{\text{Ɇu}}\overset{\prime\prime\prime}{\text{Ꞙe}}$, das **Kupferwismutherz** $\overset{\prime}{\text{Ɇu}}{}^3\overset{\prime\prime\prime}{\text{Ƀi}}$, und andere Verbindungen, die beim Blei, Antimon und Silber noch erwähnt werden sollen.

CuS. Kupferindig.

Einfach-Schwefelkupfer, $\overset{\prime}{\text{Cu}}$, findet sich als seltenes Mineral in hexagonalen Krystallen von schwarzblauer Farbe **(Kupferindig).** Aus Kupferoxydsalzen durch Schwefelwasserstoff gefällt, ist es ein schwarzes Pulver, welches sich an der Luft leicht oxydirt und dabei grünlich wird. — Höhere Schwefelungsstufen des Kupfers lassen sich durch Fällen eines Kupferoxydsalzes mit Zwei-, Drei-, Vier- oder Fünffach-Schwefelkalium darstellen.

Stickstoffkupfer.

§ 607. Stickstoffkupfer, Ɇu^3N, ist ein sammtschwarzes feines Pulver, welches bei 300° unter Lichtentwickelung sich in seine Bestandtheile zerlegt, durch Stoss oder Reibung aber nicht. Es bildet sich, wenn über Kupferoxyd, welches bis 250° erhitzt ist, trocknes Ammoniakgas geleitet wird ($6\,\text{Cu}$ und $2 \,.\, NH^3 = \text{Ɇu}^3N$, $6\,\dot{H}$ und N).

Phosphorkupfer.

§ 608. Phosphorkupfer erhält man auf verschiedene Weise auf nassem wie trocknem Wege, z. B. durch Kochen einer Kupfervitriollösung mit Phosphor, durch Glühen des phosphorsauren Kupferoxyds in Wasserstoffgas oder durch Schmelzen von Phosphor mit Kupfer, oder von phosphorsaurem Kupferoxyd mit

Kohle. Das auf nassem Wege bereitete Präparat ist ein graues Pulver Cu^3P, welches mit Salzsäure nicht selbstentzündliches, mit Cyankalium und Wasser selbstentzündliches Phosphorwasserstoff entwickelt. Auf trocknem Wege dargestellt, gewinnt man verschiedene Verbindungen, unter andern Cu^4P als Pulver, Cu^6P als silberweisse geschmolzene, und andere Mischungen als eine stahlgraue glänzende Masse von solcher Härte, dass man schneidende Instrumente daraus anfertigen kann. Phosphorhaltiges Kupfer widersteht der Einwirkung salzhaltigen Wassers weit besser als das reinste Kupfer und mag daher zu Schiffbeschlägen gut anwendbar sein.

§ 609. Kieselkupfer. Durch Zusammenschmelzen von Kieselfluorkalium, Natrium und Kupferspänen erhält man Verbindungen des Siliciums mit Kupfer von höchst bemerkenswerthen Eigenschaften. Eine, welche 12 pCt. Kiesel enthält, ist spröde, weiss und sehr hart. Eine andere von 4,8 pCt. Kieselgehalt ist hellgelb, härter als Eisen, leicht durch Instrumente bearbeitbar und dehnbar, leicht schmelzbar und von ausnehmender Zähigkeit. Man hat sie **Kupferstahl** genannt und kleine Geschütze daraus gegossen, die denen von Bronze (§ 612) vorzuziehen sind. Kieselkupfer. Kupferstahl.

Von den häufig Anwendung findenden Legirungen des Kupfers ist das Neusilber schon früher (§ 554) erwähnt, nächstdem sind die wichtigsten Legirungen die mit Zink und die mit Zinn. Und neuerdings nehmen auch die mit Aluminium die Aufmerksamkeit der Techniker in Anspruch. Legirungen des Kupfers.

§ 610. Das **Messing** enthält in der Regel zwischen 28 bis 34 pCt. Zink. Es wird durch Zusammenschmelzen der beiden Metalle in kleinern Tiegeln aus feuerbeständigem Thon, deren jeder ungefähr 31 Pfund Messing fasst, dargestellt. Die geschmolzene Legirung giesst man aus je 4 Tiegeln in einen grössern und aus diesem in die Form, in welcher man das Messing als für die zur weitern Verarbeitung schickliche zu haben wünscht. Was zu Blechen und Drähten verarbeitet werden soll, giesst man zwischen zwei Granitplatten aus und erhält es in Gestalt einer Tafel (**Tafelmessing**), die unter Hämmern oder Walzwerken zu Blechen ausgedehnt, oder in lange Streifen zerschnitten und zu Drähten ausgezogen wird. Das für die Gelbgiesser aus den Abfällen in der Hütte dargestellte unreine Mes- Das Messing. Tafelmessing.

sing von geringerer Dehnbarkeit wird in einen in kleine viereckige Fächer getheilten Rahmen gegossen. Das Messing ist von gelber Farbe, viel härter und fester als Kupfer und sehr dehnbar, wenn der Zinkgehalt nicht zu gross ist, es lässt sich gut feilen und abdrehen, schmilzt bei niedrigerer Temperatur als Kupfer und füllt, ohne zu steigen, die Formen gut aus. Zusatz von etwas Blei macht das Messing härter und leichter bearbeitbar, aber weniger dehnbar, Eisen vermindert seine Zähigkeit und Dehnbarkeit, vereinigt sich aber gewöhnlich nicht innig mit der Legirung, sondern scheidet sich in kleinen Körnern aus, welche dann an der Luft Rostflecke hervorrufen. An der Luft oxydirt es sich weniger leicht als Kupfer und von Säuren wird es, wenn diese das in der äussersten Schicht enthaltene Zink gelöst haben, nicht stärker als das Kupfer angegriffen. In dünnen Blättchen ausgeschlagenes Messing ist das **Rausch-** oder **Knittergold.**

Eigenschaften des Messings.

Rauschgold.

Tomback.

§ 611. **Tomback (Rothguss** oder *rothes Messing*) enthält nur zwischen 10 und 15 pCt. Zink. Es lässt sich zu sehr dünnen Blättchen **(unächtes Blattgold)** ausdehnen und hat eine grosse Härte, die es zwar schwer bearbeitbar, aber auch weniger als Messing der Abnutzung unterworfen macht. Deshalb wird es vorzugsweise zu solchen Gegenständen gebraucht, die eine starke Reibung auszuhalten haben, wie Zapfenlager, Radbuchsen u. dgl. Verschiedene Legirungen des Zinks mit Kupfer sind unter dem Namen Compositionen bekannt. Das **Mannheimer Gold (Semilor)** enthält 10 pCt. Zink und 8 pCt. Zinn, das **Prinzmetall** 2—3 Th. Kupfer und 1 Th. Zink.

Unächtes Blattgold.

Semilor.

Prinzmetall.

Bronze, die zinkhaltige.

§ 612. Die neuere **Bronze** zum Statuenguss besteht ebenfalls aus Kupfer und Zink, enthält aber meistens etwas Zinn. Die dazu tauglichsten Verhältnisse sind zwischen 84,5 Cu, 11,3 Zn, 4,2 Sn (die am meisten rothgelbe) und 65,9 Cu, 31,6 Zn und 2,5 Sn (die mehr gelbe, goldgelbe Bronze). Ursprünglich verstand man unter Bronze nur eine Legirung von Kupfer und Zinn, es wurde aber später für Statuengüsse dem Kupfer und Zinn etwas Zink beigesetzt und jetzt ist der Zinkgehalt in der Regel grösser als der Zinngehalt.

Die Bronze aber, welche als **Kanonenmetall** dient, besteht noch jetzt wesentlich aus Kupfer und Zinn und enthält meistens nur geringe Quantitäten Zink zufällig beigemischt.

Kupfer und Zinn werden, je nach dem Zwecke, zu welchem man die Legirung anwenden will, in verschiedenen Verhältnissen zusammengeschmolzen. Die Mischung besitzt eine mehr oder weniger röthlich gelbe Farbe, wenn sie nicht mehr als 33 pCt. Zinn enthält, sonst ist sie weisslich. Bei vorherrschendem Zinn ist die Legirung leichter schmelzbar, sehr spröde und hart; je mehr der Kupfergehalt zunimmt, desto schwerer schmelzbar, weicher und zäher wird sie. Das **Geschützmetall** enthält durchschnittlich 10 pCt. Zinn. Zwischen 19—25 pCt. Zinn enthalten die scharfen schneidenden Instrumente der Alten, zwischen 3—11 pCt. die alten griechischen Münzen; zur Bronze zu Medaillen nimmt man 8—12 pCt., zum **Glockenmetall** 20 bis 25 pCt. Zinn. Die letztere Legirung ist grauweiss, dünnflüssig, hart, spröde, klingend und hat die bemerkenswerthe Eigenschaft, im heissen Zustande schnell erkaltet sich hämmern und ausdehnen zu lassen (die *Gonggongs,* Becken der Chinesen) und beim Erhitzen und langsamen Erkalten die frühere Härte und Sprödigkeit wieder zu erlangen. — Die Legirung zu Brennspiegeln und andern Spiegeln (**Spiegelmetall**) enthält 30—35 pCt. Zinn und ein wenig Arsenik oder Antimon. Zu Achsenlagern, Rädern u. dgl. bedient man sich verschiedener Legirungen aus Kupfer und anderen Metallen, z. B. mit 9 pCt. Zinn, 9 pCt. Zink und 7 pCt. Blei, von 2,5 pCt. Zinn, 7,8 pCt. Zink und 0,5 pCt. Eisen, von 14 pCt. Zinn, von 8 pCt. Zinn, 5 pCt. Zink, 8 pCt. Blei und mehrer anderer.

Eigentliche Bronze.

Geschützmetall.

Glockenmetall.

Spiegelmetall.

Die sogenannte **harte Bronze**, deren man sich in der Artillerietechnik zu Radbuchsen, zu den Zerkleinerungs- und Mengkugeln bei der Pulverfabrication bedient, ist ebenfalls eine grauweisse Legirung aus 20—25 pCt. Zinn und 75—80 pCt. Kupfer, die in kleinen Tiegeln unter Schlackendecke eingeschmolzen wird.

Die harte Bronze.

§ 613. Die Legirungen des Kupfers mit Aluminium hat man ebenfalls Bronze genannt, weil sie dieser in Farbe und gewissen andern Eigenschaften gleichen. Die Gemenge von Kupfer mit 5—10 pCt. Aluminium sind goldgelb, hart, zähe, unveränderlich an Luft und in Salzlösungen. Die Legirung von 1 Th. Aluminium mit 9 Th. Kupfer ist in der Hitze bearbeitbar wie Stahl und von grosser Widerstandsfähigkeit; man benutzt sie daher zu Zapfenlagern und gezogenen Gewehren.

Aluminiumbronze.

33. Quecksilber ($Hg = 100,0$) **Hydrargyrum.**

Vorkommen.

§ 614. Es findet sich am häufigsten in Verbindung mit Schwefel (als **Zinnober**), seltener gediegen in Tropfen am Gestein klebend (**Jungfernquecksilber**), ausserdem noch in einigen sehr seltenen Mineralien.

Darstellung des Quecksilbers

§ 615. Der Zinnober, das hauptsächlichste Erz für die Gewinnung des Quecksilbers im Grossen, pflegt auf zweierlei Weise zerlegt zu werden, entweder durch blosses Erhitzen bei Zutritt der Luft, wodurch der Schwefel zu schwefliger Säure sich oxydirt und metallisches Quecksilber flüchtig wird (HgS und $2O = Hg$ und $\ddot{S}$), oder durch Erhitzen des Zinnobers im Gemenge mit Kalkerde, wodurch schwefelsaure Kalkerde und Schwefelcalcium sich bilden, während Quecksilber frei wird ($4HgS$ und $4\dot{C}a = 4Hg$, $3CaS$ und $\dot{C}a\dddot{S}$). Erstere Methode wird in Idria (Krain) und in Almaden (Spanien), den beiden einzigen europäischen Quecksilberbergwerken, angewendet, letztere Methode war in dem nun erschöpften Bergwerke der Rheinpfalz gebräuchlich.

in Idria und Almaden.

Auf welche Weise das aus Californien und China an den Markt kommende Metall dargestellt wird, ist unbestimmt. In Idria bedient man sich eines Ofens, in dessen Gewölbe das Quecksilbererz unter Luftzutritt erhitzt und das flüchtige Quecksilber durch einen Canal in eine Reihe hinter einander befindlicher Verdichtungskammern geleitet wird. In Almaden verdichtet man das Metall in einer grossen Anzahl eigenthümlicher Gefässe (Aludeln genannt). Das durch Zwillichbeutel filtrirte Metall wird in stabeisernen Flaschen (aus Idria) oder in sämisch gegerbten Hammelfellen (aus Spanien) oder in starken Bambusröhren (aus Ostindien) in den Handel gebracht. Es ist meistens noch mit fremden Metallen, z. B. mit Blei, Zinn, Wismuth u. a. verunreinigt und muss davon befreit werden. Am bequemsten, aber nicht vollkommen, geschieht dies durch Schütteln des Metalls mit einer geringen Menge Salpetersäure oder aufgelösten Quecksilberchlorids, wodurch die leichter oxydabeln Metalle in Lösung gehen.

Darstellung chemisch reinen Quecksilbers.

Am reinsten erhält man das Quecksilber durch Destillation reinen Zinnobers mit Kalkerde, oder wenn Quecksilberoxyd in Destillationsgefässen geglüht und das überdestillirte Quecksilber mit Salzsäure gekocht wird.

§ 616. Das Quecksilber ist ein bei gewöhnlicher Temperatur flüssiges Metall von starkem silberähnlichem Glanz und 13,573 spec. Gewicht bei +14,5°. Bei —40° wird es fest und kann in Oktaëdern krysallisirt erhalten werden; es ist im festen Zustande eine zinnweisse, etwas geschmeidige Masse. Bei 0° verdunstet es noch nicht, bei +20 bis 25° merkbar, bei +360° siedet es und bidet ein farbloses Gas von 6,978 spec. Gewicht. Auch mit Wasserdämpfen kann es sich schon bei +60 bis 80° verflüchtigen. Vom Erstarrungs- bis zum Siedepunkt des Wassers dehnt sich das Quecksilber gleichmässig aus und zwar für jeden Grad Cels. um $^1/_{5550}$ seines Volums bei 0°; daher seine Brauchbarkeit zur Anfertigung von Thermometern. Reines Quecksilber fliesst in runden Tropfen und benetzt nicht Körper, mit denen es sich nicht verbindet. Unreines Quecksilber, namentlich wenn es andere Metalle enthält, benetzt, auf Glas oder Porcellan ausgegossen, seine Unterlage, und bildet träg fliessende längliche Tropfen, während reines Metall in runden Tropfen rollt. — Durch starkes und anhaltendes Schütteln mit Wasser oder concentrirter Essigsäure oder durch Zusammenreiben mit Fett (wie in der grauen Quecksilbersalbe) vertheilt es sich in ein feines graues Pulver (metallisches Quecksilber). Die **graue Quecksilbersalbe**, aus frischen Fetten dargestellt, ist weniger wirksam als alte, in welcher das Fett sich schon theilweis in eine Säure zerlegt hat. Denn das dabei entstehende fettsaure Quecksilberoxydul wird leichter resorbirt. Daher pflegt man zur Darstellung frischer Salbe einen Antheil alter hinzuzunehmen. — Quecksilberdämpfe, wie mehre chemische Verbindungen desselben, sind sehr giftig für den thierischen Körper und verursachen Speichelfluss, nach längerer Einwirkung Zittern der Glieder, und selbst den Tod.

Eigenschaften.

Unguentum hydrargyri cinereum.

An der Luft behält das Quecksilber seinen metallischen Glanz, wenn es frei von fremden metallischen Beimengungen ist, sonst überzieht es sich mit einer grauen Haut. Zu vielen Metallen ist die Verwandtschaft des Quecksilbers so gross, dass es augenblicklich mit ihnen Amalgame bildet, und wenn es im Ueberschuss vorhanden ist, die Metalle auflöst. Man darf deshalb z. B. Gold, Silber, Kupfer, Zinn und andere Metalle nicht mit Quecksilber in Berührung bringen. Bis nahe zu 360° längere Zeit erhitzt, verbindet es sich mit Sauerstoff zu Oxyd. Von verdünnter Schwefelsäure und von kochender Salzsäure wird es nicht angegriffen, in Salpetersäure oxydirt es sich aber schon bei gewöhnlicher Temperatur; in kochender concentrirter Schwefelsäure löst es sich unter Entweichen schwefliger Säure. Es bildet zwei basische Oxyde, deren Sauerstoff bei derselben Menge Metall sich zu einander verhält wie 1 : 2.

Quecksilberoxydul, $\dot{\text{Hg}}$.

§ 617. Quecksilberoxydul, durch Fällung einer Auflösung von salpetersaurem Quecksilberoxydul mit Kali dargestellt, ist ein schwarzes Pulver, welches sich am Licht und bei $+100^0$ in Metall und Oxyd zerlegt. Es ist eine Salzba-is.

Quecksilberoxyd, $\dot{\text{Hg}}$.

Hydrargyr. oxydatum rubrum.

§ 618. Quecksilberoxyd kann dargestellt werden durch Erhitzen von Quecksilber bis nahe 360^0 (**Mercurius praecipitatus ruber per se**), oder durch mässiges Glühen des salpetersauren Oxyds, oder durch Fällen eines Oxydsalzes mit Kalilösung. Im ersten Falle ist es ein dunkelrothes krystallinisches, im zweiten ein gelbrothes, im dritten ein gelbes Pulver. Auf jede dieser Weisen dargestellt, ist das Product wasserfreies Oxyd, aber das gelbe Pulver als amorphes Oxyd unterscheidet sich von den andern durch seine leichtere Verbindbarkeit mit Säuren. Es ist zu $^1/_{125000}$ in Wasser löslich, wird beim Erhitzen dunkel, fast schwarz, und zerlegt sich ein wenig durch das Sonnenlicht, sogleich beim Erhitzen über 360^0 in seine Bestandtheile (§ 19). In der Heilkunde findet das Quecksilberoxyd sowohl für sich, wie auch mit Fett zu Salbe verrieben, Anwendung (**Unguentum hydrargyri rubrum**).

Das Quecksilberoxyd ist im Allgemeinen zwar eine schwache Base, doch hat es starke Verwandtschaft zur Salzsäure und Blausäure und scheidet daher aus einer grossen Anzahl metallischer Chlorüre und Cyanüre die darin enthaltenen Metalle als Oxyde aus.

Quecksilberoxyd-Ammoniak.

Quecksilberamidoxyd.

§ 619. Das Quecksilberoxyd verbindet sich mit Ammoniak zu einem gelblich weissen Pulver, $\dot{\text{Hg}}^4\text{NH}^3+2\dot{\text{H}}$, welches beim Erhitzen bis 130^0 unter Verlust von 3 Atomen Wasser in eine sehr bemerkenswerthe Verbindung sich verwandelt, die mit mehren Säuren krystallisirbare Salze liefert. Man hat diese Verbindung, welche die Zusammensetzung Hg^4, O^3, H^2, N besitzt, als eine Base von der Formel $\dot{\text{Hg}}^3+\text{HgNH}^2$ betrachtet. Da sie aber aus keiner ihrer Säurelösungen isolirt abscheidbar ist, sondern stets mit der Säure verbunden niederfällt, darf man wohl unter ihren

Zusammensetzungsbestandtheilen eine Base suchen, das Ganze aber nicht als solche ansehen. Am wahrscheinlichsten sind diese Verbindungen ähnlich wie die ammoniakalischen Kobaltbasen (§ 535) constituirt, und wenn man in der Base einen Abkömmling des Ammoniaks oder Ammoniumoxyds annimmt, in welchem Aequivalente des Wasserstoffs durch Metall vertreten sind, so müssen jene Salze basische sein und das sogenannte Quecksilberamidoxyd ebenfalls. Es würde dann die Formel $N\{Hg^2H^2\}O + \dot{H}g^2$ erhalten müssen, und seine Salze, beispielsweise das Sulphat und Chlorür, die Formeln $N\{Hg^2H^2\}O\dddot{S} + 2\dot{H}g$ und $N\{Hg^2H^2\}Cl + 2\dot{H}g$. Dafür spricht, dass dasselbe Salz oft nicht blos mit zwei, sondern auch mit drei und vier Atomen Quecksilberoxyd verbunden darstellbar ist, je nach der Bereitungsweise. Dergleichen Salze sind die später (§ 621. 623) zu erwähnenden ammoniakalischen Präparate des Quecksilbers. Will man sie wissenschaftlich benennen, so kann das zusammengesetzte Radical $\left.\begin{matrix}Hg^2\\H^2\end{matrix}\right\}N$ Bimercurammonium heissen, und das andere $\left.\text{Ꜧg}^2\right\}N$ Bimercurosammonium, da letzteres aus den Salzen des Quecksilberoxyduls (Oxydum mercurosum) entsteht.

§ 620. Die Salze des Quecksilbers sind meist farblos, von widerlich metallischem Geschmack und sehr giftig. Nicht alle lösen sich unzersetzt in Wasser. Sie werden in Lösungen durch Zusätze von Zinnchlorür, Eisenvitriol, phosphoriger und schwefliger Säure, Kupfer und mehrer anderer Metalle zerlegt, indem sich metallisches Quecksilber ausscheidet. In trockner Gestalt stark erhitzt, sind sie alle flüchtig, theils unter Zersetzung, theils unzerlegt; mit kohlensauren Alkalien gemengt und geglüht, geben sie Quecksilber ab. — In den Oxydulsalzen verursacht reines Kali einen schwarzen (Oxydul), Chlorwasserstoff einen weissen (Chlorür), Schwefelwasserstoff sogleich einen schwarzen (Halb-Schwefelquecksilber) und Ammoniak ebenfalls einen schwarzen Niederschlag (basisches ammoniakhaltiges Salz). — Die Oxydsalze werden durch Kali gelb (Oxyd), durch wenig Schwefelwasserstoff weiss (p. 392), durch Ueberschuss desselben schwarz (Schwefelmetall), durch Ammoniak weiss (p. 389) gefällt. Die Sauerstoffsalze des Quecksilberoxyds werden durch wiederholtes

Die Salze des Quecksilbers.

Eindampfen ihrer wässerigen Lösungen fast alle in basische Salze zerlegt und einige von ihnen verlieren dabei sogar ihre (flüchtige) Säure gänzlich.

Salpetersaures Quecksilberoxydul, $\dot{Hg}\overset{\cdot\cdot\cdot\cdot\cdot}{N}+2\dot{H}$.

§ 621. Salpetersaures Quecksilberoxydul bildet sich, wenn mit Salpetersäure ein Ueberschuss von Quecksilber kalt in Berührung ist. Die farblosen, schief rhombischen Krystalle $\dot{Hg}\overset{\cdot\cdot\cdot\cdot\cdot}{N}+2\dot{H}$ verwittern allmälig in trockner Luft, lösen sich in wenig Wasser unzersetzt und werden durch viel Wasser zersetzt, wobei unlösliche basische Salze von gelber Farbe und wechselnder Zusammensetzung sich abscheiden. Wird verdünnte Salpetersäure mit überschüssigem Quecksilber in der Wärme digerirt, so scheiden sich farblose, glänzende, gerade rhombische Prismen, $\dot{Hg}^4\overset{\cdot\cdot\cdot\cdot\cdot}{N}^3+\dot{H}$ und unter veränderten Umständen schiefe Prismen eines andern basischen Salzes $\dot{Hg}^5\overset{\cdot\cdot\cdot\cdot\cdot}{N}^3+2\dot{H}$ oder $\dot{Hg}^2\overset{\cdot\cdot\cdot\cdot\cdot}{N}+\dot{H}$ aus. — Sowohl das neutrale, wie auch das basische Salz $\dot{Hg}^2\overset{\cdot\cdot\cdot\cdot\cdot}{N}$ verbinden sich mit mehren andern salpetersauren Salzen zu mehr oder weniger schwer löslichen Doppelsalzen.

Mercurius solubilis Hahnemanni. Hydrarg. oxydul. nigrum.

Durch Zusatz von wenig Ammoniak zu einer sehr verdünnten Lösung des Salzes entsteht ein sammetschwarzer Niederschlag, der unter dem Namen **Hydrargyrum oxydulatum nigrum** oder **Mercur. solub. Hahnem.** als Heilmittel Anwendung findet. Dasselbe wird durch Wärme und Licht leicht zerlegt und besteht höchst wahrscheinlich — auf bestimmte Art bereitet — aus $\dot{Hg}^3$, $\overset{\cdot\cdot\cdot\cdot\cdot}{N}$, H^2N, kann daher als eines der basischen Quecksilberammoniumsalze betrachtet werden, wie sie oben (§ 619) angedeutet sind. Seine Formel würde demnach $N(Hg^2H^2)O\overset{\cdot\cdot\cdot\cdot\cdot}{N}+2\dot{Hg}$ lauten und seine Bezeichnung etwa zweifach basisch salpetersaures (Quecksilberamidoxydul oder) Bimercurosammoniumoxyd.

§ 622. Die übrigen Sauerstoffsalze des Quecksilberoxyduls sind mehr oder weniger schwer löslich, zersetzen sich durch Wasser, viele auch durch Licht, einige, wie das oxalsaure, beim Erhitzen unter Detonation; keines verflüchtigt sich unzersetzt.

Salpetersaures Quecksilberoxyd.

§ 623. Salpetersaures Quecksilberoxyd. Das neutrale Salz, $2.\dot{Hg}\overset{\cdot\cdot\cdot\cdot\cdot}{N}+\dot{H}$, bildet sich, wenn Quecksilberoxyd in überschüssiger Salpetersäure gelöst und die Lösung zuletzt über Schwefelsäure langsam verdampft wird. Kühlt man sie dagegen bis -15^0 ab, so erhält man rhombische Tafeln $\dot{Hg}\overset{\cdot\cdot\cdot\cdot\cdot}{N}+8\dot{H}$, welche bei $+7^{0}$ schmelzen und bald Krystallnadeln eines basischen Salzes $\dot{Hg}^{2}\overset{\cdot\cdot\cdot\cdot\cdot}{N}+3\dot{H}$ abscheiden lassen, welches verwittert. Ein anderes basisches Salz, $\dot{Hg}^{2}\overset{\cdot\cdot\cdot\cdot\cdot}{N}+\dot{H}$, entsteht, wenn in heisser Salpetersäure so viel Quecksilberoxyd, als sie auflösen kann, gelöst wird. Beide werden durch Wasser anfangs in ein gelbes basischeres Salz, $\dot{Hg}^{3}\overset{\cdot\cdot\cdot\cdot\cdot}{N}+\dot{H}$, zuletzt in Quecksilberoxyd zersetzt.

Ammoniak fällt aus der Lösung des salpetersauren Quecksilberoxyds ein weisses Pulver, $3\dot{Hg}+NH^{3}+\overset{\cdot\cdot\cdot\cdot\cdot}{N}$, welches von Schwefel- und Salpetersäure nicht verändert, von Chlorwasserstoff aber zerlegt wird. Wahrscheinlich gehört auch diese Verbindung zu der Kathegorie der Mercurammoniumsalze (§ 619).

Schwefelsaures Quecksilberoxyd.

§ 624. Schwefelsaures Quecksilberoxyd, erhalten durch Kochen von Schwefelsäure mit Quecksilber, ist ein weisses schwerlösliches krystallinisches Salz, $\dot{Hg}\dddot{S}$, welches durch Wasser in ein basisches unlösliches von gelber Farbe, $\dot{Hg}^{3}\dddot{S}$ **(Turpethum minerale)**, zersetzt wird, während das unzersetzte neutrale Salz in der freien Schwefelsäure sich auflöst. Uebergiesst man das neutrale Salz mit wenig Wasser und überlässt es sich selbst, so scheiden sich aus der Lösung bald farblose Nadeln, $\dot{Hg}\dddot{S}+\dot{H}$, aus.

Man bereitet das schwefelsaure Quecksilberoxyd fabrikmässig, um aus demselben die Chlorverbindungen darzustellen (§§ 625. 628).

Quecksilberchlorür, $\underline{Hg}Cl$. Hydrargyr. chloratum mite.

§ 625. Quecksilberchlorür findet sich sehr spärlich als Mineral **(Quecksilberhornerz)** in quadratischen Prismen. Es wird fabrikmässig dargestellt, indem man schwefelsaures Quecksilberoxyd mit eben so viel Quecksilber, als es enthält, und mit der erforderlichen Menge Kochsalz (auf 8 Th. Quecksilber 3 Th. Kochsalz) zusammenreibt und das Gemisch der Sublimation unterwirft. Man erhält es auch durch Zusatz von Chlorwasserstoffsäure zu der Lösung eines Quecksilberoxydulsalzes oder durch Erhitzen eines Gemenges von 4 Th. Quecksilberchlorid mit 3 Th. Quecksilber ($HgCl+Hg=\underline{Hg}Cl$). Es ist, auf trocknem Wege bereitet, ein strahlig krystallinisches, auf nassem Wege dargestellt, ein feines pulveriges gelblichweisses Salz, unlöslich in Wasser und kalter Salzsäure, schwärzt sich am Sonnenlicht, sublimirt beim Erhitzen, ohne vorher zu schmelzen, und zerlegt sich bei oft wiederholter Sublimation zum Theil in Quecksilber und Quecksilberchlorid. Dieselbe Zersetzung erfährt es, wenn es mit wässerigen Lösungen von den Chloriden der Alkalien erwärmt wird, indem Doppelchloride des Quecksilberchlorids sich lösen. Diese Bedingungen sind im Magen vorhanden und daraus sicherlich oft die kräftige erwünschte oder ungünstige Wirkung dieses Präparates zu erklären. Da das sehr fein vertheilte Salz viel energischer als Arzneimittel wirkt, als das krystallinisch zerriebene, so pflegt man dasselbe durch Fällung aus sehr verdünnten heissen Lösungen des Chlorids mittelst schwefliger Säure oder durch Einleiten des gasigen Chlorürs nebst Wasserdämpfen in eine Kammer darzustellen. Mit Ammoniakgas vereinigt es sich zu einer schwarzen Verbindung, $HgCl + NH^3$, durch Ammoniakflüssigkeit wird es theilweis zersetzt, indem sich ein schwarzer Körper, Quecksilberchlorür-Amid, $HgCl + HgNH^2$, bildet. Es gehört zu den kräftigsten Heilmitteln und war schon in alten Zeiten unter den Namen **Calomel, Mercurius dulcis, Panacea mercurialis** bekannt.

Quecksilberjodür, HgJ. **Hydrargyr. jodatum flavum.**

§ 626. Quecksilberjodür ist ein grüngelbes Pulver, welches nur schwer frei von Jodid zu erhalten ist. Am Licht zersetzt es sich und wird erst dunkelgrün, dann schwarz, indem sich Quecksilber und Quecksilberjodid bilden. Dasselbe findet beim langsamen Erhitzen desselben statt, bei raschem Erhitzen aber schmilzt es und sublimirt unzersetzt. Es wird in der Heilkunde angewendet (**Hydrargyrum jodatum flavum**) und für diesen Zweck durch Zusammenreiben von 2 Aequivalenten Quecksilber mit 1 Aequivalent Jod bereitet. Es ist unlöslich in Wasser und Weingeist.

Quecksilbercyanür.

§ 627. Quecksilbercyanür kennt man nur in Verbindung mit andern Salzen, nicht im isolirten Zustande.

Quecksilberchlorid, HgCl. Sublimat. **Hydrargyr. bichloratum corrosivum.**

§ 628. Quecksilberchlorid wird in Fabriken dargestellt, indem man schwefelsaures Quecksilberoxyd, mit Kochsalz gemengt, der Sublimation unterwirft. Es ist, so bereitet, eine weisse, am Lichte unveränderliche krystallinische Masse, in Wasser, leichter in Alkohol und Aether löslich und aus der Lösung in rhombischen Krystallen zu erhalten, die bei ungefähr 265° schmelzen und über 295° sich verflüchtigen. Die Auflösung des Quecksilberchlorids reagirt sauer, schmeckt metallisch und ätzend und wird durch das Sonnenlicht und viele organische Substanzen in Chlorür und Chlorwasserstoff zerlegt. Man wendet dieses Präparat, welches unter den Metallsalzen zu den stärksten Giften gehört, schon seit alten Zeiten theils als sehr kräftiges Heilmittel (**Mercurius sublimatus corrosivus**), theils als Schutzmittel gegen die Verwesung thierischer und pflanzlicher Substanzen und gegen die Verwüstung solcher Substanzen durch Insecten an.

Das Quecksilberchlorid bildet mit Quecksilberoxyd in mehren Verhältnissen basische Salze, welche durch unvollständige Zersetzung desselben mit Natron oder kohlensaurem Natron als gelblichweisses $4HgCl + \dot{H}g^7$, oder braunrothes $HgCl + \dot{H}g^3$, oder ziegelrothes $HgCl + \dot{H}g^2$, oder braunes $HgCl + \dot{H}g^4$ Oxychlorid sich ausscheiden. Es vereinigt sich mit Ammoniak zu $HgCl + NH^3$ oder $2HgCl + NH^3$ und mit vielen Chlormetallen, auch mit einigen Sauerstoffsalzen zu Doppelsalzen. Verbindungen des Quecksilberchlorids. Oxychloride.

Die merkwürdigste Verbindung desselben ist die mit Quecksilberamid, gewöhnlich **weisses Präcipitat (Mercurius praecipitatus albus)** genannt. Man erhält diesen Körper, wenn überschüssige Ammoniakflüssigkeit in verdünnte Quecksilberchloridlösung gegossen wird, als rein weisses Pulver, welches aus $HgCl + HgNH^2$ besteht, völlig trocken an Luft und Licht beständig ist, von kaltem Wasser nicht verändert, von heissem aber zersetzt wird. Beim Erhitzen zwischen 300 und 350° zerlegt es sich, ohne zu schmelzen, in flüchtige Producte (NH^3 und $HgCl + NH^3$) und einen rothen Körper, der aus Quecksilberchlorid und Quecksilberstickstoff besteht, $2HgCl + Hg^3N$, und bei weiterem Erhitzen bis 360° in Quecksilber, Calomel und Stickstoff zerfällt. Diese Zersetzung veranschaulicht sich folgendermaassen: $3.(HgCl + HgNH^2) = NH^3$ und $(HgCl + NH^3) + (2HgCl + Hg^3N)$, ferner $2HgCl + Hg^3N = 2HgCl$, Hg und N. Auch bei der Fällung eines Gemisches von Salmiak- und Quecksilberchloridlösung durch kohlensaures Natron scheidet sich ein weisser Niederschlag aus, der aber nicht reines Amidchlorid ist, sondern ein Gemenge desselben mit Quecksilberchlorid-Ammoniak ($HgCl + NH^3$) und basischem Quecksilberchlorid ($HgCl + \dot{H}g^3$). Quecksilberchloridamid, $HgCl + HgNH^2$. **Hydrargyr. amidato-bichloratum.**

Das weisse Präcipitat kann als das Chlorid der Base

Mercurammonium angesehen werden und darnach die Formel $\left\{\begin{matrix} Hg^2 \\ H^2 \end{matrix}\right\}$ NCl erhalten.

Quecksilberjodid, HgJ. **Hydrargyr. bijodatum rubrum.** § 629. Quecksilberjodid ist ein scharlachrothes Pulver, welches sich beim Erhitzen anfangs gelb färbt, dann schmilzt und endlich sublimirt. Beim Erkalten des gelben krystallinischen Sublimats geht die gelbe Farbe wieder in die rothe über, indem sich die rhombische in die quadratische Krystallform umändert. Es löst sich sehr schwer in Wasser, leichter in Alkohol, Aether und den Jodüren der Alkalien, mit denen es mehre Doppelsalze bildet.

Man erhält es durch Zusammenreiben äquivalenter Mengen Jod und Quecksilber, wie auch durch Wechselzersetzung wässeriger Lösungen von Quecksilberchlorid und Jodkalium. Auf letztere Art wird das im Arzneischatz übliche Präparat gewonnen (**Hydrargyrum bijodatum rubrum**).

HgJ + HJ. Mit Jodwasserstoff bildet es ein saures Salz, HgJ + HJ, mit Quecksilberoxyd ein basisches und mit vielen andern Salzen ähnliche Doppelsalze wie das Quecksilberchlorid.

Quecksilbercyanid, HgCy. § 630. Quecksilbercyanid bildet sich, wenn Berlinerblau mit Quecksilberoxyd und Wasser gekocht wird oder durch directe Vereinigung des Oxyds mit der Säure. Es scheidet sich aus der concentrirten Lösung in farblosen Krystallen aus, die beim Erhitzen sich zerlegen (§ 130), wenig in Alkohol, leicht in Wasser löslich sind und nur durch Wasserstoffsäuren und concentrirte Schwefelsäure zersetzt werden. Die Verwandtschaft des Quecksilbers zum Cyan ist so gross, dass das Quecksilberoxyd alle Cyanmetalle, selbst das des Kaliums, zersetzt. Es bildet übrigens, wie die vorher angeführten Haloidsalze, eine grosse Reihe Doppelverbindungen mit andern Salzen.

Schwefelquecksilber. § 631. Schwefelquecksilber. Es giebt zwei Verbindungen des Schwefels mit Quecksilber, welche den Oxydationsstufen desselben proportional zusammengesetzt sind.

$\acute{H}g$. Die dem Oxydul entsprechende Schwefelungsstufe, das Halbschwefelquecksilber, $\not{H}gS$, ist ein schwarzes Pulver, welches sich bei der Zersetzung der Oxydulsalze mit Schwefelwasserstoff bildet. Es ist eine Schwefelbasis, zerlegt sich beim Erhitzen in Quecksilber und die höhere Schwefelungsstufe.

Einfach-Schwefelquecksilber, HgS, erhält man als schwarzes Pulver, wenn ein Oxydsalz des Quecksilbers mit Schwefelwasserstoff im Ueberschuss behandelt wird, oder durch Zusammenreiben von Quecksilber mit Schwefel, wie es als pharmaceutisches Präparat (*Hydrargyrum sulphuratum nigrum, Aethiops mineralis*) gewöhnlich dargestellt wird. Wenn das schwarze Pulver der Sublimation unterworfen oder mit Fünffach-Schwefelkalium bis fast zur Trockne eingedampft wird, verwandelt es sich in einen rothen Körper, den Zinnober, welcher dieselbe Zusammensetzung wie das schwarze Schwefelmetall besitzt. Wenn aber der durch Erwärmen mit Schwefelkalium erhaltene Zinnober sublimirt wird, so wandelt er sich wieder in schwarzes Schwefelmetall um, welches, selbst zerrieben und von neuem sublimirt, seine schwarze Farbe behält.

Das Sulphid, Hg. **Hydrargyr. sulphurat. nigrum.** Zinnober.

Obwohl der Zinnober unter den Quecksilbererzen am reichlichsten und zwar bisweilen in sehr schönen rhomboëdrischen Krystallen, meistens in dichten erdigen Massen sich findet, so ist doch sein Verbrauch als rothe Malerfarbe grösser als die Gewinnung des reinen Erzes, und man stellt daher den meisten Zinnober künstlich dar, besonders da dieser künstlich dargestellte eine grössere Schönheit der Farbe besitzt, als der natürliche. Auf trocknem Wege bereitet man ihn durch inniges Mengen von (42 Th.) Quecksilber mit (8 Th.) Schwefel in Fässern, die sich um ihre Axe drehen und durch Erhitzen dieses Gemenges in eisernen Sublimirgefässen. Auf nassem Wege gelingt seine Darstellung am besten, wenn man in Kolben (300 Th.) Quecksilber, (114 Th.) Schwefel, (75 Th.) Kali und (400 Th.) Wasser eine Zeitlang unter 50° digerirt. Der durch Sublimation erhaltene Zinnober ist eine krystallinisch faserige Masse, welche für den Verkauf unter Mühlsteinen fein gerieben wird. Er hat verschiedene Schattirungen von Roth je nach der Bereitung, ist unlöslich in Säuren (mit Ausnahme der Jodwasserstoffsäure) und Alkalien, zersetzt sich durch Königswasser in Schwefel und Quecksilberchlorid und beim Erhitzen unter Zutritt der Luft in schweflige Säure und Quecksilber. Unter Luftabschluss erhitzt, verflüchtigt er sich unzersetzt und ohne vorher zu schmelzen. Das auf nassem Wege erzeugte Einfach-Schwefelquecksilber hat die Eigenschaften eines Sulphids, denn es verbindet sich mit Schwefel-

Darstellung des Zinnobers auf trocknem, auf nassem Wege,

alkalien zu krystallirbaren Salzen, von denen $\acute{K}\acute{H}g + 6\dot{H}$ und $\acute{Na}\acute{H}g + 8\dot{H}$ bis jetzt genauer bekannt sind.

Die bemerkenswerthe Eigenschaft des Schwefelquecksilbers, mit Quecksilberoxydsalzen sogenannte schwefelbasische Verbindungen einzugehen, welche farblos sind, ist schon oben (§ 620) erwähnt. Es sind bis jetzt untersucht folgende $Hg\,Cl + 2\acute{H}g$, $\dot{H}g\,\overset{.....}{N} + \acute{H}g^2$ und $\dot{H}g^2\,\dddot{S} + \acute{H}g$.

Quecksilberstickstoff, Hg^3N.

§ 632. Quecksilberstickstoff bildet sich, wenn Quecksilberoxyd mit trocknem Ammoniakgas gesättigt und hierauf in fortdauerndem Gasstrom bei 140° so lange erwärmt wird, als sich noch Wasser bildet ($3\dot{H}g$ und $NH^3 = 3\dot{H}$ und Hg^3N). Es ist ein schwarzbraunes Pulver, welches durch einen Hammerschlag, Erwärmen über 100° oder Berührung mit concentrirter Schwefelsäure unter Feuererscheinung und Explosion sich zerlegt.

Amalgame.

§ 633. Die Amalgame lassen sich meistens durch directes Zusammenbringen der Metalle mit dem Quecksilber darstellen, selten, wie z. B. beim Mangan, Eisen, Nickel und Kobalt, muss man einen Umweg zur Erzeugung der Legirung einschlagen. Fast mit allen Metallen verbindet sich das Quecksilber, die entstandene Verbindung löst sich in einem Ueberschuss von Quecksilber auf und lässt sich von diesem trennen, wenn man den Quecksilberüberschuss durch sämisches Leder abpresst. Die Amalgame sind bei gewöhnlicher Temperatur fest, meistentheils leicht schmelzbar, bisweilen krystallisiren sie. Kein Amalgam ist geschmeidig und dehnbar und die sonst weichen und hämmerbaren Metalle verlieren durch Verbindung mit Quecksilber diese Eigenschaften ganz oder zum Theil.

Kalium und Natrium verbinden sich unter starker Wärmeentwickelung mit dem Quecksilber zu spröden und krystallinischen Legirungen, die sich an der Luft nach und nach oxydiren. Die Verbindung mit dem hypothetischen Ammonium ist weich und sehr unbeständig, die mit den Radicalen der Erden noch wenig studirt.

Zink, Cadmium, Zinn, Blei, Wismuth, Gold und Silber liefern krystallisirbare Amalgame. Aus 1 Th. Zink, 1 Th. Zinn und 2—3 Th. Quecksilber besteht das **Kienmayrsche** Amalgam. Zinnamalgam benutzt man zum Belegen des Spiegelglases. Die

Silberamalgame und Goldamalgame werden später Erwähnung finden.

34. Blei. (Pb = 103,6) Plumbum.

§ 634. Das Blei kommt sehr häufig in Verbindung mit Schwefel vor, weniger verbreitet als Oxyd in Verbindung mit Säuren (§§ 645. 648.), am seltensten gediegen im goldführenden Sand und in Meteorsteinen. Vorkommen.

§ 635. Das Schwefelblei, welches fast immer das Erz ist, aus welchem das Blei gewonnen wird, da die Sauerstoffverbindungen in zu geringer Menge und beinahe nie ohne die Schwefelverbindung vorkommen, ist meistentheils mit andern Schwefelmetallen gemengt oder verbunden. Unter diesen ist gewöhnlich Schwefelsilber und nicht selten auch Schwefelkupfer in hinreichender Menge, um das Silber und Kupfer mit Vortheil daraus abzuscheiden. Es ist daher mit der Gewinnung des Bleis meistens auch die des Silbers oder des Silbers und Kupfers verbunden. Gewinnung des Blei's aus dem Schwefelblei,

Die Verarbeitung der schwefelhaltigen Bleierze kann auf zweierlei Weise geschehen, entweder durch die sogenannte Niederschlagsarbeit oder durch die Röstarbeit.

Die Niederschlagsarbeit besteht darin, dass die Bleierze mit Zusatz von Eisen (in Form von Körnern) und Schlacken (vom Eisenfrischen oder vorhergehenden Bleierzschmelzen) in niedrigen Schachtöfen (Fig. 60) eingeschmolzen werden. Dabei verbindet sich das Eisen mit dem Schwefel des Blei's, welches metallisch ausgeschieden wird (PbS und Fe = FeS und Pb), die dem Bleiglanz beigemengten Schwefelmetalle und etwas unzerlegtes Schwefelblei schmelzen mit dem Schwefeleisen zusammen und bilden den Bleistein, durch Niederschlagsarbeit, welcher auf dem Blei schwimmt. Das Product des Schmelzprocesses fliesst fortwährend aus der untersten Oeffnung des Ofens heraus und sammelt sich in einem Vortiegel *k* (Fig. 60) an, indem die Schlacke über *p* abläuft oder abgezogen wird. Aus dem obersten Tiegel *k* werden dann durch Oeffnung des Kanals *e* das flüssige Blei und der Bleistein in den darunter befindlichen Tiegel *m* abgelassen. Der Bleistein, durch Wasser abgekühlt, wird abgehoben, drei- oder mehrmals geröstet und dann mit Schlacken und Eisen wieder eingeschmolzen. Das in ihm enthaltene Schwefeleisen wird beim Rösten grösstentheils oxydirt und verschlackt sich beim Schmelzen; das beim Rösten theilweis oxydirte Schwefelblei wird durch Kohle wieder reducirt und das dabei gebildete Schwefelblei durch das Eisen zerlegt; das durchs Rösten gebildete schwefelsaure Kupferoxyd wird beim Schmelzen in Schwefelkupfer zurückgeführt. Das Product vom Schmelzen des gerösteten Bleisteins ist daher Schlacke, Blei und ein Stein, der wesentlich aus Schwefelkupfer und Schwefeleisen besteht. Dieser wird zuletzt wie der Dünnstein (§ 588) auf Kupfer verarbeitet und das sämmtliche gewonnene Blei (**Werkblei** genannt) enthält das in den Erzen etwa vorhandene Silber.

durch Röstarbeit.

Bei der Verarbeitung des Bleiglanzes vermittelst der Röstarbeit wird das Bleierz meistens in einem Flammenofen bei einer Temperatur geröstet, wobei dasselbe nicht schmilzt. Dadurch entsteht Bleioxyd und schwefelsaures Bleioxyd, etwas Schwefelblei bleibt unzersetzt. Nach vollendetem Rösten wird durch verstärktes Feuer die geröstete Masse bis zum Schmelzen erhitzt und es zerlegen dann das Bleioxyd und schwefelsaure Salz den noch unzersetzten Bleiglanz, indem schweflige Säure entweicht und metallisches Blei (Werkblei) sich bildet ($2\dot{Pb}$ und $PbS = \ddot{S}$ und $3Pb$; $\dot{Pb}\dddot{S}$ und $PbS = 2\ddot{S}$ und $2Pb$). Die etwa beigemengten Schwefelmetalle bilden mit nicht zerlegtem Schwefelblei den Stein, welcher beim nächsten Rösten mit verarbeitet wird.

Entsilbern des Blei's

§. 636. Das silberhaltige Werkblei, welchem ausserdem Antimon und Kupfer in der Regel, bisweilen auch Arsenik, Zink und andere im Erz enthaltene Metalle beigemengt sind, wird Behufs der Entsilberung der sogenannten **Treibarbeit** unterworfen, häufiger noch vorher dem **Krystallisations-Verfahren**.

Die Treibarbeit besteht darin, dass in einem halbkugelförmigen Flammenofen (**Treibheerd** Fig. 61) das Werkblei durch

Fig. 61.

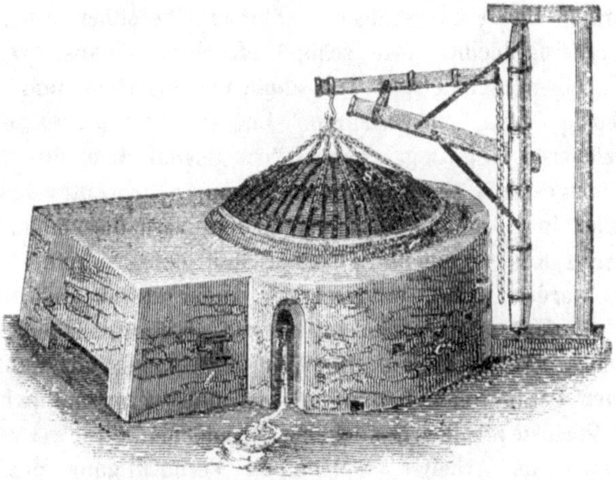

Flammenfeuer vom Rost *k* aus erhitzt, im Schmelzen erhalten und unter fortdauerndem Zublasen von Luft durch die Oeffnungen *m* oder *n* (Fig. 62) oxydirt wird. Die geschmolzenen Oxyde des Blei's und der andern Beimengungen saugen sich theils in die poröse Heerdsohle *e* ein, theils fliessen sie durch einen der Gebläsöffnung gegenüberliegenden Einschnitt in den Heerdkranz (**Glättgasse**).

Fig. 62.

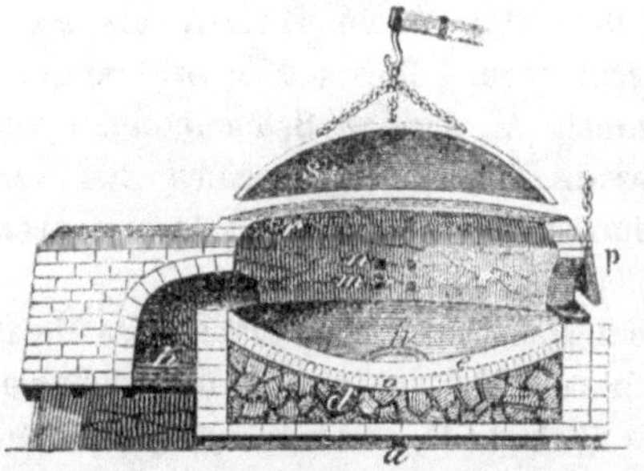

Im Anfang des Abtreibens, bevor das Gebläse angelassen wird, überzieht sich das schmelzende Metall mit einer schwarzgrauen Decke, aus Blei, Antimon und Schwefelblei bestehend, welche abgezogen wird (daher Abstrich genannt) und für sich umgeschmolzen das Hartblei liefert. Bei weiterem Erhitzen wandelt sich das Blei in Oxyd (Bleiglätte) um und wenn dieses vollständig entfernt ist, so erscheint in der kleinen Vertiefung *h* des Treibheerdes das Silber mit seiner hellen glänzenden Farbe (**Silberblick**). Abstrich.

Das Krystallisationsverfahren.

Die Anreicherung des Blei's durch das Krystallisationsverfahren beruht auf der Thatsache, dass aus Legirungen von Blei und Silber, wenn sie geschmolzen allmählig erkalten, zuerst ein silberarmes Blei auskrystallisirt, während eine silberreichere Legirung flüssig bleibt. Man schöpft die Krystalle aus, vereinigt sie mit einem Schmelzgut von ähnlicher Operation und unterwirft beide demselben Verfahren. Ebenso geschieht es mit der silberreicheren Legirung. Schliesslich gelangt man durch eine Reihe fortgesetzter Krystallisationen dahin, in der einen Legirung das Silber in solchem Maasse anzuhäufen, dass dieselbe mit weit geringeren Kosten und in kürzerer Zeit dem Abtreiben unterworfen werden kann, während das andere Product so arm an Silber ist, dass man es einschmilzt und als Kaufblei dem Handel übergiebt. Man erspart auf diese Weise die Operation, welche im folgenden Paragraphen beschrieben ist und vermeidet nicht nur grosse Verluste, sondern auch die schädlichen Einflüsse auf die Gesundheit der Arbeiter, welche die Verflüchtigung des Bleidampfs mit sich bringt.

Das Glättefrischen.

§ 637. Aus dem bei der Treibarbeit gewonnenen Beioxyd (Glätte), sofern dasselbe nicht als solches verkauft wird, gewinnt man durch Schmelzen mit Kohlen **(Glättefrischen)** metallisches Blei **(Frischblei)**, welches in verschiedenen Formen als **Kaufblei** in den Handel gebracht wird. Dieses Blei ist mitunter sehr rein, häufig aber enthält es geringe Beimengungen von Kupfer, Eisen und sehr wenig Silber. Ganz reines Blei verschafft man sich durch Reduction des aus reinem salpetersaurem Salz dargestellten reinen Bleioxyds im Kohlentiegel.

Kaufblei.

Eigenschaften des Blei's.

§ 638. Das Blei ist ein blaugraues, sehr glänzendes Metall von 11,376 spec. Gewicht, bei $+13^{\circ},5$ sehr weich und dehnbar, aber von geringer Festigkeit (Zähigkeit), färbt ab auf Pergament und Porcellan. In Gestalt einer schwammartigen Masse erhält man es durch Zersetzung des schwefelsauren Bleioxyds mittelst Zink in Kochsalzlösung. Es ist dann grau, glanzlos, nimmt gerieben metallischen Glanz an und oxydirt sich schnell an der Luft zu Suboxyd oder Oxyd. Unter Pressen verwandelt sich der Schwamm in eine cohärente Metalltafel, in welche man leicht selbst die weichsten Gegenstände, wie Pflanzenblätter, abdrücken kann. Schmelzpunkt $+325^{\circ}$. Beim Erstarren kann es in

Oktaëdern krystallisirt erhalten werden; es zieht sich sehr zusammen und füllt, in Formen gegossen, dieselben nicht völlig mehr aus. In der Rothgluth siedet es und wird flüchtig. An der Luft verändert es sich bei gewöhnlicher Temperatur schnell, es bedeckt sich mit einer dünnen grauen Haut (wahrscheinlich Suboxyd), welche aber die weitere Oxydation des Blei's verhindert. Mit Wasser und Luft gleichzeitig in Berührung, oxydirt es sich, das Oxydhydrat löst sich etwas im Wasser auf (wenn dieses nicht etwa schwefelsaure Salze oder Chlormetalle enthält) und theilt dem Wasser giftige Eigenschaften mit. Auf Blei, welches eine Zeit lang an der Luft geschmolzen wird, bildet sich ein graues Pulver, Gemenge aus Oxyd und Metall (**Bleiasche**), welches bei fortgesetztem Erhitzen gelb (Oxyd) wird. Es zersetzt das Wasser nicht und löst sich daher, mit Ausnahme der Salpetersäure, in verdünnten Säuren nicht auf. Wenn aber Luft Zutritt hat, so lösen selbst schwache organische Säuren, z. B. Essig, Bleioxyd auf und ertheilen der Lösung giftige Eigenschaften. Mit concentrirter Salzsäure gekocht, entwickelt sich Wasserstoff und Chlorblei löst sich.

Das Blei hat drei Oxydationsstufen, ein Suboxyd, basisches Oxyd und Superoxyd.

§ 639. Bleisuboxyd, $\dot{\bar{\mathrm{P}}}\mathrm{b}$, erhält man durch Erhitzen (bis 300°) des trocknen oxalsauren Bleioxyds als schwarzes, glanzloses Pulver, welches von Säuren und Alkalien in Metall und Oxyd zersetzt wird ($\dot{\bar{\mathrm{P}}}\mathrm{b} = \mathrm{Pb}$ und $\dot{\mathrm{P}}\mathrm{b}$). Es wird vom Wasser, selbst wenn dieses Kohlensäure enthält, nicht weiter verändert. **Bleisuboxyd, $\dot{\bar{\mathrm{P}}}\mathrm{b}$.**

§ 640. Bleioxyd, $\dot{\mathrm{P}}\mathrm{b}$, als Nebenproduct beim Silberabtreiben gewonnen (§ 636), führt den Namen Glätte (Silberglätte, Lithargyrum). Durch Oxydation des Bleis in Flammenöfen dargestellt, wird es Massikot genannt. Es kommt im Handel in gelben oder rothen krystallinischen Schüppchen vor, oder fein pulverisirt mit rothgelber Farbe. Es schmilzt in der Rothgluth und erstarrt krystallinisch blättrig, beim langsamen Erkalten mit rother Farbe. Beim Schmelzen absorbirt es Sauerstoff, lässt ihn aber beim Erkalten wieder entweichen. In der Rothgluth sind das rothe und gelbe Oxyd roth, nehmen aber beide nach dem Erkalten die gelbe Farbe an. Die Bleiglätte ist unreines Bleioxyd, meistentheils kieselsäure- und kupferoxydhaltig, reines Oxyd **Bleioxyd, $\dot{\mathrm{P}}\mathrm{b}$. Glätte. Massikot.**

muss man sich durch Glühen des reinen kohlensauren oder salpetersauren Salzes darstellen. In kieselsäurehaltigen Tiegeln geschmolzen, nimmt es Kieselsäure auf und bildet damit ein Glas (p. 214). Das Bleioxyd ist ein wenig in reinem Wasser (12000 Theilen) löslich, leicht in Alkalien und Kalkwasser; aus letzterm sondert es sich in rothen Krystallen aus, während es aus einer concentrirten Lösung in Alkalien mit gelber Farbe, aus einer verdünnten Auflösung in farblosen Krystallen sich ausscheidet. Es zieht allmählig aus der Luft Wasser und Kohlensäure an, verbindet sich überhaupt mit allen Säuren und steht als starke Basis der Baryterde gleich; es vereinigt sich aber auch mit stärkern Basen und spielt in solchen Verbindungen die Rolle einer Säure. Dergleichen Verbindungen benutzt man zum Schwarzfärben von Wolle und Haaren, insofern der Schwefelgehalt dieser Körper mit dem Bleioxyd Schwefelblei bildet. Speciell gebraucht man dazu die Verbindung des Bleioxyds mit Kalkerde. Man benutzt die Bleiglätte zur Bereitung von Bleiweiss, Bleizucker, Mennige, Firniss und Bleipflastern, Verbindungen einer fetten Säure mit dem Bleioxyd.

Eigenschaften.

Fällt man ein Bleisalz durch Ammoniak, so scheidet sich weisses Bleioxydhydrat, $\dot{P}b^3 \dot{H}$, oft krystallinisch aus. Dieses ist noch leichter in Wasser löslich als das wasserfreie Oxyd und giebt beim Glühen sein Wasser ab.

Bleisuperoxyd, $\ddot{P}b$.

§ 641. Bleisuperoxyd oder Bleisäure, $\ddot{P}b$, ist ein braunes Pulver, welches man entweder durch Digestion der Mennige (§ 642) mit verdünnter Salpetersäure erhält oder durch Kochen geriebenen Bleizuckers (§ 646) mit einer filtrirten Chlorkalklösung im Ueberschuss. Es findet sich sehr selten als Mineral (**Schwerbleierz**) in sechsseitigen Prismen (wahrscheinlich Pseudomorphosen). Es verliert beim Glühen und der Behandlung mit Sauerstoffsäuren Sauerstoff und wird Oxyd, mit den Wasserstoffsäuren zersetzt es sich in Halogene und Haloidsalz ($\ddot{P}b$ und $2HCl = PbCl, 2\dot{H}$ und Cl). Es ändert schweflige Säure in Schwefelsäure, Ammoniak in Wasser und Salpetersäure um und gehört überhaupt zu den sehr kräftigen Oxydationsmitteln, welche manche organische Substanzen unter Feuererscheinung beim blossen Zusammenreiben zerlegen.

Das Bleisuperoxyd hat zugleich die Eigenschaften einer

Bleisaures Kali.

schwachen Säure, denn es verbindet sich mit Kali und Natron zu krystallisirbaren Salzen ($\dot{K}\ddot{Pb}+3\dot{H}$), welche durch Wasser unter Abscheidung der Bleisäure zersetzt werden.

Mennige.

§ 642. Mennige, eine bekannte schön gelbrothe Farbe, wird durch Erhitzen von Massikot oder von Bleiweiss in einem Flammenofen, so jedoch, dass das Pulver nicht ins Schmelzen kommt, dargestellt. Durch Glühen verwandelt sie sich unter Abgabe von Sauerstoff in Bleioxyd, durch Salpetersäure zerlegt sie sich in Bleioxyd und Bleisuperoxyd. Sie besteht also aus einer Verbindung dieser beiden Oxyde, ist aber nicht immer gleich zusammengesetzt, sondern ein bald mehr ($\dot{Pb}^3\ddot{Pb}$) bald weniger ($\dot{Pb}^2\ddot{Pb}$) basisch bleisaures Bleioxyd, oder ein neutrales Salz ($\dot{Pb}\ddot{Pb}$), meistens vermengt mit etwas von den Materialien, aus denen sie dargestellt ist, die durch verdünnte Essigsäure oder Kalilauge ausgezogen werden können. Die Mennige wird nicht blos als Malerfarbe, sondern auch zur Anfertigung von Bleigläsern verwendet. Die Verfälschung der Mennige mit Ziegelmehl kann man leicht daran erkennen, dass sich das rothe Pulver vor dem Löthrohr nicht vollständig zu Blei reducirt.

Die Salze des Blei's.

§ 643. Die Salze des Blei's sind meistens farblos, ihre Lösungen haben einen süssen, metallischen Geschmack und sind sehr giftig. In kleineren und oft wiederholten Dosen dem Organismus zugeführt, verursachen sie eine Krankheit, welche den Namen **Bleikolik** führt und die Arbeiter in Bleihütten und Bleiweissfabriken häufig befällt. Sie werden durch Schwefelsäure, schwefelsaure, kohlensaure und phosphorsaure Salze und in concentrirter Lösung durch Salzsäure und Chlormetalle weiss gefällt. Die Alkalien bringen ebenfalls in ihren Lösungen einen weissen Niederschlag hervor, der sich im Ueberschuss des Fällungsmittels wieder löst. Schwefelwasserstoff erzeugt in sehr verdünnten Bleisalzlösungen einen braunen, in concentrirten einen schwarzen Niederschlag (PbS). Durch Zink und Eisen wird metallisches Blei ausgeschieden (Bleibaum), durch Zinn nicht.

Salpetersaures Bleioxyd, $\dot{Pb}\ddot{\ddot{N}}$.

§ 644. Salpetersaures Bleioxyd, $\dot{Pb}\ddot{\ddot{N}}$, erhält man durch Auflösen von Blei oder Bleioxyd in verdünnter Salpetersäure. Es krystallisirt in farblosen, fettglänzenden, milchweissen oder aus saurer Lösung in durchsichtigen Oktaëdern, die sich in $7\frac{1}{2}$ Th. kalten Wassers lösen. In starker Hitze zerlegt es sich in Bleioxyd und salpetrige Salpetersäure (§ 155). Die Lösung wird benutzt, um damit getränkte verbrennliche organische Körper (wie Luntenstricke und Zündhölzer) beim Anzünden ohne Flamme plötzlich verglimmen zu machen.

Schwefelsaures Bleioxyd, $\dot{Pb}\dddot{S}$.

§ 645. Schwefelsaures Bleioxyd, $\dot{Pb}\dddot{S}$, ist ein in Wasser unlösliches weisses Pulver, welches bei Zusatz von Schwefelsäure oder einem schwefelsauren Salz zu einem gelösten Bleisalze entsteht. In concentrirter Schwefelsäure und Ammoniaksalzen ist es löslich. Unter Wasser mit organischen Substanzen in Berührung oder beim Erhitzen mit Kohle wandelt es sich in Schwefelblei um. Es wird oft als Nebenproduct (§ 394) erhalten und dient zur Vermischung des Bleiweisses oder statt dessen, oder man sucht es zur Gewinnung von Blei (§ 638) oder von Bleioxyd zu verwerthen. In der Natur findet es sich als Mineral, **Bleivitriol**, in glasglänzenden Rhombenoktaëdern.

Essigsaures Bleioxyd, $\dot{Pb}\bar{A} + 3\dot{H}$. Bleizucker.

§ 646. Essigsaures Bleioxyd, Bleizucker, erhält man durch Auflösen von Bleiglätte in Essigsäure oder gereinigtem Holzessig und Abdampfen der Lösung in farblosen schief rhombischen Krystallen, $\dot{Pb}\bar{A} + 3\dot{H}$ ($\bar{A} = C^4H^3O^3$), die an der Luft verwittern und sich etwas zersetzen, indem sie Essigsäure abgeben (daher stets den Geruch nach Essig verbreiten) und Kohlensäure aufnehmen. Sie lösen sich daher, längere Zeit aufbewahrt, nicht vollständig mehr in Wasser auf, indem kohlensaures Bleioxyd zurückbleibt. Ihre Lösung wird ebenfalls in gleicher Weise durch die Kohlensäure der Luft unter Abscheidung eines weissen Niederschlags theilweis zersetzt. Dem trocknen Erhitzen (über 200°) unterworfen, liefern sie eine leicht flüchtige Flüssigkeit, Kohlensäure entweicht und Blei und Kohle bleiben als Rückstand. Man benutzt ausser in der Färberei den Bleizucker als Zusatz zur Firnissbereitung, weil dadurch die Firnisse leichter trocknen.

Aceton.

Basische Salze. Bleiessig. **Liquor plumbi hydrico-acetici.**

Es giebt mehre basische Salze von Essigsäure mit Bleioxyd, von denen eine Lösung unter dem Namen **Bleiessig (Liquor plumbi hydrico-acetici)** bekannt ist. Diese wird bereitet, indem 3 Th. Bleizucker und 1 Th. Bleiglätte in 10 Th. Wasser gelöst werden, und sie enthält ein wechselndes Gemenge von $\dot{Pb}^3\bar{A}$, $\dot{Pb}^3\bar{A}^2$ und $\dot{Pb}^2\bar{A}$.

Das essigsaure Bleioxyd bildet sich auch, wenn Bleiplatten

mit feuchtem Holz lange in Berührung sind, indem aus dem Holz die Essigsäure entsteht.

Kohlensaures Bleioxyd, $\dot{Pb}\ddot{C}$. Weissbleierz.

§ 647. Kohlensaures Bleioxyd, $\dot{Pb}\ddot{C}$, findet sich als Mineral, **Weissbleierz**, in farblosen glänzenden rhombischen Prismen. Künstlich erhält man diese Verbindung als krystallinisches Pulver, wenn Bleizuckerlösung durch Kohlensäuregas oder durch zweifach-kohlensaures Natron gefällt wird. Fällt man aber Bleiessiglösung (§ 646) durch Kohlensäure, so entsteht basisch kohlensaures Bleioxyd, $2\dot{Pb}\ddot{C} + \dot{Pb}\dot{H}$, ein amorphes weisses, in Wasser unlösliches Pulver, welches der Hauptbestandtheil des unter dem Namen Bleiweiss allbekannten und vielfach angewendeten Farbematerials ist.

Darstellung des Bleiweisses.

Die fabrikmässige Darstellung des Bleiweisses beruht auf der leichten Zerlegbarkeit des basisch essigsauren Bleioxyds durch Kohlensäure. Die Methoden zur Bereitung desselben sind verschieden und liefern ein Material von verschiedener Güte.

Holländische Methode.

Nach der holländischen (ältesten) Bereitungsweise stellt man spiralförmig gewundene Bleiplatten in glasirte irdene Töpfe, deren Boden mit einer dünnen Schicht von Essig bedeckt ist, und stellt die mit einer Bleiplatte lose zugedeckten, dem Luftsauerstoff völlig zugänglichen Töpfe in ein Bett von Pferdemist oder Lohe. Die erhöhte Temperatur (30° — 40°) und Kohlensäurebildung, welche bei der Gährung von Lohe oder Mist eintreten, sind günstige Bedingungen für die Entstehung des basisch essigsauren und daraus des basisch kohlensauren Bleioxyds. Dadurch wird die geringe Menge Essigsäure, welche bei weitem nicht ausreichend sein würde, alles in Oxyd umgeänderte Blei auf einmal zu sättigen, wieder frei und verbindet sich mit einem neuen Antheil Bleioxyd zu basischem Salz, und dieses wird auf dieselbe Weise durch Kohlensäure zersetzt. So dauert dieser Process fort, bis der grösste Theil der Bleiplatten oder die ganzen Platten in Bleiweiss umgewandelt sind, welches schliesslich theils im Topfe sich vorfindet, zum Theil in schieferartigen Blättern von den nicht völlig zersetzten Bleideckeln sich loslöst. Das letztere Bleiweiss kommt als bestes unter dem Namen **Schieferweiss** in den Handel. Das im Topfe befindliche und das von den Platten abgeklopfte und abgeschabte Bleiweiss werden geschlämmt, um es von den beigemengten Bleitheilen zu befreien, und nach dem

Schieferweiss.

Kremserweiss. Zusätze zu Bleiweiss.

Trocknen entweder als solches verkauft (**Kremserweiss**) oder mit fein pulverisirtem Schwerspath vermahlen und unter verschiedenen Namen in den Handel gebracht. Man bedient sich auch statt des Schwerspaths anderer weisser Pulver zum Vermischen mit Bleiweiss, z. B. des schwefelsauren Bleioxyds, des Gypses, Zinkoxyds und der Kreide.

Das eben angeführte Verfahren der Bleiweissbereitung wird auch in Süddeutschland befolgt, nur wendet man statt der Mistbetten geheizte Locale an und bewirkt die reichliche Kohlensäureentwickelung durch grössere Mengen gährungsfähiger Stoffe (Hefe, Malztrebern u. dgl.) im Essig.

Französische Methode.

Nach der französischen Methode stellt man sich eine Auflösung von basisch essigsaurem Bleioxyd dar (durch Erwärmen von Bleizuckerlösung mit Glätte) und leitet in dieselbe (vermittelst einer archimedischen Schnecke oder auf ähnliche Weise) einen Strom von Kohlensäuregas, welches entweder durch Verbrennen von Kohlen erhalten ist oder aus der Erde ausströmt. Die essigsaure Flüssigkeit wird vom niedergefallenen Bleiweiss getrennt, wieder mit Glätte digerirt und von neuem der Einwirkung der Kohlensäure ausgesetzt.

Englische Methode.

Das englische Verfahren besteht darin, dass Bleiglätte mit ungefähr 1 pCt. Bleizucker vermischt, mit Wasser angefeuchtet und unter stetem Umrühren in einer Kohlensäureatmosphäre eine Zeitlang erhalten wird.

Zusammensetzung und Eigenschaften des Bleiweisses.

Das basisch kohlensaure Bleioxyd, das reinste Bleiweiss, schwankt in seiner Zusammensetzung zwischen $2\dot{Pb}\ddot{C}+\dot{Pb}\dot{H}$ und $3\dot{Pb}\ddot{C}+\dot{Pb}\dot{H}$. Je mehr Bleioxydhydrat das Bleiweiss enthält, desto besser deckt es als Farbenanstrich, desto leichter wird aber auch der Anstrich, zu dem es verwendet ist, gelb, denn theils mag das Bleioxydhydrat stark zur Zersetzung des Oeles mitwirken, theils wird das basisch kohlensaure Bleioxyd leichter als das neutrale Salz von Schwefelwasserstoffgas (welches sich nicht selten in der Luft verbreitet findet) zersetzt.

Phosphorsaures Bleioxyd.

§ 648. Phosphorsaures Bleioxyd, in verschiedenen Sättigungsverhältnissen ($\dot{Pb}^3\overset{\cdot\cdot}{\ddot{P}}$ und $\dot{Pb}^2\overset{\cdot\cdot}{\ddot{P}}$), ist ein weisses, in Wasser unlösliches Pulver. Es kommt, mit Chlorblei verbunden, als krystallisirtes Mineral **Pyromorphit** ($PbCl+3.\dot{Pb}^3\overset{\cdot\cdot}{\ddot{P}}$), vor, und zwar mit grüner Farbe (**Grünbleierz**) und mit brauner Farbe

(Braunbleierz), im letztern Fall kalk- und fluorhaltig. Ein gelbes Mineral von ähnlicher Zusammensetzung bildet das arseniksaure Bleioxyd, **Mimetesit** ($PbCl + 3.\dot{Pb}^3 \ddot{As}$). Vor dem Löthrohr schmilzt das Pyromorphit und erstarrt unter heftigem Erglühen zu einer krystallinischen Kugel.

§ 649. Kieselsaures Bleioxyd ist eine leicht schmelzbare glasige Verbindung, die im Gemenge mit Kalisilicat die bekannten schweren und stark lichtbrechenden Glasarten bildet (§ 408). Sie ist auch ein Gemengtheil der gewöhnlichen Töpferglasur und verdient als solche Beachtung wegen der leichten Zersetzbarkeit des kieselsauren Bleioxyds durch Säuren. Kieselsaures Bleioxyd.

§ 650. Chlorblei, $PbCl$, ist ein weisses krystallinisches Pulver, welches beim Vermischen einer Bleioxydsalzlösung mit Salzsäure oder einem gelösten Chlormetall entsteht. Es ist schwer in Wasser löslich, krystallisirt beim Erkalten einer gesättigten Lösung in glänzenden Nadeln, schmilzt beim Erhitzen zu einer durchscheinenden nach dem Erstarren hornähnlichen Masse (daher **Hornblei** genannt) und verflüchtigt sich zuletzt ziemlich leicht. In der Natur kommt es als seltenes Mineral **Cottunnit** vor. Chlorblei, $PbCl$.

Mit Bleioxyd verbindet es sich in mehren Verhältnissen, einige dieser Verbindungen finden sich als krystallisirte Mineralien (z. B. **Matlockit** $PbCl + \dot{Pb}$, **Mendipit** $= PbCl + 2\dot{Pb}$), andere lassen sich auf verschiedene Weise künstlich darstellen und unter diesen ist z. B. das siebenfach-basische Salz, $PbCl + 7\dot{Pb}$, als gelbe Malerfarbe **(Casseler Gelb)** bekannt. In Verbindung mit kohlensaurem Bleioxyd ist es das Mineral **Bleihornerz**, $PbCl + \dot{Pb}\ddot{C}$. Casseler Gelb

§ 651. Jodblei, PbJ, ist ein orangegelbes Pulver, welches in kaltem Wasser schwer, in kochendem leichter löslich ist und daraus in glänzenden Krystallblättern sich ausscheidet. Erhitzt schmilzt es, verliert etwas Jod und in starker Hitze verflüchtigt es sich. Man erhält das Jodblei sowohl durch Zersetzung von Jodkalium mit einem Bleisalz, als auch durch Auflösen von Blei in Jodwasserstoffsäure, woraus es besonders schön krystallisirt. Jodblei, PbJ.

§ 652. Schwefelblei, PbS, findet sich im Mineralreich in grossen glänzenden Krystallen (Würfeln) oder in dichten krystal- Schwefelblei. PbS.

linischen grauen Massen und ist das vornehmste Bleierz, der **Bleiglanz.** Man kann es künstlich darstellen durch Zusammenschmelzen von Schwefel und Blei oder durch Zersetzung eines gelösten Bleisalzes mit Schwefelwasserstoff. Im letztern Falle scheidet es sich als schwarzes oder, sehr fein vertheilt, als braunes Pulver aus. Die Bleisalze sind sehr empfindlich gegen Schwefelwasserstoff, daher wird ein Bleiweissanstrich durch sehr geringe Mengen Schwefelwasserstoff braun. Das Schwefelblei ist leicht schmelzbar, bei der Weissglühhitze flüchtig, zersetzt sich in concentrirter Salzsäure unter Entwickelung von Schwefelwasserstoff, mit verdünnter Salpetersäure unter Abscheidung von Schwefel und Lösung von salpetersaurem Bleioxyd, mit concentrirter Salpetersäure wird es in schwefelsaures Bleioxyd umgeändert. Es bildet die Basis vieler Schwefelsalze, von denen einige später beim Antimon Erwähnung finden werden.

Bleiglanz.

Selenblei.

§ 653. Selenblei, PbSe, ist das hauptsächlichste Selenerz. Es ist bleigrau, krystallinisch blätterig oder in Würfeln krystallisirt, schmilzt nicht, verflüchtigt sich, vor dem Löthrohr erhitzt, unter Verbreitung des Geruchs nach faulem Rettig und wird von verdünnter Salpetersäure unter Abscheidung eines rothen Pulvers (Selen) zersetzt.

Blei-legirungen.

§ 654. Bleilegirungen giebt es mehre. Die mit Zinn, mit Zinn und Wismuth, und mit Antimon sind die häufigsten. Gleiche Theile Blei und Zinn bilden das **Schnellloth** der Metallarbeiter, eine leicht schmelzbare Legirung. Ueberhaupt lassen sich Blei und Zinn in allen Verhältnissen zusammenschmelzen, bei gewissen Verhältnissen bilden sich chemische Verbindungen, die sowohl im Ueberschuss jedes der beiden Metalle, als auch in Legirungen von anderer Zusammensetzung sich auflösen.

Schrotverfertigung.

Zur Verfertigung des Schrots wendet man Blei an, welches mit ein wenig Arsen legirt ist. Reines Blei giebt nämlich keine vollkommen runden Körner, weil es sich beim Erkalten sehr stark und ungleich zusammenzieht. Die Menge des Arsenzusatzes schwankt zwischen 0,2 und 0,7 pCt., je nach dem das Blei rein oder unrein ist. Zu reinem weichen Blei setzt man für feine Schrotkörner 0,2 pCt., für mittlere 0,3, für grobe 0,35 pCt. Arsenik; Hartblei (antimon- oder arsenikhaltiges) wird zu feinem Schrot mit 0,1, zu mittlerem mit 0,2, zu grobem mit

0,3 pCt. Arsenik legirt; kupferhaltiges Hartblei pflegt für feines Schrot mit 0,1, für mittleres mit 0,7 und für grobes mit 0,8 pCt. Realgar (s. Schwefelarsenik) geschmolzen zu werden. Von den gewöhnlichen Beimengungen des Blei's ist Kupfer die schädlichste, weil kupferhaltiges Blei sich schwer körnen lässt.

35. Thallium (Tl = 204,0) **Thallium.**

Dieses in neuester Zeit entdeckte Metall hat sich in dem Schlamm einiger Schwefelsäurefabriken (§ 162) gefunden, der zugleich selenhaltig ist. Daher ist es auch eine Verunreinigung mancher Selensorten. Es ist dargestellt aus den Schwefelkiesen von Theux, Namur und einigen andern, aus manchen Kupferkiesen, und findet sich auch in manchem Tellur. **Vorkommen.**

Das Metall gewinnt man aus seinem Chlorür entweder durch Erhitzen mit Natrium, oder durch Elektrolyse oder durch Ausfällung vermittelst Zinns.

In seinen physikalischen Eigenschaften nähert sich das Thallium am meisten dem Blei. Es ist weiss mit einem Stich ins Bläulichgraue, sehr weich und dehnbar, so dass es mit dem Messer geschnitten werden kann, und färbt auf dem Papier ab. Spec. Gew. = 11,9. Schmelzpunkt 290°. In der Rothgluth flüchtig. Geschmolzen hat es grosse Neigung beim Erstarren zu krystallisiren und die gegossenen Barren lassen beim Biegen ein Geräusch hören wie den Schrei des Zinns. — An der Luft läuft es schnell an, die entstehende Oxydhaut aber verhindert tiefer greifende Oxydation; man bewahrt es daher am besten unter Wasser auf. Das gebildete Oxyd ist in Wasser löslich mit deutlich alkalischer Reaction. Das Wasser wird vom Thallium nur bei Anwesenheit von Säuren zersetzt. Schwefelsäure und Salpetersäure greifen in der Wärme das Metall am leichtesten an. Ob es mehr als eine Oxydationsstufe besitzt, ist unentschieden. **Eigenschaften.**

Von den Verbindungen des Thalliums ist zur Zeit wenig bekannt. Mit **Chlor** vereinigt es sich langsam bei gewöhnlicher, unter Lichtentwickelung bei höherer (200°) Temperatur. Das Chlorid schmilzt zu einer gelblichen Masse und setzt sich aus wässeriger Lösung in gelben Blättern ab. Salzsäure veranlasst in den schwefelsauren oder salpetersauren Lösungen einen weissen **Verbindungen.**

käsigen Niederschlag, der ein wenig in Wasser und spurenweis in Ammoniak sich löst.

Reactionen des Thalliums.

Mit **Jod**, **Brom**, **Schwefel** und **Phosphor** verbindet sich das Thallium direct. Aus den Lösungen der Thalliumsalze fällen die Alkalien nichts, Schwefelwasserstoff erzeugt nur in alkalischen Lösungen einen schwarzen Niederschlag, der im Ueberschuss des Fällungsmittels unlöslich ist. Zink fällt aus seinen schwefelsauren oder salpetersauren Lösungen das Metall in Gestalt krystallisch glänzender Blättchen. Die bemerkenswertheste Eigenschaft der Salze, welche zur Entdeckung des neuen Metalls geführt hat, ist die einzige scharf begrenzte **grüne Spectrallinie** (§ 226), welche sie in der lichtlosen Gasflamme entwickeln. Daher der für das Metall gewählte Name, entlehnt von ϑαλλος (junges Grün).

36. Silber (Ag = 107,97) Argentum.

Vorkommen.

§ 655. Es findet sich gediegen nicht selten und zwar in Formen des regulären Systems krystallisirt, zahnartig und drahtförmig verästelt — eine Form, die beim Erhitzen feuchten Schwefelsilbers an der Luft sich ebenfalls bildet. Reichlicher verbreitet ist Schwefelsilber, gemengt oder chemisch verbunden mit vielen andern Schwefelverbindungen, z. B. mit Schwefelantimon und Schwefelarsenik im **Rothgültigerz**, **Sprödglaserz** und den **Fahlerzen** (§ 670), die zu den reichsten Silbererzen gehören. Ausserdem ist es ein fast steter Begleiter des Bleiglanzes (§ 652) und Kupferschiefers (§ 588).

Gewinnung

§ 656. Je nach dem verschiedenen Vorkommen der Erze ist die Gewinnung des Silbers verschieden. Das gediegene Silber, wenn es sich in grössern Mengen findet, wird mechanisch von der Bergart getrennt und eingeschmolzen. Die reichen Silbererze werden, mit armen vermischt, der Treibarbeit unterworfen, welche schon oben (§ 636) beschrieben ist. Das in den Kupfererzen enthaltene Silber, welches sich im Rohkupfer befindet (§ 593), wird von diesem entweder ausgesaigert, d. h. es wird das Rohkupfer mit dem dreifachen seines Gewichts Blei zusammengeschmolzen, aus der Legirung durch schwaches Erhitzen das Blei, und mit diesem legirt das Silber, ausgeschmolzen und dieses silberhaltige Blei der Treibarbeit unterworfen, oder man trennt aus den silberhaltigen Kupfererzen, ehe sie auf Rohkupfer verarbeitet werden, das Silber durch einfaches Ausziehen der gerösteten Erze mit Kochsalzlösung, oder endlich man unterwirft die Erze selbst der Amalgamation.

durch Kochsalzlösung,

Wenn das Silber durch Kochsalzlösung gewonnen werden soll, so röstet man die Erze unter Zusatz von Kochsalz, wodurch das Schwefelsilber in schwefelsaures Silberoxyd und dieses weiter in Chlorsilber übergeht ($\dot{Ag}\dddot{S}$ und $NaCl = AgCl$ und $\dot{Na}\dddot{S}$). In concentrirter Kochsalzlösung ist das Chlorsilber auflöslich und aus solcher Lösung wird es durch Kupfer metallisch ausgeschieden ($AgCl$ und $Cu = Ag$ und $CuCl$). Dieses ist jetzt das üblichste Verfahren zur Silbergewinnung.

durch Amalgamation.

Soll das Silber durch Amalgamation gewonnen werden, so kann dies auf doppelte Weise geschehen. In Amerika werden die reichen Silbererze, welche hauptsächlich aus Schwefelverbindungen und metallischem Silber bestehen, fein gemahlen, mit Kochsalz versetzt und angefeuchtet. Der Brei wird innig durchgearbeitet, mit geröstetem Kupferkies und dann nach längerer Zeit nach und nach mit Quecksilber vermischt. Das schwefelsaure Kupferoxyd des gerösteten Kupferkieses zersetzt sich mit dem Kochsalz zu schwefelsaurem Natron und Kupferchlorid, dieses mit dem metallischen Silber zu Chlorsilber und Kupferchlorür ($2\,CuCl$ und $Ag = AgCl$ und ȻuCl) und das Kupferchlorür mit Schwefelsilber zu Schwefelkupfer und Chlorsilber (ȻuCl und $AgS =$ ȻuS und $AgCl$). Durch das Quecksilber wird endlich das Chlorsilber zerlegt, indem ein Theil desselben mit dem Chlor des Silbers sich vereinigt und ein anderer Theil mit dem frei gewordenen Silber das Amalgam bildet. In Europa wurden behufs der Amalgamation die Erze mit Zusatz von Kochsalz geröstet, wodurch ausser andern Zersetzungen namentlich die Umwandlung des Schwefelsilbers in Chlorsilber bewirkt wird. Die geröstete und fein gesiebte Masse brachte man mit Wasser in Fässer, die sich um ihre Axe drehen, und liess sie eine Zeit lang mit Eisenplatten in Berührung, um das Chlorsilber in metallisches Silber umzuändern. Dann goss man in das Fass eine passende Menge Quecksilber, welches während der Umdrehung des Fasses sich mit dem Silber amalgamirte. Das Amalgam wurde von der andern breiartigen Masse geschieden und in eisernen Retorten geglüht, wodurch Quecksilber abdestillirte und in Wasser aufgefangen wurde, Silber aber zurückblieb.

Raffiniren des Silbers.

Feinbrennen.

Gutschmelzen.

Das durch die Treibarbeit, wie durch die Amalgamation gewonnene Silber wird noch raffinirt, denn beide enthalten noch fremde Metalle, das Treibsilber fast immer Blei, das Amalgamirsilber hauptsächlich viel Kupfer und wenig andere Metalle. Ersteres wird in einem dem Treibheerd ähnlichen aber kleinern Heerd geschmolzen und durch daraufgeblasene Luft das Blei oxydirt. Letzteres schmilzt man bei Luftzutritt in kleinen Tiegeln, wodurch die Beimengungen sich oxydiren und von der Oberfläche abgezogen werden. Die Beimengungen des raffinirten (feingebrannten) Treibsilbers betragen ungefähr 1 pCt. (Blei und Kupfer), die des raffinirten (gutgeschmolzenen) Amalgamirsilbers 24—30 pCt. Kupfer. Diese Quantität Kupfer ist diejenige, mit welcher das Silber meist zur Anfertigung von Münzen und Geräthen legirt wird, und man scheidet sie daher nicht vom Silber ab.

Chemisch reines Silber erhält man durch Schmelzen von reinem Chlorsilber mit Pottasche, Soda oder Kalk als Metallregulus, indem Kohlensäure und Sauerstoff entweichen (Ag Cl und $\dot{K}\ddot{C}$ = Ag, KCl, $\ddot{C}$ und O). In Gestalt eines schwarzen Pulvers scheidet es sich aus, wenn ein reines Silbersalz, auch Chlorsilber, mit Kalilauge und Stärkezucker längere Zeit gekocht wird; oder wenn eine nicht zu verdünnte Lösung von salpetersaurem Silberoxyd mit Milchzucker und Alkali hingestellt wird.

Eigenschaften des Silbers.

§ 657. Das Silber ist ausgezeichnet durch seine weisse Farbe, seinen lebhaften Glanz, die starke Reflexion von Licht und Wärme, und durch seine grosse Dehnbarkeit, vermöge deren es sich zu Draht (von dem 400 Fuss 1 Gran wiegen) ausziehen und zu Blättern (von $^1/_{100000}$ Zoll Dicke) ausschlagen lässt. In ausnehmend dünnen Schichten, wie man es z. B. auf Glas spiegelnd aus den Lösungen niederschlagen kann, ist es mit blauer Farbe durchsichtig. Das alle andern Metalle übertreffende Reflexionsvermögen solch dünner Silberschichten und die Leichtigkeit, mit welcher sie auf Glas zu befestigen sind, haben die Anwendung des Zinnamalgams zu Spiegelbelägen fast völlig verdrängt. Es ist härter als Gold, weicher als Kupfer und so zähe, dass Drähte von $^1/_3$ Linie Durchmesser fast 21 Pfund tragen, ehe sie reissen. Spec. Gewicht 10,5. Schmelzpunkt ungefähr 1000°. Flüchtig in starkem Feuer so wie im Focus eines starken Brennspiegels. Krystallisirt in Würfeln und andern Formen des regulären Systems. Es ist vollkommen luftbeständig bei gewöhnlicher und Glühtemperatur, im Schmelzen saugt es Sauerstoffgas ein, lässt aber dasselbe unter Herumschleudern kleiner Kügelchen (Spratzen) beim Erkalten wieder fahren. In Sauerstoff bis zum Verflüchtigen erhitzt, giebt es Dämpfe von gelbem Silberoxyd. Mit Alkalien geschmolzen, verändert es sich nicht, von Salpetersäure und siedender concentrirter Schwefelsäure, sowie von Jodwasserstoffsäure wird es aufgelöst. Zu Schwefel und Phosphor und besonders den Halogenen hat es starke Verwandtschaft, unter den letztern namentlich zum Jod. In einer Atmosphäre von Schwefelwasserstoffgas läuft es schwarz an, indem sich Schwefelsilber bildet, ebenso in Berührung mit schwefelhaltigen organischen Stoffen, z. B. mit Eiweiss.

Es hat drei Oxydationsstufen, von denen das Oxydul eine schwache, das Oxyd eine starke Basis, und das Superoxyd noch nicht vollkommen rein erhalten ist.

Silberoxydul, $\dot{A}g$.

§ 658. Silberoxydul, $\dot{A}g$, ist ein schwarzes Pulver, welches bei Zersetzung des wolframsauren $\dot{A}g\dddot{W}^2$ oder molybdänsauren $\dot{A}g\dddot{M}o^2$ durch Kalilauge hinterbleibt. Es ist leicht zersetzbar und seine Salze entstehen, wenn einige Silberoxydsalze mit Wasserstoffgas behandelt werden, so z. B. das citronensaure, und die deutlich krystallinischen Salze der Wolframsäure und Molybdänsäure, welche sämmtlich von schwarzer Farbe sind. Auch entsteht Silberoxydul durch Reduction auf anderm Wege, z. B. wenn arsenigsaures Silberoxyd erhitzt oder mit Kalilauge behandelt, oder wenn Kupferoxydul mit salpetersaurer Silberoxydlösung übergossen wird.

Silberoxyd, $\dot{A}g$.

§ 659. Silberoxyd, $\dot{A}g$, scheidet sich beim Zusatz von Kali zu salpetersaurer Silberoxydlösung als graubraunes Pulver aus, welches bei vorsichtigem Erwärmen grünschwarz wird, bei stärkerem Erhitzen oder im Sonnenlicht Sauerstoffgas verliert und zu einem schwarzen Pulver (Silber) sich umwandelt. Es löst sich in etwa 3000 Theilen Wasser und ertheilt diesem alkalische Reaction. Es gehört zu den starken Basen. — Mit Ammoniak verbindet sich das Silberoxyd zu einem durch Druck und Wärme heftig explodirenden schwarzen Pulver (**Knallsilber**), welches man durch Behandlung des Oxyds mit Ammoniaklösung oder durch Fällen eines ammoniakalischen Silbersalzes mit Kali erhält. Knallsilber.

Silbersuperoxyd, $\ddot{A}g$.

§ 660. Silbersuperoxyd, $\ddot{A}g$, ist ein schwarzes Pulver, wenn es durch Oxydation von Silber mittelst Ozons (§ 21) gewonnen ist; durch die Elektrolyse von salpetersaurem Silberoxyd erhält man es am positiven Pol in Gestalt glänzender schwarzer Oktaëder, die jedoch nicht frei von Salpetersäure sind. Erwärmt giebt es Sauerstoff ab, in Salpetersäure löst es sich mit brauner Farbe und bildet eine stark oxydirend wirkende Flüssigkeit. Es verhält sich also dieses Superoxyd wie eine sehr schwache Base.

Die Silberoxydsalze.

§ 661. Die Silberoxydsalze sind meist farblos, schwärzen sich am Licht, werden in ihren Lösungen durch Ammoniak nicht, durch Kali braun, durch Schwefelwasserstoff schwarz (Schwefelmetall), durch Salzsäure oder Chlormetalle und Cyanmetalle weiss (§§ 666. 669), durch Jodmetalle gelb gefällt. Zink, Eisen, Kupfer, Quecksilber und andere Metalle scheiden aus ihnen metallisches Silber aus; eben so phosphorige und schweflige Säure, Eisenvitriol und manche andere Oxydulsalze, besonders gewisse organische Substanzen, wie Pyrogallussäure, Traubenzucker, Milchzucker, wenn die Lösung alkalisch ist.

Salpetersaures Silberoxyd, $\dot{A}g\ddot{\ddot{N}}$.

§ 662. Salpetersaures Silberoxyd, $\dot{A}g\ddot{\ddot{N}}$, erhält man beim Auflösen von reinem Silber in Salpetersäure und Abdampfen der Lösung in farblosen wasserfreien Krystallen des graden rhombischen Systems, die beim Erwärmen schmelzen und sich leicht in Wasser und Alkohol lösen. Das geschmolzene und in Stängelchen gegossene Salz ist unter dem Namen **Höllenstein** bekannt und wird zum Aetzen von Wunden angewendet. Es wirkt zerstörend auf organische Körper, verbindet sich mit ihnen zu einer weissen, bald am Licht sich schwärzenden Substanz und ist innerlich gegeben ein heftiges Arzneimittel, welches nach langem Gebrauch in die Säfte übergehend im *reto Malpighii* sich ablagert und dann die vom Lichte getroffenen Körpertheile bläulich erscheinen lässt. Man benutzt auch die Eigenschaft, am Lichte schwarz zu werden, um mit einer Auflösung des Salzes Zeuge mit unauslöschlichen Zeichen zu bedrucken, oder um Haare schwarz zu färben.

Höllenstein. **Argentum nitricum fusum.**

Das salpetersaure Silberoxyd verbindet sich mit Ammoniak, $\dot{A}g\ddot{\ddot{N}}+2NH^3$, mit mehren Haloidsalzen (§ 667) und Sauerstoffsalzen.

Schwefelsaures Silberoxyd, $\dot{A}g\dddot{S}$.

§ 663. Schwefelsaures Silberoxyd, $\dot{A}g\dddot{S}$, ist ein rhombisch krystallisirendes, in Wasser schwer lösliches Salz, welches durch Auflösen des Silbers in kochender concentrirter

Schwefelsäure erhalten wird. Beim Erhitzen schmilzt es und zerlegt sich unter Hinterlassung von weissem Silber.

Kohlensaures Silberoxyd, $\dot{A}g\ddot{C}$.

§ 664. Kohlensaures Silberoxyd, $\dot{A}g\ddot{C}$, scheidet sich als gelblich weisses amorphes Pulver aus, wenn zu salpetersaurem Silberoxyd kohlensaures Natron gesetzt wird. Erhitzt man die Flüssigkeit sammt Niederschlag, so schwärzt sich letzterer augenblicklich und besteht dann aus Silberoxyd.

Silberchlorür.

§ 665. Silberchlorür ist ein braunes Pulver, welches bei Zusatz von Kochsalz zu einem Silberoxydulsalz entsteht. Es zerlegt sich durch Ammoniak und durch concentrirte Salmiaklösung beim Erhitzen in Silberchlorid und Silber.

Silberchlorid, AgCl.

§ 666. Silberchlorid, AgCl, findet sich krystallisirt als ein seltenes Erz **(Silberhornerz)**, sonst in derben graublauen Massen. Es entsteht durch directe Vereinigung von Chlor mit Silber, fällt als weisser, schnell zusammenbackender Niederschlag beim Zusatz von Salzsäure oder einem gelösten Chlormetall zu der Lösung eines Silberoxydsalzes. Es ist in Wasser fast vollkommen unlöslich, weshalb man noch $^1/_{100000000}$ Salzsäure in Wasser durch Silbersalze entdecken kann. In erhöhter Temperatur schmilzt das Chlorsilber und bildet nach dem Erkalten eine hornähnliche Masse, die sich schneiden lässt **(Hornsilber)**. In concentrirter Salzsäure, in Ammoniak, Chloralkalien und unterschwefligsauren Alkalien löst es sich leicht auf, durch kochende concentrirte Kalilösung wird es in Silberoxyd, bei Zusatz von schwefligsaurem Natron und Salmiak in Metall, durch Eisen, Kupfer und Zink ebenfalls in metallisches Silber zerlegt. Am Licht wird es anfangs violett, dann schwarz, indem sich Silberchlorür bildet und Chlor entweicht. Diese Empfindlichkeit gegen die Einwirkung des Lichts benutzt man, um das auf Metallplatten oder Papier aufgetragene Chlorsilber in einer Camera obscura Bilder aufnehmen zu lassen (Daguerreotypiren). Aber geeigneter für diesen Zweck sind die Jod- und Bromverbindungen des Silbers.

Jodsilber, AgJ.

§ 667. Silberjodid, AgJ, durch Fällung einer Silberoxydlösung mit Jodkalium dargestellt, ist ein gelbes Pulver, welches trocken vollkommen lichtbeständig ist, auch im Sonnenlicht, feucht aber nicht. Es löst sich nicht in Wasser, nur sehr wenig in Ammoniak und schwer in siedender Salpetersäure. Im letztern Fall zersetzt es sich theilweis, Jod entweicht und eine krystallinische Verbindung von $AgJ + \dot{Ag}\ddot{\ddot{\dot{N}}}$ oder $2\dot{Ag}\ddot{\ddot{\dot{N}}} + AgJ$ scheidet sich aus. Dagegen löst es sich leicht in Cyankalium und unterschwefligsaurem Natron. — Es kommt in dünnen citronengelben bis grauen Blättchen als seltenes Mineral vor.

Trotz der Lichtbeständigkeit des auf obige Art dargestellten Jodsilbers existirt doch eine Verbindung, welche in so hohem Grade gegen das Licht empfindlich ist, dass man dieselbe zur Anfertigung der bekannten Lichtbilder in der Daguerreotypie und Photographie benutzt. Ob die dunkel violette, höchst empfindliche Schicht, welche durch Anlaufen einer Silberplatte mit Jodgas entsteht, Silberjodür sei, ist fraglich; die empfindliche Substanz aber, welche den photographischen Papieren einverleibt wird, ist sicher Silberjodid, und da diese nicht minder empfindlich sind, als die Silberplatten, so müssen es die übrigen gleichzeitig vorhandenen Salze oder organischen Stoffe sein, welche im letzten Fall das Jodid empfindlich machen.

Silberbromid, AgBr.

§ 668. Silberbromid, AgBr, durch doppelte Zersetzung gewonnen, ist ein blassgelbliches Pulver, unlöslich in Wasser, leicht löslich in Ammoniak und unterschwefligsaurem Alkali. Es wird durch das Licht reducirt und verhält sich sonst ähnlich dem Chlorsilber. In der Natur kommt es sehr sparsam in olivengrünen bis gelblichen Krystallen vor.

Silbercyanid, AgCy.

§ 669. Silbercyanid, AgCy, ist dem Silberchlorid sehr ähnlich. In seiner Verbindung mit Cyankalium wendet man es jetzt gewöhnlich als Lösung zur galvanischen Versilberung an. Man erhält dieses Doppelsalz, wenn man salpetersaures Silberoxyd und Cyankalium in Wasser auflöst.

Schwefelsilber, AgS.

§ 670. Schwefelsilber, AgS, kommt als Mineral, **Silberglanz, Glaserz,** sowohl im regulären System krystallisirt als auch in dichten Massen vor. Es bildet sich, wenn Silber (§ 657) oder ein Silbersalz mit Schwefelwasserstoff in Berührung kommt und ist im letztern Fall ein schwarzes Pulver, welches von Salpetersäure zersetzt wird. Es ist eine starke Schwefelbasis, von der viele Schwefelsalze im Mineralreich vorkommen, die zu den geschätztesten Silbererzen gehören, wie das **Rothgültigerz**, $\acute{Ag}^3\overset{'''}{Sb}$ (das dunkle), $\acute{Ag}^3\overset{'''}{As}$ (das lichte), **Sprödglaserz**, $\acute{Ag}^6\overset{'''}{Sb}$, **Miargyrit**, $\acute{Ag}\overset{'''}{Sb}$, der **Polybasit**, $\left.\begin{matrix}\acute{Ag}\\ \acute{Cu}\end{matrix}\right\}^9 \left\{\begin{matrix}\overset{'''}{Sb},\\ \overset{'''}{As},\end{matrix}\right.$ die **Fahlerze** und andere.

§ 671. Legirungen geht das Silber fast mit allen Metallen ein, so viel man bis jetzt versucht hat. Unter ihnen sind am wichtigsten die Legirung mit Kupfer und Gold. Wegen seiner grossen Weichheit verarbeitet man das chemisch reine Silber nicht zu Münzen, Schmuckgegenständen und Geräthschaften, die oft gebraucht werden, sondern man legirt zu diesem Zweck Silber mit Kupfer und zwar in verschiedenen Ländern üblicher Weise in verschiedenen, aber meistens durch Gesetze geregelten Verhältnissen. In Deutschland war früher die Einheit 1 Mark feines Silber = 16 Loth oder 288 Grän. Wenn nun das Silber mit so viel Kupfer legirt war, dass die Mark 14 Loth Silber und 2 Loth Kupfer oder 12 Loth Silber und 4 Loth Kupfer enthielt, so hiess das Silber 14, 12 u. s. w. löthig. Den Gehalt der Münzen an edlen Metallen nennt man **Schroot** und **Korn**. Der Münzfuss eines Landes bezeichnet die Anzahl derjenigen grösseren Münzstücke, in welchen 1 Mark fein Silber enthalten ist. In Preussen, Sachsen, Kurhessen z. B. herrscht der 14 Thaler-Fuss, d. h. es sind in 14 Thalern 1 Mark fein Silber enthalten, in Oesterreich ist der 21 Gulden-Fuss, in Süddeutschland der 24½ Gulden-Fuss. Seit der neuen Gewichts-Aenderung im Zollverein ist für die Münzen das Normal-Gewicht 1 Pfund = 500 Grammen angenommen und es gehen daher in Preussen u. s. w. 30 Thaler auf 1 Pfund fein Silber, in Oesterreich 45 Gulden, in Süddeutschland 52½ Gulden. Zu silbernen Trink- und Essgeräthen dürfen nicht wohl über 4 Loth Kupfer in der Mark enthalten sein, sonst oxydirt sich in Berührung mit sauren Gegenständen das Kupfer des Geräths und es können Vergiftungen statt finden. Es giebt daher in manchen Staaten bestimmte Verordnungen über den Kupfergehalt des zu Hausgeräthen zu verarbeitenden Silbers. Den Silbergehalt einer Legirung untersucht man genau entweder durch das **Cupelliren**, d. h. man schmilzt die Legirung mit ihrem 4 – 20fachen Gewicht Blei zusammen und erhitzt sie in einem aus Knochenasche und Laubholzasche angefertigten kleinen Tiegel (Capelle genannt) in einem Muffelofen unter Zutritt der Luft, wobei das gebildete Blei- und Kupferoxyd sich in die poröse Capelle einziehen und das Silber darin rein und geschmolzen zurückbleibt, — oder man löst die Legirung in Salpetersäure auf und fällt das Silber mit einer Kochsalzlösung, deren Gehalt

Legierungen des Silbers.

Münzsilber.

Ermittlung des Silbergehalts auf trocknem Wege,

auf nassem Wege. an Salz, also an Chlor, bekannt ist und berechnet aus dem Verbrauch der Lösung das gefällte Silber. Um vorher zu wissen, wie viel löthig die Legirung ungefähr ist, macht man mit Probirnadeln, die alle Legirungen des Silbers mit Kupfer von 0—16 Loth enthalten, einen Strich auf einen Kieselschieferstein (Probirstein) und daneben einen Strich mit der zu untersuchenden Legirung und vergleicht beide Striche mit einander rücksichtlich ihrer Farbe, welche bei grösserem Kupfergehalt röthlicher ist.

Die älteren Silbermünzen, z. B. die Kronenthaler, Piaster und andere enthalten Gold und manche auch Platin. Man scheidet diese letztern jetzt in grossem Maasstabe ab, indem durch siedende Schwefelsäure das Kupfer und Silber gelöst werden. Aus dieser Lösung fällt man durch Kupfer das Silber aus und verwerthet die Flüssigkeil auf Kupfervitriol. Auf solche Art gewonnenes Silber wird **Scheidesilber** genannt.

Amalgame. Verbindungen des Silbers mit Quecksilber kommen im Mineralreich vor und man kennt bis jetzt drei Amalgame, $AgHg^2$, $AgHg^3$ und Ag^6Hg, in schönen weissen Krystallen. Auch künstlich kann man mehrere derselben darstellen. Bei Ueberschuss von Quecksilber sind die Amalgame flüssig oder breiartig, denn jedes Amalgam löst sich in hinreichendem Ueberschuss von Quecksilber auf.

Versilbern durch Plattiren, § 672. Statt aus legirtem Silber fertigt man manche Gegenstände aus andern Metallen, besonders aus Kupfer und überzieht sie mit einer dünnen Platte von sehr reinem Silber, indem man die Silberplatte mit der des andern Metalls zusammenbindet, beide glüht und dann mehre Male durch Walzwerke gehen lässt, wodurch beide so innig mit einander verbunden werden, als ob sie aus einem Stück wären. Früher versilberte man mit einer im Feuer, dünnen Schicht Silber, indem man Silberamalgam auf die Oberfläche des zu versilbernden Gegenstandes auftrug und das Quecksilber durch Glühen entfernte, oder indem man Chlorsilber, mit auf nassem Wege, Pottasche, Kreide und Kochsalz gemengt, auf die Oberfläche einrieb. Jetzt sind diese Arten der Versilberung — mit Ausnahme vielleicht der Uhrzifferblätter, Barometer- und Thermometergalvanisch. scalen — von der Versilberung auf galvanischem Wege (Galvanoplastik) verdrängt. Bei dieser wird das zu versilbernde Metallgeräth als negative Elektrode in eine Lösung von Kaliumsilbercyanid (§ 669) gehängt, indem man als positiven Pol eine Silberplatte wählt.

Glas lässt sich auf nassem Wege mit einer glänzenden Silberschicht überziehen, wenn Lösungen von salpetersaurem Silberoxyd mit Milchzucker und Alkali in Berührung sind, oder wenn ammoniakalische Lösungen desselben bei Anwesenheit von Weinsäure gelinde erwärmt werden.

36. Gold (Au = 196,7) Aurum.

§ 673. Gold kommt fast nur gediegen vor, aber nie ohne Silbergehalt und häufig auch noch mit Kupfer- und Eisengehalt. Es ist sehr verbreitet über die Erde und fast in jedem Schwefelkies der ältern Gebirge enthalten. Meistentheils findet es sich in den lockeren Erdschichten, Geröllen in der Nähe zertrümmerter Gebirge (Seifenwerke), worin das Gold eingesprengt war (z. B. am Ural, in Californien), oder in dem Sande von Flüssen, die aus goldhaltigen Gebirgen kommen (im Rhein und Flüssen West-Afrikas z. B.). Es findet sich gewöhnlich in kleinen Körnern oder Blättchen, doch hat man auch Stücke von 9 Pfund (am Ural), 20 Pfund (in Columbien), 74 Pfund (am Ural) und 145 Pfund (in Californien) gefunden. Zuweilen kommt es in Krystallen vor, die zu einer haar-, zahn- oder drahtförmigen Gestalt an einander gereiht sind. Die mächtigsten Goldablagerungen in Seifenwerken, welche jetzt ausgebeutet werden, sind die in Australien und Californien. Vorkommen

§ 674. Das in Schwefelmetallen enthaltene Gold wird durch Pochen und Schlämmen des Erzes, Amalgamiren des Rückstandes und Glühen des erhaltenen Amalgams dargestellt. Das meiste Gold aber gewinnt man durch Waschen aus den Seifenwerken oder dem Sande von Flüssen. Das Gold, vermöge seines höhern spec. Gewichts, bleibt bei dem Aufrühren in Wasser zurück, während die leichtern erdigen Bestandtheile weggeschwemmt werden. — Eine nicht unbedeutende Menge Gold zieht man jetzt aus manchen alten Silbermünzen (p. 414). Aus alten Goldgeräthen gewinnt man das Gold durch Auflösen in Königswasser und Zusatz von Eisenvitriol. Gewinnung des Goldes.

§ 675. Gold ist ein Metall von bekannter gelber Farbe und ausgezeichnetem Glanz, in dünnen Blättchen mit grüner Eigenschaften

Farbe durchsichtig. In fein vertheiltem Zustande, wie es aus Lösungen niedergeschlagen wird, stellt es ein braunes Pulver dar, welches unter dem Polirstahl seinen Glanz und seine gelbe Farbe annimmt. Spec. Gewicht des pulverförmigen 19,75, des geschmolzenen 19,26. Es ist das dehnbarste Metall, aus 1 Gran desselben kann ein Draht von 500 Fuss Länge ausgezogen werden und Blättchen *(Aurum foliatum)* lassen sich zu einer Dünne von $^1/_{20000}$ Linie ausdehnen. Bei gewöhnlicher und hoher Temperatur ist das Gold völlig luftbeständig, bei etwa 1200° schmilzt es und krystallisirt beim langsamen Erkalten in Würfeln. In sehr hoher Temperatur ist es (wie das Silber) flüchtig. Von den stärksten Säuren (mit Ausnahme der Selensäure, Jodwasserstoffsäure und Jodsäure) wird es nicht angegriffen, nur von den Halogenen, dem Gemisch aus Salpetersäure und Salzsäure (Königswasser) oder durch Salze, bei deren Zersetzung ein Halogen frei wird; eben so wenig wird es durch schmelzende Alkalien angegriffen, mit Quecksilber dagegen verbindet es sich bei gewöhnlicher Temperatur leicht und bildet ein weisses Amalgam.

Das Gold hat zwei Oxydationsstufen, welche nur auf indirectem Wege zu erhalten sind.

Goldoxydul, $\dot{Au}$.

§ 676. **Goldoxydul**, $\dot{Au}$, eine schwache Basis, ist ein dunkelviolettes Pulver, welches bei Zusatz von Kali zu einer Goldchlorürlösung sich ausscheidet. Es ist ein wenig in Kali löslich, zersetzt sich bei 250°, bildet mit Ammoniak eine blaue explodirende Verbindung und vereinigt sich nicht mit den stärkern Mineralsäuren; durch Salzsäure wird es in Gold und Goldchlorid zersetzt.

Goldoxyd, $\dddot{Au}$.

§ 677. **Goldoxyd, Goldsäure**, $\dddot{Au}$, erhält man, wenn neutrale Goldchloridlösung erst mit reinem Kali im Ueberschuss, dann mit Chlorbariumlösung versetzt und die niedergefallene grüngelbe goldsaure Baryterde mit siedender Salpetersäure behandelt wird. Das im luftleeren Raum getrocknete braune Pulver reducirt sich am Licht und beim Erhitzen, verbindet sich nur schwer mit Säuren, leicht mit Alkalien zu goldsauren Salzen. Von diesen hat man $\dot{K}\dddot{Au} + 6\dot{H}$ krystallisirt erhalten.

Knallgold.

Mit Ammoniak bildet es eine gelbbraune Verbindung, $\dddot{Au} + 2NH^3 + \dot{H}$ (**Knallgold**), die bei 100° oder durch einen Schlag oder Reiben, bisweilen auch von selbst unter starkem

Knall sich zersetzt und durch Digestion von Goldoxyd mit Ammoniak dargestellt wird.

Die Goldsalze.

§ 678. Die Salze des Goldes sind noch wenig durchforscht. Sie werden in Auflösung durch Schwefelwasserstoff braun oder schwarz (§ 683), durch Zinnchlorür purpurfarben (§ 682), durch schwefelsaures Eisenoxydul schwarzbraun (metallisches Gold) gefällt. Eine Ausnahme von diesem Verhalten macht die Verbindung des unterschwefligsauren Goldoxyduls mit unterschwefligsaurem Natron. Ausserdem reduciren noch viele andere Substanzen das Gold aus seinen Lösungen, namentlich organische, unter den Metallen Eisen, Kupfer, Zink, ferner Phosphor, phosphorige, schweflige und salpetrige Säure.

Goldchlorür.

§ 679. Goldchlorür, $AuCl$, entsteht beim Erhitzen des Goldchlorids bis 150°; es ist eine weisslichgelbe Salzmasse, die sich beim Uebergiessen mit Wasser nach und nach in Gold und Chlorid zerlegt. Wenn man dieses Salz mit einem Ueberschuss von Ammoniak digerirt, erhält man einen gelben Körper, der aus Gold, Chlor, Stickstoff, Wasserstoff und Sauerstoff besteht, wie das Knallgold explodirt und durch Behandlung mit einem Gemenge von Kalihydrat und Ammoniak unter Chlorverlust in Knallgold sich umändert.

Goldcyanür.

§ 680. Goldcyanür, $AuCy$, ist ein gelbes unlösliches Pulver, welches mit den Cyanalkalien leicht lösliche Doppelsalze bildet, die man jetzt gewöhnlich bei der galvanischen Vergoldung benutzt. Man erhält die Kaliumverbindung ($KCy + AuCy$), wenn man Knallgold in Cyankalium auflöst, und aus dieser Lösung, wenn man sie mit Salzsäure vermischt, das Goldcyanür.

Goldchlorid, $AuCl^3$.

§ 681. Goldchlorid stellt man durch Auflösen des Goldes in Königswasser und Abdampfen der gelben Lösung zur Trockne dar. Es ist eine braungelbe Salzmasse, die sich am Licht zersetzt und metallisches Gold ausscheidet, beim Glühen Chlor verliert, Wasser aus der Luft anzieht und sich leicht in Alkohol und Aether löst. Aus der gelben Lösung wird durch Pflanzensäuren (z. B. durch Oxalsäure) und durch einige metallische Salze (z. B. Eisenvitriol) Gold in Gestalt eines braunen Pulvers oder metallisch glänzender Flittern ausgeschieden ($AuCl^3$ und $6\dot{Fe}\dddot{S} = Au$, $\bar{Fe}Cl^3$ und $2\bar{Fe}\dddot{S}^3$). Eine Verbindung des Goldes mit Chlornatrium, welche auf 6 Th. Gold 10 Th. Chlornatrium

Auro-Natrium chloratum.

enthält, ist ein im Arzneischatz als **Auro-Natrium chloratum** bekanntes Präparat.

Goldpurpur.

§ 682. Giesst man zu einer sehr verdünnten Goldchloridlösung eine Lösung von Zinnchlorür oder von Zinnchlorür vermischt mit Eisenchlorid oder Zinnchlorid, so färbt sich die Flüssigkeit purpurfarben und nach einiger Zeit setzt sich ein braunes Pulver ab, welches nach dem Trocknen bläulich wird und aus Zinnoxyd und Gold besteht. Es wird unter dem Namen **Goldpurpur** (Cassius'scher Purpur) in der Glas- und Porcellanmalerei häufig angewendet.

Bisweilen erzeugt sich aus Goldchlorid eine Purpurfarbe, die von Goldoxydul oder von Gold herrührt, wenn man z. B. Seide damit tränkt.

Schwefelgold.

§ 683. Schwefelgold lässt sich nicht durch Zusammenschmelzen der beiden Körper darstellen. Man erhält ein dunkelbraunes Pulver, wenn Goldchlorür, und ein hellbraunes, wenn kochende, ein schwarzes, wenn kalte Goldchloridlösung mit Schwefelwasserstoff gefällt wird. Die Niederschläge, welche hierbei entstehen, sind aber keine correspondirende Schwefelverbindungen, sondern bestehen im Fall der Zusetzung einer heissen Lösung aus Goldmetall und bei der Fällung einer kalten Goldchloridlösung aus AuS^2. In Verbindung mit Schwefelnatrium erhält man die Schwefelungsstufe AuS als $\acute{Na}\acute{Au}+8\dot{H}$ und da auch das andere Schwefelgold sich in Schwefelalkalien löst, so gehören beide zur Klasse der Sulphide.

Legirungen des Goldes.

§ 684. Legirungen bildet das Gold mit vielen Metallen, unter allen sind aber nur die mit Kupfer und Silber erwähnenswerth. Auch das Gold ist, wie das Silber, zu weich, als dass man es ohne Zusatz anderer Metalle zu häufig gebrauchten Gegenständen verarbeiten könnte. Die goldenen Hausgeräthe, Schmucksachen und Münzen bestehen daher stets aus Legirungen von Gold mit Silber, oder Gold mit Kupfer, oder Gold mit beiden Metallen, und aus solchen Legirungen bestanden z. B. die Götzenbilder der Ureinwohner von Neu-Granada. Mit Silber legirtes Gold hat eine mehr weisslichgelbe, mit Kupfer legirtes eine röthlichgelbe Farbe und mehr Härte. Statt solcher Legirungen werden aber auch oft andere Gegenstände, wie es beim Versilbern geschieht, mit dünneren Lagen von Goldblech plattirt oder vermittelst Goldamalgam vergoldet (Feuervergoldung) oder endlich — und zwar jetzt am häufigsten — galvanisch vergoldet.

Für die goldenen Münzen wird als Zusatz Kupfer oder Kupfer und Silber zugleich gewählt. 1 Mark (16 Loth) Gold enthält 24 Karat (à 12 Grän). Das Gold der preussischen Münzen enthält $2^1/_3$ Karat Beisatz, ist also $21^2/_3$ karätig, das der holländischen Ducaten $23^1/_2$ karätig. Neuerdings drückt man gesetzmässig den Goldgehalt wie den Silbergehalt einer Legirung im deutschen Münzverein durch Tausendtheile aus; darnach enthält eine von $^{900}/_{1000}$ (wie z. B. die französichen Goldmünzen legirt sind) 900 Th. Gold und 100 Th. Kupfer oder Silber und Kupfer. Bei den Silbermünzen ist der andere Theil der Legirung stets nur Kupfer. Die zu Schmucksachen verarbeiteten Goldlegirungen können nicht wohl unter 8karätig sein, sonst laufen sie an der Luft an und lassen sich keine schöne Oberfläche mittheilen. Die vorläufige Untersuchung einer Goldlegirung auf ihren Gehalt an Kupfer geschieht mit Probirnadeln ähnlich wie beim Silber, die genauere Ermittelung aber durch Abtreiben mit Blei, wodurch Kupferoxyd mit Bleioxyd entfernt werden und Gold oder silberhaltiges Gold zurückbleibt, welches letztere durch Salpetersäure (Scheidewasser) vom Silber geschieden wird (Scheidung durch die Quart, indem der Goldgehalt ungefähr $^1/_4$ der Legirung betragen muss). Das Münzgold.

Die Gruppe des Platins.

Zu derselben rechnet man sechs Metalle: **Platin**, **Palladium**, **Iridium**, **Rhodium**, **Ruthenium** und **Osmium**, welche in manchen Platinerzen sämmtlich vorkommen, sonst aber auch in einigen Verbindungen weniger derselben unter einander und in manchem Goldsand. Ihre Verbreitung über die Erde ist überhaupt eine spärliche.

Bei vielen Aehnlichkeiten in physikalischen und chemischen Eigenschaften besitzen sie doch auch viele Abweichungen und man könnte mehre Metalle dieser Gruppe, z. B. das Ruthenium und Iridium, andern Metallen, wie dem Eisen und Mangan an die Seite stellen, während das Osmium sogar mit den Metalloiden parallelisirt werden kann. Das Gemeinsame ihrer Eigenschaften besteht in Folgendem: die pulverigen Metalle haben alle grosses Condensationsbestreben für Sauerstoff und daher ausgezeichnet katalytische Eigenschaften; ihre Oxyde werden durch Wasserstoff bei gewöhnlicher Temperatur reducirt und ihre correspondirend zusammengesetzten Doppelsalze sind isomorph. Unter einander haben in gewissen Beziehungen die meiste Aehnlichkeit Platin mit Palladium, Iridium mit Rhodium, Ruthenium mit Osmium. Die meisten von ihnen gehören zu den edlen Metallen, eines aber (Osmium) oxydirt sich schon bei gewöhnlicher Temperatur an der Luft, und andere in der Hitze, ohne dass ihre Oxyde beim Glühen sich reducirten. Besonders charakteristisch sind die eigenthümlichen Basen, welche sie mit Abkömmlingen des Ammoniaks bilden, ähnlich wie Chrom und Kobalt (§§ 502 und 535), und eine Klasse von Doppelcyanüren.

Unter diesen Metallen ist das Platin das zuerst entdeckte und bis jetzt in technischer Rücksicht das nutzbarste.

38. Platin (Pt = 98,94) Platina.

Vorkommen. § 685. Dieses Metall findet sich nur gediegen, aber nie allein, sondern entweder vereint mit allen Metallen dieser Gruppe oder mit dem einen oder andern derselben. Sein Vorkommen ist wie das des Goldes in Sandlagern nicht tief unter der Oberfläche der Erde und nicht selten zugleich mit Goldkörnern, Chromeisenstein, Titaneisen und gewissen Edelsteinen. In der Regel sind es nur kleine Körner, doch hat man auch Klumpen von $3^1/_2$ und 10 Pfund angetroffen. Die Körner enthalten ausser den obengenannten Metallen noch Kupfer und Eisen und sind theils magnetisch, theils unmagnetisch. Die Hauptfundorte des Platinerzes sind Brasilien, von wo es zuerst (Mitte des 18. Jahrhunderts) nach Europa kam, Columbien, Hayti, Mexiko, Neugranada, der Ural, neuerlichst Californien und Borneo. Der Platingehalt der verschiedenen Erze schwankt zwischen 73,5 und 86,5 pCt.

Darstellung. § 686. Das Platinerz wird mit kochendem Königswasser behandelt, wobei ein unlösliches Pulver zurückbleibt (unter dem Namen Platinrückstände bekannt), das Osmium, Iridium und Ruthenium neben Quarz, Chrom- und Titaneisen, Hyacinthen u. s. w. enthält, während sich die Chloride von Platin, Palladium, Rhodium (und ein wenig Iridium) auflösen. Die braune Lösung wird mit Salmiak vermischt, damit sich ein gelbes Doppelsalz (§ 692) niederschlage und dieses wird nach vorgängiger Reinigung durch starkes Glühen in eine graue poröse Masse **(Platinschwamm)** umgeändert. Wenn man ein Platinsalz, am besten Platinchlorid, mit Eisenvitriol und Natronlauge behandelt und hierauf mit Salzsäure übersättigt, so scheidet sich das Platin als sammtschwarzes Pulver **(Platinschwarz, Platinmohr)** in fein vertheiltem Zustande aus.

Der poröse Platinschwamm, wenn er nicht als solcher Anwendung findet, wird mit Wasser zu einem feinen Pulver in hölzernen Mörsern mit hölzerner Keule zerrieben, in einer eisernen Form durch eine Presse stark zusammengepresst, die erhaltene zusammenbackende Masse zur Weissgluth erhitzt und mit einem schweren Hammer geschlagen. Dadurch schweisst die Masse so zusammen, dass sie sich leicht ausschmieden, zu Blechen und Drähten auswalzen lässt und in dieser Gestalt einen vollkommen metallischen Glanz besitzt. Neuerdings ist es gelungen, mit Hülfe des Knallgasgebläses oder der Verbrennung des Leuchtgases in Sauerstoff Platin in Tiegeln oder Mulden von Kalk zum Betrag von 24 Pfunden auf einmal zu schmelzen. Das so gegossene Metall verliert die etwaigen kleinen Beimengungen oxydabler Metalle und des Siliciums hierdurch völlig und ist weisser und weicher wie das auf die vorher angeführte Weise dargestellte.

§ 687. Das Platin ist im geschmolzenen Zustande ein weisses, dem Silber ähnliches Metall (daher sein Name, von plata, Silber, platina, Silberchen) von starkem Glanz und 21,15 spec. Gewicht, sehr weich und geschmeidig, wenn es rein ist, weniger, wenn es verunreinigt ist. Es lässt sich nur im Sauerstoffgebläse und durch energische galvanische Ströme schmelzen. In der Weissgluth ist es schweissbar; in sehr hoher Temperatur siedet es und verflüchtigt sich. Aus dem geschmolzenen Zustand erstarrend nimmt es krystallinische Gestalt an. Es ist fast so zähe wie Eisen, denn ein Draht von $^{89}/_{100}$ Linie Durchmesser trägt 225 Pfund. An der Luft ist Platin unveränderlich bei niedriger, wie bei höchster Temperatur. Es saugt zwar den Sauerstoff im geschmolzenen Zustande ein, lässt ihn aber unter denselben Erscheinungen wie das Silber (§ 657) wieder fahren. Es wird von den stärksten Säuren nicht angegriffen, nur von Halogenen, also auch von Gemischen, durch deren Aufeinanderwirkung ein Halogen frei wird, und auch dieses nur innerhalb gewisser nicht zu hoher Temperaturen. Ist jedoch das Platin mit Silber legirt, dann löst es sich zu einem kleinen Antheil in der Salpetersäure mit dem Silber auf. Mit schmelzenden Alkalien in Berührung oxydirt es sich, mit schmelzenden Schwefel-, Phosphor- und Arsenikmetallen entstehen leicht schmelzbare Legirungen, ebenso mit allen leicht schmelzbaren Metallen, z. B. Zinn, Blei, Wismuth. Mit den Säuren der genannten Metalloide und deren

Eigenschaften.

Salzen, sowie mit den Oxyden der letzterwähnten Metalle, ebenso mit den borsauren und kieselsauren Salzen bildet bei gleichzeitiger Anwesenheit von Kohle das Platin leicht schmelzbare Verbindungen. Durch die Einwirkung kohlehaltiger Flammen wird das Metall glanzlos und bleibt nach starkem Erhitzen als graue poröse Schicht, die durch Reiben mit dem Polirstahl wieder dicht und glänzend wird.

Wegen seines sehr hohen Schmelzpunkts uud der chemischen Beständigkeit gegen Säuren ist das Platin ein unschätzbares Metall zur Anfertigung von vielen Geräthschaften für chemische Laboratorien und Fabriken, wie z. B. in den Schwefelsäurefabriken zur Concentration der englischen Schwefelsäure. Für den Chemiker ist es das unentbehrlichste Metall, da gewisse Operationen, z. B. das Behandeln von Fluormetallen in sehr hoher Temperatur nur in Platingeräthen geschehen kann.

Das Platin als Contactsubstanz

Das Platin, besonders das in nicht zusammenhängender Form, hat sehr merkwürdige chemische Eigenschaften, je nachdem es Platinschwamm oder Platinschwarz ist. Platinschwamm in reinem Zustande verbindet Körper mit einander [z. B. schweflige Säure mit Sauerstoff, Wasserstoff mit Sauerstoff] bei gewöhnlicher Temperatur und zersetzt andere [z. B. Alkohol (Davy'sche Glühlampe)] und verbindet und zersetzt gleichzeitig [z. B. indem es Stickoxyd und Wasserstoff in Ammoniak und Wasser verwandelt]. Platinblech verbindet zwar auch Wasserstoff und Sauerstoff, aber erst bei erhöhter Temperatur (bei etwa $+50^\circ$). Platinschwarz absorbirt Gasarten, namentlich Sauerstoff, in grosser Menge und giebt denselben an leicht oxydirbare organische Körper ab; daher wird Alkohol durch Platinschwarz in Essigsäure umgewandelt.

Die beiden Oxydationsstufen des Platins erhält man am besten durch Zerlegung der Chlorverbindungen.

Platinoxydul, $\dot{P}t$.

§ 688. Platinoxydul, $\dot{P}t$, durch Behandeln des Platinchlorürs mit Kali dargestellt, ist ein schwarzes in Säuren mit brauner Farbe lösliches Hydrat, welches beim schwachen Erwärmen wasserfrei und dunkelviolett, bei stärkerem Erhitzen zu Metall reducirt wird.

Platinoxyd, $\ddot{P}t$.

§ 689. Platinoxyd, $\ddot{P}t$, ist ein schwarzes Pulver, welches sich durch Erhitzen des gelbbraunen Oxydhydrats, $\ddot{P}t + 2\dot{H}$, bildet, und dieses erhält man durch Fällen des salpetersauren Salzes mit Kali. Es verbindet sich mit Säuren, ist jedoch selbst eine schwache Basis, die sich mit den Alkalien zu löslichen Salzen verbindet. Beim Erhitzen wird das Platinoxyd zu Metall reducirt

Platinoxyd-Ammoniak, Knallplatin, ist ein dunkelbraunes Pulver, welches durch Erhitzen bis 214° oder durch Schlag und Stoss explodirt. Man erhält es, wenn der Niederschlag, der sich durch Zusatz von Ammoniak aus einer schwefelsauren Platinoxydlösung ausscheidet, mit verdünnter Natronlauge digerirt wird. Knallplatin.

§ 690. Die Salze des Platinoxyduls sind wenig gekannt, sie sind farblos, gelb oder roth gefärbt; aus ihren Lösungen wird durch Schwefelwasserstoff schwarzes Schwefelmetall, durch Kali Oxydul, welches im Ueberschuss des Kali löslich ist, gefällt. Unter den Sauerstoffsalzen sind am besten charakterisirt die farblosen Doppelsalze des schwefligsauren Platinoxyduls mit dem schwefligsauren Kali, denen ähnliche des Iridiums und Osmiums entsprechen. Die Salze des Platins.

Die Platinoxydsalze sind gelb oder orangefarben, ihre Lösungen werden durch Chlorkalium oder Salmiak gelb (§ 698), durch Schwefelwasserstoff in der Kälte nach längerer Zeit, beim Erhitzen sogleich schwarzbraun gefällt, durch Eisenvitriol in saurer Lösung nicht, aber in alkalischer (§ 686). Die Alkalien bringen in Ueberschuss angewendet keinen Niederschlag hervor, die Lösung enthält, wenn Ammoniak gebraucht und gekocht war, eine eigenthümliche Verbindung (p. 425). Mehre organische Körper, z. B. Weinsäure u. a. und viele Metalle scheiden aus den Platinsalzen metallisches Platin aus. Schweflige Säure reducirt dieselben zu Oxydulsalz.

§ 691. Platinchlorür, PtCl, dargestellt durch vorsichtiges Erhitzen des trocknen Platinchlorids ($PtCl^2 - Cl = PtCl$), ist ein grünlichgraues, in Wasser unlösliches, in kochender Salzsäure lösliches Pulver, welches beim stärkeren Erhitzen sein Chlor verliert. Durch Behandeln einer Platinchloridlösung mit schwefligsaurem Gas, bis sie rothbraun geworden, erhält man ebenfalls Platinchlorürlösung, setzt man aber die Behandlung bis zum Farbloswerden fort, so findet sich schwefligsaures Platinoxydul in der Lösung. Platinchlorür, PtCl.

Mit Ammoniak liefert das Platinchlorür einen grünen krystallinischen Niederschlag, $PtClNH^3$ (das sogenannte Magnus'sche Salz), der das Chlorid einer bemerkenswerthen Base ist (§ 693).

Mit verschiedenen andern Chlorüren geht das Platinchlorür gut charakterisirte Doppelverbindungen ein, z. B. mit Silberchlorid $AgCl + PtCl$, mit Chlorblei $PbCl + PtCl$, mit Chlorbaryum $BaCl + PtCl + 3\dot{H}$.

Platinchlorid, $PtCl^2$. § 692. Platinchlorid, $PtCl^2$, bildet sich beim Auflösen des Platins in Königswasser. Die Lösung ist braungelb, die trockne unkrystallisirbare Salzmasse schwarzbraun. Es ist zerfliesslich, löst sich leicht in Wasser, Aether und Alkokol, und diese Lösung wird als Reagens für Kali- und Ammoniak-Verbindungen benutzt. Es kann aber mit noch grösserem Recht auch als Reagens für Cäsium und Rubidium gebraucht werden. Denn die Chloride der vier genannten Stoffe bilden mit dem Platinchlorid hellgelbe $RbCl + PtCl^2$ und $CsCl + PtCl^2$ oder röthlichgelbe $KCl + PtCl^2$ und $NH^3HCl + PtCl^2$ Krystalle des regulären Systems, die in Wasser sehr schwer, in wasserfreiem Alkohol unlöslich sind. Von ihnen sind die des Cäsiums und Rubidiums noch schwerer in Wasser löslich als die des Kaliums und Ammoniums. Mit Chlornatrium bildet es eine leicht lösliche, gut krystallisirbare Verbindung $NaCl + PtCl^2 + 6\dot{H}$.

Die Platinbasen. § 693. Die sogenannten Platinbasen. Mit diesem Namen bezeichnet man eine Anzahl Verbindungen, welche aus Platinchlorid oder Platinchlorür und Ammoniak entstehen und sehr bemerkenswerthe Basen enthalten, bestehend aus Platin, Stickstoff, Wasserstoff und Sauerstoff. Sie lassen sich nur mit dem Ammoniumoxyd vergleichen, denn mit Wasserstoffsäuren verlieren sie ihren Sauerstoff, und die Restbestandtheile verbinden sich als Radical mit dem Halogen zu Haloïdsalzen. Nach dieser Anschauung pflegt man auch die Formeln der Verbindungen zu schreiben, obwohl über mehre derselben die Ansichten noch schwanken, da ihre Zusammensetzung mit der der Ammoniaksalze schwer in Uebereinstimmung zu bringen ist und noch genauerer Untersuchung bedarf. Wir werden nur einige davon anführen als Beispiele für eine grosse Klasse Basen, die von dem Ammoniak sich ableiten, indem die Atome seines Wasserstoffs durch zusammengesetzte Radicale vertreten werden (p. 233).

Diese Basen gehören alle in das Gebiet der organischen Chemie und finden ihre nächsten Analoga in den Platinbasen.

Das oben (§ 691) erwähnte Platinchlorür-Ammoniak betrachtet man als Platammoniumchlorür, d. h. ein Chlorammonium, in welchem 1 At. Platin 1 At. Wasserstoff ersetzt $(NH^3Pt)Cl$. Aus ihm können Sauerstoffsalze dargestellt werden, in welchen die Base Platammoniumoxyd $(NH^3Pt)O$ ist, und diese Salze krystallisiren zum Theil recht gut.

Durch Behandlung des Magnus'schen Salzes mit Ammoniak bildet sich das Chlorid einer neuen Base, die noch einmal so viel Ammoniak in sich schliesst als die ursprüngliche, nämlich $2.NH^3, PtCl$. Ebenfalls durch doppelte Zersetzung lassen sich aus ihr eine Anzahl Sauerstoffsalze gewinnen, die in sich die Base PtN^2H^6O enthalten und diese Base selbst lässt sich isolirt darstellen als ein krystallinisches, höchst ätzendes Hydrat, $PtN^2H^6O + \dot{H}$, an basischen Eigenschaften kaum minder stark als Kalihydrat und von grosser Affinität zur Kohlensäure. Mit Bezug auf die Ammoniumtheorie ist dieser Base die Formel $(Pt(NH^4)H^2)NO + \dot{H}$ zu ertheilen oder $\left.\begin{matrix} Pt \\ (NH^4) \\ H^2 \end{matrix}\right\} NO + \dot{H}$, um dadurch anzudeuten, dass in dem Ammoniumradical 1 At. Wasserstoff durch Platin und 1 At. durch Ammonium vertreten sei.

Auch aus dem Platinchlorid entsteht durch Kochen mit überschüssigem Ammoniak eine ammoniakhaltige Platinbase von der Zusammensetzung $PtNH^3O^2$, deren theoretische Formel aber noch streitig ist.

§ 694. Einfach-Schwefelplatin, PtS, durch Zusammenschmelzen von Platinsalmiak mit Schwefel dargestellt, ist eine graue Masse, durch Fällen des Platinchlorürs mit Schwefelwasserstoff erhalten, ein schwarzes Pulver. Schwefelplatin, PtS.

Zweifach-Schwefelplatin, PtS^2, fällt als brauner Niederschlag, wenn in Natrium-Platinchloridlösung Schwefelwasserstoff geleitet wird. Es zersetzt sich an der Luft leicht unter Säurung des Schwefels und ist ein Sulphid, denn es bildet mit Schwefelalkalien lösliche Salze; indess löst es sich selbst in einem grossen Ueberschuss von Schwefelammonium nur sehr schwer auf. PtS^2.

§ 695. Kieselplatin entsteht, wenn ein mit Kohle ge- Kieselplatin.

mengtes kieselsaures Salz mit Platin geglüht wird. Es ist eine schmelzbare, spröde Legirung, die leicht entstehen kann, wenn Pflanzen in Platingefässen verbrannt werden, oder wenn Platingefässe häufig in Kohlen erhitzt werden.

Borplatin. § 696. Borplatin bildet sich leicht, wenn Bor mit Platin erhitzt wird, also auch wenn Borsäure und deren Salze mit Platin und Kohle in Berührung bei hoher Hitze kommen. Die Verbindungen, deren es verschiedene giebt, sind alle mehr oder weniger leicht schmelzbar und von silberweisser Farbe. Eine derselben von 17,32 spec. Gew. und der Zusammensetzung Pt^2B ist sehr gut krystallinisch zu erhalten.

Eine vor dem Löthrohr durch directes Zusammenschmelzen bereitete Verbindung eignet sich statt des Goldes als Löthmittel des Platins für gewisse Fälle.

Legirungen des Platins. Legirungen bildet das Platin fast mit allen Metallen und dieselben sind meist leichter schmelzbar als Platin. Sie entstehen durch Zusammenschmelzen der Metalle mit dem Platin oder durch Erhitzen der Metallsalze mit Kohle oder andern reducirend wirkenden Substanzen in Platintiegeln. Mit Zinn hat man die Legirung Pt^2Sn^3, mit Zink Pt^2Zn^3 dargestellt.

39. Palladium (Pd = 53,24).

Eigenschaften. § 697. Dieses Metall ist unter den Metallen der Platingruppe am leichtesten schmelzbar und sonst dem Platin am ähnlichsten. Es kann leicht geschmiedet und zu Drähten ausgezogen werden, hat ein spec. Gewicht von 11,4, läuft selbst beim schwachen Erhitzen an der Luft blau an, das dabei gebildete Oxyd reducirt sich aber bei stärkerem Glühen. Im Sauerstoffgebläse verflüchtigt es sich als grünes Gas, die Dämpfe verdichten sich zu braunem Pulver. Als Schwamm, wie in dichtem Zustande zeigt es dieselben Contactwirkungen wie Platin. Geschmolzen spratzt es wie Silber beim Erkalten.

Es löst sich in heisser Salpetersäure und Königswasser leicht zu dunkelrothbraunen Flüssigkeiten auf, von denen die erstere das salpetersaure Oxydul, die letztere das Chlorür enthält. Seine zwei Oxydationsstufen sind: Oxydul $\dot{P}d$ und Oxyd $\ddot{P}d$. Aus dem Chlorür, welchem auch zwei Chlorverbindungen entsprechen, lassen sich mit Ammoniak eigenthümliche Basen darstellen, die denen des Platins (§ 693) ganz analog zusammengesetzt sind. Man erkennt das Palladium am leichtesten daran, dass in der neutralen Auflösung der Oxydulsalze durch Jodkalium selbst in der sehr verdünnten Lösung (die nur $\frac{1}{400000}$ Jod enthält) ein schwarzer Niederschlag (Palladiumjodür) und durch Quecksilbercyanid ein gelber (Palladiumcyanür) entsteht. Daher benutzt man deren Lösung zur quantitativen Bestimmung des Jods in Jodmetallen. — In manchen Goldarten aus Brasilien findet sich gegen 10 pCt., im Platinerze zwischen $\frac{1}{3}$ und 1 pCt. Palladium.

40. Iridium (Ir = 99,0).

§ 698. Dieses Metall findet sich bis zu $1\frac{1}{2}$ pCt. im Platinerze, überdies sowohl mit Platin als mit Osmium in Verbindung krystallisirt. Zu seiner Darstellung wählt man das Osmium-Irid, weil dieses bis zu 75 pCt. Irid enthält. Nachdem das Mineral mit Baryumsuperoxyd erhitzt, mit Königswasser behandelt und die fremden Metalle entfernt sind, wird das Iridium in einer Kalkmulde eingeschmolzen. Es ist weiss wie polirter Stahl, in der Rothgluth etwas hämmerbar, in der Kälte spröde, schmilzt nur im Knallgasgebläse (unter den Platinmetallen am allerschwersten), hat ein spec. Gewicht von 21,15, ist nicht flüchtig und veranlasst wie Platin die Glüherscheinungen. Es ist für sich in keiner Säure löslich und wird nur von Chlor und schmelzendem Kali und Salpeter angegriffen.

Vorkommen.

Eigenschaften.

Die drei Oxydationsstufen desselben sind das Oxydul $\dot{Ir}$, das Sesquioxydul $\overset{\cdots}{\overline{Ir}}$, das Oxyd $\ddot{Ir}$, welchem drei Chlorstufen entsprechen. Von diesen ist das Chlorür, ICl, aus seinen mennigerothen Doppelsalzen mit Chloralkalien noch nicht isolirt, das grüne Sesquichlorür, $IrCl^3$, die beständigste, und das rothbraune Chlorid, $IrCl^2$, die gewöhnlich dargestellte und durch ihr Verhalten gegen Kali am leichtesten erkennbare Verbindung. Sie giebt nämlich einen blauen Niederschlag (Oxydhydrat) und verwandelt sich mit reducirenden Substanzen, z. B. schwefliger Säure, Schwefelwasserstoff, Cyankalium in grünes Sesquichlorür. Mit Ammoniak liefert es, wie Platin und Palladium, eine Base von der bemerkenswerthen Zusammensetzung der Xanthokobaltbase (§ 535), die aus dem Sesquichlorür dargestellte hellfleischfarbene Salze giebt. Die Base besteht in den

Sauerstoffsalzen aus $5.NH^3, Ir^2O^3$, in den Haloidverbindungen sind 3 Aequiv. Halogen mit dem Radical $5.NH^3, Ir^2$ vereinigt. Mit Platin giebt das Iridium Legirungen, welche geschmolzen selbst bei 20 pCt. Iridgehalt noch dehnbar, aber zusammengeschweisst unganz sind.

41. Rhodium (Rh = 52,2).

Vorkommen. § 699. Rhodium wird aus den Platinrückständen (§ 686) gewonnen und auf sehr umständliche Weise gereinigt. Es findet sich hauptsächlich im Columbischen Platinerz, welches davon gegen 3 pCt. enthält.

Eigenschaften. In Kalktiegeln geschmolzen ist es von der Farbe des Aluminiums, dehnbar und hämmerbar, nicht flüchtig und von 12,1 spec. Gew. Es schmilzt schwerer als Platin, spratzt beim Erkalten, und läuft dabei in Folge von Oxydbildung bläulich an.

Es ist in keiner Säure löslich und verhält sich chemisch wie das Iridium. Im Chlorstrom erhitzt, liefert es das Sesquichlorür, R̶h^2Cl^3, welches die beständigste seiner Verbindungen ist und eine Reihe schöner Doppelsalze giebt. Von der schön rothen Farbe dieser Verbindungen hat das Metall seinen Namen erhalten. Man kennt von seinen Oxydationsstufen ein graues Oxydul $\dot{Rh}$, ein graues Sesquioxydul $\dddot{\text{R̶h}}$, welches ein schwarzes $\dddot{\text{R̶h}}H^3$ und ein gelbes $\dddot{\text{R̶h}}\dot{H}^6$ Hydrat bildet und ein wenig beständiges grünes Superoxyd $\ddot{Rh}$. Auch dieses Metall liefert eine eigenthümliche ammoniakalische Base, analog der des Iridiums, welche ein gelbes Chlorid $5.NH^3, Rh^2Cl^3$ und farblose Sauerstoffsalze mit der Base $5.NH^3, Rh^2O^3$ und 3 Atomen Säure giebt.

42. Ruthenium (Ru = 52,2).

Vorkommen. § 700. Dasselbe ist erst neuerlich in den Rückständen des Uralschen Platinerzes (§ 686) entdeckt worden. Im Osmium-Iridium ist davon zwischen 3 und 6 pCt. enthalten, im Platinerz nur 1 — 1½ pCt.

Seine Gewinnungsweise ist noch umständlicher als die des Iridiums und muss hier übergangen werden.

Eigenschaften. Das Metall ist viel strengflüssiger als die bisher genannten der Platingruppe und kann nur in kleinen Mengen im Kalktiegel mittelst Knallgas geschmolzen werden. Das spec. Gew. desselben ist 11 — 11,4. Im Schmelzen verflüchtigt sich etwas Ruthenoxyd. Durch schmelzendes Kali und Salpeter oxydirt es sich, ruthensaures Kali wird gebildet und in Wasser mit gelber Farbe gelöst. Bei Zutritt der Luft erhitzt verwandelt sich das Ruthen zunächst in Oxydul $\dot{\mathrm{Ru}}$, in starker Rothgluth in Oxyd $\ddot{\mathrm{Ru}}$, welches in quadratischer Form krystallisirt. Ausser diesen giebt es noch zwei Oxyde, das Sesquioxydul $\overset{\dots}{\overline{\mathrm{Ru}}}$, und eine Säure, welche sehr flüchtig ist und beim Erhitzen mit Königswasser entweicht. Dem Sesquioxydul und dem Oxyd entsprechen Chlorverbindungen, von denen das Chlorid $\mathrm{Ru\,Cl^2}$ dem Iridiumchlorid isomorph ist, während das Sesquichlorür $\overline{\mathrm{Ru}}\,\mathrm{Cl^3}$ eine Reihe Doppelsalze mit den Chloralkalien liefert.

43. Osmium ($\mathrm{Os} = 100{,}0$).

§ 701. Es findet sich am reichlichsten mit Iridium in verschiedenen Atomenverhältnissen verbunden, $\mathrm{Ir^3\,Os}$ bis $\mathrm{Ir\,Os^4}$, in der Gestalt kleiner glänzender Körner, die oft dem Platinerz, nicht selten auch dem gediegenen Golde beigemengt sind. Seine Gewinnung beruht auf der Flüchtigkeit seiner Säure, welche in Schwefelmetall verwandelt wird und dieses giebt bei hoher Temperatur seinen Schwefel ab, indem leicht zertheilbare Stücke bläulichen Metalls hinterbleiben. Vorkommen.

Im dichten zusammengesinterten Zustand, wie es durch sehr hohe Hitzegrade sich darstellt, ist das Osmium ein bläuliches glänzendes Metall, von 21,4 spec. Gew., das schwerste aller Metalle und so hart, dass es Glas ritzt. In der höchst erreichbaren Hitze, wobei Ruthen schmilzt und Platin flüchtig ist, verdampft auch Osmium und trifft sein Gas die Luft, so entzündet es sich und verbrennt zu Säure. Fein zertheiltes Osmium oxydirt sich bei gewöhnlicher Temperatur ein wenig und bei gelinder Rothgluth leicht und vollständig, in beiden Fällen zu Säure. Es hat fünf Oxydationsstufen: Oxydul $\dot{\mathrm{Os}}$, Sesquioxydul $\overset{\dots}{\overline{\mathrm{Os}}}$, Oxyd $\ddot{\mathrm{Os}}$, osmige Säure $\dddot{\mathrm{Os}}$ und Osmiumsäure $\ddddot{\mathrm{Os}}$. Unter diesen ist die letztere beachtenswerth als eine Metallsäure, deren farblose glänzende Krystalle schon bei 100° sieden und in niedriger Temperatur sich verflüchtigen. Ihr Dampf reizt die Athmungswerkzeuge und Schleimhäute der Augen in solch hohem Maasse, dass man sich demselben nicht aussetzen darf. Eigenschaften.

Die Gruppe des Antimons

umfasst die Metalle **Antimon, Arsen** und **Wismuth** und steht am nächsten der Gruppe des Phosphors unter den Metalloiden. Allgemeine Charaktére: die Metalle sind leicht schmelzbar und flüchtig, krystallisiren hexagonal, zersetzen das Wasser nicht und oxydiren sich in der Hitze; ihre analog zusammengesetzten Oxydationsstufen sind theils schwache Basen $\ddot{R}$, theils Säuren $\ddot{\ddot{R}}$. Ihre Chloride und Jodide sind isomorph. Zwei dieser Metalle liefern bemerkenswerthe Verbindungen mit Wasserstoff.

44. Antimon (Sb = 120,3) Stibium.

Vorkommen. § 702. Das Antimon, auch Spiessglanz genannt, findet sich selten gediegen, am häufigsten in Verbindung mit Schwefel als **Grauspiessglanzerz** SbS^3 und mit andern Schwefelmetallen vereinigt in Schwefelsalzen, in denen es die Rolle der Säure spielt (§ 71. 670).

Darstellung. § 703. Rein erhält man das Antimon durch Reduction des Antimonoxyds (**Stib. oxyd.**) mit Kohle oder durch Glühen des Brechweinsteins und Schmelzen der kohlehaltigen Masse unter Zusatz von kleinen Mengen Salpeter.

Das im Handel käufliche Antimon wird gewöhnlich gewonnen durch Erhitzen von Eisen (in Form von Nägeln, Eisenfeile oder zerschnittenem Stabeisen) mit Schwefelantimon, oder durch Rösten des Schwefelantimons in Flammenöfen und Schmelzen des oxydirten Products mit rohem Weinstein in Tiegeln. Dieses Antimon ist aber stets unrein und enthält meistens Schwefel, Eisen, Kupfer, Blei und Arsen. Vom Eisen, Kupfer und Arsen lässt es sich durch wiederholtes Schmelzen mit Schwefelantimon und kohlensaurem Natron befreien, vom Blei aber nicht auf diesem Wege. Das Reinigen beruht auf der Bildung von Natrium-Arsensulphür und den Sulphureten des Eisens und Kupfers, die sich zu einer leicht schmelzbaren steinartigen Masse vereinigen. Diese schwimmt auf dem Antimonregulus und lässt sich nach dem Erkalten leicht von demselben abschlagen.

Eigenschaften. § 704. Reines Antimon ist ein silberweiss glänzendes, sprödes Metall von 6,715 spec. Gewicht und fein blättrig krystallinischem Gefüge. Es krystallisirt in Rhomboëdern, schmilzt bei 425° und verdampft bei Rothgluth. Unter gewissen Bedingungen krystallisirt es auch in Oktaëdern und ist demnach dimorph. Unreines Antimon ist zinnweiss oder bläulich weiss und hat ein grobblättriges Gefüge. Die kegelförmigen oder planconvexen Stücke, in denen es im Handel vorkommt, zeigen auf der ebenen Oberfläche eine sternförmige Krystallisation. Von schön weisser Farbe erhält man es bei der Elektrolyse des Antimonchlorids, die Drähte des negativen Pols überkleidend; es hat auch in dieser Gestalt krystallinisches Gefüge und zerfällt beim Zerdrücken, Schlagen oder Reiben mit scharfen Instrumenten unter leichter Explosion in eine pulverige Masse, aus welcher Wasser Chlorantimon auszieht. Es zersetzt das Wasser nicht, ist luftbeständig bei gewöhnlicher Temperatur, bei Luftzutritt erhitzt verbrennt es mit weissem Lichte zu Antimonoxyd. Von verdünnten Säuren wird es, ausser von Salpetersäure und Königswasser, nicht angegriffen; in concentrirter Salzsäure löst es sich unter Wasserstoffentwickelung, in concentrirter Schwefelsäure unter Entwickelung von schwefliger Säure. Es hat zwei Oxydationsstufen: ein basisches Oxyd und eine Säure.

§ 705. Antimonoxyd, $\dot{Sb}$, bildet sich, wenn fein ge- Antimonoxyd,
pulvertes Antimon mit verdünnter Salpetersäure gekocht, und $\dot{Sb}$.
das in Salpetersäure unlösliche weisse Pulver mit heissem Wasser ausgewaschen wird. Das reinste Antimonoxyd stellt man durch Fällen einer Brechweinsteinlösung mit Ammoniak dar. Für die Bereitung des Brechweinsteins gewinnt man es nach der Preussi- **Stibium**
schen Pharmakopöe durch Digestion des Algarothpulvers (§ 714) **oxydatum.**
mit kohlensaurer Natronlösung, hinlänglich rein.

Das Antimonoxyd ist dimorph und wird in beiden Gestalten sowohl als Mineral gefunden, als auch künstlich dargestellt. Das prismatisch krystallisirte Mineral heisst **Weissspiessglanzerz** oder **Antimonblüthe**, und so erhält man es auch als Nebenproduct beim Ausschmelzen des Schwefelantimons aus den Erzen, oder beim Erhitzen des Antimons auf Kohle vor dem Löthrohr. Das Mineral in farblosen regulären Oktaëdern heisst **Senarmontit**, und in dieser Form scheidet es sich auch aus seiner Lösung in Alkalien aus. Das Antimonoxyd wird beim Erhitzen in bedeckten Tiegeln gelb, schmilzt und sublimirt bei gesteigerter Temperatur, beim Erhitzen in der Luft entzündet es sich und verbrennt zu antimonsaurem Antimonoxyd (§ 710). In Berührung mit Kohle oder Wasserstoff reducirt es sich bei nicht sehr starker Hitze. In siedendem Wasser löst es sich sehr unbedeutend, in Chlorwasserstoffsäure leicht, wenn es nicht zuvor stark erhitzt war. Geglühtes Antimonoxyd löst sich indess dann leicht in Salzsäure, wenn Jodkalium hinzugefügt wird, und es entsteht eine klare Lösung ($\dddot{Sb}$, 3HCl und $3KJ = SbJ^3$, 3KCl und $3\dot{H}$). Die Neigung, in Antimonsäure überzugehen, ist die Ursache, dass Antimonoxyd mit salpetersaurem Silberoxyd erwärmt, schwarzes Silberoxydul ausscheidet ($\dddot{Sb}$ und $4\dot{A}g = \overset{\cdot\cdot\cdot\cdot\cdot}{Sb}$ und $2\dot{A}g$). Es ist eine schwache Salzbasis, die sich auch mit starken Basen verbindet und in diesen Salzen die Stelle einer Säure vertritt; daher wird dieses Oxyd auch **antimonige Säure** genannt.

Antimonsäure, $\overset{\cdot\cdot\cdot\cdot\cdot}{Sb}$.

§ 706. **Antimonsäure**, $\overset{\cdot\cdot\cdot\cdot\cdot}{Sb}$, ist ein blassgelbes, in Wasser unlösliches Pulver, welches sich bei Zersetzung des Antimonchlorids durch Wasser und mässiges Erhitzen des Niederschlags bildet ($SbCl^5$ und $5\dot{H} = \overset{\cdot\cdot\cdot\cdot\cdot}{Sb}$ und 5HCl). Man stellt die Säure am bequemsten dar durch Auflösen von Antimon in Königswasser, Abdampfen der Lösung, Zusatz von concentrirter Salpetersäure zur trocknen Masse und Erhitzen derselben bis nahe zur Rothgluth. Die blass citronengelb gefärbte Säure löst sich in Alkalien erst nach längerem Kochen; bei Zusatz von Salzsäure zu einer solchen Lösung scheidet sie sich als weisses

$\dot{H}\overset{\cdot\cdot\cdot\cdot\cdot}{Sb}$.

Hydrat, $\dot{H}\overset{\cdot\cdot\cdot\cdot\cdot}{Sb}$, aus, welches Lackmus röthet, ein wenig in Wasser, leicht in kalten und kochenden Alkalien und concentrirter Salzsäure sich löst und beim starken Glühen sein Wasser (5 pCt.) und einen Theil seines Sauerstoffs verliert (§ 710). Geglühte Antimonsäure ist unlöslich in Chlorwasserstoffsäure, fügt man aber Jodkalium hinzu, so löst sie sich unter Ausscheidung von Jod, denn es existirt kein der Antimonsäure, sondern nur dem Antimonoxyd proportionales Jodid ($\overset{\cdot\cdot\cdot\cdot\cdot}{Sb}$, 5HCl und $5KJ = 5KCl$, SbJ^3, $2\dot{H}$ und 2J).

Salze des Antimons.

§ 707. Die **Salze des Antimons** sind meist farblos und werden, mit Ausnahme sehr weniger, durch viel Wasser zersetzt; Zusatz von Weinsäure und einigen andern Substanzen verhindert diese Zersetzung. Schwefelwasserstoff fällt aus den Oxydsalzen orangerothes, in Schwefelalkalien lösliches Schwefelmetall, $\overset{\prime\prime\prime}{Sb}$, aus den Antimonsäuresalzen, wenn sie in Salzsäure löslich sind, ein Gemenge von $\overset{\prime\prime\prime}{Sb}$ und 2S, Zink, Eisen und Zinn schlagen daraus Antimon in Gestalt eines schwarzen Pulvers nieder. Vor dem Löthrohr auf Kohle reducirt sich das Metall leicht aus den Oxydsalzen, verflüchtigt sich und bildet mit Luft in Berührung einen weissen Rauch (Antimonoxyd), der theilweis in Nadeln verdichtet den Rest der unverflüchtigten Metallkugel überkleidet. Die antimonsauren Salze reduciren sich erst leicht bei Zusatz von Cyankalium. Sie sind giftig, von metallischem Geschmack und brechenerregend, und finden häufig als Arzneimittel Anwendung.

Antimonoxydsalze

Unter den Verbindungen des Antimonoxyds mit Säuren kennt man bis jetzt noch kein neutrales Salz. Mit Schwefelsäure bildet es zwei basische ($\dddot{Sb}\dddot{S}^2$ und $\dddot{Sb}^2\dddot{S}+2\dot{H}$) und ein saures Salz ($\dddot{Sb}\dddot{S}^4$), mit Salpetersäure ein basisches ($\dddot{Sb}^2\overset{\cdot\cdot\cdot\cdot\cdot}{N}$). Durch Zusammenschmelzen mit kohlensauren Alkalien lassen sich neutrale Verbindungen des Antimonoxyds mit den Alkalien (antimonigsaure Salze) darstellen, die aber mit Wasser sich fast ganz zersetzen. Das bemerkenswertheste unter den Antimonoxydsalzen ist der Brechweinstein.

Weinsaures Kali-Antimonoxyd. Brechweinstein

§ 708. Weinsaures Kali-Antimonoxyd ist das unter dem Namen **Brechweinstein (Tartarus stibiatus)** bekannte Salz, welches wegen seiner häufigen Anwendung als Arzneimittel unter allen Antimonsalzen am häufigsten dargestellt wird. Man erhält es, wenn wässerige Weinsteinlösung eine Zeitlang mit Antimonoxyd gekocht ist, beim Erkalten der filtrirten Lösung in Tetraëdern, $(\dot{K}\dddot{Sb})C^8H^4O^{10}(=\bar{T})+\dot{H}$, die verwittern, sich in 14 Th. kaltem und 1,9 Th. siedendem Wasser lösen, bei 100° ihr Krystallwasser verlieren und beim Glühen einen selbstentzündlichen Rückstand lassen, der aus Antimonkalium, Antimon, kohlensaurem Kali und Kohle besteht. In den wässerigen Lösungen des Brechweinsteins, welche bei längerem Aufbewahren schimmeln, entstehen durch Zusatz von Säuren wie von Alkalien weisse Niederschläge, die im ersten Fall aus basischen Salzen, im letztern aus Antimonoxyd bestehen.

Stibio-Kali tartaricum.

Dem Brechweinstein ganz ähnlich sind eine Anzahl Verbindungen zusammengesetzt, die an der Stelle des Kalis ein anderes Monoxyd enthalten und mit ungleichem Wassergehalt krystallisiren, z. B. $(N\dot{H}^4\dddot{Sb})\bar{T}+\dot{H}$; $(\dot{Ba}\dddot{Sb})\bar{T}+2\dot{H}$. Ihre Darstellung geschieht auf gleiche Weise wie die des Brechweinsteins und man nennt sie auch Brechweinsteine, z. B. Ammoniak-, Baryt-,

Blei-Brechweinstein u. s. w. Auch an die Stelle des Antimonoxyds kann ein anderes Oxyd eintreten (§ 726).

Antimonsaure Salze.

§ 709. Die Antimonsäure liefert Salze mit 1 und 2 Atomen Basis, von denen nur sehr wenige krystallisirt zu erhalten sind. Die in Wasser löslichen Salze der Alkalien werden durch Glühen unlöslich, erlangen aber zum Theil durch längeres Kochen mit Wasser ihre Löslichkeit wieder. Die Salze der schweren Metalloxyde, die in Wasser unlöslich sind und durch stärkere Säuren zersetzt werden, erleiden beim Glühen unter Feuererscheinung ohne Gewichtsveränderung eine solche Umwandlung, dass sie alsdann nicht mehr durch Säuren, selbst nicht durch die stärksten, zerlegbar sind. Diese beiden Modificationen, in denen die Antimonsäure in den geglühten und ungeglühten Salzen sich befindet, sind denen der Kieselsäure ähnlich. In den gelösten Salzen wird durch Zusatz von selbst schwachen Säuren ein weisser Niederschlag (Antimonsäurehydrat) verursacht, der sich in Ueberschuss von Weinstein wieder auflöst.

Antimonsaures Kali.

§ 710. Antimonsaures Kali wird bereitet durch Verpuffen gepulverten Antimons mit dem doppelten oder dreifachen Gewicht Salpeters oder durch Schmelzen von Antimonoxyd mit Salpeter und Kalihydrat. Das auf die erste Art bereitete Präparat, mit kaltem Wasser völlig von salpetersaurem und salpetrigsaurem Kali frei gewaschen, ist das **Kali stibicum** der Preussischen Pharmakopöe, früher **Antimonium diaphoreticum ablutum** oder **Stibium oxydatum album** genannt. Es besteht aus $\dot{K}\ddot{Sb}$. Das auf die zweite Art gewonnene Präparat zerfällt, nachdem durch kaltes Wasser aus der geschmolzenen Masse zuerst der überschüssige Salpeter und das Kali ausgezogen, beim Kochen mit Wasser in ein unlösliches weisses Pulver, $\dot{K}\ddot{Sb}+\dot{H}$, und in ein lösliches Salz, welches man durch Abdampfen der filtrirten Lösung in Krystallen, $\dot{K}\ddot{Sb}+5\dot{H}$, oder beim Erstarren der zu weit eingedampften Lösung als gummiähnliche Masse erhalten kann.

$\dot{K}\ddot{Sb}+7\dot{H}$, das körnige Salz.

Wenn man durch die Lösung dieses Salzes Kohlensäure leitet oder wenn man zweibasig antimonsaures Kali ($\dot{K}^2\ddot{Sb}$), durch längeres Erhitzen von $\dot{K}\ddot{Sb}$ mit Kalihydrat bereitet, mit kaltem Wasser behandelt, so bildet sich ein körnig krystallinisches Salz, $\dot{K}\ddot{Sb}+7\dot{H}=(\dot{K}\dot{H})\ddot{Sb}+6\dot{H}$, welches in kaltem Wasser wenig, in Wasser von 50° viel löslicher ist und bei längerer Berührung mit kaltem Wasser, in kochendem aber schon in wenigen Augenblicken in das leichtlösliche gummiartige Salz sich umwandelt. Diese Uebergänge der Antimonsäure in eine andere Modification bedürfen noch genauerer Untersuchung.

Reagens auf Natron.

Man hat eine Lösung des körnigen Salzes als Reagens auf kleine Mengen von Natron benutzt, denn das entsprechende Natronsalz ist sehr wenig löslich und scheidet sich als weisser krystallinischer Niederschlag aus. Aber dieses Reagens ist von zweifelhaftem Werth und es geht aus den beschriebenen Eigenschaften des Kalisalzes hervor, dass es vorsichtig und immer frisch angewendet werden muss, denn das gummiartige antimonsaure Kali bringt in Natronsalzen keinen Niederschlag hervor. Wenn die auf Natronsalze zu prüfende Lösung Kalisalze enthält oder wenn die Lösung des Reagensmittels noch alkalisch ist, so entsteht der Niederschlag von antimonsaurem Natron erst nach einiger Zeit. Auch kann dieses Reagens nicht angewendet werden, wenn die Lösung der Natronsalze ausser Kali noch Salze der Erden oder Metalle enthält oder sauer ist.

Antimonsaures Natron, $\dot{Na}\overset{\cdot\cdot\cdot\cdot\cdot}{Sb}+7\dot{H}$.

§ 711. Antimonsaures Natron scheidet sich bei Vermischung der Lösung von körnigem antimonsaurem Kali mit der eines neutralen Natronsalzes in tafelförmigen Krystallen, $\dot{Na}\overset{\cdot\cdot\cdot\cdot\cdot}{Sb}+7\dot{H}=(\dot{Na}\dot{H})\overset{\cdot\cdot\cdot\cdot\cdot}{Sb}+6\dot{H}$, aus, welche in kaltem Wasser sehr schwer, in kochendem aber merklich sich lösen, beim Erhitzen bis 200° 6 Atome Wasser verlieren und dann ganz unlöslich in Wasser werden.

Antimonsaures Antimonoxyd,

§ 712. Antimonsaures Antimonoxyd bildet sich beim Erhitzen von Antimon, Antimonoxyd oder Schwefelantimon an der Luft, auch wenn Antimonsäure geglüht oder Antimon mit Salpetersäure abgedampft und der trockne Rückstand geglüht wird. Es ist ein weisses, unschmelzbares, nicht flüchtiges Pulver, welches sich erst bei viel höherer Temperatur vor dem Löthrohr reducirt, als Antimonoxyd. Früher wurde dieses Salz als eine eigenthümliche Oxydationsstufe, antimonige Säure, $\overset{\cdot\cdot\cdot\cdot}{Sb}=\frac{\overset{\cdot\cdot\cdot}{Sb}\overset{\cdot\cdot\cdot\cdot\cdot}{Sb}}{2}$, betrachtet. Eine Verbindung dieses Salzes mit Wasser, $\overset{\cdot\cdot\cdot}{Sb}\overset{\cdot\cdot\cdot\cdot\cdot}{Sb}+2\dot{H}$, kommt als gelbliches Mineral **(Stiblith)**, vor, wasserfrei ist es **Antimonocher.**

Andere antimonsaure Salze.

§ 713. Die antimonsauren Salze der Erden und übrigen Metalloxyde sind in Wasser meistens unlöslich, durch stärkere Säuren zersetzbar und gehen beim Glühen in die unzersetzbare Modification über (§ 709), namentlich zeichnen sich durch ihr Verglimmen das antimonsaure Kobalt-, Kupfer- und Zinkoxyd aus. — Verbindungen der Antimonsäure mit Bleioxyd in unbestimmten Sättigungsverhältnissen sind unter dem Namen **Neapelgelb** ein Farbmaterial für Oel-, Glas- und Porcellanmalerei.

Antimonchlorür, $SbCl^3$. Spiessglanzbutter, **Butyrum antimonii.**

§ 714. Antimonchlorür, $SbCl^3$, erhält man durch Destillation von Quecksilberchlorid mit Antimon oder Schwefelantimon ($3HgCl$ und $Sb = SbCl^3$ und $3Hg$, oder $3HgCl$ und $\overset{'''}{Sb} = SbCl^3$ und $3\overset{'}{Hg}$). Es ist eine farblose, krystallinische Verbindung von butterartiger Consistenz, die bei ungefähr 100° zu einer ölartigen Flüssigkeit schmilzt, bei 180° kocht und dann überdestillirt. Aus der Luft nimmt es Wasser auf und bildet zuerst eine ölartige Flüssigkeit, die sich bei Zusatz von viel Wasser zerlegt, indem ein basisches unlösliches Salz ($SbCl^3 + 3\ddot{Sb}\dot{H}^2$ oder $+ 5\ddot{Sb}$), als weisser Niederschlag (ehemals **Algarothpulver** genannt) sich ausscheidet und der unzersetzte Theil Antimonchlorid in der frei gewordenen Salzsäure sich auflöst.

Liquor Stibii chlorati.

In Salzsäure gelöstes Antimonchlorür enthält der **Liquor Stibii chlorati**, welcher durch Kochen des käuflichen Schwefelantimons (§ 716) mit Salzsäure dargestellt wird, jedoch verunreinigt durch die Chloride aller derjenigen Metalle, welche im Schwefelantimon enthalten zu sein pflegen. Diese Auflösung findet Anwendung in der Heilkunde als Aetzmittel, in der Pharmacie zur Darstellung des Algarothpulvers behufs Bereitung des Antimonoxyds (§ 705), in der Technik zum dunkler Beizen gewisser gelber Lederarten und zum Bruniren von manchen Eisenwaaren, besonders von Flintenläufen.

Anwendung zum Bruniren.

Mit den Chloralkalien vereinigt sich das Antimonchlorür zu Doppelsalzen, die in Wasser ohne Zersetzung löslich sind.

Antimonchlorid, $SbCl^5$.

§ 715. Antimonchlorid, $SbCl^5$, bildet sich unter Feuererscheinung, wenn Antimon in überschüssigem Chlorgas gelinde erwärmt wird. Es ist eine farblose, an der Luft stark rauchende Flüssigkeit, die sich, bei Aufnahme von wenig Wasser in eine krystallinische Masse (wasserhaltiges Superchlorid) umwandelt, bei

Zusatz von viel Wasser auf einmal sich in wasserhaltige Antimonsäure und Salzsäure zerlegt (§ 706).

§ 716. Die Verbindungen des Schwefels mit dem Antimon sind den beiden Oxydationsstufen entsprechend. Man erhält die niedrigere Schwefelverbindung auf trocknem und nassem Wege, die höhere nur in Verbindung mit Schwefelbasen. Schwefelantimon.

Antimonsulphür, $\overset{\prime\prime\prime}{Sb}$, findet sich als Mineral in langen, dunkelgrauen, prismatischen Krystallen von 4,6 spec. Gewicht, oder in dichten, strahlig-krystallinischen Massen (**Antimonglanz** oder **Grauspiessglanzerz**), und wird meistens unter dem Namen **Antimonium crudum** in den Handel gebracht, nachdem man es aus der Gangart durch Aussaigern gewonnen hat. Das Ausschmelzen des Schwefelantimons aus seinen Erzen geschieht in grossen bedeckten Töpfen, die in ihrem Boden ein oder mehre Löcher haben und auf Tiegeln stehen, welche mit heisser Asche umgeben sind. Durch das um die Töpfe gelegte Feuer schmilzt das Schwefelantimon und fliesst in die unterstehenden Tiegel, während in den Töpfen die erdigen Bestandtheile des Erzes zurückbleiben. Das Product des Aussaigerns ist metallisch glänzend, spröde, bald mehr bald weniger krystallinisch, bald grob-, bald feinstrahlig, fast stets verunreinigt mit den Schwefelverbindungen anderer Metalle, z. B. des Eisens, Arseniks, Blei's u. a. Man kann auch durch Zusammenschmelzen der erforderlichen Mengen Schwefel und Antimon das Antimonsulphür künstlich darstellen. Auf nassem Wege erhält man es durch Fällen der angesäuerten Auflösung eines Antimonoxydsalzes mit Schwefelwasserstoff, oder mit einer Lösung von unterschwefligsaurem Natron oder Kalk. Antimonsulphür, $\overset{\prime\prime\prime}{Sb}$. Grauspiessglanzerz. **Stibium sulphur. nigrum. Antimonium crudum.** Gewinnung desselben aus dem Erz.

Das auf trocknem Wege erhaltene Sulphür ist eine graue, metallisch glänzende, krystallinische, oder nach dem Schmelzen schnell erkaltet, amorphe braune Masse, welche fein gerieben ein braunrothes Pulver giebt. Es schmilzt noch vor der Rothgluth, verflüchtigt sich in höherer Temperatur, löst sich in kochender concentrirter Salzsäure, Schwefelsäure, in kochenden Alkalien und kohlensauren Alkalien und wird beim Glühen an der Luft oxydirt, beim Erhitzen in Wasserstoffgas zu Antimon reducirt. In Lösungen von Schwefelalkalien löst es sich und bildet damit ebenso wie mit einer Reihe anderer basischer Eigenschaften.

Antimonzinnober.

Schwefelmetalle Schwefelsalze (Sulphantimonite). Das auf nassem Wege erhaltene Schwefelantimon hat, namentlich wenn es mittelst des unterschwefligsauren Salzes dargestellt ist, eine schön feurig rothe Farbe, die ihm unter dem Namen **Antimonzinnober** vielfältig Anwendung als Malerpigment verschafft. Es besitzt mit Ausnahme seiner orangerothen Farbe dieselben Eigenschaften, wie das vorige, und wird beim Erhitzen bis 200° ohne Zutritt der Luft oder durch Behandlung mit Salzsäure in ein schwarzes krystallinisches Pulver verwandelt, welches auch in der Farbe dem auf trocknem Wege dargestellten Antimonsulphür gleicht und wie dieses im krystallisirten Zustande ein Elektricitätsleiter ist, während das amorphe braune und orangerothe Sulphür beide die Elektricität nicht leiten.

Kermes.

Das in der Pharmacie gebräuchliche braunrothe Schwefelantimon (**Stibium sulphuratum rubrum**), welches aus einer erkaltenden Auflösung des käuflichen Schwefelantimons in kohlensaurem Natron sich ausscheidet und unter dem Namen Kermes minerale von Alters her bekannt ist, besteht zwar wesentlich aus fein vertheiltem Antimonsulphür, enthält aber stets in Folge seiner Bereitung wechselnde Beimengungen von Antimonoxyd und Natrium-Antimonsulphür.

Oxysulphür.

Mit Antimonoxyd lässt sich das Schwefelantimon in allen Verhältnissen zusammenschmelzen und solche Gemenge waren ehedem mehre unter den Bezeichnungen **Vitrum, Hepar** und **Crocus Antimonii** als pharmaceutische Präparate beliebt. Wenn man eines dieser unter dem Namen **Spiessglanzglas (Vitrum Antim.)** bekannten Gemenge mit Weinstein behandelt, so bleibt ein Oxysulphür, $2\overset{\prime\prime\prime}{Sb} + \dddot{Sb}$, zurück, welches auch als Mineral **Antimonblende (Rothspiessglanzerz)** sich findet.

Rothspiessglanz.

Das Antimonsulphür ist eine Sulphosäure, welche mit mehren Sulphobasen gut charakterisirte Salze bildet. Viele davon sind als Mineralien bemerkenswerth und gehören zu geschätzten Erzen, die sowohl zur Gewinnung des Antimons, als auch des Silbers und Bleis dienen. Dahin gehören der **Zinkenit**, $\overset{\prime}{Pb}\overset{\prime\prime\prime}{Sb}$, **Jamesonit**, $\overset{\prime}{Pb}{}^2\overset{\prime\prime\prime}{Sb}$, **Berthierit**, $\overset{\prime}{Fe}\overset{\prime\prime\prime}{Sb}$, **Kupferantimonglanz**, $\overset{\prime}{\text{Ɛu}}\overset{\prime\prime\prime}{Sb}$, **Bournonit**, $\overset{\prime}{\text{Ɛu}}{}^3\overset{\prime\prime\prime}{Sb} + 2\overset{\prime}{Pb}{}^3\overset{\prime\prime\prime}{Sb}$ und die früher (§ 670) erwähnten Silbererze.

Anwendung des Antimon. Crud.

Das aus den Erzen gewonnene rohe Schwefelantimon findet häufige Anwendung in der Artillerietechnik zur Verfertigung von Feuerwerkssätzen, am meisten jedoch zur Anfertigung von Percussions- und Frictionspräparaten.

Antimonsulphid, $\overset{'''''}{Sb}$. Stibium sulphurat. aurantiacum.

Antimonsulphid, $\overset{'''''}{Sb}$, ist nur in Verbindung mit Sulphobasen als die bestimmte Schwefelverbindung vorhanden. Durch Zersetzung des Antimonchlorids oder wasserhaltiger Antimonsäure mit Schwefelwasserstoff oder des Natriumantimonsulphids vermittelst einer Säure erhält man ein orangerothes Pulver, welches zwar die oben angegebene Zusammensetzung besitzt, aber als ein Gemenge von $\overset{'''}{Sb}$ mit 2 S anzusehen ist, obwohl es

Eigenschaften.

mit Schwefelalkalien wieder Salze der Sulphosäure $\overset{'''''}{Sb}$ bildet. Denn es giebt beim Kochen mit Aether, Alkohol oder Schwefelkohlenstoff Schwefel ab und löst sich in concentrirter Salzsäure unter Abscheidung von Schwefel und Bildung von Antimonchlorür.

Sulphantimoniate.

Das Antimonsulphid bildet als Sulphosäure eine Reihe von Schwefelsalzen (Sulphantimoniate), unter denen die der Alkalien am besten krystallisiren.

Goldschwefel.

Bemerkenswerth ist unter diesen Salzen die Natriumverbindung, welche unter dem Namen **Schlippesches Salz** durch Kochen von Dreifach-Schwefelantimon, Schwefel, kohlensaurem Natron und Kalk im Grossen bereitet zu werden pflegt ($8\overset{'''}{Sb}$, $18\dot{Na}\ddot{C}$, $36\dot{Ca}$, $16S$ und $18\dot{H} = 5.(\overset{'''}{Na^3}\overset{'''''}{Sb})$, $3.\dot{Na}\ddot{\ddot{Sb}}$ und $18(\dot{Ca}\ddot{C} + \dot{Ca}\dot{H})$. Sie scheidet sich aus der Lösung in glänzenden gelblichen Tetraëdern aus, $\overset{'}{Na^3}\overset{'''''}{Sb} + 18\dot{H}$, die durch die schwächsten Säuren zersetzt werden, und daher auch in Folge des Kohlensäuregehalts der Luft sich bald mit einer röthlichen Haut überziehen. Wird eine Lösung dieses Salzes, wie oben erwähnt, mit einer Säure vermischt, so erhält man den orangerothen Niederschlag, der eines der geschätztesten Antimonpräparate in dem Arzneischatz bildet und **Goldschwefel (Sulphur aurat.)** genannt wird.

Antimonwasserstoff.

§ 717. Antimonwasserstoff entweicht im Gemenge mit Wasserstoff bei der Zersetzung eines Antimonoxydsalzes durch

Zink und Schwefelsäure, oder einer Legirung von 2 Th. Zink mit 1 Th. Antimon durch Schwefelsäure. Es ist ein farbloses Gas, brennt, angezündet, mit grünlich weisser Flamme und weissem Rauch und wird bei Rothgluth zerlegt in Wasserstoff und Antimon, welches sich als glänzender Metallspiegel in der Röhre absetzt. Es ist unlöslich in Wasser, löslich in kalihaltigem Alkohol, und verursacht in Silber- und Quecksilbersalzlösungen schwarze Niederschläge, von denen der Silberniederschlag aus Ag^3Sb besteht. Dieses Gas verdient besondere Beachtung wegen der Aehnlichkeit seines Verhaltens mit dem Arsenwasserstoff (§ 731). Seine Unterscheidungsmerkmale werden daselbst angeführt werden.

Legirungen des Antimons

§ 718. Antimonlegirungen kennt man in grosser Zahl. Sie sind in der Regel hart und spröde, selbst wenn sie aus den Verbindungen des Antimons mit sonst weichen und zähen Metallen bestehen, haben lebhaften Glanz und eine weisse Farbe.

mit Kalium,

Die Legirungen mit Kalium und Natrium sind durch blosses Wasser leicht zersetzbar und entwickeln dabei reichliche Mengen Antimonwasserstoff. Frisch dargestellt aus Brechweinstein und mit Kohle innig gemengt, explodirt oft die Kaliumlegirung bei Berührung mit der Luft.

mit Zinn,

Mit Zinn liefert das Antimon theils dehnbare, theils ganz harte Legirungen und die Zinngiesser wählen oft einen geringen Zusatz von Antimon, um das zu verarbeitende Zinn etwas härter zu machen. Eine harte und klingende Legirung wird zu Platten für Notendruck, eine silberweisse zu Leuchtern, Knöpfen u. dgl. verarbeitet. Die unter dem Namen **Pewter** bekannten Legirungen von silberähnlichem Glanz enthalten theils blos Zinn und Antimon, theils Antimon, Zinn, Wismuth und Kupfer. — Das **Queens metal** besteht aus Antimon, Zinn, Wismuth und Blei, — das **Britannia metal** aus Antimon, Zinn, Wismuth und Messing oder Zinn, Antimon und Kupfer.

mit Kupfer,

Die Weichheit des Kupfers geht durch Zusatz von gleichen Theilen Antimon ganz verloren und seine Farbe wird blassviolett (**Wiener Metall**).

mit Blei.

Die Legirungen mit Blei sind härter als Blei (daher Hartblei § 636), aber doch in gewissen Verhältnissen noch dehnbar. Das Metall für die Buchdruckerlettern enthält $\frac{1}{4}$—$\frac{1}{12}$ Antimon.

45. Arsen ($As = 75,0$) **Arsenicum.**

§ 719. Es findet sich sowohl gediegen in kugeligen oder nierenförmigen Massen (**Scherbenkobalt, Fliegenstein**), als auch vererzt. Am häufigsten kommen die Verbindungen desselben mit Schwefel, andern Schwefelmetallen und mit einigen Metallen vor. Unter letztern sind die wichtigsten der **Arsenikkies** (**Misspickel**), und der **Arsenikalkies** (§ 732). Es sind Verbindungen des Arsens ziemlich verbreitet und man trifft sie daher in Stein- und Braunkohlen und in manchen Mineral- und Flusswässern. Vorkommen.

§ 720. Das metallische Arsen wird entweder in ausgesuchten reinen Stücken Scherbenkobalt oder als das aus der arsenigen Säure durch Kohle reducirte, oder durch Destillation des Arsenikalkieses erhaltene Metall in den Handel gebracht. Es wird nur in beschränktem Maasse dargestellt, indem man den Arsenikalkies in langen irdenen vertical stehenden Cylindern erhitzt und in deren Oeffnung einige Zoll tief ein zusammengerolltes Eisenblech schiebt, auf welches sich das Metall als krystallinisches Sublimat absetzt. Gewinnung.

§ 721. Das reine und frisch dargestellte Metall ist stahlgrau, stark glänzend, krystallinisch blättrig, spröde, von spec. Gewicht = 5,7 bis 5,9, riecht, namentlich beim Erhitzen, stark nach Knoblauch und ist dadurch leicht zu erkennen. Es fängt bei $+180^{0}$ an sich zu verflüchtigen und sublimirt, ohne vorher zu schmelzen, bei schwacher Rothgluth vollständig; unter höherem Druck jedoch ist es schmelzbar. Die durch Abkühlung des farblosen Gases entstehenden Krystalle sind Rhomboëder; bei Zersetzung des Arsenwasserstoffs erhält man das Metall in Oktaëdern. Es ist also mit dem Antimon isodimorph. Eigenschaften

Das Arsen läuft bald an feuchter Luft schwarz an, indem sich Suboxyd bildet, mit Wasser befeuchtet, oxydirt es sich zu arseniger Säure. Daher ist das Scherbenkobalt äusserlich matt grau, innerlich zinnweiss glänzend, und enthält stets etwas arsenige Säure. Verdünnte Salzsäure und Schwefelsäure greifen das Metall nicht an, denn es ist kein Wasser zersetzendes; verdünnte Salpetersäure verwandelt es in arsenige Säure, concentrirte und Königswasser in Arsensäure. Es verbrennt, beim Zutritt der Luft bis zum Glühen erhitzt, mit blassblauer Flamme zu arseniger Säure, fährt aber auch bei niedrigerer Temperatur zu glimmen fort, indem es einen rothen stinkenden Rauch ausstösst. Im Gemisch mit Salpeter verpufft es beim Glühen, im Gemisch mit chlorsaurem Kali detonirt es, wenn man mit dem Hammer darauf schlägt.

Die beiden wichtigsten und genauer gekannten Oxydationsstufen desselben sind zwei Säuren.

Arsenige Säure, $\dddot{A}s$.

§ 722. Arsenige Säure erhält man oft als Nebenproduct beim Rösten arsenhaltiger Kobalt-, Nickel- und Zinnerze.

Gewinnung derselben auf den Gifthütten.

Man gewinnt sie in grossen Mengen durch Rösten des zerpochten Arsenikal- oder Arsenikkieses in niedrigen, backofenähnlichen Heerden, die durch Abzugscanäle mit einer Reihe neben und über einander befindlicher Verdichtungskammern (Giftfänge, Giftthurm) in Verbindung stehen.

Raffinirung derselben.

Die in den Giftfängen condensirte pulverförmige arsenige Säure (Arsenikmehl, Giftmehl) wird in gusseisernen Kesseln, auf denen sich Aufsätze von Eisenblechcylindern befinden, erhitzt. Sie sublimirt, verdichtet sich an den Wänden der letzteren und schmilzt zu einer glasähnlichen Masse (weissem Arsenikglas), welche jedoch nach einiger Zeit undurchsichtig wird. Im Handel ist sie als solche oder als fein gemahlenes Pulver unter dem Namen **weisser Arsenik** bekannt.

Eigenschaften.

§ 723. Die auf die eben erwähnte Weise frisch dargestellte arsenige Säure ist gelblichweiss, glasartig, durchscheinend und von 3,738 spec. Gewicht; sie wird aber beim Aufbewahren nach einiger Zeit undurchsichtig, porcellanartig, krystallinisch und hat dann ein spec. Gewicht von 3,699. Die arsenige Säure besitzt demnach zwei isomere Modificationen, die sich auch durch andere Eigenschaften von einander unterscheiden. Sie löst sich nur schwer in Wasser, und zwar leichter in kochendem, als in kaltem, leichter noch ist sie in Säuren löslich. Von der porcellanartigen löst Wasser weniger auf, als von der glasigen Modification. Aus der wässerigen Lösung und bei der Sublimation erhält man die arsenige Säure stets in regulären

Dimorphie.

Oktaëdern, bei der Röstung arsenikhaltiger Erze zuweilen in Prismen, sie ist also dimorph. Bei der Krystallisation der glasigen arsenigen Säure aus ihrer Lösung in Salzsäure findet Lichtentwickelung statt. Beim Erhitzen unter gewöhnlichem Luftdruck wird sie zu einem kleinen Theil weich, geht aber grösstentheils aus dem festen Zustande sogleich in den gasförmigen über; beim

Erhitzen unter stärkerem Druck schmilzt sie zuvor gänzlich, und dasselbe geschieht, wenn sie lange Zeit nahe unter ihrem Verflüchtigungspunkt erhitzt wird. Die Säure im festen und gasförmigen Zustande ist geruchlos, durch Erhitzen mit Kohle oder Cyankalium wird sie zu Metall reducirt und dieses legt sich als glänzender Spiegel an die kalten Wände des Glasrohrs, in welchem der Versuch gemacht wird, ein Versuch, der auf die sicherste und einfachste Weise die Anwesenheit der freien arsenigen Säure darthut.

Die wässerige Lösung der arsenigen Säure färbt eine Lösung von chromsaurem Kali grün, giebt mit schwefelsaurem Kupferoxyd-Ammoniak einen grünen Niederschlag, wird (bei 10000facher Verdünnung) durch Schwefelwasserstoff gelb gefärbt, bei Zusatz von Säuren gelb gefällt. In der salzsauren Lösung der Säure überzieht sich blankes Kupfer mit einem grauen glänzenden Ueberzug von Arsenkupfer, Zink entwickelt darin Arsenwasserstoff (§ 731).

Die arsenige Säure ist eines der stärksten und gefährlichsten Gifte sowohl für sich, als auch in ihren löslichen Salzen. Als Gegengift wendet man frisch gefälltes Eisenoxydhydrat an, welches mit ihr ein unlösliches Salz bildet.

Doch giebt es viele Leute im nördlichen und nordwestlichen Steyermark und auch anderwärts, welche trotz der Giftigkeit des weissen Arseniks täglich Dosen von 2, sogar bis 3 Gran desselben zu nehmen pflegen und als notorische Arsenikesser diese Gewohnheit lange Jahre beibehalten haben und sich wohl dabei befanden. Da die arsenige Säure in den Kreislauf des Organismus aufgenommen wird und daher im Blut und im Harn nachweisbar ist, so ist bei etwaigen Vergiftungsuntersuchungen die Kenntniss von der Existenz der Arsenikesser wichtig. Arsenikesser.

Anwendung findet diese Säure vielfach in Künsten und Gewerben (§§ 414. 602), als Gift gegen schädliche Thiere, als Mittel gegen die Fäulniss animalischer und vegetabilischer Substanzen und als Heilmittel. In Steyermark, Lithauen, Polen, wahrscheinlich auch in andern Gegenden pflegt man den Pferden unter das Futter ziemlich bedeutende Mengen Arseniks zu geben, was ihnen wohl gedeiht.

§ 724. Arsensäure, Äs, kommt in Verbindung mit Basen in verschiedenen Mineralien vor. Man erhält sie beim Kochen Arsensäure, Äs.

der arsenigen Säure mit Salpetersäure oder Königswasser, Abdampfen der Lösung und schwachen Erhitzen der trocknen Masse als wasserfreies, weisses Pulver, welches sich sehr träge aber reichlich in Wasser löst. Beim Abdampfen der wässerigen Lösung bis zu einem gewissen Punkt bilden sich in niedriger Temperatur wasserhaltige Krystalle, die an der Luft zerfliessen. Man kann überhaupt die Arsensäure in Gestalt dreier Hydrate erhalten, wie die Phosphorsäure. Von diesen bildet das Trihydrat rhombische Prismen, $\dot{H}^3\ddot{\ddot{As}}+\dot{H}$, welche bei 100° 1 Atom Wasser verlieren, das Bihydrat $\dot{H}^2\ddot{\ddot{As}}$ harte Krystalle, die bei 140—180° sich ausscheiden, in Wasser mit bedeutender Temperaturerhöhung sich lösen und bei 206° in das perlglänzende Monohydrat $\dot{H}\ddot{\ddot{As}}$ übergehen.

Beim Glühen zerlegt sich die Arsensäure in Sauerstoff und arsenige Säure, durch viele höher oxydirbare Oxyde wird sie ebenfalls in arsenige Säure umgewandelt, z. B. durch schweflige Säure ($\ddot{\ddot{As}}$ und $2\ddot{S} = \ddot{As}$ und $2\dddot{S}$). Wird sie mit Kohle erhitzt, so reducirt sie sich zu Metall. Sie ist nicht minder giftig als die arsenige Säure und bildet, wie diese, mit Eisenoxyd ein unlösliches Salz. Auf der Epidermis des Körpers erzeugt sie Blasen, und wenn man die Hand in die Säure eintaucht, so schwellen die Finger und der Vorderarm heftig an. Kalkwasser dämpft dieses Uebel in kurzer Zeit.

Die Arsensäure findet jetzt in der Zeugdruckerei massenhafte Anwendung.

Erkennungsmerkmal der Arsenverbindungen.

§ 725. Die Verbindungen des Arsens im Allgemeinen sind am leichtesten daran kenntlich, dass sie, auf Kohle in der innern Löthrohrflamme erhitzt, den Knoblauchgeruch des Metalls verbreiten, dies gilt jedoch nur für diejenigen, welche nicht früher flüchtig sind, ehe das Metall aus ihnen reducirt wird. Aber alle Arsenverbindungen zeigen dieses Merkmal, wenn sie mit überschüssiger Soda geglüht werden. Erhitzt man arsenigsaure und arsensaure Salze in einem Glaskölbchen, mit Borsäure und Kohle gemengt oder die Schwefelverbindungen mit Cyankalium, so legt sich oberhalb der erhitzten Stelle ein stahlgrauer, glänzender Metallspiegel von Arsen an, welcher leicht durch die Flamme von einer Stelle des Glasrohrs zur andern sublimirt werden kann und beim Zutritt der Luft ein Sublimat glänzender Oktaëder

(§ 723) liefert. Die in Säuren gelösten Verbindungen des Arsens geben mit Schwefelwasserstoff entweder unmittelbar oder erst nach vorgängigem Kochen mit schwefliger Säure einen gelben Niederschlag.

§ 726. Die arsenige Säure ist nur mit schwacher Affinität begabt und verbindet sich selbst mit andern Säuren, um so die Rolle der Basis zu spielen. In derartigen Verbindungen gleicht sie so dem Antimonoxyd, dass ihre Salze eine ganz analoge Zusammensetzung haben. Als Beispiele mögen hier die dem Brechweinstein ähnlichen Verbindungen $(\dot{K}\dddot{As})\bar{T}+\dot{H}$ und $(\dot{N}H^4\dddot{As})\bar{T}+\dot{H}$ angeführt werden. **Arsenigsaure Salze.**

Mit den Basen bildet die arsenige Säure Salze, welche auf 1 Atom der Säure 1 bis 3 At. Basis und auch solche, welche auf 1 At. Basis 2 At. Säure enthalten. Die Verbindungen mit den Alkalien sind in Wasser löslich, die mit den andern Basen meistens unlöslich. Von den Kalisalzen ist $\dot{K}\dddot{As}$ ein Syrup, $\dot{K}^2\dddot{As}$ sehr leicht löslich und $\dot{K}\dddot{As}^2+2\dot{H}$ in Prismen zu erhalten. Die schon seit alten Zeiten als Heilmittel gebräuchliche **Solutio arsenicalis (Fowleri)**, welche durch Lösung gleicher Theile von arseniger Säure und kohlensaurem Kali bereitet wird, besteht nahe zu aus $\dot{K}^2\dddot{As}^3$.

Von den Ammoniaksalzen kennt man krystallisirt $\dot{N}H^4\dddot{As}$ und $(\dot{N}H^4)^2\dddot{As}$. Beide verlieren von selbst an der Luft und schnell in kochendem Wasser ihr Ammoniak und aus solcher Lösung krystallisirt zuweilen arsenige Säure in grossen Oktaëdern.

Die beiden Silberoxydsalze, $\dot{A}g^2\dddot{As}$ und $\dot{A}g^3\dddot{As}$, sind gelb gefärbt, lösen sich leicht in Salpetersäure, Ammoniak und arsenigsaurem Kali auf. Letztere Lösung, mit Ueberschuss von Kalihydrat versetzt, giebt keine Fällung, zersetzt sich aber bei gewöhnlicher Temperatur allmählig, erwärmt sogleich unter Abscheidung von Silberoxydul. Es verdient überhaupt Beachtung, dass mehre Basen, die für sich in Aetzkali nicht löslich sind, als arsenigsaure Salze diese Lösung besitzen, und hierher gehört auch das arsenigsaure Eisenoxyd.

Als Erkennungsmerkmale für die gelösten arsenigsauren Salze dienen die gelben Niederschläge, welche einerseits Silbersalze in der neutralen Lösung, andererseits Schwefelwasserstoff sofort in der sauren Lösung erzeugen (§ 448). Auch das Verhalten des Kupfers ist bezeichnend. Erwärmt man eine salzsaure Lösung von arseniger Säure mit einem Streifen blanken Kupferblechs, so überzieht sich dieses selbst bei Anwesenheit von sehr geringen Mengen des Arsens mit einer glänzenden grauen Haut, die aus Arsenkupfer Cu^5As besteht.

Arsensaure Salze.

§ 727. Die Arsensäure bildet krystallisirbare Salze mit 3 Atomen Basis, welche den entsprechenden phosphorsauren Salzen isomorph sind und, wie diese, bald 1 Atom bald 2 Atome basisches Wasser neben dem basischen Metalloxyd enthalten. Den pyro- und metaphosphorsauren Salzen entsprechen, so viel man bis jetzt weiss, keine arsensauren.

Die arsensauren Alkalien sind löslich in Wasser, eben so die meisten sauren Salze der andern Metalloxyde, während die neutralen Salze der Erden und schweren Metalloxyde unlöslich sind. Die löslichen neutralen Salze geben mit salpetersaurem Silberoxyd einen rothbraunen Niederschlag ($\dot{A}g^3\ddot{A}s$), leicht löslich in Salpetersäure oder Ammoniak, mit Schwefelwasserstoff aus der angesäuerten Lösung nach längerem Durchleiten einen gelben (p. 449), leicht löslich in Ammoniak. In saurer Lösung geben sie auf Kupfer keinen grauen Ueberzug. Das Doppelsalz von Arsensäure mit Ammoniak und Magnesia ist unlöslich in Ammoniak und wird zur Abscheidung und Bestimmung der Arsensäure angewendet. Es ist ganz so wie das entsprechende Phosphat zusammengesetzt, verliert bei 100° sein Krystallwasser und zersetzt sich in starker Glühhitze unter Freiwerden von Arsen.

Die Verwandtschaft der Arsensäure zu den Basen ist im Allgemeinen so gross, dass hohe Temperatur nicht alle ihre Salze zerstört. Aber mehre derselben, in denen schwache oder nicht zersetzliche Basen enthalten sind, vertragen Glühhitze nicht ohne Zersetzung.

Arsensaures Natron, neutrales, $(\dot{N}a^2+\dot{H})\ddot{A}s$.

Arsensaures Natron. Die Krystalle des neutralen Salzes, $(\dot{N}a^2+\dot{H})\ddot{A}s+24\dot{H}$, verwittern und geben erst bei 200° das letzte Atom Wasser ab. Man erhält sie aus einer mit kohlensaurem Natron im Ueberschuss versetzten Lösung von Arsensäure bei gewöhnlicher Temperatur, während aus dieser Lösung bei +20° ein Salz mit weniger Wasser, $(\dot{N}a^2+\dot{H})\ddot{A}s+16\dot{H}$, in luftbeständigen Krystallen sich ausscheidet. — Das saure Salz,

$(\dot{Na} + \dot{H}^2)\overset{\cdot\cdot\cdot\cdot\cdot}{As} + 2\dot{H}$, und das basische, $\dot{Na}^3\overset{\cdot\cdot\cdot\cdot\cdot}{As} + 24\dot{H}$, erhält man ebenfalls in Krystallen, die sich an der Luft nicht verändern.

Von den arsensauren Salzen der Erden und schweren Metalloxyde kommen mehre im Mineralreich vor, zum Theil gut krystallisirt, zum Theil amorph. Erwähnt sind schon die Arseniate des Kobalts (§ 532), Nickels (§ 550) und Blei's (§ 648), zahlreich sind die des Kupferoxyds in verschiedenen Sättigungsstufen [so im **Euchroit, Erinit, Strahlerz, Kupferglimmer** u. a.] und weit verbreitet die des **Eisenoxyds**, weniger in der Form des **Skorodits** $\overset{\cdot\cdot\cdot}{\overline{Fe}}\overset{\cdot\cdot\cdot\cdot\cdot}{As} + 4\dot{H}$, als in der Gestalt des Eisenochers und mit diesem gemischt in dem Absatz eisenhaltiger Quellwässer.

§ 728. Arsenchlorür, $AsCl^3$, ist eine farblose, ölartige, an der Luft rauchende Flüssigkeit, die bei 132° siedet, sich mit Wasser in Chlorwasserstoff- und arsenige Säure zerlegt, höchst giftig ist und durch directe Verbindung ihrer Elemente oder Destillation von Quecksilberchlorid mit Arsen oder Arsensulphür ($3 HgCl$ und $AsS^3 = 3 HgS$ und $AsCl^3$) dargestellt wird. Sie bildet sich auch, wenn arsenige Säure mit Chlorwasserstoffsäure in Wechselwirkung tritt, und man kann daher leicht einen Gehalt an arseniger Säure auf diesem Wege entfernen und entdecken, wenn die Substanz im Gemenge mit Kochsalz und Schwefelsäure der Destillation unterworfen wird. Im Destillat verdichtet sich das Chlorarsen nebst Wasser, und in dieser Flüssigkeit lässt sich die Anwesenheit des Arsens ohne Schwierigkeit feststellen. Arsenchlorür, $AsCl^3$.

Ein der Arsensäure entsprechendes Chlorid scheint nicht zu existiren, denn bei der Destillation der Arsensäure mit Chlorwasserstoff bildet sich nur Arsenchlorür.

§ 729. Arsenjodür, AsJ^3, ist eine rothe krystallinische Verbindung, welche sich in Wasser löst und als Heilmittel dann und wann gebraucht wird. Arsenjodür, AsJ^3.

§ 730. Schwefel verbindet sich in vier bestimmten Verhältnissen mit dem Arsen, lässt sich aber mit ihm in allen Verhältnissen zusammenschmelzen. Für zwei dieser Schwefelungsstufen giebt es keine entsprechenden Oxydationsstufen, die beiden andern sind den zwei Säuren proportional zusammengesetzt. Schwefelarsen.

Realgar, AsS^2,

Realgar, $\overset{\prime\prime}{As}$, kommt als Mineral in rubinrothen schiefen Prismen (**Arsenikrubin**) vor, künstlich wird es durch Zusammenschmelzen der erforderlichen Mengen von Schwefel und Arsen als eine glasige, spröde, rothe Masse erhalten, die unzersetzt destillirbar ist und mit basischen Schwefelmetallen Salze bildet. Auch künstliche Krystalle desselben lassen sich darstellen durch Erhitzen der glasigen Masse mit kohlensaurer Natronlösung in zugeschmolzenen Glasröhren.

Rothes Arsenikglas.

Man wendet das Realgar zur Bereitung eines mit intensiv weissem Lichte brennenden Feuersatzes und als rothe Malerfarbe an, daher es auf den Arsenikhütten in grössern Massen dargestellt und unter dem Namen **rothes Arsenikglas** in den Handel gebracht wird. Diese glasige Masse ist aber nicht von derselben Zusammensetzung wie das krystallisirte Realgar, sondern ein Gemenge desselben mit Schwefel oder arseniger Säure. Die Chinesen und Mongolen mischen dieses Schwefelmetall unter den Rauchtaback.

Arsensulphür, AsS^3.

Arsensulphür, $\overset{\prime\prime\prime}{As}$, findet sich als krystallisirtes Mineral (**Rauschgelb, Operment, Auripigment**) in gelben geraden rhombischen Prismen von 3,5 spec. Gewicht. Künstlich stellt man diese Verbindung durch Zusammenschmelzen von Schwefel mit Arsen oder durch Fällen einer salzsauren Lösung von arseniger Säure mit Schwefelwasserstoff dar. Nach letzterer Bereitungsweise ist es ein feurig gelber flockiger Niederschlag, der zu einem amorphen Pulver eintrocknet. Beim Erhitzen schmilzt das Arsensulphür und sublimirt darauf, wenn aber Luft Zutritt hat, verbrennt es ohne Knoblauchsgeruch zu arseniger und schwefliger Säure. Durch Salpetersäure wird es oxydirt und gelöst, in fixen Alkalien und Ammoniak löst es sich ebenfalls, mit basischen Schwefelmetallen verbindet es sich zu Salzen (Sulpharsenite), von denen viele in der Natur als Erze vorkommen (§ 670). Mit Cyankalium in einem Glasrohr unter Abschluss der Luft erhitzt, giebt es einen Arsenspiegel. In zugeschmolzenen Röhren mit kohlensaurer Natronlösung erhitzt liefert es Realgarkrystalle.

Gelbes Arsenikglas.

Dieses Schwefelarsen, mit arseniger Säure gemischt, ist in einer gelben Malerfarbe enthalten, die man auf den Hütten durch Zusammenschmelzen von arseniger Säure mit Schwefel bereitet und als **gelbes Arsenikglas** verkauft. Sie enthält wechselnde

Mengen von arseniger Säure und besteht zuweilen überwiegend aus ihr und nur aus wenigen Procenten des Schwefelmetalls. In manchen Gegenden, z. B. in Steiermark, geniessen die Arsenikesser (§ 723) das Operment statt des weissen Arseniks oder neben demselben.

Arsensulphid, $\overset{\prime\prime}{\overset{\prime\prime\prime}{As}}$, existirt, wie das entsprechende Schwefelantimon (§ 716), nur in Verbindung mit Sulphobasen. Behandelt man eine concentrirte wässerige Arsensäurelösung mit Schwefelwasserstoff, so scheidet sich zuerst blassgelber Schwefel und dann das Arsensulphür aus; der Niederschlag stellt daher ein gelbes Gemenge dar, aus welchem die Lösungsmittel des Schwefels (Alkohol u. dgl.) 2 Atome Schwefel ausziehen. Dieses Gemenge löst sich in Ammoniak und verbindet sich mit Schwefelbasen zu Salzen (Sulpharseniate), die den arsensauren analog zusammengesetzt sind [z B. $\acute{Na}^2\overset{\prime\prime}{\overset{\prime\prime\prime}{As}}$ und $\acute{Na}^3\overset{\prime\prime}{\overset{\prime\prime\prime}{As}} + 15\dot{H}$] und aus welchen durch Säuren das eben erwähnte Gemenge von Arsensulphür und Schwefel abgeschieden wird. Eine Verbindung des Arsensulphids mit Schwefelkupfer kommt als Mineral vor, **Enargit**, $\acute{Cu}^3\overset{\prime\prime}{\overset{\prime\prime\prime}{As}}$. **Arsensulphid, AsS^5.**

Arsensupersulphid, AsS^{18}, scheidet sich in gelben, sehr leicht schmelzbaren Krystallschuppen ab, wenn Natriumarsensulphidlösung mit Alkohol vermischt und das Filtrat abgedampft wird. **Arsensupersulphid, AsS^{18}.**

§ 731. Arsenwasserstoff, H^3As, bildet sich, wenn eine Legirung aus gleichen Theilen Zink und Arsen mit verdünnter Schwefelsäure übergossen wird. Es bildet sich überhaupt, aber dann mit Wasserstoff gemengt, wenn eine der Säuren des Arsens oder eines ihrer Salze oder die Chlorverbindung in einer sauren Lösung mit Zink in Berührung kommen. Reiner Arsenwasserstoff ist ein farbloses, höchst giftiges Gas von 2,695 spec. Gewicht und ekelerregendem, knoblauchähnlichem Geruch; es wird bei —40° flüssig, ist in Wasser etwas löslich, und zerlegt sich, durch ein gelinde glühendes Glasrohr geleitet, in seine Bestandtheile, von denen das Arsen hinter der glühenden Stelle des Glasrohrs einen stahlgrauen, stark metallisch glänzenden Anflug **(Arsenspiegel)** bildet. Wenn das Gemenge von Wasserstoff mit Arsenwasserstoff angezündet und in die bläulich weisse **Arsenwasserstoff, H^3As.**

Flamme, welche einen weissen Rauch ausstösst, eine Porcellanschale gehalten wird, so legt sich an die Schale metallisches Arsen an. Der Arsenwasserstoff bringt in den Salzlösungen von Silberoxyd einen schwarzen ($3.\dot{A}g + H^3As = 3Ag, 3\dot{H}$ und $\ddot{A}s$), in denen von Kupferoxyd einen braunen (Cu^3As) und in Quecksilberchlorid einen braungelben ($Hg^3As + 3.HgCl$) Niederschlag hervor.

Marsh's Verfahren.

Da selbst höchst geringe Mengen der eben genannten Arsenverbindungen Arsenwasserstoffgas mit seinen deutlich erkennbaren Merkmalen zu entwickeln im Stande sind, so ist diese Methode, Arsen bei etwaigen Vergiftungen zu erkennen und nachzuweisen, die neuerlich am meisten angewandte (Marsh's Verfahren). Am einfachsten dient zur Ausführung nebenstehender Apparat. In dem Glasrohr *B* (Fig. 63) wird die auf Arsenverbindungen zu prüfende Flüssigkeit mit Zinkstäben *Z*, die durch federnden Kupferdraht in angemessener Entfernung über dem Boden des Cylinders *A* gehalten werden, in Berührung gesetzt. Die Flüssigkeit darf nur die Oxyde des Arsens, kein Schwefelarsen und keine Salpetersäure enthalten und ist mit Schwefelsäure gut angesäuert. Durch Oeffnen des Hahns *h* lässt sich willkürlich eine kleine Menge Gas auf einmal entwickeln und durch die Glasröhre *c* ableiten. Hier wird es durch Glühen in Wasserstoff und den Arsenspiegel zerlegt, welcher weiterhin Controllprüfungen zu unterwerfen ist, wie sie oben (§ 721 und 723) angegeben sind. Man kann aber auch das entwickelte Arsenwasserstoff, ohne es zu glühen, durch eine rechtwinklige gebogene Röhre abwärts leiten, in Lösung von salpetersaurem Silberoxyd treten lassen und das Filtrat von Silber (s. oben) mit Ammoniak vorsichtig neutralisiren, wobei der gelbe Niederschlag von arsenigsaurem Silberoxyd entsteht.

Fig. 63.

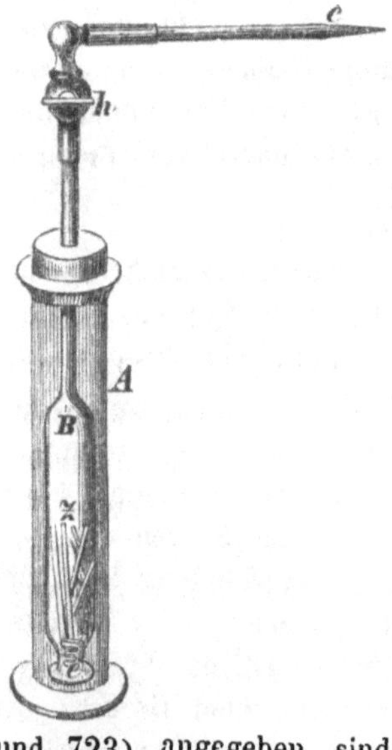

Zur Unterscheidung des Arsens von Antimon, welches sich unter ähnlichen Bedingungen aus dem Antimonwasserstoff bildet, dient die leichtere Flüchtigkeit des metallischen Anflugs, beim Erhitzen in Wasserstoff, und des krystallinisch glänzenden Oxydationsproductes ($\ddot{\mathrm{A}}\mathrm{s}$), welches durch Glühen bei Zutritt der Luft gebildet wird. Auch löst sich der Arsenspiegel in unterchlorigsaurem Natron sofort auf, der Antimonspiegel nicht. Ferner kann man beide durch Erwärmen mit ein wenig Jod in Jodür verwandeln und das in Wasser lösliche Arsenjodür durch unterschwefligsaures Natron in Arsensulphür verwandeln. Am einfachsten erzeugt man in ein Paar Tropfen Silbersalzes auf einem Porcellanscherben die schwarze Fällung, dampft zur Trockne, erhitzt vorsichtig mit Salpetersäure zur Trockne (wodurch $\ddot{\mathrm{A}}\mathrm{s}$ und $\ddot{\mathrm{S}}\mathrm{b}$ neben Silbersalz entstehen) und fügt Ammoniak hinzu. Bei Anwesenheit von Antimon schwärzt sich sofort der gelbe Rückstand und in der ammoniakalischen Lösung lässt sich Arsensäure nachweisen.

Legirungen des Arsens

§ 732. *Arsenlegirungen* bilden sich leicht, meistens durch directe Vereinigung der Metalle. Sie sind mehr oder weniger spröde, auch wenn die weichsten Metalle darin enthalten sind, und von dem Arsengehalt durch Rösten schwer zu befreien.

mit Kalium, Natrium, Eisen,

Die Verbindungen mit *Kalium* und *Natrium* zerlegen das Wasser unter Entwicklung von Arsenwasserstoff.

Eisen und Arsen scheinen sich in vielen Verhältnissen zu legiren. Sowohl Stabeisen als auch Stahl verlieren durch die geringsten Mengen Arsen ihre Festigkeit und Weichheit. Im Mineralreich finden sich zwei Verbindungen, welche die hauptsächlichsten Arsenerze sind: der **Arsenikalkies**, $FeAs$, und der **Arsenikkies**, $FeAs + FeS^2$, beide in silberweissen bis stahlgrauen rhombischen Prismen.

Kobalt, Nickel,

Kobalt- und *Nickel-Arsen* sind die wichtigsten Erze dieser Metalle (§§ 537. 553).

Kupfer.

Die Legirung mit *Kupfer* (**Weisskupfer, weisses Tomback** genannt) ist gelblich weiss, sehr hart und wenig luftbeständig; man stellt sie dar durch Zusammenschmelzen gleicher Theile von Kupfer und Arsen. Wenig Arsen verleiht den Kupfer-Zinnlegirungen hohen Glanz und starke Politurfähigkeit und findet sich daher nicht selten dem Spiegelmetall beigemischt. Sehr kleine

Mengen Arsens schon rauben dem Kupfer seine ausgezeichnete Dehnbarkeit. Im Mineralreich finden sich bestimmte Verbindungen des Kupfers mit Arsen: der **Whitneyit**, $Cu^{18}As$, der **Algodonit**, $Cu^{12}As$ und **Domeykit**, Cu^6As.

Eine Legirung mit Blei dient zur Schrotfabrication (§ 654). Eine Verbindung mit Antimon findet sich im Mineralreich: der **Allemontit**, $SbAs^3$.

Zu Platin hat das Arsen sehr grosse Verwandtschaft, die Legirung ist grauweiss, spröde und leicht schmelzbar, sie bildet sich leicht, wenn in Platingefässen Arsenverbindungen mit reducirend wirkenden Stoffen geglüht werden.

46. Wismuth (Bi = 208,0) **Bismuthum.**

Vorkommen. § 733. Es kommt meistens gediegen vor und zwar in langen silberglänzenden Streifen den Speisskobalt (§ 537) durchziehend (gestricktes Kobalt); ausserdem findet es sich hie und da als Schwefelverbindung und in den sehr seltenen Tellurerzen. Es gehört das Wismuth überhaupt zu den spärlich vorkommenden Metallen. Ehemals führte es ausser einigen andern den Namen **Marcasita**, der auch jetzt noch bisweilen gebraucht wird.

Darstellung. § 734. Durch mässiges Erhitzen des Erzes, welches das Wismuth gediegen enthält, in gusseisernen geneigt liegenden Röhren *a* (Fig. 64) schmilzt das Metall und fliesst aus den Oeffnungen im Eisenblech *i* in darunter gestellte Schalen *o*, die man durch glühende in *k* befindliche Kohlen erwärmt. Diese Gewinnungsweise heisst das Saigern (Aus- oder Absaigern). Auch aus der Kobaltspeise (§ 539) gewinnt man durch Saigern auf Eisenplatten Wismuth. Die Verunreinigungen des Wismuths, welche meist aus Eisen, Kupfer, Arsen, Nickel und Schwefelwismuth, zuweilen auch aus etwas Kobalt, Blei und Silber bestehen, entfernt man durch Schmelzen des Metalls mit etwas Salpeter, wobei sich zuerst die fremden Beimengungen oxydiren. Das reinste

Fig. 64.

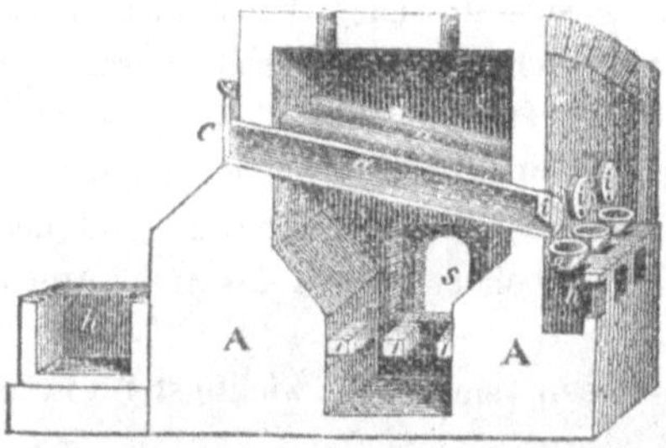

Wismuth erhält man durch Reduction des basisch salpetersauren Wismuthoxyds mit Kohle.

§ 735. Das Wismuthmetall ist von röthlich weisser Farbe, starkem Glanz, 9,82 spec. Gewicht und spröde bis zum Pulvern. Es schmilzt bei 264°, und ist bei hoher Temperatur flüchtig. Man kann es leicht auf dieselbe Weise wie den prismatischen Schwefel (p. 49) in Rhomboëdern krystallisirt erhalten, sonst hat es ein blätterig krystallinisches Gefüge. Enthält das Wismuth Schwefelmetalle beigemengt, so zeigt es beim Schmelzen die Erscheinung, dass durch die eben erstarrte Oberfläche aus dem Innern der noch flüssigen Masse Kugeln hervortreten, die aus fast völlig reinem Wismuth bestehen und bei erneutem Schmelzen und Erstarren diese Erscheinung nicht zeigen. Eigenschaften.

An trockner Luft ist es beständig, an feuchter läuft es oberflächlich an, Wasser zersetzt es nicht, von Salpetersäure wird es leicht oxydirt und aufgelöst. Beim Schmelzen an der Luft zeigen sich auf seiner Oberfläche anfangs die Regenbogenfarben, weiterhin ändert sich das Metall allmählig in ein gelbes Pulver um, in hoher Temperatur an der Luft erhitzt, verbrennt es mit bläulich weisser Flamme und einem gelben Rauch von Oxyd.

Es giebt drei Oxydationsstufen des Wismuths, von denen die niedrigste, das Oxydul, ein schwarzgraues Pulver, schwer rein zu erhalten ist, wahrscheinlich aus $\ddot{B}i$ besteht und mit Säuren in Metall und höheres Oxyd zerfällt, sich also wie ein Suboxyd verhält.

§ 736. Wismuthoxyd, $\dddot{B}i$, erhält man durch Schmelzen des Metalls an der Luft oder durch Glühen des Oxydhydrats oder des basisch salpetersauren Salzes. Es ist ein gelbes Pulver, welches in höherer Temperatur zu einer braunrothen Masse schmilzt, beim Erkalten wieder gelb wird, und leicht mit Kieselsäure oder Silicaten zu einem Glas sich verbindet. Im Mineralreich findet es sich in gelben erdigen Massen (**Wismuthocher**). Wismuthoxyd, $\dddot{B}i$.

Mit Wasser verbunden scheidet es sich als weisses Pulver, $\dddot{B}i\dot{H}$, aus, wenn ein Wismuthoxydsalz mit verdünnten kaustischen Alkalien gefällt wird und ist unlöslich im Ueberschuss der Alkalien. Es ist nur eine schwache Basis und hat daher grosse Neigung, vorzugsweise basische Salze zu bilden, selbst aus saurer Lösung. Hydrat.

Salze des Wismuthoxyds.

§ 737. Die Salze des Wismuthoxyds sind meist farblos, und werden durch Wasser in ein basisches unlösliches Salz zersetzt, wenn sie nicht einen hinreichenden Zusatz von Weinsäure enthalten. Ihre Lösung in Säure giebt mit Alkalien einen weissen (Oxydhydrat), im Ueberschuss des Alkalis unlöslichen, mit Schwefelwasserstoff einen schwarzbraunen (Schwefelmetall), mit chromsaurem Kali einen gelben, in verdünnter Salpetersäure leicht löslichen Niederschlag. Vor dem Löthrohr reduciren sich die Wismuthsalze leicht zu einem spröden Metallkorn, um welches sich ein gelber Beschlag (Oxyd) anlegt.

Die Wismuthsalze werden zum Theil als kräftig wirkende Arzneimittel angewendet und sind zu den Giften zu rechnen.

Salpetersaures Wismuthoxyd.

§ 738. Salpetersaures Wismuthoxyd erhält man durch Auflösen von Wismuth in Salpetersäure und Abdampfen der Lösung in farblosen glänzenden Krystallen, $\dddot{Bi}\overset{\cdot\cdot\cdot\cdot\cdot}{N}^3+9\dot{H}$, welche sich in wenig mit Salpetersäure vermischtem Wasser unzersetzt lösen, durch viel Wasser in ein weisses Pulver, $\dddot{Bi}\overset{\cdot\cdot\cdot\cdot\cdot}{N}+\dot{H}$, sich zerlegen. Dieses basische Salz wird als Arzneimittel unter dem Namen

Magisterium Bismuthi.

Bismuthum hydrico-nitricum oder **Magisterium Bismuthi** und zu Schminke (**Blanc de fard**) angewendet. Es bildet feine seidenglänzende Schüppchen, die mit heissem Wasser sich weiter zerlegen, in kaltem Wasser unlöslich sind, und beim Glühen Wismuthoxyd hinterlassen.

§ 739. Mit Chlor bildet das Wismuth zwei Verbindungen, von denen das dem Oxydul entsprechende Wismuthchlorür eine schwarze schmelzbare schwachglänzende Masse darstellt.

Wismuthchlorid, $BiCl^3$. **Butyrum Bismuthi.**

Wismuthchlorid, $BiCl^3$, dargestellt durch Behandeln des Wismuths mit Chlor, ist eine feste Masse, die beim Erhitzen leicht schmilzt und dann sich verflüchtigt. Aus der Luft zieht es Wasser an und krystallisirt, $BiCl^3+2\dot{H}$, durch viel Wasser wird es, wie das salpetersaure Salz, in ein basisches zersetzt, $BiCl^3+2\dddot{Bi}$, welches wegen seiner blendenden Weisse ebenfalls als Schminkmittel (**Blanc de Perle** oder **d'Espagne**) benutzt wird. Es liefert mit den Chloralkalien eine Anzahl gut krystallisirender Doppelsalze, welche durch Wasser nicht zerlegt werden.

Wismuthsäure.

§ 740. Wismuthsäure, $\overset{\cdot\cdot\cdot\cdot\cdot}{Bi}+2\dot{H}$, ist ein braunes Pulver, welches bei Zusatz überschüssiger Cyankaliumlösung zu einer Lösung von salpetersaurem Wismuthoxyd sich ausscheidet. Durch

Behandlung einer heissen sehr concentrirten Kalilösung, in welcher Wismuthoxydhydrat suspendirt ist, mit Chlor bildet sich ein rother Körper, der Kali und Wismuthsäure enthält, durch Säuren zersetzt wird und bei Anwendung von Salpetersäure eine wasserhaltige gelbe Verbindung von $\dddot{Bi}\,\overset{::}{Bi}$, bei Anwendung von Salzsäure Chlor und Chlorwismuth liefert. Auch durch Glühen wird die Wismuthsäure unter Ausgabe von Sauerstoff in Oxyd übergeführt.

Verbindungen derselben mit Wismuthoxyd scheint es in zwei Verhältnissen zu geben, von denen die eine, ein braunes Pulver, früher für Wismuthsuperoxyd gehalten wurde und auf bequeme Weise durch Behandeln von salpetersaurem Wismuthoxyd mit alkalischer Lösung von unterchlorigsaurem Natron bereitet werden kann. Unter den noch wenig untersuchten Salzen der Wismuthsäure scheinen nur die der Alkalien löslich zu sein.

§ 741. Mit Schwefel verbindet sich das Wismuth in zwei Verhältnissen.

Schwefelwismuth, BiS^2.

Die niedrigste Schwefelungsstufe, BiS^2, erhält man durch Zusammenschmelzen von Schwefel mit Ueberschuss von Wismuth nicht. Sie bildet sich vielmehr nur auf nassem Wege, wenn eine alkalische Lösung von weinsaurem Wismuthoxyd und Zinnchlorür mit Schwefelwasserstoff behandelt wird. Das schwarze glanzlose Pulver ist ein Hydrat, $BiS^2+2\dot{H}$, welches mit Salzsäure in Wismuth und Wismuthchlorid sich zersetzt.

BiS^3.

Die andere Schwefelverbindung, BiS^3, findet sich als blättrig krystallinisches, glänzendes, bleigraues Mineral (**Wismuthglanz**) und scheidet sich als schwarzes Pulver aus, wenn ein Wismuthoxydsalz mit Schwefelwasserstoff gefällt wird. Beide Schwefelverbindungen sind leicht schmelzbar und zersetzen sich mit Salpetersäure. Die dem Oxyd entsprechende hat die Eigenschaften eines Sulphids, denn sie findet sich im Mineralreich verbunden mit mehren Sulphureten, z. B. im **Nadelerz**: $(\acute{Cu}\acute{Pb})^3\dddot{Bi}$.

Tellurwismuth, $BiTe^3$.

§ 742. Tellurwismuth, $BiTe^3$, findet sich als grossblätterig krystallisirtes stahlgraues Mineral. In Verbindung mit Schwefelwismuth und Selenwismuth bildet es den **Tetradymit**.

Legirungen des Wismuths.

§ 743. In den Legirungen bedient man sich des Wismuths hauptsächlich, um leicht schmelzbare und zugleich härtere Metallgemische zu bekommen. Eine Legirung von 8 Th. Wismuth,

Rose's Metall. 5 Th. Blei und 3 Th. Zinn schmilzt bei 94°5, eine andere von 2 Th. Wismuth, 1 Th. Zinn und 1 Th. Blei bei 93¾°. Durch einen grössern Zusatz von Blei kann man Legirungen von höhern Schmelzpunkten erhalten und solche wendet man z. B. an, um Abdrücke (Abklatsche) von Holzschnitten zu machen, die in den Text von Büchern eingedruckt werden sollen. Die leichtflüssigste von derartigen Legirungen ist die aus 8 Th. Blei, 15 Th. Wismuth, 4 Th. Zinn und 3 Th. Cadmium, silberweiss, von 9,4 spec. Gew. und bei 62° schmelzend. (Wood's Legirung.)

Anwendung des Wismuths. Das Wismuth findet mehrfache Anwendung, sowohl als Metall zu Legirungen, als auch in seinem Oxyd zu leicht schmelzbaren Glasflüssen in Porcellan- und Glasmalerei, und die Anwendung zweier seiner Salze ist schon oben (§§ 737 und 738) erwähnt.

Die Gruppe des Wolframs

umfasst die drei Metalle: **Wolfram**, **Molybdän** und **Vanadin**. Allgemeine Charaktere: luftbeständige, äusserst schwer oder nicht schmelzbare Metalle, deren Oxydationsstufen proportionale Zusammensetzung haben. Von allen ist die Säure jedes Metalls das beständigste Oxyd. Wolfram und Molybdän gleichen sich am meisten in den Alkalisalzen ihrer Säuren.

47. Wolfram ($W = 93{,}4$) **Wolframium.**

Eigenschaften. § 744. Dieses Metall ist spröde, hart und krystallinisch, von der Farbe und dem Glanz des Eisens, dem spec. Gew. $= 17{,}3 - 18{,}2$, sehr hart und sehr schwer schmelzbar. Es wird von keiner Säure, auch nicht von Königswasser, verändert, läuft beim Erhitzen an der Luft blau an und verwandelt sich weiterhin in gelbe Säure. Man gewinnt es sowohl durch Reduction des Chlorids, als des Wolframoxyd-Kali's mittelst Wasserstoffs, als auch des Oxyds oder der Säure mit Kohle gemengt in sehr hoher Hitze.

Vorkommen. Es hat zwei Oxydationsstufen: ein schwarzes oder kupferrothes Oxyd $= \ddot{W}$ und eine Säure $= \dddot{W}$, deren Verbindung mit Kalkerde, $\dot{Ca}\dddot{W}$ (der **Schwerstein** oder **Tungstein**), und mit Eisen- und Manganoxydul, $2.\dot{Fe}\dddot{W} + 3.\dot{Mn}\dddot{W}$ (der **Wolfram**) bekannte Mineralien sind. Das letztere findet sich am häufigsten und dient zur Darstellung aller Wolframverbindungen. Bisher nur spärlich von den Chemikern benutzt, wird jetzt dieses Mineral bei der Gussstahlfabrication angewendet, wodurch eine Stahlart mit bis 5 pCt. Wolframgehalt von ungewöhnlicher Härte erzeugt wird.

Von den Oxydationsstufen ist die Wolframsäure bemerkenswerth, weil sie zwei verschiedene Modificationen darbietet. Die eine ist unlöslich in Wasser, gelb oder als Hydrat farblos, die andere ist leicht löslich in Wasser. Die erstere, gewöhnliche Wolframsäure, bildet vorzugsweise mit den Basen Salze von der Formel $\dot{R}^3\dddot{W}^7 + x\dot{H}$, unter denen das Natronsalz ausgezeichnet ist. Die andere, Meta-**Wolframsäure** genannt, bildet Salze nach der Formel $\dot{R}\dddot{W}^4 + x\dot{H}$, unter denen besonders das Barytsalz durch seine grossen fettglänzenden Quadratoktaëder hervorragt. Die Meta-Wolframsäure kann auch krystallisirt, $\dot{H}^2\dddot{W}^4 + 7\dot{H}$, erhalten werden, ändert sich aber beim Eindampfen zur Trockne in die gewöhnliche Säure um.

Wenn ein wolframsaures Salz mit Salzsäure vermischt und Zink hinzugefügt wird, so bildet sich zuerst eine tiefblaue Lösung von wolframsaurem Wolframoxyd und zuletzt fallen kupferrothe Schuppen von Wolframoxyd zu Boden. Dieses Verhalten ist bezeichnend für Wolfram, aber auch für Molybdän.

Das Wolfram benennt man auch jetzt noch bisweilen mit dem ihm früher ertheilten Namen Tungsteinmetall (vom Schwedischen tung = schwer), auch wohl Scheelium (nach dem schwedischen Chemiker Scheele).

48. Molybdän (Mo = 46,0).

§ 745. Es findet sich nur in geringen Mengen, theils in Verbindung mit Schwefel, theils als Säure, an Bleioxyd gebunden. **Vorkommen.**

Das Metall, auf dieselbe Art wie das Wolfram (§ 744) reducirt, ist stahlfarbig bis zinnweiss, ein wenig dehnbar, nur bei den höchsten Temperaturen des Knallgasgebläses schmelzbar. Es hat ein spec. Gewicht von 8,6 und drei Oxydationsstufen: ein schwarzes Oxydul = $\dot{Mo}$, ein kupferfarbiges Oxyd = $\ddot{Mo}$ und eine schmelzbare, flüchtige, farblose, in rhombischen Prismen sublimirende Säure = $\dddot{Mo}$, von denen die beiden letzteren sich unter einander verbinden und, mit molybdänsaurem Zinnoxyd gemengt, **Eigenschaften.**

unter dem Namen **blauer Carmin** als Malerfarbe bekannt sind. Die dem Oxyd entsprechende Schwefelungsstufe (**Molybdänglanz, Wasserblei**), MoS^2, eine blättrige, bleigraue, abfärbende Masse, wurde früher mit Graphit (Griech. *μολύβδαινα*) verwechselt, daher bekam das Metall später seinen Namen. Das molybdänsaure Bleioxyd, $\dot{Pb}\dddot{Mo}$ (**Gelbbleierz**), findet sich hier und da in etwas grössern Mengen, so dass man es zur Darstellung der Molybdänpräparate verwenden kann, welche früher aus dem Wasserblei dargestellt wurden.

Unter den molybdänsauren Salzen, welche in ihrer Zusammensetzung die meiste Aehnlichkeit mit denen der gewöhnlichen Wolframsäure besitzen, wird besonders das Ammoniaksalz häufig dargestellt, weil man sich desselben als Reagens auf Phosphorsäure bedient. Es veranlasst nämlich in sauren Lösungen dieser Säure beim Erhitzen einen citronengelben Niederschlag, der Phosphorsäure, Ammoniak und Molybdänsäure enthält und namentlich in Salpetersäure sehr schwer löslich ist. Inzwischen zeigen Arsensäure und Kieselsäure dasselbe Verhalten wie die Phosphorsäure.

Wird ein molybdänsaures Alkalisalz, in Wasser gelöst, mit Salpeter- oder Salzsäure vermischt, so scheidet sich anfangs ein weisser Niederschlag aus, welcher im Ueberschuss der Säure sich wieder löst. Zusatz von Zink zu solcher Lösung veranlasst zuerst Blaufärbung durch molybdänsaures Molybdänoxyd, schliesslich Ausfällung schwarzen Molybdänoxyduls.

49. Vanadin ($V = 68{,}5$) **Vanadium.**

Vorkommen. § 746. Es ist zuerst aus den Frischschlacken gewisser Eisenarten dargestellt worden; jetzt gewinnt man es am bequemsten aus dem **Vanadinbleierz**, $3\dot{Pb}^3\dddot{V} + PbCl$, welches, wiewohl nur höchst spärlich, vorkommt, auch aus gewissen Eisenerzen, in denen etwa 1 pCt. Vanadinsäure enthalten ist.

Eigenschaften. Das Metall, aus Vanadinsäure durch Kalium reducirt, ist silberweiss, dem Molybdän sehr ähnlich, aus dem Chlorid mittelst Wasserstoffs reducirt, eine eisengraue, metallisch spiegelnde, innen krystallinische Rinde. Es löst sich in Salpetersäure mit blauer Farbe und verbrennt beim Erhitzen an der Luft zu einem schwarzen Pulver (Oxyd). Es hat drei Oxydationsstufen, ein schwarzes Suboxyd $= \dot{V}$, ein Oxyd $= \ddot{V}$ und eine Säure $= \dddot{V}$.

Die Auflösungen des schwarzen Oxyds in Säuren sind blau gefärbt. Die orangerothe, feuerbeständige Säure ist schmelzbar und erstarrt in rhombischen Prismen von 3,5 spec. Gew. Sie bildet mit Basen farblose, gelbe und rothe Salze, welche in äusserst geringer Menge an der rosarothen Färbung ihrer farblosen sauren wässerigen Lösung erkennbar sind, sobald ozonisirter Aether (p. 20) oder Wasserstoffsuperoxyd zugesetzt wird.

50. Tantal (Ta = 68,8). 51. Niobium (Nb = 48,8).

§ 747. Diese beiden Metalle, in Verbindung mit Sauerstoff als Säuren, kommen in den seltenen unter dem Namen **Tantalit** oder **Columbit** bekannten Mineralien, mit Manganoxydul, Eisenoxydul und andern Basen verbunden vor, ferner in einigen noch selteneren Mineralien: dem **Samarskit**, **Euxenit**, **Fergusonit** und **Tyrit**. In den Tantaliten Finnlands ist Tantalsäure, in den Columbiten von Bodenmais (in Baiern) und Nord-Amerika ist Unterniobsäure enthalten. Die beiden Metalle, aus den Fluoriden mittelst Natriums reducirt, sind unschmelzbare schwarze Pulver. Das **Tantal**, unangreifbar von Schwefelsäure, Salpetersäure und Königswasser, löst sich in einem Gemisch von Flusssäure und Salpetersäure, das **Niob**, frisch dargestellt, löst sich unter Wasserstoffentwicklung in verdünnter erhitzter Salzsäure. Beide verbrennen beim Erhitzen an der Luft zu weissen Säuren, von denen beim Glühen die Tantalsäure weiss bleibt, die Unterniobsäure während des Erhitzens stark gelb sich färbt, beim Erkalten aber wieder weiss wird.

Vorkommen.

Eigenschaften.

Die Oxydationsstufen beider Metalle sind, so weit die Untersuchungen gegründete Schlüsse erlauben, einander proportional zusammengesetzt und darnach giebt es ein Tantaloxyd oder eine Untertantalsäure = $\ddot{Ta}$, welchem die Unterniobsäure, $\ddot{Nb}$, entspricht und eine Tantalsäure, $\ddot{Ta}$, welcher die Niobsäure, $\ddot{Nb}$, correspondirt. Letztere findet sich nirgends in den Mineralien und kann, obwohl eine höhere Oxydationsstufe desselben Radicals, doch nicht aus der Unterniobsäure gewonnen worden. Dagegen ist es möglich, durch gewisse Reductionsprocesse aus der Niobsäure die Unterniobsäure darzustellen.

Obwohl in manchen Beziehungen abweichend, stehen doch das Tantal und Niob der Gruppe des Zinns am nächsten.

Diansäure.

Ob sich in gewissen Tantaliten die Oxydationsstufe eines bisher unbekannten Metalls, die man Diansäure benannt hat, vorfindet, oder ob diese nur eine durch gewisse Beimengungen in ihren Eigenschaften maskirte Oxydationsstufe des Niobs sei, bleibt weitern Untersuchungen vorbehalten.

Nachträge

zur Theorie der Chemie.

Ueber die multipeln Proportionen.

§ 748. **Ueber Atomgewicht, abgeleitet aus Verbindungen in Multipeln.** Die unumstössliche Thatsache, dass jede chemische Verbindung ihre Zusammensetzungsbestandtheile in constanten relativen Gewichtsverhältnissen enthält, — das fundamentale Gesetz des chemischen Lehrgebäudes — hatte in der Annahme der Atome (§ 13) ihre genügende Erklärung gefunden und diese ist bis jetzt durch keine befriedigendere Hypothese verdrängt worden. In gleicher Weise giebt die Atomtheorie auch über die Thatsache Aufschluss, dass, wenn zwischen zwei Elementen oder auch zusammengesetzteren Körpern eine Verbindung in mehr als einem Verhältniss stattfindet (§ 12), dieses Verhältniss auf Multipla des Atomgewichts zurückzuführen sei. Aber sie giebt keinen Aufschluss über die Ursache der Multipeln und einer etwa nach gewissen Gesetzen geregelten Verbindungsfähigkeit der Elemente in Multipeln. Es steht nämlich bis jetzt erfahrungsmässig fest, dass nicht jedes Element mit jedem, sondern nur einige mit gewissen andern Verbindungen in Multiplis einzugehen pflegen. [So finden wir, dass Chlor und Wasserstoff, Chlor und Kalium sich nur in einem einzigen Verhältniss mit einander verbinden, dagegen vereinigt sich der Sauerstoff sowohl mit dem Chlor als mit dem Kalium und mit dem Wasserstoff in mehr als einem Verhältniss.]

Atomgewichte.

Das Atomgewicht derjenigen Elemente, die sich nur in einem Verhältniss verbinden, ist leicht festzusetzen, wenn man eines derselben als Einheit zu Grunde legt, und es kann bei solchen Körpern kein Zweifel über die Grösse des Atomgewichts eintreten, denn das einfachste Verbindungsverhältniss ist das von 1 Atom mit 1 Atom. [Beisp.: 1 Gewichtsth. Wasserstoff verbindet sich mit 35,5 Th. Chlor; setzt man 1 Gewichtsth. Wasserstoff = 1 Atom, so ist das Atomgewicht des Chlors = 35,5. Ein Gleiches gilt für alle diejenigen Elemente, die sich mit dem Chlor nur in einem Gewichtsverhältniss verbinden, so vereinigen sich 35,5 Th. Chlor mit 39 Th. Kalium, also ist das Atomgew. des Kaliums = 39, und so fort.]

Wir wollen diese Art Körper solche der ersten Kathegorie nennen. Anders ist es bei denjenigen Elementen, welche multiple Verbindungen mit solchen der ersten Kathegorie eingehen. Hier kann über das wahre Atomgewicht bisweilen Zweifel entstehen und je nachdem man bestimmte Merkmale aufstellt, kann man über die Grösse, welche 1 Aequiv. eines solchen Körpers ausmacht, verschiedener Meinung sein. Geht man nämlich von der Ansicht aus, dass diejenige kleinste Gewichtsmenge eines Körpers, welche die grösste Menge Atome eines andern Elementes der ersten Kathegorie zu binden vermag, 1 Atom zu nennen sei, so wird das Atomgewicht der in Rede stehenden Elemente — wir wollen sie die der zweiten Kathegorie nennen — anders ausfallen, als wenn man von der sonst üblichen Methode ausgeht, nach welcher die geringste Menge eines Elementes der ersten (diese als Einheit zu Grunde gelegt) mit der geringsten Menge eines Elementes der zweiten Kathegorie sich vereinigt. Nimmt man dazu als entscheidendes Merkmal die Thatsache, dass 1 Atom der Elemente der zweiten Kathegorie mit verschiedenen Atomen der Elemente erster Kathegorie gleichzeitig sich zu vereinigen vermag — die dualistische Anschauungsweise bei Seite gesetzt —, so wird dadurch die Atomgrösse des Elements noch sicherer entschieden.

Verdoppelte Atomgewichte gewisser Elemente.

[Beisp.: 1 Gewichtsth. Wasserstoff (= 1 Atom) verbindet sich mit 8 Gewichtstheilen Sauerstoff zu Wasser und mit 16 Gewichtstheilen zu Wasserstoffsuperoxyd. Die geringste Menge Sauerstoff, welche die grösste Atomenanzahl Wasserstoff zu binden vermag, ist 16 Gewichtstheile; denn diese können sich mit 2 Th. (= 2 Atomen) Wasserstoff zu Wasser verbinden, eine grössere Atomenmenge Wasserstoff nehmen 16 Th. Sauerstoff nicht auf. Ferner trifft man 16 Th. Sauerstoff an in Verbindung gleichzeitig mit 1 Gewichtsth. (= 1 At.) Wasserstoff und 39 Gewichtsth. (= 1 Atom) Kalium — im Kalihydrat (§ 261). Ueberhaupt giebt es noch mehre Verbindungen, in denen 16 Th. Sauerstoff gleichzeitig mit 2 Atomen verschiedener Elemente der ersten Kathegorie, aber nicht mit mehr vereinigt sind. Auf Grund dessen hat man das Atomgewicht des Sauerstoffs (das des Wasserstoffs = 1 gesetzt) zu 16 angenommen, also doppelt so gross, als nach der gewöhnlichen Weise, und darnach besteht nun 1 Atom Wasser aus 16 Th. Sauerstoff und 2 Th. Wasserstoff, d. h. aus 1 Atom Sauerstoff und 2 Atomen Wasserstoff. Das Symbol des Sauerstoffs ist von diesem Standpunkt aus zu durchstreichen, Θ, um sich an die ältere Anschauungsweise, wonach O = 8 ist, anzulehnen, aber doch anzudeuten, dass die geringste verbindungsfähige Menge Sauerstoff 16 Th. betrage (auf Wasserstoff = 1 bezogen). Die Formel des Wassers ist demnach $HH\Theta$ oder $H^2\Theta$ oder $\left.\begin{matrix}H\\H\end{matrix}\right\}\Theta$; die des Kalihydrats nicht nach dualistischer Schreibweise $\dot{K}\dot{H}$, sondern HKO^2 oder $\left.\begin{matrix}H\\K\end{matrix}\right\}\Theta$. Ein ähnliches Verhalten besitzen die dem Sauerstoff analogen Körper Schwefel, Selen, Tellur und auch der Kohlenstoff. Für alle diese hat man das alte Atomgewicht verdoppelt.]

Polyaffine Elemente. Mit den auseinandergesetzten Grundsätzen Umschau haltend, findet man, dass zufolge ihrer zur Zeit gekannten Verbindungen unter den in Multipeln sich verbindenden Stoffen mehre Kathegorien gemacht werden können — bis jetzt hat man deren fünf aufgestellt, von denen je 1 Atom der natürlichen Zahlenreihe entsprechend 1 bis 5 Atome der ersten Kathegorie zu binden vermag. Die Ursache in der Verwandtschaftskraft suchend, hat man die erste Kathegorie die der monaffinen, die zweite die der disaffinen, die dritte die der trisaffinen u. s. w. bis pentaffinen genannt und die Ansicht ausgesprochen, dass jedem Atom eine unveränderliche Zahl Verwandtschaftskräfte inwohne, vermöge deren z. B. 1 tetraffines Atom 4 monaffine oder 2 disaffine binden könne, nicht mehr, wohl aber weniger; im letzteren Fall bleiben dann die übrigen Affinitäten für anderweitige Bindung verfügbar.

Molecule. So wie die Affinitäten eines Elementaratoms mit heterogenen Elementen sich binden, so hat man auch sich zu der Annahme berechtigt geglaubt, dass sie sich unter einander zu zusammengesetzten Atomen vereinigen und hat diese Copulationen Molecule genannt. Und wenn die Copulation zweier Atome zu 1 Molecul denkbar ist, so kann man auch zugeben, dass Molecul mit Molecul sich vereinige und dass es also multiple Molecule gebe. [Darnach besteht ein Molecul Wasserstoff aus 2 Atomen $\left.\begin{matrix}H\\H\end{matrix}\right\}$, ein Molecul Wasser aus $\left.\begin{matrix}H\\H\end{matrix}\right\}\Theta$, ein Doppelmolecul aus $\left.\begin{matrix}H^2\\H^2\end{matrix}\right\}\Theta^2$ u. s. w. Darauf gründen sich die Formeln der Säurehydrate, z. B. $\left.\begin{matrix}NO^4\\H\end{matrix}\right\}\Theta$ statt $\dot{H}\ddot{N}$,

$\left.\begin{matrix}S^2O^4\\H^2\end{matrix}\right\}\Theta^2$ statt $\dot{H}^2S^2O^6$, ferner der Salze, wie $\left.\begin{matrix}NO^4\\K\end{matrix}\right\}\Theta$ statt $\dot{K}\ddot{\bar{N}}$, $\left.\begin{matrix}S^2O^4\\K^2\end{matrix}\right\}\Theta^2$ statt $\dot{K}^2S^2O^6$.]

[Da die Kriterien für die Entscheidung über den Affinitatscoëfficient eines Atoms noch schwankend und mancher Willkür Preis gegeben sind, so haben sich allgemeine Gesetze über die Bestimmung der Verwandtschaftsgrösse polyaffiner Stoffe noch nicht allseitig feststellen lassen und man ist jetzt mit diesem Gegenstand aufs eifrigste beschaftigt, da von ihm die Gesetze der multipeln Proportionen ihre scharfe Bestimmung erst erwarten können. Besonders ist es das Studium der organischen Verbindungen, welches den Anlass zur Ausbildung jener Anschauungen gegeben hat, und fernerhin die ergiebigste Ausbeute für die weitere Ausbildung derselben verspricht. Für das Verständniss der chemischen Zeichenlehre, die auf Grund dieser Anschauungsweise in den meisten neuern Lehrbüchern der organischen Chemie in Anwendung ist, haben wir die Grundzüge dieser unitarischen Theorie hier mitgetheilt, während wir bisher die alte noch keinesweges obsolete dualistische Theorie beibehalten haben. Mit Hülfe der letzteren lassen sich ebenso einfach und ungezwungen die Verbindungs- und Zersetzungsprocesse unorganischer Stoffe formuliren, und wenn die dualistische Theorie nicht einen innern Erklarungsgrund für die Verbindung zweier monaffiner Elemente in multipeln Proportionen, wie z. B. JCl^3, anzugeben weiss, so hat zur Zeit die unitarische Theorie dafür auch keinen befriedigenden aufzuweisen. Die Affinität als immanente unveränderliche Eigenschaft, bestehend aus einer für jedes Element unveränderlichen Anzahl von Affinitäten zu definiren, hat das Bedenkliche, dass die Entscheidung über den Affinitätscoëfficient eines Körpers in fortdauernder Schwebe bleibt. Denn da z. B. die zahlreichen Verbindungen des Kohlenstoffs jeden Augenblick eine neue Substanz darbieten können, in denen die bisher angenommene höchste Affinitätszahl nicht ausreicht, so muss eine Aenderung eintreten. Es sind überhaupt die Verwandtschaftsäusserungen eines Atoms gegen ein anderes das Resultat einer Summe von Anziehungen der in Wechselwirkung tretenden Atome, welche nicht von den fraglichen Atomen allein, sondern von jedem andern bei der Reaction anwesenden Körper mit abhängt. Darum erscheinen auch die Affinitätswirkungen eines und desselben Elements nach den bisherigen Erfahrungen so ausserordentlich abweichend.]

Es ist schon früher (§§ 34. 47) hervorgehoben, wie auch die dualistische Theorie, von einer gewissen Betrachtung ausgehend, einen Unterschied zwischen Atomgewicht und Aequivalentgewicht einiger Stoffe mache und dies durch Striche im Symbol des Stoffs andeute, dass man aber, von jener Betrachtung abstrahirend, Atom und Aequivalent idenficirt (§§ 34. 47). Von einem andern Gesichtspunkt aus ist indessen streng genommen eine Gleichsetzung von Aequivalent- und Atomgewicht in gewissen Fällen nicht statthaft und in welchen Fällen dies stattfinde, möge ein Beispiel zeigen. Das Atom- oder Aequivalentgewicht des Zinks ist = 32,5, das des Eisens = 28, das des Eisenoxyds = 80; wird 1 Atom Eisenoxyd $\ddot{\text{F}}\text{e}$ durch Zink zersetzt, so treten an die Stelle von 56 Th. (2 Atomen) Eisen nicht 65 Th. (2 Atome) Zink, sondern 97,5 Th. (3 Atome). Es sind also in diesem Falle chemisch gleichwerthig (äquivalent) 3 Atome des einen Metalls mit 2 Atomen des andern, und es entstehen bei der Zersetzung für 1 Atom des einen Metalloxyds ($\ddot{\text{F}}\text{e}$) 3 Atome des andern (3$\dot{\text{Z}}$n). Wenn dagegen das Eisenoxydul durch Zink zerlegt wird, so treten an die Stelle von 28 Th. Eisen 32,5 Th. Zink, d. h. an die Stelle von 1 Atom Eisen 1 Atom Zink, und hier sind also Atom und Aequivalent gleichbedeutend.

Aequivalentvolum.

§ 749. **Ueber Beziehungen des Atoms zum Volum.** Aus den Verbindungen gasförmiger Körper unter einander hat sich die einfache Beziehung des Atoms zum Volum schon herausgestellt (§§ 34. 35). Wir haben gesehen, dass unter gewissen Voraussetzungen das vom Volum aus ermittelte Atomgewicht mit solchem auf anderm Wege bestimmten entweder zusammenfällt oder in einem einfachen numerischen Verhältniss zu ihm steht. Berechnet man daher von der Dampfdichte aus die Atomgewichte und legt das spec. Gew. des Wasserstoffs (= 1 gesetzt) zum Grunde, so springt die Beziehung des auf diese Weise zu dem auf andere Art ermittelten Atomgewicht in die Augen. Wir wollen dies in nachstehender Uebersicht für einige der Stoffe veranschaulichen, deren spec. Gew. im Gaszustande bisher ohne zu grosse Unsicherheit hat ermittelt werden können. Spalte A enthält die auf gewöhnliche Weise ermittelten Aequivalentgewichte, Spalte B die spec. Gew. der Gase für 0° und 760^{mm} Barom., Spalte C die Quotienten von $\frac{B}{0,0691}$, d. h. die Atomgewichte mit Zugrundelegung des spec. Gew. des Wasserstoffs = 1, Spalte D das Verhältniss von A : C, Wasserstoff = 1 gesetzt, Spalte E die Zahlen der Spalte D, Sauerstoff = 1 gesetzt, Spalte F die Aequivalentvolumina, das des Sauerstoffs = 1.

	A	*B*	*C*	*D*	*E*	*F*
Wasserstoff . .	1	0,0691	1	1	$^1/_2$	2
Sauerstoff . . .	8	1,1057	16	2	1	1
Schwefel. . . .	16	2,22	32,1	2	1	1
Selen	39,5	6,37	92,1	2,3	1	1
Phosphor . . .	31	4,5	65,1	2,1	1	1
Arsen.	75	10,388	150,3	2	1	1
Chlor	35,46	2,445	35,45	1	$^1/_2$	2
Brom	80	5,39	78	0,97	$^1/_2$	2
Jod	127	8,7	126	1	$^1/_2$	2
Stickstoff	14	1,039	15	1	$^1/_2$	2
Cadmium . . .	56	3,94	57	1	$^1/_2$	2
Quecksilber . .	100	6,98	101	1	$^1/_2$	2
Wasser	9	0,623	9,01	1	$^1/_2$	2
Ammoniak . . .	17	0,589	8,53	$^1/_2$	$^1/_4$	4
Chlorwasserstoff	36,46	18,23	18,23	$^1/_2$	$^1/_4$	4

Die Zahlen in Spalte D sind die Factoren, mit welchen die der Spalte A multiplicirt werden müssen, um die Atomgewichte der Volumtheorie (§ 34) zu erhalten. Die mehr oder weniger grossen Abweichungen von sehr einfachen Verhältnissen, welche Spalte C darbietet, haben ihren Grund in der nicht ganz richtigen Bestimmung entweder des Aequivalentgewichts oder der Dampfdichte. Die Zahlen beim Selen, Phosphor und Brom — die am meisten abweichenden — sind offenbar zu der nächstliegenden ganzen Zahl abzurunden: 2,3 und 2,1 zu 2; 0,97 zu 1.

Es ergiebt sich aus obiger Uebersicht, dass, von der Dampfdichte ausgehend, die Atomgewichte mehrer Stoffe mit den Aequivalenten zusammenfallen, bei andern aber ein einfaches Multiplum oder Submultiplum sind. Vorausgesetzt, 1 Volum Wasserstoff enthalte 1 Atom, so zeigen die Zahlen in Spalte D die Anzahl der Atome an. Darnach befinden sich in 1 Vol. Sauerstoff, Schwefel, Phosphor, Selen und Arsen 2 Atome, in 1 Vol. Ammoniak und Chlorwasserstoff $^1/_2$ Atom, in 1 Vol. Chlor, Brom, Cadmium, Quecksilber u. s. w. 1 Atom, und man hat die Gase der betreffenden Körper 1atomig, 2atomig, $^1/_2$atomig u. s. w. zu benennen. Es ist indess bisher für dergleichen Zusammenstellungen meistentheils nicht das Wasserstoffvolum als Einheit gewählt worden, sondern das des Sauerstoffs. Dann ändern sich die obigen Zahlen natürlich so, dass die nach obiger Weise 1atomig genannten Gase $^1/_2$atomig und die $^1/_2$atomigen $^1/_4$atomig werden, wie Spalte E ausweist. Daraus ergiebt sich nun auch, wie viel Volumina verschiedener Gase 1 Aequivalent ausmachen (§ 36). Wenn 1 Vol. Sauerstoff = 1 Atom oder Aequivalent ist, so entsprechen 4 Vol. Chlorwasserstoff oder Ammoniak, 2 Vol. Wasserstoff, Stickstoff, Chlor, Brom, Cadmium u. s. w., und 1 Vol. Schwefel, Selen, Phosphor, Arsen ebenfalls 1 Atom. Der Raum also, den 1 Gewichtstheil (1 Aequivalent) Wasserstoff einnimmt, ist doppelt so gross, als der, welchen 8 Gewichtstheile (1 Aequiv.) Sauerstoff einnehmen. Dasselbe gilt für 56 Gewichtsth. (1 Aequiv.) Cadmiumgas gegenüber 8 Gewichtsth. (1 Aequiv.) Sauerstoff u. a., der Raum aber, den 17 Th. (= 1 Aequiv.) Ammoniak einnehmen, ist 4 Mal so gross als der, welchen 8 Th. (1 Aequiv.) Sauerstoff einnehmen. Man nennt daher auch das Ammoniak, Chlorwasserstoff u. d. gl. 4volumige Gase, den Wasserstoff, das Quecksilbergas u. d. gl. 2volumige, das Selen, Phosphor u. s. w. 1volumige, und sagt: das Aequivalentvolum des Ammoniaks sei = 4, das des Selens = 1 u. s. w. Diese Grösse weisen die Zahlen der Spalte F nach.

Das Aequivalentvolum, welches nach dem zuletzt Gesagten durch ganze Zahlen, bezogen auf 1 Sauerstoffvolum = 1 Aequiv., ausgedrückt zu werden pflegt, steht augenscheinlich in der nächsten Beziehung zum Atomgewicht (= Aequivalentgewicht) und zum spec. Gew. Denn letzteres wird ausgemacht durch die Anzahl und das Gewicht der Atome, die einen bestimmten Raum erfüllen. Durch Multiplication des Atomgewichts mit der Atomenzahl (wenn diese bekannt ist) erhält man also das spec. Gew. und durch Division des spec. Gew. durch das Atomgewicht die Atomenzahl (bei gleichem Volum). Wird das Atomgewicht durch das spec. Gew. dividirt, so ergeben sich daraus die relativen Volume der Atome. Man wird daher die gegenseitigen Relationen der Zahlen, welche wir oben als Aequivalentvolum bezeichneten, auf einfachste Art gewinnen, wenn das Atomgewicht (= Aequivalentgewicht) eines Körpers durch sein spec. Gew. dividirt wird. Der Quotient, der hierbei sich ergiebt, wird promiscue bald Aequivalent-, bald Atomvolum, bald specifisches Volum genannt. Ein Paar Beispiele mögen hier als Erläuterung Platz finden.

	A Aequivalent-gewicht.	B Spec. Gew. Luft = 1.	$C = \frac{A}{B}$.
Sauerstoff	8	1,1057	7,23 = 1
Schwefel	16	2,22	7,21 = 1
Selen	39,5	6,37	6,20 = 1
Wasserstoff	1	0,0691	14,47 = 2
Cadmium	56	3,94	14,22 = 2
Stickstoff	14	0,972	14,40 = 2
Stickoxydul	22	1,527	14,41 = 2
Stickoxyd	30	1,039	28,87 = 4
Ammoniak	17	0,589	28,86 = 4
Chlorwasserstoff .	36,46	1,260	28,81 = 4

Wir ersehen aus dieser Tabelle dasselbe, was sich aus der vorigen ergab, dass äquivalente Mengen gewisser Stoffe im gasigen Zustande einen gleich grossen Raum einnehmen, andere nicht, dass aber die Volume der nicht gleichen in sehr einfachem Verhältniss zu einander stehen.

Da, so wie die gasigen, so auch die flüssigen und festen Körper in einem bestimmten Raum unter gleichen Bedingungen gleiche Gewichtsmengen Substanz enthalten, also auch bei ihnen die Verbindungen in constanten Volumverhältnissen vor sich gehen müssen, so lässt sich auch bei ihnen vermittelst Division ihres Atomgewichts durch ihr spec. Gew. das Aequivalentvolum derselben finden. Sucht man diesen Quotient für mehre Körper auf, wie wir es in nachstehender Uebersicht gethan haben, so findet man hier durchaus nicht so einfache Beziehungen zwischen specifischem und Atomgewicht als bei den gasigen.

	Atomgewicht.	Spec. Gew. Wasser = 1.	Atomvolum.
Schwefel	16	2,0	8,0
Selen	39,5	4,5	8,8
Tellur	64,5	6,25	10,3
Chlor	35,46	1,38	25,7
Brom	80	2,96	27,0
Jod	127	4,94	25,7
Mangan	27,5	7,2	3,82
Eisen	28,0	7,8	3,80
Chrom	26,24	6,8	3,86
Uran	59,7	18,4	3,24
Kupfer	31,68	8,85	3,6
Quecksilber . . .	100,0	13,573	7,3

Obwohl die Uebereinstimmung der Zahlen in der dritten Spalte für solche Körper, die (als zu einer Gruppe gehörig) mit Klammern verbunden sind, nicht eine völlige ist, so ersehen wir doch, dass häufig Aehnlichkeit im chemischen Verhalten sich durch ein (nahezu) gleiches Atomvolum — Isosterismus nennt man dies — zu erkennen giebt. Die Abweichungen der Zahlen dieser Stoffe finden unschwer ihre Erklärung theils in der noch mangelhaften Bestimmung des specifischen, wie des Atomgewichts, theils in den ungleichen Bedingungen, unter denen das spec. Gew. genommen und angegeben ist, was namentlich bei den starren Körpern z. B. den Metallen rücksichtlich ihrer Behandlung (ob gegossen, gestreckt oder pulverförmig), von Wichtigkeit ist.

Eine Beziehung zwischen den Zahlen der dritten Spalte für Körper, die nicht zu einer chemischen Gruppe gehören, scheint zur Zeit nicht erkennbar, wohl aber zwischen solchen, die, zu einer Gruppe gehörig, als nicht zusammenfallend angesehen werden können. So ist z. B. das Atomvolum des Quecksilbers doppelt so gross als das des Kupfers.

Grosse Uebereinstimmung finden wir bisweilen im Atomvolum zusammengesetzter Verbindungen, die durch ihren Isomorphismus ihre chemische Aehnlichkeit bekunden, so z. B. beim Gahnit und Spinell (§ 387). Aber die Folgerung, dass Isomorphismus den Isosterismus involvire, ist nicht richtig. Im Gegentheil sind

z. B. viele einfache Körper und deren correspondirende Verbindungen, die man als isomorph zu betrachten pflegt, durchaus nicht isoster und umgekehrt findet man gleiches specif. Volum bei vielen, die weder isomorph sind, noch auch unter einander Aehnlichkeit im chemischen Charakter haben.

Bei der grossen Lückenhaftigkeit und theilweise mangelhaften Zuverlässigkeit der für solche Betrachtungen erforderlichen Zahlenelemente befindet sich dieser Theil der chemischen Theorie noch in der ersten Entwickelung seiner Grundlegung. Die Bedeutung der Untersuchungen über das Atomvolum für die wissenschaftliche Chemie bedarf aber sicherlich keiner weitern Auseinandersetzung. Gerade durch sie werden die unbefriedigenden und zweifelhaften Resultate mancher Untersuchungen oft deutlich ins Licht gestellt und die Anlässe zu neuen experimentellen Forschungen gegeben. Einige Beispiele mögen zunächst zeigen, wie das Atomvolum eine Controle für das Aequivalentgewicht und die Dampfdichte gewährt.

[Das Atomgewicht des Cadmiums ist $= 56$, die Dampfdichte desselben $= 3{,}94$ gefunden. Ist das Aequivalentvolum desselben $= 4$ oder $= 2$ oder ein anderes? Das des Sauerstoffs ist $= 7{,}23$ (s. oben); hätte das Cadmium mit dem Sauerstoff ein gleich grosses Aequivalentvolum, so müsste der Quotient $\frac{56}{3{,}94} = 7{,}23$ sein; er ist aber doppelt so gross, also hat das Cadmium ein Aequivalentvolum $= 2$ (das des Sauerstoffs $= 1$ gesetzt) oder $= 14{,}46$ (von der Zahl 7,23 ausgehend). Auf Grund dieser Ermittelung lässt sich nun die Dampfdichte controliren; denn das wirkliche spec. Gewicht des Cadmiumgases muss $= \frac{56}{14{,}46} = 3{,}87$ sein, das Experiment weicht also um 0,07 von der Berechnung ab.

Hätte man Grund zu der Annahme, dass die Bestimmung der Dampfdichte des Cadmiums mehr Vertrauen verdiene als die seines Aequivalentgewichts, so kann man letzteres auf Grund des bekannten Aequivalentvolums und der Dampfdichte berechnen. Es würde sich alsdann $14{,}46 \times 3{,}94 = 56{,}97$ statt 56 ergeben.]

§ 750. **Beziehung der specifischen Wärme zum Aequivalent. Thermische Aequivalentgewichte.** Bekanntlich wird unter dem Ausdruck specifische Wärme (oder Wärmecapacität bei gleichem Gewicht) der Körper eine relative Zahl verstanden, welche diejenige Menge Wärme andeutet, deren 1 Gewichtstheil des Körpers zur Erhöhung seiner Temperatur um je 1° C. bedarf und sich auf die specifische Wärme des Wassers als Einheit bezieht.

Eine einfache Rechnung liefert also die specifische Wärme, welche 1 Aequivalent des Körpers besitzt, und diese ist es, die bei vergleichenden Betrachtungen am zweckmässigsten angewendet wird.

Ueberschaut man nun dieses Product aus der specifischen Wärme in das Atomgewicht, wie es in nachstehender Tabelle für eine Anzahl Stoffe in Spalte C zusammengestellt ist, so findet man bei den meisten Körpern eine ziemlich grosse Uebereinstimmung, bei andern starke Differenzen, die aber unter sich wieder grosse Aehnlichkeit darbieten. Da nun die Bestimmung der spec. Wärme experimentell mancherlei Schwierigkeiten (in der Reinbeschaffung des Materials, der Hütung vor allotropen Zuständen und sonst noch) darbietet, so hat man aus der überwiegenden Menge übereinstimmender Zahlen das Resultat gezogen, dass die spec. Wärme aller einfachen Stoffe im umgekehrten Verhältniss zu ihrem Atomgewicht stehe, dass also jedes Atom eines Körpers dieselbe spec. Wärme besitze, wie das eines andern. Die Abweichungen der Versuchszahlen seien nur durch die Natur der Experimente veranlasste Ausnahmen.

Es folge hier zunächst die Tabelle, welche in Spalte A die Aequivalente, in Spalte B die spec. Wärme und in Spalte C die Producte aus beiden, d. h. die spec. Wärme des Aequivalents der betreffenden Stoffe enthält.

	A	B	C
Sauerstoff	8	0,2182	1,75
Wasserstoff . . .	1	3,4046	3,40
Stickstoff	14	0,2440	3,41
Bromgas.	80	0,0552	4,42
Schwefel.	16	0,2026	3,24
Selen	39,5	0,1031 ªSe	4,07
		0,0762 ᵖSe	3,01
Tellur	64,5	0,0474	3,06
Eisen	28	0,1138	3,19
Zink	32,5	0,0956	3,12
Nickel	29,0	0,1086	3,14
Kobalt	29,5	0,1070	3,15
Kalium	39,1	0,1695	6,63
Natrium	23,0	0,2934	6,65
Silber	108	0,0570	6,16
Phosphor	31	0,1887	5,85
Arsen	75	0,0814	6,10
Jod	127	0,0541	6,88
Brom flüssig . .	80	0,0843	6,74

Es ergiebt sich aus dieser Uebersicht, dass die Zahlen der Spalte C nicht übereinstimmen, also das thermische Aequivalent nicht aller Körper gleich ist, dass sie aber in einfachen Verhältnissen zu einander stehen. Es ergiebt sich aber auch ferner, dass chemisch verwandte Körper nicht gleiches Wärmeäquivalent haben, wie Sauerstoff, Schwefel, Selen. Es scheint endlich, als ob bei den gasförmigen Körpern das Product aus spec. Wärme in Atomgewicht halb so gross ist, als bei den festen, z. B. beim Brom.

Auf Grund der augenscheinlichen Gesetzmässigkeit in den Beziehungen zwischen spec. Wärme und Aequivalentgewicht haben einige Forscher ein so hohes Gewicht auf den Ausspruch der spec. Wärme gelegt, dass sie mittelst dieser die auf gewöhnliche Art ermittelten Aequivalente nicht nur controliren, sondern auch corrigiren, und die thermischen Aequivalente als die annehmbarern betrachten. Dabei kann man entweder von der Annahme ausgehen, das thermische Aequivalent sei bei allen Elementen gleich, dann muss das Atomgewicht aller derer, welche in obiger Tabelle Spalte C die Zahl 6,.. haben, halbirt werden, oder man statuirt eine Ungleichheit zwischen flüssigen und festen einerseits und gasigen andererseits, dann ist das Atomgewicht der festen und flüssigen, die in Spalte C die Zahl 3,.. besitzen, zu verdoppeln. Die Anomalie, welche der Sauerstoff unter den gasigen Elementen darbietet, verschwindet, wenn man sein Aequivalentgewicht verdoppelt — was auch aus andern Gründen (§ 748) jetzt vielseitig geschieht.

Zur Zeit hat diese Anschauungsweise von dem entschiedenen Vorzug der thermischen Formeln noch nicht so viel Eingang gefunden, um auf Grund der spec. Wärme die meisten der alten bewährten Aequivalente (wie des Eisens, Zinks u. s. w.) zu verändern. Denn die verhältnissmässig kleine Anzahl auf ihre spec. Wärme untersuchter Körper und die grossen Abweichungen, welche häufig in den Zahlen für die spec. Wärme sich darbieten, gewähren noch so wenig Zuversicht auf die Zahlenresultate, dass es nur sehr wenige Körper sein würden, deren thermisches Aequivalent man mit einiger Sicherheit dem auf gewöhnliche Weise bestimmten Aequivalent vorziehen dürfte. Dazu kommt die Unsicherheit in der Wahl des thermischen Aequivalents wegen der bedeutenden Differenzen in den Zahlen für die spec. Wärme bei höheren oder niedrigeren Temperaturen und die Nothwendigkeit eines zweifachen Aequivalents bei denjenigen Körpern, welche in zwei allotropen Zuständen existiren.

Atomgewichts-Tafeln.

Name der einfachen Körper und ihrer Sauerstoffverbindungen.	Chemisches Zeichen.	Atomgewicht	
		O = 100.	H = 1.
Aluminium	Al	170,40	13,63
Thonerde	$\dddot{\text{Al}}$	640,80	51,26
Antimon	Sb	1503,00	120,30
Antimonoxyd . .	$\dddot{\text{Sb}}$	1803,00	144,30
Antimonsäure . .	$\overset{\cdot\cdot\cdot\cdot\cdot}{\text{Sb}}$	2003,00	160,30
Arsen	As	937,60	75,00
Arsenige Säure .	$\dddot{\text{As}}$	1237,60	99,00
Arsensäure . . .	$\overset{\cdot\cdot\cdot\cdot\cdot}{\text{As}}$	1438,80	115,00
Barium	Ba	857,20	68,58
Baryterde	$\dot{\text{Ba}}$	957,20	76,58
Beryllium	Be	87,50	7,00
Beryllerde	$\dddot{\text{Be}}$	375,00	38,00
Blei	Pb	1294,10	103,60
Bleioxyd	$\dot{\text{Pb}}$	1394,10	111,60
Bleisuperoxyd . .	$\ddot{\text{Pb}}$	1494,10	119,60
Bor	B	138,00	11,04
Borsäure	$\dddot{\text{B}}$	438,00	35,04
Brom	Br	1000,00	80,00
Bromsäure	$\overset{\cdot\cdot\cdot\cdot\cdot}{\text{Br}}$	1500,00	120,00
Cadmium	Cd	700,00	56,00
Cadmiumoxyd . .	$\dot{\text{Cd}}$	800,00	64,00
Cäsium	Cs	1641,97	123,35
Cäsiumoxyd . . .	$\dot{\text{Cs}}$	1741,90	131,35

Name der einfachen Körper und ihrer Sauerstoffverbindungen.	Chemisches Zeichen.	Atomgewicht O = 100.	Atomgewicht H = 1.
Calcium	Ca	250,00	20,00
Kalkerde	$\dot{\mathrm{Ca}}$	350,00	28,00
Cer	Ce	575,00	46,00
Ceroxydul	$\dot{\mathrm{Ce}}$	675,00	54,00
Ceroxyd	$\dddot{\not{\mathrm{C}}\mathrm{e}}$	1450,00	116,00
Chlor	Cl	443,20	35,46
Unterchlor. Säure	$\dot{\mathrm{Cl}}$	543,20	43,46
Chlorige Säure .	$\dddot{\mathrm{Cl}}$	743,20	59,46
Chlorsäure	$\overset{\cdot\cdot\cdot\cdot\cdot}{\mathrm{Cl}}$	943,20	75,46
Ueberchlorsäure .	$\overset{\cdot\cdot\cdot\cdot\cdot\cdot\cdot}{\mathrm{Cl}}$	1143,20	91,46
Chrom	Cr	328,00	26,24
Chromoxydul . . .	$\dot{\mathrm{Cr}}$	428,00	34,24
Chromoxyd	$\dddot{\not{\mathrm{C}}\mathrm{r}}$	956,00	76,48
Chromsäure . . .	$\dddot{\mathrm{Cr}}$	628,00	50,24
Didym	Di	604,50	48,37
Didymoxyd	$\dot{\mathrm{Di}}$	704,50	56,37
Eisen	Fe	350,00	28,00
Eisenoxydul . . .	$\dot{\mathrm{Fe}}$	450,00	36,00
Eisenoxyd	$\dddot{\not{\mathrm{F}}\mathrm{e}}$	1000,00	80,00
Eisensäure	$\dddot{\mathrm{Fe}}$	650,00	52,00
Erbium	E		
Fluor	F	237,50	19,00
Gold	Au	2458,75	196,70
Goldoxydul	$\dot{\mathrm{Au}}$	2758,75	204,70
Goldsäure	$\dddot{\mathrm{Au}}$	2758,33	220,70
Jod	J	1587,5	127,00
Jodsäure	$\overset{\cdot\cdot\cdot\cdot\cdot}{\mathrm{J}}$	2087,50	167,00
Ueberjodsäure . .	$\overset{\cdot\cdot\cdot\cdot\cdot\cdot\cdot}{\mathrm{J}}$	2287,50	183,00
Iridium	Ir	1237,50	99,00
Iridoxydul	$\dot{\mathrm{Ir}}$	1337,50	107,00
Iridsesquioxydul .	$\dddot{\not{\mathrm{I}}\mathrm{r}}$	2775,00	222,00
Iridoxyd	$\ddot{\mathrm{Ir}}$	1437,50	115,00

Name der einfachen Körper und ihrer Sauerstoffverbindungen.	Chemisches Zeichen.	Atomgewicht O = 100.	Atomgewicht H = 1.
Kalium	K	488,70	39,10
Kali	$\dot{\mathrm{K}}$	588,70	47,10
Kobalt	Co	368,70	29,50
Kobaltoxydul . . .	$\dot{\mathrm{C}}\mathrm{o}$	468,70	37,50
Kobaltoxyd	$\dddot{\bar{\mathrm{C}}}\mathrm{o}$	1037,40	83,00
Kohlenstoff	C	75,00	6,00
Kohlenoxyd . . .	$\dot{\mathrm{C}}$	175,00	14,00
Kohlensäure . . .	$\ddot{\mathrm{C}}$	275,00	22,00
Kupfer	Cu	396,00	31,68
Kupferoxydul . . .	$\dot{\bar{\mathrm{C}}}\mathrm{u}$	892,00	71,36
Kupferoxyd . . .	$\dot{\mathrm{C}}\mathrm{u}$	496,00	39,68
Lanthan	La	580,00	46,40
Lanthanoxyd . . .	$\dot{\mathrm{L}}\mathrm{a}$	680,00	54,40
Lithium	Li	87,50	7,00
Lithion	$\dot{\mathrm{L}}\mathrm{i}$	187,50	15,00
Magnesium	Mg	150,00	12,00
Magnesia	$\dot{\mathrm{M}}\mathrm{g}$	250,00	20,00
Mangan	Mn	343,70	27,50
Manganoxydul . .	$\dot{\mathrm{M}}\mathrm{n}$	443,70	35,50
Manganoxyd . . .	$\dddot{\bar{\mathrm{M}}}\mathrm{n}$	987,40	79,00
Mangansuperoxyd	$\ddot{\mathrm{M}}\mathrm{n}$	543,70	43,50
Mangansäure . . .	$\dddot{\mathrm{M}}\mathrm{n}$	643,70	51,50
Uebermangansäure	$\overset{\cdot\cdot\cdot\cdot\cdot\cdot\cdot}{\bar{\mathrm{M}}}\mathrm{n}$	1387,40	83,50
Molybdän	Mo	575,00	46,00
Molybdänoxydul .	$\dot{\mathrm{M}}\mathrm{o}$	675,00	54,00
Molybdänoxyd . .	$\ddot{\mathrm{M}}\mathrm{o}$	775,00	62,00
Molybdänsäure . .	$\dddot{\mathrm{M}}\mathrm{o}$	875,00	70,00
Natrium	Na	287,50	23,00
Natron	$\dot{\mathrm{N}}\mathrm{a}$	387,50	31,00
Nickel	Ni	362,50	29,00
Nickeloxydul . . .	$\dot{\mathrm{N}}\mathrm{i}$	462,50	37,00
Nickeloxyd	$\dddot{\bar{\mathrm{N}}}\mathrm{i}$	1025,00	82,00

Name der einfachen Körper und ihrer Sauerstoffverbindungen.	Chemisches Zeichen.	Atomgewicht O = 100.	H = 1.
Niobium	Nb	510,00	48,80
Norium	No		
Osmium	Os	1250,00	100,00
Osmiumoxydul . . .	$\dot{\mathrm{Os}}$	1350,00	108,00
Osmiumsesquioxydul	$\dddot{\overline{\mathrm{Os}}}$	2800,00	224,00
Osmiumoxyd	$\ddot{\mathrm{Os}}$	1450,00	116,00
Osmige Säure	$\dddot{\mathrm{Os}}$	1550,00	124,00
Osmiumsäure	$\ddddot{\mathrm{Os}}$	1650,00	132,00
Palladium	Pd	665,50	53,24
Palladiumoxydul . .	$\dot{\mathrm{Pd}}$	765,50	61,24
Palladiumoxyd . . .	$\ddot{\mathrm{Pd}}$	865,50	69,24
Phosphor	P	392,00	31,00
Unterphosph. Säure .	$\dot{\mathrm{P}}$	492,00	39,00
Phosphorige Säure .	$\dddot{\mathrm{P}}$	692,00	55,00
Phosphorsäure . . .	$\overset{.....}{\mathrm{P}}$	892,00	71,00
Platin	Pt	1232,00	98,94
Platinoxydul	$\dot{\mathrm{Pt}}$	1332,00	106,94
Platinoxyd	$\ddot{\mathrm{Pt}}$	1432,00	114,94
Quecksilber	Hg	1250,00	100,00
Quecksilberoxydul .	$\dot{\overline{\mathrm{Hg}}}$	2600,00	208,00
Quecksilberoxyd . .	$\dot{\mathrm{Hg}}$	1350,00	108,00
Rhodium	Rh	651,96	52,20
Rhodiumoxydul . . .	$\dot{\mathrm{Rh}}$	751,96	60,20
Rhodiumoxyd	$\dddot{\overline{\mathrm{Rh}}}$	1603,92	128,40
Rubidium	Rb	1067,00	85,36
Rubidoxyd	$\dot{\mathrm{Rb}}$	1167,00	93,36
Ruthenium	Ru	651,00	52,20
Rutheniumoxydul . .	$\dot{\mathrm{Ru}}$	751,00	60,20
Ruthensesquioxydul .	$\dddot{\overline{\mathrm{Ru}}}$	1602,00	128,20
Ruthenoxyd	$\ddot{\mathrm{Ru}}$	851,00	68,20
Sauerstoff	O	100,00	8,00
Schwefel	S	200,00	16,00

Name der einfachen Körper und ihrer Sauerstoffverbindungen.	Chemisches Zeichen.	Atomgewicht O = 100.	Atomgewicht H = 1.
Unterschwefl. Säure	$\ddot{\not{S}}$	600,00	48,00
Schweflige Säure . .	$\ddot{S}$	400,00	32,00
Unterschwefelsäure .	$\overset{\cdot\cdot\cdot\cdot\cdot}{\not{S}}$	900,00	72,00
Schwefelsäure . . .	$\dddot{S}$	500,00	40,00
Trithionsäure	S^3O^5	1100,00	88,00
Tetrathionsäure . . .	S^4O^5	1300,00	104,00
Pentathionsäure . .	S^5O^5	1500,00	120,00
Selen	Se	495,40	39,50
Selenige Säure . . .	$\ddot{Se}$	693,70	55,50
Selensäure	$\dddot{Se}$	793,70	63,50
Silber	Ag	1350,00	108,00
Silberoxyd	$\dot{Ag}$	1450,00	116,00
Silicium	Si	185,00	14,80
Kieselsäure	$\ddot{Si}$	385,00	30,80
Stickstoff	N	175,00	14,00
Stickoxydul	$\dot{N}$	275,00	22,00
Stickoxyd	$\ddot{N}$	375,00	30,00
Salpetrige Säure . .	$\dddot{N}$	475,00	38,00
Salpetersäure	$\overset{\cdot\cdot\cdot\cdot\cdot}{N}$	675,00	54,00
Strontium	Sr	546,87	43,75
Strontianerde	$\dot{Sr}$	646,87	51,75
Tantal	Ta	860,00	68,80
Tellur	Te	806,25	64,50
Tellurige Säure . . .	$\ddot{Te}$	1006,25	80,50
Tellursäure	$\dddot{Te}$	1106,25	88,50
Terbium	Tr		
Thallium	Tl	2550,00	204,00
Thorium	Th	743,86	59,50
Thorerde	$\dot{Th}$	843,86	67,50
Titan	Ti	312,50	25,00
Titanoxyd	$\dddot{\not{T}i}$	925,00	74,00
Titansäure	$\ddot{Ti}$	512,50	41,00

Name der einfachen Körper und ihrer Sauerstoffverbindungen.	Chemisches Zeichen.	Atomgewicht O = 100.	H = 1.
Uran	U	746,36	59,70
Uranoxydul	$\dot{U}$	846,36	67,70
Uranoxyd	$\ddot{\bar{U}}$	1792,72	143,40
Vanadium	V	856,89	68,50
Vanadinsuboxyd . . .	$\dot{V}$	956,89	76,50
Vanadinoxyd	$\ddot{V}$	1056,89	84,00
Vanadinsäure	$\dddot{V}$	1156,89	92,00
Wasserstoff	H	12,50	1,00
Wasser	$\dot{H}$	112,50	9,00
Wismuth	Bi	2600,00	208,00
Wismuthoxydul . . .	$\dot{Bi}$	2700,00	216,00
Wismuthoxyd	$\dddot{Bi}$	2900,00	232,00
Wismuthsäure . . .	$\overset{\cdot\cdot\cdot\cdot\cdot}{Bi}$	3100,00	248,00
Wolfram	W	1167,50	93,40
Wolframoxyd	$\ddot{W}$	1367,50	109,40
Wolframsäure	$\dddot{W}$	1467,50	117,40
Yttrium	Y		
Zink	Zn	406,59	32,53
Zinkoxyd	$\dot{Zn}$	506,59	40,53
Zinn	Sn	725,00	58,00
Zinnoxydul	$\dot{Sn}$	825,00	66,00
Zinnsäure	$\ddot{Sn}$	925,00	74,00
Zirconium	Zr	560,00	44,80
Zirconerde	$\ddot{Zr}$	760,00	70,80

Tabelle
über den Gehalt der wasserhaltigen Salpetersäure
an wasserfreier bei $+15^{0}$ C.
(Ure.)

Spec. Gew.	Proc. N̈.	Spec. Gew.	Proc. N̈.	Spec. Gew.	Proc. N̈.	Spec. Gew.	Proc. N̈.
1,500	79,7	1,419	59,8	1,295	39,8	1,140	19,9
1,498	78,9	1,415	59,0	1,289	39,0	1,134	19,1
1,496	78,1	1,411	58,2	1,283	38,3	1,129	18,3
1,494	77,3	1,406	57,4	1,276	37,5	1,123	17,5
1,491	76,5	1,402	56,6	1,270	36,7	1,117	16,7
1,488	75,7	1,398	55,8	1,264	35,9	1,111	15,9
1,485	74,9	1,394	55,0	1,258	35,1	1,105	15,1
1,482	74,1	1,388	54,2	1,252	34,3	1,099	14,3
1,479	73,3	1,383	53,4	1,246	33,5	1,093	13,5
1,476	72,5	1,378	52,6	1,240	32,7	1,088	12,7
1,473	71,7	1,373	51,8	1,234	31,9	1,082	11,9
1,470	70,9	1,368	51,0	1,228	31,1	1,076	11,2
1,467	70,1	1,363	50,2	1,221	30,3	1,071	10,4
1,464	69,3	1,358	49,4	1,215	29,5	1,065	9,6
1,460	68,5	1,353	48,6	1,208	28,7	1,059	8,8
1,457	67,7	1,348	47,8	1,202	27,9	1,054	8,0
1,453	66,9	1,343	47,0	1,196	27,1	1,048	7,2
1,450	66,1	1,338	46,2	1,189	26,3	1,043	6,4
1,446	65,3	1,332	45,4	1,183	25,5	1,037	5,6
1,442	64,5	1,327	44,6	1,177	24,7	1,032	4,8
1,439	63,8	1,322	43,8	1,171	23,9	1,027	4,0
1,435	63,0	1,316	43,0	1,165	23,1	1,021	3,2
1,431	62,2	1,311	42,2	1,159	22,3	1,016	2,4
1,427	61,4	1,306	41,4	1,153	21,5	1,011	1,6
1,423	60,6	1,300	40,6	1,146	20,7	1,005	0,8

Tabelle

über den Gehalt der wasserhaltigen Schwefelsäure an wasserfreier ($\dddot{S}$) und zweitem Hydrat ($\dot{H}\dddot{S}$) bei +15°,5 C. (Ure.)

Spec. Gew.	Proc. $\dot{H}\dddot{S}$.	Proc. $\dddot{S}$.	Spec. Gew.	Proc. $\dot{H}\dddot{S}$.	Proc. $\dddot{S}$.	Spec. Gew.	Proc. $\dot{H}\dddot{S}$.	Proc. $\dddot{S}$.
1,8485	100	81,54	1,5648	67	54,63	1,2490	34	27,72
1,8475	99	80,72	1,5503	66	53,82	1,2409	33	26,91
1,8460	98	79,90	1,5390	65	53,00	1,2334	32	26,09
1,8439	97	79,09	1,5280	64	52,18	1,2260	31	25,28
1,8410	96	78,28	1,5170	63	51,37	1,2184	30	24,46
1,8376	95	77,40	1,5066	62	50,55	1,2108	29	23,65
1,8336	94	76,65	1,4960	61	49,74	1,2032	28	22,83
1,8290	93	75,83	1,4860	60	48,92	1,1956	27	22,01
1,8233	92	75,02	1,4760	59	48,11	1,1876	26	21,20
1,8179	91	74,20	1,4660	58	47,29	1,1792	25	20,38
1,8115	90	73,39	1,4560	57	46.58	1,1706	24	19,57
1,8043	89	72,57	1,4460	56	45,68	1,1626	23	18,75
1,7962	88	71,75	1,4360	55	44,85	1,1549	22	17,94
1,7870	87	70,94	1,4265	54	44,03	1,1480	21	17,12
1,7774	86	70,12	1,4170	53	43,22	1,1410	20	16,31
1,7673	85	69,31	1,4073	52	42,40	1,1330	19	15,49
1,7570	84	68,49	1,3977	51	41,58	1,1246	18	14,68
1,7465	83	67,68	1,3884	50	40,77	1,1165	17	13,86
1,7360	82	66,86	1,3788	49	39,95	1,1090	16	13,05
1,7245	81	66,05	1,3697	48	39,14	1,1019	15	12,23
1,7120	80	65,23	1,3612	47	38,32	1,0935	14	11,41
1;6993	79	64,42	1,3530	46	37,51	1,0887	13	10,60
1,6870	78	63,60	1,3440	45	36,69	1,0809	12	9,78
1,6750	77	62,78	1,3345	44	35,88	1,0743	11	8,97
1,6630	76	61,97	1,3255	43	35,06	1,0682	10	8,15
1,6520	75	61,15	1,3165	42	34,25	1,0614	9	7,34
1,6415	74	60,34	1,3080	41	33,43	1,0544	8	6,52
1,6321	73	59,55	1,2999	40	32,61	1,0477	7	5,71
1,6204	72	58,71	1,2913	39	31,80	1,0405	6	4,89
1,6090	71	57,89	1,2826	38	30,98	1,0336	5	4,08
1,5975	70	57,08	1,2740	37	30,17	1,0268	4	3,26
1,5868	69	56,26	1,2654	36	29,35	1,0206	3	2,45
1,5760	68	55,45	1,2572	35	28,54	1,0140	2	1,63
						1,0074	1	0,81

Tabelle
über den Gehalt der wasserhaltigen Salzsäure an Chlor und Chlorwasserstoff bei + 15° C.
(Ure.)

Spec. Gew.	Proc. Cl.	Proc. H Cl.	Spec. Gew.	Proc. Cl.	Proc. H Cl.	Spec. Gew.	Proc. Cl.	Proc. H Cl.
1,2000	39,67	40,78	1,1349	26,58	27,32	1,0677	13,49	13,86
1,1982	39,28	40,37	1,1328	26,19	26,91	1,0657	13,09	13,46
1,1964	38,88	39,96	1,1308	25,79	26,50	1,0637	12,70	13,05
1,1946	38,48	39,55	1,1287	25,39	26,10	1,0617	12,30	12,64
1,1928	38,09	39,15	1,1267	25,00	25,69	1,0597	11,90	12,23
1,1910	37,69	38,74	1,1247	24,60	25,28	1,0577	11,51	11,82
1,1892	37,30	38,33	1,1226	24,20	24,87	1,0557	11,11	11,42
1,1875	36,90	37,92	1,1206	23,80	24,47	1,0537	10,71	11,01
1,1857	36,50	37,52	1,1185	23,41	24,06	1,0517	10,32	10,60
1,1846	36,11	37,11	1,1164	23,01	23,65	1,0497	9,92	10,19
1,1822	35,71	36,70	1,1143	22,61	23,24	1,0477	9,52	9,79
1,1802	35,31	36,29	1,1123	22,22	22,83	1,0457	9,13	9,38
1,1782	34,91	35,88	1,1102	21,82	22,43	1,0437	8,73	8,97
1,1762	34,52	35,48	1,1082	21,42	22,02	1,0417	8,33	8,56
1,1741	34,12	35,07	1,1061	21,03	21,61	1,0397	7,93	8,15
1,1721	33,72	34,66	1,1041	20,63	21,20	1,0377	7,54	7,75
1,1701	33,33	34,25	1,1020	20,23	20,80	1,0357	7,14	7,34
1,1681	32,93	33,84	1,1000	19,84	20,39	1,0337	6,74	6,93
1,1661	32,53	33,44	1,0980	19,44	19,98	1,0318	6,35	6,52
1,1641	32,14	33,03	1,0960	19,04	19,57	1,0298	5,95	6,12
1,1620	31,75	32,62	1,0939	18,65	19,16	1,0279	5,55	5,71
1,1599	31,34	32,21	1,0919	18,25	18,76	1,0259	5,16	5,30
1,1578	30,95	31,80	1,0899	17,85	18,35	1,0239	4,76	4,89
1,1557	30,55	31,40	1,0879	17,46	17,94	1,0220	4,36	4,49
1,1537	30,15	30,99	1,0859	17,06	17,53	1,0200	3,97	4,08
1,1515	29,76	30,58	1,0838	16,66	17,13	1,0180	3,57	3,67
1,1494	29,36	30,17	1,0818	16,27	16,72	1,0160	3,17	3,26
1,1473	28,96	29,77	1,0798	15,87	16,31	1,0140	2,78	2,85
1,1452	28,57	29,36	1,0778	15,47	15,90	1,0120	2,38	2,45
1,1431	28,17	28,95	1,0758	15,08	15,49	1,0100	1,98	2,04
1,1410	27,77	28,54	1,0738	14,68	15,09	1,0080	1,59	1,63
1,1389	27,38	28,14	1,0718	14,28	14,68	1,0060	1,19	1,22
1,1369	26,98	27,73	1,0697	13,89	14,27	1,0040	0,79	0,82
						1,0020	0,40	0,41

Tabellen über den Gehalt der wässerigen Kali- und Natronlösungen an wasserfreiem Kali und Natron. (Dalton.)

Spec. Gew.	Gew.-Proc. $\dot{K}$.	Spec. Gew.	Gew.-Proc. $\dot{Na}$.
1,68	51,2	2,00	77,8
1,60	46,7	1,85	63,6
1,52	42,9	1,72	53,8
1,47	39,6	1,63	46,6
1,44	36,8	1,56	41,2
1,42	34,4	1,50	36,8
1,39	32,4	1,47	34,0
1,36	29,4	1,44	31,0
1,33	26,3	1,40	29,0
1,28	23,4	1,36	26,0
1,23	19,5	1,32	23,0
1,19	16,2	1,29	19,0
1,15	13,0	1,23	16,0
1,11	9,5	1,18	13,0
1,06	4,7	1,12	9,0
		1,06	4,7

Tabelle über die im wässerigen Alkohol enthaltenen Volum- und Gewichtsprocente an wasserfreiem Alkohol bei 15°,6 C.

Spec. Gew.	Gew.-Proc.	Vol.-Proc.	Spec. Gew.	Gew.-Proc.	Vol.-Proc.	Spec. Gew.	Gew.-Proc.	Vol.-Proc.
0,7939	100,00	100	0,8965	59,33	67	0,9596	28,13	34
0,7988	98,40	99	0,8989	58,29	66	0,9609	27,27	33
0,8034	96,84	98	0,9013	57,25	65	0,9622	26,40	32
0,8077	95,33	97	0,9036	56,23	64	0,9634	25,55	31
0,8118	93,88	96	0,9059	55,21	63	0,9646	24,69	30
0,8157	92,47	95	0,9082	54,19	62	0,9657	23,84	29
0,8194	91,08	94	0,9104	53,20	61	0,9668	22,99	28
0,8230	89,71	93	0,9126	52,20	60	0,9679	22,15	27
0,8265	88,37	92	0,9148	51,20	59	0,9689	21,30	26
0,8299	87,05	91	0,9170	50,21	58	0,9700	20,46	25
0,8332	85,76	90	0,9192	49,23	57	0,9710	19,62	24
0,8365	84,47	89	0,9213	48,26	56	0,9720	18,78	23
0,8397	83,20	88	0,9234	47,29	55	0,9731	17,95	22
0,8428	81,95	87	0,9254	46,33	54	0,9741	17,11	21
0,8458	80,72	86	0,9275	45,37	53	0,9751	16,28	20
0,8488	79,50	85	0,9295	44,42	52	0,9761	15,45	19
0,8518	78,29	84	0,9315	43,47	51	0,9771	14,62	18
0,8547	77,10	83	0,9335	42,52	50	0,9781	13,80	17
0,8575	75,92	82	0,9354	41,59	49	0,9791	12,97	16
0,8603	74,75	81	0,9373	40,66	48	0,9802	12,15	15
0,8631	73,59	80	0,9391	39,73	47	0,9812	11,33	14
0,8658	72,44	79	0,9409	38,80	46	0,9823	10,51	13
0,8685	71,30	78	0,9427	37,88	45	0,9834	9,69	12
0,8712	70,14	77	0,9444	36,98	44	0,9845	8,87	11
0,8739	69,03	76	0,9461	36,08	43	0,9857	8,05	10
0,8765	67,97	75	0,9478	35,18	42	0,9869	7,24	9
0,8791	66,83	74	0,9494	34,29	41	0,9881	6,43	8
0,8817	65,73	73	0,9510	33,39	40	0,9893	5,62	7
0,8842	64,65	72	0,9526	32,50	39	0,9906	4,81	6
0,8867	63,57	71	0,9541	31,62	38	0,9919	4,00	5
0,8892	62,50	70	0,9556	30,74	37	0,9933	3,20	4
0,8917	61,43	69	0,9570	29,87	36	0,9947	2,39	3
0,8941	60,38	68	0,9583	29,00	35	0,9961	1,59	2
						0,9976	0,80	1

Reduction der Beaumé'schen Aräometergrade auf das specifische Gewicht bei + 18,75° C.

Für Flüssigkeiten leichter als Wasser.

B *)	Spec. Gew.	B.	Spec. Gew.
10	1,0000	35	0,8530
11	0,9931	36	0,8480
12	0,9864	37	0,8431
13	0,9797	38	0,8382
14	0,9731	39	0,8334
15	0,9666	40	0,8287
16	0,9603	41	0,8239
17	0,9539	42	0,8193
18	0,9477	43	0,8147
19	0,9416	44	0,8102
20	0,9355	45	0,8057
21	0,9295	46	0,8013
22	0,9236	47	0,7969
23	0,9177	48	0,7925
24	0,9120	49	0,7882
25	0,9063	50	0,7839
26	0,9007	51	0,7797
27	0,8951	52	0,7756
28	0,8896	53	0,7714
29	0,8842	54	0,7674
30	0,8788	55	0,7633
31	0,8735	56	0,7593
32	0,8683	57	0,7554
33	0,8632	58	0,7515
34	0,8580	59	0,7476
		60	0,7438

*) B bedeutet Beaumé's Grade.

Für Flüssigkeiten schwerer als Wasser.

B.	Spec. Gew.	B.	Spec. Gew.
1	1,0069	39	1,3674
2	1,0139	40	1,3804
3	1,0211	41	1,3937
4	1,0283	42	1,4072
5	1,0356	43	1,4210
6	1,0431	44	1,4350
7	1,0506	45	1,4493
8	1,0582	46	1,4640
9	1,0661	47	1,4789
10	1,0740	48	1,4941
11	1,0820	49	1,5097
12	1,0901	50	1,5251
13	1,0983	51	1,5417
14	1,1067	52	1,5583
15	1,1152	53	1,5752
16	1,1239	54	1,5925
17	1,1326	55	1,6101
18	1,1415	56	1,6282
19	1,1506	57	1,6467
20	1,1598	58	1,6656
21	1,1691	59	1,6849
22	1,1786	60	1,7047
23	1,1883	61	1,7250
24	1,1981	62	1,7457
25	1,2080	63	1,7669
26	1,2182	64	1,7888
27	1,2285	65	1,8111
28	1,2390	66	1,8340
29	1,2497	67	1,8574
30	1,2605	68	1,8815
31	1,2716	69	1,9062
32	1,2828	70	1,9316
33	1,2943	71	1,9577
34	1,3059	72	1,9844
35	1,3177	73	2,0119
36	1,3298	74	2,0402
37	1,3421	75	2,0693
38	1,3546		

Register.

Anmerk. Die arabischen Zahlen bedeuten die Seite.

H.

I.

K.

L.

Q.

R.

T.

U.

V.

W.

Kolibri 360 GmbH
Ferdinand-Jühlke-Straße 7
99095 Erfurt, Deutschland
produktsicherheit@kolibri360.de